편입 수학은 한아름

① 미적분과 급수

편입수학은 한아름 ❶ 미적분과 급수

초 판 1쇄 2020년 02월 04일
초 판 5쇄 2022년 06월 07일

지은이 한아름
펴낸이 류종렬

펴낸곳 미다스북스
총괄실장 명상완
책임편집 이다경
책임진행 박새연 김가영 신은서

등록 2001년 3월 21일 제2001-000040호
주소 서울시 마포구 양화로 133 서교타워 711호
전화 02) 322-7802~3
팩스 02) 6007-1845
블로그 http://blog.naver.com/midasbooks
전자주소 midasbooks@hanmail.net
페이스북 https://www.facebook.com/midasbooks425
인스타그램 https://www.instagram.com/midasbooks

ISBN 978-89-6637-759-6 13410

값 38,000원

미다스북스는 다음 세대에게 필요한 지혜와 교양을 생각합니다

한아름 선생님은…

법대를 졸업하고 수학선생님을 하겠다는 목표로 수학과에 편입하였습니다.
우연한 기회에 편입수학 강의를 시작하게 되었고 인생의 터닝포인트가 되었습니다.

편입은 결코 쉬운 길이 아닙니다. 수험생은 먼저 용기를 내야 합니다. 그리고 묵묵히 공부하며 합격이라는 결과를 얻기까지 외로운 자신과의 싸움을 해야 합니다. 저 또한 그 편입 과정의 어려움을 알기에 용기 있게 도전하는 학생들에게 조금이나마 힘이 되어주고 싶습니다. 그 길을 가는 데 제가 도움이 될 수 있다면 저 또한 고마움과 보람을 느낄 것입니다.

무엇보다도, 이 책은 그와 같은 마음을 바탕으로 그동안의 연구들을 정리하여 담은 것입니다. 자신의 인생을 개척하고자 결정한 여러분들께 틀림없이 도움이 될 수 있을 것이라고 생각합니다.

그 동안의 강의 생활에서 매 순간 최선을 다했고 두려움을 피하지 않았으며 기회가 왔을 때 물러서지 않고 도전했습니다. 앞으로도 초심을 잃지 않고 1타라는 무거운 책임감 아래 더 열심히 노력하겠습니다. 믿고 함께 한다면 합격이라는 목표뿐만 아니라 인생의 새로운 목표들도 이룰 수 있을 것입니다.

여러분의 도전을 응원합니다!!

▶ 김영편입학원 kimyoung.co.kr

▶ 김영편입 강남단과전문관 02-553-8711

▶ 유튜브 "편입수학은 한아름"

▶ 네이버 "아름매스"

김영편입학원

유튜브 〈편입수학은 한아름〉

Areum Math 수강생 후기

저는 2018년 1월 말부터 미적분강의를 시작으로 1년 동안 커리큘럼을 따라갔습니다. 정말 이해하기 쉽게 강의해주셔서, 수업을 듣고 질문을 올렸던 적은 정말 손에 꼽습니다. 지방 국립대를 다니면서 편입준비를 했었기에 시간이 정말 빠듯했지만, 아름쌤 수업을 통해 용기도 많이 얻고 힐링도 할 수 있었습니다. 1년 동안 다사다난하게 지내면서 아름쌤 덕에 잘 헤쳐나갔던 것 같습니다. 정말 감사했고 다음에 꼭 뵈러가겠습니다.

— 원윤재 (한양대학교 미래자동차공학과)

저는 집안 형편이 그리 좋지 않아, 인강으로 편입을 준비하기로 결심을 했습니다. 아름쌤의 특징은 수업 중에 다른 이야기를 잘 하지 않는다는 것입니다. 오직 수업에만 집중을 하시는 스타일입니다. 그래서 아름쌤의 수업은 취향저격이었습니다. 그리고 가끔 소소한 시험팁을 알려주셔서 책에 다 적어놨었는데, 나중에 전략을 세울 때 많은 도움이 되었습니다. 저의 수학의 시작과 끝은 한아름이었습니다.

— 정재윤 (한양대학교 화학공학과)

저는 초반에 한아름쌤 수업이 아닌 다른 분 수업을 그냥 소문 따라 들었습니다. 그러다 나중에 아름쌤 수업으로 옮기게 되었는데 진작 옮길 걸 너무 아쉬웠습니다. 일단 기본 개념설명을 너무 탄탄하고 쉽게 가르쳐주십니다. 아름쌤 수학의 장점은 첫째, 언제나 쌤이 계신다는 것입니다. 수업이 없는 날도, 개인 일정도 미루고 나와주셨습니다. 정말 감동의 도가니였습니다. 둘째, 개념설명이 명료합니다. 인강 촬영 중에도 한 사람 한 사람 이해를 도와주십니다. 또한 알기 쉽게 공식풀이 해주세요. 셋째, 선생님께서 너무 좋은 사람입니다. 편입생들을 이해해주시고 보듬어주시고, 제자들을 아껴주시는 게 느껴집니다. 마지막으로 한아름 선생님과 인연이 되어 제가 이런 합격수기 쓸 수 있는 위치까지 올 수 있도록 해주셔서 다시 한 번 감사합니다. 저의 수학은 온전히 아름쌤 덕분이라고 생각합니다. 사랑해요♡

— 송아빈 (건국대학교 건축학과)

지금은 수학을 흥미롭고 재밌는 과목이라 생각하지만 처음에는 많이 힘들었습니다. 수학은 꼭 이해를 해야 하는 과목이라는 걸 뒤늦게 깨달았습니다. 수업시간에 한아름 선생님께서 미분하는 과정을 보여주셨는데 수학자처럼 멋있어 보여서 자습할 때 몇 번 따라해보았습니다. 저에게는 이 유도과정이 공식 암기를 하는 데 있어서 정말 많이 도움이 되었습니다. 수업을 들으면서도 그랬고 편입시험이 끝나고 나서도 한아름 선생님 수업 듣기를 잘했다고 생각합니다. 항상 질문할 수 있도록 거리낌 없이 대해주시고 반드시 합격하는 방향을 가지고 계시기 때문에 이 방향 그대로 따라서 열심히 공부만 하면 됩니다.

— 신동윤 (성균관대학교 기계공학과)

3월부터 한아름 교수님의 미적분 강의를 시작으로 편입수학을 시작했습니다. 미적분은 다변수미적분과 공수, 복소수를 완성시키는 데 필수인 만큼 제일 중요한 파트라고 생각합니다. 편입수학의 공략은 교수님의 흐름을 타고 끝까지 믿고 달리는 것입니다. 저의 편입은 한아름 교수님의 가르침에 의해 완성되었다고 말해도 과언이 아닙니다. 반복적인 공식 암기 및 개념 이해! 편입수학을 질적인 접근해 개념서에 충실하고 마지막 3개월의 스퍼트로 승부를 지을 수 있었습니다.

— 서석범 (성균관대학교 고분자시스템 공학과)

고등학교 시절부터 미용을 하였던 제가 수학에 대한 지식이 무엇이 있었을까요? 없었습니다. 그렇기에 한아름 교수님이 말씀해주신 방법만 따라 그대로 공부하였습니다. 정말 어려운 내용을 정말 쉽게 설명해주십니다. 수학은 이해가 중요한데 수학초보도 이해가 될 수 있게 설명해주십니다. 그리고 무엇보다 학생 한 명 한 명 진정으로 신경써주시며 거리낌 없이 질문을 받아주십니다. 한아름 교수님은 진정한 학생의 마음을 이해해주시는 교수님입니다.

— 장동휘 (한양대학교 기계공학부)

4년간 수학을 쳐다도 본 적이 없어서 힘들까 했지만, 한아름 교수님은 어려운 파트인 공수2나 선형변환 등도 워낙 설명을 쉽게 해주시는 것은 물론 기초로 필요한 고등수학까지 곁들여 해주셔서 무리 없이 따라갈 수 있었습니다. 최고의 장점은 어려움이 있을시 항상 의지할 수 있게 분위기를 유도해주시는 것, 학생들을 제자로서 정말 잘 챙겨주시는 것입니다. 현강하시면서도 열심히 공부하는 인강 학생들 이름도 불러주셔서 마치 현장에 있다는 착각까지 듭니다. 일단 들어보시면 느낄 테지만 집중해서 듣고 노력만 하면 순풍에 돛단 듯 원하는 대학에 합격할 수 있으리라 믿어 의심치 않습니다.

— 김민수 (한양대학교 융합전자공학과)

제가 교수님을 만난 것은 신의 한 수였습니다. 한아름 교수님의 교수법은 저에게 충격적인 신선함을 주었습니다. 학생들이 해결되지 않은 부분을 미리 인지하시고, 먼저 다가가서 질문을 해주십니다. 수업이 끝나면 먼저 선생님이 "이 부분이 어렵지 않았니? 어렵지만 가장 중요한 것이 뭔지 보고, 그래도 모르면 와서 질문해라. 꼭!" 말씀하십니다.

— 정원혁 (경희대학교 원자력공학과)

한아름 교수님에게 감사 인사드립니다. 성균관대학교에 입학하여 성대 ID로 처음 쓰는 메일입니다. 저는 기초수학부터 미적분 및 공업수학을 다시 공부해야 했습니다. 여러 인터넷 강의 및 후기를 검토 후, 수학 원리에 대해서 자세히 설명해주시는 교수님 강의의 도움을 받기로 결정했고 결국 좋은 결과를 받았습니다. 도움을 주셔서 감사합니다.

— 용환진 (성균관대학교 대학원)

미적분과 급수를 시작하는 학생들에게

두려움을 자신감으로 바꿔주는 강의!!

편입수학을 시작하는 여러분들의 심정은 걱정 반, 기대 반일 것이라고 생각합니다. 아직 시작하지 않은 학생들은 편입수학을 막연히 어렵다고 느끼겠지만, 일단 시작해 본 학생들은 "할 만하다!"라는 말이 절로 나올 겁니다. 수학이라는 과목에 대한 막연한 두려움도 있을 테지만 이 교재를 통해 공부를 시작한다면 그 두려움은 자신감으로 바뀔 것입니다. 특히 무엇부터 공부해야할 지를 모르는 학생, 수학에 자신이 없는 학생, 군대 제대 후 편입을 준비하는 학생, 문과 또는 예체능 계열의 편입준비생 모두에게 이 강의는 큰 도움이 될 것입니다. 지금의 여러분은 학창시절 때보다 생각하는 폭과 깊이가 넓어지고 깊어졌기 때문에 수학을 이해하고 적용하는 속도가 과거와는 분명히 다릅니다. 이제부터 제대로 수학 공부를 시작한다면 "그때는 이 쉬운 것을 왜 몰랐지?"라는 생각을 저절로 하게 될 것입니다. 따라서 이 강의는 그러한 여러분들의 자신감과 성취감을 향상시킬 수 있도록 구성되어 있습니다. "시작이 반"이라는 말처럼 저와 함께 시작한다면 두려움은 자신감으로 바뀔 수 있을 것이라고 확신합니다!!

편입시험에 최적화된 수업

"편입수학을 독학하는 것이 가능한가요?"라는 질문에는 "가능하지만 준비기간이 굉장히 길 것입니다."라고 답변을 합니다. 제 수업은 단기간에 편입수학의 모든 부분을 마스터하기 위한 수업입니다. 즉, 편입시험에 최적화되어 있다는 것입니다. 또한 개념을 설명하고 기출문제에 적용함으로써 실전감각을 향상시키고 학습 방향을 잡을 수 있습니다. 이 교재는 집필할 때, 수업을 듣는 학생들의 입장에서 가장 쉽고 체계적으로 받아들일 수 있도록 구성하였습니다. 교재와 강의의 기승전결을 느껴보세요.

편입수학의 Warming-up 기초수학

여러분이 수학 공부를 했을 때를 생각해보세요. 왜 항상 집합을 가장 먼저 배웠을까요? 그 이유를 곰곰이 생각해본다면 여러분의 공부 방향이 잡힐 것입니다. 저는 "함수를 배우기 위해서"라고 생각합니다. 함수의 정의는 "공집합이 아닌 두 집합에 대하여 x의 각 원소에 y의 원소가 하나씩 대응하는 관계를 'x에서 y로의 함수'라고 한다."라고 명시되어 있습니다. 따라서 가장 기본이 되는 집합을 먼저 배우는 것이 학습 순서가 된 것입니다. 이처럼 배우는 목적을 알게 되면 사소한 것들도 의미 있게 바라볼 수 있는 눈이 생깁니다. 기초수학에서 배우게 되는 모든 과정은 미적분을 공부하기 위한 기본 내용입니다. 초·중·고등학교에서 12년 동안 배운 수학 내용을 편입에 맞춰서 정리했습니다. 간혹 고등학교 때 봤던 '수학의 정석'이나 '개념원리'를 공부하는 학생이 있는데, 사실 볼 필요는 없습니다. 편입수학을 공부하기 위해서 다항식의 연산, 방정식, 부등식, 다양한 함수들까지 꼭 필요한 부분들이 잘 정리되어 있습니다. 기본적인 이론을 이해하고 적용시켜서 계산력을 키우는 데 집중해주세요!! 모든 수학시험의 기본은 계산력입니다.

편입수학의 첫 단추 - 미적분학

우리가 배우게 될 미적분학은 편입수학의 첫 단추이고 가장 기본이 되는 과목입니다. 편입시험에서 미적분의 출제비율은 40~60%로 매우 높습니다. 기본 공식에 대입해서 답을 유도하는 기본문제도 있지만 변별력이 높은 문제들은 개념을 바탕으로 응용된 문제들입니다. 따라서 먼저 미적분법을 연습하고 훈련해서 단순계산에 강해지고 개념을 탄탄히 하면서 유형을 정리하면 충분히 따라 올 수 있는 내용들입니다. 고등학교 때 미적분을 배워본 학생들은 조금 더 심화된 대학 미적분학 내용들에 관심을 갖고 수업에 임하면 될 것이고, 미적분을 처음 배우는 학생들은 차근차근 수업을 잘 듣고 복습을 잘한다면 전혀 어려울 것이 없을 겁니다. 단, 여러분이 이 교재를 완벽하게 마스터하기 위해서는 '수업', '복습', '질문'의 세 가지 원칙을 반드시 지켜주어야 합니다!

미적분 학습법

첫째, 목차를 파악하자.

합격의 지름길 중 하나는 문제의 유형을 파악하는 것입니다. 이 교재는 각 단원명을 문제의 유형별로 정리해두었습니다. 목차를 보면서 유형별로 학습을 하고 본인이 부족한 부분을 잘 파악할 수 있길 바랍니다. 그렇게 한다면 미적분의 큰 그림을 그릴 수 있을 것입니다.

둘째, 그래프를 이해하자.

미분의 기하학적 의미는 접선의 기울기를 구하는 것이고, 그것을 통해서 그래프를 그렸습니다. 적분의 기하학적 의미를 간단하게 정리하자면 축과 그래프가 둘러싸인 면적을 구하는 것입니다. 또한 새로운 형태의 그래프를 배우게 됩니다. 어떤 새로운 문제를 접하더라도 그래프를 간략하게 그려보면 조금 더 쉽게 문제 의도를 파악할 수 있기 때문에 그래프 자체를 부담스러워하거나 피하지 말고 그래프를 이해해야 합니다. 언젠가는 반드시 극복하고 완성해야 하는 내용입니다.

셋째, 소리 내면서 공부하자.

예를 들어 설명하자면 여러분이 외국인과 대화를 할 때 이미 알고 있는 단어들은 잘 들릴 테지만, 모르는 단어는 잘 들리지 않습니다. 마찬가지로 수업시간에도 생소한 용어를 선생님이 말하면 귀에 잘 들어오지 않고 집중력은 떨어질 수밖에 없습니다. 이것을 해결하기 위해서는 평상시 공부할 때 생소한 용어들을 소리 내서 읽는 연습을 해야 합니다. 그렇게 되면 자연스럽게 익숙해지고, 수업의 집중력도 높아질 것입니다.

넷째, 철저한 누적 복습!

수학뿐만 아니라 다른 과목들도 공부를 하다 보면 분명 잘 이해하고 복습도 했지만, 며칠만 지나도 기억이 가물가물해집니다. 게다가 편입수학은 처음 배우는 내용도 많고 양이 많기 때문에 쉬운 내용이더라도 자주 보지 않는다면 잊혀지는 것은 당연한 일입니다. 그렇다면 단기간에 시간을 효율적으로 활용할 공부 방법은 누적 복습입니다. 한 주에 배운 내용을 다음 주에도 보고 그 다음 주에도 또 보고를 반복하는 방법입니다. 그래서 다독을 통해서 방대한 학습량을 습득해갈 수 있습니다.

이 방법을 스스로 정립하기까지는 시행착오가 따라옵니다. 그러한 과정에서 여러분의 패턴과 학습법이 정해지기 때문에 시행착오를 두려워하지 마세요. 처음 완독이 어렵지만 1회전을 하고나면 2회전, 3회전 복습하는 것은 훨씬 수월해집니다. 따라서 복습 분량을 정해서 복습을 꼭 해야 합니다.

"태산이 높다하되 하늘아래 뫼이로다."

산이 아무리 높다 하더라도 오르고 또 오르면 못 오를리 없지만 산이 높다고만 여기고 오르기를 포기하는 사람은 결코 산 정상에 오르는 경험을 할 수 없습니다. 여러분들이 편입을 해야겠다고 결심했다면 그 목표만을 위해서 긍정적인 마인드로 집중해야 합니다. 따라서 여러분의 인생 제 2막을 열기 위해서 더 이상 피하지 말고 앞으로 나가세요. 그렇게 한다면 분명 여러분의 날개를 펼쳐 더 높이 비상(飛上)할 수 있을 것입니다.

Areum Math는 그 길에서 항상 여러분을 응원하고 함께 하겠습니다!!!

한아름 드림

Areum Math 3 원칙

여러분이 이 교재를 완벽하게 마스터하기 위해서 세 가지 원칙을 지켜주세요.

수업!! 복습!! 질문!! 너무 식상하고 당연한 얘기 같지만, 가장 중요한 원칙입니다.

1 수업

수업시간에 학습내용을 최대한 이해를 해야 합니다. 필기를 하다가 수업내용을 놓쳐서는 안 됩니다. 때문에 필기가 필요하다면 연습장을 이용해서 빠르게 하시고, 수업 후 책에 옮겨 적으면서 복습하는 것을 권해드립니다.

2 복습

에빙하우스의 '망각의 법칙'을 들어본 적이 있나요? 수업 후 몇 시간만 지나도 수업내용이 금방 잊혀집니다. 그래서 수업 후 당일 복습을 원칙으로 하고, 공부할 시간과 공부할 분량을 정해서 매일매일 복습하는 것이 효율적입니다.

목차의 ☑☑☑☑☑은 전체 커리큘럼을 마치는 동안 최소한 기본서를 5회 이상 반복학습을 위한 표시입니다. 해당 목차를 복습할 때마다 체크를 하면 복습을 시각화하고, 성취감도 올릴 수 있습니다. 체크를 하기 위해서라도 복습을 꾸준하게 해보세요. 이것이 누적 복습을 하는 방법입니다.

3 질문

공부를 하다보면 자신이 무엇을 알고 무엇을 모르는지도 잘 모릅니다. 그러나 선생님에게 질문을 하면서 어떤 내용을 모르고 있고 어떤 부분이 부족한가를 스스로 인지할 수 있을 것입니다. 또한 막연하게 알고 있던 것을 정확하게 정리할 수도 있습니다. 그래서 질문은 실력이 향상되는 지름길이라는 것을 스스로 느낄 것입니다.

이 원칙을 생활화하면 여러분은 반드시 목표달성에 성공할 것입니다.

힘든 시기가 있을 지라도 극복하고 나면 결코 힘든 시기가 아니었음을 깨닫게 됩니다.

끝까지 여러분과 함께 목표 달성을 위해서 Fighting!!

커리큘럼

Areum Math 커리큘럼

<table>
<tr><th></th><th>미적분과 급수</th><th>다변수 미적분</th><th>선형대수</th><th>공학수학</th></tr>
<tr><td>개념 이론</td><td>1. 기초수학
2. 미적분법
3. 미적분 응용
4. 무한급수</td><td>1. 편미분
2. 중적분
3. 선/면적분</td><td>1. 벡터 & 행렬
2. 벡터공간 & 선형변환
3. 고윳값 & 고유벡터</td><td>1. 미분방정식
& 라플라스변환
2. 퓨리에급수
& 복소선적분</td></tr>
<tr><td rowspan="2">문제 풀이</td><td colspan="2">과목별 문제풀이</td><td colspan="2">통합형 문제풀이</td></tr>
<tr><td colspan="2">미적분과 급수 / 다변수 미적분 / 선형대수 / 공학수학1</td><td colspan="2">월간 한아름 모의고사 1~5회</td></tr>
<tr><td rowspan="4">파이널</td><td>파이널 총정리</td><td colspan="3">기출특강</td></tr>
<tr><td rowspan="3">1. 빈출 유형 총정리
2. 시크릿 모의고사
3. TOP 7 모의고사</td><td>최상위권 연도별 기출</td><td colspan="2">2020 / 2019 / 2018 / 2017 / 2016 / 2015 / 2014</td></tr>
<tr><td>중상위권 연도별 기출</td><td colspan="2">2020 / 2019 / 2018 / 2017 / 2016 / 2015 / 2014</td></tr>
<tr><td>대학별 5개년 기출</td><td colspan="2">서강대, 성균관대, 한양대, 중앙대(공대), 중앙대(수학과), 경희대, 가천대, 국민대, 건국대, 단국대, 서울과학기술대, 세종대, 아주대 인하대, 한양대(에리카), 항공대, 홍익대</td></tr>
</table>

대학별 출제과목

<table>
<tr><td>미적분 & 급수</td><td>다변수 미적분</td><td colspan="4">건국대, 아주대, 숙명여대</td></tr>
<tr><td>미적분 & 급수</td><td>다변수 미적분</td><td>선형대수</td><td colspan="3">중앙대(수학과), 이화여대, 경기대, 명지대, 세종대</td></tr>
<tr><td>미적분 & 급수</td><td>다변수 미적분</td><td>선형대수</td><td>공학수학1</td><td colspan="2">서강대, 성균관대, 한양대, 경희대, 인하대, 가천대, 가톨릭대, 국민대, 광운대, 단국대, 서울과기대, 숭실대, 한국산업기술대, 한성대, 한양대(에리카)</td></tr>
<tr><td>미적분 & 급수</td><td>다변수 미적분</td><td>선형대수</td><td>공학수학1</td><td>공학수학2</td><td>중앙대(공과대학), 홍익대, 항공대, 시립대(전기전자컴퓨터공학부)</td></tr>
</table>

Areum Math

_______년 _____월 _____일,

나 ________은(는) 한아름 교수님을 믿고

열심히 노력하여 꿈을 이루겠습니다.

다짐 1, ________________________________

다짐 2, ________________________________

다짐 3, ________________________________

나만이 내 인생을 바꿀 수 있다.

아무도 날 대신해 해줄 수 없다.

- 캐롤 버넷(Carol Burnett)

차례

기초수학

CHAPTER 01 방정식과 부등식

CHAPTER 02 함수

CHAPTER 03 수열과 순열

미 적 분 과 급 수

CHAPTER 01 함수

CHAPTER 02 미적분법

CHAPTER 03 미분 응용

CHAPTER 04 적분 응용

CHAPTER 05 무한급수

기초 수학

CHAPTER 01

방정식과 부등식

1. 집합
2. 수 체계
3. 다항식의 연산
4. 인수분해
5. N차 방정식
6. 부등식
7. 지수방정식
8. 로그방정식
9. 가우스

01 방정식과 부등식

1 집합

1 집합

주어진 조건에 알맞은 대상을 분명하게 구별할 수 있는 모임이다.

(1) 원소 : 집합을 이루고 있는 대상 하나하나

(2) 집합의 표현 : 보통 영어의 알파벳 대문자 $A, B, C, \cdots$ 로 나타낸다.

(3) 원소의 표현 : 소문자 $a, b, c, \cdots$ 로 나타낸다.

$a \in A$: a가 집합 A의 원소일 때, 'a는 집합 A에 속한다'고 한다.

$b \notin B$: b가 집합 B의 원소가 아닐 때, 'b는 집합 B에 속하지 않는다'고 한다.

2 원소나열법 & 조건제시법

(1) 원소나열법 : 집합의 모든 원소를 { }안에 나열하여 집합을 나타내는 방법

(2) 조건제시법 : 집합에 속하는 원소들이 공통으로 가지는 성질을 조건으로 제시하여 집합을 나타내는 방법

3 부분집합

(1) $A \subset B$: 집합 A의 모든 원소가 집합 B에 속할 때, A를 B의 부분집합이라 하고,

'A는 B에 포함된다.' 또는 'B는 A를 포함한다.'라고 한다.

(2) $A \not\subset B$: 집합 A가 집합 B의 부분집합이 아님을 나타낸다.

(3) $A = B$: 두 집합 A, B에 대하여 $A \subset B,\ B \subset A$를 만족하면 서로 같다고 한다.

(4) 공집합 : 원소가 하나도 없는 집합을 공집합이라고 하고, 기호로는 $\varnothing$로 쓴다. 따라서 공집합은 모든 집합의 부분집합이다.

4 교집합 & 합집합 & 여집합 & 차집합

(1) 전체집합 U : 다루고자 하는 대상 전체로 이루어진 집합

(2) 교집합 $A \cap B$: 집합 A에도 속하고 집합 B에도 속하는 원소들의 집합을 말한다.

(3) 합집합 $A \cup B$: 집합 A에 속하거나 집합 B에 속하는 모든 원소의 집합을 말한다.

$$(\text{합집합의 원소의 개수}) = n(A \cup B) = n(A) + n(B) - n(A \cap B)$$

(4) 여집합 A^c : 전체집합 U에는 속하지만 집합 A에는 속하지 않는 모든 원소의 집합을 말한다.

(5) 차집합 $A - B$: 집합 A에 속하고 집합 B에는 속하지 않는 모든 원소의 집합이다.

1. 다음 집합의 원소를 나열하시오.

(1) $A = \{x^2 | x\text{는 자연수}\}$

(2) $B = \{y | y = x^2, x\text{는 정수}\}$

2 수 체계

1 수 체계

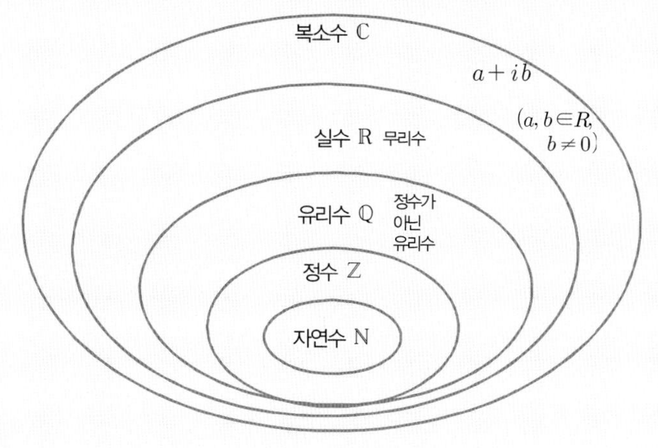

2 실수의 체계

(1) 실수 : 유리수와 무리수의 합집합이다.

(2) 유리수 : 두 정수의 비로 나타낼 수 있는 수를 말한다.

(3) 무리수 : 분수로 나타낼 수 없는 수이다.

3 실수의 성질 & 연산

(1) 덧셈의 계산 법칙

① 덧셈에 대한 교환법칙: $a+b=b+a$

② 덧셈에 대한 결합법칙: $(a+b)+c=a+(b+c)=a+b+c$

(2) 곱셈의 계산 법칙

① 교환법칙: $a\times b=b\times a$

② 결합법칙: $(a\times b)\times c=a\times(b\times c)=a\times b\times c$

③ 분배법칙: $a\times(b+c)=(a\times b)+(a\times c)$, $(a+b)\times c=(a\times c)+(b\times c)$

(3) 절댓값은 수직선에서 수를 나타내는 점과 원점 사이의 거리를 의미한다.

절댓값의 성질 : $|a|\geq 0$, $|a|=|-a|$, $|a|^2=a^2$, $|a||b|=|ab|$, $\dfrac{|a|}{|b|}=\left|\dfrac{a}{b}\right|$ $(b\neq 0)$

2. 다음 수의 절댓값을 각각 구하여라.

(1) -7 (2) $-\dfrac{4}{3}$ (3) $+5$ (4) -3.4

4 유리수의 성질 & 연산

(1) 자연수 : 1, 2, 3, 4, 5, 6, ⋯

(2) 정수 : 양의 정수, 0, 음의 정수 ① 양의 정수 : 자연수에 양의 부호를 붙인 수 (+1, +2, +3, ...)
② 음의 정수 : 자연수에 음의 부호를 붙인 수 (−1, −2, −3, ...)
③ 0 : 양의 정수도 음의 정수도 아니다.

(3) 유리수 : 분모, 분자가 정수이고 분모가 0 이 아닌 분수의 꼴로 나타낼 수 있는 수

(4) 자연수, 정수, 유리수의 관계

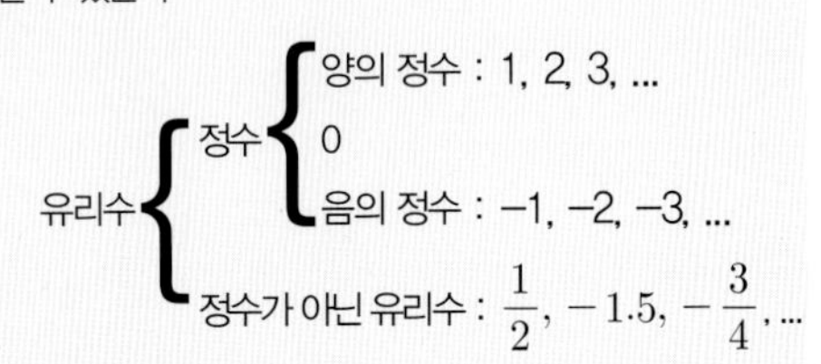

(5) 사칙 혼합 계산 ① 거듭제곱이 있으면 거듭제곱을 먼저 계산한다.
② 괄호가 있는 식에서는 (소괄호)→{중괄호}→[대괄호]의 순서로 계산한다.
③ 곱셈, 나눗셈을 먼저 계산하고, 덧셈, 뺄셈을 나중에 계산한다.

(6) 정수의 곱셈

① a를 n개 곱하면 $a\times a\times a\times\cdots\times a=a^n$라 쓰고, a를 밑수, n을 지수라고 한다.

② 같은 부호를 가진 두 수의 곱 : 두 수의 절댓값의 곱에 양의 부호 +를 붙인다. (+)×(+) ⇒ (+), (−)×(−) ⇒ (+)

③ 서로 다른 부호를 가진 두 수의 곱 : 두 수의 절댓값의 곱에 음의 부호 −를 붙인다. (+)×(−) ⇒ (−), (−)×(+) ⇒ (−)

④ 세 개 이상의 수의 곱셈 : 곱한 값의 절댓값은 각 수의 절댓값의 곱과 같고, 부호는 곱해지는 음수의 개수에 따라 다르다. 음수가 짝수 개이면 부호는 (+)이고 음수가 홀수 개이면 부호는 (−) 이다.

⑤ 0과의 곱 : (임의의 수)×0=0

(7) 지수법칙

① $a^m\times a^n=a^{m+n}$ ② $a^m\div a^n=a^{m-n}$ ③ $(a^m)^n=a^{mn}$

④ $\left(\frac{b}{a}\right)^n=\frac{b^n}{a^n}$ ⑤ $a^{-j}=\frac{1}{a^j}$ ⑥ $a^0=1$

(8) 분수식의 사칙 연산

두 정수의 비, 분수 $\frac{n}{m}$ 꼴로 나타낼 수 있는 수이다. (m, n은 정수, $m\neq 0$)

① 분모가 같을 때의 덧셈, 뺄셈 : $\frac{A}{C}\pm\frac{B}{C}=\frac{A\pm B}{C}$ $(C\neq 0)$ (복호동순)

② 분모가 다를 때의 덧셈, 뺄셈 : $\frac{A}{C}\pm\frac{B}{D}=\frac{AD\pm BC}{CD}$: 통분($C\neq 0,\ D\neq 0$)(복호동순)

③ 유리식의 곱셈 : $\frac{A}{B}\times\frac{C}{D}=\frac{AC}{BD}$ (단, $B\neq 0,\ D\neq 0$) ⇒ $\left(\frac{b}{a}\right)^n=\frac{b^n}{a^n}$, $a^{-j}=\frac{1}{a^j}$

④ 유리식의 나눗셈 : $\frac{A}{B}\div\frac{C}{D}=\frac{A}{B}\times\frac{D}{C}=\frac{AD}{BC}$ $(B\neq 0, C\neq 0, D\neq 0)$

⑤ 연분수(번분수) 정리 : 분모와 분자에 분모의 최소공배수를 곱하여 계산한다.

3. 다음 뺄셈을 하여라.

(1) $(+6)-(-2)$

(2) $(+1)-(+2)$

(3) $(-4)-(+2)$

(4) $(-3)-(-2)$

(5) $0-(+5)$

(6) $0-(-5)$

4. 다음 계산을 하시오.

(1) $-1+11-11$

(2) $-6-3+2$

(3) $-8+(-2)+13$

(4) $(+2)+(-7)-(+3)-(-2)$

5. 다음 계산을 하시오.

(1) $(-2)\times(+6)\times(-3)$

(2) $(+2)\times(+3)\times(-1)$

(3) $(-2)^3$

(4) $(-3)^2\times(-4)$

6. 다음 덧셈을 하시오.

(1) $(+2)+\left(+\frac{2}{3}\right)$

(2) $(-1)+\left(-\frac{1}{3}\right)$

(3) $\left(-\frac{1}{2}\right)+\left(+\frac{1}{2}\right)$

(4) $\left(-\frac{1}{4}\right)+\left(+\frac{1}{5}\right)$

(5) $(+3.5)-(+6.5)$

(6) $-\frac{1}{3}-\left(-\frac{3}{2}\right)$

(7) $-\frac{5}{6}-\frac{2}{9}$

(8) $-\frac{2}{3}-\left(-\frac{3}{5}\right)$

(9) $-\frac{1}{3}+\frac{1}{2}-\frac{3}{4}$

(10) $1-\frac{1}{2}-\left(-\frac{1}{4}\right)+\frac{7}{8}$

(11) $\left(-\frac{4}{3}\right)+\left(+\frac{3}{2}\right)+\left(-\frac{1}{3}\right)$

(12) $\left(+\frac{1}{2}\right)+\left(-\frac{4}{5}\right)+\left(+\frac{3}{4}\right)+\left(-\frac{2}{3}\right)$

7. 다음 계산을 하시오.

(1) $\left(-\frac{1}{3}\right)^3\times(-3)^2$

(2) $\frac{1}{4}\times\left(-\frac{2}{5}\right)\times(-20)$

(3) $\left(-\frac{1}{2}\right)\times\left(-\frac{3}{7}\right)\times\left(-\frac{4}{3}\right)$

(4) $(-2)^3\times\left(-\frac{3}{8}\right)\times\frac{2}{3}$

(5) $(-6)\times\frac{1}{5}\times\left(-\frac{1}{3}\right)\times 10$

(6) $\left(-\frac{3}{2}\right)\times\left(-\frac{1}{9}\right)\times(-1)^{10}\times(-1^{10})$

(7) $(-2)^3\div(-4)\times(+3)$

(8) $\left(-\frac{3}{4}\right)\div\left(-\frac{5}{3}\right)\times(-20)$

(9) $(-2)^2\times(-3^3)+(-2)$

(10) $\left(\frac{2}{5}-\frac{1}{3}\right)\div 2-(-2)$

8. 다음을 간단히 하시오.

(1) $(-3)^4$

(2) -3^4

(3) 3^{-4}

(4) $\left(\frac{2}{3}\right)^{-2}$

(5) $8^{-\frac{1}{3}}\times 8^{\frac{1}{6}}$

(6) $16^{\frac{-3}{4}}$

(7) $\left\{\left(\frac{9}{4}\right)^{-\frac{3}{4}}\right\}^{\frac{2}{3}}$

(8) $\left\{\left(\frac{9}{25}\right)^{\frac{5}{4}}\right\}^{\frac{2}{5}}\times\left\{\left(\frac{1}{3}\right)^{-\frac{3}{2}}\right\}^{\frac{4}{3}}$

9. 다음을 계산하시오.

(1) $\frac{3}{4}\div(-12)$

(2) $-\frac{1}{3}\div\left(-\frac{5}{6}\right)$

(3) $\left(-\frac{1}{2}\right)^2\div\left(\frac{5}{6}-\frac{4}{3}\right)$

(4) $\left\{3\times\left(-\frac{5}{2}\right)+5\right\}\div\left(-\frac{5}{2}\right)^2$

(5) $(-2)\div\left(-\frac{2}{5}\right)\times(-3)$

(6) $(-4)-2\times\left[5-\left\{3^2-\left(\frac{7}{4}-\frac{3}{2}\right)\right\}\right]$

(7) $(-1)^{100}+\left[\left(-\frac{1}{2}\right)^2-\left\{1-\left(\frac{5}{3}\div\frac{20}{9}\right)\right\}\right]$

(8) $(-5)+\left[\frac{1}{2}+\left\{\frac{3}{5}\div\left(-\frac{6}{5}\right)\right\}-1\right]$

10. $2+\cfrac{1}{1+\cfrac{1}{4+\cfrac{1}{3}}}$ 을 간단히 하시오.

5 제곱근의 성질 & 연산

(1) 제곱근

어떤 수를 제곱하여 a가 될 때, 즉 $x^2=a$일 때, x를 a의 제곱근이라고 한다.

a의 양의 제곱근을 $\sqrt{x^2}=|x|$, 음의 제곱근을 $-\sqrt{x^2}=-|x|$라 한다.

ex) $x^2=4 \ \Rightarrow \ x=\pm\sqrt{4}=\pm\sqrt{2^2}=\pm 2$

ex) $x^2=5 \ \Rightarrow \ x=\pm\sqrt{5}$

(2) 제곱근의 성질 & 연산

$a \geqq 0, b \geqq 0$일 때,

① $(\sqrt{a})^2=a$, $(-\sqrt{a})^2=a$, $\sqrt{a^2}=a$, $\sqrt{(-a)^2}=a$

② $\sqrt{a^2}=|a|=\begin{cases} a & (a \geq 0) \\ -a & (a<0) \end{cases}$

③ $\sqrt{a}\sqrt{b}=\sqrt{ab}$, $a\sqrt{b}=\sqrt{a^2b}$, $(\sqrt{a}\sqrt{b})^2=(\sqrt{a})^2(\sqrt{b})^2=ab$

↳ $\sqrt{a}\times\sqrt{b}$는 $\sqrt{a}\sqrt{b}$로, $a\times\sqrt{b}$는 $a\sqrt{b}$로 곱셈기호를 생략하여 나타낸다.

④ $\dfrac{\sqrt{a}}{\sqrt{b}}=\sqrt{\dfrac{a}{b}}$, $\left(\dfrac{\sqrt{a}}{\sqrt{b}}\right)^2=\dfrac{(\sqrt{a})^2}{(\sqrt{b})^2}=\dfrac{a}{b}$

⑤ $m\sqrt{a}+n\sqrt{a}=(m+n)\sqrt{a}$, $m\sqrt{a}-n\sqrt{a}=(m-n)\sqrt{a}$ (동류항 계산)

❖ $\sqrt{2}+\sqrt{3} \neq \sqrt{2+3}$ 임에 주의하여야 한다. 계산기를 써서 계산해 보면,

$\sqrt{2}+\sqrt{3}=3.146\ldots$ 이고, $\sqrt{2+3}=2.236\ldots$ 임을 확인할 수 있다.

(3) 분모에 무리식이 있을 경우 유리화를 한다.

① $\dfrac{a}{\sqrt{b}}=\dfrac{a\times\sqrt{b}}{\sqrt{b}\times\sqrt{b}}=\dfrac{a\sqrt{b}}{b}$

② $\dfrac{\sqrt{a}}{\sqrt{b}}=\dfrac{\sqrt{a}\times\sqrt{b}}{\sqrt{b}\times\sqrt{b}}=\dfrac{\sqrt{ab}}{b}$

③ $\dfrac{A}{\sqrt{a}+\sqrt{b}}=\dfrac{A(\sqrt{a}-\sqrt{b})}{(\sqrt{a}+\sqrt{b})(\sqrt{a}-\sqrt{b})}=\dfrac{A(\sqrt{a}-\sqrt{b})}{a-b}$

④ $\dfrac{A}{\sqrt{a}-\sqrt{b}}=\dfrac{A(\sqrt{a}+\sqrt{b})}{(\sqrt{a}-\sqrt{b})(\sqrt{a}+\sqrt{b})}=\dfrac{A(\sqrt{a}+\sqrt{b})}{a-b}$ ⇒ $(a+b)(a-b)=a^2-b^2$을 이용

(4) n제곱근

어떤 수를 n제곱하여 a가 될 때, 즉 $x^n=a$일 때, x를 a의 n제곱근이라고 한다.

$\Rightarrow \ x^n=a \ \Leftrightarrow \ x=\sqrt[n]{a}=a^{\frac{1}{n}}$, $\sqrt[n]{a^m}=a^{\frac{m}{n}}$

ex) $x^3=-8 \ \Rightarrow \ x=\sqrt[3]{-8}=\sqrt[3]{(-2)^3}=-2$

(5) 무리수의 연산은 제곱근의 연산을 따라 계산한다.

11. 다음 식을 간단히 하시오.

(1) $\sqrt{2}\sqrt{8}$

(2) $\sqrt{2}\sqrt{3}\sqrt{7}$

(3) $\sqrt{2^2 \times 7}$

(4) $\sqrt{48}$

(5) $2\sqrt{15} \div (-\sqrt{5})$

(6) $20\sqrt{50} \div 4\sqrt{2}$

(7) $3\sqrt{2} \times 5\sqrt{3}$

(8) $4\sqrt{24} \div 3\sqrt{6}$

12. 다음 식을 간단히 하시오.

(1) $\sqrt{5}-4\sqrt{5}+7\sqrt{5}$

(2) $\sqrt{7}-4\sqrt{7}+5\sqrt{3}$

(3) $\sqrt{12}-5\sqrt{3}$

(4) $-2\sqrt{32}+\sqrt{50}$

(5) $\sqrt{3}(\sqrt{5}-\sqrt{21})$

(6) $\frac{\sqrt{3}}{2}(5-4\sqrt{6})-3(2\sqrt{3}-3\sqrt{2})$

13. 다음 식을 간단히 하시오.

(1) $\sqrt{12}-\sqrt{20}+\sqrt{27}-\sqrt{45}$

(2) $\sqrt{45}-5(\sqrt{5}-2)-2\sqrt{20}$

(3) $\sqrt{20}-\sqrt{27}+\sqrt{45}-\sqrt{75}$

(4) $\sqrt{48}-3\sqrt{12}+2\sqrt{3}+2\sqrt{27}$

14. 다음 수의 분모를 유리화 하시오.

(1) $\dfrac{\sqrt{3}}{\sqrt{7}}$

(2) $\dfrac{2}{3\sqrt{2}}$

(3) $\dfrac{2}{\sqrt{27}}$

(4) $\dfrac{6\sqrt{5}}{\sqrt{3}}$

(5) $\dfrac{3\sqrt{2}+2}{\sqrt{6}}$

(6) $\dfrac{3\sqrt{2}}{2\sqrt{3}}$

(7) $\dfrac{2-\sqrt{3}}{2+\sqrt{3}}$

(8) $\dfrac{\sqrt{2}+1}{\sqrt{2}-1}$

(9) $\dfrac{1}{\sqrt{5}-2}$

(10) $\dfrac{\sqrt{3}}{2+\sqrt{3}}$

15. 다음 식을 간단히 하시오.

(1) $\sqrt{48}-(-\sqrt{5})^2-\dfrac{9}{\sqrt{3}}$

(2) $2\sqrt{3}(1-\sqrt{3})+\dfrac{3}{\sqrt{3}}-\sqrt{12}$

(3) $\sqrt{\dfrac{16}{25}}\div\sqrt{(-4)^2}+\sqrt{0.09}\times(-\sqrt{10})^2$

(4) $\dfrac{\sqrt{18}}{3}+2\sqrt{27}+\dfrac{4}{2\sqrt{2}}-\sqrt{48}$

(5) $\sqrt{2}(4+\sqrt{6})-(\sqrt{6}+3)\div\sqrt{3}$

(6) $\sqrt{2}(3\sqrt{6}-3)-\dfrac{\sqrt{24}-4}{\sqrt{3}}-\sqrt{27}-\dfrac{\sqrt{32}}{3}$

선배들의 이야기 ++

복습 +질문, 두 개만 잘해도 중간은 간다

첫째. 수업에 대한 당일 복습이 반드시 이루어져야 합니다.
둘째. 복습하는 데 있어서 조금이라도 모르는 것이 있다면 반드시 질문을 통해 본인의 것으로 만들어야 합니다. '뭐 이것쯤이야.' 하는 생각으로 넘어가면 안 됩니다. 꼭 질문하세요. 복습+질문. 이 두 가지만 철저하게 해도 중간 이상의 실력을 얻을 수 있다고 생각합니다.

양보단 질! 문제풀이도 좋지만 이론을 놓치지 마세요

복습을 하실 때에 문제풀이에 집중하는 것도 중요하지만 이론을 확실히 공부해주세요. 특히 미분&적분, 선형대수는 문제풀이보다 이론이 정말 중요합니다. 저는 초반에 이론 복습보다 문제풀이에 집중을 했었기 때문에 나중에 고생을 좀 했습니다. 이 문제가 왜 이렇게 풀릴 수 있는 것인지 본인의 입으로 설명할 수 있을 정도로 이론 공부를 해주세요. 미분&적분의 이론 지식은 정말 끝까지 요구됩니다. 교수님의 기본서와 각 학교 기출문제 이외에 다른 문제집에는 눈독들이지 마시고 기본서를 최대한, 정말 최대한 많이 반복해주세요. 그렇게 하시면서도 정 불안하다 싶으시면 그때 다른 문제집 한 권 정도만 풀어주세요. 수학은 반복이 전부라 해도 과언이 아닐 정도로 복습이 중요합니다. 많은 문제집을 건드리면 공부의 질(Quality)이 떨어진다는 것이 제 생각입니다.

무엇보다 가장 중요한 것은 확실한 목표의식을 갖고 공부를 해야 한다는 사실입니다. 여기서 말한 목표란 비단 대학뿐 아니라 대학을 넘어 인생의 목표를 말합니다. 확실한 목표가 있어야 흔들리지 않으며 힘들 때 동기부여가 되기 때문입니다.

- 장동휘(한양대학교 기계공학부)

6 실수의 대소 관계

임의의 실수 a, b, c에 대하여

(1) $a-b>0$ 이면 $a>b$, $a-b=0$ 이면 $a=b$, $a-b<0$ 이면 $a<b$

(2) $a>b \Rightarrow a+c>b+c, \quad a-c>b-c$

(3) $a>b \Rightarrow \begin{cases} c>0 \Rightarrow ac>bc, & \dfrac{a}{c}>\dfrac{b}{c} \\ c<0 \Rightarrow ac<bc, & \dfrac{a}{c}<\dfrac{b}{c} \end{cases}$

7 복소수의 정의 : $z=a+ib \ (a, b \in R)$ 의 형식으로 표현되는 수

(1) $\boldsymbol{i}$는 허수단위 : $\boldsymbol{i=\sqrt{-1}, i^2=-1}$

$i=\sqrt{-1}=i^5=\cdots, i^2=-1=i^6=\cdots, i^3=-i=i^7=\cdots, i^4=1=i^8=\cdots$

(2) $\boldsymbol{z=a+ib}$의 실수부분 $\boldsymbol{Re(z)=a}$, 허수부분 $\boldsymbol{Im(z)=b}$

(3) 복소수가 서로 같을 조건 ① $a+bi=0 \Leftrightarrow a=0, \ b=0$

② $a+bi=c+di \Leftrightarrow a=c, \ b=d$

(4) 복소수 $\boldsymbol{z=x+iy}$ 에 대해, 실수부분은 그대로 두고, 허수부분의 부호만 바꾼 복소수를 켤레복소수(complex conjugate) 또는 공액복소수 $\boldsymbol{\overline{z}=x-iy}$ 라고 한다.

(5) $\overline{z_1+z_2}=\overline{z_1}+\overline{z_2}, \ \overline{z_1-z_2}=\overline{z_1}-\overline{z_2}, \ \overline{z_1 \cdot z_2}=\overline{z_1} \cdot \overline{z_2}, \ \overline{\left(\dfrac{z_1}{z_2}\right)}=\dfrac{\overline{z_1}}{\overline{z_2}}$

8 복소수의 사칙연산

복소수 $\boldsymbol{z_1=x_1+iy_1, \ z_2=x_2+iy_2}$에 대해, 다음과 같이 연산을 정의한다.

(1) 덧셈 : $z_1+z_2=(x_1+x_2)+i(y_1+y_2)$

(2) 뺄셈 : $z_1-z_2=(x_1-x_2)+i(y_1-y_2)$

(3) 곱셈 : $z_1z_2=(x_1+iy_1)(x_2+iy_2)=(x_1x_2-y_1y_2)+i(x_1y_2+x_2y_1)$

(4) 나눗셈 : $\dfrac{z_1}{z_2}=\dfrac{x_1+iy_1}{x_2+iy_2}=\dfrac{(x_1+iy_1)(x_2-iy_2)}{{x_2}^2+{y_2}^2}=\dfrac{x_1x_2+y_1y_2}{{x_2}^2+{y_2}^2}+i\dfrac{x_2y_1-x_1y_2}{{x_2}^2+{y_2}^2}$

(5) 위의 정의를 외우려 할 필요가 없음을 알 수 있다. 복소수를 더하거나 뺄 때는 실수부분끼리, 허수부분끼리 연산하면 된다. $\boldsymbol{i^2=-1}$ 이라는 것에 유의한다.

9 복소수 연산의 성질

$z_1, z_2, z_3 \in \mathbb{C}$	복소수의 덧셈	복소수의 곱셈
교환법칙	$z_1+z_2=z_2+z_1$	$z_1z_2=z_2z_1$
결합법칙	$z_1+(z_2+z_3)=(z_1+z_2)+z_3$	$z_1(z_2z_3)=(z_1z_2)z_3$
분배법칙	$z_1(z_2+z_3)=z_1z_2+z_1z_3$	
닫혀있다	$z_1+z_2 \in \mathbb{C}$	$z_1 \cdot z_2 \in \mathbb{C}$

16. $A=4\sqrt{2}-1$, $B=4$, $C=5\sqrt{2}-1$ 일 때, A, B, C의 대소 관계를 나타내시오.

17. 다음을 $a+bi$의 꼴로 나타내시오. (단, a, b는 실수)

(1) $(3+2i)+(2-3i)$

(2) $(2+3i)(2-i)$

(3) $\dfrac{1-2i}{3+4i}$

(4) $\dfrac{(1+i)^2}{2}$

18. $\dfrac{3+2i}{3-2i}=a+bi$일 때, $a+b$의 값은? (단, a, b는 실수, $i=\sqrt{-1}$)

19. $\left(\dfrac{1+i}{2}\right)^{20}+\left(\dfrac{1-i}{2}\right)^{20}$을 간단히 한 결과는? (단, $i^2=-1$)

20. $z=2+i$일 때, $z+\bar{z}$와 $z\bar{z}$의 값을 각각 구하시오.

3 다항식의 연산

1 단항식과 다항식

(1) 단항식 : 곱으로만 이루어진 식

① 차수 : 곱해진 문자의 개수

② 계수 : 특정한 문자를 제외한 나머지 부분

(2) 다항식 : 단항식의 합

① 항 : 다항식을 이루고 있는 각 단항식

② 동류항 : 특정한 문자 부분이 같은 항

③ 차수 : 포함된 단항식의 차수 중 가장 큰 차수

ex) 다항식 $3x^3y+4xy^2+5$의 차수는 x, y에 대하여 4이고

항은 $3x^3y,\ 4xy^2,\ 5$의 세 개이고, 5는 상수항이라고 한다.

2 다항식의 연산

$x, y \in \mathbb{R}$일 때, 다항식을 $f(x, y), g(x, y), h(x, y)$라고 하자.

각각의 식은 실수의 성분으로 구성되어 있기 때문에 다항식의 연산 또한 실수의 연산과 동일하다.

$f, g, h \in$ 다항식	다항식의 덧셈	다항식의 곱셈
교환법칙	$f+g=g+f,\ f-g=-g+f$	$fg=gf$
결합법칙	$(f+g)+h=f+(g+h)$	$(fg)h=f(gh)$
분배법칙	$m(f+g)=(f+g)m=mf+mg,\ (f+g)\div h=(f+g)\times\frac{1}{h}=\frac{f+g}{h}$	

3 곱셈공식

① $m(x+y)=mx+my,\ m(x-y)=mx-my$

② $(x+y)^2=x^2+2xy+y^2,\ (x-y)^2=x^2-2xy+y^2$

③ $(x+y)(x-y)=x^2-y^2$

④ $(x+a)(x+b)=x^2+(a+b)x+ab$

⑤ $(x+a)(x+b)(x+c)=x^3+(a+b+c)x^2+(ab+bc+ca)x+abc$

⑥ $(ax+b)(cx+d)=acx^2+(ad+bc)x+bd$

⑦ $(x+y+z)^2=x^2+y^2+z^2+2(xy+yz+xz)$

⑧ $(x+y)^3=x^3+3x^2y+3xy^2+y^3=x^3+3xy(x+y)+y^3$

⑨ $(x-y)^3=x^3-3x^2y+3xy^2-y^3=x^3-3xy(x-y)-y^3$

⑩ $(x+y+z)(x^2+y^2+z^2-xy-yz-xz)=x^3+y^3+z^3-3xyz$

21. 다음 중 다항식 $3x^2-x+5$에 대한 설명으로 옳은 것은?

① 항은 $3x^2$, x, 5이다.
② x에 대한 일차식이다.
③ 상수항은 5이다.
④ x의 계수는 1이다.

22. $(x^4+3x+1)(x^2+3x+2)^2$ 의 전개식에서 일차항의 계수는?

23. 세 다항식 $A=x^3-3x^2+2$, $B=x^3+4x+3$, $C=x^2+2x+1$에 대하여 $2A-(B+C)$를 x로 나타내어라.

24. 다음 식을 전개하시오.

(1) $(x+2)^2$

(2) $(2x+3)^2$

(3) $(3x+1)^2$

(4) $(3x-1)^2$

(5) $(x+2)(x-2)$

(6) $(3x-1)(3x+1)$

(7) $(2x+3)(2x+5)$

(8) $(3x-3)(2x+5)$

(9) $(x+2)^3$

(10) $(x-3)^3$

25. 다음 식을 전개하여 간단히 하시오.

(1) $2x(3x-2)$

(2) $3a(2a-b+c)$

(3) $2a(3a-2)-6a(3a-7)$

(4) $(x-2y)(-3x+y)$

(5) $(2a-b)(3a+b-2)$

(6) $(x+5)^2$

(7) $(2x-3)^2$

(8) $(2x-3)(2x+3)$

(9) $(x+3)(x+5)$

(10) $(2a+3)(2a-1)$

(11) $(\sqrt{8}-\sqrt{2}y)(\sqrt{8}+\sqrt{2}y)$

(12) $(3\sqrt{2}+2x)^2$

(13) $(3a+5)(a+4)$

(14) $(2x+3)(4x-2)$

(15) $(3x+2y)(4x-5y)$

(16) $(-2x+3y+5)3x$

(17) $(2a-5)^2$

(18) $(3a^2+b)(3a^2-b)$

(19) $(3x+2)^3$

(20) $(x+2y+3z)^2$

26. $(x-7)(x+a)=x^2-2x-35$ 일 때, a 의 값을 구하시오.

4 곱셈공식의 변형

① $a^2+b^2=(a+b)^2-2ab=(a-b)^2+2ab$

② $a^3-b^3=(a-b)^3+3ab(a-b)$

③ $a^3+b^3=(a+b)^3-3ab(a+b)$

④ $a^2+b^2+c^2=(a+b+c)^2-2(ab+bc+ca)$

⑤ $a^2+b^2+c^2-ab-bc-ca=\frac{1}{2}\{(a-b)^2+(b-c)^2+(c-a)^2\}$

5 유리식(분수식)

분수 꼴의 식을 유리식이라 한다. 특히 분모에 미지수가 있는 식을 분수식이라 한다.

(1) 분모가 같을 때 합 · 차 : $\frac{A}{C}\pm\frac{B}{C}=\frac{A\pm B}{C}$ $(C\neq 0)$ (복호동순)

(2) 분모의 다를 때 합 · 차 : $\frac{A}{C}\pm\frac{B}{D}=\frac{AD\pm BC}{CD}$ $(C\neq 0,\ D\neq 0)$ (복호동순)

(3) 유리식의 곱셈 : $\frac{A}{B}\times\frac{C}{D}=\frac{AC}{BD}$ $(B\neq 0, D\neq 0)$

(4) 유리식의 나눗셈 : $\frac{A}{B}\div\frac{C}{D}=\frac{A}{B}\times\frac{D}{C}=\frac{AD}{BC}$ $(B\neq 0, C\neq 0, D\neq 0)$

(5) 연분수식(번분수) 정리 : 분모와 분자에 분모의 최소공배수를 곱하여 계산한다.

6 무리식의 유리화

(1) 분모 또는 분자가 $\sqrt{a}$ 일 경우, $\frac{\sqrt{a}}{\sqrt{a}}(=1)$를 곱한다.

(2) 분모 또는 분자가 $\sqrt{a}-\sqrt{b}$ 일 경우, $\frac{\sqrt{a}+\sqrt{b}}{\sqrt{a}+\sqrt{b}}(=1)$를 곱한다.

(3) 분모 또는 분자가 $\sqrt{a}+\sqrt{b}$ 일 경우, $\frac{\sqrt{a}-\sqrt{b}}{\sqrt{a}-\sqrt{b}}(=1)$를 곱한다.

7 이중근호

(1) $\sqrt{a+b\sqrt{c}}$ 와 같이 근호 안에 근호가 들어있는 것을 이중근호라고 한다.

(2) $a=x+y, b=xy$를 만족하는 두 양의 실수 x, y가 존재할 때,

$\sqrt{a+2\sqrt{b}}=\sqrt{x}+\sqrt{y}$, $\sqrt{a-2\sqrt{b}}=\sqrt{x}-\sqrt{y}$ $(x>y>0)$의 꼴로 변형된다.

27. $x+y=3$이고, $xy=4$일 때, x^2+y^2 의 값을 구하시오.

28. $x^2-3x+1=0$일 때, 다음 식의 값을 구하시오.

(1) $x^2+\frac{1}{x^2}$ (2) $x^3+\frac{1}{x^3}$ (3) $x^4+\frac{1}{x^4}$

29. 다음을 전개하여 간단히 하시오.

(1) $\frac{2a-3b}{3}-\frac{a-3b}{4}$

(2) $(12-18y+24y^2)\div 6y$

(3) $(2a^2b-3ab^2)\div\left(-\frac{1}{3}ab\right)$

(4) $\frac{1}{x+2}+\frac{1}{x+3}$

(5) $\frac{1}{x(x+1)}-\frac{1}{(x+1)(x+2)}$

(6) $\frac{1-\frac{1}{a^2}}{1-\frac{1}{a}}$

(7) $\frac{\frac{x}{x+1}-\frac{1+x}{x}}{\frac{x}{x+1}+\frac{1-x}{x}}$

(8) $\frac{a+2}{a-\frac{2}{a+1}}$

30. $(2x^3+3x^2+x-13)\div(2x-3)$의 몫과 나머지를 구하시오.

31. 다음 식을 간단히 하시오.

(1) $\frac{5x^2}{(\sqrt{x})^3}$ (2) $\frac{3x^4}{(x^{-2})^3}$ (3) $\frac{-\sqrt{x}}{5x^{-1}}$

32. $x=\frac{1}{2}(\sqrt{5}-1)$일 때, $\dfrac{1}{1+\dfrac{1}{1+\dfrac{1}{x+1}}}$의 값은?

33. 다음 식을 유리화 하시오.

(1) $\dfrac{2}{\sqrt{x+2}+\sqrt{x}}$

(2) $\dfrac{4}{\sqrt{x+1}+\sqrt{x-1}}$

(3) $\dfrac{x}{\sqrt{x+4}-2}$

34. 다음을 간단히 계산하시오.

(1) $\sqrt{3+2\sqrt{2}}$

(2) $\sqrt{7-2\sqrt{10}}$

(3) $\sqrt{3+\sqrt{5}}$

(4) $\sqrt{2-\sqrt{3}}$

4 인수분해

1 인수분해

(1) 인수 : 하나의 다항식을 두 개 이상의 단항식이나 다항식의 곱으로 나타낼 때, 각각의 식을 처음 식의 인수라 한다.

(2) 인수분해 : 하나의 다항식을 2개 이상의 단항식이나 다항식의 곱으로 나타내는 것을 그 식을 인수분해한다고 한다.

$$(x+3)(x+4) \underset{\text{인수분해}}{\overset{\text{전개}}{\rightleftarrows}} x^2+7x+12$$

2 인수분해 공식

(1) 공통인수에 의한 인수분해 공식 : $ma+mb=m(a+b)$

(2) 완전제곱식에 의한 인수분해 공식 : $a^2+2ab+b^2=(a+b)^2$, $a^2-2ab+b^2=(a-b)^2$

(3) 합과 차의 제곱에 의한 인수분해 공식 : $a^2-b^2=(a+b)(a-b)$

(4) x^2의 계수가 1인 이차식의 인수분해 공식 : $x^2+(a+b)x+ab=(x+a)(x+b)$

(5) x^2의 계수가 1이 아닌 이차식의 인수분해 공식 : $acx^2+(ad+bc)x+bd=(ax+b)(cx+d)$

(6) $x^3+y^3=(x+y)(x^2-xy+y^2)$

(7) $x^3-y^3=(x-y)(x^2+xy+y^2)$

3 곱셈공식을 활용할 수 없는 2차식의 인수분해

$x^2+4x-5 = (x+5)(x-1)$

$x \quad\quad 5 = 5x \rightarrow (x+5)$

$x \quad -1 = -x \rightarrow (x-1)$

35. $4x^2(x+1)(x-1)$ 의 인수가 아닌 것은?

① x　　② x^2　　③ $(x-1)$

④ $(x+1)$　　⑤ x^2+1

36. 다음을 인수분해 하시오.

(1) $an+bn+cn$　　(2) $2x^2y-4xy^2$

(3) x^2y+3x^2　　(4) $2a(a+b)^2-(a-b)(a+b)$

37. 다음을 인수분해 하시오.

(1) x^2+3x+2

(2) x^2-3x+2

(3) x^2-x-6

(4) x^2+x-6

(5) $2x^2+7x+5$

(6) $5x^2-9x-2$

(7) $12x^2-34x+24$

(8) x^2-4

(9) $4x^2-9y^2$

(10) $(a+1)(a-1)+3(a+1)$

(11) $8a^2b-24ab+18b$

(12) $am^2-14am+49a$

(13) $4x^2+4x+1$

(14) $x^2+6xy+9y^2$

(15) am^2-49a

(16) $-2a^2+72$

(17) $x^2+11xy+28y^2$

(18) $x^2+2x-35$

(19) $2x^2-3xy+y^2$

(20) $12a^2+19ab+5b^2$

38. 다음 식을 인수분해 하시오.

(1) x^3y-4xy

(2) $4x^2-25$

(3) x^4+27x

(4) $3x^{\frac{3}{2}}-9x^{\frac{1}{2}}+6x^{-\frac{1}{2}}$

(5) $3y^2-2y-5$

(6) $4x^3-88x^2+480x$

(7) $2x^2-3x-27$

(8) $(x-2)^2-3(x-2)-18$

39. 다음 식을 인수분해하여 a, b를 구하시오.

(1) $x^2-x-6=(x-a)(x+2)$

(2) $x^2+7x+12=(x+3)(x+b)$

(3) $6x^2-x-12=(2x-3)(ax+b)$

(4) $8x^2+2x-3=(4x+3)(ax-b)$

40. 다음 식이 완전제곱식이 되도록 □ 안에 알맞은 수를 써넣어라.

(1) $a^2+10a+\square$

(2) $a^2+\square+16$

(3) $4a^2+20a+\square$

(4) $a^2+a+\square$

41. 다음 식을 인수분해하여 □ 안에 알맞은 수를 넣어라.

(1) $x^2-9y^2=x^2-\square^2=(x+\square)(x-\square)$

(2) $a^2-4=a^2-\square^2=(a+\square)(a-\square)$

42. 인수분해 공식을 이용하여 $\sqrt{52^2-48^2}$ 를 계산하시오.

43. 다음 식을 인수분해 하시오.

(1) $3x-ax$

(2) a^2-3a

(3) $6a^2b-9ab^2$

(4) $6x^2y^2+x^2y+3xy$

(5) $8x^3y^2-4x^2y^2+12x^2y^3$

(6) $a(2x-y)-b(y-2x)$

(7) $xy(a+3)-2(a+3)$

(8) $(2x-1)(2x-4)+(2x+1)(2x-1)$

(9) $16x^2-24xy+9y^2$

(10) $4a^2-28ab+49b^2$

(11) $64a^2-48ab+9b^2$

(12) $ab^2c-4abc+4ac$

(13) $x^2y+6xy+9y$

(14) $9a^2-4b^2$

(15) a^4-b^4

(16) $a^2-(b-c)^2$

(17) $a^2+2ab+b^2-c^2$

(18) x^2+x-2

(19) $x^2-xy-12y^2$

(20) $x^2-6xy+8y^2$

(21) $6x^2+11x+3$

(22) $6x^2+x-2$

(23) $15x^2+8xy-12y^2$

(24) $a^3+9a^2+27a+27$

(25) x^3-8

(26) $8x^3-1$

(27) $8x^3-12x^2+6x-1$

(28) x^3+27

(29) $27x^5y-8x^2y^4$

(30) x^6-y^6

4 조립제법 : 3차 이상의 다항식의 인수분해

다항식의 값을 0으로 하는 x값을 하나 알게 되면 쉽게 인수분해 할 수 있다.

ex) $2x^3-3x^2-x+2$은 $x=1$에서 다항식의 값이 0이 된다. 조립제법을 다음과 같이 시행한다.

	2	-3	-1	2
1	↓	2	-1	-2
	2	-1	-2	0

➤ $2x^3-3x^2-x+2$
$=(x-1)(2x^2-x-2)$

44. 다음 식을 인수분해 하시오.

(1) x^3-4x^2+x+6

(2) x^3-3x+2

(3) $x^3+2x^2-11x-12$

(4) x^3-3x^2-5x-1

(5) x^3-3x^2+5x-3

(6) $x^3-7x+6=0$

(7) $x^3+x^2-8x-12$

(8) $12x^3+16x^2-5x-3$

(9) $2x^3+3x^2+6x-4$

(10) $x^4+3x^3+x^2+x-6$

(11) x^4-6x^2+5

(12) $x^4+2x^3-36x^2+88x-64$

(13) x^3-3x^2-x+3

(14) x^3+x^2-5x+3

(15) $x^4+2x^3-9x^2-2x+8$

(16) $x^2+2y^2+3xy+y-1$

5 나머지 정리

(1) 다항식 $f(x)$를 일차식 $(x-a)$로 나누었을 때 몫을 $Q(x)$, 나머지를 R이라 하면

$\Rightarrow f(x)=(x-a)Q(x)+R \Rightarrow f(a)=R$

(2) 다항식 $f(x)$를 일차식 $(x-a)$로 나누었을 때 나누어 떨어진다면 $\Rightarrow f(x)=(x-a)Q(x) \Rightarrow f(a)=0$

(3) 조립제법을 이용해서 다항식 $f(x)$를 일차식 $(x-a)$로 나누는 방법

ex) $(x^3+2x+3)\div(x-1) \Rightarrow$ 몫 : x^2+x+3, 나머지: 6

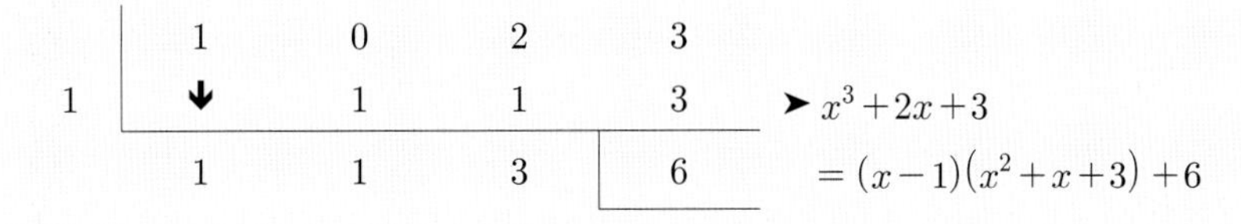

	1	0	2	3	
1	↓	1	1	3	➤ x^3+2x+3
	1	1	3	6	$=(x-1)(x^2+x+3)+6$

45. 다항식 $f(x)=3x^3+x^2+ax-2$가 $x-1$로 나누어 떨어지도록 하는 상수 a의 값은?

46. $x^2+ax+10$ 이 $x+5$로 나누어 떨어질 때, a의 값을 구하시오.

47. 두 다항식 $f(x)$, $g(x)$ 에 대하여 $f(x)+g(x)$ 를 $x-2$로 나눈 나머지가 10 이고 $\{f(x)\}^2+\{g(x)\}^2$ 을 $x-2$로 나눈 나머지가 58 일 때, $f(x)g(x)$ 를 $x-2$로 나눈 나머지를 구하시오.

48. 다항식 $f(x)$를 $(x-1)(x+1)$로 나눈 나머지가 $3x+1$이라고 한다. 이 다항식 $f(x)$를 일차식 $x-1$로 나눈 나머지를 a, 일차식 $x+1$로 나눈 나머지를 b라고 할 때, $a+b$의 값은?

6 부분분수

유리식의 분모가 인수분해가 된다면 부분분수로 나타낼 수 있다.

(1) $\frac{1}{A}+\frac{1}{B}=\frac{A+B}{AB} \Leftrightarrow \frac{1}{AB}=\frac{1}{A+B}\left(\frac{1}{A}+\frac{1}{B}\right)$

(2) $\frac{1}{A}-\frac{1}{B}=\frac{B-A}{AB} \Leftrightarrow \frac{1}{AB}=\frac{1}{B-A}\left(\frac{1}{A}-\frac{1}{B}\right)$

(3) $\frac{c}{(x-a)(x-b)}=\frac{\frac{c}{a-b}}{x-a}+\frac{\frac{c}{b-a}}{x-b}$

(4) $\frac{c}{(x-a)(x-b)^2}=\frac{\frac{c}{(a-b)^2}}{x-a}+\frac{-\frac{c}{(a-b)^2}}{x-b}+\frac{\frac{c}{b-a}}{(x-b)^2}$

❖ 적분, 급수, 공학수학의 라플라스변환, 복소 적분 등에서 계속 이용되는 연산입니다.

49. 다음 유리식을 부분분수로 나타내시오.

(1) $\frac{1}{x^2-2x}$

(2) $\frac{x}{(x+1)(x+2)}$

(3) $\frac{x^2+5x+2}{(x+1)(x^2+1)}$

(4) $\frac{1}{(x+2)(x+3)^2}$

(5) $\frac{x^2+x+3}{x(x+1)^2}$

(6) $\frac{x^5+2}{x^2-1}$

Areum Math Tip

진분수 + 진분수 = 진분수가 되기 때문에 부분분수를 만들 때 진분수를 진분수 + 진분수의 형태로 쪼갤 수 있다.

1. $\dfrac{cx+d}{(x+a)(x+b)}=\dfrac{A}{x+a}+\dfrac{B}{x+b}$ 일 때, A, B 구하기 위해서 항등식의 원리를 통해서 빠르게 구할 수 있다.

(ⅰ) A 구하기 위해서 양변에 $x+a$를 곱한다. $\Rightarrow$ $A+\dfrac{B(x+a)}{x+b}=\dfrac{cx+d}{x+b}$

$\Rightarrow$ 양변에 $x=-a$를 대입 $\Rightarrow$ $A=\dfrac{-ac+d}{-a+b}=\dfrac{ac-d}{a-b}$

(ⅱ) B 구하기 위해서 양변에 $x+b$를 곱한다 $\Rightarrow$ $\dfrac{A(x+b)}{x+a}+B=\dfrac{cx+d}{x+a}$

$\Rightarrow$ 양변에 $x=-b$를 대입 $\Rightarrow$ $B=\dfrac{-bc+d}{-b+a}=\dfrac{-bc+d}{a-b}$

2. $\dfrac{dx^2+ex+f}{(x+a)(x^2+bx+c)}=\dfrac{A}{x+a}+\dfrac{Bx+C}{x^2+bx+c}$ 일 때, A는 항등식의 원리로 구할 수 있다.

(ⅰ) A 구하기 위해서 양변에 $x+a$를 곱한다. $\Rightarrow$ $\dfrac{dx^2+ex+f}{x^2+bx+c}=A+\dfrac{(Bx+C)(x+a)}{x^2+bx+c}$

$\Rightarrow$ 양변에 $x=-a$를 대입 $\Rightarrow$ $A=\dfrac{a^2d-ae+f}{a^2-ab+c}$

(ⅱ) B와 C는 통분의 원리로 구한다.

$A(x^2+bx+c)+(Bx+C)(x+a)=dx^2+ex+f$에서 A의 값은 먼저 구했기 때문에 그 숫자를 대입해서 좌변과 우변에 대한 식정리를 통해 B, C를 찾을 수 있다.

3. $\dfrac{cx^2+dx+e}{(x+a)(x+b)^2}=\dfrac{A}{x+a}+\dfrac{Bx+C}{(x+b)^2}$ 항등식과 통분의 원리로 A, B, C를 구할 수 있다.

그러나 궁극적인 목표인 적분을 하기 위해서 불편함이 있다.

따라서 적분을 조금 더 편하게 하기 위해서 부분분수를 다음과 같이 만들어보자.

(ⅰ) $\dfrac{cx^2+dx+e}{(x+a)(x+b)^2}=\dfrac{A}{x+a}+\dfrac{B}{x+b}+\dfrac{C'}{(x+b)^2}$

(ⅱ) A는 항등식의 원리로 양변에 $x+a$를 곱하고 양변에 $x=-a$를 대입한다.

(ⅲ) B와 C는 통분의 원리로 구하자.

$A(x+b)^2+B(x+a)(x+b)+C'(x+a)=cx^2+dx+e$에서 A의 값은 먼저 구했기 때문에 그 숫자를 대입해서 좌변과 우변에 대한 식 정리를 통해 B, C를 찾을 수 있다.

5 N차 방정식

1 방정식

(1) 등식에 포함된 미지수의 값에 따라 참이 되기도 하고 거짓이 되기도 하는 등식을 말한다.

(2) 방정식을 참이 되게 하는 미지수의 값을 방정식의 해 또는 근이라 하고, 방정식의 해를 구하는 것을 방정식을 푼다고 한다.

(3) 등식의 성질 $A=B \Leftrightarrow \begin{cases} A\pm\bigstar = B\pm\bigstar \\ A\times\bigstar = B\times\bigstar \end{cases}$

2 일차방정식

(1) $ax=b\ (a\neq 0)$의 꼴로 변형할 수 있는 방정식을 x에 대한 일차방정식이라 한다.

(2) 일차방정식의 풀이 : 미지수를 포함한 항을 좌변, 상수항을 우변으로 이항하여 $ax=b$의 꼴로 변형한 후,

i) $a\neq 0$이면 $x=\dfrac{b}{a}$ (단 하나의 해)

ii) $a=0,\ b\neq 0$이면 해는 존재하지 않는다.

iii) $a=0,\ b=0$이면 무수히 많은 해를 가진다.

(3) 절댓값 기호를 포함한 일차방정식

i) 절댓값 기호 안의 식의 값이 0이 되는 x의 값을 기준으로 x의 값의 범위를 나눈다.

ii) 각 범위에서 절댓값 기호를 없앤 후 x의 값을 구한다.

iii) 위 ii)에서 구한 x의 값 중 해당 범위에 속하는 것만을 주어진 방정식의 해로 한다.

(4) 절댓값 기호가 2개 있을 때, $|x-\alpha|+|x-\beta|=k(\alpha<\beta)$꼴일 때, 절댓값 기호 안의 식의

$x-\alpha=0,\ x-\beta=0$이 되는 x의 값을 기준으로 다음 세 구간 $x<\alpha,\ \alpha\leq x<\beta,\ x\geq\beta$ 로 나눈다.

3 이차방정식

$ax^2+bx+c=0\ (a\neq 0)$ 꼴로 변형할 수 있는 방정식을 x에 대한 이차방정식이라 한다.

(1) 인수분해 : $a(x-\alpha)(x-\beta)=0 \Leftrightarrow x=\alpha,\beta$

(2) 근의 공식 : $x=\dfrac{-b\pm\sqrt{b^2-4ac}}{2a}$

(3) $ax^2+2b'x+c=0$ 인 경우 : $x=\dfrac{-b'\pm\sqrt{(b')^2-ac}}{a}$

(4) 근과 계수의 관계 : ① $\alpha+\beta=-\dfrac{b}{a}$ ② $\alpha\beta=\dfrac{c}{a}$

50. 다음 일차방정식을 풀어라.

(1) $4x-2(x-2)=10$

(2) $0.2x-1.6=0.4(x-3)$

(3) $\frac{2x-1}{3}-1=\frac{3x+2}{5}+2$

(4) $|x-1|=2x+7$

(5) $|x-1|+|x-2|=x+3$

51. 다음 이차방정식을 풀어라.

(1) $x^2-5x+6=0$

(2) $x^2-7x+10=0$

(3) $x^2-25=0$

(4) $2x^2-7x+6=0$

(5) $2x^2+9x+4=0$

(6) $25x^2+10x+1=0$

(7) $x^2-4x-2=0$

52. 이차방정식 $x^2-4x+7=0$을 완전제곱식 $(x+A)^2=B$의 꼴로 나타낼 때, $A+B$의 값은?

53. 이차방정식 $x^2-4x-3=0$ 의 두 근을 $\alpha,\ \beta$ 라고 할 때, 다음 식의 값을 구하시오.

(1) $\alpha^2+\beta^2$

(2) $\alpha^3+\beta^3$

(3) $\alpha^5+\beta^5$

(4) $|\alpha-\beta|$

(5) $(\alpha-3\beta+1)(\beta-3\alpha+1)$

(6) $\frac{1}{\alpha}+\frac{1}{\beta}$

(7) $\frac{\alpha}{\beta^2}+\frac{\beta}{\alpha^2}$

54. x에 대한 이차방정식 $x^2-2ax=-a-1$의 두 근의 비가 $3:1$이 되도록 하는 모든 상수 a의 값들의 곱은?

4 삼차방정식

$ax^3+bx^2+cx+d=0\ (a\neq 0)$

(1) $f(\alpha)=0$을 만족하는 α(d의 약수)를 찾아서 조립제법을 한다.

(2) 인수분해 또는 조립제법 $a(x-\alpha)(x-\beta)(x-\gamma)=0\ (a\neq 0) \Leftrightarrow x=\alpha,\ \beta,\ \gamma$

(3) 근과 계수의 관계 : ① $\alpha+\beta+\gamma=-\dfrac{b}{a}$ ② $\alpha\beta+\alpha\gamma+\beta\gamma=\dfrac{c}{a}$ ③ $\alpha\beta\gamma=-\dfrac{d}{a}$

55. 다음 방정식의 해를 구하시오.

(1) $x^3=1$

(2) $x^3=-1$

(3) $x^3-2x^2-x+2=0$

(4) $x^3-5x^2-x+5=0$

(5) $x^4+3x^2-4=0$

56. 삼차방정식 $x^3+x-1=0$의 세 근을 $\alpha,\ \beta,\ \gamma$라 할 때, 다음을 구하시오.

(1) $\alpha+\beta+\gamma$

(2) $\alpha\beta\gamma$

(3) $\alpha^2+\beta^2+\gamma^2$

57. 삼차방정식 $x^3-5x+2=0$의 세 근을 각각 $\alpha,\ \beta,\ \gamma\ (\alpha<\beta<\gamma)$라 할 때, $\gamma-(\alpha+\beta)$의 값을 구하면?

58. 삼차방정식 $3x^3+ax^2+bx-15=0$의 한 근이 $2+i$일 때, 나머지 두 근의 합을 구하시오.
(단, $a,\ b$는 실수이다.)

59. 삼차방정식 $x^3=1$의 한 허근을 w라 하고, 양의 정수 n에 대하여 $f(n)=\dfrac{w^n}{1+w^{2n}}$이라 할 때,
$f(1)+f(2)+f(3)+\ \cdots\ +f(12)$의 값은?

60. 방정식 $x^4+x^3-7x^2-x+6=0$의 해를 모두 더하면?
① -1 ② 1 ③ 2 ④ 3

61. 사차방정식 $x^4+2x^2-8=0$의 두 허근을 각각 $\alpha,\ \beta$라고 하자. $\alpha^2+\beta^2$의 값은?

5 연립방정식

주어진 식을 동시에 만족하는 해(근)를 구한다.

- 가감법, 대입법을 이용하여 미지수를 소거한 후 방정식을 푼다.

62. 다음 연립방정식의 해를 구하시오.

(1) $\begin{cases} 3(x-y)+y=11 \\ \dfrac{x}{4}+\dfrac{y}{3}=\dfrac{5}{12} \end{cases}$

(2) $2x-3y+1=y-3=x+2y-7$

63. 연립방정식 $\begin{cases} x+y+z=5 \\ x-z=3 \\ x+z=5 \end{cases}$ 의 근을 $x=\alpha,\ y=\beta,\ z=\gamma$라 할 때, $\alpha^2+\beta^2+\gamma^2$의 값은?

64. 대각선의 길이가 10 cm인 직사각형이 있다. 가로의 길이를 2 cm 늘이고, 세로의 길이를 1 cm 줄였더니 넓이가 2 cm^2 줄었다고 한다. 처음 직사각형의 가로의 길이와 세로의 길이를 각각 구하면?

6 부등식

1 부등식의 성질

세 실수 a, b, c에 대하여 다음이 성립한다.

(1) $a > b$, $b > c$ 이면 $a > c$

(2) $a > b$이면 $a+c > b+c$, $a-c > b-c$

(3) $a > b$ 이고 (i) $c > 0$이면 $ac > bc$, $\frac{a}{c} > \frac{b}{c}$ (부등호 방향은 그대로)

(ii) $c < 0$이면 $ac < bc$, $\frac{a}{c} < \frac{b}{c}$ (부등호 방향은 반대로)

(4) a, b의 부호가 같을 때, (i) $ab > 0$, $\frac{a}{b} > 0$

(ii) $a > b$이면 $\frac{1}{a} < \frac{1}{b}$ (부등호 방향은 반대로)

(5) a, b의 부호가 다를 때, (i) $ab < 0$, $\frac{a}{b} < 0$

(ii) $a > b$이면 $\frac{1}{a} > \frac{1}{b}$ (부등호 방향은 그대로)

(6) a, b가 모두 양수일 때, $a > b$이면 $a^2 > b^2$

(7) a, b가 모두 음수일 때, $a > b$이면 $a^2 < b^2$

2 일차부등식

(1) $a > 0$일 때, $ax > b$를 만족하는 $x > \frac{b}{a}$이고, $ax \geq b$를 만족하는 $x \geq \frac{b}{a}$이다.

(2) $a < 0$일 때, $ax > b$를 만족하는 $x < \frac{b}{a}$이고, $ax \geq b$를 만족하는 $x \leq \frac{b}{a}$이다.

(3) 연립부등식은 주어진 식을 모두 만족하는 범위를 찾자.

3 이차부등식

(1) $AB > 0$를 만족하는 조건은 $A > 0, B > 0$ 또는 $A < 0, B < 0$이다.

(2) $AB < 0$을 만족하기 조건은 $A > 0, B < 0$ 또는 $A < 0, B > 0$이다.

(3) $a > 0$인 이차식이 두 근 α, β $(\alpha < \beta)$으로 인수분해가 되었을 때,

① $a(x-\alpha)(x-\beta) > 0$을 만족하는 x의 범위는 $x > \beta$ 또는 $x < \alpha$이다.

② $a(x-\alpha)(x-\beta) \geq 0$을 만족하는 x의 범위는 $x \geq \beta$ 또는 $x \leq \alpha$이다.

③ $a(x-\alpha)(x-\beta) < 0$을 만족하는 x의 범위는 $\alpha < x < \beta$이다.

④ $a(x-\alpha)(x-\beta) \leq 0$을 만족하는 x의 범위는 $\alpha \leq x \leq \beta$이다.

65. x가 $-1 < x < 4$인 범위에 있을 때, 다음 식의 범위를 구하시오.

(1) $3x-5$ (2) $2-2x$

66. 다음 일차부등식 또는 연립부등식을 풀어라.

(1) $2(x+1)-8 \ge 3(2-3x)-1$

(2) $\begin{cases} 3x-5 < -8 \\ 2x-1 \ge -7 \end{cases}$ (3) $\begin{cases} \dfrac{1-x}{3} > \dfrac{x-1}{4} \\ 0.3x-2 \ge 0.7+3x \end{cases}$

67. 다음 물음에 답하시오.

(1) 부등식 $(a-b)x < a+2b$의 해가 $x<3$일 때, 부등식 $ax > 2b$를 풀면?

(2) 연립부등식 $\begin{cases} 3x-5 < 2a \\ 4x+9 > -3 \end{cases}$의 해가 $-3 < x < 3$일 때, a의 값은?

68. 부등식 $3|x|+|x-2|>4$의 해를 구하면?

69. 다음 이차부등식을 푸시오.

(1) $x^2-3x-28>0$ (2) $x^2-3x-28<0$

(3) $x^2+4x-5 \ge 0$ (4) $x^2+4x-5 \le 0$

7 지수방정식

1 지수

(1) 정의 : 임의의 실수 a와 양의 정수 n에 대하여 $a^n = a \times a \times \cdots \times a$ (a를 n번 곱한 것)를 a의 n제곱이라 한다.

a^n에서 a를 거듭제곱의 밑, n의 거듭제곱의 지수라 한다.

(2) 지수의 성질

① $a^0 = 1$　② $a^{-n} = \frac{1}{a^n}$　③ $a^{\frac{m}{n}} = \sqrt[n]{a^m}$(단, $a > 0$)　④ $a^m \times a^n = a^{m+n}$

⑤ $a^m \div a^n = a^{m-n}$　⑥ $(a^m)^n = a^{mn}$　⑦ $(ab)^n = a^n b^n$　⑧ $\left(\frac{b}{a}\right)^n = \frac{b^n}{a^n}$

2 지수방정식 ($a > 0$, $a \neq 1$일 때)

(1) $a^{f(x)} = a^{g(x)}$꼴의 방정식은 $f(x) = g(x)$를 푼다.

(2) a^x, a^{2x}이 같은 식에 있는 꼴의 방정식은 $a^x = t(t > 0)$로 치환하여 푼다.

3 지수부등식 ($a > 0$, $a \neq 1$일 때)

(1) $a^{f(x)} < a^{g(x)}$꼴의 부등식 : ① $a > 1$일 때, $f(x) < g(x)$를 푼다. ② $0 < a < 1$일 때, $f(x) > g(x)$를 푼다.

(2) a^x, a^{2x}이 같은 식에 있는 꼴의 방정식은 $a^x = t(t > 0)$로 치환하여 푼다.

MEMO

70. 다음 물음에 답하시오

(1) 지수방정식 $8^x = \left(\frac{1}{2}\right)^{x^2-4}$의 두 근을 α, β라 할 때, $\alpha - \beta$의 값은? (단, $\alpha > \beta$)

(2) 지수방정식 $\frac{3^{x^2+1}}{3^{x-1}} = 81$의 두 근을 α, β라 할 때, $\alpha + \beta$의 값은?

(3) 방정식 $4^x - 3 \cdot 2^{x+1} - 16 = 0$의 모든 근의 합은?

71. 다음 물음에 답하시오.

(1) 지수부등식 $\left(\frac{1}{4}\right)^{x^2} \le \left(\frac{1}{16}\right)^{x^2+x-4}$을 만족시키는 실수 x의 최댓값과 최솟값의 합은?

(2) 지수부등식 $3^{2x} - 1 < 9 \cdot 3^x - 3^{x-2}$의 해는?

(3) 부등식 $(2^x - 2)(2^{x+1} - 16) \le 0$을 만족하는 모든 정수 x의 값의 합은?

8 로그방정식

1 로그

(1) 정의 : $a>0, a\neq 1$ 일 때, 임의의 양의 실수 N에 대하여 $a^m=N$을 만족하는 실수 m은 오직 하나만 존재한다.

실수 m를 $m=\log_a N$과 같이 나타내고, a를 밑으로 하는 N의 로그라 한다. 이 때, N을 $\log_a N$의 진수라 한다.

(2) 지수와 로그의 관계

$a>0, a\neq 1, N>0$ 일 때, $\boldsymbol{a^m=N \Leftrightarrow m=\log_a N}$으로 나타낼 수 있다.

$e=2.718...$을 밑으로 하는 로그를 $\log_e N=\ln N$으로 나타내며 자연로그라 한다.

ex) $2^3=8 \quad \Leftrightarrow \quad 3=\log_2 8,\ 2^x=3 \quad \Leftrightarrow \quad x=\log_2 3$

(3) 로그의 밑과 진수의 조건 : $\log_a N$이 정의되기 위한 조건은 밑 a는 1이 아닌 양수이고, 진수 N은 양수이다.

(4) 로그의 성질

$a>0,\ a\neq 1,\ b>0,\ c>0, c\neq 1,\ M>0,\ N>0$ 일 때,

① $\log_a a=1,\ \log_a 1=0$

② $\log_a MN=\log_a M+\log_a N$

③ $\log_a \frac{M}{N}=\log_a M-\log_a N$

④ $\log_a M^n=n\log_a M$

⑤ $\log_{a^m} b^n=\frac{n}{m}\log_a b$

⑥ $\log_a b=\frac{\log_c b}{\log_c a}=\frac{\ln b}{\ln a}$

⑦ $N^{\log_a M}=M^{\log_a N}$

⑧ $a^{\log_a b}=b$, $\star=e^{\ln\star}$

2 로그방정식

(1) 정의 : $\log_2 x+\log_2(3x-2)=3,\ \log_x 2=4$와 같이 로그의 진수 또는 밑에 미지수가 들어 있는 방정식을 로그방정식이라 한다.

(2) 로그방정식의 풀이 $(a>0, a\neq 1)$

① $\log_a f(x)=b$꼴의 방정식 : $f(x)=a^b$과 $f(x)>0$을 동시에 만족시키는 x값을 구한다.

② $\log_a f(x)=\log_a g(x)$ 꼴의 방정식 : $f(x)=g(x)$와 $f(x)>0, g(x)>0$을 동시에 만족시키는 x값을 구한다.

MEMO

72. 다음을 간단히 하시오.

(1) $\log_2 48 - \log_2 3$

(2) $\log_3 4 \cdot log_4 5 \cdot log_5 9$

73. 두 양수 a,b에 대하여 $a = b^{\frac{3}{5}}$일 때, $\log_a b + \log_b a$의 값은? (단, $a \neq 1,\ b \neq 1$)

74. 방정식 $\log_2(3x+1)+\log_2(x+2)=3$의 실근을 α라 할 때, 30α의 값을 구하시오.

75. 로그방정식 $\log_3(2^x+2)=\log_9(2^x+2)+\dfrac{3}{2}$을 만족하는 x의 값은?

9 가우스

(1) $[x]$: x보다 크지 않은 최대 정수

(2) $[x]=n \Leftrightarrow n \le x < n+1 \Leftrightarrow x=n+\alpha$ (단, n은 정수, $0 \le \alpha < 1$)

76. x값의 범위를 구하시오.

(1) $[x]=5$

(2) $[x-2]=5$

(3) $\left[\frac{1}{2}x\right]=2$

(4) $[-x]=3$

(5) $[x^2]=2$

(6) $2[x]-3>0$

77. $[x]$가 x보다 크지 않은 최대의 정수일 때, 부등식 $[x]^2-[x]-6<0$을 풀면?

선배들의 이야기 ++

맞는 선생님을 믿고 따라가는 것이 중요해요!

수험생활은 혼자서 해내기엔 너무 외롭고 힘듭니다. 하지만 분명 끝이 있는 길입니다. 생각하지도 못한 변수가 나타나기도 하고, 나침반은 없고, 맞다고 생각한 정보 또한 틀릴 가능성이 있습니다. 그리고 도착지점이 자신이 원한 곳과 다를지도 모릅니다. 공부를 하면서 가장 두려운 것은 내가 어디로 가고 있는지 어디에 도착할지 모른다는 것입니다. 그 모든 것을 감당하기에 우리가 강하지 않다는 것 또한 스스로 알고 있습니다.

우리는 단시간 내에 효율적으로 많은 지식을 습득해서 이해하고 문제풀이 응용까지 마쳐야 합니다. 이런 과정을 마칠 때까지는 많은 시간이 걸립니다. 그런 시간을 단축시켜줄 수 있는 중요한 조건은 자신과 잘 맞는 선생님을 만나는 것입니다. 혼자 두려움에 떨면서 가던 저는 한아름 교수님을 만나서 이 길의 끝까지 올 수 있었습니다.

제가 편입에 성공하고 나서 가장 기뻤던 점은, 제가 열등감을 타인의 인정으로 극복한 것이 아니라 스스로를 구원하려 노력하여 극복했다는 것입니다. 제 꿈을 이룰 수 있도록 도와주신 한아름 선생님께 큰 감사를 느낍니다. 이 글을 보시는 분들이 끝나기 전까지, 자신을 포기하지 않으시길 바랍니다.

자기소개서와 면접을 위해 메모를 하세요

1차 발표가 나고 2차인 면접과 자기소개서를 준비하는 기간까지는 무척 짧았습니다. 저는 제가 1년 동안 순간순간 느꼈던 감정과 상황을 메모해두었습니다. 이 메모가 자기소개서를 작성하는 데 큰 도움이 되었습니다. 면접에서 자기소개, 지원동기, 편입 준비할 때 힘들었던 상황, 얼마나 열심히 할 수 있는지에 대한 질문에 대한 답도 편하게 할 수 있었습니다.

그리고 또 도움이 된 부분은 제 단점을 파악하기 쉬웠다는 것입니다. 제 단점에 대해서 구체적으로 알게 되자 선생님들에게 학습방법을 상담하기 좋았습니다. 또한 1년 동안 메모를 하며 제 감정에 대해 위로와 지지를 하게 되었고, 이 과정이 저 자신을 아는 데에 도움이 되었습니다. 내향적인 수험생들에게 도움이 될 수 있는 부분이라 생각합니다.

- 김미선(세종대학교 디지털콘텐츠학과)

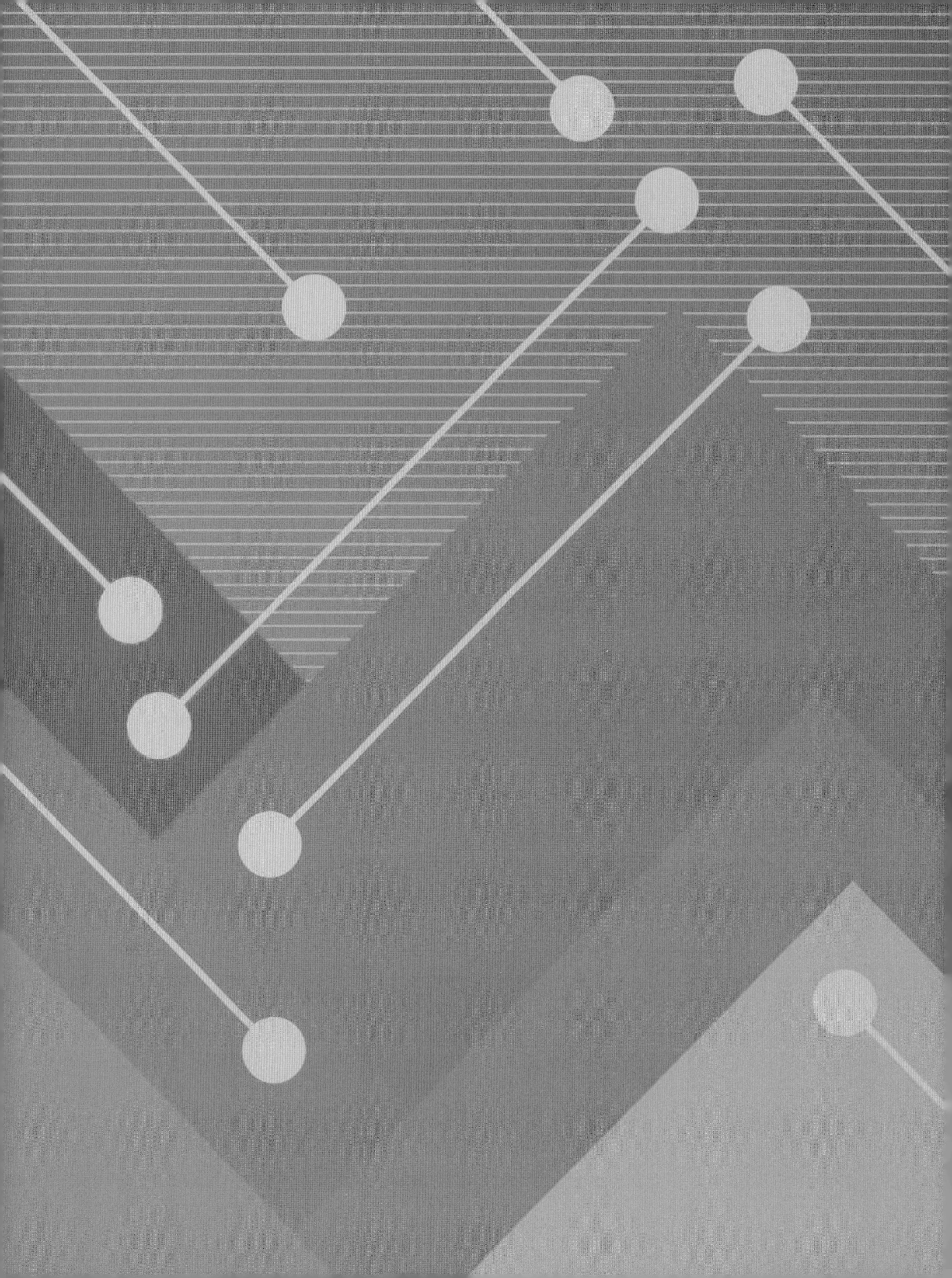

CHAPTER 02

함수

1. 좌표평면
2. 함수
3. 일차함수
4. 이차함수
5. 유리함수
6. 무리함수
7. 원의 방정식

02 함수

1 좌표평면

1 좌표평면

x축과 y축 2개의 축으로 이루어진 평면을 말한다.

좌표평면 위의 점은 (x, y)의 순서쌍으로 나타내는데, x는 y축과의 거리, y는 x축과의 거리를 말한다.

2 점의 대칭이동

(1) x축에 대한 대칭이동 $(x, y) \rightarrow (x, -y)$

(2) y축에 대한 대칭이동 $(x, y) \rightarrow (-x, y)$

(3) 원점에 대한 대칭이동 $(x, y) \rightarrow (-x, -y)$

(4) 직선 $y=x$에 대한 대칭이동 $(x, y) \rightarrow (y, x)$

(5) 직선 $y=-x$에 대한 대칭이동 $(x, y) \rightarrow (-y, -x)$

3 두 점의 중점

(1) 평면상의 두 점 $\mathrm{A}(x_1, y_1)$, $\mathrm{B}(x_2, y_2)$의 중점 $\mathrm{M}=\left(\frac{x_1+x_2}{2}, \frac{y_1+y_2}{2}\right)$

(2) 평면상의 세 점 $\mathrm{A}(x_1, y_1)$, $\mathrm{B}(x_2, y_2)$, $\mathrm{C}(x_3, y_3)$의 중점 $\mathrm{M}=\left(\frac{x_1+x_2+x_3}{3}, \frac{y_1+y_2+y_3}{3}\right)$

↳ 삼각형 ABC의 무게중심과 같다.

(3) 공간상의 두 점 $\mathrm{A}(x_1, y_1, z_1)$, $\mathrm{B}(x_2, y_2, z_2)$의 중점 $\mathrm{M}=\left(\frac{x_1+x_2}{2}, \frac{y_1+y_2}{2}, \frac{z_1+z_2}{2}\right)$

4 두 점의 거리

(1) 수직선 위의 두 점 $\mathrm{A}(x_1)$, $\mathrm{B}(x_2)$ 사이의 거리 $\overline{\mathrm{AB}} = |x_1-x_2| = |x_2-x_1|$

(2) 평면상의 두 점 $\mathrm{A}(x_1, y_1)$, $\mathrm{B}(x_2, y_2)$일 때, $\overline{\mathrm{AB}} = \sqrt{(\mathrm{x}_1-\mathrm{x}_2)^2+(\mathrm{y}_1-\mathrm{y}_2)^2}$

(3) 공간상의 두 점 $\mathrm{A}(x_1, y_1, z_1)$, $\mathrm{B}(x_2, y_2, z_2)$일 때, $\overline{\mathrm{AB}} = \sqrt{(\mathrm{x}_1-\mathrm{x}_2)^2+(\mathrm{y}_1-\mathrm{y}_2)^2+(\mathrm{z}_1-\mathrm{z}_2)^2}$

MEMO

78. 다음 점을 좌표평면에 나타내고 x축 대칭, y축 대칭, 원점 대칭을 나타내시오.

(1) $\mathrm{A}(0,4)$ (2) $\mathrm{B}(-1,4)$

79. 두 점 $\mathrm{A}(a,4)$, $\mathrm{B}(-3,b)$에 대하여 $\overline{\mathrm{AB}}$의 중점의 좌표가 $(2,1)$일 때, ab의 값은?

80. 두 점 사이의 거리를 구하시오.

(1) $\mathrm{A}(2,\ -3)$, $\mathrm{B}(-1,\ 1)$

(2) $\mathrm{A}(3,3,1)$, $\mathrm{B}(-3,-5,-2)$

81. 두 점 $\mathrm{A}(\mathrm{a},\ 1)$, $\mathrm{B}(2,\ 4)$에 대하여 $\overline{\mathrm{AB}}=5$일 때, 양수 a의 값을 구하면?

82. 세 점 $\mathrm{O}(0,\ 0)$, $\mathrm{A}(\mathrm{a},\ 0)$, $\mathrm{B}(1,\ \mathrm{b})$를 꼭짓점으로 하는 삼각형 OAB가 정삼각형일 때, 양수 a, b의 값을 각각 구하면?

2 함수

1 함수의 정의

공집합이 아닌 두 집합 X, Y에 대하여 X의 각 원소에 Y의 원소가 하나씩 대응하는 관계를 "X에서 Y로의 함수"라고 하고 기호로 $\boldsymbol{f : X \rightarrow Y}$로 나타낸다.

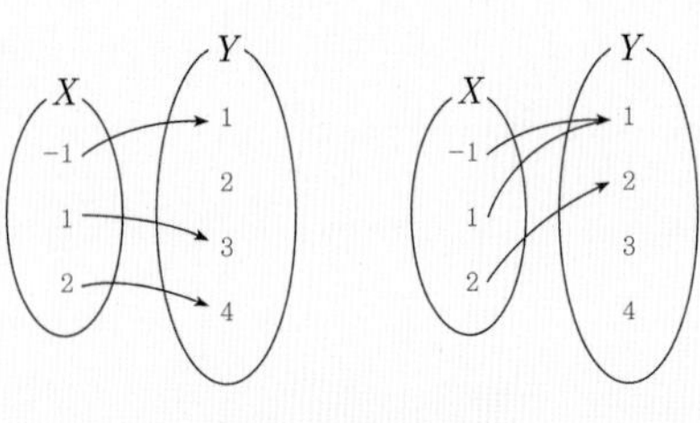

함수가 성립하는 경우

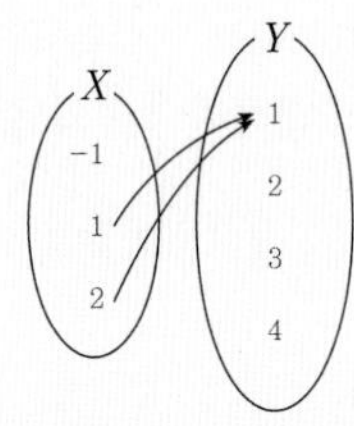

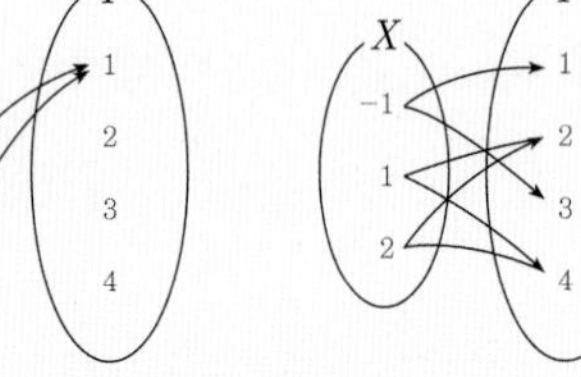

함수가 성립하지 않는 경우

2 함수의 정의역, 공역, 치역

함수 $\boldsymbol{f : X \rightarrow Y}$에서 집합 X를 함수 f의 정의역(domain), Y를 공역(codomain), 함숫값 전체의 집합 $f(X) = \{f(x) \mid x \in X\}$를 함수 f의 치역(range)이라 한다.

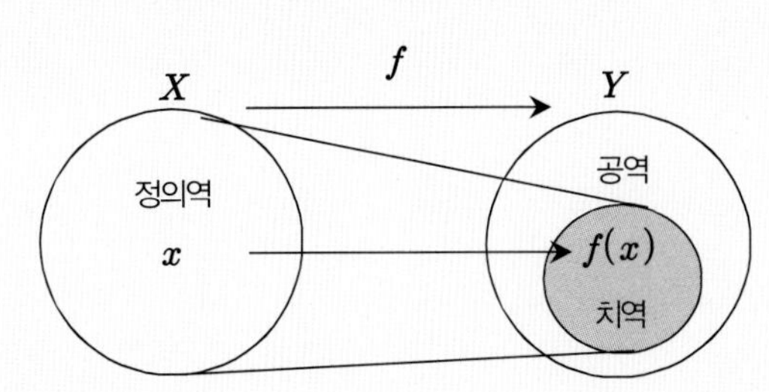

3 함수의 종류

함수 $f : X \rightarrow Y$ 에서 대응 규칙이 어떤 것인가에 따라서 다음과 같이 정의한다.

(1) 일대일 함수 (단사함수)

함수 $\boldsymbol{f : X \rightarrow Y}$에서 모든 $x_1, x_2 \in X$에 대하여 $f(x_1) = f(x_2)$이면 $x_1 = x_2$를 만족할 때, $\boldsymbol{f}$를 일대일 함수 또는 단사(injection) 함수라 한다. 일대일 함수의 그래프는 증가함수 또는 감소함수이다.

(2) 전사함수

함수 $\boldsymbol{f : X \rightarrow Y}$에서 임의의 $y \in Y$에 대하여 $y = f(x)$를 만족하는 $x \in X$가 적어도 하나 존재하면 $\boldsymbol{f}$를 전사(surjection) 또는 위로(onto)의 함수라 한다. 즉, 치역과 공역이 같은 함수이다.

(3) 일대일 대응 (전단사함수)

함수 $\boldsymbol{f : X \rightarrow Y}$ 가 단사인 동시에 전사일 때, $\boldsymbol{f}$를 일대일 대응 또는 전단사함수라고 한다.

(4) 항등함수 (identity function)

정의역과 공역이 같고 정의역 X의 각 원소 x에 그 자신 x가 대응하는 함수 $\boldsymbol{I : X \rightarrow X}$, $\boldsymbol{I(x) = x}$ $(x \in X)$

(5) 상수함수

함수 $f : X \to Y$에서 정의역 X의 모든 원소 x가 공역 Y의 단 하나의 원소에 대응하는

함수 $f : X \to Y$, $f(x) = C$ ($x \in X$, C는 상수)

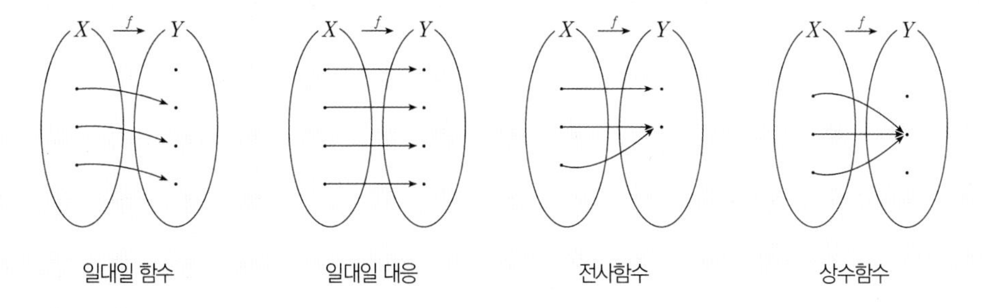

4 합성함수

(1) 정의

두 함수 $f : X \to Y$, $g : Y \to Z$ 가 주어졌을 때, X의 임의의 원소 x에 대하여

f에 의해 Y의 원소 $y = f(x)$에 대응하고, 다시 y가 g에 의해 Z의 원소 $z = g(f(x))$를 대응시키는

X에서 Z로의 함수를 f와 g의 합성함수라고 하고 $g \circ f$ 로 나타낸다.

즉, $g \circ f : X \to Z$, $(g \circ f)(x) = g(f(x))$

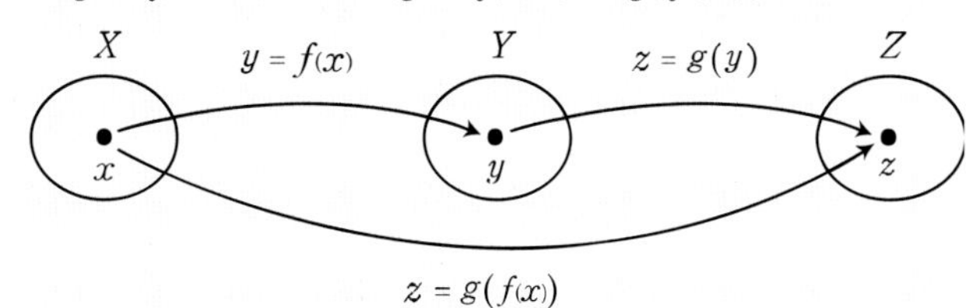

(2) 합성함수의 성질

① $g \circ f \neq f \circ g$ (교환법칙이 성립하지 않는다.)

② $h \circ (g \circ f) = (h \circ g) \circ f$ (결합법칙은 성립한다.)

③ $f \circ I = I \circ f = f$ (I는 항등함수)

④ f, g가 단사함수이면, $g \circ f : X \to Z$ 도 단사함수이다.

⑤ f, g가 전사함수이면, $g \circ f : X \to Z$ 도 전사함수이다.

83. 다음 〈보기〉의 함수 중 일대일 대응인 것을 모두 골라라. (단, $[x]$는 x보다 크지 않은 최대의 정수이다.)

〈보기〉

ㄱ. $f(x)=3x$　　ㄴ. $g(x)=2x^2$　　ㄷ. $h(x)=[x]$　　ㄹ. $k(x)=\begin{cases} -x+\frac{1}{2}(x\geq 0) \\ -\frac{1}{2}x+\frac{1}{2}(x<0) \end{cases}$

① ㄱ, ㄴ　　② ㄴ, ㄷ　　③ ㄱ, ㄹ　　④ ㄷ, ㄹ

84. 함수 $y=f(x)$의 그래프가 오른쪽 그림과 같을 때, $(f\circ f\circ f)(c)$의 값은?

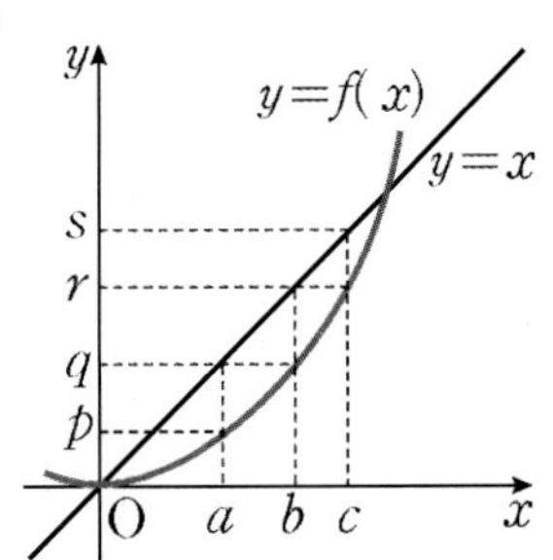

85. 일차함수 $f(x)=ax+b$가 모든 실수 x에 대하여 $(f\circ f)(x)=4x+6$을 만족한다.
이 함수 $f(x)$를 구하면? (단, $a>0$)

86. $f(x)=6x+7$이고 $g(x)=2x^2+3x+4$일 때, $f\circ g(x)=1$을 만족하는 x값들의 합은?

5 역함수

(1) 정의

함수 $\boldsymbol{f}:\boldsymbol{X}\rightarrow\boldsymbol{Y}$가 일대일 대응이면 Y의 각 원소 y에 대하여 $y=f(x)$인 X의 원소 x가 단 하나 존재한다.

즉, Y를 정의역, X를 공역으로 하는 새로운 함수를 말한다. 이 함수를 f의 역함수라 하고, $\boldsymbol{f}^{-1}$로 나타낸다.

$\boldsymbol{f}^{-1}:\boldsymbol{Y}\rightarrow\boldsymbol{X}$ 또는 $x=f^{-1}(y)\ (y\in Y)$

아래와 같은 함수 $f:X\rightarrow Y$와 함수 $g:X\rightarrow Y$를 생각해보자. 이제 이 두 함수 f, g에 대하여 Y에서 X로의 대응(이것을 "역대응"이라 한다.)을 생각하면 f의 역대응에서는 Y의 각 원소가 X의 원소에 하나씩만 대응하기 때문에 역함수가 존재하나, g의 역대응에서는 Y에서 X로 함수가 아니므로 g는 역함수가 존재하지 않는다.

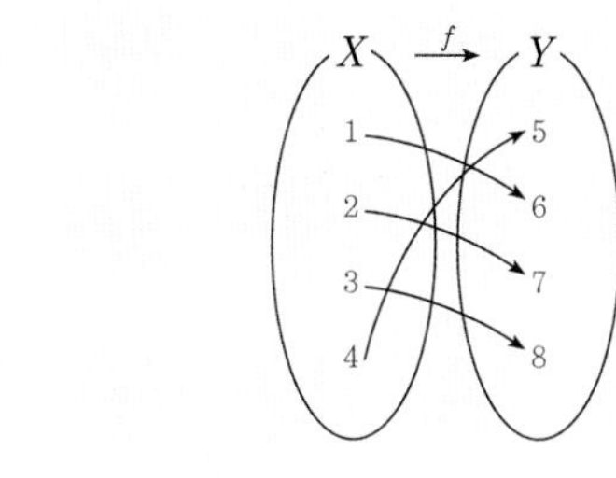

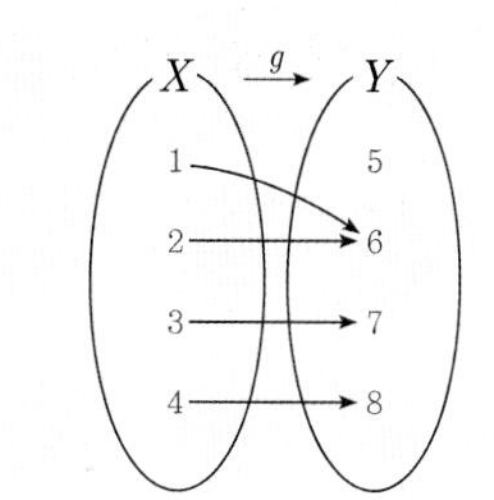

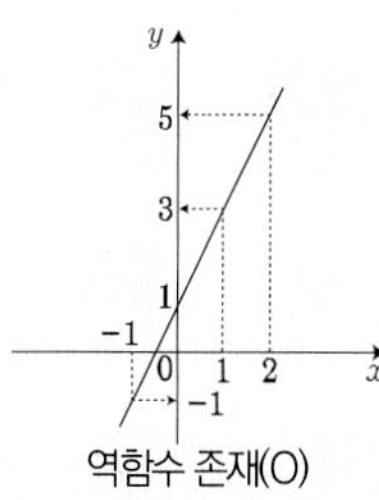

역함수 존재(O)

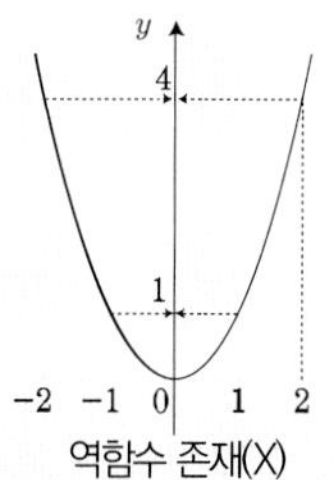

역함수 존재(X)

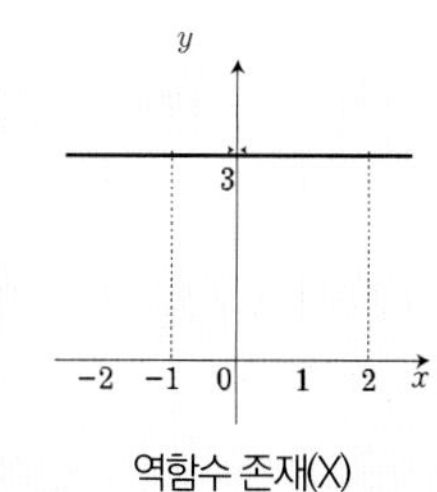

역함수 존재(X)

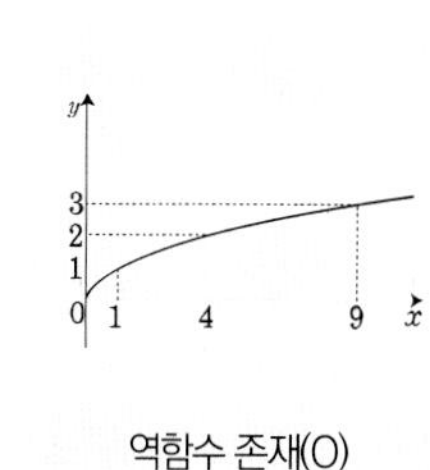

역함수 존재(O)

(2) 역함수의 성질

① $(f^{-1})^{-1}=f$

② $(f^{-1}\circ f)(x)=f^{-1}(f(x))=x$,

$(f\circ f^{-1})(x)=f(f^{-1}(x))=x$

③ $(f\circ g)^{-1}=g^{-1}\circ f^{-1}$

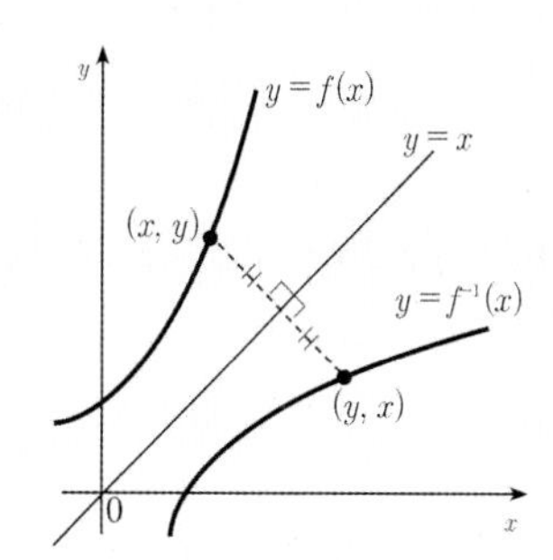

(3) 함수 $y=f(x)$의 역함수 $y=f^{-1}(x)$의 그래프는 직선 $y=x$에 대하여 대칭이다.

(4) 역함수 구하기

i) 주어진 함수가 일대일 대응인지를 확인한다.

ii) $y=f(x)$를 $x\rightarrow y$, $y\rightarrow x$로 바꾼다.

iii) 바꾼 식을 y에 대하여 정리하면 $y=f^{-1}(x)$이다.

⇒ 이때 함수의 f의 치역이 역함수 f^{-1}의 정의역이 되고, 함수 f의 정의역이 역함수 f^{-1}의 치역이 된다.

87. 일차함수 $f(x)=ax+b$에 대하여 $f(1)=2$, $f^{-1}(3)=-1$이 성립한다. 이때, $a+b$의 값을 구하시오.

88. 함수 $f(x)=\dfrac{bx}{1+ax}$ 의 역함수가 $g(x)=\dfrac{x}{x+2}$ 이다. 이때, $a\times b$ 의 값은?

89. 함수 $y=f(x)$의 그래프가 그림과 같다.
그 역함수 $y=f^{-1}(x)$에 대하여 $(f^{-1}\circ f^{-1})(a)$의 값을 구하시오.

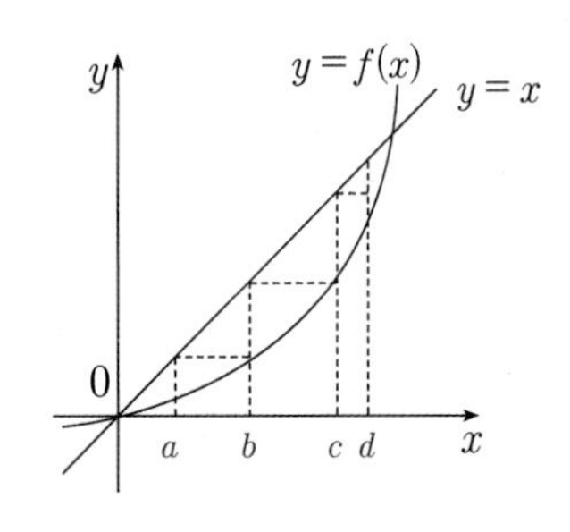

6 함수의 평행이동

한 도형의 모양과 크기를 바꾸지 않고 일정한 방향으로 일정한 거리만큼 옮기는 것을 평행이동이라 한다.

도형의 평행이동 방정식 $f(x,y)=0$이 나타내는 도형을 x축의 방향으로 a만큼,

y축의 방향으로 b만큼 평행이동한 도형의 방정식은 $f(x-a,y-b)=0$이다.

7 도형의 대칭이동

(1) x축에 대한 대칭이동 $f(x,y)=0 \rightarrow f(x,-y)=0$

(2) y축에 대한 대칭이동 $f(x,y)=0 \rightarrow f(-x,y)=0$

(3) 원점에 대한 대칭이동 $f(x,y)=0 \rightarrow f(-x,-y)=0$

(4) 직선 $y=x$에 대한 대칭이동 $f(x,y)=0 \rightarrow f(y,x)=0$

(5) 직선 $y=-x$에 대한 대칭이동 $f(x,y)=0 \rightarrow f(-y,-x)=0$

8 우함수 & 기함수

(1) 우함수

y축 대칭인 함수. $y=f(x)$에 대하여 $f(-x)=f(x)$를 만족하면 $y=f(x)$를 우함수라고 한다.

ex) 상수함수, 짝수 차수의 다항식, $y=\cos x$, $y=\cosh x$, $y=\dfrac{1}{x^2+2}$, $y=\sqrt{3-x^2}$ 등

(2) 기함수

원점 대칭인 함수. $y=f(x)$에 대하여 $f(-x)=-f(x)$를 만족하면 $y=f(x)$를 기함수라고 한다.

ex) $y=\sin x, y=\tan x, y=\sin^{-1}x, y=\tan^{-1}x, y=\sinh x, y=\tanh x,$

홀수 차수의 다항식, $y=\dfrac{x}{\sqrt{1-x^2}}$, $y=\dfrac{x}{x^2+2}$, 등

(3) 우함수와 기함수의 연산

① (우함수)±(우함수)=(우함수), (기함수)±(기함수)=(기함수)

② (우함수)×(우함수)=(우함수), (우함수)×(기함수)=(기함수), (기함수)×(기함수)=(우함수)

③ (우함수)÷(기함수)=(기함수), (기함수)÷(우함수)=(기함수)

3 일차함수

1 일차함수 $y=ax+b\ (a\neq 0)$ (직선의 표준형)

(1) a : 기울기, b : y절편

(2) (기울기) $=\dfrac{\Delta y}{\Delta x}=\tan\theta$ (단, θ : x축과의 거리)

(3) y절편 : 곡선과 y축이 만나는 점, $x=0$일 때 y의 값

(4) x절편 : 곡선과 x축이 만나는 점, $y=0$일 때 x의 값 (방정식의 해)

(5) x절편이 a이고, y절편이 b인 직선의 방정식 : $\dfrac{x}{a}+\dfrac{y}{b}=1$

(6) 기울기가 m이고, 한 점 $(a,\ b)$를 지나는 직선 : $y=m(x-a)+b$

(7) 절댓값 기호를 포함한 일차함수

i) 절댓값 기호 안의 식의 값이 0이 되는 x의 값을 기준으로 x의 값의 범위를 나눈다.

ii) 각 범위에서 절댓값 기호를 없앤 후 범위에 따라 일차함수로 정리한다.

2 직선의 위치관계

(1) 두 직선이 평행 $y=m_1x+b_1,\ y=m_2x+b_2 \Leftrightarrow m_1=m_2,\ b_1\neq b_2$

(2) 두 직선이 수직 $y=m_1x+b_1,\ y=m_2x+b_2 \Leftrightarrow m_1m_2=-1$

3 직선의 평행이동과 대칭이동

(1) x축의 양의 방향으로 a만큼 이동 : $x \to (x-a)$

(2) y축의 양의 방향으로 b만큼 이동 : $y \to (y-b)$

(3) 직선 $y=mx+n$의 그래프의 x, y축의 양의 방향으로 각각 a, b만큼 이동한 직선의 방정식 :

$(y-b)=m(x-a)+n \quad \Leftrightarrow \ y=m(x-a)+n+b$

(4) 직선 $y=mx+n$의 그래프를 x축에 대하여 대칭이동 하면 $-y=mx+n$이다.

(5) 직선 $y=mx+n$의 그래프를 y축에 대하여 대칭이동 하면 $y=m(-x)+n$이다.

(6) 직선 $y=mx+n$의 그래프를 원점에 대하여 대칭이동 하면 $-y=m(-x)+n$이다.

4 두 직선의 교점 = 연립일차방정식의 해

두 일차함수 $\begin{cases} y=ax+b \\ y=cx+d \end{cases}$ 의 교점의 좌표가 연립방정식의 해와 같다.

(1) 두 직선이 평행하지 않으면 교점의 개수는 1개이고, 연립방정식의 해는 하나이다.

(2) 두 직선이 평행하면, 교점의 개수는 없고, 즉 연립방정식의 해는 존재하지 않는다.

(3) 두 직선이 같은 직선이어서 포개어지면 교점의 개수는 무수히 많고, 연립방정식의 해는 정할 수 없는 부정(不定)이라고 한다.

90. 다음 직선의 방정식을 구하시오.

(1) 기울기가 -2 이고 y 절편이 1인 직선

(2) 점 $(-1,2)$ 를 지나고 기울기가 3인 직선

(3) 두 점 $\mathrm{A}(1,\ -3)$, $\mathrm{B}(3,1)$ 을 지나는 직선의 방정식

(4) x 절편과 y 절편이 각각 2 , 3인 직선

(5) 점 $(-1,-3)$을 지나고, x축에 평행한 직선과 수직인 직선

(6) 점 $(-1,3)$을 지나고 직선 $2x-3y+1=0$ 에 평행한 직선과 수직인 직선의 방정식

91. 직선 $2x-3y+5=0$을 x축의 양의 방향으로 k만큼 평행 이동하였더니 점 $(2,\ 1)$을 지났다. 이때, k의 값은?

92. 직선 $y=\frac{1}{2}x+4$와 x축에 대하여 대칭인 직선 l 이 있다. 이 직선 l에 수직이고 점 $(2,\ 3)$을 지나는 직선의 방정식은?

93. 다음 두 직선의 교점을 구하시오.

(1) $\begin{cases} y=x+2 \\ y=-x \end{cases}$

(2) $\begin{cases} y=2x-1 \\ y=\frac{1}{2}x+1 \end{cases}$

5 직선과 점 사이의 거리

좌표평면 위의 점 $\mathrm{P}(x_1,\ y_1)$과 직선 $ax+by+c=0$ 사이의 거리 $d=\dfrac{|ax_1+by_1+c|}{\sqrt{a^2+b^2}}$

6 일차부등식의 영역

a, b가 상수이고, $a \neq 0$일 때, 일차부등식은 다음의 네 가지 영역으로 구별할 수 있다.

$y \geq ax+b,\ \ y > ax+b,\ \ y \leq ax+b,\ \ y < ax+b$

7 절댓값이 있는 함수의 그래프

절댓값 안이 양수인 구간과 음수인 구간으로 나눠서 그래프를 그린다.

(1) $y=f(|x|)$꼴은 $x \geq 0$인 부분의 $y=f(x)$의 그래프를 그린 뒤에 y축에 대칭시킨다.

(2) $|y|=f(x)$꼴은 $y \geq 0$인 부분의 $y=f(x)$의 그래프를 그린 뒤에 x축에 대칭시킨다.

(3) $y=|f(x)|$꼴은 $y=f(x)$의 그래프를 그린 뒤 x축 아래 부분을 x축에 대칭시킨다.

(4) $|y|=f(|x|)$꼴은 1사분면의 $y=f(x)$의 그래프를 그린 후 x축, y축에 대칭시킨다.

94. 다음과 같이 주어진 점과 직선 사이의 거리를 구하시오.

(1) 점 $(-1, 1)$ 과 직선 $y=\dfrac{4}{3}x-1$

(2) 원점과 직선 $5x-12y+13=0$

95. 두 직선 $2x+3y-5=0$, $2x+3y+2=0$ 사이의 거리는?

96. 다음 부등식을 만족하는 영역을 나타내시오.

(1) $y \geq x+1$

(2) $y \leq -x+1$

(3) $|x|+|y| \leq 1$

97. 다음 함수의 그래프를 개략적으로 그리시오.

(1) $y=|x+2|-1$

(2) $y=2|x|-2$

(3) $y=|2x-2|$

(4) $|y|=2x-2$

(5) $|y|=2|x|-2$

(6) $y=|x+2|+|x-3|$

4 이차함수

1 이차함수의 그래프

(1) $y=ax^2\,(a>0)$ 그래프의 평행이동 ➡ $y=a(x-p)^2+q$

① x축의 양의 방향으로 p만큼 평행이동시 식의 변화 : $x \to (x-p)$

② y축의 양의 방향으로 q만큼 평행이동시 식의 변화 : $y \to (y-q)$

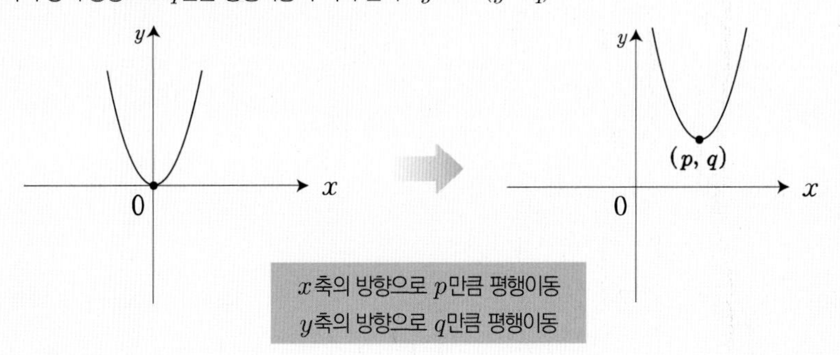

(2) 이차함수의 최댓값 · 최솟값

① $a>0$이면 $x=p$에서 최솟값 q를 갖는다.

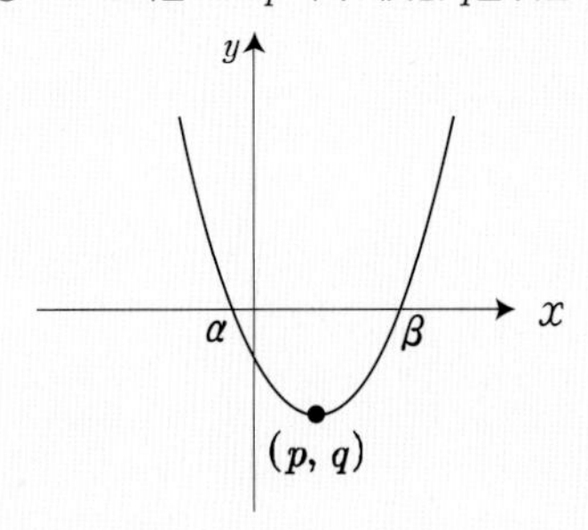

② $a<0$이면 $x=p$에서 최댓값 q를 갖는다.

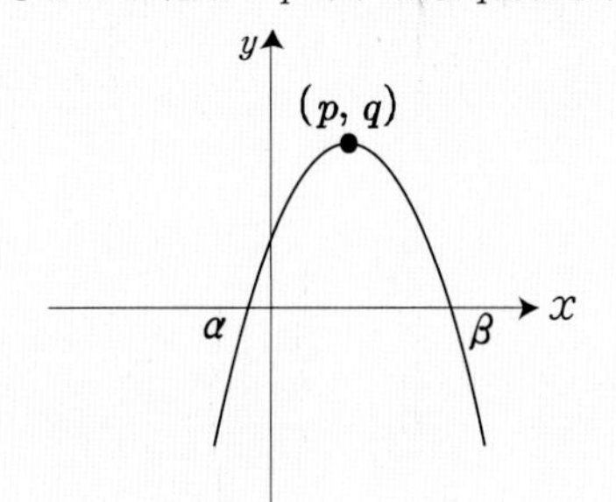

(3) 이차함수의 근과 계수와의 관계 ➡ 판별식 $D=b^2-4ac$

① $a>0$인 경우

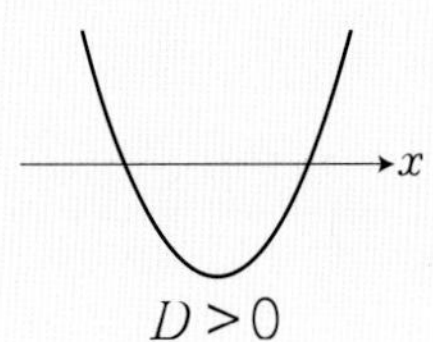

$D>0$

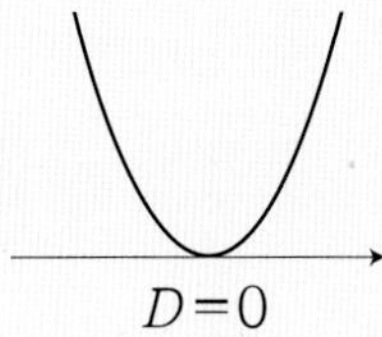

$D=0$

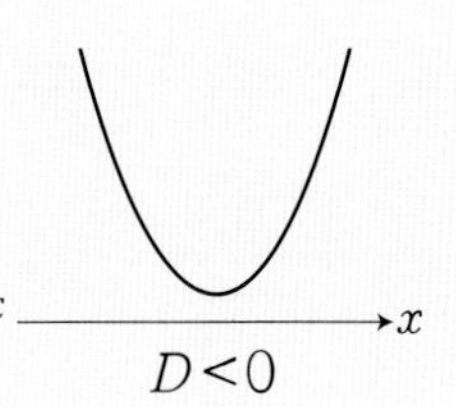

$D<0$

② $a<0$인 경우

$D>0$

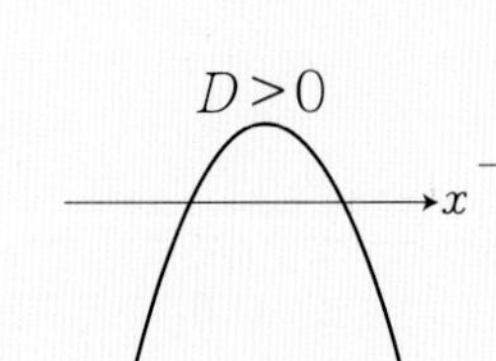

$D=0$

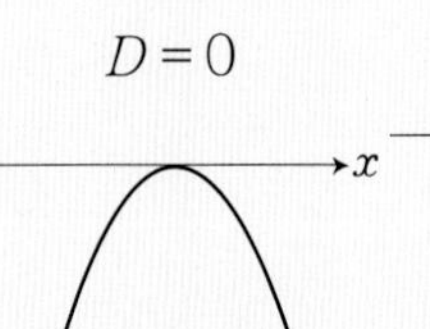

$D<0$

98. 다음 함수의 그래프를 좌표평면에 나타내시오.

(1) $y=x^2-1$

(2) $y=x^2+2x-3$

(3) $y=-x^2-2x+3$

(4) $y=|x^2+2x-3|$

99. 다음 부등식의 영역을 좌표평면에 나타내시오.

(1) $y \geq x^2-4x+3$

(2) $y \leq -x^2+4x$

100. 다음 주어진 집합의 영역을 좌표평면에 나타내시오.

(1) $D=\{(x,y) \mid y \geq x^2-4,\ y \leq -x^2+2x\}$

(2) $R=\{(x,y) \mid y \geq x^2-4,\ y \leq x+2\}$

2 이차함수의 식 구하기

(1) 꼭짓점 (p, q)를 알 때 $\Rightarrow y=a(x-p)^2+q$를 이용

(2) 포물선 위의 세 점을 알 때 $\Rightarrow y=ax^2+bx+c$를 이용

(3) x절편 α, β를 알 때 $\Rightarrow y=a(x-\alpha)(x-\beta)$를 이용

(4) $x=p$에서 x축과 접할 때 $\Rightarrow y=a(x-p)^2$을 이용

3 이차부등식의 해

$f(x)=ax^2+bx+c=0\ (a>0)$의 서로 다른 두 실근 $\alpha,\ \beta\ (\alpha<\beta)$를 가질 때,

(1) $f(x)\geq 0$을 만족하는 부등식의 해 : $x\geq\beta,\ x\leq\alpha$: 큰큰작작

(2) $f(x)>0$을 만족하는 부등식의 해 : $x>\beta,\ x<\alpha$: 큰큰작작

(3) $f(x)\leq 0$을 만족하는 부등식의 해 : $\alpha\leq x\leq\beta$: 사잇값

(4) $f(x)<0$을 만족하는 부등식의 해 : $\alpha<x<\beta$: 사잇값

4 이차부등식의 성립 조건

모든 실수 x에 대하여 다음 이차부등식이 성립할 조건이다.

(1) $ax^2+bx+c>0\ (a\neq 0)$이기 위한 조건 : $a>0,\ D=b^2-4ac<0$

(2) $ax^2+bx+c\geq 0\ (a\neq 0)$이기 위한 조건 : $a>0,\ D=b^2-4ac\leq 0$

(3) $ax^2+bx+c<0\ (a\neq 0)$이기 위한 조건 : $a<0,\ D=b^2-4ac<0$

(4) $ax^2+bx+c\leq 0\ (a\neq 0)$이기 위한 조건 : $a<0,\ D=b^2-4ac\leq 0$

101. 이차방정식 $P(x)=0$의 두 근을 각각 α, β라 하자. $\alpha+\beta=18,\ \alpha\beta=9$일 때, 이차방정식 $P(3x)=0$의 두 근의 합을 구하면?

102. x절편이 -1, 3이고 $(1, -2)$를 지나는 이차함수 $y=f(x)$에 대하여 방정식 $f(-x)=0$의 해를 구하면?

103. 다음 이차부등식과 연립부등식을 푸시오.

(1) $x^2-4x+3\geq 0$

(2) $x^2-6x+9>0$

(3) $\begin{cases} x^2-16<0 \\ x^2-4x\leq 12 \end{cases}$

(4) $-x^2-2x-1\geq 0$

104. 연립 이차부등식 $\begin{cases} x^2-3x+a>0 \\ x^2+bx-8\leq 0 \end{cases}$ 의 해가 $-2\leq x<1$ 또는 $2<x\leq 4$일 때, 실수 a, b의 합 $a+b$의 값은?

105. 모든 실수 x에 대하여 $x^2+2ax-4(a-3)\geq 0$이 성립하도록 상수 a를 정할 때, a의 최댓값과 최솟값을 구하시오.

106. $-2\leq x\leq 3$인 범위에서 함수 $y=x^2-2x-2$의 최댓값과 최솟값의 합을 구하시오.

5 유리함수

유리함수 $y=f(x)$에서 $f(x)$가 x에 대한 다항식일 때, 이 함수를 다항함수라 하고, $f(x)$가 x에 대한 분수식일 때, 이 함수를 분수함수라고 한다. 일반적으로 분수함수의 정의역이 특별히 주어져 있지 않은 경우에는 분모를 0으로 하지 않는 실수 x의 값 전체의 집합을 정의역으로 생각한다.

1 $y=\frac{k}{x}(k \neq 0)$ 의 그래프

(1) 정의역과 치역은 0을 제외한 실수 전체의 집합이다.

(2) 원점에 대하여 대칭인 쌍곡선이다.

(3) $k>0$이면 제 1, 3사분면에 그래프가 그려지고, $k<0$이면 제 2, 4사분면에 그래프가 그려진다.

(4) 수직 점근선 $x=0$, 수평 점근선 $y=0$이다.

(5) $|k|$의 값이 클수록 원점에서 멀어진다.

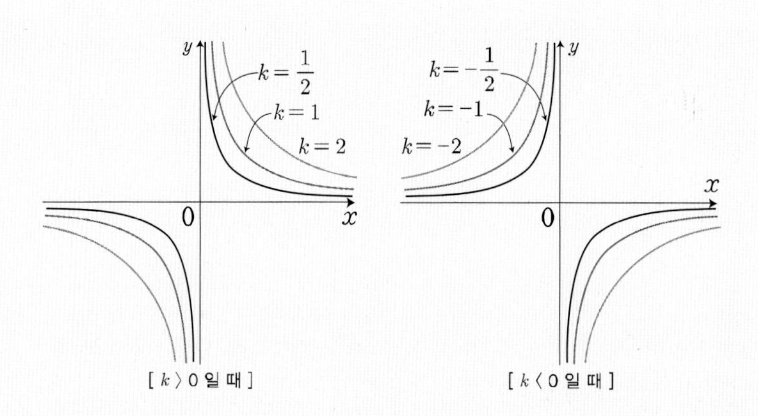

2 $y=\frac{k}{x-p}+q(k \neq 0)$ 의 그래프

(1) $y=\frac{k}{x}$의 그래프를 x축의 방향으로 p만큼, y축의 방향으로 q만큼 평행이동한 그래프이다.

(2) 점 (p, q)에 대하여 대칭인 쌍곡선이다.

(3) 수직 점근선 $x=p$, 수평 점근선 $y=q$이다.

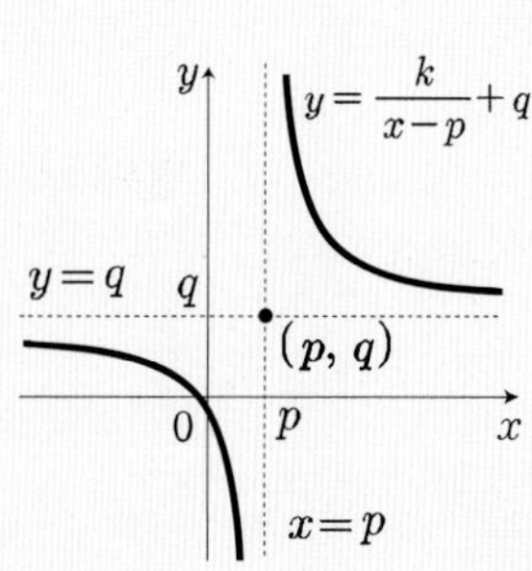

❖ 참고 ❖

(1) $y=ax+b+\frac{d}{x-c}$의 수직 점근선 $x=c$, 사점근선 $y=ax+b$이다.

(2) $f(x)=\frac{ax+b}{cx+d}$의 역함수는 $f^{-1}(x)=\frac{-dx+b}{cx-a}$ 이다.

107. 다음 함수의 그래프를 좌표평면에 나타내시오.

(1) $y=\dfrac{1}{x-2}$

(2) $y=2+\dfrac{1}{x-2}$

(3) $y=x+\dfrac{1}{x-2}$

(4) $y=\dfrac{x^3+1}{x}$

108. 함수 $y=\dfrac{k}{x}$ $(k \neq 0)$에 대한 설명 중 옳지 않은 것을 고르면?

① 정의역과 치역은 0을 제외한 모든 실수의 집합이다.

② 원점에 대하여 대칭인 직각쌍곡선이다.

③ k 가 클수록 곡선은 원점에서 멀어진다.

④ 역함수는 $y=\dfrac{k}{x}$ 이다.

109. 두 유리함수 $f(x)=\dfrac{2x+4}{x+a}$, $g(x)=\dfrac{bx+5}{x+c}$ 의 점근선이 같고, $f^{-1}(-1)=1$ 일 때, 상수 a, b, c 의 합 $a+b+c$ 의 값을 구하면?

110. 등식 $\dfrac{3x}{x^3+1}=\dfrac{a}{x+1}+\dfrac{bx+c}{x^2-x+1}$ 가 분모를 0으로 하지 않는 모든 x에 대하여 성립할 때, $a+b+c$의 값은?

6 무리함수

1 무리함수의 그래프

함수 $y=f(x)$가 x에 대한 무리식일 때, 이 함수를 무리함수라 한다. 무리함수의 정의역이 특별히 주어지지 않은 경우에는 함숫값이 실수가 되도록 하는, 즉 (근호 안의 식의 값)≥ 0인 실수 전체의 집합으로 생각한다.

(1) $y=\sqrt{x}$: 정의역 $\{x|x\geq 0\}$

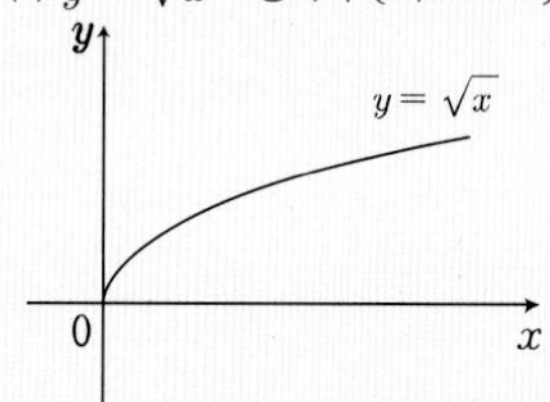

(2) $y=-\sqrt{x}$: 정의역 $\{x|x\geq 0\}$

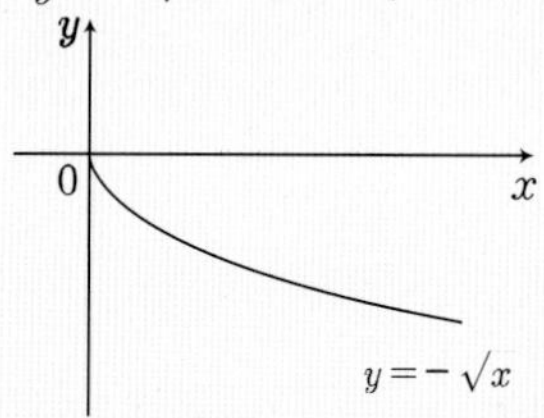

(3) $y=\sqrt{-x}$: 정의역 $\{x|x\leq 0\}$

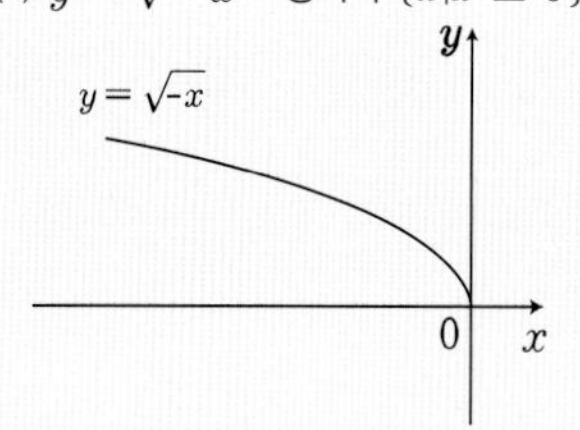

(4) $y=-\sqrt{-x}$: 정의역 $\{x|x\leq 0\}$

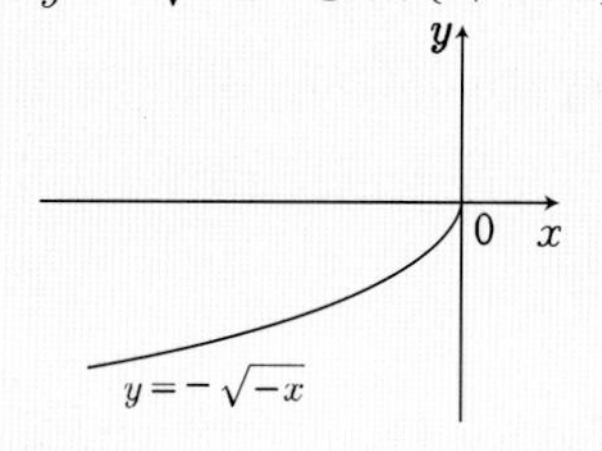

2 무리함수의 그래프의 평행이동

$y=\sqrt{ax+b}+c=\sqrt{a\left(x+\frac{b}{a}\right)}+c$의 그래프는

$y=\sqrt{ax}$의 그래프를 x축으로 $-\frac{b}{a}$만큼, y축으로 c만큼 평행이동한 그래프다.

3 무리함수의 역함수

(1) $y=\sqrt{ax}\ (x\geq 0,\ y\geq 0)$의 역함수는 $y=\frac{1}{a}x^2\ (x\geq 0,\ y\geq 0)$이다.

(2) $y=\sqrt{ax+b}+c\left(a>0, x\geq -\frac{b}{a},\ y\geq c\right)$의 역함수는

$y=\frac{(x-c)^2-b}{a}\left(a>0,\ x\geq c, y\geq -\frac{b}{a}\right)$이다.

111. 다음 함수의 그래프를 좌표평면에 나타내시오.

(1) $y=\sqrt{2x+4}$　　(2) $y=\sqrt{2x+4}+2$

112. $f(x)=\dfrac{\sqrt{1-x^2}}{x-1}$ 일 때, f의 정의역은?

113. 두 무리함수 $y=\sqrt{x-2}+2$와 $x=\sqrt{y-2}+2$의 그래프는 두 점에서 만난다. 이 두 점 사이의 거리를 구하시오.

114. 무리함수 $f(x)=\sqrt{6x-9}$ 의 역함수를 $f^{-1}(x)$ 라 할 때, $y=f(x)$의 그래프와 $y=f^{-1}(x)$의 그래프의 교점 $\mathrm{P(a,\,b)}$에 대하여 $a+b$의 값은?

115. 무리방정식 $x-\sqrt{x-3}=3$을 만족시키는 모든 근의 합을 구하시오.

116. 무리방정식 $x^2-12x+\sqrt{x^2-12x+3}=3$의 모든 실근의 합을 구하시오.

7 원의 방정식

1 원의 방정식

(1) 중심이 (a,b) 이고, 반지름의 길이가 r인 원의 방정식 : $(x-a)^2+(y-b)^2=r^2 \Leftrightarrow \frac{(x-a)^2}{r^2}+\frac{(y-b)^2}{r^2}=1$

(2) 중심이 원점이고, 반지름의 길이가 r 인 원의 방정식 : $x^2+y^2=r^2 \Leftrightarrow \frac{x^2}{r^2}+\frac{y^2}{r^2}=1$

(3) 원의 넓이 : πr^2, 원의 둘레 : $2\pi r$

2 원과 직선과의 위치

원과 직선에서 그 교점을 구하는 방정식의 판별식을 D 라 할 수 있다. (단, d 는 원의 중심에서 직선까지의 거리)

(1) $D>0 \Leftrightarrow d<r$ 두 점에서 만난다. (서로 다른 두 실근)

(2) $D=0 \Leftrightarrow d=r$ 한 점에서 만난다. (접한다 : 중근)

(3) $D<0 \Leftrightarrow d>r$ 만나지 않는다. (서로 다른 두 허근)

117. 다음 물음에 답하시오.

(1) 중심이 $(-3,1)$ 이고, 반지름이 5인 원의 방정식을 구하라.

(2) 중심이 원점이고, 점 $(1, \sqrt{3})$을 지나는 원의 방정식을 구하라.

(3) 원의 방정식 $x^2+y^2+2x-4y-20=0$의 중심과 반지름을 구하시오.

118. 다음 중 반지름의 길이가 가장 큰 원은?

① $x^2+y^2=8$

② $(x-1)^2+(y-2)^2=10$

③ $x^2+y^2+4x+8y=0$

④ $x^2+y^2-2x+6y-6=0$

119. 원 $x^2+y^2-6x-8y-3=0$ 위의 점 A와 원점 O에 대하여 선분 OA의 길이의 최댓값과 최솟값을 각각 M, m이라 할 때, $M+m$의 값은?

120. 좌표평면에서 원 $(x-2)^2+(y-1)^2=1$과 직선 $y=a(x+3)-4$가 만나기 위한 실수 a의 값의 범위를 구하시오.

121. 원 $(x+2)^2+(y+1)^2=25$에 접하는 접선의 방정식이 $4x+3y+k=0$일 때, 모든 상수 k 값의 합은?

122. 원 $x^2+y^2=4$와 직선 $y=x+b$의 교점이 2개가 되도록 하는 상수 b의 값의 범위는?

123. 다음 집합에 해당하는 영역을 직교좌표에 나타내시오.

(1) $D=\{(x,\ y)\,|\,1 \le x^2+y^2 \le 4\ ,\ 0 \le y \le x\}$

(2) $R=\{(x,\ y)\,|\,1 \le x^2+y^2 \le 9,\ \ x \le y \le \sqrt{3}x\}$

Areum Math Tip

다음 타원의 그래프를 개략적으로 나타내시오.

(1) $\frac{x^2}{9}+\frac{y^2}{16}=1$

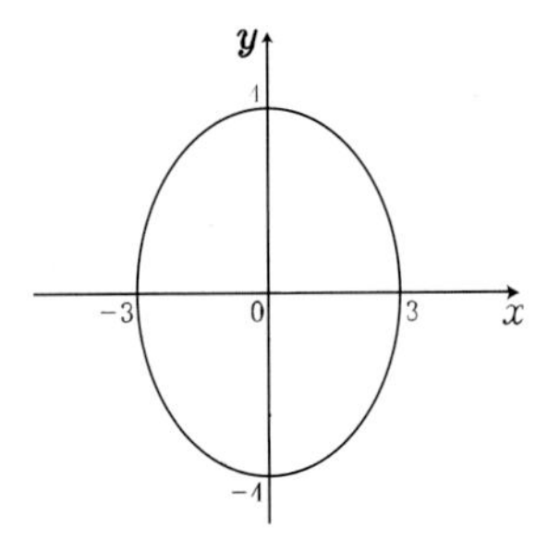

(2) $\frac{x^2}{25}+\frac{y^2}{9}=1$

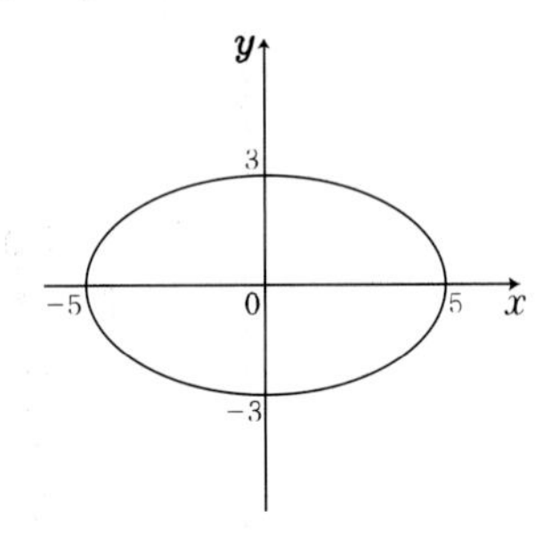

다음 쌍곡선의 그래프를 개략적으로 그리시오.

(1) $\frac{x^2}{9}-\frac{y^2}{4}=1$

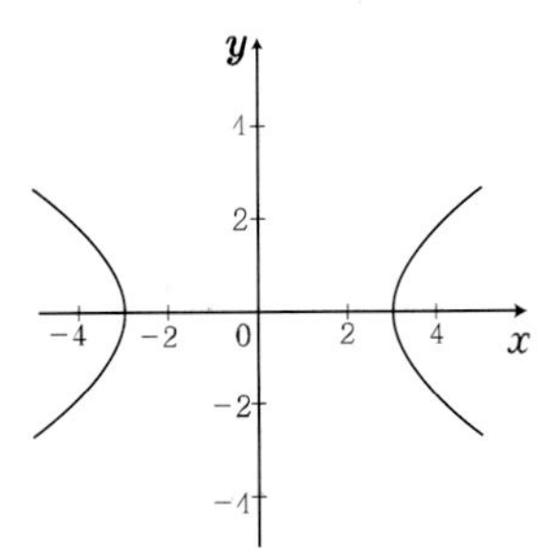

(2) $\frac{x^2}{4}-\frac{y^2}{9}=1$

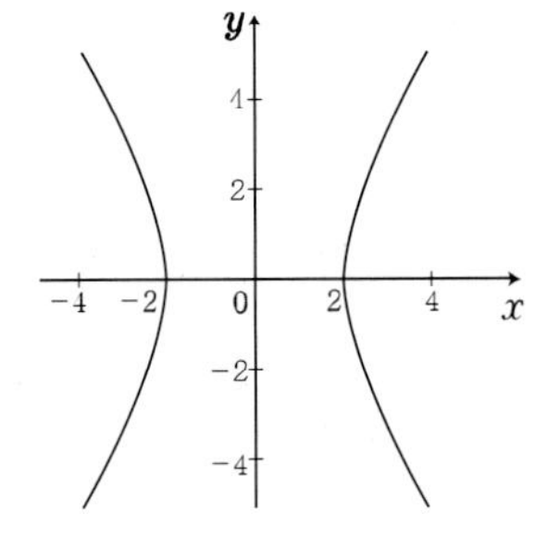

누적 복습은 시너지 효과를 가져옵니다

일단 독학은 재수생이 아닌 이상 절대 무리입니다. 교수님을 선택하였다면 끝까지 함께하시는 걸 추천드립니다. 솔직히 학교 시험과 레포트에 공부까지…. 방학 전까지는 진도 따라가기도 많이 벅찼습니다. 그래서 복습에 중점을 두고 예습은 하지 않았습니다.

미적분 다음 선형대수를 나갈 때도 미적분 복습을 꼭 해야 합니다. 편미분 공업수학에 다다랐을 때 엄청나게 시너지 효과를 가져올 것입니다. 10~11월 이후 진도의 끝이 보이면 기출 풀이를 들어가시고, 주요 대학이나 가고픈 대학의 기출은 꼭 완벽히 모든 부분을 마스터하시길 당부드립니다. 많은 문제를 푸는 것보다 그걸 자기 것으로 만드는 복습 과정이 더 중요합니다.

세 가지를 기억하세요

첫째, 절대 공부시간에 얽매이지 마세요. 얼마나 집중하고 효율적으로 공부하느냐 하는 자신과의 싸움입니다. 누구는 몇 시간을 한다는 둥 이런 것에 쫄지 마세요. 그렇게 안 하고도 얼마든지 합격할 사람은 합격합니다.

둘째, 간절함을 가지세요. 공부 말고도 어떠한 일을 해내려 할 때, 간절함만큼 동기부여가 될 수 있는 멘탈 요소는 없습니다.

셋째, 모의고사에 목숨 걸지 마세요. 단지 자기가 어디가 부족한지 알아보는 시험일뿐 그 이상 그 이하도 아닙니다. 모의고사는 모의고사일 뿐입니다.

- 김민수 (한양대학교 융합전자공학과)

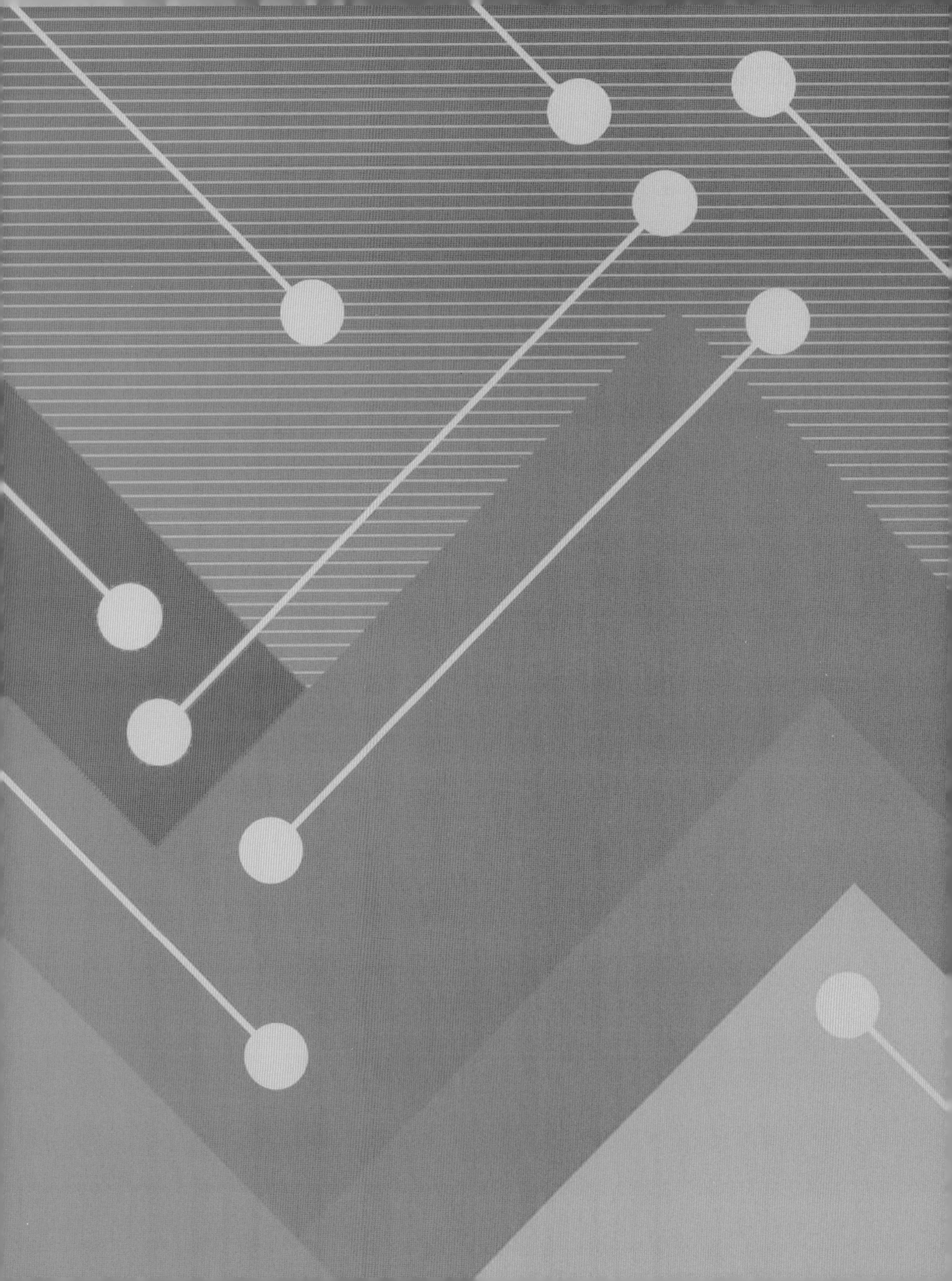

CHAPTER 03

수열과 순열

1. 수열의 극한과 합
2. 순열과 조합

03 수열과 순열

1 수열의 극한과 합

1 수열의 수렴과 발산

(1) 수열의 뜻

3, 6, 9, … 와 같이 일정한 규칙에 따라 차례로 나열된 수의 열. 나열된 각각의 수를 그 수열의 항이라 한다.

(2) 수열의 일반항

수열을 $a_1, a_2, a_3, \cdots, a_n, \cdots$으로 나타낼 때 각각의 수를 항이라 하고, 처음부터 차례대로 a_1을 첫째항(제1항), a_2을 둘째항(제2항), … , a_n을 n째항(제n항)이라 하며, 특히 n번째항 a_n을 일반항이라 한다. 또는 $\{a_n\}$으로 나타낸다.

(3) 수열의 극한

$\lim_{n\to\infty} a_n = \alpha$(상수) 일 때, 수열 $\{a_n\}$은 α에 수렴한다고 하고, α를 수열 $\{a_n\}$의 극한값이라 한다.

① $\lim_{n\to\infty}\frac{1}{n} = \frac{1}{\infty} = 0^+$

② $\lim_{n\to\infty}\left(-\frac{1}{n}\right) = -\frac{1}{\infty} = 0^-$

③ $\lim_{n\to 0^+}\frac{1}{n} = \frac{1}{0^+} = \infty$

④ $\lim_{n\to 0^-}\frac{1}{n} = \frac{1}{0^-} = -\infty$

⑤ $\lim_{n\to\infty} a_n = \lim_{n\to\infty} a_{n+1} = \alpha$

(4) 수열의 발산

수열 $\{a_n\}$이 일정한 값으로 수렴하지 않을 때, 수열 $\{a_n\}$은 발산한다고 한다.

① 양(또는 음)의 무한대로 발산 : $\lim_{n\to\infty} a_n = \pm\infty$ ② 진동 : $\lim_{n\to\infty} a_n$이 존재하지 않는다.

2 수열의 극한 - 기본성질

수렴하는 수열 $\{a_n\}$, $\{b_n\}$에 대하여 $\lim_{n\to\infty} a_n = \alpha$, $\lim_{n\to\infty} b_n = \beta$일 때,

(1) $\lim_{n\to\infty}\{a_n + b_n\} = \lim_{n\to\infty} a_n + \lim_{n\to\infty} b_n = \alpha + \beta$

(2) $\lim_{n\to\infty}\{ka_n\} = k\lim_{n\to\infty} a_n = k\alpha$

(3) $\lim_{n\to\infty}\{a_n b_n\} = \lim_{n\to\infty} a_n \cdot \lim_{n\to\infty} b_n = \alpha\beta$

(4) $\lim_{n\to\infty}\frac{a_n}{b_n} = \frac{\lim_{n\to\infty} a_n}{\lim_{n\to\infty} b_n} = \frac{\alpha}{\beta}\ (\beta \neq 0)$

3 등차수열

(1) 등차수열의 뜻

첫째항부터 차례로 일정한 수를 더해서 얻어지는 수열을 등차수열이라 하고, 그 일정한 수를 공차라 한다.

(2) 등차수열의 일반항

첫째항이 a이고 공차가 d인 등차수열의 일반항은 $a_n = a+(n-1)d$

↳ $a_{n+1} = a_n + d \Leftrightarrow a_{n+1} - a_n = d(n=1, 2, 3, \cdots)$

↳ $a_n = dn + C$ 꼴, n에 대한 일차식이고, 공차가 기울기이다.

(3) 등차중항

세 수 a, b, c가 이 순서대로 등차수열을 이룰 때, b를 a, c의 등차중항이라 한다.

b가 a, c 의 등차중항이면 $b = \dfrac{a+c}{2}$ 이다.

(4) 등차수열의 합

첫째항이 a, 공차가 d, 제n항이 l인 등차수열의 첫째항부터 제n항까지의 합은

$$S_n = \frac{n\{a+l\}}{2} = \frac{n\{2a+(n-1)d\}}{2}$$

124. 다음 등차수열의 일반항 a_n을 구하시오.

(1) $-11,\ -8,\ -5,\ -2,\ \cdots$

(2) $6,\ 3,\ 0,\ -3,\ \cdots$

125. 18과 9 사이에 두 수를 넣어 등차수열을 만들 때, 넣은 두 수를 차례로 구하시오.

126. 삼차방정식 $x^3-3x^2-6x+k=0$의 세 근이 등차수열을 이룰 때, 상수 k와 공차 d를 구하시오. $(d>0)$

127. 첫째항부터 제 n항까지의 합 S_n이 $S_n = n^2+n$인 등차수열 $\{a_n\}$에서 a_{10}의 값과 공차 d를 구하시오.

4 등비수열

(1) 등비수열의 뜻

첫째항부터 차례로 일정한 수를 곱하여 얻어지는 수열을 등비수열이라 하고, 그 일정한 수를 공비라 한다.

$\Leftrightarrow a_{n+1} = a_n \cdot r \Leftrightarrow \dfrac{a_{n+1}}{a_n} = r \quad (n = 1, 2, 3, \cdots)$

(2) 등비수열의 일반항

첫째항이 a이고 공비가 r인 등비수열의 일반항은 $a_n = ar^{n-1}$ $(n = 1, 2, 3, \cdots)$

(3) 등비중항

세 수 a, b, c가 이 순서대로 등비수열을 이룰 때, b를 a, c 의 등비중항이라 한다. b가 a, c 의 등비중항이면 $b^2 = ac$다.

(4) 등비수열의 극한

① $-1 < r < 1$일 때, $\lim\limits_{n\to\infty} r^n = 0$

② $r = 1$일 때, $\lim\limits_{n\to\infty} r^n = 1$

③ $r < -1$ 또는 $r > 1$일 때, $\lim\limits_{n\to\infty} r^n$ 은 발산한다.

(5) 등비수열의 합

첫째항이 a, 공비가 r인 등비수열의 첫째항부터 제n항까지의 합 $S_n = \dfrac{a(r^n - 1)}{r - 1}$이고

무한등비수열의 합은 $|r| < 1$일 때 $\lim\limits_{n\to\infty} S_n = \lim\limits_{n\to\infty} \dfrac{a(r^n - 1)}{r - 1} = \dfrac{a}{1 - r}$이다.

Areum Math Tip

등비수열 $\{ar^{n-1}\}$의 부분합을 S_n 이라고 하자.

(1) $r = 1$ 일 때, $S_n = a + a + a + \cdots + a = na$ 이고 무한등비수열의 합은 발산한다.

(2) $r \neq 1$ 일 때,

$S_n = a + ar + ar^2 + \cdots + ar^{n-1}$ $\cdots$ ㉠ 이고, 양변에 공비 r을 곱하면

$rS_n = ar + ar^2 + \cdots + ar^{n-1} + ar^n$ $\cdots$ ㉡ 이다.

㉠-㉡을 하면 $S_n - rS_n = a - ar^n \quad \Rightarrow \quad S_n = \dfrac{a(1 - r^n)}{1 - r}$

여기서 $|r| < 1$일 때, $\lim\limits_{n\to\infty} r^n = 0$이므로 $S = \lim\limits_{n\to\infty} S_n = \lim\limits_{n\to\infty} \dfrac{a(1 - r^n)}{1 - r} = \dfrac{a}{1 - r}$로 수렴한다.

$\therefore \displaystyle\sum_{n=1}^{\infty} ar^{n-1} = a + ar + ar^2 + \cdots + ar^n + \cdots = \dfrac{a}{1 - r}$

128. 등비수열 $2,\ 4,\ 8,\ \cdots$ 에서 처음으로 500보다 커지는 항은 제 몇 항인지 구하시오.

129. 곡선 $y=x^3-2x^2+x$와 직선 $y=k$가 서로 다른 세 점에서 만나고, 교점의 x좌표가 등비수열을 이룰 때, 상수 k의 값을 구하시오.

130. 첫째항부터 제5항까지의 합이 1이고, 첫째항부터 제10항까지의 합이 3인 등비수열이 있다. 첫째항부터 제15항까지의 합을 구하시오.

131. 첫째항부터 제 n항까지의 합 S_n이 $S_n=5^n-1$인 수열 $\{a_n\}$의 일반항 a_n을 구하시오.

5 수열의 합

(1) 합의 기호 $\sum$ 의 뜻

수열 $a_1, a_2, \cdots, a_n$에서 첫째항부터 제n항까지의 합을 기호 $\sum$ 를 사용하여 다음과 같이 나타낸다.

$$a_1 + a_2 + \cdots + a_n = \sum_{k=1}^{n} a_k$$ → 일반항 a_n에서 n 대신 k를 대입한다.

(2) $\sum$ 의 기본성질

① $\sum_{k=1}^{n}(a_k + b_k) = \sum_{k=1}^{n} a_k + \sum_{k=1}^{n} b_k$

② $\sum_{k=1}^{n} ca_k = c\sum_{k=1}^{n} a_k$(단, c는 상수)

③ $\sum_{k=1}^{n}(a_k - b_k) = \sum_{k=1}^{n} a_k - \sum_{k=1}^{n} b_k$

④ $\sum_{k=1}^{n} c = cn$(단, c는 상수)

(3) 자연수의 거듭제곱의 합 ($\sum$ 계산 공식)

① $\sum_{k=1}^{n} k = 1 + 2 + \cdots + n = \frac{n(n+1)}{2}$

② $\sum_{k=1}^{n} k^2 = 1^2 + 2^2 + + \cdots + n^2 = \frac{n(n+1)(2n+1)}{6}$

③ $\sum_{k=1}^{n} k^3 = 1^3 + 2^3 + \cdots + n^3 = \left\{\frac{n(n+1)}{2}\right\}^2$

132. $\sum_{k=1}^{10} a_k = 3$, $\sum_{k=1}^{10} {a_k}^2 = 5$일 때, $\sum_{k=1}^{10}(3a_k - 1)^2$의 값을 구하시오.

133. 다음 수열의 첫째항부터 제n항까지의 합을 구하시오.

(1) $1^2,\ 3^2,\ 5^2,\ 7^2,\ \cdots$

(2) $1,\ 1+2,\ 1+2+3,\ \cdots$

2 순열과 조합

1 순열 (Permutation)

(1) 순열의 정의

서로 다른 n개에서 r개를 택하여 일렬로 나열하는 것을 n개에서 r개를 택하는 순열이라 하고,

이 순열의 수를 기호로 ${}_nP_r$와 같이 나타낸다.

(2) 순열의 계산

서로 다른 n개에서 r개를 택하는 순열의 수는 ${}_nP_r = n(n-1)(n-2)\cdots(n-r+1)$(단, $0 < r \le n$)이고

특히, $r = n$인 경우 ${}_nP_n = n!$이 된다.

2 조합 (Combination)

(1) 조합의 정의

서로 다른 n개에서 순서를 생각하지 않고 r개를 택하는 것을 n개에서 r개를 택하는 조합이라 하고,

이 조합의 수를 기호로 ${}_nC_r$와 같이 나타낸다.

(2) 조합의 계산

서로 다른 n개에서 r개를 택하는 조합의 수는

$${}_nC_r = \frac{n(n-1)\cdots(n-r+1)}{r!} = \frac{n!}{r!(n-r)!} \text{ (단, } 0 \le r \le n)$$

(3) 조합의 성질

조합 ${}_nC_r$에 대해서 식 ${}_nC_r = {}_nC_{n-r}$이 성립한다.

pf) ${}_nC_r = \dfrac{n!}{r!(n-r)!}$이므로 ${}_nC_{n-r} = \dfrac{n!}{(n-r)!(n-(n-r))!} = \dfrac{n!}{(n-r)!r!}$이므로

${}_nC_r = {}_nC_{n-r}$이 성립한다.

134. 다음 순열을 계산하시오.

(1) ${}_4P_3$

(2) ${}_6P_3$

(3) ${}_5P_4$

(4) ${}_7P_2$

135. 학생 14명 중 9명을 선발하려 일렬로 나열하는 경우의 수를 기호로 쓰면?

136. 놀이기구 10개 중 서로 다른 3개를 택하여 타려고 한다. 이때 순서를 정하여 놀이기구를 타는 방법의 수를 구하여라.

137. 다음 조합을 계산하시오.

(1) ${}_3C_0$

(2) ${}_4C_4$

(3) ${}_5C_3$

(4) ${}_6C_3$

(5) ${}_7C_2$

(6) ${}_4C_2$

138. 남학생 4명, 여학생 5명 중에서 남자 2명, 여자 3명을 선발하는 경우의 수를 구하시오.

139. 서로 다른 수학문제집 6권, 영어문제집 4권이 있다. 이 중 수학문제집 2권, 영어문제집 2권을 뽑는 방법의 수를 구하여라.

노력하는 자는 결실을 맛볼 것입니다

시험은 정직합니다. 절대 요행을 바라서도 안 되고, 요행이 통하지도 않습니다. 노력하는 자는 누구나 원하는 결실을 맛본다는 것을 믿으세요.

일주일에 하루 정도 쉴 수 있는 시간을 만들기 바랍니다. 저도 낙오라는 것을 해봤고, 인생무상을 느끼며 보낸 적도 많았습니다. 자신의 길을 가는 데 있어 핑계의 개수에 따라 자신이 가는 길이 좁아진다고 생각합니다.

자신을 다스려 12월까지 멋지게 달려가길 바랍니다. 편입을 통해 인생의 목표를 한 번 실현해보세요.
한 번만 이루어낸다면 두 번째부터는 탄탄대로일 것입니다.

- 서석범 (성균관대학교 고분자시스템공학과)

미적분과 급수

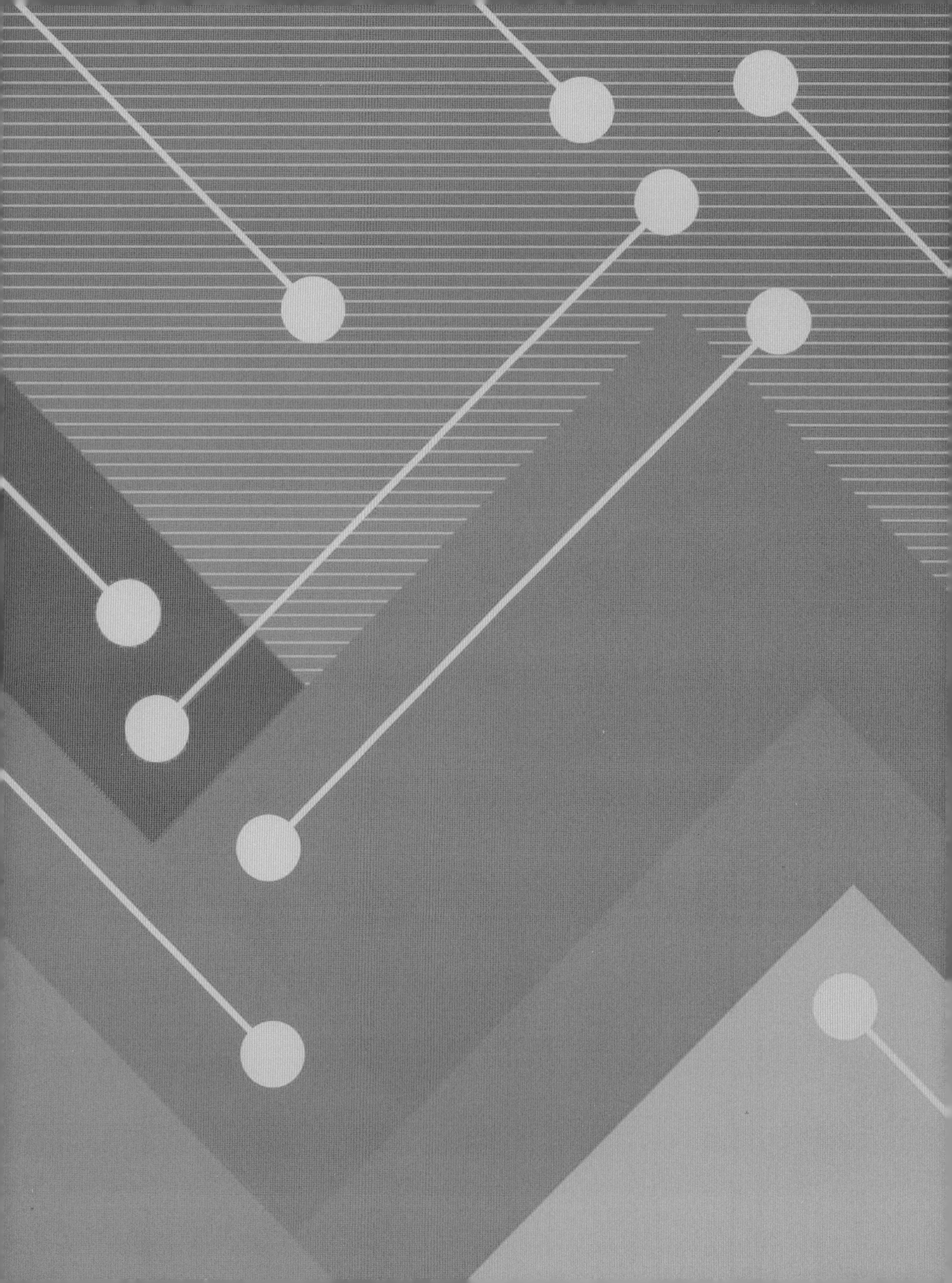

CHAPTER 01

함수

1. 지수함수 & 로그함수
2. 삼각함수 & 역삼각함수
3. 쌍곡선함수 & 역쌍곡선함수
4. 극좌표 & 극곡선
5. 음함수 & 매개함수

1 지수함수 & 로그함수

1 지수함수의 정의

1이 아닌 양수 a일 때, 임의의 실수 x에 대하여 a^x의 값은 단 하나로 정해지므로 $y=a^x\,(a\neq 1,\ \ a>0)$는 함수이다.

e는 exponential의 약자이며 값은 $2.71828\cdots$이다. 거듭제곱의 밑이 e이면 지수함수 $y=e^x$라고 쓴다.

2 지수함수의 그래프와 특징

$a>1$일 때 $y=a^x$

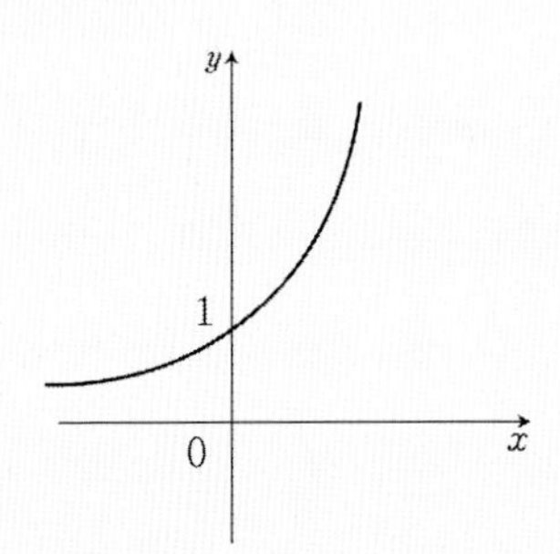

$0<a<1$일 때 $y=a^x$

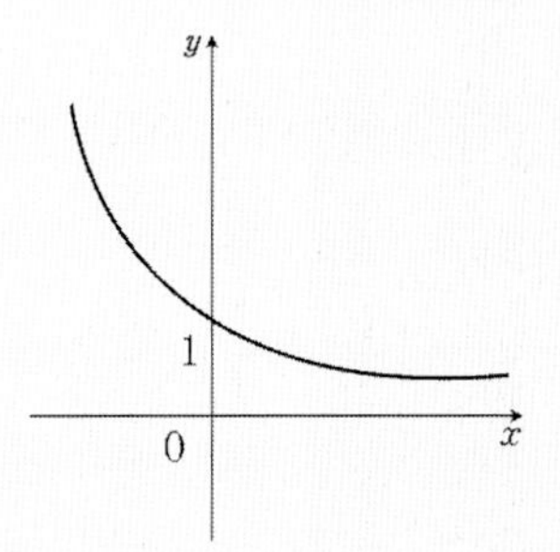

(1) 정의역 $\{x\,|\,x\in R\}$, 치역 $\{y\,|\,y>0\}$

(2) $a>1$일 때, x값이 증가하면 y값도 증가한다.

$0<a<1$일 때, x값이 증가하면 y값은 감소한다.

(3) 점 $(0,1)$를 지나고, x축(직선 $y=0$)을 점근선으로 갖는다.

(4) $y=a^x$의 그래프와 $y=a^{-x}=\left(\dfrac{1}{a}\right)^x$의 그래프는 y축 대칭이다.

3 지수방정식과 부등식

(1) $a^{f(x)}=a^{g(x)}$꼴의 방정식은 $f(x)=g(x)$를 푼다.

(2) a^x, a^{2x}이 같은 식에 있는 꼴의 방정식은 $a^x=t(t>0)$로 치환하여 푼다.

(3) $a>1$이면 ⇒ $f(x)$가 최대(최소)일 때, $a^{f(x)}$도 최댓값(최솟값)을 갖는다.

(4) $0<a<1$이면 ⇒ $f(x)$가 최대(최소)일 때, $a^{f(x)}$도 최솟값(최댓값)을 갖는다.

ex 1) $8^x=\left(\dfrac{1}{2}\right)^{x^2-4}$ ⇔ $2^{3x}=2^{-x^2+4}$의 해는 $3x=-x^2+4$를 만족한다.

ex 2) $3\leq x\leq 5$일 때, $2^3\leq 2^x\leq 2^5$, $\left(\dfrac{1}{2}\right)^5\leq\left(\dfrac{1}{2}\right)^x\leq\left(\dfrac{1}{2}\right)^3$이 성립한다.

ex 3) $3\leq f(x)\leq 5$일 때, $2^3\leq 2^{f(x)}\leq 2^5$, $\left(\dfrac{1}{2}\right)^5\leq\left(\dfrac{1}{2}\right)^{f(x)}\leq\left(\dfrac{1}{2}\right)^3$이 성립한다.

4 로그함수의 정의

(1) 정의

$a>0,\ a\neq 1,\ N>0$ 일 때, $a^m=N$을 만족하는 실수 m은 오직 하나만 존재한다.

$\boldsymbol{a^m=N \Leftrightarrow m=\log_a N}$ 으로 나타낼 수 있고, 이를 a를 밑으로 하는 N의 로그라 한다.

이 때, N을 $\log_a N$의 진수라 한다.

ex) $2^3=8 \quad \Leftrightarrow \quad 3=\log_2 8,\ \ 2^x=3 \quad \Leftrightarrow \quad x=\log_2 3$

(2) $e=2.718...$을 밑으로 하는 로그를 $\log_e N=\ln N$으로 나타내며 자연로그라 한다.

(3) 양의 실수 x에 대하여 $\log_a x$를 대응시키는 함수 $y=\log_a x$를

a를 밑으로 하는 로그함수라 한다.

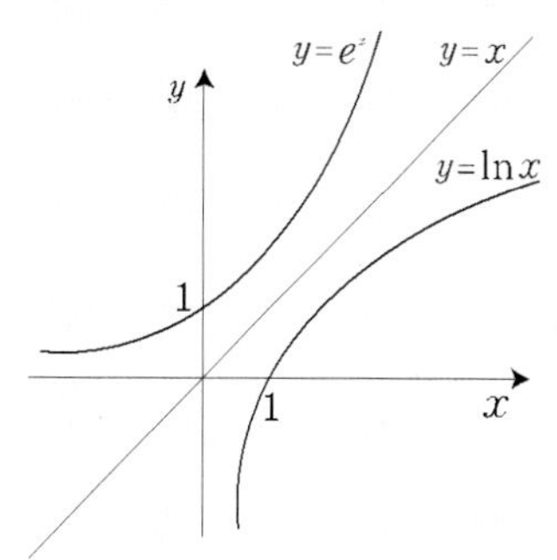

(4) 지수함수 $y=a^x\ (a\neq 1,\ \ a>0)$를 $y=x$에 대하여 대칭인 함수이다.

즉, 지수함수의 역함수이다.

(5) 지수함수의 역함수 만들기

step1) $y=a^x$를 $x\to y,\ \ y\to x\ \Rightarrow\ \boldsymbol{a^y=x}$

step2) 위의 식을 y에 대하여 정리 $\Rightarrow\ \boldsymbol{\log_a a^y=\log_a x} \quad \Leftrightarrow \quad \boldsymbol{y=\log_a x}$

5 로그함수 $y=\log_a x$ 의 그래프와 특징

$a>1$일 때, $y=\log_a x$

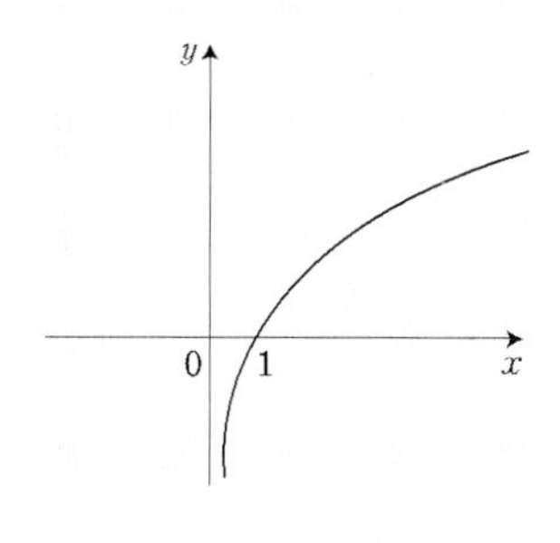

$0<a<1$일 때, $y=\log_a x$

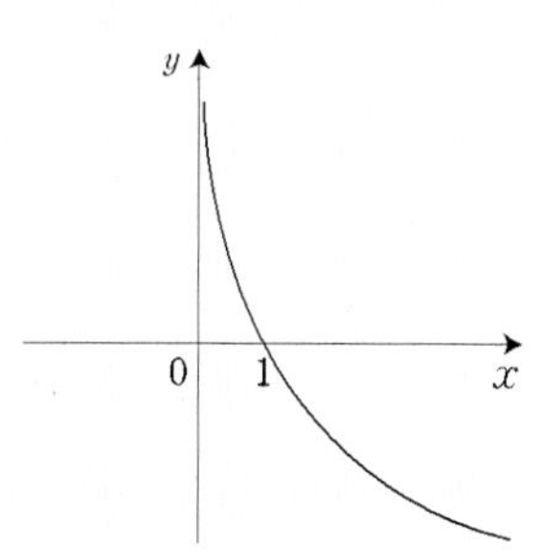

(1) 정의역 $\{x\,|\,x>0\}$, 치역 $\{y\,|\,y\in R\}$

(2) $a>1$일 때, x값이 증가하면 y값도 증가한다. $0<a<1$일 때, x값이 증가하면 y값은 감소한다.

(3) 점 $(1,0),\ \ (a,1)$을 지나고, y축(직선 $x=0$)을 점근선으로 갖는다.

(4) $y=\log_a x$의 그래프와 $y=\log_{\frac{1}{a}} x$ 의 그래프는 x축 대칭이다.

6 꼭 외워야 하는 공식

(1) 지수의 성질

① $a^0 = 1$ ② $a^{-n} = \dfrac{1}{a^n}$ ③ $a^{\frac{m}{n}} = \sqrt[n]{a^m}$ (단, $a>0$)

④ $a^m \times a^n = a^{m+n}$ ⑤ $a^m \div a^n = a^{m-n}$ ⑥ $(a^m)^n = a^{mn}$

⑦ $(ab)^n = a^n b^n$ ⑧ $\left(\dfrac{b}{a}\right)^n = \dfrac{b^n}{a^n}$

(2) 로그의 성질

$a>0,\ a\neq 1,\ b>0,\ c>0,\ c\neq 1,\ M>0,\ N>0$ 일 때,

① $\log_a a = 1,\ \log_a 1 = 0$ ② $\log_a MN = \log_a M + \log_a N$

③ $\log_a \dfrac{M}{N} = \log_a M - \log_a N$ ④ $\log_a M^n = n\log_a M$

⑤ $\log_{a^m} b^n = \dfrac{n}{m}\log_a b$ ⑥ $\log_a b = \dfrac{\log_c b}{\log_c a} = \dfrac{\ln b}{\ln a}$

⑦ $N^{\log_a M} = M^{\log_a N}$ ⑧ $a^{\log_a b} = b$, $\bigstar = e^{\ln\bigstar}$

필수 예제 1

$\ln(x-1) + \ln x \leq ln2$ 를 만족하는 x에 대하여 $\sqrt{(x-2)^2} + \sqrt[3]{(x+1)^3}$ 이 갖는 값은?

풀이 $\ln(x-1) + \ln x \leq ln2$ 에서 정의역 x는 다음과 같다.

$$\begin{cases} x-1>0 \\ x>0 \\ 0<x(x-1)\leq 2 \end{cases} \Rightarrow \begin{cases} x>1 \\ x>0 \\ 0<x(x-1)\leq 2 \end{cases} \Rightarrow 1<x\leq 2$$

따라서 $1<x\leq 2$에서 $\sqrt{(x-2)^2} + \sqrt[3]{(x+1)^3} = |x-2| + (x+1) = -(x-2)+x+1 = 3$

TIP $\sqrt[n]{x^n} = \begin{cases} |x| & (n\text{이 짝수}) \\ x & (n\text{이 홀수}) \end{cases}$, $|x| = \begin{cases} x & (x\geq 0) \\ -x & (x<0) \end{cases}$, $|\bigstar| = \begin{cases} \bigstar & (\bigstar\geq 0) \\ -\bigstar & (\bigstar<0) \end{cases}$

1. 주어진 함수를 로그의 성질을 이용하여 지수함수로 나타내어라. $(x>0)$

(1) $y = x^x$ (2) $y = x^{\frac{1}{x}}$

MEMO

2 삼각함수 & 역삼각함수

1 호도법

(1) 1라디안 : 반지름의 길이가 r인 원에서 $\widehat{AB}$ 의 길이가 r과 같을 때 $\widehat{AB}$ 에 대한 중심각의 크기를 1라디안(rad)이라 한다.

(2) (1라디안) = $\dfrac{180°}{\pi} \approx 57°$, $\pi(rad) = 180°$

(3) rad을 단위로 각도를 나타내는 것을 호도법이라 한다.

육십분법	$0°$	$30°$	$45°$	$60°$	$90°$	$180°$	$270°$	$360°$
호도법	0	$\dfrac{\pi}{6}$	$\dfrac{\pi}{4}$	$\dfrac{\pi}{3}$	$\dfrac{\pi}{2}$	π	$\dfrac{3\pi}{2}$	2π

2 삼각비의 정의

(1) $\sin\theta = \dfrac{y}{r}$

(2) $\csc\theta = \dfrac{1}{\sin\theta}$

(3) $\cos\theta = \dfrac{x}{r}$

(4) $\sec\theta = \dfrac{1}{\cos\theta}$

(5) $\tan\theta = \dfrac{\sin\theta}{\cos\theta} = \dfrac{y}{x}$

(6) $\cot\theta = \dfrac{1}{\tan\theta}$

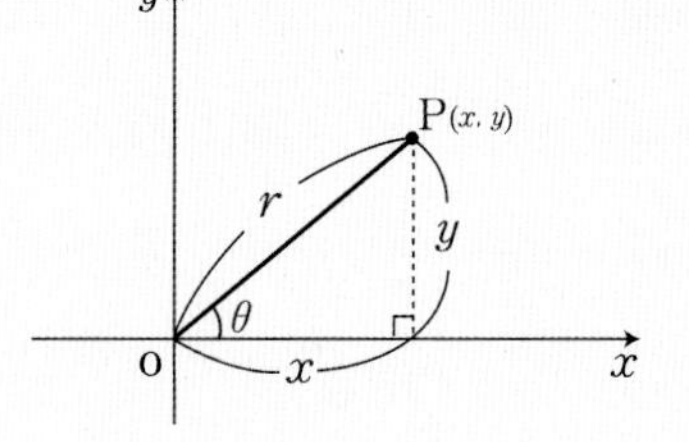

❖ $\csc\theta$는 sin 함수의 역함수가 아닌, "역수함수"이다. $\sec\theta$, $\cot\theta$ 모두 마찬가지이다.

3 삼각비의 기본 공식

(1) $\cos^2\theta + \sin^2\theta = 1$ (2) $1 + \tan^2\theta = \sec^2\theta$ (3) $1 + \cot^2\theta = \csc^2\theta$

4 특수예각의 삼각비 값

함수 \ 각도	0	$\dfrac{\pi}{6}$	$\dfrac{\pi}{4}$	$\dfrac{\pi}{3}$	$\dfrac{\pi}{2}$
$\sin\theta$	0	$\dfrac{1}{2}$	$\dfrac{\sqrt{2}}{2}$	$\dfrac{\sqrt{3}}{2}$	1
$\cos\theta$	1	$\dfrac{\sqrt{3}}{2}$	$\dfrac{\sqrt{2}}{2}$	$\dfrac{1}{2}$	0
$\tan\theta$	0	$\dfrac{1}{\sqrt{3}}$	1	$\sqrt{3}$	∞

5 삼각함수의 특징 ($n \in$ 정수)

(1) $y=f(x)=\sin x$	
① 정의역	실수 전체의 집합 $x \in R$
② 치 역	$\{y \mid -1 \le y \le 1\}$ $-1 \le \sin x \le 1$
③ 주 기	$f(x)=f(x+2n\pi)$ $\sin x = \sin(x+2n\pi)$
④ 성 질	기함수, 원점 대칭함수 $\sin(-x) = -\sin x$

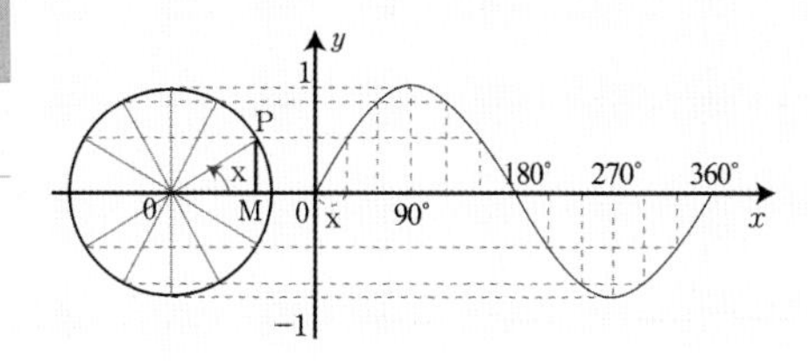

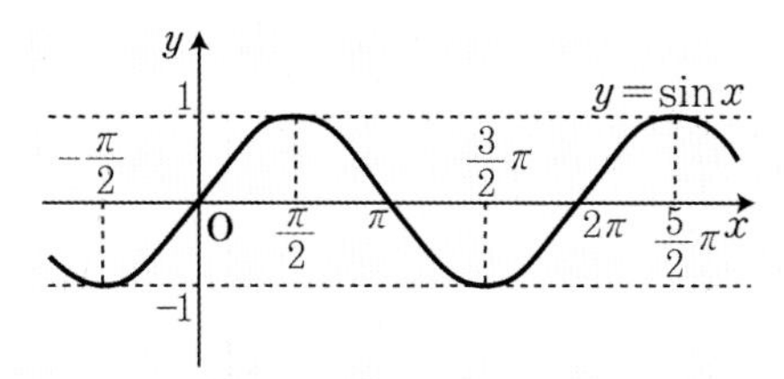

(2) $y=f(x)=\cos x$	
① 정의역	실수 전체의 집합 $x \in R$
② 치 역	$\{y \mid -1 \le y \le 1\}$ $-1 \le \cos x \le 1$
③ 주 기	$f(x)=f(x+2n\pi)$ $\cos x = \cos(x+2n\pi)$
④ 성 질	우함수, y축대칭함수 $\cos(-x) = \cos x$

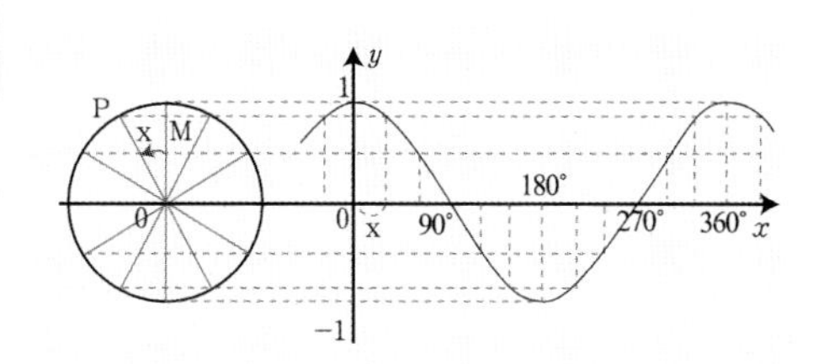

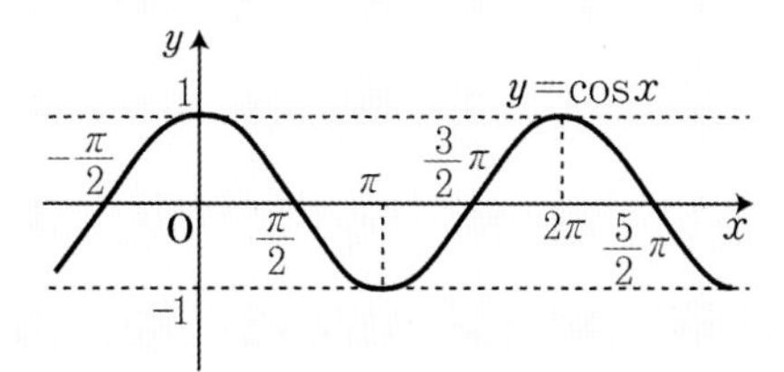

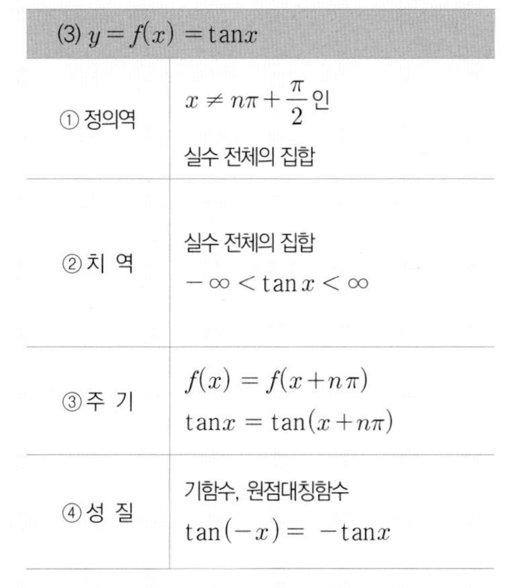

(3) $y=f(x)=\tan x$	
① 정의역	$x \neq n\pi + \frac{\pi}{2}$ 인 실수 전체의 집합
② 치 역	실수 전체의 집합 $-\infty < \tan x < \infty$
③ 주 기	$f(x)=f(x+n\pi)$ $\tan x = \tan(x+n\pi)$
④ 성 질	기함수, 원점대칭함수 $\tan(-x) = -\tan x$

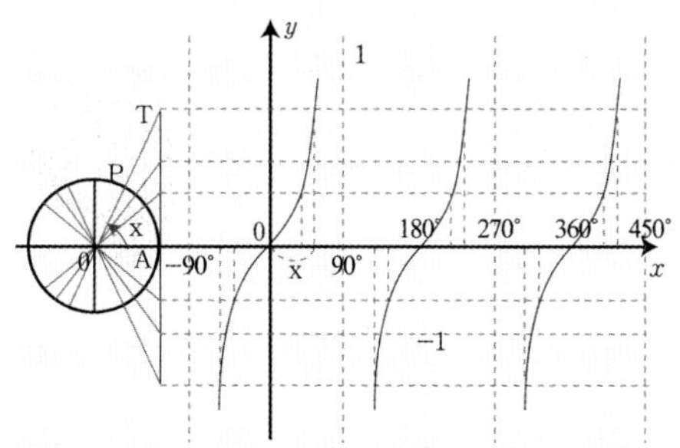

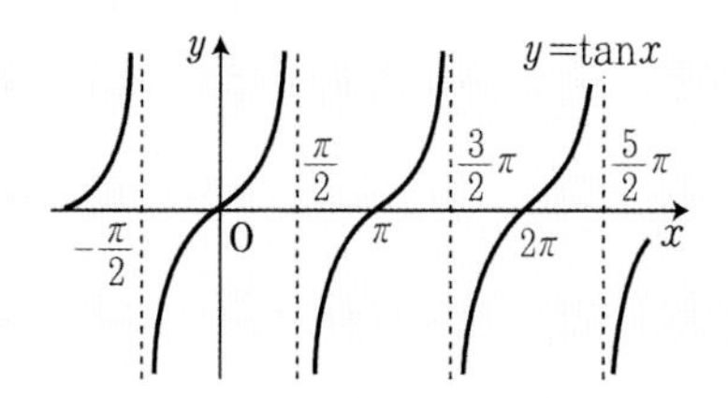

	$y=a\sin(bx+c)+d$	$y=a\cos(bx+c)+d$	$y=a\tan(bx+c)+d$
①주 기	$\frac{2\pi}{\lvert b\rvert}$	$\frac{2\pi}{\lvert b\rvert}$	$\frac{\pi}{\lvert b\rvert}$
② 최댓값	$\lvert a\rvert+d$	$\lvert a\rvert+d$	존재하지 않는다.
③ 최솟값	$-\lvert a\rvert+d$	$-\lvert a\rvert+d$	존재하지 않는다.

6 삼각함수의 변환 공식

(1) $\sin(-\theta)=-\sin\theta,\ \cos(-\theta)=\cos\theta,\ \tan(-\theta)=-\tan\theta$

(2) $\sin(2n\pi+\theta)=\sin\theta,\ \cos(2n\pi+\theta)=\cos\theta,\ \tan(n\pi+\theta)=\tan\theta$ ($n\in$정수)

(3) $\sin\left(\frac{\pi}{2}\times n\pm\theta\right)=\begin{cases}\pm\sin\theta & (n:\text{짝수})\\ \pm\cos\theta & (n:\text{홀수})\end{cases}$

(4) $\cos\left(\frac{\pi}{2}\times n\pm\theta\right)=\begin{cases}\pm\cos\theta & (n:\text{짝수})\\ \pm\sin\theta & (n:\text{홀수})\end{cases}$

(5) $\tan\left(\frac{\pi}{2}\times n\pm\theta\right)=\begin{cases}\pm\tan\theta & (n:\text{짝수})\\ \pm\cot\theta & (n:\text{홀수})\end{cases}$

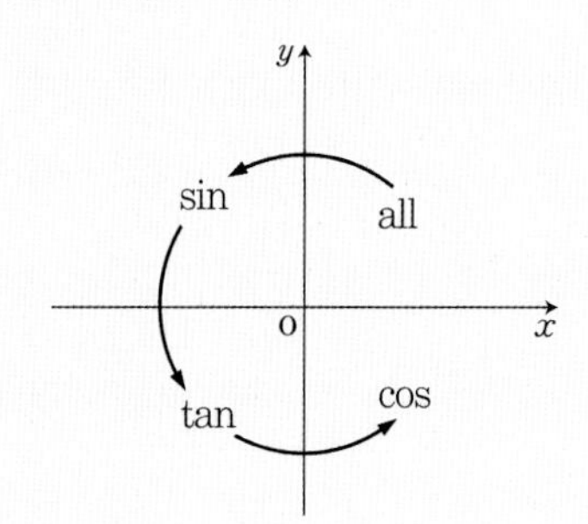

부호(±)의 결정은 괄호 안의 각 $\frac{\pi}{2}n\pm\theta$가 몇 사분면에 있는 각인지를 결정한 뒤, 각 사분면에서의 원래 주어진 삼각함수의 부호에 의하여 결정한다. (단, 여기서 θ는 예각으로 간주한다.)

ex) $\frac{3\pi}{2}\pm\theta$는 3 또는 4사분면에 있는 각이므로 $\sin\left(\frac{3\pi}{2}\pm\theta\right)=-\cos\theta$

필수 예제 2

$f(x)=a\sin\left(\frac{x}{p}\right)+b$의 최댓값은 5이고, $f\left(\frac{\pi}{3}\right)=\frac{7}{2}$이며, 주기가 4π일 때, a, b, p의 값을 구하시오.

(단, $a>0$, $p>0$이다.)

풀이 주기가 4π이므로 $\frac{2\pi}{\left|\frac{1}{p}\right|}=2|p|\pi=4\pi$이므로 $p=2$ ($\because p>0$)이고, 식에 대입하면 $f(x)=a\sin\left(\frac{x}{2}\right)+b$이다.

또한 최댓값이 5이므로 $|a|+b=a+b=5$, $f\left(\frac{\pi}{3}\right)=\frac{7}{2}$이므로 $\frac{a}{2}+b=\frac{7}{2}$ $\Leftrightarrow$ $a+2b=7$이다.

$\begin{cases}a+b=5\\a+2b=7\end{cases}$ 의 연립방정식에 의해 $a=3$, $b=2$이다.

2. 다음을 간단히 하시오.

(1) $\sin\left(\frac{\pi}{2}-\theta\right)$

(2) $\sin(\pi+\theta)$

(3) $\cos\left(\frac{\pi}{2}+\theta\right)$

(4) $\tan(\pi+\theta)$

(5) $\sin(-\pi+\theta)$

(6) $\sin(\pi-\theta)\cos\left(\frac{3}{2}\pi+\theta\right)-\tan(-\theta)\tan(\pi+\theta)-\sin\left(\frac{\pi}{2}+\theta\right)\cos(\pi+\theta)$

3. 다음은 $y=a\sin(bx+c)$의 그래프다. 양수 a, b, c의 값의 곱 abc는? (단, $0<c<2\pi$)

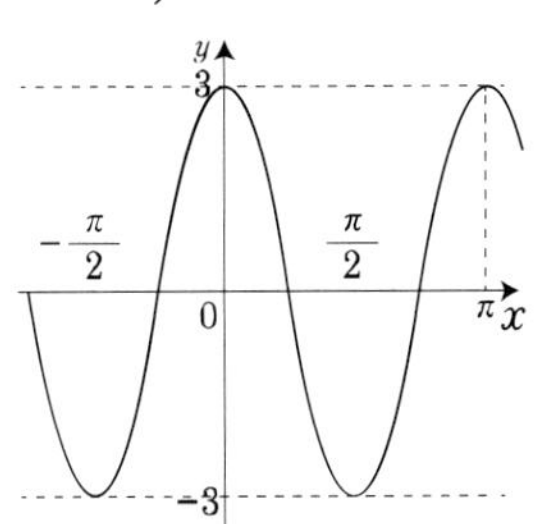

7 삼각함수의 여러 가지 공식

(1) 삼각함수의 덧셈 정리

① $\sin(\alpha \pm \beta) = \sin\alpha\cos\beta \pm \cos\alpha\sin\beta$

② $\cos(\alpha \pm \beta) = \cos\alpha\cos\beta \mp \sin\alpha\sin\beta$

③ $\tan(\alpha \pm \beta) = \dfrac{\tan\alpha \pm \tan\beta}{1 \mp \tan\alpha\tan\beta}$

(2) 삼각함수의 2배각공식

① $\sin 2\alpha = 2\sin\alpha\cos\alpha$

② $\cos 2\alpha = \cos^2\alpha - \sin^2\alpha = 2\cos^2\alpha - 1 = 1 - 2\sin^2\alpha$

③ $\tan 2\alpha = \dfrac{2\tan\alpha}{1-\tan^2\alpha}$

(3) 반각공식

① $\sin^2\alpha = \dfrac{1-\cos 2\alpha}{2}$ $\left(\because \cos 2\alpha = \cos^2\alpha - \sin^2\alpha = 1-2\sin^2\alpha \Rightarrow 2\sin^2\alpha = 1-\cos 2\alpha \Rightarrow \sin^2\alpha = \dfrac{1-\cos 2\alpha}{2}\right)$

② $\cos^2\alpha = \dfrac{1+\cos 2\alpha}{2}$ $\left(\because \cos 2\alpha = \cos^2\alpha - \sin^2\alpha = 2\cos^2\alpha - 1 \Rightarrow 2\cos^2\alpha = 1+\cos 2\alpha \Rightarrow \cos^2\alpha = \dfrac{1+\cos 2\alpha}{2}\right)$

③ $\tan^2\alpha = \dfrac{1-\cos 2\alpha}{1+\cos 2\alpha}$ $\left(\because \tan^2\alpha = \dfrac{\sin^2\alpha}{\cos^2\alpha} = \dfrac{1-\cos 2\alpha}{1+\cos 2\alpha}\right)$

(4) 곱을 합 or 차로 고치는 공식

① $\sin\alpha\cos\beta = \dfrac{1}{2}\{\sin(\alpha+\beta) + \sin(\alpha-\beta)\}$

② $\cos\alpha\sin\beta = \dfrac{1}{2}\{\sin(\alpha+\beta) - \sin(\alpha-\beta)\}$

③ $\cos\alpha\cos\beta = \dfrac{1}{2}\{\cos(\alpha+\beta) + \cos(\alpha-\beta)\}$

④ $\sin\alpha\sin\beta = -\dfrac{1}{2}\{\cos(\alpha+\beta) - \cos(\alpha-\beta)\}$

8 직선과 x축이 이루는 교각의 의미

(1) 직선의 방정식 $y = mx + b$의 기울기 $m = \tan\alpha$

(2) 직선의 방정식 $y = m'x + b'$의 기울기 $m' = \tan\beta$

(3) 두 직선의 교각

두 직선 $\begin{cases} y = mx + b \\ y = m'x + b' \end{cases}$가 이루는 예각을 θ라 하면

$\tan\theta = |\tan(\alpha - \beta)| = \left|\dfrac{m-m'}{1+mm'}\right|$

❖ 삼각형의 한 외각은 이웃하지 않는 두 내각의 합과 같다.

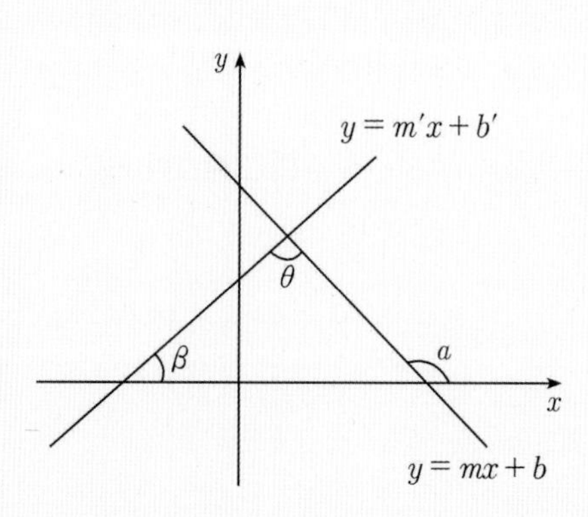

9 삼각함수의 합성 - 삼각함수의 덧셈 정리를 이용한다

(1) $a\sin\theta + b\cos\theta = \sqrt{a^2+b^2}\sin(\theta+\alpha)$

$$\left(\begin{aligned} a\sin\theta + b\cos\theta &= \sqrt{a^2+b^2}\left(\frac{a}{\sqrt{a^2+b^2}}\sin\theta + \frac{b}{\sqrt{a^2+b^2}}\cos\theta\right) \\ &= \sqrt{a^2+b^2}\,(\cos\alpha\sin\theta + \sin\alpha\cos\theta) \\ &\quad \left(\text{단, } \frac{a}{\sqrt{a^2+b^2}} = \cos\alpha\ ,\ \frac{b}{\sqrt{a^2+b^2}} = \sin\alpha\right) \\ &= \sqrt{a^2+b^2}\sin(\theta+\alpha) \end{aligned}\right)$$

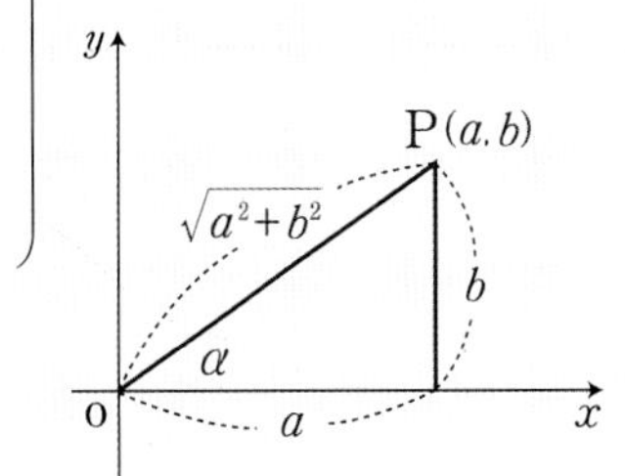

(2) $-\sqrt{a^2+b^2} \le a\sin\theta + b\cos\theta \le \sqrt{a^2+b^2}$

(3) $a\sin\theta + b\cos\theta$를 $r\sin(\theta+\alpha)$와 같은 꼴로 변형하는 것을 삼각함수의 합성이라 한다.

필수 예제 3

함수 $y = 3\sin x - 2\cos\left(x - \frac{\pi}{6}\right) + 1$의 최댓값을 M, 최솟값을 m이라 할 때, $M-m$의 값?

풀이 $y = 3\sin x - 2\cos\left(x - \frac{\pi}{6}\right) + 1$

$= 3\sin x - 2\left(\cos x\cos\frac{\pi}{6} + \sin x\sin\frac{\pi}{6}\right) + 1 = 3\sin x - 2\left(\frac{\sqrt{3}}{2}\cos x + \frac{1}{2}\sin x\right) + 1$

$= 3\sin x - \sqrt{3}\cos x - \sin x + 1 = 2\sin x - \sqrt{3}\cos x + 1 = \sqrt{7}\left(\frac{2}{\sqrt{7}}\sin x - \frac{\sqrt{3}}{\sqrt{7}}\cos x\right) + 1$

$= \sqrt{7}\sin(x-\alpha) + 1$ (단, $\cos\alpha = \frac{2}{\sqrt{7}}$, $\sin\alpha = \frac{\sqrt{3}}{\sqrt{7}}$)

$-1 \le \sin(x-\alpha) \le 1$ 이므로 $-\sqrt{7}+1 \le \sqrt{7}\sin(x-\alpha)+1 \le \sqrt{7}+1$

따라서 $M = \sqrt{7}+1$, $m = -\sqrt{7}+1$ 이므로 $M-m = 2\sqrt{7}$이다.

4. $\tan\alpha = -\frac{3}{4}$ 일 때, $\sin2\alpha, \cos2\alpha, \tan2\alpha$ 의 값은? (단, $\frac{3\pi}{2} < \alpha < 2\pi$)

5. $\sin\alpha = -\frac{4}{5}\ \left(\pi < \alpha < \frac{3}{2}\pi\right)$ 일 때, $\tan\frac{\alpha}{2}$ 의 값을 구하시오.

6. 두 직선 $kx-2y-1=0,\ x-3y+2=0$ 이 이루는 각이 $45°$ 가 되도록 하는 양수 k의 값은?

7. 삼각함수 $y=\cos x-\sin x$ 의 주기, 최댓값, 최솟값, 진폭을 구하여라. (단, $0 \le x < 2\pi$)
(단, 주기함수의 치역이 $\{y \mid a \le y \le b\}$ 이면 진폭은 $b-a$ 로 정한다.)

8. 다음 주어진 삼각방정식 $\sqrt{3}\sin x+\cos x=\sqrt{2}$ 을 풀어라. (단, $0 \le x < 2\pi$)

9. 함수 $y=\sqrt{3}\cos x+k\cos\left(\frac{\pi}{2}-x\right)-1$ 의 최댓값이 3일 때, 양수 k의 값은?

10 역삼각함수

(1) 정의

함수 $f(x)$가 일대일 대응함수일 때 역함수가 존재한다. 즉, 하나의 y값(치역)에 대응하는 정의역의 원소 x가 한 개 존재할 때이다. 그러나 $\sin x$, $\cos x$의 삼각함수는 일대일 대응함수가 아니기 때문에 적당한 정의역의 구간을 정해서 역함수를 정의하고자 한다. 역삼각함수가 존재하는 구간을 주치(Principle Value)라 한다.

(2) 역함수의 그래프와 특징

	$y=\sin^{-1}x$	$y=\cos^{-1}x$	$y=\tan^{-1}x$
① 그래프	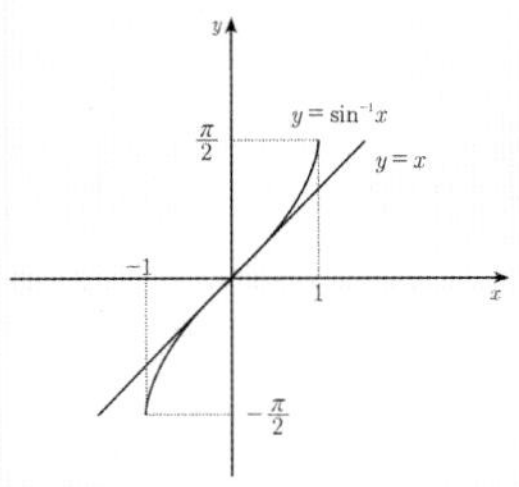	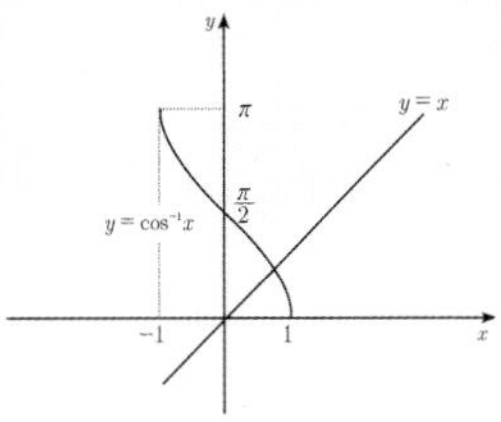	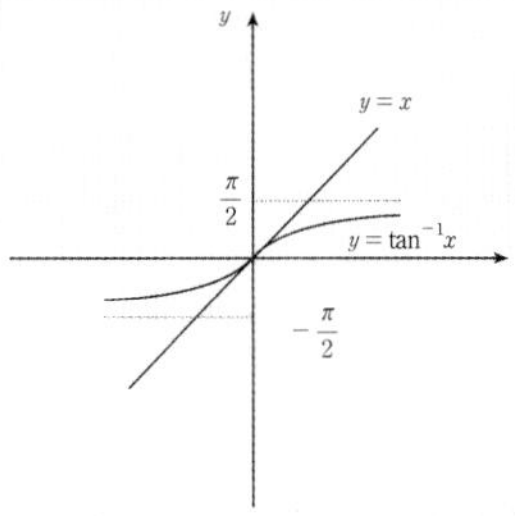
② 정의역	$-1 \le x \le 1$	$-1 \le x \le 1$	$-\infty < x < \infty$
③ 치 역	$-\frac{\pi}{2} \le y \le \frac{\pi}{2}$	$0 \le y \le \pi$	$-\frac{\pi}{2} < y < \frac{\pi}{2}$
④ 성 질	$\sin^{-1}(-x) = -\sin^{-1}x$		$\tan^{-1}(-x) = -\tan^{-1}x$

(3) 역삼각함수의 여러 가지 성질

① $\sin^{-1}x + \cos^{-1}x = \frac{\pi}{2}$ $(|x| \le 1)$

② $\cos^{-1}x + \cos^{-1}(-x) = \pi$ $(|x| \le 1)$

③ $\sec^{-1}x + \csc^{-1}x = \frac{\pi}{2}$ $(|x| \ge 1)$

④ $\tan^{-1}x + \cot^{-1}x = \frac{\pi}{2}$ $(x \in R)$

11 삼각함수와 역삼각함수의 합성함수에 대한 x 값의 범위

$(f^{-1} \circ f)(x) = f^{-1}(f(x)) = x$		$(f \circ f^{-1})(x) = f(f^{-1}(x)) = x$	
$\sin^{-1}(\sin x) = x$	$-\frac{\pi}{2} \le x \le \frac{\pi}{2}$	$\sin(\sin^{-1}x) = x$	$-1 \le x \le 1$
$\cos^{-1}(\cos x) = x$	$0 \le x \le \pi$	$\cos(\cos^{-1}x) = x$	$-1 \le x \le 1$
$\tan^{-1}(\tan x) = x$	$-\frac{\pi}{2} < x < \frac{\pi}{2}$	$\tan(\tan^{-1}x) = x$	모든 실수 x

필수 예제 4

다음 식의 값을 구하시오.

(1) $\sin^{-1}\left(\frac{1}{2}\right)+\cos^{-1}\left(-\frac{1}{2}\right)$

(2) $\cos\left(\sin^{-1}\left(-\frac{1}{4}\right)\right)$

(3) $\tan^{-1}\frac{1}{2}+\tan^{-1}\frac{1}{3}$

(4) $\tan^{-1}2+\tan^{-1}3$

풀이 (1) $\sin\frac{\pi}{6}=\frac{1}{2}$, $\cos\frac{2}{3}\pi=-\frac{1}{2}$이므로 $\sin^{-1}\left(\frac{1}{2}\right)+\cos^{-1}\left(-\frac{1}{2}\right)=\frac{\pi}{6}+\frac{2\pi}{3}=\frac{5\pi}{6}$이다.

[다른 풀이] $\cos^{-1}(x)+\cos^{-1}(-x)=\pi$를 이용하자.

$$\sin^{-1}\left(\frac{1}{2}\right)+\cos^{-1}\left(-\frac{1}{2}\right)=\sin^{-1}\left(\frac{1}{2}\right)+\pi-\cos^{-1}\left(\frac{1}{2}\right)=\frac{\pi}{6}+\pi-\frac{\pi}{3}=\frac{5\pi}{6}$$

(2) 우함수와 기함수의 성질을 활용하고, $\sin^{-1}\frac{1}{4}=\alpha$라 치환해서 식을 정리하자.

특수각이 아니면 무조건 직각삼각형을 그리고 생각하자.

$$\cos\left(\sin^{-1}\left(-\frac{1}{4}\right)\right)=\cos\left(-\sin^{-1}\left(\frac{1}{4}\right)\right)=\cos\left(\sin^{-1}\left(\frac{1}{4}\right)\right)=\cos\alpha=\frac{\sqrt{15}}{4}$$

(3) $\tan^{-1}\frac{1}{2}=\alpha$, $\tan^{-1}\frac{1}{3}=\beta$라 하면 $\tan\alpha=\frac{1}{2}$, $\tan\beta=\frac{1}{3}$이고 우리의 목표는 $\alpha+\beta$를 구하는 것이다.

여기서 $0<\alpha<\frac{\pi}{4}$, $0<\beta<\frac{\pi}{4}$이고, $0<\alpha+\beta<\frac{\pi}{2}$이므로 $\tan(\alpha+\beta)=\dfrac{\frac{1}{2}+\frac{1}{3}}{1-\frac{1}{2}\cdot\frac{1}{3}}=1$을 만족하는 $\alpha+\beta=\frac{\pi}{4}$이다.

(4) $\tan^{-1}2=\alpha$, $\tan^{-1}3=\beta$라 하면 $\tan\alpha=2$, $\tan\beta=3$이고 우리의 목표는 $\alpha+\beta$를 구하는 것이다.

여기서 $\frac{\pi}{4}<\alpha<\frac{\pi}{2}$, $\frac{\pi}{4}<\beta<\frac{\pi}{2}$이고, $\frac{\pi}{2}<\alpha+\beta<\pi$이므로 $\tan(\alpha+\beta)=\frac{2+3}{1-2\cdot3}=-1$를 만족하는

$\alpha+\beta=\frac{3\pi}{4}$이다.

10. 다음을 계산하시오.

(1) $\sin^{-1}\frac{1}{2}$

(2) $\tan^{-1}1$

(3) $\cos\left(\tan^{-1}\frac{2}{3}\right)$

(4) $\sin^{-1}\left(\sin\frac{7\pi}{3}\right)$

(5) $\sin^{-1}\left(-\frac{1}{\sqrt{2}}\right)$

(6) $\cos^{-1}\left(-\frac{1}{\sqrt{2}}\right)$

11. 다음을 계산하시오.

(1) $\sin\left(\cos^{-1}\frac{1}{5}\right)+\tan\left(\cos^{-1}\frac{1}{5}\right)$

(2) $\tan\left(\frac{\pi}{4}-\tan^{-1}2\right)$

(3) $\sin^2\left(\cos^{-1}\frac{2}{3}\right)$

(4) $\cos\left(2\sin^{-1}\left(\frac{3}{5}\right)\right)$

(5) $2\tan^{-1}\left(\frac{1}{3}\right)+\tan^{-1}\left(\frac{1}{7}\right)$

12. $\theta=\cos^{-1}\frac{3}{5}+\cos^{-1}\left(-\frac{12}{13}\right)$일 때 $\sin\theta$의 값은?

13. $f(x) = \sin^{-1}(x^2-1)$의 정의역을 구하여라.

14. 다음 중 옳은 등식은?

① $\tan^{-1}x+\tan^{-1}\frac{1}{x}=\frac{\pi}{2}\ (x>0)$

② $\cos^{-1}x+\sin^{-1}x=\frac{\pi}{4}\ (0\le x\le 1)$

③ $\sin^{-1}(-x)=\sin^{-1}x\ (-1\le x\le 1)$

④ $\sin^{-1}\left(\sin\frac{7\pi}{3}\right)=\frac{7\pi}{3}$

⑤ $\tan^{-1}\left(\tan\frac{5}{4}\pi\right)=\frac{5}{4}\pi$

3 쌍곡선함수 & 역쌍곡선함수

1 쌍곡선함수(Hyperbolic Function)

	$y=\sinh x$	$y=\cosh x$	$y=\tanh x$
① 정 의	$\frac{e^x-e^{-x}}{2}$	$\frac{e^x+e^{-x}}{2}$	$\frac{\sinh x}{\cosh x}=\frac{e^{2x}-1}{e^{2x}+1}$
② 정의역	모든 실수	모든 실수	모든 실수
③ 치 역	모든 실수	$1\le y<\infty$	$-1<y<1$
④ 성 질	기함수 $\sinh(-x)=-\sinh x$	우함수 $\cosh(-x)=\cosh x$	기함수 $\tanh(-x)=-\tanh x$
⑤ 그래프			
⑥ 점근선	$y=\frac{1}{2}e^x,\ y=-\frac{1}{2}e^{-x}$	$y=\frac{1}{2}e^x,\ y=\frac{1}{2}e^{-x}$	$y=1,\ y=-1$

❖ $\cosh x > \sinh x$이지만, x의 값이 아주 클 때는 $\cosh x \approx \sinh x \approx \frac{1}{2}e^x$이 성립한다.

❖ $\operatorname{csch}x=\frac{1}{\sinh x}$, $\operatorname{sech}x=\frac{1}{\cosh x}$, $\coth x=\frac{1}{\tanh x}=\frac{\cosh x}{\sinh x}$

2 쌍곡선함수의 성질과 공식

(1) $\cosh x+\sinh x=e^x$

(2) $\cosh x-\sinh x=e^{-x}$

(3) $\cosh^2 x-\sinh^2 x=1$

(4) $1-\tanh^2 x=\operatorname{sech}^2 x$

(5) $\coth^2 x-1=\operatorname{csch}^2 x$

(6) $\sinh(x\pm y)=\sinh x\cosh y\pm\cosh x\sinh y$

(7) $\sinh 2x=2\sinh x\cosh x$

(8) $\cosh(x\pm y)=\cosh x\cosh y\pm\sinh x\sinh y$

(9) $\cosh 2x=\cosh^2 x+\sinh^2 x$

(10) $\tanh(x\pm y)=\frac{\tanh x\pm\tanh y}{1\pm\tanh x\tanh y}$

(11) $\sinh^2 x=\frac{\cosh 2x-1}{2}$

(12) $\cosh^2 x=\frac{\cosh 2x+1}{2}$

(13) $\tanh^2 x=\frac{\cosh 2x-1}{\cosh 2x+1}$

필수 예제 5

다음 식 $e^x \sinh x = 2$를 만족할 때, $\mathrm{sech}2x$ 의 값은?

풀이 방정식의 $e^x \sinh x = 2$의 정의를 이용하여 식을 정리하자.

$\frac{e^x(e^x - e^{-x})}{2} = 2 \Leftrightarrow e^{2x} - 1 = 4 \Leftrightarrow e^{2x} = 5$이고

$\mathrm{sech}2x = \frac{1}{\cosh 2x} = \frac{2}{e^{2x} + e^{-2x}} = \frac{2}{5 + \frac{1}{5}} = \frac{10}{26} = \frac{5}{13}$ 이다.

15. $\tanh x = \frac{1}{3}$일 때, $8\cosh 4x$의 값은?

16. $\tanh x = \frac{1}{2}, \tanh y = \frac{1}{3}$일 때, $\tanh(x-y)$는?

17. $\ln(e\cosh x + e\sinh x) + \ln(e\cosh x - e\sinh x)$의 값은?

18. 다음 식이 성립함을 보이시오.

(1) $\tanh(\ln x) = \frac{x^2-1}{x^2+1}$

(2) $\frac{1+\tanh x}{1-\tanh x} = e^{2x}$

(3) $(\cosh x + \sinh x)^n = \cosh nx + \sinh nx \ (n \in R)$

3 역쌍곡선함수의 특징

	$y=\sinh^{-1}x$	$y=\cosh^{-1}x$	$y=\tanh^{-1}x$
①정 의	$\ln\left(x+\sqrt{x^2+1}\right)$	$\ln\left(x+\sqrt{x^2-1}\right)$	$\frac{1}{2}\ln\left(\frac{1+x}{1-x}\right)$
②정의역	모든 실수	$1 \le x$	$-1<x<1$
③치 역	모든 실수	$0 \le y$	모든 실수
④성 질	기함수 $\sinh^{-1}(-x)=-\sinh^{-1}x$		기함수 $\tanh^{-1}(-x)=-\tanh^{-1}x$
⑤그래프			

❖ $y=\operatorname{csch}^{-1}x=\sinh^{-1}\frac{1}{x}=\ln\left(\frac{1}{x}+\sqrt{\frac{1}{x^2}+1}\right), (x \ne 0)$

❖ $y=\operatorname{sech}^{-1}x=\cosh^{-1}\frac{1}{x}=\ln\left(\frac{1}{x}+\sqrt{\frac{1}{x^2}-1}\right), (0<x \le 1)$

❖ $y=\coth^{-1}x=\tanh^{-1}\frac{1}{x}=\frac{1}{2}\ln\left(\frac{x+1}{x-1}\right), (|x|>1)$

필수 예제 6

실수 전체의 집합에서 정의된 함수 $f(x)=\sinh x=\frac{e^x-e^{-x}}{2}$의 역함수를 구하면?

풀이 $y=\sinh x=\frac{e^x-e^{-x}}{2}$ $(x\in R, y\in R)$를 $y=x$에 대하여 대칭시키면 $x=\sinh y=\frac{e^y-e^{-y}}{2}$ $(x\in R, y\in R)$이다.

이 식을 $y=g(x)$의 형태로 정리하자.

(i) $x=\sinh y \Leftrightarrow y=\sinh^{-1}x$

(ii) $e^y-e^{-y}=2x$의 양변에 e^y을 곱하여 정리하면 $e^{2y}-2xe^y-1=0$이고 근의 공식에 의하여 $e^y=x\pm\sqrt{x^2+1}$ 이다.

또한 $e^y>0$이므로 $e^y=x+\sqrt{x^2+1}$이다.

양변에 로그를 취함으로써 식을 정리하면 $y=\sinh^{-1}x=\ln(x+\sqrt{x^2+1})$ 이다.

19. $\sinh^{-1}\frac{1}{2}$ 의 값은?

20. 실수 전체의 집합에서 정의된 함수 $f(x)=\cosh x=\frac{e^{x}+e^{-x}}{2}$ 의 역함수를 구하면?

21. 함수 $f:\mathrm{R}\rightarrow(-1,\ 1)$가 $f(x)=\frac{e^{x}-e^{-x}}{e^{x}+e^{-x}}$과 같이 주어질 때 f의 역함수 f^{-1}는?

22. $x=\ln(\sec\theta+\tan\theta)$일 때, $\sec\theta=\cosh x$임을 보이시오.(단, $0\le\theta<\frac{\pi}{2}$)

23. $x=\ln(\csc\theta+\cot\theta)$일 때, $\csc\theta=\cosh x$임을 보이시오.(단, $0<\theta\le\frac{\pi}{2}$)

4 극좌표 & 극곡선

1 극좌표 P (r, θ)

평면 위의 점 P 의 위치를 극축(x 축의 양의 방향)과 OP 사이의 각 θ와 원점과의 거리 r로 나타내는 2차원 좌표계를 극좌표계라고 한다. 직교좌표 점 P(x, y)와 극좌표의 점 P(r, θ) 의 관계성이 존재한다.

(1) $x^2+y^2=r^2 \quad \Leftrightarrow \quad \begin{cases} x=r\cos\theta \\ y=r\sin\theta \end{cases}$

(2) $\tan\theta=\dfrac{y}{x}$

(3) $(r,\theta)=\left((-1)^n r,\, n\pi+\theta\right)$, ($n$은 정수)

(4) (r,θ)와 $(-r,\theta)$는 원점대칭을 나타내는 점이다.

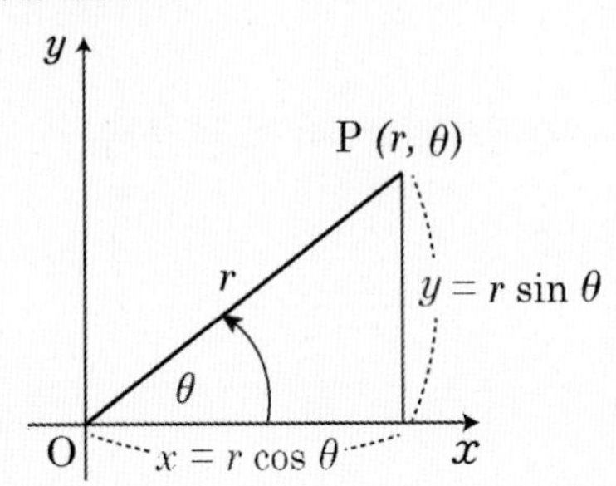

직교좌표계에서 모든 점은 단 하나의 순서쌍으로 나타나지만, 극좌표계에서의 표시는 유일하지 않다.
일반적으로 $(r,\ \theta\pm 2n\pi)$(n은 정수)는 같은 점을 나타낸다. 또 $r<0$인 경우, 점 $(-r,\ \theta)$와 $(r,\ \theta)$는 원점으로부터의 거리는 같고 수직선상에서 원점을 중심으로 서로 반대편에 놓인다. 따라서 $(-r,\ \theta)$와 $(r,\ \theta+\pi)$는 같은 점을 나타낸다.

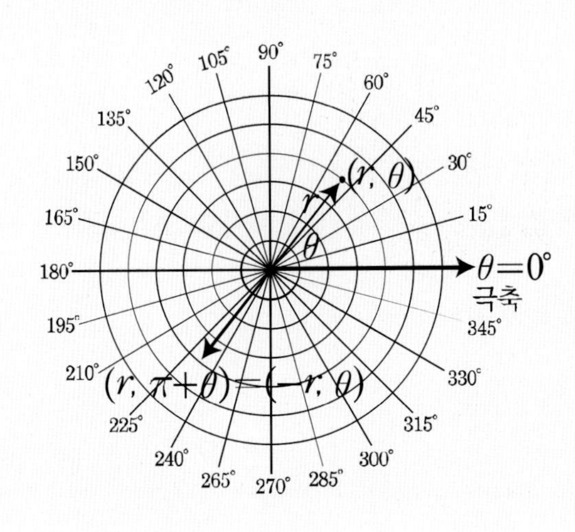

필수 예제 7

좌표평면에서 극좌표로 주어진 두 점 $(r,\ \theta)$와 $(\rho,\ \phi)$ 사이의 거리를 d라 할 때,

옳은 것만을 〈보기〉에서 있는 대로 고른 것은? (단, $r>0$, $\rho>0$이다.)

〈보기〉

ㄱ. $\theta=\phi$이면 $d=|r-\rho|$이다.

ㄴ. $r=1$, $\rho=2$일 때, d의 최솟값은 1이다.

ㄷ. $d=\sqrt{r^2+\rho^2}$ 이면 $\sin^2(\theta-\phi)=\dfrac{1}{2}$이다.

ㄹ. $r-\rho\le d\le r+\rho$

풀이 극좌표의 점$(r,\ \theta)$을 P, 점$(\rho,\ \phi)$를 Q라고 하자.

ㄱ. $\theta=\phi$이면 원점을 지나는 직선 $y=\tan\theta x$ 위에 두 점이 놓이게 된다. 원점과의 거리가 r, ρ이므로 두 점의 거리는 $d=|r-\rho|$이다.

ㄴ. $r=1$, $\rho=2$은 원점을 중심으로 한 원의 방정식을 나타낸 것이다. 원점을 지나는 직선 $y=\tan\theta x$와 두 원의 교점을 체크하게 될 때, 두 점의 거리의 최댓값과 최솟값이 결정된다. 따라서 두 점의 거리의 최솟값은 1이고, 최댓값은 3이다.

ㄷ. $d=\sqrt{r^2+\rho^2}$ 이면 $d^2=r^2+\rho^2$이 성립하므로 세 변의 관계는 직각삼각형이 된다. 따라서 두 동경벡터 $\overrightarrow{OP}$, $\overrightarrow{OQ}$의 사잇각 $|\theta-\phi|=\dfrac{\pi}{2}$이다. 따라서 $\sin^2(\theta-\phi)=1$이다.

ㄹ. 두 점 P, Q의 거리의 최솟값과 최댓값은 $y=\tan\theta x$위에 두 점이 존재할 때이다. 이때, 거리의 최댓값은 $r+\rho$이고, 최솟값은 $|r-\rho|$이다. 따라서 옳은 것은 ㄱ, ㄴ이다.

24. 극좌표가 $\left(2,\ \dfrac{3}{4}\pi\right)$인 점을 직교좌표로 나타내시오.

25. 직교좌표 $(1,\ \sqrt{3})$을 극좌표로 바르게 표시한 것이 아닌 것은?

① $\left(2,\ \dfrac{\pi}{3}\right)$ ② $\left(-2,\ -\dfrac{2\pi}{3}\right)$ ③ $\left(-2,\ \dfrac{4\pi}{3}\right)$ ④ $\left(-2,\ \dfrac{2\pi}{3}\right)$

26. 직교좌표의 점 $(-4,\ 4)$를 극좌표로 나타낸 것으로 옳지 않은 것은?

① $\left(4\sqrt{2},\ -\dfrac{3}{4}\pi\right)$ ② $\left(4\sqrt{2},\ \dfrac{3}{4}\pi\right)$ ③ $\left(4\sqrt{2},\ \dfrac{11}{4}\pi\right)$ ④ $\left(-4\sqrt{2},\ -\dfrac{\pi}{4}\right)$

2 극방정식 (polar equation)

극방정식 $r = f(\theta)$ 또는 $F(r,\theta) = 0$을 만족하는 점들로 구성된 그래프를 극곡선이라고 한다.

θ 값의 변화에 따라 r 값을 구하여 점으로 나타낸 뒤 연결하는 방법으로 그린다.

(1) $(r,\theta) = \left((-1)^n r,\ n\pi + \theta\right)$(n 은 정수)의 성질에 의해서

$F(r,\theta) = 0$의 그래프는 $F\left((-1)^n r, n\pi + \theta\right) = 0$와 같은 그래프를 나타낸다.

(2) 극곡선 $r = f(\theta)$의 그래프를 α만큼 회전시킨 그래프는 θ 대신 $\theta - \alpha$를 대입한 $r = f(\theta - \alpha)$의 그래프와 같다.

3 극곡선의 유형

(1) 원

① $r = a$

② $r = 2a\cos\theta$ $(a > 0)$

③ $r = 2a\sin\theta$ $(a > 0)$

④ $r = a\sin\theta + b\cos\theta$ $(a, b > 0)$

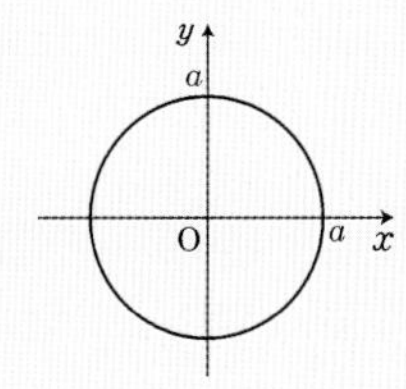

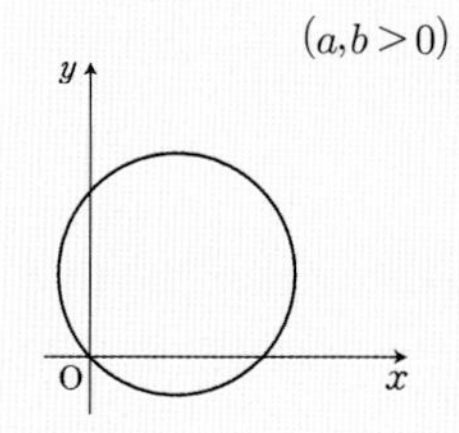

(2) 장미형 $\begin{cases} r = a\sin n\theta \\ r = a\cos n\theta \end{cases}$ 일 때, $\begin{cases} n \in \text{짝수 : 꽃잎이 } 2n\text{개} \\ n \in \text{홀수 : 꽃잎이 } n\text{개} \end{cases}$

① $r = a\cos 2\theta$

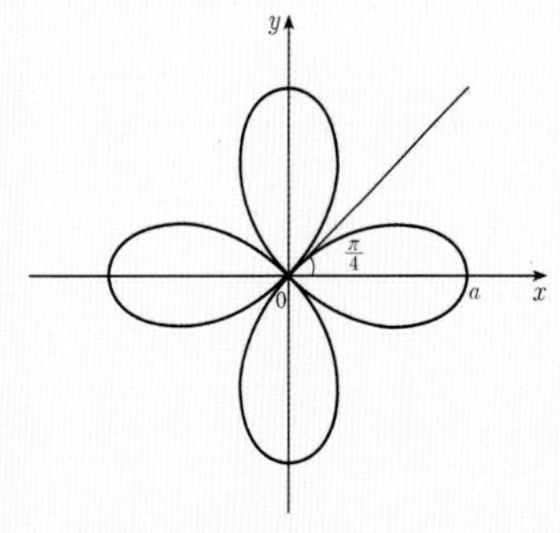

② $r = a\sin 2\theta$

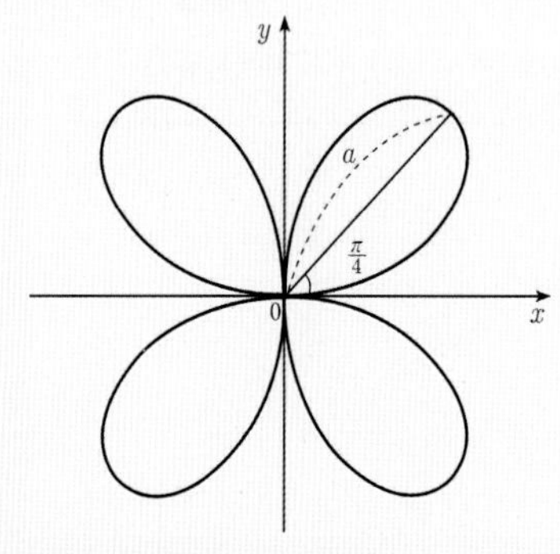

③ $r = a\cos 3\theta$

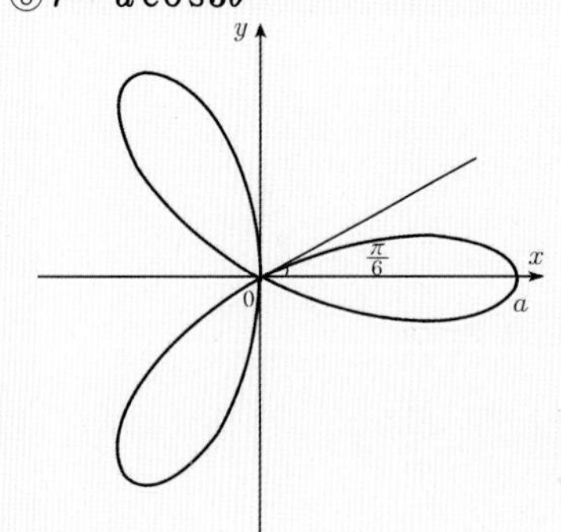

④ $r = a\sin 3\theta$

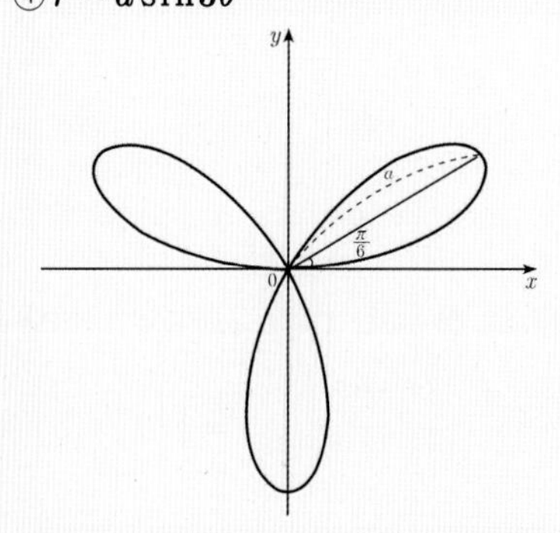

(3) 연주형

① $r^2 = a^2 \sin 2\theta$

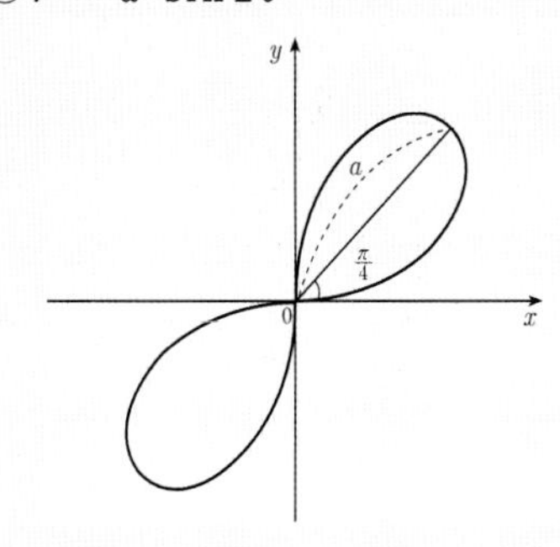

② $r^2 = a^2 \cos 2\theta$

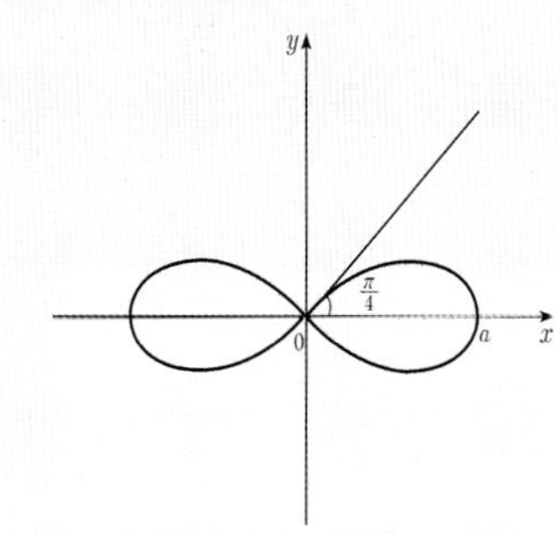

(4) 심장형

① $r = a(1 + \cos\theta)$

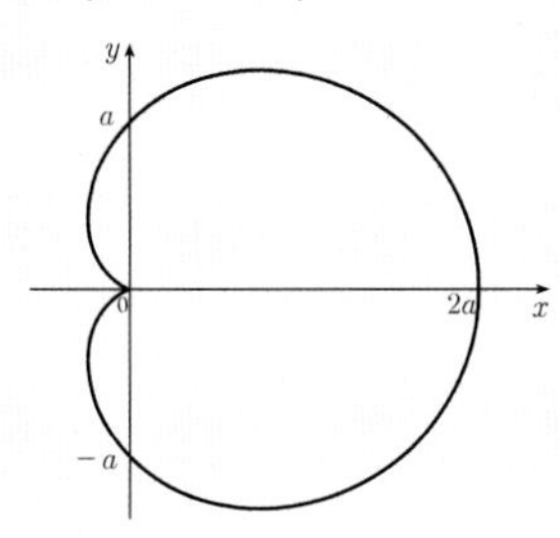

② $r = a(1 - \cos\theta)$

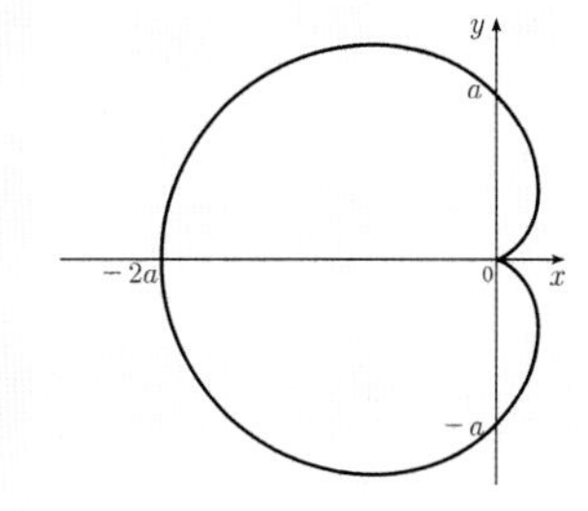

③ $r = a(1 + \sin\theta)$

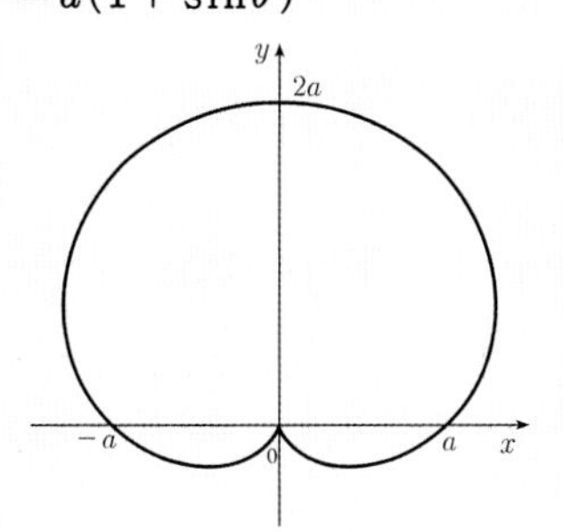

④ $r = a(1 - \sin\theta)$

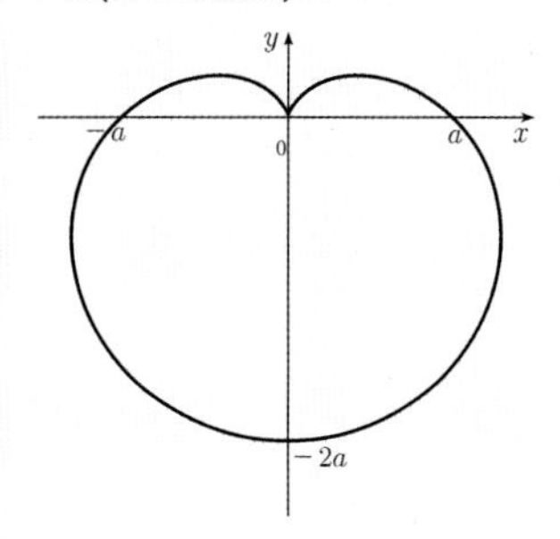

⑤ $r = 2 - \cos\theta$

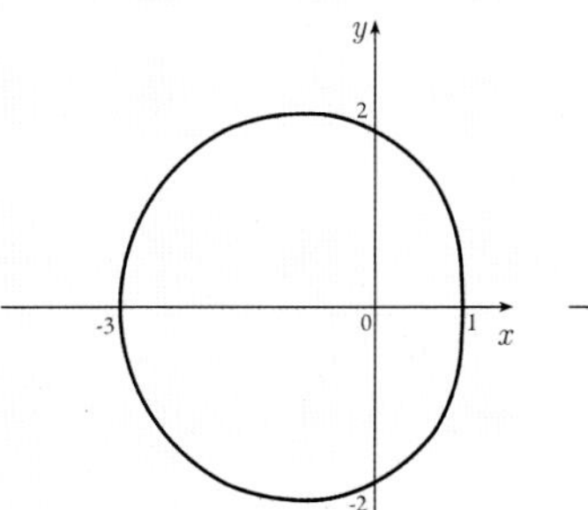

⑥ $r = 1 - 2\cos\theta$

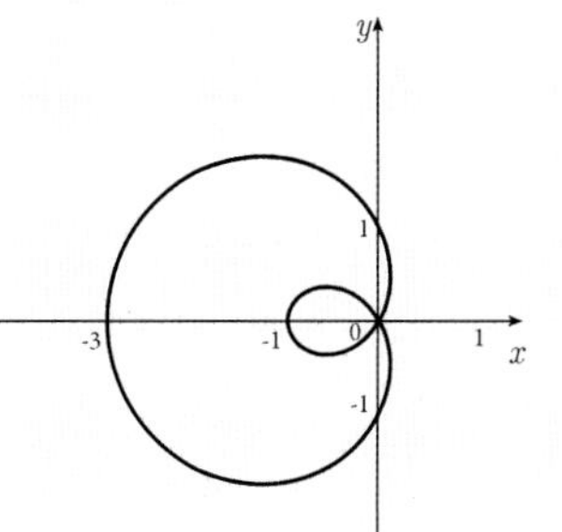

⑦ $r = 1 + 2\cos\theta$

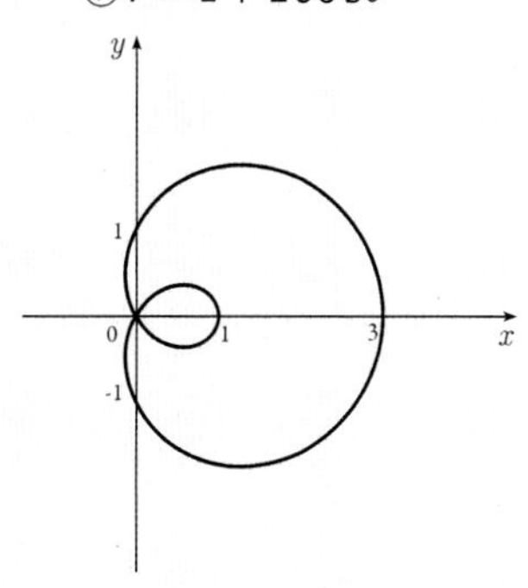

필수 예제 8

극방정식 $r=2\cos\theta$의 직교좌표 방정식을 구하여라.

풀이 $r=2\cos\theta$이므로 양변에 r을 곱하면 $r^2=2r\cos\theta$이므로 $x^2+y^2=2x$에서 $(x-1)^2+y^2=1$이다.

27. 주어진 극방정식을 직교방정식으로 나타내시오.

(1) $r=2$

(2) $r=\cot\theta\csc\theta$

(3) $r=3\sin\theta$

(4) $r=\csc\theta$

28. 주어진 직교방정식으로 극방정식으로 나타내시오.

(1) $y=5$

(2) $x=-y^2$

(3) $x^2+y^2=2ax$

(4) $(x^2+y^2)^2=x^2-y^2$

29. 극좌표로 표현된 곡선 중에서 원점을 지나지 않는 것은?

① $r=2\sin\theta$ ② $r=2\cos\theta$ ③ $r=\tan\theta$ ④ $r=2\sec\theta$

필수 예제 9

$r=1+\sin\frac{\theta}{2}$ 와 동일하지 않은 그래프는?

① $r=-1-\cos\frac{\theta}{2}$ ② $r=1-\sin\frac{\theta}{2}$ ③ $r=-1+\cos\frac{\theta}{2}$ ④ $r=-1+\sin\frac{\theta}{2}$

풀이 $(r,\theta)=((-1)^n r, n\pi+\theta)$ ($n\in$정수)의 성질에 의해서 $F(r,\theta)=0$의 그래프는 $F((-1)^n r, n\pi+\theta)=0$과 같은 그래프를 나타낸다. 또는 $r=f(\theta)$이 그래프는 $(-1)^n r=f(n\pi+\theta)$와 같다.

(i) $n=1$이면 $(r,\theta)=(-r,\pi+\theta)$이고,

$r=1+\sin\frac{\theta}{2} \Leftrightarrow -r=1+\sin\frac{(\pi+\theta)}{2} \Leftrightarrow -r=1+\cos\frac{\theta}{2} \Leftrightarrow r=-1-\cos\frac{\theta}{2}$

(ii) $n=2$이면 $(r,\theta)=(r,2\pi+\theta)$이고, $r=1+\sin\frac{\theta}{2} \Leftrightarrow r=1+\sin\frac{(2\pi+\theta)}{2} \Leftrightarrow r=1-\sin\frac{\theta}{2}$

(iii) $n=3$이면 $(r,\theta)=(-r,3\pi+\theta)$이고,

$r=1+\sin\frac{\theta}{2} \Leftrightarrow -r=1+\sin\frac{(3\pi+\theta)}{2} \Leftrightarrow -r=1-\cos\frac{\theta}{2} \Leftrightarrow r=-1+\cos\frac{\theta}{2}$

(iv) $n=4$이면 $(r,\theta)=(r,4\pi+\theta)$이고, $r=1+\sin\frac{\theta}{2} \Leftrightarrow r=1+\sin\frac{(4\pi+\theta)}{2} \Leftrightarrow r=1+\sin\frac{\theta}{2}$

따라서 ④은 동일한 그래프가 아니다.

30. 다음 중 그 그래프가 x축에 대하여 대칭인 극방정식을 모두 고르면?

① $r=2\sin\theta$ ② $r=\cos2\theta$ ③ $r^2=4\sin2\theta$ ④ $r=2+\cos\theta$

31. 극좌표 방정식으로 주어진 곡선 $r=2\cos3\theta$와 곡선 $r=2\sin\theta$의 교점의 개수는?

4 이차곡선의 분류

(1) $Ax^2+By^2+Cx+Dy+E=0$에서

① $A=B$이면 이차곡선은 원

② $A\neq B, A>0, B>0$ 이면 이차곡선은 타원

③ $A=0, B\neq 0, C\neq 0$ 또는 $A\neq 0, B=0, D\neq 0$이면 이차곡선은 포물선

④ $AB<0$이면 이차곡선은 쌍곡선

(2) $r=\dfrac{c}{a\pm b\sin\theta}$ 또는 $r=\dfrac{c}{a\pm b\cos\theta}$ 일 때, 그래프의 개형은 다음과 같다.

① $|a|=|b|$ 이면, 극곡선은 포물선

② $|a|>|b|$ 이면, 극곡선은 타원

③ $|a|<|b|$ 이면, 극곡선은 쌍곡선

---

32. 다음 극방정식의 곡선의 개형은?

(1) $r=\dfrac{8}{4+3\cos\theta}$

(2) $r=\dfrac{6}{1+2\sin\theta}$

(3) $r=\dfrac{1}{1+\sin\theta}$

(4) $r=\dfrac{12}{4-\sin\theta}$

MEMO

5 음함수 & 매개함수

1 음함수

음함수는 y를 x의 함수로 구체적으로 풀기 쉽지 않을 때, x와 y의 관계로 나타내는 함수의 형태를 말한다.

즉, $f(x,\ y)=0$의 형태를 음함수 꼴로 정의한다. 이러한 음함수를 매개방정식으로 나타낼 수도 있다.

ex) 원의 방정식 $x^2+y^2=25 \Leftrightarrow \begin{cases} x=5\cos\theta \\ y=5\sin\theta \end{cases} (0 \le \theta < 2\pi)$

2 매개함수

x, y가 또 다른 변수 t(매개변수)의 함수인 방정식으로 $\begin{cases} x=f(t) \\ y=g(t) \end{cases}$와 같이 표현될 수 있다고 할 때,

이를 매개함수 또는 매개변수 방정식이라 한다.

t의 각 값은 한 점 (x, y)를 결정하므로 한 좌표평면 상에서 곡선을 형성할 수 있고, 그 곡선을 매개곡선이라고 한다.

(1) 원의 방정식의 매개화

① $x^2+y^2=a^2 \ \Leftrightarrow \ \begin{cases} x=a\cos\theta \\ y=a\sin\theta \end{cases} (0 \le \theta < 2\pi)$

② $(x-x_0)^2+(y-y_0)^2=a^2 \ \Leftrightarrow \ \begin{cases} x=x_0+a\cos\theta \\ y=y_0+a\sin\theta \end{cases} (0 \le \theta < 2\pi)$

③ $(x-a)^2+y^2=a^2 \ \Leftrightarrow \ x^2+y^2=2ax \ \Leftrightarrow \ \begin{cases} x=a+a\cos t \\ y=a\sin t \end{cases} (0 \le t < 2\pi)$

(2) 극곡선의 매개화

① $r=f(\theta)$ 인 극곡선의 매개화 $\begin{cases} x=f(\theta)\cos\theta \\ y=f(\theta)\sin\theta \end{cases}$ 이다.

② $r=2a\cos\theta \ \Leftrightarrow \ \begin{cases} x=2a\cos\theta\cos\theta \\ y=2a\cos\theta\sin\theta \end{cases} (0 \le \theta < \pi)$

③ $r=1+\cos\theta \ \Leftrightarrow \ \begin{cases} x=(1+\cos\theta)\cos\theta \\ y=(1+\cos\theta)\sin\theta \end{cases} (0 \le \theta < 2\pi)$

(3) 쌍곡선 $x^2-y^2=a^2 \ \left(y=\sqrt{x^2-a^2}\right)$은 매개함수 $\begin{cases} x=a\cosh t \\ y=a\sinh t \end{cases}$로 나타낼 수 있다.

(4) 사이클로이드 곡선

반지름의 길이가 a인 원을 한 직선을 따라 굴릴 때, 원 위의 한 고정점이 그리는 점의 자취를 사이클로이드라고 하며,

매개변수방정식은 $\begin{cases} x=a(t-\sin t) \\ y=a(1-\cos t) \end{cases}$ $(0 \le t \le 2\pi)$이다.

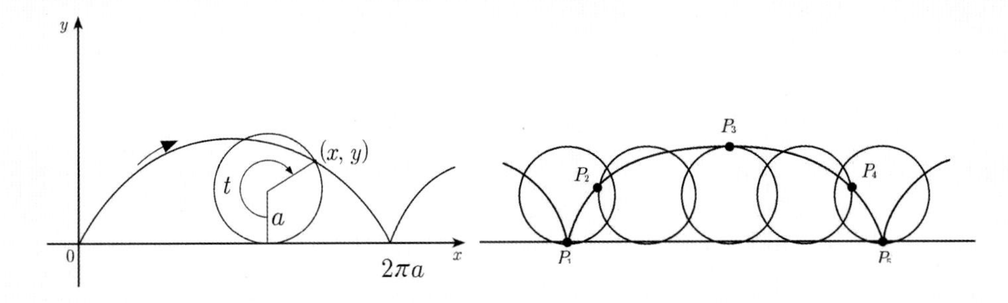

(5) 성망형 곡선

반지름이 a인 원의 내부를 따라서 반지름이 $\dfrac{a}{4}$ 인 원이 구를 때, 구르는 원의 한 정점이 그리는 별 모양의 곡선을

성망형(Asteroid) $\begin{cases} x=a\cos^3 t \\ y=a\sin^3 t \end{cases}$ $(0 \le t \le 2\pi)$이라고 한다.

성망형 그래프를 음함수 $x^{\frac{2}{3}}+y^{\frac{2}{3}}=a^{\frac{2}{3}}$로 나타낼 수도 있다.

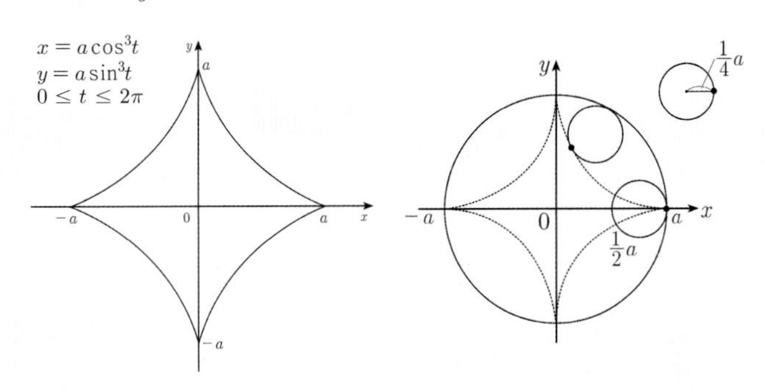

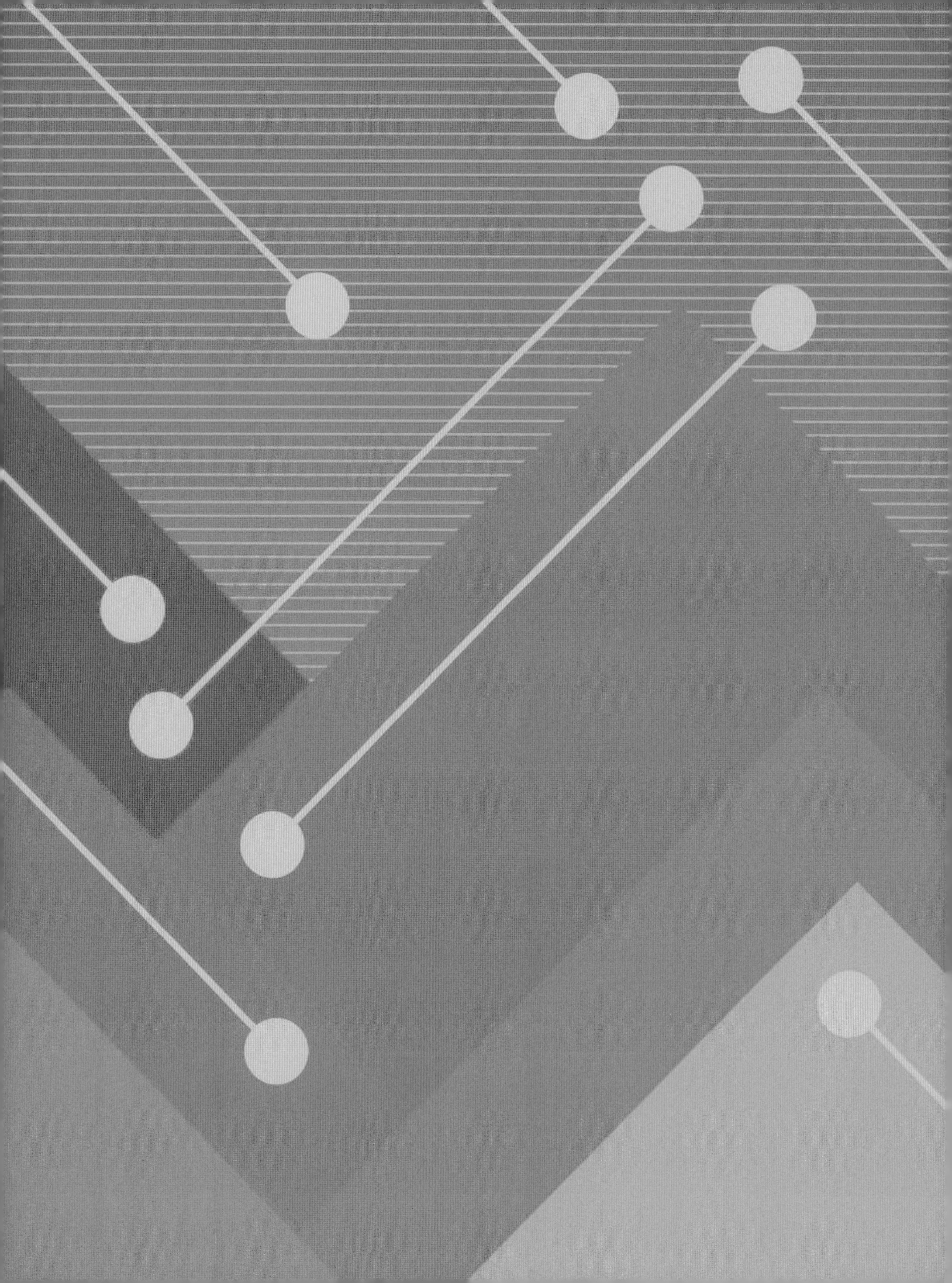

CHAPTER 02

미적분법

1 함수의 극한과 연속

1 함수의 극한

함수 $f(x)$에서 $x \neq a$이고 x가 한없이 a에 가까워질 때 $f(x)$가 일정한 값 α에 한없이 가까워지면, "x가 한없이 a에 가까워질 때, 함수 $f(x)$는 α에 수렴한다."고 하고, α를 $f(x)$의 극한값 또는 극한이라고 한다. 이것을 기호로 다음과 같이 나타낸다.

$\lim_{x \to a} f(x) = \alpha$ 또는 "$x \to a$일 때, $f(x) \to \alpha$"

(1) 좌극한 : x가 왼쪽에서 a에 접근할 때 $f(x)$의 극한값 $\lim_{x \to a^-} f(x) = \alpha$

(2) 우극한 : x가 오른쪽에서 a에 접근할 때 $f(x)$의 극한값 $\lim_{x \to a^+} f(x) = \alpha$

(3) 좌극한과 우극한이 모두 존재하고, 그 값이 일치할 때에만 극한값이 존재한다. ⇒ $\lim_{x \to a} f(x) = \alpha$

❖ $x \to a$는 $x = a$의 좌우에서 x축을 따라 a에 한없이 가까워짐을 뜻한다. 이 때, $x \neq a$에 유의한다.

2 함수의 발산

함수 $f(x)$에서 $x \to a$일 때, $f(x)$의 값이 한없이 커지거나 한없이 작아지거나 진동할 때 $f(x)$는 발산한다고 한다.

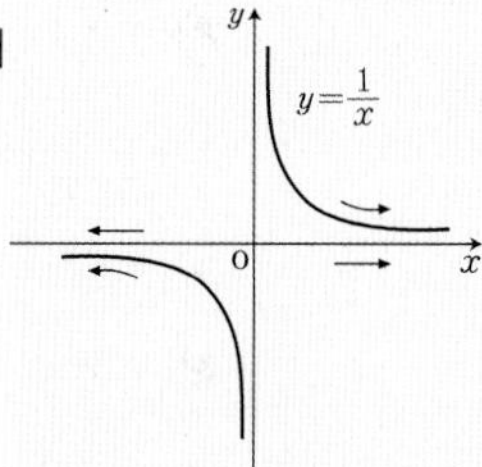

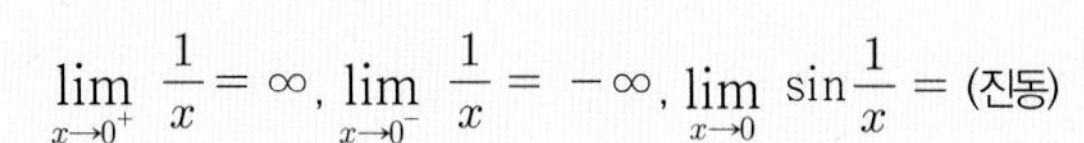

$\lim_{x \to 0^+} \frac{1}{x} = \infty$, $\lim_{x \to 0^-} \frac{1}{x} = -\infty$, $\lim_{x \to 0} \sin\frac{1}{x} =$ (진동)

3 함수의 연속

(1) 함수 $f(x)$가 다음 세 가지 조건을 만족할 때, $x = a$에서 $f(x)$는 연속이라고 한다.

① $x = a$에서 함숫값이 존재한다. ⇔ $f(a) = \alpha$

② $x = a$에서의 극한값이 존재한다. ⇔ $\lim_{x \to a} f(x) = \beta$

③ 함숫값과 극한값이 같다. ⇔ $f(a) = \lim_{x \to a} f(x)$ ⇔ $\alpha = \beta$

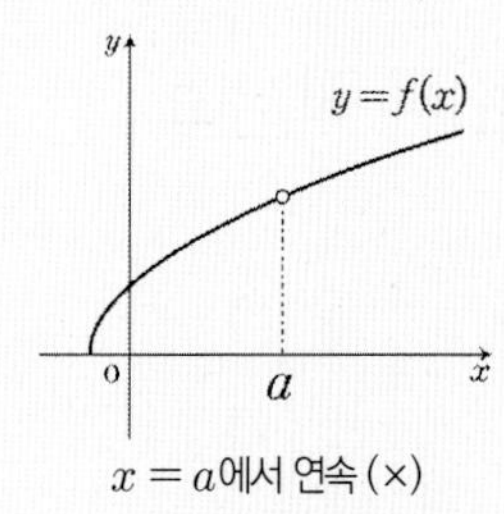

$x = a$에서 연속 (×)
∵ $x = a$에서 함숫값이 존재하지 않기 때문이다.

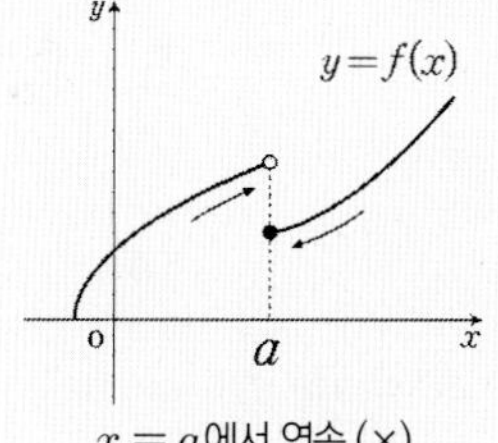

$x = a$에서 연속 (×)
∵ $x = a$에서 극한값이 존재하지 않기 때문이다.

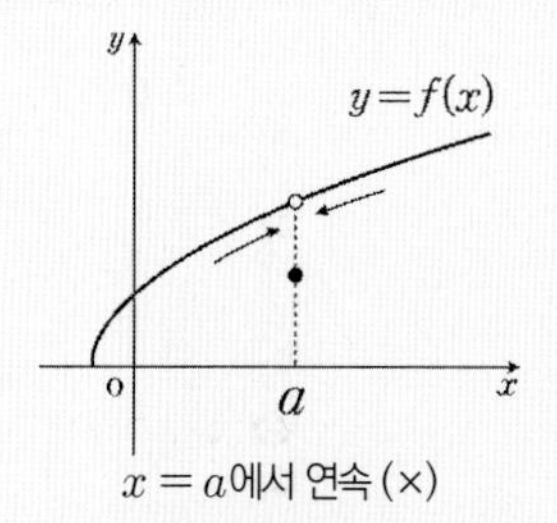

$x = a$에서 연속 (×)
∵ $x = a$에서 극한값과 함숫값이 같지 않기 때문이다.

4 연속함수의 성질

(1) 다음 두 함수 $f(x)$, $g(x)$가 $x=a$에서 연속이면, 다음 함수들도 $x=a$에서 연속이다.

① $f(x)\pm g(x)$ ② $cf(x)$ (단, c는 상수)

③ $f(x)g(x)$ ④ $\dfrac{f(x)}{g(x)}$ (단, $g(a)\neq 0$)

(2) 다항식, 유리함수, 무리함수, 삼각함수, 역삼각함수, 지수함수, 로그함수 등은 정의역 내의 모든 점에서 연속이다.

(3) 연속함수의 합성함수도 연속이다.

5 극한값 구하기

(1) 다항함수 또는 연속함수 $f(x)$의 경우 극한값과 함숫값이 같다. $\lim\limits_{x\to a}f(x)=f(a)$

(2) 좌극한과 우극한을 나눠야 하는 경우

① 절댓값이 있는 경우

② 가우스 기호가 있는 경우

③ 유리함수의 특이점이 존재하고, 특이점에서 극한을 구하는 경우

(3) 부정형의 극한값은 로피탈(L'Hospital) 정리를 이용

$\dfrac{0}{0}$, $\dfrac{\infty}{\infty}$, $\infty-\infty$, $0\times\infty$꼴을 부정형이라고 한다. 이 형태는 식을 변형해서 구한다.

여기서 0은 숫자 0이 아니라 0에 가까이 가는 것을 말한다.

6 극한의 성질

두 함수 $f(x)$, $g(x)$가 $x=a$에서 극한값 $\lim\limits_{x\to a}f(x)=\alpha$, $\lim\limits_{x\to a}g(x)=\beta$를 가질 때,

(1) $\lim\limits_{x\to a}\{f(x)\pm g(x)\}=\lim\limits_{x\to a}f(x)\pm\lim\limits_{x\to a}g(x)=\alpha\pm\beta$

(2) $\lim\limits_{x\to a}f(x)g(x)=\lim\limits_{x\to a}f(x)\cdot\lim\limits_{x\to a}g(x)=\alpha\cdot\beta$

(3) $\lim\limits_{x\to a}Cf(x)=C\lim\limits_{x\to a}f(x)=C\alpha$ (C는 상수)

(4) $\lim\limits_{x\to a}\dfrac{f(x)}{g(x)}=\dfrac{\lim\limits_{x\to a}f(x)}{\lim\limits_{x\to a}g(x)}=\dfrac{\alpha}{\beta}$ $(\beta\neq 0)$

(5) $\lim_{x\to a}\{f(x)\}^n = \left\{\lim_{x\to a}f(x)\right\}^n = \alpha^n$ (n은 양의 정수)

(6) $\lim_{x\to a}\sqrt[n]{f(x)} = \sqrt[n]{\lim_{x\to a}f(x)} = \sqrt[n]{\alpha}$ (n은 양의 정수)

(7) $\lim_{x\to a}f(x)^{g(x)} = \lim_{x\to a}e^{g(x)\ln f(x)} = e^{\lim_{x\to a}g(x)\ln f(x)}$

(8) 직접 대입의 성질

f가 연속함수이고 a가 f의 정의역 안에 있으면 $\lim_{x\to a}f(x) = f(a)$

(9) $0 \times$진동$=0$ ex) $\lim_{x\to 0}x\sin\left(\frac{1}{x}\right)=0$: 스퀴즈 정리

(10) $\infty + \infty = \infty,\ \infty \times \infty = \infty$

7 스퀴즈 (Squeeze) 정리

x가 a의 근방에서 $f(x) \le g(x) \le h(x)$이고, $\lim_{x\to a}f(x) = \lim_{x\to a}h(x) = L$이면 $\lim_{x\to a}g(x) = L$

필수 예제 10

함수 $f(x) = x\sin\frac{1}{x}$이 모든 실수에서 연속이 되도록 $f(0)$의 값을 정하시오.

풀이 스퀴즈 정리에 의해 $\lim_{x\to 0}x\sin\frac{1}{x}=0$이다.

$f(0)=\lim_{x\to 0}f(x)=0$이면 $x=0$에서 연속이므로 $f(0)=0$이면 모든 x에 대하여 $f(x)$는 연속이다.

MEMO

33. 함수의 그래프가 아래 그림과 같을 때, 다음의 극한값은?

(1) $\lim_{x \to 0} f(x)$

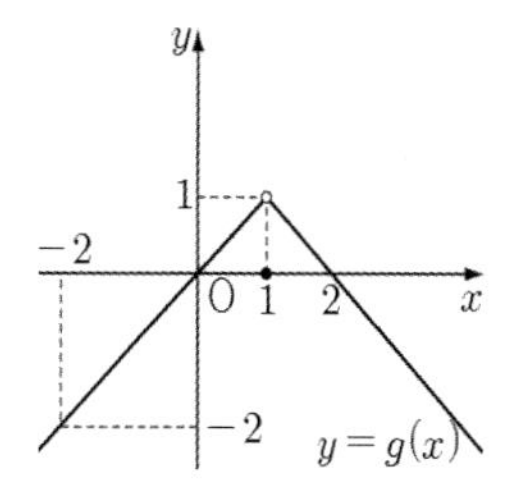

(2) $\lim_{x \to 2} f(x)$

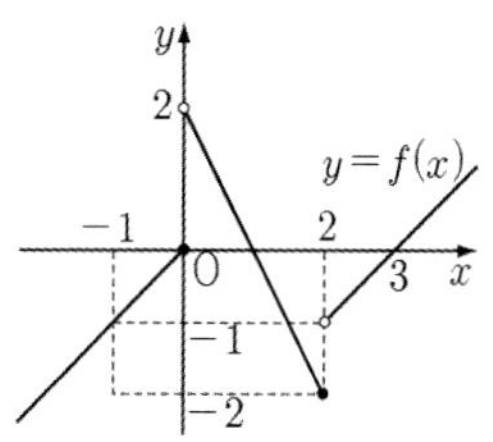

(3) $\lim_{x \to 1} g(x)$

34. 부호함수 $sgn(x)$를 아래와 같이 정의할 때, 다음 중 극한값이 존재하지 않는 것은?

$$sgn(x) = \begin{cases} -1 & (x < 0) \\ 0 & (x = 0) \\ 1 & (x > 0) \end{cases}$$

① $\lim_{x \to 0^+} sgn(x)$　② $\lim_{x \to 0^-} sgn(x)$　③ $\lim_{x \to 0} sgn(x)$　④ $\lim_{x \to 0} |sgn(x)|$

35. 다음의 극한값을 구하여라.

(1) $\lim_{x \to 0} \sin\frac{1}{x}$　(2) $\lim_{x \to 0} x^2 \sin\frac{1}{x}$

36. $f(x) = \begin{cases} \dfrac{x^2+x-6}{x+3} & (x \neq -3) \\ c & (x = -3) \end{cases}$ 에 대해 $x = -3$ 에서 연속이 되도록 c 의 값을 구하여라.

필수 예제 11

다음의 극한값을 구하여라. (단, $[x]$는 x보다 크지 않은 최대정수를 나타낸다.)

(1) $\lim_{x\to1}\frac{x-1}{|x-1|}$　　(2) $\lim_{x\to3}2^{\frac{1}{x-3}}$　　(3) $\lim_{x\to\infty}\frac{[2x]-3}{x}$

풀이 좌극한과 우극한을 나눠야 하는 경우는 절댓값, 유리함수의 특이점에서 극한, 가우스함수이다.

(1) $\lim_{x\to1-}\frac{x-1}{-(x-1)}=-1$, $\lim_{x\to1+}\frac{x-1}{+(x-1)}=1$이므로 $x=1$에서 극한값이 존재하지 않는다.

(2) $\lim_{x\to3-}2^{\frac{1}{x-3}}=2^{-\infty}=0$, $\lim_{x\to3+}2^{\frac{1}{x-3}}=2^{\infty}=\infty$이므로 $x=3$에서 극한값이 존재하지 않는다.

(3) $[2x]=n$이라고 할 때, $2x=n+\alpha$ $(0\le\alpha<1)$이므로 $n=2x-\alpha$로 나타낼 수 있다.

$$\lim_{x\to\infty}\frac{[2x]-3}{x}=\lim_{x\to\infty}\frac{2x-\alpha-3}{x}\left(\frac{\infty}{\infty}\right)=\lim_{x\to\infty}\frac{2-\frac{\alpha+3}{x}}{1}=2$$

37. 다음의 극한값을 구하여라. (단, $[x]$는 x보다 크지 않은 최대정수를 나타낸다.)

(1) $\lim_{x\to0}\tan^{-1}\left(\frac{1}{x}\right)$　　(2) $\lim_{x\to3}\left(\left[\frac{x}{2}\right]-\frac{[x]}{2}\right)$

(3) $\lim_{x\to0}[x^2]$　　(4) $\lim_{x\to\infty}\left(\left[\frac{x}{2}\right]-\frac{[x]}{2}\right)$

38. $\lim_{x\to n}\frac{[x]^2+x}{2[x]}$의 값이 존재할 때 정수 n의 값을 구하여라. (단, $[x]$는 x보다 크지 않은 최대정수를 나타낸다.)

필수 예제 12

다음 보기의 함수 중 연속인 것을 모두 고른 것은? (단, $[x]$는 x를 넘지 않는 최대의 정수이다.)

〈보기〉

(가) $y=[x]-[x-1]$ (나) $y=\sin x-[\sin x]$ (다) $y=x-[x]$

풀이 (가) 정수 n에 대하여 $[x]=n$이면 $n \le x < n+\alpha(0 \le \alpha < 1)$이고,
$n-1 \le x-1 < n-1+\alpha$, $[x-1]=n-1$이다. $y=[x]-[x-1]=n-(n-1)=1$이므로 $y=1$과 같다.
따라서 $y=[x]-[x-1]$은 연속함수이다.

(나) $0 \le x < \frac{\pi}{2}$, $\frac{\pi}{2} < x \le \pi$ 에서 $[\sin x]=0$이고, $y=\sin x-[\sin x]=\sin x$ 와 같다.

$x=\frac{\pi}{2}$일 때, $[\sin x]=1$이고, $y=\sin x-[\sin x]=1-1=0$이다.

$\pi < x < 2\pi$일 때, $[\sin x]=-1$이고, $y=\sin x-[\sin x]=\sin x+1$과 같다.

따라서 $x=n\pi$, $\frac{(4n+1)\pi}{2}$ (단, n은 정수)에서 불연속이다.

(다) $-1 \le x < 0$일 때, $[x]=-1$이고, $y=x-[x] \Rightarrow y=x+1$ $0 \le x < 1$일 때, $[x]=0$이고,
$y=x-[x] \Rightarrow y=x$이고. $1 \le x < 2$일 때, $[x]=1$이고, $y=x-[x] \Rightarrow y=x-1$이다.
따라서 $x=n$(단, n은 정수)에서 불연속이다.

39. $f(x)=[3x]$, $g(x)=\left[\frac{x}{3}\right]$에 대하여 개구간 $(-1,\ 1)$에서 $f(x)$의 불연속점의 개수를 A, $g(x)$의 불연속점의 개수를 B라고 할 때, $A-B$의 값? (단, $[x]$는 x를 넘지 않는 최대의 정수이다.)

40. 함수 $f(x)=\lim_{n\to\infty}\frac{x^2(1-x^n)}{1+x^n}$의 그래프에서 불연속점이 되는 x값들의 합은? (단, n은 양의 정수이다.)

8 조각적 연속함수의 $x=a$에서 연속

각 구간에서 연속인 함수 $f(x)=\begin{cases} g(x) & (x \geq a) \\ h(x) & (x < a) \end{cases}$ 가 모든 x에 대하여 연속일 조건

① $x=a$에서 함숫값이 존재한다. $\Leftrightarrow f(a)=g(a)$

② $x=a$에서의 극한값이 존재한다. $\Leftrightarrow \lim_{x\to a} f(x) = \begin{cases} \lim_{x\to a^+} f(x) = g(a) \\ \lim_{x\to a^-} f(x) = h(a) \end{cases}$

$\Leftrightarrow g(a)=h(a)$

③ 함숫값과 극한값이 같다. $\Leftrightarrow f(a)=\lim_{x\to a} f(x) \Leftrightarrow g(a)=h(a)$

$\Rightarrow$ 두 연속함수 $y=g(x)$, $y=h(x)$는 $x=a$에서 교점이 존재하는 조건과 동일하다.

필수 예제 13

다음 함수 f가 $(-\infty,\ \infty)$에서 연속이 되기 위한 상수 a의 값은?

$$f(x)=\begin{cases} x^2-a & ,\ x<4 \\ ax+21 & ,\ x \geq 4 \end{cases}$$

풀이 $g(x)=x^2-a$, $h(x)=ax+21$이라고 할 때, 두 함수는 각각 모든 실수에서 연속이고 미분가능한 함수이다.
따라서 함수 f가 $(-\infty,\ \infty)$에서 연속이 되기 위해서는 $x=4$에서 연속이어야 한다. 즉, $g(4)=h(4)$가 성립해야 한다.
$g(4)=16-a$, $h(4)=4a+21 \Rightarrow 16-a=4a+21 \Leftrightarrow -5=5a \Leftrightarrow a=-1$

41. 다음 함수 $f(x)$가 $x=2$에서 연속일 때, 상수 a의 값은?

$$f(x)=\begin{cases} \dfrac{x-2}{\sqrt{x^2+5}-3} & (x<2) \\ ax+2 & (x \geq 2) \end{cases}$$

선배들의 이야기 ++

나만의 노트로 개념 반복을!

저는 기본 개념 강의를 들으며 수업을 하나도 놓치지 않도록 교재에 수업 내용을 필기했습니다. 그리고 다음 수업을 듣기 전에 줄노트에 깔끔하게 요약했습니다. 그 결과 공학수학2까지 끝내는 순간 모든 강의를 정리한 4권의 노트가 만들어졌고, 시험 직전까지 이 4권을 끼고 살면서 개념을 반복했습니다. 최소 20번 이상은 본 것 같습니다. 기본서 문제는 최소 2번씩 풀었고, 계속 틀리는 문제는 오답노트로 만들었습니다.

아름쌤의 문제풀이 교재와 익힘책 전부 구매하여 다 풀어봤습니다. 모의고사를 풀면서 새로운 문제를 직면하는 연습을 꾸준히 하였고 이 모의고사는 항상 80점 이상을 유지했습니다.

- 원윤재 (한양대학교 미래자동차공학과)

2 미분이란

미분은 변화를 다루는 모든 학문 (사회학, 경제, 통계, 금융, 공학) 거의 전 분야에서 사용되고 있다.

기업 혹은 공장에서 최적화와 효율의 극대화 등 다양한 실생활에서 사용된다. 수학적 계산을 위해서 간단하게 설명하면 미분은 순간변화율이다. 그래프에서는 접선의 기울기라고 표현한다.

1 미분계수

함수 $y=f(x)$ 위의 두 점 $(a,f(a)),(b,f(b))$ 을 잇는 직선의 기울기를 평균변화율이라고 한다.

평균변화율의 극한이 순간변화율 또는 미분계수라고 한다.

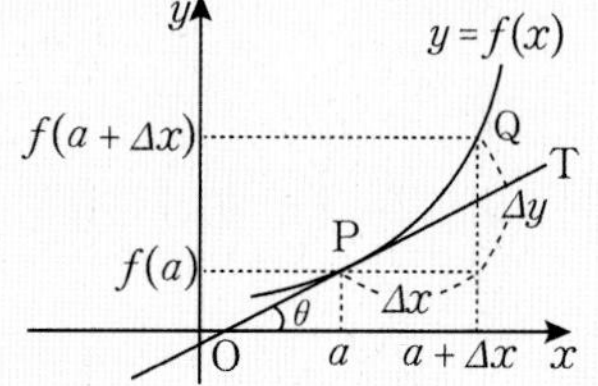

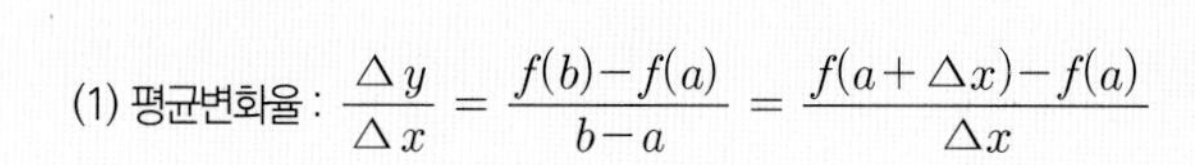

(1) 평균변화율 : $\dfrac{\Delta y}{\Delta x}=\dfrac{f(b)-f(a)}{b-a}=\dfrac{f(a+\Delta x)-f(a)}{\Delta x}$

(2) 순간변화율 : $\displaystyle\lim_{\Delta x\to 0}\frac{\Delta y}{\Delta x}=\lim_{\Delta x\to 0}\frac{f(a+\Delta x)-f(a)}{\Delta x}=\lim_{h\to 0}\frac{f(a+h)-f(a)}{h}=f'(a)$

(3) 미분계수의 기하학적 의미는 $x=a$에서 접선의 기울기이다. ⇔ $f'(a)=\tan\theta$이다.

2 도함수

함수 $y=f(x)$를 미분하여 얻은 함수를 $f'(x)$를 도함수라고 한다. $f(x)$의 미분계수를 유도하기 위한 함수라는 의미에서 도함수라고 부른다. 따라서 $x=a$에서 미분계수를 구하기 위해서 도함수 $f'(x)$를 구하고 그 식에 $x=a$를 대입하면 된다.

(1) 1계 도함수의 정의 : $\displaystyle f'(x)=\lim_{h\to 0}\frac{f(x+h)-f(x)}{h}$

↳ 표기 : $f'(x)=y'=\dfrac{dy}{dx}=\dfrac{df}{dx}=\dfrac{d}{dx}f(x)=Df(x)$

(2) 2계 도함수의 정의 : $\displaystyle f''(x)=(f'(x))'=\lim_{h\to 0}\frac{f'(x+h)-f'(x)}{h}$

↳ 표기 : $f''(x)=y''=\dfrac{d}{dx}\left(\dfrac{dy}{dx}\right)=\dfrac{d^2y}{dx^2}=\dfrac{d^2}{dx^2}f(x)=D^2f(x)$

(3) n계 도함수 : $\displaystyle y^{(n)}=\frac{d^ny}{dx^n}=f^{(n)}(x)=\lim_{h\to 0}\frac{f^{(n-1)}(x+h)-f^{(n-1)}(x)}{h}$

↳ n계 도함수를 나타내기 위해서는 규칙성을 찾아라!!

3 그림으로 이해하는 미분

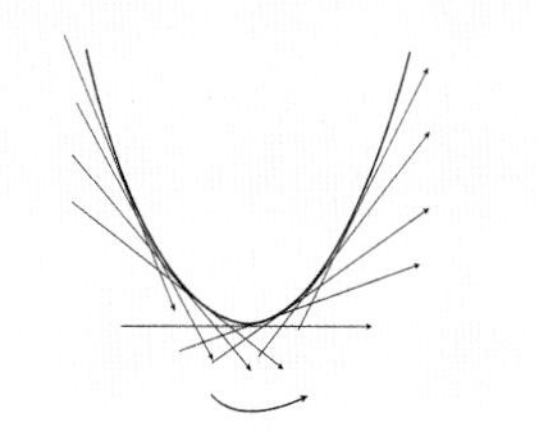

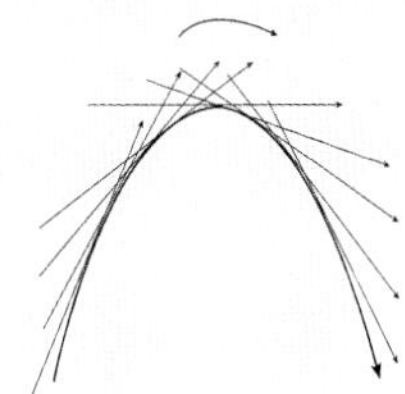

4 미분가능성

$x=a$에서 연속인 함수 $f(x)$의 미분계수 $f'(a)$가 존재하면, 함수 $f(x)$는 $x=a$에서 미분가능하다고 말한다. 여기서 미분계수가 존재한다는 것은 좌미분계수와 우미분계수가 같다는 것이다.

① $x=a$에서 연속함수이다. $\Leftrightarrow \lim_{x\to a} f(x)=f(a)$

② $x=a$에서 좌미분계수 $\lim_{h\to 0^-}\dfrac{f(a+h)-f(a)}{h}$, 우미분계수 $\lim_{h\to 0^+}\dfrac{f(a+h)-f(a)}{h}$가 존재한다.

③ 좌미분계수와 우미분계수가 같다.

$$\Leftrightarrow f'(a)=\lim_{h\to 0^-}\frac{f(a+h)-f(a)}{h}=\lim_{h\to 0^+}\frac{f(a+h)-f(a)}{h}$$

①~③을 만족한다면 $f(x)$는 $x=a$에서 미분가능하다고 한다.

(1) 함수 $f(x)$가 개구간 $(a,\ b)$안의 모든 점에서 미분가능하면 함수는 개구간 $(a,\ b)$에서 미분가능하다고 한다.

(2) $f'(x)$의 정의역 : $\{x \mid f'(x)$가 존재한다.$\}$이고, 이것은 $f(x)$의 정의역보다 크지 않다.

(3) 구간 $(a,\ b)$에서 미분가능하면, 연속이다. 그러나 구간 $[a, b]$에서 연속이라고 해서 미분가능한 것은 아니다.

ex) $y=|x|$

(4) $x=a$에서 미분불가능의 경우

① 좌우미분계수가 다른 경우 (그래프에 첨점(뾰족점) 또는 꼬임점이 있는 경우)

② 불연속점인 경우 (그래프가 끊겨 있는 경우)

③ 수직접선을 갖는 경우, 즉 $\lim_{x\to a} f'(x) = \pm\infty$(접선이 가파르게 된다는 뜻)

미분은 불가능하지만, 접선의 방정식은 존재할 수 있다.

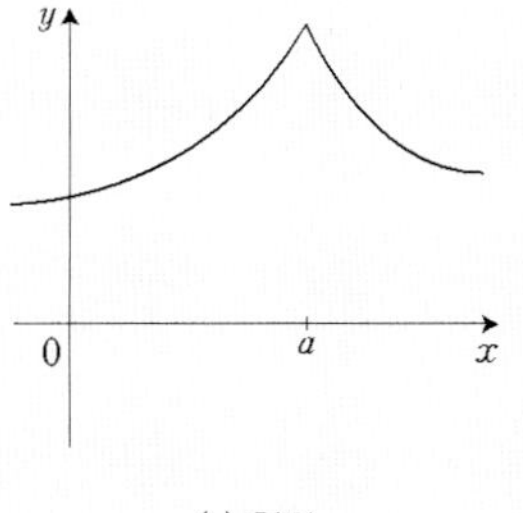

(a) 첨점

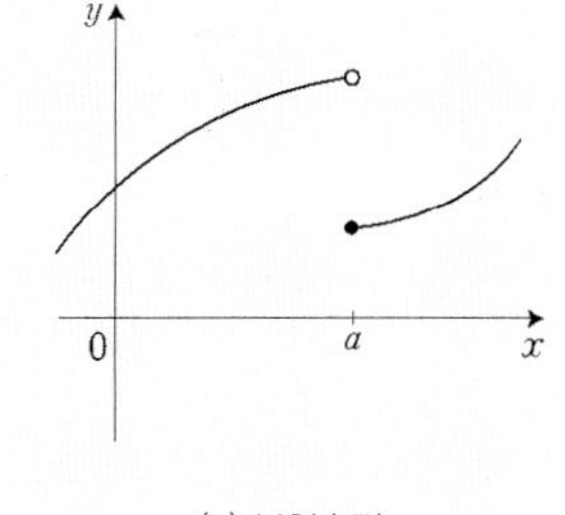

(b) 불연속점

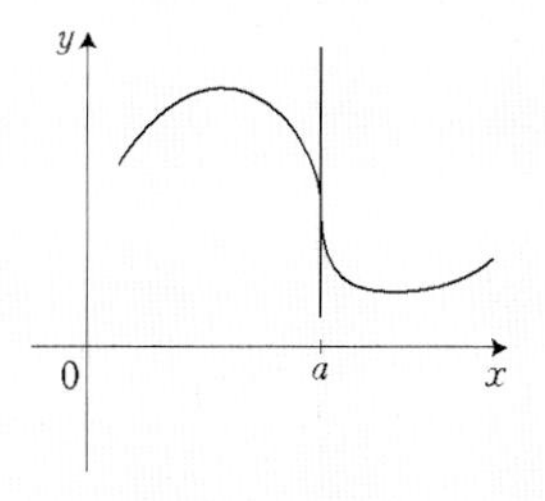

(c) 수직접선

5 미분의 선형성

(1) $\frac{d}{dx}\{f(x) \pm g(x)\} = f'(x) \pm g'(x)$

(2) $\frac{d}{dx}\{Cf(x)\} = Cf'(x)$

6 기본적인 미분공식

(1) 함수의 구조에 따른 미분법

① $\frac{d}{dx}\{f(x)g(x)\} = f'(x)g(x) + f(x)g'(x)$

② $\frac{d}{dx}\{f(x)g(x)h(x)\} = f'(x)g(x)h(x) + f(x)g'(x)h(x) + f(x)g(x)h'(x)$

③ $\frac{d}{dx}\left\{\frac{f(x)}{g(x)}\right\} = \frac{f'(x)g(x) - f(x)g'(x)}{\{g(x)\}^2}$

(2) 기본공식

① $\frac{d}{dx}(C) = 0$

② $\frac{d}{dx}x^n = nx^{n-1}\ (n \in R)$

(3) 삼각함수의 도함수

① $\frac{d}{dx}(\sin x) = \cos x$

② $\frac{d}{dx}(\csc x) = -\csc x \cot x$

③ $\frac{d}{dx}(\cos x) = -\sin x$

④ $\frac{d}{dx}(\sec x) = \sec x \tan x$

⑤ $\frac{d}{dx}(\tan x) = \sec^2 x$

⑥ $\frac{d}{dx}(\cot x) = -\csc^2 x$

(4) 쌍곡선함수의 도함수

① $\frac{d}{dx}(\sinh x) = \cosh x$

② $\frac{d}{dx}(\operatorname{csch} x) = -\operatorname{csch} x \coth x$

③ $\frac{d}{dx}(\cosh x) = \sinh x$

④ $\frac{d}{dx}(\operatorname{sech} x) = -\operatorname{sech} x \tanh x$

⑤ $\frac{d}{dx}(\tanh x) = \operatorname{sech}^2 x$

⑥ $\frac{d}{dx}(\coth x) = -\operatorname{csch}^2 x$

(5) 지수함수 & 로그함수의 도함수 ($e \approx 2.718$)

① $\frac{d}{dx}(a^x) = a^x \ln a$

② $\frac{d}{dx}(e^x) = e^x$

③ $\frac{d}{dx}(\log_a x) = \frac{1}{x \ln a}$

④ $\frac{d}{dx}(\ln x) = \frac{1}{x}$

(6) 역삼각함수의 도함수

① $\frac{d}{dx}(\sin^{-1}x)=\frac{1}{\sqrt{1-x^2}}$

② $\frac{d}{dx}(\csc^{-1}x)=\frac{-1}{|x|\sqrt{x^2-1}}$

③ $\frac{d}{dx}(\cos^{-1}x)=\frac{-1}{\sqrt{1-x^2}}$

④ $\frac{d}{dx}(\sec^{-1}x)=\frac{1}{|x|\sqrt{x^2-1}}$

⑤ $\frac{d}{dx}(\tan^{-1}x)=\frac{1}{1+x^2}$

⑥ $\frac{d}{dx}(\cot^{-1}x)=\frac{-1}{1+x^2}$

(7) 역쌍곡선함수의 도함수

① $\frac{d}{dx}(\sinh^{-1}x)=\frac{1}{\sqrt{x^2+1}}$

② $\frac{d}{dx}(\text{csch}^{-1}x)=\frac{-1}{|x|\sqrt{x^2+1}}$

③ $\frac{d}{dx}(\cosh^{-1}x)=\frac{1}{\sqrt{x^2-1}}$

④ $\frac{d}{dx}(\text{sech}^{-1}x)=\frac{-1}{|x|\sqrt{1-x^2}}$

⑤ $\frac{d}{dx}(\tanh^{-1}x)=\frac{1}{1-x^2}$

⑥ $\frac{d}{dx}(\coth^{-1}x)=\frac{1}{1-x^2}$

필수 예제 14

다음 함수가 $x=0$에서 미분가능한지를 확인하여라.

(1) $f(x)=|x|$

(2) $f(x)=|x|^2$

풀이 (1) $f(0)=0,\quad \lim_{x\to 0}|x|=\begin{cases}\lim_{x\to 0^+}x=0\\ \lim_{x\to 0^-}(-x)=0\end{cases}$; 함숫값과 극한값이 같으므로 연속이다.

$$\lim_{h\to 0}\frac{f(h)-f(0)}{h}=\lim_{h\to 0}\frac{|h|}{h}=\begin{cases}\lim_{h\to 0-}\frac{|h|}{h}=\lim_{h\to 0-}\frac{-h}{h}=-1\\ \lim_{h\to 0+}\frac{|h|}{h}=\lim_{h\to 0+}\frac{h}{h}=1\end{cases}$$

; 좌미분계수와 우미분계수와 다르므로 미분계수는 존재하지 않는다. 따라서 $x=0$에서 연속이지만, 미분은 불가능하다.

(2) $f(0)=0,\quad \lim_{x\to 0}|x|^2=\begin{cases}\lim_{x\to 0^+}x^2=0\\ \lim_{x\to 0^-}(-x)^2=0\end{cases}$; 함숫값과 극한값이 같으므로 연속이다.

$$\lim_{h\to 0}\frac{f(h)-f(0)}{h}=\lim_{h\to 0}\frac{|h|^2}{h}=\begin{cases}\lim_{h\to 0-}\frac{|h|^2}{h}=\lim_{h\to 0-}\frac{h^2}{h}=0\\ \lim_{h\to 0+}\frac{|h|^2}{h}=\lim_{h\to 0+}\frac{h^2}{h}=0\end{cases}$$

; 좌미분계수와 우미분계수와 같기에 미분계수가 존재한다.

따라서 $x=0$에서 연속이고, 미분가능한 함수이고, $x=0$에서의 미분계수는 0이다.

필수 예제 15

함수 $f(x)$에 대하여 $f(x+y)=f(x)+f(y)+xy$가 성립하고, $f'(0)=5$일 때, $f'(3)$을 구하시오.

풀이 (i) 주어진 조건을 이용해서 미분계수 $f'(3)$을 구하기 위해서 정의를 이용하자.

$$f'(3)=\lim_{h\to 0}\frac{f(3+h)-f(3)}{h}=\lim_{h\to 0}\frac{f(3)+f(h)+3h-f(3)}{h}=\lim_{h\to 0}\frac{f(h)}{h}+3$$

(ii) $\lim_{h\to 0}\frac{f(h)}{h}$ 값을 찾기 위해서 조건식 $f'(0)=5$를 이용하자.

$$f'(0)=\lim_{h\to 0}\frac{f(0+h)-f(0)}{h}=\lim_{h\to 0}\frac{f(0)+f(h)-f(0)}{h}=\lim_{h\to 0}\frac{f(h)}{h}=5$$

따라서 $f'(3)=\lim_{h\to 0}\frac{f(h)}{h}+3=8$이다.

42. 다음 함수의 1계 도함수와 2계 도함수를 구하시오.

(1) $y=x^6$

(2) $y=\sqrt{x}$

(3) $y=\frac{1}{x}$

43. 곡선 $y=x^4-6x^2+4$ 위의 점 $(0,4)$에서 접선의 기울기를 구하시오.

44. $f(x)=x+\frac{1}{x}\ (x\neq 0)$ 위의 점 $\left(2,\ \frac{5}{2}\right)$에서 접선의 기울기를 구하시오.

필수 예제 16

함수 $f(x) = \dfrac{x\cos x}{1+e^x}$ 에 대하여 $x=0$에서 미분계수를 구하여라.

풀이 분수함수 미분법을 적용하면 도함수를 구하자.

$f'(x) = \dfrac{(\cos x - x\sin x)(1+e^x) - x\cos x\, e^x}{(1+e^x)^2}$ 이고 $x=0$을 대입하면 미분계수 $f'(0) = \dfrac{1}{2}$ 이다.

45. $f(x) = \dfrac{x^3}{g(x)}$ 이고, $f(2)=4$, $f'(2)=3$, $g(2)=2$일 때, $g'(2)$의 값은?

46. 함수 $f(0)=1$을 만족시키는 미분가능한 함수 $f(x)$에 대하여 $g(x) = \dfrac{1}{1-xf(x)}$ 일 때, $g'(0)$의 값은?

47. 다음 $\dfrac{d}{dx}\left(\dfrac{1-\sec x}{\tan x}\right)\Big]_{x=\frac{\pi}{4}}$ 의 값을 구하시오.

48. 다음 주어진 식의 도함수를 구하시오.

(1) $y = \dfrac{x}{2-\tan x}$

(2) $g(x) = x^3\cos x$

(3) $h(u) = u\csc u - \cot u$

(4) $y = \dfrac{\sin x}{x^2}$

(5) $f(\theta) = \dfrac{\sec\theta}{1+\sec\theta}$

(6) $y = \sec x\tan x$

필수 예제 17

곡선 $y=\cosh x$ 위에서 접선의 기울기가 2인 점의 좌표는?

① $(\sqrt{2},\ \ln(1+\sqrt{2}))$
② $(\ln(1+\sqrt{2}),\ \sqrt{2})$
③ $(1+\sqrt{2},\ \ln(1+\sqrt{2}))$
④ $(\ln(2+\sqrt{5}),\ \sqrt{5})$

풀이 $y'=\sinh x=2$을 만족하는 x값을 구해보자. 그리고 이때의 y값을 구해보자.

$\sinh x=2 \Leftrightarrow x=\sinh^{-1}2=\ln\left(2+\sqrt{2^2+1}\right) \Leftrightarrow x=\ln(2+\sqrt{5})$

M1) $\sinh x=2$이므로 $y=\cosh x=\sqrt{1+\sinh^2 x}=\sqrt{5}$이다.

M2) $y=\cosh(\ln(2+\sqrt{5})) \Leftrightarrow \cosh^{-1}y=\ln\left(y+\sqrt{y^2-1}\right)=\ln(2+\sqrt{5})$이므로 $y=\sqrt{5}$이다.

따라서 $(x,\ y)=(\ln(2+\sqrt{5}),\ \sqrt{5})$이다.

49. 다음을 구하여라.

(1) $f(x)=(x^2+x+1)(x^2-x+1)$ 일 때, $f'(1)$은?

(2) $f(x)=\dfrac{1}{x^2+x+1}$ 일 때, $f'(1)$은?

(3) $f(x)=\dfrac{2x-3}{x^2-1}$ 일 때, $f'(2)$은?

(4) $f(x)=\dfrac{\sin x}{2+\cos x}$ 일 때, $f'\left(\dfrac{\pi}{2}\right)$은?

(5) $y=8x^2+7e^x\tan x$ 일 때, $f'(0)$은?

(6) $y=(x-1)(x+2)(x^2+5)$ 일 때, $f'(1)$은?

7 라이프니츠(Leibniz) 정리

함수 f, g가 n계 도함수를 가질 때, fg의 n계 도함수는 다음과 같다.

$$(fg)^{(n)} = f^{(n)}g + {}_nC_1 f^{(n-1)}g^{(1)} + \cdots + {}_nC_r f^{(n-r)}g^{(r)} + \cdots + fg^{(n)} = \sum_{r=0}^{n} {}_nC_r f^{(n-r)}g^{(r)}$$

(1) $(fg)^{(2)} = f''g + 2f'g' + fg''$

(2) $(fg)^{(3)} = f'''g + 3f''g' + 3f'g'' + fg'''$

필수예제 18

임의의 자연수 n에 대하여 두 함수 $f(x)$와 $g(x)$는 n번 미분가능하다. 두 함수의 곱 fg의 4계 도함수가 다음과 같을 때, $\sum_{r=0}^{4} a_r$의 값은?

$$(f \cdot g)^{(4)}(x) = \sum_{r=0}^{4} a_r f^{(4-r)}g^{(r)}(x)$$

풀이 $(f \cdot g)^{(4)} = {}_4C_0 f^{(4)}g^{(0)} + {}_4C_1 f^{(3)}g^{(1)} + {}_4C_2 f^{(2)}g^{(2)} + 4C_3 f^{(1)}g^{(3)} + {}_4C_4 f^{(0)}g^{(4)}$ 이므로

$\sum_{r=0}^{4} a_r = a_0 + a_1 + a_2 + a_3 + a_4 = {}_4C_0 + {}_4C_1 + {}_4C_2 + {}_4C_3 + {}_4C_4 = 1+4+6+4+1 = 16$

50. 다음 함수의 n계 도함수를 구하여라.

(1) $y = \dfrac{1}{1-x}$

(2) $y = \sin x$

51. 함수 $f(x) = x^2e^x$에 대하여 $f^{(5)}(1)$의 값은?

3 적분이란

적분은 미분의 역연산이다. $f(x)$의 도함수를 $f'(x)$라고 할 때, $f'(x)$를 통해서 $f(x)$를 구하는 과정을 말한다.

그것을 수학적 기호 $\int f'(x)\,dx = f(x) + C$로 나타낼 수 있다.

여기서 $f'(x)$를 피적분함수(적분을 당하는 함수), C는 적분상수라고 한다.

1 부정적분 vs. 정적분

(1) 부정적분

적분하고자 하는 x의 범위가 정해져 있지 않은 함수의 적분을 부정적분이라고 한다.

이것은 일반적인 적분 공식을 표현하는 방식이다. $\int f'(x)\,dx = f(x) + C$

ex) $f'(x) = x^2$의 부정적분은 $f(x) = \frac{1}{3}x^3 + C$이다.

(2) 정적분

구간 $[a, b]$에서 함수 $f'(x)$에 대한 적분을 정적분이라고 한다.

즉, 구간이 정해져 있는 적분을 말하고 $\int_a^b f'(x)\,dx$와 같이 나타낸다.

(3) 미적분학의 기본정리

함수 $f'(x)$가 구간 $[a, b]$에서 연속이고, $f(x)$가 $f'(x)$의 한 부정적분일 때,

$$\int_a^b f'(x)dx = f(x)\Big]_a^b = f(b) - f(a)$$

2 적분가능성

함수 f가 구간 $[a, b]$에서 연속이거나 유한개의 불연속점을 가지면 f는 구간 $[a,b]$에서 적분가능하다.

여기서, 유한개의 불연속점이 존재한다는 것은 적분 영역이 존재한다는 것을 뜻하고, 연속함수가 아니어도

정적분 $\int_a^b f(x)\,dx$가 존재한다. 또한 연속인 함수는 적분가능하므로 미분가능한 함수는 당연히 적분가능하다.

3 그림으로 이해하는 적분

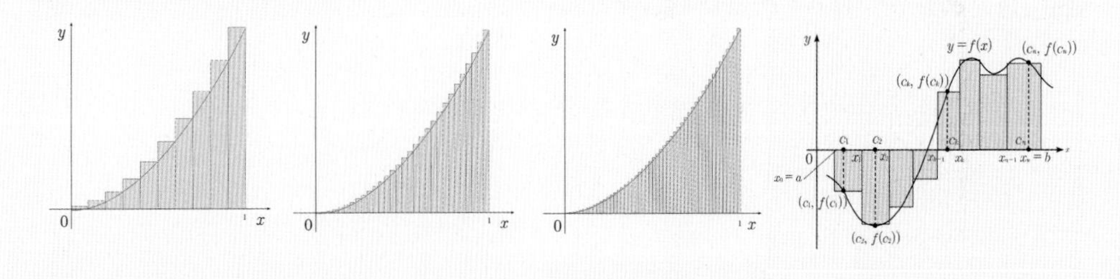

4 정적분의 기하학적 의미

구간 $[a,b]$ 에서 $f(x)\ \geq 0$이면

$\displaystyle\int_a^b f(x)dx$는 직선 $x=a,\ x=b,\ x$축과

곡선 $y=f(x)$에 의해 둘러싸인 면적과 같다.

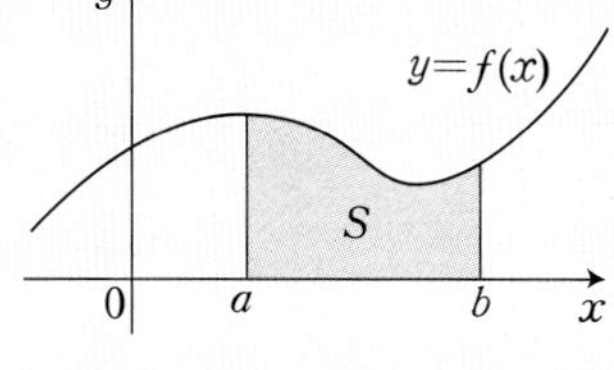

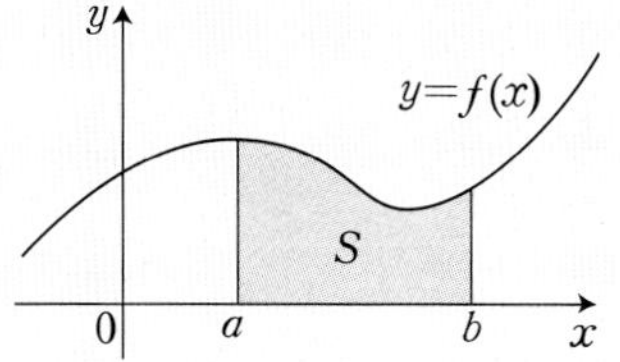

5 정적분의 성질

(1) $\displaystyle\int_a^b c\ dx = c(b-a)$

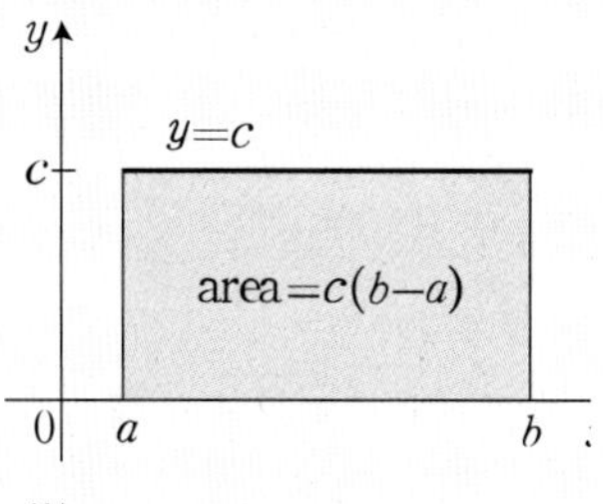

(2) $\displaystyle\int_a^b f(x)\ dx = -\int_b^a f(x)\ dx$

(3) $\displaystyle\int_a^a f(x)\ dx = 0$

(4) $\displaystyle\int_a^b cf(x)\ dx = c\int_a^b f(x)\ dx$

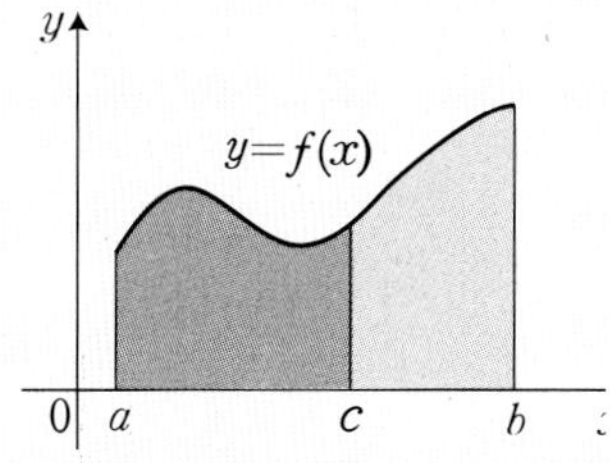

(5) $\displaystyle\int_a^b \{f(x) \pm g(x)\}\,dx = \int_a^b f(x)dx \pm \int_a^b g(x)dx$

(6) $\displaystyle\int_a^b f(x)\ dx = \int_a^c f(x)\ dx + \int_c^b f(x)\ dx$

⇒ a,b,c의 대소에 관계없이 성립한다.

(7) $f(x)$가 기함수이면 $\displaystyle\int_{-a}^a f(x)\ dx = 0$

(8) $f(x)$가 우함수이면 $\displaystyle\int_{-a}^a f(x)\ dx = 2\int_0^a f(x)\ dx$

(9) $f(x) \geq 0$이면 $\displaystyle\int_a^b f(x)\,dx\ \geq 0$

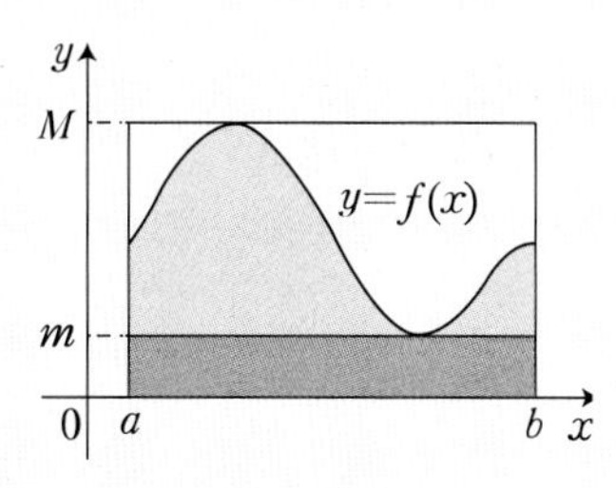

(10) $f(x) \leq g(x)$이면 $\displaystyle\int_a^b f(x)\,dx\ \leq \int_a^b g(x)\,dx$

(11) $\displaystyle\left|\int_a^b f(x)\,dx\right|\ \leq\ \int_a^b |f(x)|\,dx$

(12) $m\ \leq f(x)\ \leq M$이면 $\displaystyle m\,(b-a)\ \leq \int_a^b f(x)\,dx \leq M(b-a)$

6 적분의 기본공식

(1) $\int a\,dx = a\,x + c$

(2) $\int x^n dx = \frac{1}{n+1} x^{n+1} + c \ (n \neq -1)$

(3) $\int \frac{1}{x} dx = \ln|x| + c$

(4) $\int \frac{1}{x^2} dx = \frac{-1}{x} + c$

(5) $\int e^x dx = e^x + c$

(6) $\int a^x dx = \frac{1}{\ln a} a^x + c$

(7) $\int \sin x\,dx = -\cos x + c$

(8) $\int \cos x\,dx = \sin x + c$

(9) $\int \sec^2 x\,dx = \tan x + c$

(10) $\int \csc^2 x\,dx = -\cot x + c$

(11) $\int \sec x \tan x\,dx = \sec x + c$

(12) $\int \csc x \cot x\,dx = -\csc x + c$

(13) $\int \sinh x\,dx = \cosh x + c$

(14) $\int \cosh x\,dx = \sinh x + c$

(15) $\int \mathrm{sech}^2 x\,dx = \tanh x + c$

(16) $\int \mathrm{csch}^2 x\,dx = -\coth x + c$

(17) $\int \mathrm{sech}\,x \tanh x\,dx = -\mathrm{sech}\,x + c$

(18) $\int \mathrm{csch}\,x \coth x\,dx = -\mathrm{csch}\,x + c$

Areum Math Tip

꼭 알아둬야 하는 항등식!!

(1) $\cos^2 x + \sin^2 x = 1$, $1 + \tan^2 x = \sec^2 x$, $1 + \cot^2 x = \csc^2 x$

(2) $\sin 2x = 2\sin x \cos x$, $\cos 2x = \cos^2 x - \sin^2 x$

(3) $\sin^2 x = \frac{1 - \cos 2x}{2}$, $\cos^2 x = \frac{1 + \cos 2x}{2}$

(4) $\sin ax \cos bx = \frac{1}{2}\{\sin(a+b)x + \sin(a-b)x\}$

$\cos ax \cos bx = \frac{1}{2}\{\cos(a+b)x + \cos(a-b)x\}$

$\sin ax \sin bx = \frac{-1}{2}\{\cos(a+b)x - \cos(a-b)x\}$

(5) $\cosh^2 x - \sinh^2 x = 1$

필수 예제 19

다음 부정적분 또는 정적분을 계산하시오.

(1) $\int_0^{\pi} \sin^2 x\, dx$

(2) $\int_{\frac{\pi}{6}}^{\frac{\pi}{2}} (\sin^2 x - \cos^2 x)\, dx$

(3) $\int_{\frac{\pi}{2}}^{\pi} \sqrt{1-\cos x}\, dx$

(4) $\int \sin 5x \cos 9x\, dx$

풀이

(1) $\int_0^{\pi} \sin^2 x\, dx = \int_0^{\pi} \frac{1-\cos 2x}{2} dx = \left[\frac{1}{2}\left(x - \frac{1}{2}\sin 2x\right)\right]_0^{\pi} = \frac{\pi}{2}$

(2) $\int_{\frac{\pi}{6}}^{\frac{\pi}{2}} (\sin^2 x - \cos^2 x)\, dx = \int_{\frac{\pi}{6}}^{\frac{\pi}{2}} \left(\frac{1-\cos 2x}{2} - \frac{1+\cos 2x}{2}\right) dx = \frac{1}{2}\int_{\frac{\pi}{6}}^{\frac{\pi}{2}} (-2\cos 2x) dx$

$= -\int_{\frac{\pi}{6}}^{\frac{\pi}{2}} \cos 2x dx = -\frac{1}{2}[\sin 2x]_{\frac{\pi}{6}}^{\frac{\pi}{2}} = -\frac{1}{2}\left(0 - \frac{\sqrt{3}}{2}\right) = \frac{\sqrt{3}}{4}$

[다른 풀이] $\int_{\frac{\pi}{6}}^{\frac{\pi}{2}} (\sin^2 x - \cos^2 x)\, dx = -\int_{\frac{\pi}{6}}^{\frac{\pi}{2}} \cos 2x dx = -\frac{1}{2}[\sin 2x]_{\frac{\pi}{6}}^{\frac{\pi}{2}} = -\frac{1}{2}\left(0 - \frac{\sqrt{3}}{2}\right) = \frac{\sqrt{3}}{4}$

(3) $\int_{\frac{\pi}{2}}^{\pi} \sqrt{1-\cos x}\, dx = \int_{\frac{\pi}{2}}^{\pi} \sqrt{2 \times \frac{1-\cos x}{2}}\, dx = \sqrt{2}\int_{\frac{\pi}{2}}^{\pi} \sin\frac{x}{2} dx \left(\because \frac{1-\cos x}{2} = \sin^2\frac{x}{2}\right)$

$= \sqrt{2}\left[-2\cos\frac{x}{2}\right]_{\frac{\pi}{2}}^{\pi} = 2$

(4) $\int \sin 5x \cos 9x\, dx = \frac{1}{2}\int \sin 14x - \sin 4x\, dx = \frac{1}{2}\left(\frac{-1}{14}\cos 14x + \frac{1}{4}\cos 4x\right) + C = \frac{1}{8}\cos 4x - \frac{1}{28}\cos 14x + C$

$\sin(5x+9x) = \sin 5x \cos 9x + \cos 5x \sin 9x$

$+ \quad \sin(5x-9x) = \sin 5x \cos 9x - \cos 5x \sin 9x$

$\sin(14x) + \sin(-4x) = 2\sin 5x \cos 9x$

$\Rightarrow \frac{1}{2}(\sin 14x - \sin 4x) = \sin 5x \cos 9x$

52. 다음 부정적분 또는 정적분을 계산하시오.

(1) $\int \sqrt{x}\, dx$

(2) $\int x\sqrt{x}\, dx$

(3) $\int -\frac{1}{x^2} dx$

(4) $\int_0^{\frac{\pi}{3}} (2x - \sec x \tan x)\, dx$

(5) $\int_{-\frac{\pi}{2}}^{\frac{\pi}{2}} \sin x\, dx$

(6) $\int_0^{\pi} \sin x\, dx$

(7) $\int_{-\frac{\pi}{2}}^{\frac{\pi}{2}} \cos x\, dx$

(8) $\int_0^{\pi} \cos x\, dx$

필수 예제 20

다음 정적분 값을 구하시오. (단, $[x]$는 x를 넘지 않는 최대정수이다.)

(1) $\int_1^3 |x^2-2x|\,dx$

(2) $\int_1^2 [x^2]\,dx$

풀이 절댓값과 가우스의 핵심은 구간을 나눌 수 있어야 한다.

(1) (준식) $= \int_1^2 (-x^2+2x)dx + \int_2^3 (x^2-2x)dx = \left[-\frac{1}{3}x^3+x^2\right]_1^2 + \left[\frac{1}{3}x^3-x^2\right]_2^3$

$= -\frac{7}{3}+3+\frac{19}{3}-5 = \frac{12}{3}-2 = 2$

(2) (준식) $= \int_1^{\sqrt{2}} 1\,dx + \int_{\sqrt{2}}^{\sqrt{3}} 2\,dx + \int_{\sqrt{3}}^2 3\,dx = \sqrt{2}-1+2(\sqrt{3}-\sqrt{2})+3(2-\sqrt{3}) = 5-\sqrt{2}-\sqrt{3}$

53. 다음 부정적분 또는 정적분을 계산하시오.

(1) $\int_0^{\frac{\pi}{2}} \cos^2 x\,dx$

(2) $\int_0^{\frac{\pi}{4}} \frac{1}{1-\sin^2 x}\,dx$

(3) $\int \tan^2 x dx - \int \frac{1+\cos^2 x}{\cos^2 x} dx$

(4) $\int \tanh^2 x - 1\,dx$

(5) $\int \sinh^2 \frac{x}{2}\,dx$

(6) $\int \cos x \cos 3x\,dx$

54. 다음 정적분 값을 구하시오. (단, $[x]$는 x를 넘지 않는 최대정수이다.)

(1) $\int_0^{2\pi} |\sin x|\,dx$

(2) $\int_{-2}^1 3|x|\,dx$

(3) $\int_{-1}^3 (2x-[x])\,dx$

(4) $\int_0^1 [4x]\,dx$

MEMO

4 함수에 따른 미분법

1 합성함수 미분법 (연쇄법칙 Chain Rule)

$f(x)$와 $g(x)$가 미분가능한 함수이고 $F(x) = f(g(x))$로 정의된 합성함수라면 $F(x)$는 미분가능하고 다음과 같이 나타낼 수 있다.

(1) 프라임 기호 : $F'(x) = f'(g(x)) \cdot g'(x)$

(2) 라이프니츠 기호 : $y = f(u)$, $u = g(x)$ 가 모두 미분가능할 때, $\dfrac{dy}{dx} = \dfrac{dy}{du} \cdot \dfrac{du}{dx} = \dfrac{df(u)}{du} \cdot \dfrac{dg(x)}{dx}$

(3) 합성함수의 공식 $y = f(x)$의 함수가 $g(x) = ★$ 이라는 함수와 합성이 되면
$(f \circ g)(x) = f(g(x)) = f(★)$이고, 합성함수 미분을 하면 $\{f(★)\}' = f'(★) \cdot ★'$이다.

원함수	도함수	원함수	도함수
$y = ★^n$	$y' = n★^{n-1} \cdot ★'$	$y = a^★$	$y' = a^★ \ln a \cdot ★'$
$y = \dfrac{1}{★}$	$y' = \dfrac{-1}{★^2} \cdot ★'$	$y = e^★$	$y' = e^★ \cdot ★'$
$y = \sqrt{★}$	$y' = \dfrac{1}{2\sqrt{★}} \cdot ★'$	$y = \ln ★$	$y' = \dfrac{1}{★} \cdot ★'$
$y = \sin ★$	$y' = \cos ★ \cdot ★'$	$y = \sin^{-1} ★$	$y' = \dfrac{1}{\sqrt{1-★^2}} \cdot ★'$
$y = \cos ★$	$y' = -\sin ★ \cdot ★'$	$y = \cos^{-1} ★$	$y' = \dfrac{-1}{\sqrt{1-★^2}} \cdot ★'$
$y = \tan ★$	$y' = \sec^2 ★ \cdot ★'$	$y = \tan^{-1} ★$	$y' = \dfrac{1}{1+★^2} \cdot ★'$
$y = \sinh ★$	$y' = \cosh ★ \cdot ★'$	$y = \sinh^{-1} ★$	$y' = \dfrac{1}{\sqrt{★^2+1}} \cdot ★'$
$y = \cosh ★$	$y' = \sinh ★ \cdot ★'$	$y = \cosh^{-1} ★$	$y' = \dfrac{1}{\sqrt{★^2-1}} \cdot ★'$
$y = \tanh ★$	$y = \text{sech}^2 ★ \cdot ★'$	$y = \tanh^{-1} ★$	$y' = \dfrac{1}{1-★^2} \cdot ★'$

필수 예제 21

다음 식 $f(x)=\ln\frac{x+1}{\sqrt{x-2}}$ 의 $f'(3)$, $f''(3)$을 구하여라.

풀이 로그 문제는 항상 성질을 이용하여 풀 수 있어야 한다.

분수형태의 진수를 로그의 차로 정리하면 $f(x)=\ln\frac{x+1}{\sqrt{x-2}}=\ln(x+1)-\frac{1}{2}\ln(x-2)$ 이고, x에 대한 합성함수 미분을 하자.

$f'(x)=\frac{1}{x+1}-\frac{1}{2(x-2)} \Rightarrow f'(3)=-\frac{1}{4}$, $f''(x)=\frac{-1}{(x+1)^2}+\frac{1}{2(x-2)^2} \Rightarrow f''(3)=\frac{7}{16}$

55. 주어진 함수의 도함수를 구하시오.

(1) $y=\sin(x^2)$

(2) $y=\sin^2 x$

(3) $y=\cos^3 2x$

(4) $y=(x^3-1)^{100}$

(5) $y=\sqrt{\sinh 3x}$

(6) $f(x)=3^{\ln x^2}$

(7) $f(x)=\ln(\sec x+\tan x)$

(8) $f(x)=\ln(\csc x+\cot x)$

56. 미분가능한 두 함수 f, g가 다음 조건을 만족시킨다. $(f\circ g)'(1)$의 값은?

(가) $f(1)=2$, $f'(1)=3$, $f'(2)=-4$

(나) $g(1)=2$, $g'(1)=-3$, $g'(2)=5$

필수 예제 22

함수 f가 $\frac{d}{dx}[f(e^{2x})] = \cos^2 x$를 만족할 때, $f'(1)$은?

풀이 $\frac{d}{dx}[f(e^{2x})] = f'(e^{2x}) \cdot 2e^{2x} = \cos^2 x$이므로 $f'(e^{2x}) = \frac{\cos^2 x}{2e^{2x}}$이다. $x=0$을 대입하면 $f'(1) = \frac{1}{2}$이다.

57. 미분가능한 함수 f에 대하여 $\frac{d}{dx}\{f(2x^2)\} = x^3$이 성립할 때, $f'(1)$을 구하면?

58. 주어진 역쌍곡선함수의 도함수를 구하시오.

(1) $y = \sinh^{-1}x = \ln\left(x + \sqrt{x^2+1}\right)$

(2) $y = \cosh^{-1}x = \ln\left(x + \sqrt{x^2-1}\right)$

(3) $y = \tanh^{-1}x = \frac{1}{2}\ln\left(\frac{1+x}{1-x}\right)$

(4) $y = \operatorname{csch}^{-1}x = \sinh^{-1}\frac{1}{x} = \ln\left(\frac{1}{x} + \sqrt{\frac{1}{x^2}+1}\right)$

(5) $y = \operatorname{sech}^{-1}x = \cosh^{-1}\frac{1}{x} = \ln\left(\frac{1}{x} + \sqrt{\frac{1}{x^2}-1}\right)$

(6) $y = \coth^{-1}x = \tanh^{-1}\frac{1}{x} = \frac{1}{2}\ln\left(\frac{x+1}{x-1}\right)$

59. $y = \sinh^{-1}(\tan x)$일 때, $\frac{dy}{dx}$는? (단, $|x| < \frac{\pi}{2}$)

60. $y = \tanh^{-1}(\cos x)$일 때, $\frac{dy}{dx}$는? (단, $0 < x < \pi$)

2 음함수 미분법

(1) 음함수는 y를 x의 함수로 구체적으로 풀기 쉽지 않을 때, x와 y의 관계로 나타내는 함수의 형태를 말한다.

즉, $f(x,\ y)=0$의 형태를 음함수 꼴로 정의한다.

ex) $x^2+y^2=25$ (원의 방정식), $x^3+y^3=6xy$ (데카르트의 엽선)

(2) 음함수 미분공식

음함수 $f(x,\ y)=0$는 $y=g(x)$꼴로 합성된 형태의 합성함수라고 할 수 있다.

따라서 합성함수 미분법을 통해서 양변을 x에 관하여 미분하고, 나온 방정식을 y'에 대하여 정리한다.

ex) $\frac{d}{dx}(y^n)=ny^{n-1}\frac{dy}{dx}$, $\frac{d}{dx}(x^n)=nx^{n-1}$ 둘의 차이점을 인지하자.

(3) 편미분을 이용한 음함수의 도함수를 구할 수 있다.

① $\frac{\partial f}{\partial x}=f_x$: $f(x,\ y)$를 x에 관하여 미분한다. y는 상수 취급한다.

② $\frac{\partial f}{\partial y}=f_y$: $f(x,\ y)$를 y에 관하여 미분한다. x는 상수 취급한다.

③ $f(x,\ y)=0$ 꼴에서 $\frac{dy}{dx}=-\frac{f_x}{f_y}$

필수 예제 23

다음을 구하시오.

(1) 원의 방정식 $x^2+y^2=25$ 위의 점 $(3,\ 4)$에서 접선의 방정식을 구하시오.

(2) 데카르트 엽선 $x^3+y^3=6xy$ 위의 점 $(3,\ 3)$에서 접선의 방정식을 구하시오.

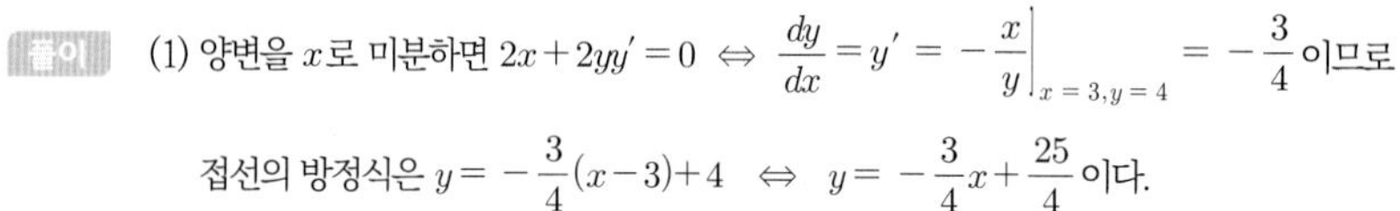

풀이 (1) 양변을 x로 미분하면 $2x+2yy'=0 \Leftrightarrow \dfrac{dy}{dx}=y'=-\dfrac{x}{y}\Big|_{x=3,y=4}=-\dfrac{3}{4}$ 이므로

접선의 방정식은 $y=-\dfrac{3}{4}(x-3)+4 \Leftrightarrow y=-\dfrac{3}{4}x+\dfrac{25}{4}$ 이다.

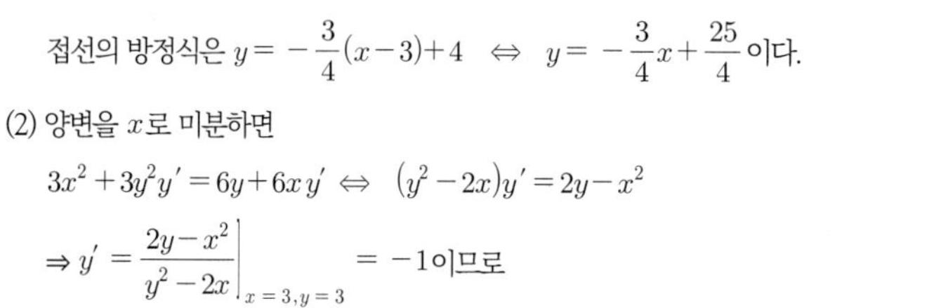

(2) 양변을 x로 미분하면

$3x^2+3y^2y'=6y+6xy' \Leftrightarrow (y^2-2x)y'=2y-x^2$

$\Rightarrow y'=\dfrac{2y-x^2}{y^2-2x}\Big|_{x=3,y=3}=-1$ 이므로

접선의 방정식은 $y=-(x-3)+3 \Leftrightarrow y=-x+6$

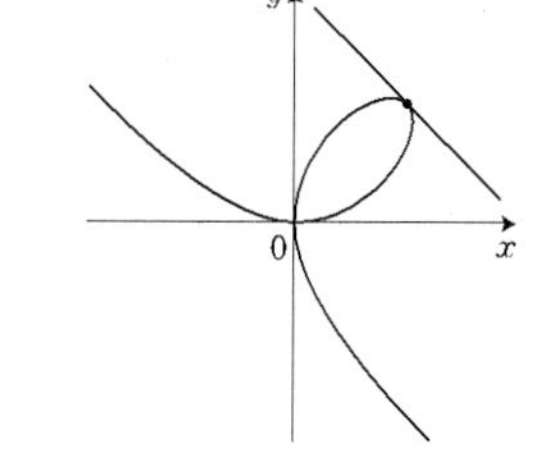

61. 함수 $\sin(x+y)=y^2\cos x$일 때, y'을 구하시오.

62. 곡선 $2(x^2+y^2)^2=25(x^2-y^2)$ 위의 점 $(3,\ 1)$에서의 접선의 기울기는?

63. 곡선 $e^x\ln y=xy$ 위의 점 $(0,1)$에서의 접선의 방정식을 구하시오.

64. 곡선 $x^2+y^2=\cos xy$에 대하여 $\dfrac{dy}{dx}$를 구하면?

① $-\dfrac{2x+y\sin xy}{2y+x\sin xy}$ ② $-\dfrac{2y+x\sin xy}{2x+y\sin xy}$ ③ $\dfrac{2x+y\sin xy}{2y+x\sin xy}$ ④ $\dfrac{2y+x\sin xy}{2x+y\sin xy}$

필수 예제 24

$x^4+y^4=16$일 때, y''을 구하시오.

풀이 양변을 x로 미분하면 $4x^3+4y^3y'=0 \Leftrightarrow y'=\dfrac{-x^3}{y^3}$이고, y'의 양변을 x로 미분하면

$$y''=\frac{-3x^2y^3+3x^3y^2y'}{(y^3)^2}=\frac{-3x^2y^3+3x^3y^2\left(\frac{-x^3}{y^3}\right)}{y^6}=\frac{-3x^2y^6-3x^6y^2}{y^9}=\frac{-3x^2y^2(y^4+x^4)}{y^9}=\frac{-48x^2}{y^7}$$

65. $\sqrt{x}+\sqrt{y}=2$일 때, 순서쌍 $y'(1)$, $y''(1)$은?

66. 주어진 역삼각함수의 도함수를 구하시오.

(1) $y=\sin^{-1}x \Leftrightarrow x=\sin y$

(2) $y=\cos^{-1}x \Leftrightarrow x=\cos y$

(3) $y=\tan^{-1}x \Leftrightarrow x=\tan y$

(4) $y=\csc^{-1}x \Leftrightarrow x=\csc y$

(5) $y=\sec^{-1}x \Leftrightarrow x=\sec y$

(6) $y=\cot^{-1}x \Leftrightarrow x=\cot y$

67. 함수 $f(x)=\sin^{-1}(\cos x)$에 대하여 $f'\left(\dfrac{\pi}{4}\right)$의 값은?

68. 함수 $f(x)=\dfrac{1}{x}\tan^{-1}\dfrac{1}{x}$의 미분계수 $f'(-1)$의 값은?

69. 함수 $f(x)=(x+a)\tan^{-1}(x^2)$이 $f(1)=f'(1)$을 만족할 때, 상수 a의 값을 구하시오.

3 역함수 미분공식

해법1) $y=f(x)$의 역함수 $x=f(y)$에 대한 미분은 $1=f'(y)\dfrac{dy}{dx} \Leftrightarrow \dfrac{dy}{dx}=\dfrac{1}{f'(y)}$이다.

해법 2) 함수 f의 역함수를 g라고 하면, $g(f(x))=x$의 양변에 합성함수 미분법을 적용한다.

① $g'(f(x))\cdot f'(x)=1 \Rightarrow g'(f(x))=\dfrac{1}{f'(x)}$

② $g'(f(x))=\dfrac{1}{f'(x)}$의 양변에 합성함수 미분법을 적용하여 2계 도함수를 구한다.

$$g''(f(x))f'(x)=\frac{-f''(x)}{\{f'(x)\}^2} \Rightarrow g''(f(x))=\frac{-f''(x)}{\{f'(x)\}^3}$$

필수 예제 25

함수 $H(x)=\dfrac{1}{2}(e^x-e^{-x})$의 역함수를 $H^{-1}(x)$이라 할 때, $(H^{-1})'(2)$의 값은?

풀이 $H(x)=\dfrac{1}{2}(e^x-e^{-x})=\sinh x$ 이고, 역함수는 $H^{-1}=\sinh^{-1}x=\ln\left(x+\sqrt{x^2+1}\right)$ 이다.

$(H^{-1})'=(\sinh^{-1}x)'=\dfrac{1}{\sqrt{x^2+1}} \Rightarrow (H^{-1})'(2)=\dfrac{1}{\sqrt{5}}$

70. $f(x)=\dfrac{1}{\sin^{-1}x}\ (0<x\le 1)$일 때, $\dfrac{d}{dx}f^{-1}(x)$를 구하면? (단, $f^{-1}(x)$는 $f(x)$의 역함수이다.)

71. 구간 $\left[0, \dfrac{\pi}{2}\right)$에서 정의된 함수 $f(x)=\sqrt{\tan x}$의 역함수를 g라고 할 때, $g'(3)$은?

72. 모든 실수에서 미분가능한 함수 $f(x)=\dfrac{e^{2x}-1}{e^{2x}+1}$의 역함수를 g라고 하자. $g'\left(\dfrac{1}{2}\right)$의 값은?

필수 예제 26

함수 $g(x)$는 $f(x)$의 역함수이다. 다음을 구하시오.

(1) $f(x)=2x+\cos x$일 때, $g'(1)$, $g''(1)$의 값은?

(2) $f(x)=2x+\ln x$일 때, $g'(2)$, $g''(2)$의 값은?

풀이 (1) $f(x)=2x+\cos x$일 때, $f'(x)=2-\sin x$, $f''(x)=-\cos x$이고, $f(0)=1$, $f'(0)=2$, $f''(0)=-1$이다.

$$g'(1)=g'(f(0))=\frac{1}{f'(0)}=\frac{1}{2},\quad g''(1)=g''(f(0))=-\frac{f''(0)}{\{f'(0)\}^3}=-\frac{(-1)}{8}=\frac{1}{8}$$

(2) $f(x)=2x+\ln x$일 때, $f'(x)=2+\frac{1}{x}$, $f''(x)=-\frac{1}{x^2}$이고, $f(1)=2$, $f'(1)=3$, $f''(1)=-1$이다.

$$g'(2)=g'(f(1))=\frac{1}{f'(1)}=\frac{1}{3},\ g''(2)=g''(f(1))=-\frac{f''(1)}{\{f'(1)\}^3}=-\frac{(-1)}{27}=\frac{1}{27}$$

73. 함수 $f(x)=x^5+2x+1$에 대하여 f^{-1}의 그래프 위의 점$(1,\ 0)$에서의 접선의 기울기는?

74. $f(x)=\ln x+\tan^{-1}x$일 때, $(f^{-1})'\left(\frac{\pi}{4}\right)$의 값을 구하시오.

75. 함수 f와 역함수 f^{-1}가 미분가능한 함수이고, $f(0)=1$, $f(1)=0$, $f'(0)=2$, $f'(1)=3$일 때, $(f^{-1})'(0)+(f^{-1})'(1)$를 구하여라. (단, $(f^{-1})'(c)$는 점 c에서 역함수 f^{-1}의 미분계수이다.)

76. 함수 f는 미분가능하고 역함수 f^{-1}를 갖는다. $G(x)=\frac{1}{f^{-1}(x)}$이고, $f(3)=2$, $f'(3)=\frac{1}{9}$일 때, $G'(2)$의 값은?

4 매개함수 미분법

매개함수 $\begin{cases} x = f(t) \\ y = g(t) \end{cases}$ 는 xy평면에 그래프이므로 접선의 기울기 $\dfrac{dy}{dx}$ 를 구할 수 있다.

x와 y는 각각 t로 구성된 함수이므로 합성함수 미분법(연쇄법칙)에 의해서 미분한다.

여기서 $\begin{cases} x' = \dfrac{dx}{dt} = f'(t) \\ y' = \dfrac{dy}{dt} = g'(t) \end{cases}$ 로 나타낼 때, 1계 도함수와 2계 도함수 공식은 다음과 같다.

(1) $\dfrac{dy}{dx} = \dfrac{\frac{dy}{dt}}{\frac{dx}{dt}} = \dfrac{y'(t)}{x'(t)} = \dfrac{g'(t)}{f'(t)}$

(2) $\dfrac{d}{dx}\left(\dfrac{dy}{dx}\right) = \dfrac{d}{dt}\left(\dfrac{dy}{dx}\right)\cdot\dfrac{dt}{dx} = \dfrac{d}{dt}\left(\dfrac{dy}{dx}\right)\cdot\dfrac{1}{\frac{dx}{dt}} = \dfrac{x'y'' - x''y'}{(x')^3}$

5 극곡선 $r = f(\theta)$의 접선의 기울기

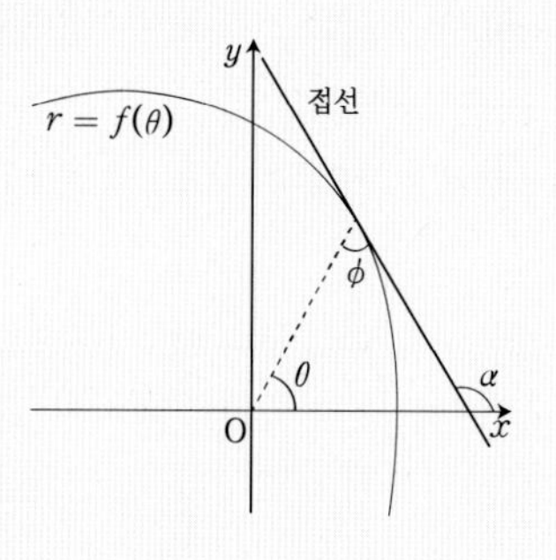

극곡선 $r = f(\theta)$은 직교함수 또는 매개함수로 나타낼 수도 있다.

극곡선의 $\dfrac{dy}{dx}$는 다음과 같이 매개화하여 매개변수 미분을 한다.

$r = f(\theta) \Leftrightarrow \begin{cases} x = r\cos\theta \\ y = r\sin\theta \end{cases}$

$\tan\alpha = \dfrac{dy}{dx} = \dfrac{r'\sin\theta + r\cos\theta}{r'\cos\theta - r\sin\theta}$ (여기서 $r' = f'(\theta)$이다.)

MEMO

필수 예제 27

사이클로이드 곡선 $\begin{cases} x = a(\theta - \sin\theta) \\ y = a(1-\cos\theta) \end{cases}$ 에 대하여 $\theta = \dfrac{\pi}{3}$ 에서의 $\dfrac{dy}{dx}$, $\dfrac{d^2y}{dx^2}$ 를 구하시오.

풀이 $\begin{cases} x = a(\theta - \sin\theta) \\ y = a(1-\cos\theta) \end{cases} \Rightarrow \begin{cases} \dfrac{dx}{d\theta} = x' = a(1-\cos\theta) \\ \dfrac{dy}{d\theta} = y' = a(\sin\theta) \end{cases} \Rightarrow \begin{cases} \dfrac{d^2x}{d\theta^2} = x'' = a(\sin\theta) \\ \dfrac{d^2y}{d\theta^2} = y'' = a(\cos\theta) \end{cases}$ 이고, $\theta = \dfrac{\pi}{3}$ 을 대입하면

$\begin{cases} x'\left(\dfrac{\pi}{3}\right) = \dfrac{1}{2}a \\ y'\left(\dfrac{\pi}{3}\right) = \dfrac{\sqrt{3}}{2}a \end{cases}$ $\begin{cases} x''\left(\dfrac{\pi}{3}\right) = \dfrac{\sqrt{3}}{2}a \\ y''\left(\dfrac{\pi}{3}\right) = \dfrac{1}{2}a \end{cases}$ 이다. 매개함수 미분공식에 대입하면

$\dfrac{dy}{dx} = \dfrac{y'}{x'} = \dfrac{\frac{\sqrt{3}}{2}a}{\frac{1}{2}a} = \sqrt{3}$, $\dfrac{dy^2}{dx^2} = \dfrac{x'y'' - x''y'}{(x')^3} = \dfrac{\frac{a}{2}\frac{a}{2} - \frac{\sqrt{3}a}{2}\frac{\sqrt{3}a}{2}}{\left(\frac{a}{2}\right)^3} = \dfrac{-\frac{1}{2}}{\frac{a}{8}} = -\dfrac{4}{a}$ 이다.

77. 곡선 $C : x = \sin 2t,\ y = 2\cos t$ 위의 점 $\left(\dfrac{\sqrt{3}}{2}, \sqrt{3}\right)$ 에서 $\dfrac{dy}{dx}$, $\dfrac{d^2y}{dx^2}$ 를 구하시오.

78. 매개변수 방정식 $x = t^3 - t^2,\ y = t^2 - 1$ 로 주어지는 곡선의 원점에서의 기울기 $\dfrac{dy}{dx}$ 는?

79. 매개곡선 $x = t^3,\ y = 6 - t - 2t^2$ 위의 점 (a, b) 에서의 접선의 기울기가 1 이 되도록 하는 두 정수 a, b 의 합 $a + b$ 의 값은?

필수 예제 28

심장형 곡선 $r=-1+\cos\theta$의 점 $\theta=\frac{\pi}{2}$에서의 접선의 방정식을 구하시오.

풀이 극곡선의 접선의 기울기는 매개함수 미분법을 이용한다.

$\begin{cases} x=r\cos\theta \\ y=r\sin\theta \end{cases}$ 로 매개화할 때, $\theta=\frac{\pi}{2}$일 때, $(x,y)=(0,-1)$이다.

$r=-1+\cos\theta\Big|_{\theta=\frac{\pi}{2}}=-1$, $r'=-\sin\theta\Big|_{\theta=\frac{\pi}{2}}=-1$이므로 공식에 대입하면

$\frac{dy}{dx}=\frac{r'\sin\theta+r\cos\theta}{r'\cos\theta-r\sin\theta}\Big|_{\theta=\frac{\pi}{2}}=\frac{r'}{-r}=-1$이고, $\theta=\frac{\pi}{2}$일 때, 접선의 방정식은 $y=-x-1$ 이다.

80. 극방정식 $r=1+\sin\theta$ 위의 점 $\left(1+\frac{1}{\sqrt{2}}, \frac{\pi}{4}\right)$에서의 접선의 기울기를 구하시오.

81. 극방정식 $r=1+\sin\theta$ 위의 점 $\left(\frac{3}{2}, \frac{\pi}{6}\right)$에서의 접선의 방정식을 구하시오.

82. 극좌표 방정식 $r=1+\sqrt{3}\sin\theta$로 주어진 곡선 위의 $\theta=\frac{\pi}{3}$인 점에서 이 곡선에 그은 접선의 기울기는?

83. 극곡선 $r=\cos 2\theta$에 대하여 $\theta=\frac{\pi}{4}$에서의 접선의 기울기 값은?

84. 극곡선 $r=\sin 3\theta$에 대하여 $\theta=\frac{\pi}{6}$에서의 접선의 기울기 값은?

85. $\theta=\frac{\pi}{4}$에서 극방정식으로 주어진 곡선 $r=\sin 4\theta$의 접선의 기울기는?

6 $f(x)^{g(x)}$ 의 미분법

밑수도 미지수, 지수도 미지수가 있는 함수를 미분은 지수함수로 변환한 후 합성함수 미분을 한다.

step 1) $y=f(x)^{g(x)}=e^{\ln f(x)^{g(x)}}=e^{g(x)\ln f(x)}$ ($\bigstar=e^{\ln\bigstar}$ 성질 이용)

step 2) 변환한 식의 합성함수 미분 : $y'=e^{g(x)\ln f(x)}\cdot\left(g'(x)\ln f(x)+g(x)\dfrac{f'(x)}{f(x)}\right)$

7 로그 미분법

복잡한 함수의 도함수 계산은 로그를 취함으로써 간단히 할 수 있다.

↳ 분수꼴 함수, 복잡한 곱의 형태, 밑수도 미지수 & 지수도 미지수가 있는 지수함수

step 1) 방정식 $y=f(x)$ 의 양변에 로그를 취한다. $\Rightarrow\ \ln y=\ln f(x)$

step 2) 양변을 x에 관하여 미분한다. $\Rightarrow\ \dfrac{1}{y}\dfrac{dy}{dx}=\dfrac{f'(x)}{f(x)}$

step 3) y' 에 대하여 정리한다. $\Rightarrow\ \dfrac{dy}{dx}=y\cdot\dfrac{f'(x)}{f(x)}$

필수 예제 29

$x=\pi$에서 주어진 함수의 미분계수를 구하시오.

(1) $y=x^x$

(2) $y=(1+x)^{\sin x}$

풀이 지수함수로 변환 후 합성함수 미분공식을 이용한다.

(1) $y=x^x \Leftrightarrow y=e^{\ln x^x}=e^{x\ln x}$ 이므로 $y'=e^{x\ln x}(\ln x+1)=x^x(1+\ln x)\Rightarrow y'(\pi)=\pi^\pi(1+\ln\pi)$

(2) $y=(1+x)^{\sin x}\Leftrightarrow y=e^{\ln(1+x)^{\sin x}}=e^{\sin x\ln(1+x)}$ 이므로

$y'=e^{\sin x\ln(1+x)}\left\{\cos x\ln(1+x)+\dfrac{\sin x}{1+x}\right\}=(1+x)^{\sin x}\left\{\cos x\ln(1+x)+\dfrac{\sin x}{1+x}\right\}$

$\Rightarrow\ y'(\pi)=-\ln(1+\pi)$

풀이 양변에 ln을 씌우고 합성함수 미분공식을 이용한다.

(1) $\ln y=x\ln x\Rightarrow \dfrac{y'}{y}=\ln x+1\Rightarrow\ y'(\pi)=y(\pi)(\ln\pi+1)=\pi^\pi(\ln\pi+1)$

(2) $\ln y=\sin x\cdot\ln(1+x)$이고, 양변을 미분하면 $\dfrac{y'}{y}=\cos x\ln(1+x)+\sin x\dfrac{1}{1+x}$ 이다.

$x=\pi$를 대입하면 $y'(\pi)=y(\pi)\left\{\cos\pi ln(1+\pi)+\sin\pi\times\dfrac{1}{1+\pi}\right\}=-\ln(1+\pi)$ (여기서 $y(\pi)=1$이다.)

필수 예제 30

$g(x)=\sqrt{\dfrac{(x-1)(x-2)}{(x-3)(x-4)}}$ 일 때, 미분계수 $g'(5)$의 값은?

풀이 양변에 ln을 씌우면 곱으로 연결된 인수를 덧셈으로 나타낼 수 있다.

$\ln g(x)=\frac{1}{2}[\ln(x-1)+\ln(x-2)-\ln(x-3)-\ln(x-4)]$ 이고 양변을 x에 대해서 미분하면

$$\frac{g'(x)}{g(x)}=\frac{1}{2}\left[\frac{1}{x-1}+\frac{1}{x-2}-\frac{1}{x-3}-\frac{1}{x-4}\right] \Leftrightarrow g'(x)=\frac{g(x)}{2}\left[\frac{1}{x-1}+\frac{1}{x-2}-\frac{1}{x-3}-\frac{1}{x-4}\right]$$

$$\Leftrightarrow g'(5)=\frac{g(5)}{2}\left[\frac{1}{4}+\frac{1}{3}-\frac{1}{2}-1\right]$$

$$\Leftrightarrow g'(5)=\frac{\sqrt{6}}{2}\times\left(-\frac{11}{12}\right)=-\frac{11\sqrt{6}}{24}$$

86. 함수 $f(x)=(\ln x)^{3x}$일 때, $\frac{1}{3}f'(e)$의 값은?

87. 함수 $y=x^{\sin\frac{\pi x}{2e}}$에 대하여 $x=e$일 때 y'의 값은?

88. 다음 주어진 함수의 $f''(1)$의 값을 구하시오.

(1) $f(x)=x^x$　　(2) $f(x)=(x^x)^x$　　(3) $f(x)=x^{\ln x}$

89. $y=\dfrac{x^2\sqrt{2x+1}}{(3x+2)^5}$ $(x>0)$일 때, $\dfrac{dy}{dx}$를 구하면?

90. 함수 $f(x)=\dfrac{1-x}{1+x}$에 대하여 $f''(1)$의 값은?

8 정적분의 미분

(1) 미분과 적분 사이의 관계

함수 f 가 구간 $[a,\ b]$ 에서 연속일 때, $x \in (a, b)$ 에 대하여 $F(x) = \int_a^x f(t)dt$ 이면,

$F(x)$ 는 미분가능하고 $F'(x) = f(x)$ 이다. 즉 $\frac{d}{dx}\int_a^x f(t)dt = f(x)$ 이다.

(2) $\frac{d}{dx}\int_a^x f(t)\,dt = f(x)$

(3) $\frac{d}{dx}\int_x^{x+a} f(t)\,dt = f(x+a) - f(x)$

(4) $\frac{d}{dx}\int_{f(x)}^{g(x)} h(t)\,dt = h(g(x))\,g'(x) - h(f(x))\,f'(x)$

(5) $\frac{d}{dx}\int_a^x (x-t)f(t)\,dt = \int_a^x f(t)\,dt$

Areum Math Tip

(1) $f(t)$ 의 부정적분을 $F(t)$ 라고 하면 $\frac{d}{dx}\{F(x) - F(a)\} = F'(x) = f(x)$

(2) $f(t)$ 의 부정적분을 $F(t)$ 라고 하면 $\frac{d}{dx}\{F(x+a) - F(x)\} = F'(x+a) - F'(x) = f(x+a) - f(x)$

(3) $H'(t) = h(t)$ 라 하자.

$\Rightarrow \int h(t)\,dt = H(t) + c$ 이다. (c는 적분상수)

$\Rightarrow \int_{f(x)}^{g(x)} h(t)\,dt = [H(t)]_{f(x)}^{g(x)} = H(g(x)) - H(f(x))$: x로 구성된 식

$\Rightarrow \frac{d}{dx}\left(\int_{f(x)}^{g(x)} h(t)\,dt\right) = H'(g(x))\,g'(x) - H'(f(x))\,f'(x) = h(g(x))\,g'(x) - h(f(x))\,f'(x)$

(4) $$\begin{aligned}\frac{d}{dx}\int_a^x (x-t)f(t)\,dt &= \frac{d}{dx}\int_a^x xf(t)\,dt - \frac{d}{dx}\int_a^x tf(t)\,dt \\ &= \frac{d}{dx}\left\{x\int_a^x f(t)\,dt\right\} - \frac{d}{dx}\int_a^x tf(t)\,dt \\ &= \int_a^x f(t)\,dt + x f(x) - x f(x) \\ &= \int_a^x f(t)\,dt\end{aligned}$$

필수 예제 31

함수 $f(x)=\int_{-\sin^{-1}\sqrt{x}}^{\sin^{-1}\sqrt{x}} \sin\sqrt{|t|}\,dt\,(0\le x<1)$에 대하여 $f'\left(\frac{1}{2}\right)$의 값은?

풀이 $f'(x)=\sin\sqrt{|\sin^{-1}\sqrt{x}|}\times\frac{1}{\sqrt{1-x}}\frac{1}{2\sqrt{x}}-\sin\sqrt{|-\sin^{-1}\sqrt{x}|}\frac{-1}{\sqrt{1-x}}\frac{1}{2\sqrt{x}}$

$=2\times\sin\sqrt{|\sin^{-1}\sqrt{x}|}\times\frac{1}{\sqrt{1-x}}\frac{1}{2\sqrt{x}}$

$f'\left(\frac{1}{2}\right)=2\times\sin\sqrt{\frac{\pi}{4}}\times\frac{1}{\sqrt{\frac{1}{2}}}\frac{1}{2\sqrt{\frac{1}{2}}}=2\sin\frac{\sqrt{\pi}}{2}$

91. 주어진 함수의 도함수를 구하시오.

(1) $f(x)=\int_{2}^{x^2}\ln(2t)dt$

(2) $y=\int_{x^2}^{\frac{\pi}{2}}\frac{\sin t}{t}dt$

(3) $y=\int_{1}^{x^5}\sqrt{1+t^3}\,dt$

92. $F(x)=\int_{1}^{x}f(t)dt,\ f(t)=\int_{1}^{t^2}\frac{\sqrt{1+u^2}}{u}du$ 일 때, $\frac{d^2F(2)}{dx^2}$는?

93. $\int_{y}^{x^2+x}1+\sin^{-1}t\,dt=C$ 가 xy평면 위의 곡선을 나타낸다. 그 위의 점 $(0,1)$에서의 접선의 기울기 m과 C를 구하시오.

필수 예제 32

함수 $f(x)=\int_0^x (x+t)\cos t\,dt$에서 $f'\left(\frac{\pi}{2}\right)$의 값은?

풀이 적분하고자 하는 변수가 피적분함수 안에 포함되어 있는 경우는 먼저 식을 정리한 후에 미분해야 한다.

$$f(x)=\int_0^x (x\cos t+t\cos t)dt = x\int_0^x \cos t\,dt + \int_0^x t\cos t\,dt$$

$$f'(x)=\int_0^x \cos t\,dt + x\cos x + x\cos x = \int_0^x \cos t\,dt + 2x\cos x \Rightarrow f'\left(\frac{\pi}{2}\right)=\int_0^{\frac{\pi}{2}} \cos t\,dt + \pi\cos\frac{\pi}{2}=1$$

94. $H(x)=\frac{1}{x}\int_3^x \{2t-3H'(t)\}dt$일 때, $H'(3)$은?

95. 곡선 $y=\int_1^{x^2} xe^{t^2}dt$ 위의 점 $(1,0)$에서의 접선의 식은?

96. 함수 $f(x)=\int_0^{x^2}\sin(xt)\,dt$ 의 미분 $f'(1)$ 의 값은?

97. 함수 $f(x)=\int_x^{x^3}\sin(\sqrt{xt})\,dt$ 의 미분 $f'(1)$ 의 값은?

98. 함수 $f(x)=x-\int_0^x \ln(x^2-t^2)\,dt$에 대하여, $f'\left(\frac{1}{2}\right)$의 값은?

5 함수에 따른 적분법

1 치환적분

치환적분은 복잡한 형태의 적분을 치환에 의해 단순한 형태로 변형시켜 적분하는 방법으로,

기본적으로 합성함수 미분의 역연산이다. 치환적분은 속미분한 결과가 곱해져 있을 때 사용할 수 있다.

ex) $\int 2x\sqrt{1+x^2}\,dx$는 적분공식을 사용하여 계산할 수 없기 때문에 치환적분을 이용한다.

(1) 합성함수 미분의 역연산

$F'(x)=f(x)$라고 할 때, $\frac{d}{dx}\{F(g(x))\}=F'(g(x))\cdot g'(x)=f(g(x))\cdot g'(x)$이다.

그렇다면 $\int f(g(x))\,g'(x)\,dx=F(g(x))$가 될 것이다. 그 과정을 설명해보자.

$g(x)=u$로 치환하고 양변을 미분하고 식을 정리하자.

$\frac{dg(x)}{dx}=\frac{du}{dx}=\frac{du}{du}\frac{du}{dx} \quad \Leftrightarrow \quad g'(x)=1\frac{du}{dx} \quad \Leftrightarrow \quad g'(x)dx=du$

$$\int f(g(x))\,g'(x)\,dx=\int f(u)\,du=F(u)+C$$

(2) 정적분의 구간 변경

$\int_a^b f(g(x))\,g'(x)\,dx$ 의 경우 $g(x)=t$로 치환할 경우 적분구간을 반드시 변경해야 한다.

$a\le x\le b$ 일 때, $g(x)=t\begin{cases}g(a)\\g(b)\end{cases}$ 의 범위를 갖고 식을 정리하면 다음과 같다.

$$\int_a^b f(g(x))\,g'(x)\,dx=\int_{g(a)}^{g(b)} f(u)\,du$$

(3) 덩어리적분!!

① $\int ★^n\cdot ★'\,dx=\frac{1}{n+1}★^{n+1}+C$

② $\int e^{★}\cdot ★'\,dx=e^{★}+C$

③ $\int \sin^n x\cos x\,dx=\frac{1}{n+1}\sin^{n+1}x+C$

④ $\int \cos^n x\sin x\,dx=\frac{-1}{n+1}\cos^{n+1}x+C$

⑤ $\int \cos★\cdot ★'\,dx=\sin★+C$

⑥ $\int \sin★\cdot ★'\,dx=-\cos★+C$

⑦ $\int \frac{★'}{★}\,dx=\ln|★|+C$

⑧ $\int \frac{★'}{★^2}\,dx=\frac{-1}{★}+C$

필수 예제 33

다음 부정적분 또는 정적분을 계산하시오.

(1) $\int_1^2 x(x^2-1)^3 dx$　　(2) $\int_2^e \frac{1}{x(\ln x)^2} dx$

(3) $\int_0^1 2xe^{-2x^2} dx$　　(4) $\int \tan x \, dx$

풀이 (1) $x^2-1=t$로 치환하면 $1 \le x \le 2$의 구간은 $0 \le t \le 3$으로 바뀌고, $2xdx=dt \Leftrightarrow x\,dx=\frac{1}{2}dt$로 치환된다.

$$\int_1^2 x(x^2-1)^3 dx = \frac{1}{2}\int_0^3 t^3 dt = \frac{1}{2}\cdot\frac{1}{4}\left[t^4\right]_0^3 = \frac{81}{8}$$

(2) $\ln x = t$로 치환하면 $2 \le x \le e$의 구간은 $\ln 2 \le t \le 1$로 바뀌고, $\frac{1}{x}dx = dt$로 치환된다.

$$\int_2^e \frac{1}{x(\ln x)^2} dx = \int_{\ln 2}^1 \frac{1}{t^2} dt = \left[-\frac{1}{t}\right]_{\ln 2}^1 = -\left(1-\frac{1}{\ln 2}\right) = \frac{1}{\ln 2}-1$$

(3) $-2x^2=t$로 치환하면 $-4xdx=dt \Leftrightarrow x\,dx=-\frac{1}{4}dt$으로 치환된다.

$$\int_0^1 2xe^{-2x^2} dx = -\frac{1}{2}\int_0^{-2} e^t dt = \frac{1}{2}\int_{-2}^0 e^t dt = \frac{1}{2}\left[e^t\right]_{-2}^0 = \frac{1-e^{-2}}{2}$$

(4) $\cos x = t$로 치환하면 $-\sin x\,dx = dt$로 치환된다.

$$\int \tan x\,dx = \int \frac{\sin x}{\cos x} dx = \int \frac{-1}{t} dt = -\ln|t| + C = -\ln|\cos x| + C = \ln|\sec x| + C$$

99. 다음 부정적분 또는 정적분을 계산하시오.

(1) $\int_0^1 x^3 \cos(x^4+2)\,dx$　　(2) $\int \cos x \sin^2 x\,dx$

(3) $\int \frac{\cos x}{\sin^2 x} dx$　　(4) $\int_1^2 \frac{e^{-1/x}}{x^2} dx$

(5) $\int_0^1 xe^{1-x^2} dx$　　(6) $\int_1^2 \frac{2x+1}{x^2+x} dx$

2 무리함수 적분

(1) 근호 안이 일차식일 때, 근호 전체를 치환한다.

① $\int \sqrt[n]{ax+b}\,dx$ 일 때, $\sqrt[n]{ax+b}=t$로 치환

② $\int \left(\sqrt[n]{ax+b},\ \sqrt[m]{ax+b}\right) dx$일 때, $\sqrt[k]{ax+b}=t$로 치환 (k: m, n의 최소공배수)

(2) 근호 안이 이차식일 때

단순 치환적분이 아니라면 이차식을 완전제곱식($(x-a)^2-A^2=X^2-A^2$)의 형태로 만들어서 삼각치환적분법을 이용한다.

필수 예제 34

다음 적분을 계산하시오.

(1) $\displaystyle\int_0^3 \frac{3x-1}{\sqrt{x+1}}\,dx$

(2) $\displaystyle\int_1^{64} \frac{1}{\sqrt{x}+\sqrt[3]{x}}\,dx$

풀이

(1) ${}^3_0 > \sqrt{x+1}=t <^2_1$, $x+1=t^2$, $x=t^2-1$, $dx=2t\,dt$로 치환하자.

$$\int_0^3 \frac{3x-1}{\sqrt{x+1}}\,dx=\int_1^2 \frac{3t^2-4}{t}\times 2t\,dt=2\int_1^2(3t^2-4)dt=2\left[t^3-4t\right]_1^2=2(7-4)=6$$

(2) $x^{\frac{1}{6}}=\sqrt[6]{x}=t$, $x^{\frac{1}{2}}=\sqrt{x}=t^3$, $x^{\frac{1}{3}}=\sqrt[3]{x}=t^2$, ${}^{64}_1 > x=t^6 <^2_1$, $dx=6t^5dt$로 치환하자.

$$\int_1^{64}\frac{1}{\sqrt{x}+\sqrt[3]{x}}\,dx=\int_1^2\frac{6t^5}{t^3+t^2}dt=6\int_1^2\frac{t^3}{t+1}dt=6\int_1^2\frac{t^3+1-1}{t+1}dt=6\int_1^2\frac{(t+1)(t^2-t+1)-1}{t+1}dt$$

$$=6\int_1^2\left\{(t^2-t+1)-\frac{1}{t+1}\right\}dt=6\left[\frac{1}{3}t^3-\frac{1}{2}t^2+t-\ln|t+1|\right]_1^2$$

$$=2(8-1)-3(4-1)+6-6(\ln3-\ln2)=14-9+6-6\ln\frac{3}{2}=11-6\ln\frac{3}{2}$$

100. 다음 적분을 계산하시오.

(1) $\displaystyle\int_0^4 \sqrt{2x+1}\,dx$

(2) $\displaystyle\int_0^1 \frac{x}{\sqrt[3]{x^2+1}}\,dx$

(3) $\displaystyle\int_4^9 \frac{1}{\sqrt{x}-1}\,dx$

(4) $\displaystyle\int_0^{16} \frac{\sqrt{x}}{1+\sqrt[4]{x^3}}\,dx$

(5) $\displaystyle\int_0^{\sqrt{5}} \frac{x^3}{\sqrt{4+x^2}}\,dx$

(6) $\displaystyle\int_{-2}^0 x\sqrt[3]{(x+1)^2}\,dx$

3 삼각치환

$\int x\sqrt{a^2 \pm x^2}\,dx$, $\int \frac{x}{\sqrt{a^2 \pm x^2}}dx$, $\int \frac{x}{a^2 \pm x^2}dx$ 형태의 적분은 무리식을 치환하거나 분모를 치환하여 적분하였다. 그러나 $\int \sqrt{a^2 \pm x^2}\,dx$, $\int \frac{1}{\sqrt{a^2 \pm x^2}}dx$ 또는 $\int \frac{1}{a^2 \pm x^2}dx$ 형태는 적분이 쉽지 않다. 삼각치환은 삼각함수를 사용하여 적분변수를 바꾸는 방법으로 피적분함수에 x^2+a^2, x^2-a^2, a^2-x^2이 포함된 경우에 사용한다.

그래서 다음과 같이 $\cos^2\theta + \sin^2\theta = 1$, $1+\tan^2\theta = \sec^2\theta$을 이용하여 적분한다.

(1) $x = a\sin\theta$ 로 치환

$\sqrt{a^2-x^2}$ 의 경우 $x = a\sin\theta$ 로 치환하면 (단, $-\frac{\pi}{2} \le \theta \le \frac{\pi}{2}$, $a>0$)

$$\Rightarrow \sqrt{a^2-x^2} = \sqrt{a^2-a^2\sin^2\theta} = \sqrt{a^2(1-\sin^2\theta)} = a|\cos\theta| = a\cos\theta \Rightarrow \begin{cases} \sqrt{a^2-x^2} = a\cos\theta \\ dx = a\cos\theta\, d\theta \end{cases}$$

(2) $x = a\tan\theta$ 로 치환

$\sqrt{x^2+a^2}$ 의 경우 $x = a\tan\theta$로 치환하면 (단, $-\frac{\pi}{2} < \theta < \frac{\pi}{2}$, $a>0$)

$$\Rightarrow \sqrt{x^2+a^2} = \sqrt{a^2\tan^2\theta+a^2} = \sqrt{a^2(\tan^2\theta+1)} = a|\sec\theta| = a\sec\theta \Rightarrow \begin{cases} \sqrt{x^2+a^2} = a\sec\theta \\ dx = a\sec^2\theta\, d\theta \end{cases}$$

(3) $x = a\sec\theta$ 로 치환

$\sqrt{x^2-a^2}$ 의 경우 $x = a\sec\theta$ 로 치환하면 (단, $0 \le \theta < \frac{\pi}{2}$ 또는 $\pi \le \theta < \frac{3\pi}{2}$, $a>0$)

$$\Rightarrow \sqrt{x^2-a^2} = \sqrt{a^2\sec^2\theta-a^2} = \sqrt{a^2(\sec^2\theta-1)} = a|\tan\theta| = a\tan\theta \Rightarrow \begin{cases} \sqrt{x^2-a^2} = a\tan\theta \\ dx = a\sec\theta\tan\theta\, d\theta \end{cases}$$

Areum Math Tip

삼각치환적분을 피하기 위한 적분 공식

(1) $\int \frac{1}{\sqrt{a^2-x^2}}dx = \sin^{-1}\left(\frac{x}{a}\right)+C$

(2) $\int \frac{1}{a^2+x^2}dx = \frac{1}{a}\tan^{-1}\left(\frac{x}{a}\right)+C$

(3) $\int \frac{1}{\sqrt{x^2+a^2}}dx = \ln\left|x+\sqrt{x^2+a^2}\right| - \ln a + C$

(4) $\int \frac{1}{\sqrt{x^2-a^2}}dx = \ln\left|x+\sqrt{x^2-a^2}\right| - \ln a + C$

필수 예제 35

다음 적분을 계산하시오. $(a>0)$

(1) $\displaystyle\int \frac{1}{\sqrt{a^2-x^2}}\,dx$

(2) $\displaystyle\int_{\frac{1}{2}}^{\frac{\sqrt{3}}{2}} \frac{x^2}{\sqrt{1-x^2}}\,dx$

풀이 (1) $x=a\sin\theta\left(-\frac{\pi}{2}\le\theta\le\frac{\pi}{2}\right)$라고 치환을 하면 $dx=a\cos\theta\,d\theta$, $\sin\theta=\frac{x}{a}$, $\theta=\sin^{-1}\left(\frac{x}{a}\right)$이다.

$$\int\frac{1}{\sqrt{a^2-x^2}}\,dx=\int\frac{1}{\sqrt{a^2\cos^2\theta}}a\cos\theta\,d\theta$$
$$=\int 1d\theta=\theta+C=\sin^{-1}\left(\frac{x}{a}\right)+C$$

(2) $\frac{\frac{\sqrt{3}}{2}}{\frac{1}{2}}>x=\sin\theta<\frac{\frac{\pi}{3}}{\frac{\pi}{6}}$, $dx=\cos\theta\,d\theta$ 로 치환하면 구간도 같이 변경된다.

$$\int_{\frac{1}{2}}^{\frac{\sqrt{3}}{2}}\frac{x^2}{\sqrt{1-x^2}}\,dx=\int_{\frac{\pi}{6}}^{\frac{\pi}{3}}\frac{\sin^2\theta\cos\theta}{\cos\theta}d\theta$$
$$=\int_{\frac{\pi}{6}}^{\frac{\pi}{3}}\frac{1-\cos2\theta}{2}d\theta=\frac{1}{2}\left[\theta-\frac{1}{2}\sin2\theta\right]_{\frac{\pi}{6}}^{\frac{\pi}{3}}$$
$$=\frac{1}{2}\left(\frac{\pi}{3}-\frac{\pi}{6}\right)-\frac{1}{4}\left(\sin\frac{2}{3}\pi-\sin\frac{\pi}{3}\right)$$
$$=\frac{1}{2}\frac{\pi}{6}-\frac{1}{4}\left(\frac{\sqrt{3}}{2}-\frac{\sqrt{3}}{2}\right)=\frac{\pi}{12}$$

101. 다음 적분을 계산하시오. $(a>0)$

(1) $\displaystyle\int_0^1\frac{1}{\sqrt{1-x^2}}\,dx$

(2) $\displaystyle\int_1^{\sqrt{2}}\frac{1}{x^2\sqrt{4-x^2}}\,dx$

(3) $\displaystyle\int_{\frac{1}{2}}^{\frac{1}{\sqrt{2}}}\frac{x}{\sqrt{1-4x^4}}dx$

(4) $\displaystyle\int_0^{\frac{1}{\sqrt{2}}}x\sqrt{1-x^4}\,dx$

필수 예제 36

다음 적분을 계산하시오.

(1) $\int \frac{1}{\sqrt{x^2-a^2}}dx$

(2) $\int \frac{1}{\sqrt{x^2-2x}}dx$

풀이 (1) $x = a\sec\theta\left(0 \le \theta < \frac{\pi}{2} \text{ or } \pi \le \theta < \frac{3\pi}{2}\right)$로 치환하면 $dx = a\sec\theta\tan\theta\, d\theta$, $\sec\theta = \frac{x}{a}$, $\tan\theta = \frac{\sqrt{x^2-a^2}}{a}$이다.

$$\int \frac{1}{\sqrt{x^2-a^2}}dx = \int \frac{a\sec\theta\tan\theta}{a\tan\theta}d\theta = \int \sec\theta\, d\theta$$

$$= \ln|\sec\theta + \tan\theta| = \ln\left(\frac{x}{a} + \frac{\sqrt{x^2-a^2}}{a}\right) + C$$

$$= \ln\left(\frac{x}{a} + \sqrt{\left(\frac{x}{a}\right)^2 - 1}\right) + C = \cosh^{-1}\left(\frac{x}{a}\right) + C$$

$$= \ln\left|x + \sqrt{x^2-a^2}\right| - \ln a + C = \ln\left|x + \sqrt{x^2-a^2}\right| + C_1$$

(2) $\int \frac{1}{\sqrt{x^2-2x}}dx = \int \frac{1}{\sqrt{x^2-2x+1-1}}dx$

$$= \int \frac{1}{\sqrt{(x-1)^2-1}}dx \ (x-1 = \sec\theta,\ dx = \sec\theta\tan\theta\, d\theta\text{로 치환하면})$$

$$= \int \frac{\sec\theta\tan\theta}{\tan\theta}d\theta = \ln|\sec\theta + \tan\theta| + C$$

$$= \ln\left|x - 1 + \sqrt{x^2-2x}\right| + C$$

TIP

(1) $\frac{d(\ln|\sec\theta+\tan\theta|)}{d\theta} = \frac{\sec\theta\tan\theta + \sec^2\theta}{\sec\theta + \tan\theta} = \frac{\sec\theta(\tan\theta + \sec\theta)}{\tan\theta + \sec\theta} = \sec\theta$

(2) $\int \sec\theta\, d\theta = \ln|\sec\theta + \tan\theta| + C$

102. 다음 적분을 계산하시오.

(1) $\int \frac{1}{\sqrt{x^2-1}}dx$

(2) $\int_2^3 x\sqrt{x^2-4}\,dx$

(3) $\int \frac{1}{x^2\sqrt{x^2-a^2}}dx$

(4) $\int_{\frac{1}{2}}^{1} \frac{1}{x^2\sqrt{4x^2-1}}dx$

필수 예제 37

다음 적분을 계산하시오.

(1) $\int \frac{1}{\sqrt{x^2+a^2}}dx$ (2) $\int \frac{1}{a^2+x^2}dx$

풀이 (1) $x=a\tan\theta\left(-\frac{\pi}{2}<\theta<\frac{\pi}{2}\right)$, $dx=a\sec^2\theta d\theta$로 치환하면 $\tan\theta=\frac{x}{a}$, $\sec\theta=\frac{\sqrt{x^2+a^2}}{a}$이다.

$$\begin{aligned}\int \frac{1}{\sqrt{x^2+a^2}}dx &= \int \frac{a\sec^2\theta}{a\sec\theta}d\theta = \int \sec\theta d\theta \\ &= \ln|\sec\theta+\tan\theta| \\ &= \ln\left|\frac{x}{a}+\frac{\sqrt{x^2+a^2}}{a}\right| \\ &= \ln\left|x+\sqrt{x^2+a^2}\right|-\ln a+C \\ &= \ln\left|x+\sqrt{x^2+a^2}\right|+C_1\end{aligned}$$

(2) $x=a\tan\theta$로 치환하면 $dx=a\sec^2\theta d\theta$, $\tan\theta=\frac{x}{a}$, $\theta=\tan^{-1}\left(\frac{x}{a}\right)$ 이다.

$$\begin{aligned}\int \frac{1}{a^2+x^2}dx &= \int \frac{a\sec^2\theta}{a^2+a^2\tan^2\theta}d\theta = \int \frac{a\sec^2\theta}{a^2\sec^2\theta}d\theta \\ &= \int \frac{1}{a}d\theta = \frac{1}{a}\theta+C \\ &= \frac{1}{a}\tan^{-1}\left(\frac{x}{a}\right)+C\end{aligned}$$

103. 다음 적분을 계산하시오.

(1) $\int \frac{1}{\sqrt{x^2+1}}dx$ (2) $\int_2^3 \frac{1}{\sqrt{x^2-4x+5}}dx$

(3) $\int_0^1 \frac{1}{\sqrt{x^2+2x+5}}dx$ (4) $\int_{-3}^1 \frac{1}{x^2+6x+25}dx$

4 유리함수 적분법

(1) 정의 : $P(x), Q(x)$가 다항식일 때, 유리함수란 $f(x) = \dfrac{P(x)}{Q(x)}$와 같은 분수함수를 말한다.

① P의 차수가 Q의 차수보다 낮을 경우 진분수 꼴의 유리함수라고 한다.

② P의 차수가 Q의 차수보다 클 경우

$P(x) = S(x)\,Q(x) + R(x)$가 되는 몫$S(x)$과 나머지 $R(x)$로 나타낼 수 있다.

$$f(x) = \frac{P(x)}{Q(x)} = S(x) + \frac{R(x)}{Q(x)}$$

(2) 유리함수 적분법

step 1) 진분수 형태로 만든다.

step 2) 분모가 인수분해 되면 부분분수로 만들어 적분한다.

step 3) 분모의 인수분해가 안 되면 ① 로그적분(치환적분)이 되는지 확인한다.

② 완전제곱의 형태로 만들어 삼각치환을 한다.

(3) 덩어리적분 : 유리식 형태의 적분을 치환적분을 사용하지 않고 빠르게 적분하는 방법이다.

① $\displaystyle\int \frac{\bigstar'}{\bigstar}\,dx = \ln|\bigstar| + C$

② $\displaystyle\int \frac{\bigstar'}{\bigstar^2}\,dx = -\frac{1}{\bigstar} + C$

③ $\displaystyle\int \frac{1}{x^2+a^2}\,dx = \frac{1}{a}\tan^{-1}\left(\frac{x}{a}\right) + C$

④ $\displaystyle\int \frac{\bigstar'}{\bigstar^2+a^2}\,dx = \frac{1}{a}\tan^{-1}\left(\frac{\bigstar}{a}\right) + C$

필수 예제 38

정적분 $\int_{2}^{3} \frac{x^3+x}{x-1}dx$을 계산하시오.

풀이 피적분함수가 진분수가 아니라면 직접 나눠서 몫과 나머지를 이용하여 식을 정리하자.

x^3+x를 $x-1$로 직접 나누면 $\frac{x^3+x}{x-1}=x^2+x+2+\frac{2}{x-1}$로 나타낼 수 있다.

$$\int_{2}^{3} \frac{x^3+x}{x-1}dx = \int_{2}^{3} x^2+x+2+\frac{2}{x-1}dx$$

$$= \left[\frac{1}{3}x^3+\frac{1}{2}x^2+2x+2\ln|x-1|\right]_2^3$$

$$= \frac{1}{3}(27-8)+\frac{1}{2}(9-4)+2(3-2)+2(\ln 2-\ln 1)$$

$$= \frac{65}{6}+2\ln 2$$

$$\begin{array}{r|l} & x^2+x+2 \\ \hline x-1 & x^3 \quad + x \\ - & x^3-x^2 \\ \hline & \quad x^2+x \\ - & \quad x^2-x \\ \hline & \qquad 2x \\ - & \qquad 2x-2 \\ \hline & \qquad\quad 2 \end{array}$$

104. 다음 정적분을 계산하시오.

(1) $\int \frac{x^2}{x+4}dx$

(2) $\int \frac{x^3+4}{x^2+4}dx$

(3) $\int_{\frac{1}{2}}^{\frac{5}{2}} \frac{5}{2x+3}dx$

(4) $\int_{0}^{1} \frac{1}{(2x+3)^2}dx$

(5) $\int_{0}^{1} \frac{x}{(2x+3)^2}dx$

(6) $\int_{0}^{3} \frac{2x}{(x+5)^2}dx$

필수 예제 39

정적분 $\int_{2}^{3} \frac{x+5}{x^2+x-2}dx$을 계산하시오.

풀이 $\frac{x+5}{x^2+x-2}$은 진분수이고, 분모가 인수분해 되므로 부분분수로 만들 수 있다.

$$\frac{x+5}{x^2+x-2} = \frac{x+5}{(x+2)(x-1)} = \frac{a}{x+2} + \frac{b}{x-1}$$

여기서 항등식의 원리를 이용하여 a, b를 구하자.

a를 구하기 위해서 양변에 $x+2$를 곱하고, $x=-2$를 대입하면 $a=-1$이다.

b를 구하기 위해서 양변에 $x-1$을 곱하고, $x=1$을 대입하면 $b=2$이다.

$$\int_{2}^{3} \frac{x+5}{x^2+x-2}dx = \int_{2}^{3} \frac{x+5}{(x+2)(x-1)}dx = \int_{2}^{3} \frac{-1}{x+2} + \frac{2}{x-1}dx$$

$$= -[\ln|x+2|]_2^3 + 2[\ln|x-1|]_2^3 = -(\ln5-\ln4) + 2(\ln2-\ln1)$$

$$= -\ln5+2\ln2+2\ln2 = 4\ln2-\ln5 = \ln\frac{16}{5}$$

105. 다음 부정적분 또는 정적분을 계산하시오.

(1) $\int_{3}^{4} \frac{1}{x^2-4}dx$

(2) $\int_{1}^{2} \frac{1}{x^2+x}dx$

(3) $\int_{1}^{4} \frac{x-1}{2x^2+x}dx$

(4) $\int_{0}^{1} \frac{x+7}{x^2+4x+3}dx$

(5) $\int_{0}^{1} \frac{2}{2x^2+3x+1}dx$

(6) $\int_{1}^{2} \frac{4x^2-7x-12}{x(x+2)(x-3)}dx$

필수 예제 40

정적분 $\int_0^1 \frac{x^2+5x+2}{(x+1)(x^2+1)}dx$를 계산하시오.

풀이 $\frac{x^2+5x+2}{(x+1)(x^2+1)}$은 진분수이고, 분모가 인수분해 되므로 부분분수로 만들자.

$\frac{x^2+5x+2}{(x+1)(x^2+1)} = \frac{a}{x+1} + \frac{bx+c}{x^2+1}$

(i) 여기서 항등식의 원리를 이용하여 a를 구하자.

a를 구하기 위해서 양변에 $x+1$를 곱하고, $x=-1$를 대입하면 $a=-1$이다.

(ii) $a=-1$을 대입하고 b, c는 통분을 통해서 구할 수 있다.

$x^2+5x+2 = -(x^2+1)+(bx+c)(x+1)$

$b-1 = x^2$의 계수 $\Leftrightarrow b-1=1 \Rightarrow b=2$

$c-1 =$상수항 $\Leftrightarrow c-1=2 \Rightarrow c=3$

$$\begin{aligned}\int_0^1 \frac{x^2+5x+2}{(x+1)(x^2+1)}dx &= \int_0^1 \frac{-1}{x+1}+\frac{2x+3}{x^2+1}dx \\ &= \int_0^1 \frac{-1}{x+1}+\frac{2x}{x^2+1}+\frac{3}{x^2+1}dx \\ &= \left[-\ln(x+1)+\ln(x^2+1)+3\tan^{-1}x\right]_0^1 \\ &= \left[\ln\left|\frac{x^2+1}{x+1}\right|\right]_0^1 + 3\left[\tan^{-1}x\right]_0^1 = \frac{3\pi}{4}\end{aligned}$$

106. 다음 부정적분 또는 정적분을 계산하시오.

(1) $\int_0^1 \frac{1}{(x+1)(x^2+1)}dx$

(2) $\int_1^2 \frac{x+1}{2x^3+x}dx$

(3) $\int \frac{10}{(x-1)(x^2+9)}dx$

(4) $\int \frac{x^2-x+6}{x^3+3x}dx$

필수 예제 41

정적분 $\int_0^1 \frac{x^2+3x}{(x+1)^2(x+2)}dx$를 계산하시오.

풀이 피적분함수가 진분수이고, 분모가 인수분해 되므로 부분분수로 만들 수 있다.

$\frac{x^2+3x}{(x+1)^2(x+2)} = \frac{a}{x+2} + \frac{bx+c}{(x+1)^2}$ 만들 수 있지만, 적분할 때 불편함이 있다.

적분을 더 편하고 빠르게 하기 위해서 식을 조작하자.

$$\frac{x^2+3x}{(x+1)^2(x+2)} = \frac{a}{x+2} + \frac{bx+c}{(x+1)^2} = \frac{a}{x+2} + \frac{b(x+1-1)+c}{(x+1)^2}$$

$$= \frac{a}{x+2} + \frac{b(x+1)}{(x+1)^2} + \frac{-b+c}{(x+1)^2} = \frac{a}{x+2} + \frac{b}{x+1} + \frac{c'}{(x+1)^2}$$

(i) 여기서 a, c를 구하는 것은 항등식의 원리로 구할 수 있다.

a를 구하기 위해서 양변에 $x+2$를 곱하고, $x=-2$를 대입하면 $a=-2$이다.

c'를 구하기 위해서 양변에 $(x+1)^2$를 곱하고, $x=-1$를 대입하면 $c'=-2$이다.

(ii) b는 통분을 통해서 구하자.

$a(x+1)^2+b(x+2)(x+1)+c(x+2)=x^2+3x$를 만족하는 b를 구하자.

$a+b=x^2$의 계수이고, $a=-2$이므로 $b=3$이다.

$$\int_0^1 \frac{x^2+3x}{(x+1)^2(x+2)}dx = \int_0^1 \frac{-2}{x+2} + \frac{3}{x+1} + \frac{-2}{(x+1)^2}dx$$

$$= -2[\ln(x+2)]_0^1 + 3[\ln(x+1)]_0^1 + \left[\frac{2}{x+1}\right]_0^1$$

$$= -2(\ln3-\ln2)+3\ln2+1-2 = -2\ln3+5\ln2-1$$

107. 다음을 계산하시오.

(1) $\int_2^3 \frac{4x}{x^3-x^2-x+1}dx$

(2) $\int \frac{x^2+1}{(x-3)(x-2)^2}dx$

(3) $\int \frac{4x}{x^3+x^2+x+1}dx$

(4) $\int_3^4 \frac{2x^2+4}{x^3-2x^2}dx$

필수 예제 42

정적분 $\int_0^1 \frac{x+3}{x^2+4x+5}dx$를 계산하시오.

풀이 피적분 함수가 진분수이지만 분모가 인수분해가 되지 않으므로 식의 조작을 통해서 적분을 할 수 있도록 하자.

1) 분모를 미분한 식이 분자에 있을 수 있을까?

2) 분모를 완전제곱식으로 만들어서 삼각치환 적분을 이용할 수 있을까?

여기서 이용할 적분 공식은 $\int \frac{1}{x^2+a^2}dx = \frac{1}{a}\tan^{-1}\frac{x}{a}$ 이다.

피적분 함수를 다음과 같이 정리할 수 있다.

$$\frac{x+3}{x^2+4x+5} = \frac{1}{2}\cdot\frac{2x+4}{x^2+4x+5} + \frac{1}{(x+2)^2+1}$$

선형성의 성질을 이용하여 적분을 하자.

$$\begin{aligned}\int_0^1 \frac{x+3}{x^2+4x+5}dx &= \frac{1}{2}\int_0^1 \frac{2x+4}{x^2+4x+5}dx + \int_0^1 \frac{1}{(x+2)^2+1}dx \\ &= \frac{1}{2}\left[\ln(x^2+4x+5)\right]_0^1 + \left[\tan^{-1}(x+2)\right]_0^1 \\ &= \frac{1}{2}(\ln10-\ln5)+\tan^{-1}3-\tan^{-1}2 \\ &= \frac{1}{2}\ln2+\tan^{-1}\left(\frac{1}{7}\right)\end{aligned}$$

TIP $\tan^{-1}3-\tan^{-1}2=\alpha-\beta$ 라고 하면

$\tan^{-1}3=\alpha$, $\tan^{-1}2=\beta$, $\tan\alpha=3$, $\tan\beta=2$이다.

$\tan(\alpha-\beta)=\frac{3-2}{1+3\cdot2}=\frac{1}{7} \Rightarrow \alpha-\beta=\tan^{-1}\left(\frac{1}{7}\right)$

108. 다음 정적분을 계산하시오.

(1) $\int_{-2}^1 \frac{1}{x^2+4x+13}dx$

(2) $\int_0^2 \frac{x+2}{x^2+2x+4}dx$

(3) $\int \frac{x+4}{x^2+2x+5}dx$

(4) $\int \frac{1}{x^3-1}dx$

필수 예제 43

다음을 계산하시오.

(1) $\int_0^1 \frac{2}{e^x+2}dx$ (2) $\int_9^{64} \frac{\sqrt{1+\sqrt{x}}}{x}dx$

풀이 (1) 분모에 e^x이 포함되어 있는 경우, $e^x=t$로 치환하여 유리함수 적분을 한다.

$_0^1 > e^x = t <_1^e$, $x=\ln t$, $dx=\frac{1}{t}dt$ 로 치환하면

$$\int_0^1 \frac{2}{e^x+2}dx = \int_1^e \frac{2}{t(t+2)}dt = \int_1^e \frac{1}{t}+\frac{-1}{t+2}dt$$

$$= [\ln|t|-\ln|t+2|]_1^e = \ln e-(\ln(e+2)-\ln 3)$$

$$= \ln e-\ln(e+2)+\ln 3 = \ln\left(\frac{3e}{e+2}\right)$$

(2) $\sqrt{1+\sqrt{x}}=t$로 치환하면 $9 \le x \le 64$인 구간이 $2 \le t \le 3$이 되고

$1+\sqrt{x}=t^2 \Rightarrow \sqrt{x}=t^2-1 \Rightarrow x=(t^2-1)^2 \Rightarrow dx=2(t^2-1)\cdot 2t$이 성립한다.

$$\int_9^{64} \frac{\sqrt{1+\sqrt{x}}}{x}dx = \int_2^3 \frac{t}{(t^2-1)^2}\cdot 4t(t^2-1)dt$$

$$= 4\int_2^3 \frac{t^2}{t^2-1}dt = 4\int_2^3 1+\frac{1}{(t-1)(t+1)}dt$$

$$= 4\int_2^3 1+\frac{\frac{1}{2}}{t-1}-\frac{\frac{1}{2}}{t+1}dt$$

$$= 4\left[t+\frac{1}{2}\ln\left(\frac{t-1}{t+1}\right)\right]_2^3 = 4\left[1+\frac{1}{2}\ln\frac{3}{2}\right]$$

109. 다음 부정적분 또는 정적분을 계산하시오.

(1) $\int \frac{e^{3x}}{1+e^{2x}}dx$ (2) $\int \frac{e^{2x}}{e^{2x}+3e^x+2}dx$

(3) $\int \frac{\sqrt{x+1}}{x}dx$ (4) $\int \frac{1}{x^2+x\sqrt{x}}dx$

5 부분적분

부분적분은 피적분함수가 둘 이상의 함수의 곱의 형태로 주어졌을 때 이용하는 적분법이다.

즉, $\int f(x)\, g(x)\, dx$의 꼴일 때, 치환적분이 아닌 경우에 적용한다. 이 적분법은 곱미분의 역연산을 구하는 과정을 이용하여 공식을 정리하였다.

(1) 곱미분에 대응되는 적분

만약 f와 g가 미분가능한 함수이면, $\frac{d}{dx}[f(x)\, g(x)] = f'(x)\, g(x) + f(x)\, g'(x)$ 이다.

이 식을 부정적분으로 나타내면 $\int f'(x)\, g(x) + f(x)\, g'(x)\, dx = f(x)\, g(x)$

또는 $\int f'(x)\, g(x)\, dx + \int f(x)\, g'(x)\, dx = f(x)\, g(x)$이다. 이 식을 다시 쓰면

$$\int f'(x)\, g(x)\, dx = f(x)\, g(x) - \int f(x)\, g'(x)\, dx$$

(2) 부분적분을 사용하는 경우

적분하기 쉬운 함수를 $u' = f'(x)$, 미분하기 쉬운 함수를 $v = g(x)$로 놓으면 쉽게 계산할 수 있다.

u' ⟵⟶ v

e^{ax} | $\sin bx$, $\cos bx$ | x^n | $\ln x$ | 역삼각함수, 역쌍곡선함수

① $\int x^n \ln x\, dx$의 경우 $u' = x^n$, $v = \ln x$

$\int x^p \ln x\, dx = \frac{1}{p+1} x^{p+1} \ln|x| - \frac{1}{(p+1)^2} x^{p+1}$ (단, $p \neq -1$)

$\int \ln x\, dx = x \ln|x| - x$, $\int x \ln x\, dx = \frac{1}{2} x^2 \ln|x| - \frac{1}{4} x^2$

$\int x^2 \ln x\, dx = \frac{1}{3} x^3 \ln|x| - \frac{1}{9} x^3$, $\int x^3 \ln x\, dx = \frac{1}{4} x^4 \ln|x| - \frac{1}{16} x^4$

② $\int x^n (\sin^{-1}x, \cos^{-1}x, \tan^{-1}x, \cdots)\, dx$의 경우 $u' = x^n$, $v =$ 역삼각함수, 역쌍곡선함수

③ $\int x^n (\sin bx, \cos bx)\, dx$의 경우 $u' =$ 삼각함수, $v = x^n$

④ $\int x^n e^{ax}\, dx$의 경우 $u' = e^{ax}$, $v = x^n$

⑤ $\int e^{ax} (\sin bx, \cos bx)\, dx$의 경우 $u' = e^{ax}$, $v =$ 삼각함수

⑥ $\int x \bigstar^n \cdot \bigstar'\, dx$의 경우 $u' = \bigstar^n \cdot \bigstar'$, $v = x$

필수 예제 44

부정적분 $\int x^n \ln x \, dx$를 계산하시오.

풀이 (i) $n=-1$이면 치환적분 또는 덩어리적분법을 통해서 적분한다.

$\int \frac{\ln x}{x} dx = \frac{1}{2}(\ln x)^2 + C$로 적분가능하다.

(ii) $n \neq -1$이면 x^n은 적분하고, $\ln x$는 미분을 하는 부분적분을 한다.

$$\int x^n \ln x \, dx = \frac{1}{n+1} x^{n+1} \ln x - \frac{1}{n+1} \int x^{n+1} \cdot \frac{1}{x} dx \quad \begin{pmatrix} u' = x^n & v = \ln x \\ u = \frac{1}{n+1} x^{n+1} & v' = \frac{1}{x} \end{pmatrix}$$

$$= \frac{1}{n+1} x^{n+1} \ln x - \left(\frac{1}{n+1}\right)^2 x^{n+1} + C$$

110. 다음 부정적분 또는 정적분을 계산하시오.

(1) $\int \ln x \, dx$

(2) $\int x \ln x \, dx$

(3) $\int x^2 \ln x \, dx$

(4) $\int \frac{\ln x}{x^2} dx$

(5) $\int_1^4 \sqrt{x} \ln x \, dx$

(6) $\int_1^4 \frac{\ln x}{\sqrt{x}} dx$

(7) $\int \frac{(\ln x)^2}{x} dx$

(8) $\int_1^e (\ln x)^2 dx$

필수 예제 45

다음 정적분 $\int_0^1 \sin^{-1}x\,dx$를 계산하시오.

풀이 피적분함수 $\sin^{-1}x = 1 \times \sin^{-1}x$에서 1은 적분을 하고, $\sin^{-1}x$는 미분을 하자.

$$\begin{aligned}\int_0^1 \sin^{-1}x\,dx &= x\sin^{-1}x - \int_0^1 \frac{x}{\sqrt{1-x^2}}dx \rightarrow \text{치환적분(덩어리적분)}\\ &= x\sin^{-1}x - 2\left(-\frac{1}{2}\right)(1-x^2)^{\frac{1}{2}}\\ &= [x\sin^{-1}x]_0^1 + \left[(1-x^2)^{\frac{1}{2}}\right]_0^1\\ &= \sin^{-1}1 + (0-1) = \frac{\pi}{2} - 1\end{aligned}$$

111. 다음 정적분을 계산하시오.

(1) $\int_{-\frac{\sqrt{3}}{2}}^{\frac{\sqrt{3}}{2}} \cos^{-1}x\,dx$

(2) $\int_0^1 4\tan^{-1}x\,dx$

(3) $\int_0^1 2x\tan^{-1}x\,dx$

(4) $\int_0^{1/2} \tan^{-1}(2x)\,dx$

(5) $\int_0^1 \sinh^{-1}x\,dx$

(6) $\int_0^1 x\sinh^{-1}x\,dx$

필수 예제 46

다음 정적분 $\int_0^{\frac{\pi}{2}} x\cos x\,dx$을 계산하시오.

풀이 두 가지 풀이법으로 풀어보자.

M1) 기본의 부분적분을 하는 것과 동일하다.

$$\int_0^{\frac{\pi}{2}} x\cos x\,dx = x\sin x - \int \sin x\,dx \quad \begin{pmatrix} u' = \cos x & v = x \\ u = \sin x & v' = 1 \end{pmatrix}$$

$$= [x\sin x + \cos x]_0^{\frac{\pi}{2}} = \frac{\pi}{2} - 1$$

M2) 미분할 함수와 적분할 함수로 각자 역할을 나눠서 적분을 하자.

$$\int_0^{\frac{\pi}{2}} x\cos x\,dx = [x\sin x + \cos x]_0^{\frac{\pi}{2}} = \frac{\pi}{2} - 1$$

미분	적분
x	$\cos x$
1	$\sin x$
0	$-\cos x$

112. 다음 정적분을 계산하시오.

(1) $\int_0^{\pi} (x+1)\sin 3x\,dx$

(2) $\int_0^{\frac{\pi}{2}} 4x^2 \sin 2x\,dx$

(3) $\int_0^1 xe^{2x}\,dx$

(4) $\int_0^1 (2x-1)e^x\,dx$

(5) $\int_0^1 x^2 e^{2x}\,dx$

(6) $\int_0^1 x\cosh x\,dx$

(7) $\int_0^{\pi} x|\cos x|\,dx$

필수 예제 47

다음 부정적분을 계산하시오.

(1) $\int e^{ax}\sin bx\,dx$ (2) $\int e^{ax}\cos bx\,dx$

풀이 부분적분을 이용할 때, 지수함수는 미분을 하고 삼각함수는 적분을 하자.

(1) $I=\int e^{ax}\sin bx\,dx = -\frac{1}{b}e^{ax}\cos bx+\frac{a}{b}\int e^{ax}\cos bx\,dx \quad \begin{pmatrix} u'=\sin bx & v=e^{ax} \\ u=-\frac{1}{b}\cos bx & v'=ae^{ax}\end{pmatrix}$

$$= -\frac{1}{b}e^{ax}\cos bx+\frac{a}{b}\left(\frac{1}{b}e^{ax}\sin bx-\frac{a}{b}\int e^{ax}\sin bx\,dx\right)$$

$$= -\frac{1}{b}e^{ax}\cos bx+\frac{a}{b^2}e^{ax}\sin bx-\frac{a^2}{b^2}I$$

$$I\left(1+\frac{a^2}{b^2}\right)=I\left(\frac{a^2+b^2}{b^2}\right)=\frac{e^{ax}}{b^2}(-b\cos bx+a\sin bx)$$

$$\therefore\ I=\int e^{ax}\sin bx\,dx=\frac{e^{ax}(a\sin bx-b\cos bx)}{a^2+b^2}$$

(2) $W=\int e^{ax}\cos bx\,dx = \frac{1}{b}e^{ax}\sin bx-\frac{a}{b}\int e^{ax}\sin bx\,dx \quad \begin{pmatrix} u'=\cos bx & v=e^{ax} \\ u=\frac{1}{b}\sin bx & v'=ae^{ax}\end{pmatrix}$

$$= \frac{1}{b}e^{ax}\sin bx-\frac{a}{b}\left(-\frac{1}{b}e^{ax}\cos bx+\frac{a}{b}\int e^{ax}\cos bx\,dx\right)$$

$$= \frac{1}{b}e^{ax}\sin bx+\frac{a}{b^2}e^{ax}\cos bx-\frac{a^2}{b^2}W$$

$$W\left(1+\frac{a^2}{b^2}\right)=W\left(\frac{a^2+b^2}{b^2}\right)=\frac{e^{ax}}{b^2}(b\sin bx+a\cos bx)$$

$$\therefore\ W=\int e^{ax}\cos bx\,dx=\frac{e^{ax}(a\cos bx+b\sin bx)}{a^2+b^2}$$

113. 다음 부정적분 또는 정적분을 계산하시오.

(1) $\int_0^{\frac{\pi}{2}} e^{2x}\sin x\,dx$ (2) $\int_0^{\frac{\pi}{2}} e^{x}\cos x\,dx$

(3) $\int_0^{1} e^{2x}\sinh 3x\,dx$ (4) $\int_0^{1} e^{x}\cosh 2x\,dx$

필수 예제 48

구간 $[0,3]$에서 $f(x)$, $f'(x)$가 연속이고, $f(3)=-2$, $\int_0^3 \{f(x)\}^2 dx = 5$일 때, $\int_0^3 x f(x) f'(x)\,dx$의 값을 구하여라.

풀이 부분적분을 이용하여 구하자.

$$\int_0^3 x f(x) f'(x)\,dx = \frac{1}{2}\left[x\{f(x)\}^2\right]_0^3 - \frac{1}{2}\int_0^3 \{f(x)\}^2\,dx \quad \begin{pmatrix} u' = f(x)f'(x) & v = x \\ u = \frac{1}{2}\{f(x)\}^2 & v' = 1 \end{pmatrix}$$

$$= \frac{1}{2}\left[3\{f(3)\}^2\right] - \frac{5}{2} = 6 - \frac{5}{2} = \frac{7}{2}$$

114. 다음 부정적분 또는 정적분을 계산하시오.

(1) $\int_0^{\frac{\pi}{2}} x \sin x \cos^2 x\,dx$

(2) $\int_0^{\frac{\pi}{2}} x \cos^2 2x\,dx$

(3) $\int x \tan^2 x\,dx$

(4) $\int_{\sqrt{\frac{\pi}{2}}}^{\sqrt{\pi}} x^3 \cos(x^2)\,dx$

115. 구간 $[a,b]$에서 세 번 미분가능한 함수 f에 대하여 f'''가 구간 $[a,b]$에서 연속이라고 하자.

$f(a)=f'(a)=f''(a)=2$, $f(b)=f'(b)=f''(b)=3$라 할 때, $\int_a^b f(x)f'''(x)\,dx$의 값을 구하여라.

6 삼각함수 적분

(1) $\int \sin^n x\, dx$, $\int \cos^n x\, dx$의 형태

① n이 짝수일 때, 반각공식 $\begin{cases} \sin^2 x = \dfrac{1-\cos 2x}{2} \\ \cos^2 x = \dfrac{1+\cos 2x}{2} \end{cases}$ 활용

② n이 홀수일 때, $\cos^2 x + \sin^2 x = 1$ 활용

③ 짝수와 홀수의 구분 없이 부분적분으로 구할 수 있다.

(2) $\int \sin^m x \cos^n x\, dx$의 형태

① m, n이 모두 짝수일 때, 반각공식 $\begin{cases} \sin^2 x = \dfrac{1-\cos 2x}{2} \\ \cos^2 x = \dfrac{1+\cos 2x}{2} \end{cases}$ 활용

② m,n이 모두 짝수가 아닐 때, $\cos^2 x + \sin^2 x = 1$ 활용

(3) $\int \tan^n x\, dx$ 의 형태는 $1+\tan^2 x = \sec^2 x$ 를 활용하여 적분한다.

필수 예제 49

다음 적분을 구하시오.

(1) $\int \tan^4 x\, dx$

(2) $\int \sec^3 x\, dx$

풀이 (1) $1+\tan^2 x = \sec^2 x$를 활용하여 피적분함수를 정리하자.

$$\int \tan^4 x\, dx = \int (\sec^2 x - 1)\tan^2 x\, dx = \int \sec^2 x \tan^2 x - \tan^2 x\, dx$$

$$= \int \sec^2 x \tan^2 x - \sec^2 x + 1\, dx = \frac{1}{3}\tan^3 x - \tan x + x + C$$

(2) 적분 가능한 함수 $\sec^2 x$와 미분가능한 함수 $\sec x$에 대하여 부분적분을 이용하면

$$I = \int \sec^3 x\, dx = \int \sec^2 x \sec x\, dx \begin{pmatrix} u' = \sec^2 x, & v = \sec x \\ u = \tan x, & v' = \sec x \tan x \end{pmatrix}$$

$$= \sec x \tan x - \int \sec x \tan^2 x\, dx = \sec x \tan x - \int \sec x (\sec^2 x - 1)\, dx \quad (\because \tan^2 x = \sec^2 x - 1)$$

$$= \sec x \tan x - \int \sec^3 x\, dx + \int \sec x\, dx$$

$$I = \sec x \tan x - I + \int \sec x\, dx \Rightarrow 2I = \sec x \tan x + \int \sec x\, dx$$

$$\therefore \int \sec^3 x\, dx = \frac{1}{2}\{\sec x \tan x + \ln|\sec x + \tan x|\} + C$$

116. 다음 부정적분 또는 정적분을 계산하시오.

(1) $\int_0^{\frac{\pi}{2}} \sin^3 x\, dx$

(2) $\int \sin^2 x \cos^2 x\, dx$

(3) $\int \sin^3 x \cos^6 x\, dx$

(4) $\int \sin^4 x \cos^5 x\, dx$

117. 다음을 구하시오.

(1) $\int \tan x\, dx$

(2) $\int \sec x\, dx$

(3) $\int \sec^2 x\, dx$

(4) $\int \tan^2 x\, dx$

(5) $\int \tan^3 x\, dx$

(6) $\int \tan x \sec^4 x\, dx$

(7) $\int \csc x\, dx$

(8) $\int \csc^2 x\, dx$

(9) $\int \cot^3 x\, dx$

(10) $\int \csc^3 x\, dx$

(4) 왈리스(Wallis) 공식

① $$\int_0^{\frac{\pi}{2}} \sin^n x\,dx = \int_0^{\frac{\pi}{2}} \cos^n x\,dx = \begin{cases} n : \text{짝수일 때} \Rightarrow \dfrac{n-1}{n}\dfrac{n-3}{n-2}\cdots\dfrac{1}{2}\dfrac{\pi}{2} \\ n : \text{홀수일 때} \Rightarrow \dfrac{n-1}{n}\dfrac{n-3}{n-2}\cdots\dfrac{2}{3}\cdot 1 \end{cases}$$

② 적분 구간의 $\dfrac{\pi}{2}\cdot k$까지 확장될 경우

(i) $\boldsymbol{n}$이 짝수일 때

$$\int_0^{\frac{\pi}{2}\cdot k} \sin^n x\,dx = k\int_0^{\frac{\pi}{2}} \sin^n x\,dx \quad (k \in \text{정수})$$

$$\int_0^{\frac{\pi}{2}\cdot k} \cos^n x\,dx = k\int_0^{\frac{\pi}{2}} \cos^n x\,dx \quad (k \in \text{정수})$$

(ii) $\boldsymbol{n}$이 홀수일 때 그래프 개형을 그려서 상쇄되는 영역을 확인한다.

Areum Math Tip

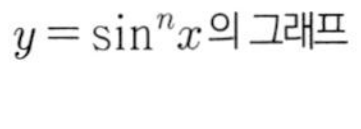

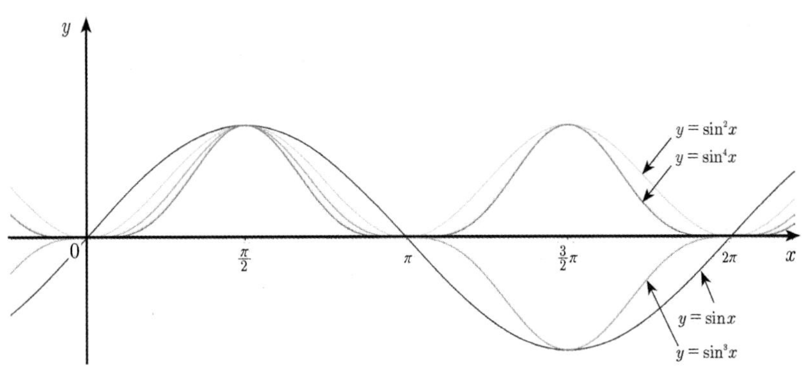

$y = \cos^n x$의 그래프

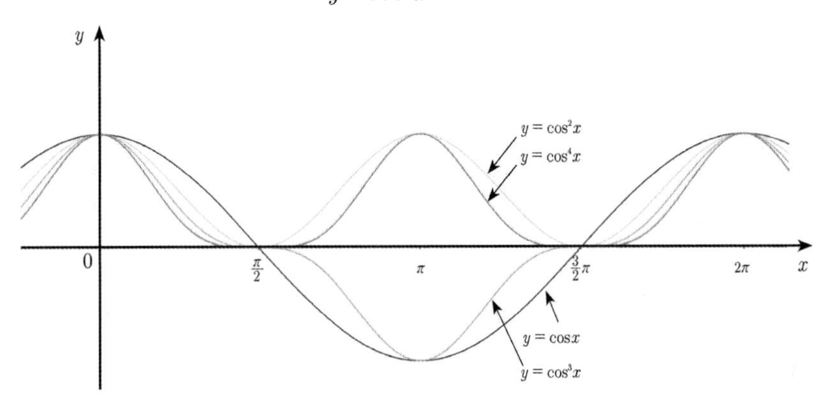

필수 예제 50

다음 정적분 $\int_0^{\frac{\pi}{2}} \sin^n x\,dx = \int_0^{\frac{\pi}{2}} \cos^n x\,dx$ 가 성립함을 보이고, 정적분 값을 구하시오.

풀이 (i) $x = \frac{\pi}{2} - t$로 치환하면 변환공식에 의해서 $\sin x = \sin\left(\frac{\pi}{2} - t\right) = \cos t$이 된다. $dx = -dt$가 되고 적분 구간도 변경해서 적분해보자.

$$\int_0^{\frac{\pi}{2}} \sin^n x\,dx = -\int_{\frac{\pi}{2}}^0 \sin^n\left(\frac{\pi}{2} - t\right)dt = -\int_{\frac{\pi}{2}}^0 \cos^n t\,dt = \int_0^{\frac{\pi}{2}} \cos^n t\,dt$$

따라서 $\int_0^{\frac{\pi}{2}} \sin^n x\,dx = \int_0^{\frac{\pi}{2}} \cos^n x\,dx$ 이 성립한다.

(ii) $\int_0^{\frac{\pi}{2}} \sin^n x\,dx = \int_0^{\frac{\pi}{2}} \sin x \sin^{n-1} x\,dx$에서 $u' = \sin x$, $v = \sin^{n-1} x$로 두고 부분적분을 하면

$$= (n-1)\int_0^{\frac{\pi}{2}} \sin^{n-2} x(1 - \sin^2 x)dx$$

$$= (n-1)\int_0^{\frac{\pi}{2}} \sin^{n-2} x\,dx - (n-1)\int_0^{\frac{\pi}{2}} \sin^n x\,dx$$

우변의 $-(n-1)\int_0^{\frac{\pi}{2}} \sin^n x\,dx$을 좌변으로 이항하면 $n\int_0^{\frac{\pi}{2}} \sin^n x\,dx = (n-1)\int_0^{\frac{\pi}{2}} \sin^{n-2} x\,dx$ 이므로

$$\int_0^{\frac{\pi}{2}} \sin^n x\,dx = \frac{n-1}{n}\int_0^{\frac{\pi}{2}} \sin^{n-2} x\,dx = \frac{n-1}{n}\frac{n-3}{n-2}\int_0^{\frac{\pi}{2}} \sin^{n-4} x\,dx = \frac{n-1}{n}\frac{n-3}{n-2}\frac{n-5}{n-4}\int_0^{\frac{\pi}{2}} \sin^{n-6} x\,dx$$

이처럼 규칙을 갖는다. 따라서 다음과 같은 공식이 성립한다. 이것을 왈리스(Wallis) 공식이라고 한다.

$$\int_0^{\frac{\pi}{2}} \sin^n x\,dx = \int_0^{\frac{\pi}{2}} \cos^n x\,dx = \begin{cases} n : \text{짝수일 때} \Rightarrow \frac{n-1}{n}\frac{n-3}{n-2}\cdots\frac{1}{2}\frac{\pi}{2} \\ n : \text{홀수일 때} \Rightarrow \frac{n-1}{n}\frac{n-3}{n-2}\cdots\frac{2}{3}\cdot 1 \end{cases}$$

118. 다음 적분을 계산하시오.

(1) $\int_0^{\pi} \sin^3 x + \cos^5 x dx$

(2) $\int_0^{2\pi} \cos 2x \cdot cos^2 x\,dx$

(3) $\int_0^{\frac{\pi}{2}} \sin^2 x \cos^2 x dx$

(4) $\int_0^{\frac{\pi}{2}} \cos 2x \sin^6 x dx$

필수 예제 51

정적분 $\int_0^{\frac{\pi}{2}} \frac{\sin x}{\sin x + \cos x} dx$ 의 값은?

풀이 $x = \frac{\pi}{2} - t$로 치환하면 변환공식에 의해서 $\sin x = \sin\left(\frac{\pi}{2} - t\right) = \cos t$, $\cos x = \cos\left(\frac{\pi}{2} - t\right) = \sin t$가 된다.

$dx = -dt$가 되고 적분 구간도 변경해서 적분해보자.

(i) $I = \int_0^{\frac{\pi}{2}} \frac{\sin x}{\sin x + \cos x} dx = -\int_{\frac{\pi}{2}}^{0} \frac{\cos t}{\cos t + \sin t} dt = \int_0^{\frac{\pi}{2}} \frac{\cos t}{\cos t + \sin t} dt$

여기서 정적분의 결과는 숫자이므로 다음 정적분의 값은 모두 같다.

$$\int_0^{\frac{\pi}{2}} \frac{\cos t}{\cos t + \sin t} dt = \int_0^{\frac{\pi}{2}} \frac{\cos U}{\cos U + \sin U} dU = \int_0^{\frac{\pi}{2}} \frac{\cos X}{\cos X + \sin X} dX$$

(ii) 처음 식과 치환된 식을 더하자.

$2I = \int_0^{\frac{\pi}{2}} \frac{\sin x}{\sin x + \cos x} dx + \int_0^{\frac{\pi}{2}} \frac{\cos x}{\cos x + \sin x x} dx$ 는 선형성의 성질을 이용하여

$= \int_0^{\frac{\pi}{2}} \frac{\sin x + \cos x}{\sin x + \cos x} dx = \int_0^{\frac{\pi}{2}} 1 dx = \frac{\pi}{2}$ 이다.

따라서 $I = \int_0^{\frac{\pi}{2}} \frac{\sin x}{\sin x + \cos x} dx = \frac{\pi}{4}$ 이다.

119. 적분 $\int_0^{\frac{\pi}{2}} \frac{\sqrt{\tan^3 x}}{\sqrt{\tan^3 x} + \sqrt{\cot^3 x}} dx$ 의 값은?

120. 정적분 $\int_0^{1004} \frac{\sqrt{1004 - x}}{\sqrt{x} + \sqrt{1004 - x}} dx$ 의 값은?

(5) 분모에 삼각함수가 포함된 형태

① $\int \frac{c}{a+b\cos x}dx$, $\int \frac{c}{a+b\sin x}dx$, $\int \frac{1}{a\sin x+b\cos x}dx$ $-\pi < x < \pi$일 때,

$\tan\frac{x}{2}=t$로 치환하여 $\sin x=\frac{2t}{1+t^2}$, $\cos x=\frac{1-t^2}{1+t^2}$, $dx=\frac{2}{1+t^2}dt$를 대입하여

유리함수 적분을 이용한다.

② $\int \frac{c}{a+b\cos 2x}dx$, $\int \frac{c}{a+b\sin 2x}dx$, $\int \frac{1}{a+b\tan x}dx$ $-\frac{\pi}{2} < x < \frac{\pi}{2}$일 때,

$\tan x=t$로 치환하여 $\sin 2x=\frac{2t}{1+t^2}$, $\cos 2x=\frac{1-t^2}{1+t^2}$, $dx=\frac{1}{1+t^2}dt$를 대입하여

유리함수 적분을 이용한다.

Areum Math Tip

치환 과정을 알고 있으면 암기가 쉬워져요!

$\tan\frac{x}{2}=t$로 치환하면,

(1) $\sin x=\sin\left(\frac{x}{2}+\frac{x}{2}\right)=2\sin\frac{x}{2}\cos\frac{x}{2}=2\frac{t}{\sqrt{1+t^2}}\frac{1}{\sqrt{1+t^2}}=\frac{2t}{1+t^2}$

(2) $\cos x=\cos\left(\frac{x}{2}+\frac{x}{2}\right)=\cos^2\left(\frac{x}{2}\right)-\sin^2\left(\frac{x}{2}\right)=\frac{1}{1+t^2}-\frac{t^2}{1+t^2}=\frac{1-t^2}{1+t^2}$

(3) $\tan\left(\frac{x}{2}\right)=t \Leftrightarrow \tan^{-1}t=\frac{x}{2} \Leftrightarrow 2\tan^{-1}t=x$을 양변 미분 $dx=\frac{2}{1+t^2}dt$

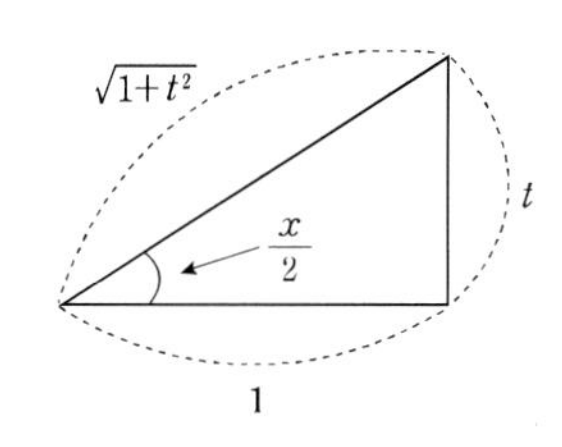

$\tan x=t$로 치환하면,

(1) $\sin 2x=2\sin x\cos x=2\frac{t}{\sqrt{1+t^2}}\frac{1}{\sqrt{1+t^2}}=\frac{2t}{1+t^2}$

(2) $\cos 2x=\cos^2 x-\sin^2 x=\frac{1}{1+t^2}-\frac{t^2}{1+t^2}=\frac{1-t^2}{1+t^2}$

(3) $\tan x=t \Leftrightarrow \tan^{-1}t=x$를 양변 미분 $dx=\frac{1}{1+t^2}dt$

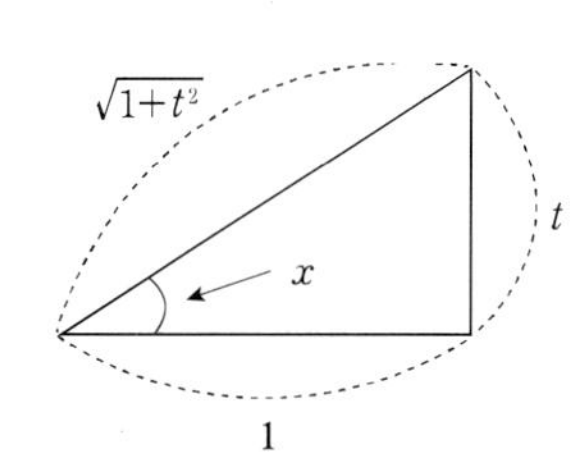

필수 예제 52

정적분 $\int_0^{\frac{\pi}{2}} \frac{5}{4\sin x+3\cos x}dx$의 값은?

풀이 $\tan\frac{x}{2}=t$라 하면, ${}^{\frac{\pi}{2}}_{0} > \tan\frac{x}{2}=t <^{1}_{0}$으로 적분구간을 변경하고, $\sin x=\frac{2t}{1+t^2}$, $\cos x=\frac{1-t^2}{1+t^2}$, $dx=\frac{2}{1+t^2}dt$를 대입하면,

$$\int_0^{\frac{\pi}{2}} \frac{5}{4\sin x+3\cos x}dx = \int_0^1 \frac{5}{4\left(\frac{2t}{1+t^2}\right)+3\left(\frac{1-t^2}{1+t^2}\right)}\frac{2}{1+t^2}dt$$

$$= \int_0^1 \frac{10}{8t+3-3t^2}dt = \int_0^1 \frac{-10}{3t^2-8t-3}dt$$

$$= \int_0^1 \frac{-10}{(3t+1)(t-3)}dt = \int_0^1 \frac{-1}{t-3}+\frac{3}{3t+1}dt$$

$$= -\left[\ln|t-3|\right]_0^1 + \left[\ln|3t+1|\right]_0^1$$

$$= -(\ln2-\ln3)+\ln4-\ln1$$

$$= \ln3-\ln2+2\ln2 = \ln3+\ln2 = \ln6$$

121. 다음 부정적분 또는 정적분을 계산하시오.

(1) $\int \frac{1}{1+\cos x}dx$

(2) $\int_0^{\frac{\pi}{4}} \frac{2}{1+\tan x}dx$

(3) $\int \frac{1}{1-\cos x}dx$

(4) $\int \frac{1}{3\sin x-4\cos x}dx$

(5) $\int_{\frac{\pi}{3}}^{\frac{\pi}{2}} \frac{1}{1+\sin x-\cos x}dx$

(6) $\int_0^{\frac{\pi}{2}} \frac{\sin 2x}{2+\cos x}dx$

7 역함수 적분

(1) 그래프를 이용한 역함수 적분

역함수를 가지는 함수 $f(x)$가 $f(a)=c$, $f(b)=d$를 만족할 때,

다음 식이 성립한다.

$$\int_a^b f(x)dx+\int_{f(a)}^{f(b)} f^{-1}(x)dx = bf(b)-af(a)$$

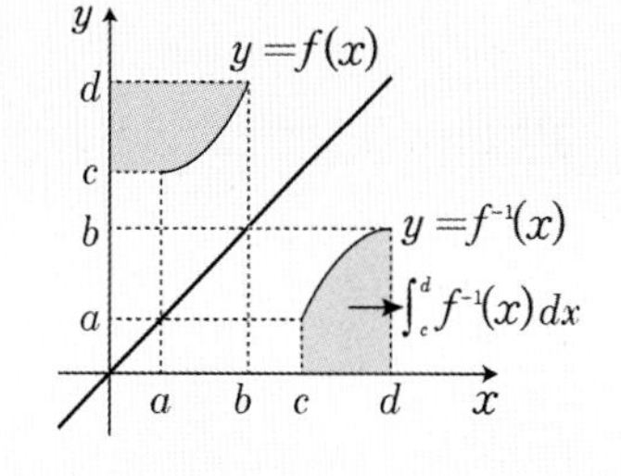

함수의 그래프는 여러 가지 형태가 존재할 수 있으므로

역함수의 정적분은 그래프를 이용하여 원래 함수의 적분으로 해석하여 풀이할 수 있다.

(2) 치환적분을 이용한 역함수 적분

함수 $f(x)$가 $f(a)=c$, $f(b)=d$를 만족할 때, 적분 $\int_{f(a)}^{f(b)} f^{-1}(x)dx$는 $f^{-1}(x)=t$로 치환한다.

$f^{-1}(x)=t \Leftrightarrow f(t)=x$이고, $f'(t)dt=dx$이고, x의 범위가 $f(a)\le x=f(t)\le f(b)$이므로

만족하는 t의 범위는 $a\le t\le b$이다.

$\int_{f(a)}^{f(b)} f^{-1}(x)dx = \int_a^b tf'(t)dt = tf(t)]_a^b - \int_a^b f(t)dt$ (∵부분적분)

따라서 $\int_a^b f(x)dx+\int_{f(a)}^{f(b)} f^{-1}(x)dx = bf(b)-af(a)$ 이 성립한다.

---

122. 함수 $f(x)=x^3+2x+1$의 역함수를 $g(x)$라 할 때, $\int_0^1 f(x)dx+\int_1^4 g(x)dx$는?

123. 함수 $f(x)=x^3+x+2$ 의 역함수를 $g(x)$라 할 때, $\int_0^{12} g(x)\,dx$ 의 값?

적분에 대한 정리

미분의 경우는 무슨 미분을 해야 할지가 명확하게 보이는 반면에 적분은 그렇지 않기 때문에 상대적으로 어렵게 느낄 수 있다. 지금까지 개별적인 적분법을 통해서 배웠던 것을 통합적으로 생각할 수 있어야 한다. 효율적인 적분을 위해서 다음을 생각해보자.

1. 기본적인 적분 공식 암기
2. 가능한 피적분함수를 간단히 하자.
3. 기본적으로 적분은 치환적분과 부분적분 두 종류밖에 없다!!
4. 명확한 치환대상을 찾는다.
5. 함수의 유형에 따른 적분법을 분류한다. (ex. 삼각함수, 유리함수, 무리함수, 곱의 구조)
6. 여러 가지 적분법을 적용할 수 있다.

---

124. 다음 적분을 계산하시오.

(1) $\int \frac{\tan^3 x}{\cos^3 x} dx$

(2) $\int e^{\sqrt{x}} dx$

(3) $\int_{\frac{1}{2}}^{1} \sqrt{\frac{1}{x} - 1}\, dx$

(4) $\int \sqrt{\frac{1-x}{1+x}}\, dx$

미루지 말고 꾸준히 누적해서 하자

인강으로 1~2월 기초수학, 3~5월 미적분, 6~7월 선형대수학, 8~9월 다변수미적분, 10~11월에 공학수학, 11~1월에는 기출 문제 및 final 강의 위주로 공부했습니다. 많은 강의가 이 커리큘럼에 맞춰 나오므로 공부할 양을 미루지 말고 바로 해결하는 것이 좋습니다. 초반에는 하루 공부의 30% 정도를 수학에 할애하였고 점점 공부시간을 늘려 6월에는 50% 정도, 후반에는 절반 이상을 수학에 집중했습니다. 10~11월에 공학수학 강의까지 들으니 이전에 배웠던 미적분, 선형대수의 개념을 잊어버려 매우 애를 먹었습니다. 유의하면 좋겠습니다. 무엇보다 새로운 과목을 공부하더라도 틈틈이 이전 과목을 복습할 것을 당부합니다.

위기를 기회로 바꾸자

편입은 자신과의 싸움입니다. 그만큼 마음가짐이 중요합니다. 저는 모의고사를 볼 때마다 원하는 만큼의 성적이 나오지 않아서 자책을 많이 했습니다. 그러나 점수는 최대한 빨리 잊어버리고 다음에 어떻게 실력을 향상시킬지 고민하는 것이 좋습니다. 토요일마다 밤 10시부터는 하고 싶은 만큼 컴퓨터를 하고, 두 달에 한 번 정도는 노래방에 가서 스트레스를 풀었습니다. 가장 힘들었던 시기는 6월입니다. 모의고사 성적이 가장 낮게 나와 제 자신에게 너무 실망했던 적이 있습니다. 선생님께 말씀드렸더니 오히려 지금 떨어진 것이 다행이라고 말씀해주셨고, 그 말씀 덕분에 위기를 기회로 바꿀 수 있었습니다.

편입은 쉽지 않은 길이지만 가능성이 누구에게나 열려 있습니다. 꿈꿀 수 있는 것은 무엇이든 이룰 수 있다는 말이 있습니다. 반드시 편입에 성공한다는 간절한 믿음을 가지고 공부하시길 바랍니다.

- 김윤아 (한양대학교 수학과)

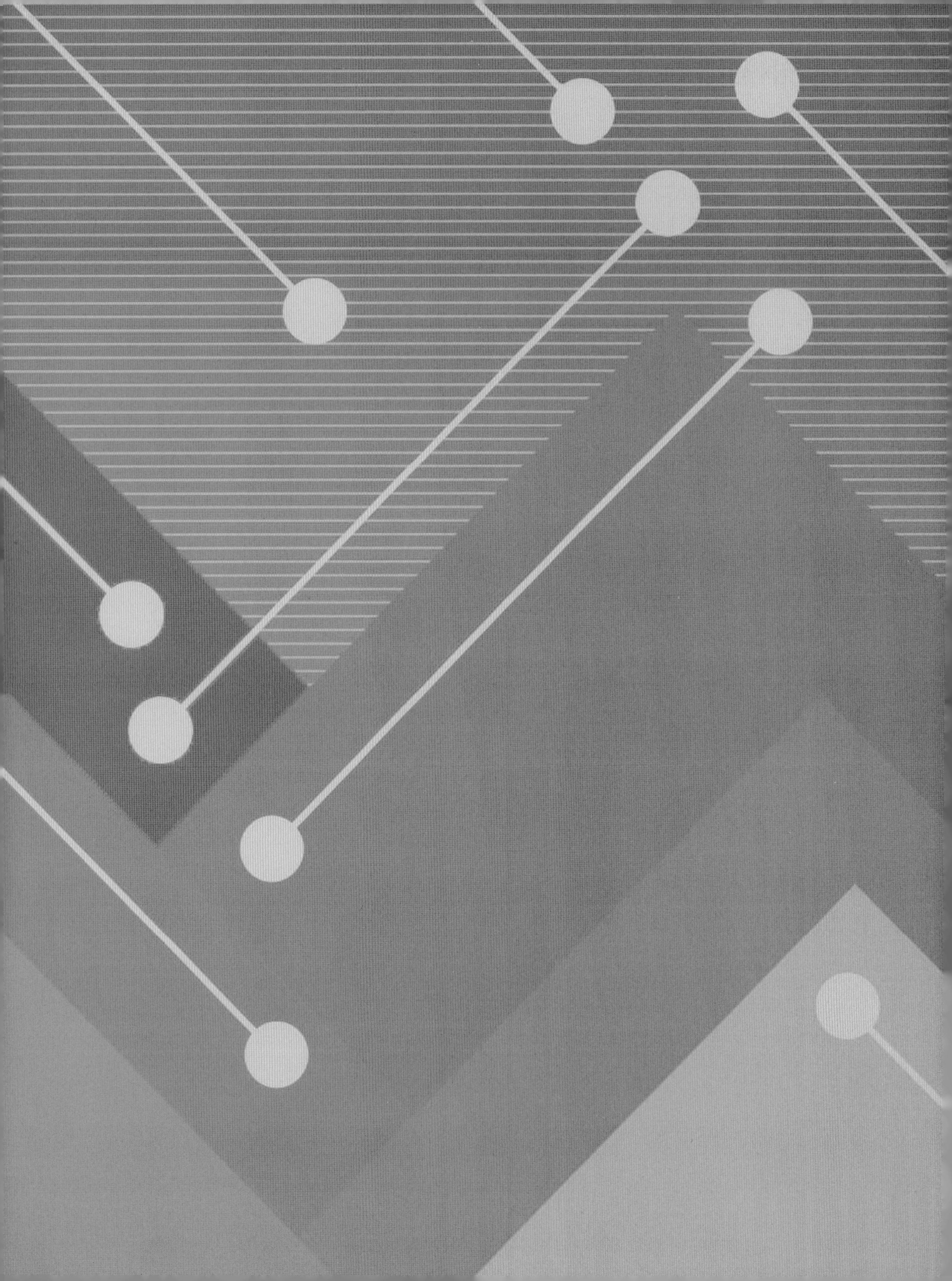

CHAPTER 03

미분 응용

1. 미분의 기하학적 의미 & 응용
2. 미적분의 평균값 정리
3. 테일러 급수 & 매클로린 급수
4. 로피탈 정리
5. 상대적 비율
6. 함수의 극대 & 극소, 최대 & 최소
7. 최적화 문제

03 미분 응용

1 미분의 기하학적 의미 & 응용

1 접선 & 법선의 방정식

(1) 미분가능한 함수 $y=f(x)$ 위의 한 점 $(a,f(a))$에서 접선의 방정식은 $y=f'(a)(x-a)+f(a)$이다.

접선이 x축의 양의 방향과 이루는 각을 θ라 하면 접선의 기울기 $f'(a)$는 $\tan\theta$와 같은 값을 갖는다.

즉, $f'(a)=\tan\theta$이다.

(2) 수직한 두 직선의 기울기의 곱은 -1이다.

미분가능한 함수 $y=f(x)$ 위의 한 점 $(a, f(a))$에서 접선의 기울기가 $f'(a)$이고 이와 수직한 직선을 법선이라고 한다.

법선의 기울기는 $-\dfrac{1}{f'(a)}$이다. 따라서 법선의 방정식은 $y=-\dfrac{1}{f'(a)}(x-a)+f(a)$이다.

2 두 곡선이 교점

두 곡선 $y=f(x)$, $y=g(x)$가 만나는 점을 교점이라고 한다. 예를 들어 $x=a$에서 두 곡선이 만난다면

$(a, f(a))$와 $(a, g(a))$는 동일한 점이 되기 때문에 $f(a)=g(a)$가 성립한다.

즉, 두 그래프의 교점의 x좌표를 구하는 것은 $f(x)=g(x)$를 만족하는 방정식의 해를 구하는 것과 같다.

3 두 곡선이 접한다

두 곡선 $y=f(x)$, $y=g(x)$가 점 $(a,\ b)$에서 접한다는 것은 한 점에서

공통접선을 갖는다고 한다. 또는 두 곡선이 스친다고 생각할 수 있다.

즉, (a,b)에서 함숫값이 같고, 접선의 기울기(미분계수)가 같다는 것이다.

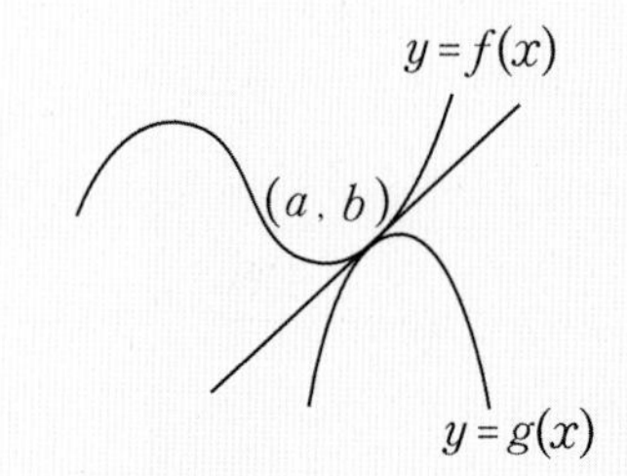

(1) 함숫값이 같다. 즉 $f(a)=g(a)=b$

(2) 접선의 기울기가 같다. 즉, $f'(a)=g'(a)$

4 조각적 연속함수의 미분가능성

모든 실수에서 연속이고 미분가능한 함수 $g(x), h(x)$에 대하여 조각적 연속함수 $f(x)=\begin{cases} g(x) & (x<a) \\ h(x) & (x\geq a) \end{cases}$가

모든 실수에서 연속이고 미분가능하기 위한 조건은 $x=a$에서 연속이고 미분가능하면 된다.

(1) 연속의 조건은 $\lim\limits_{x\to a}f(x)=f(a)$이므로 $g(a)=h(a)$이다.

(2) 미분계수가 존재한다는 것은 좌미분계수와 우미분계수가 같아야 한다.

즉, $\lim\limits_{h\to 0^-}\dfrac{f(a+h)-f(a)}{h}=\lim\limits_{h\to 0^+}\dfrac{f(a+h)-f(a)}{h} \Leftrightarrow g'(a)=h'(a)$

⇒ 조각적 연속함수가 $x=a$에서 미분가능하기 위한 조건은 두 함수 $g(x), h(x)$가 $x=a$에서 접하는 조건과 같다.

필수 예제 53

다음 보기 중 $0 \le x \le \frac{\pi}{2}$에서 항상 성립하는 절대부등식을 고르면?

〈보기〉

(a) $\frac{2}{\pi}x \le sinx \le \frac{\sqrt{2}}{2}\left(x-\frac{\pi}{4}+1\right)$ (b) $1-\frac{2}{\pi}x \le cosx \le \frac{\pi}{2}-x$ (c) $x\cos x \le sinx$

풀이 (a) $f(x)=\sin x$에 대하여 $x=\frac{\pi}{4}$에서 접선의 방정식은 $y=\frac{\sqrt{2}}{2}\left(x-\frac{\pi}{4}\right)+\frac{\sqrt{2}}{2}$이다.

$0 \le x \le \frac{\pi}{2}$에서 $y=\sin x$그래프는 위로 볼록하므로 접선이 그래프 위에 존재한다. 두 점 $(0,0)$과 $\left(\frac{\pi}{2},1\right)$을 지나는 직선의 방정식은 $y=\frac{2}{\pi}x$이다. 따라서 $0 \le x \le \frac{\pi}{2}$에서 $\frac{2}{\pi}x \le sinx \le \frac{\sqrt{2}}{2}\left(x-\frac{\pi}{4}+1\right)$은 항상 성립한다.

(b) $f(x)=\cos x$에 대하여 $x=\frac{\pi}{2}$에서 접선의 방정식은 $y=-\left(x-\frac{\pi}{2}\right)=\frac{\pi}{2}-x$이다.

$0 \le x \le \frac{\pi}{2}$에서 $y=\cos x$그래프는 위로 볼록하므로 접선이 그래프 위에 존재한다. 두 점 $(0,1)$과 $\left(\frac{\pi}{2},0\right)$을 지나는 직선의 방정식은 $y=1-\frac{2}{\pi}x$이다. 따라서 $0 \le x \le \frac{\pi}{2}$에서 $1-\frac{2}{\pi}x \le cosx \le \frac{\pi}{2}-x$는 항상 성립한다.

(c) $f(x)=\tan x$에 대하여 $x=0$에서 접선의 방정식은 $y=x$이다.

$0 \le x \le \frac{\pi}{2}$에서 $y=\tan x$ 그래프는 아래로 볼록하므로 접선이 그래프 아래에 존재한다.

$0 \le x \le \frac{\pi}{2}$에서 $x \le tanx$이 성립한다. 양변을 $\cos x \ge 0$로 나누면 $x\cos x \le sinx$임을 확인할 수 있다.

125. 곡선 C가 식 $x^2-y^2=2x+xy+y+2$로 정의될 때, C 위의 점 $P(2,\ -1)$에서의 접선이 직선 $y=-2x$와 만나는 점의 y좌표는?

126. 원점을 지나며 곡선 $y=e^{2x}$에 접하는 직선의 방정식을 구하여라.

필수 예제 54

다음 함수 중에서 $x=0$에서 미분가능하지 않는 것은?

① $f(x)=|x|\sin x$ ② $f(x)=|x|\cos x$ ③ $f(x)=x|x|$ ④ $f(x)=|x|^3$

풀이 ① $f(x)=|x|\sin x=\begin{cases} x\sin x \ (x\ge 0) \\ -x\sin x \ (x<0) \end{cases}$일 때, $\begin{cases} g(x)=x\sin x \\ h(x)=-x\sin x \end{cases}$라고 하자.

$\begin{cases} g'(x)=\sin x+x\cos x \\ h'(x)=-\sin x-x\cos x \end{cases}$이고, $g(0)=h(0)$, $g'(0)=h'(0)$이 성립하므로 $x=0$에서 $f(x)$는 미분가능하다.

② $f(x)=|x|\cos x=\begin{cases} x\cos x \ (x\ge 0) \\ -x\cos x \ (x<0) \end{cases}$일 때, $\begin{cases} g(x)=x\cos x \\ h(x)=-x\cos x \end{cases}$라고 하자.

$\begin{cases} g'(x)=\cos x-x\sin x \\ h'(x)=-\cos x+x\sin x \end{cases}$이고, $g(0)=h(0)$, $g'(0)\neq h'(0)$이므로 $x=0$에서 $f(x)$는 미분불가능하다.

③ $f(x)=x|x|=\begin{cases} x^2 \ (x\ge 0) \\ -x^2 \ (x<0) \end{cases}$일 때, $\begin{cases} g(x)=x^2 \\ h(x)=-x^2 \end{cases}$라고 하자. $\begin{cases} g'(x)=2x \\ h'(x)=-2x \end{cases}$이고,

$g(0)=h(0)$, $g'(0)=h'(0)$이 성립하므로 $x=0$에서 $f(x)$는 미분가능하다.

④ $f(x)=|x|^3=\begin{cases} x^3 \ (x\ge 0) \\ -x^3 \ (x<0) \end{cases}$일 때, $\begin{cases} g(x)=x^3 \\ h(x)=-x^3 \end{cases}$라고 하자.

$\begin{cases} g'(x)=3x^2 \\ h'(x)=-3x^2 \end{cases}$이고, $g(0)=h(0)$, $g'(0)=h'(0)$이 성립하므로 $x=0$에서 $f(x)$는 미분가능하다.

따라서 ②은 $x=0$에서 미분불가능한 함수이다.

127. 두 그래프 $f(x)=\ln x$, $g(x)=\frac{1}{e}x+b$가 한 점에서 접할 때, b의 값을 구하시오.

128. 2차항의 계수가 1인 이차함수 $f(x)$와 1차항의 계수가 1인 일차함수 $g(x)$에 대하여

$h(x)=\begin{cases} f(x),\ x\le 0 \\ g(x),\ x>0 \end{cases}$ 이라 정의하자. 함수 $h(x)$가 $x=0$에서 미분가능할 때,

$f(-3)-g(1)$의 값을 구하시오.

5 뉴턴방법에 의한 근의 근삿값

그림과 같이 미분가능한 함수 $y=f(x)$에 대하여 $f(x)=0$의 근 r을 찾기 위한 방법으로 뉴턴의 방법을 적용하고자 한다.

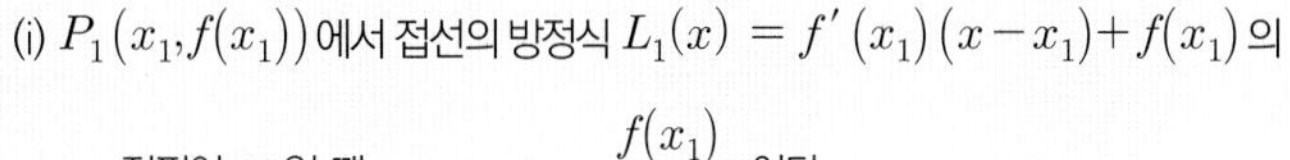

(i) $P_1(x_1, f(x_1))$에서 접선의 방정식 $L_1(x) = f'(x_1)(x-x_1)+f(x_1)$의

x절편이 x_2일 때, $x_2 = x_1 - \dfrac{f(x_1)}{f'(x_1)}$이다.

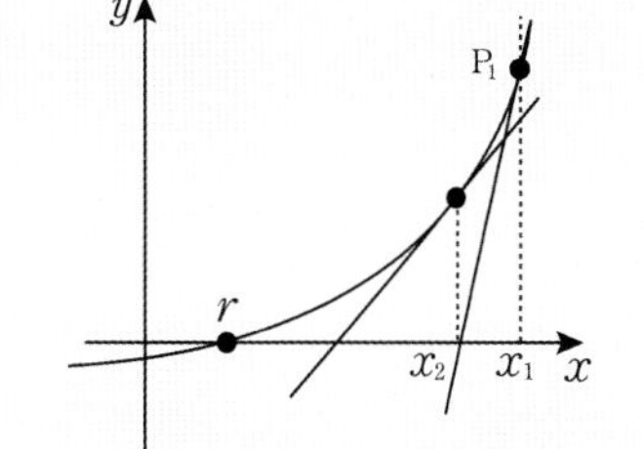

(ii) $P_2(x_2, f(x_2))$에서 접선의 방정식 $L_2(x)= f'(x_2)(x-x_2)+f(x_2)$의

x절편이 x_3일 때, $x_3 = x_2 - \dfrac{f(x_2)}{f'(x_2)}$이다.

(iii) 이와 같은 방법을 반복적으로 적용하면, 근 r에 근삿값 $x_{n+1} = x_n - \dfrac{f(x_n)}{f'(x_n)}$이다.

필수 예제 55

$f(x)=x-\sin x$일 때, $x_1=\dfrac{\pi}{2}$를 이용하여 뉴턴방법으로 $f(x)=0$의 두 번째 근삿값 x_2를 구하면?

풀이 x_1에서의 접선의 방정식을 구해보자. $y'=1-\cos x$이고 $x_1=\dfrac{\pi}{2}$에서 접선의 기울기는 1이다.

따라서 $(x_1, f(x_1))=\left(\dfrac{\pi}{2}, \dfrac{\pi}{2}-1\right)$에서 접선의 방정식은 $y-\left(\dfrac{\pi}{2}-1\right)=\left(x-\dfrac{\pi}{2}\right) \Leftrightarrow y=x-1$이다.

$y=x-1$에서 x절편이 바로 x_2가 되는 것이고, $y=0$을 대입하면 $x_2=1$이다.

129. 방정식 $x=2\cos x$은 구간 $[0, \pi]$에서 유일 해를 가진다. 근사해를 찾는 고정점반복법 중 뉴턴방법은?

① $x_{n+1}=2\cos x_n$

② $x_{n+1}=\dfrac{1}{2}(x_n+2\cos x_n)$

③ $x_{n+1}=x_n+\dfrac{\cos x_n}{\sin x_n}$

④ $x_{n+1}=x_n-\dfrac{x_n-2\cos x_n}{1-2\sin x_n}$

⑤ $x_{n+1}=x_n+\dfrac{2\cos x_n-x_n}{2\sin x_n+1}$

6 두 곡선의 사잇각(θ)

두 곡선 $y=f(x)$, $y=g(x)$의 교점 (a,b)에서 이루는 각을 교각이라고 한다.

교각의 크기는 교점에서 두 접선의 기울기가 이루는 사잇각(θ)과 같다.

즉, $f'(a)=\tan\alpha=m$, $g'(a)=\tan\beta=m'$이라 하면

$|\tan\theta|=|\tan(\alpha-\beta)|=\left|\dfrac{m-m'}{1+mm'}\right|$ 이 성립한다.

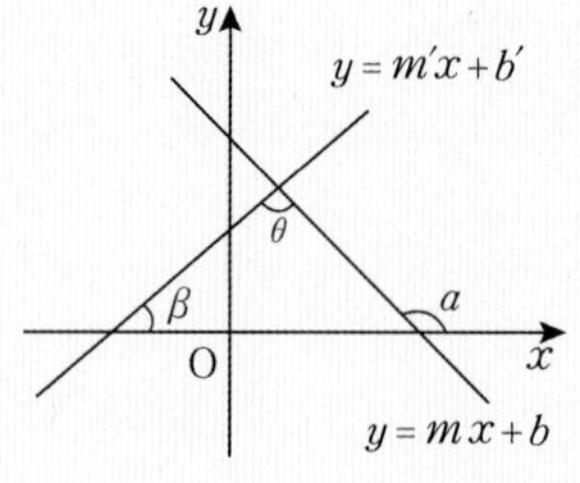

7 극곡선의 사잇각

(1) 동경벡터와 접선의 사잇각

삼각형의 한 외각(α)은 이웃하지 않는 두 내각(θ, ϕ)의 합과 같다. ⇒ $\tan(\alpha)=\tan(\theta+\phi)$

(여기서 동경벡터와 접선의 사잇각을 ϕ 라고 하자.)

(i) $\tan(\alpha)=\dfrac{dy}{dx}=\dfrac{r'\sin\theta+r\cos\theta}{r'\cos\theta-r\sin\theta}$

양변을 $r'\cos\theta$로 나누자.

$$=\dfrac{\tan\theta+\dfrac{r}{r'}}{1-\tan\theta\cdot\dfrac{r}{r'}}$$

(ii) $\tan(\theta+\phi)=\dfrac{\tan\theta+\tan\phi}{1-\tan\theta\cdot\tan\phi}$

(iii) $\tan(\alpha)=\tan(\theta+\phi)$이므로 $\tan(\phi)=\dfrac{r}{r'}$이다.

(2) 극곡선의 사잇각

① 동경벡터와 r_1의 접선의 사잇각 ϕ_1일 때, $\tan(\phi_1)=\dfrac{r_1}{r_1'}$

② 동경벡터와 r_2의 접선의 사잇각 ϕ_2일 때, $\tan(\phi_2)=\dfrac{r_2}{r_2'}$

③ r_1과 r_2의 사잇각(예각) ϕ 는 r_1과 r_2의 접선의 사잇각이다.

$\tan\phi=|\tan(\phi_1-\phi_2)|=|\tan(\phi_2-\phi_1)|$

$$=\left|\dfrac{\tan\phi_1-\tan\phi_2}{1+\tan\phi_1\tan\phi_2}\right|$$

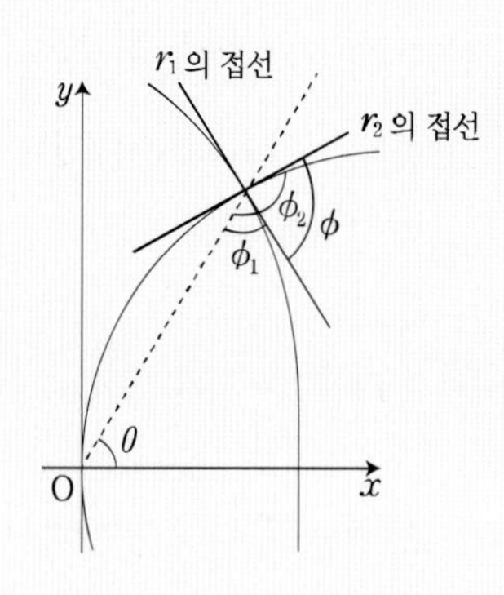

필수 예제 56

두 극곡선 $r=3\cos\theta$ 와 $r=1+\cos\theta$ 의 교각을 구하여라.

풀이 (i) 두 극곡선 $r_1=3\cos\theta$, $r_2=1+\cos\theta$ 의 교점을 구하자.

$r_1=r_2 \quad \Rightarrow \quad 3\cos\theta=1+\cos\theta \quad \Rightarrow \quad \theta=\frac{\pi}{3}, \frac{5\pi}{3}$

두 곡선은 x축에 대칭인 그래프이므로 $\theta=\frac{\pi}{3}$ 에서의 교각과 $\theta=\frac{5\pi}{3}$ 에서의 교각은 같다.

(ii) 동경벡터 $\theta=\frac{\pi}{3}$ 와 극곡선 $r_1=3\cos\theta$ 의 사잇각을 α라고 하자.

$$\tan\alpha=\frac{r_1}{r_1{}'}=\left.\frac{3\cos\theta}{-3\sin\theta}\right|_{\theta=\frac{\pi}{3}}=-\frac{1}{\sqrt{3}}=-\frac{\sqrt{3}}{3}$$

(iii) 동경벡터 $\theta=\frac{\pi}{3}$ 와 극곡선 $r_2=1+\cos\theta$ 의 사잇각을 β라고 하자.

$$\tan\beta=\frac{r}{r'}=\left.\frac{1+\cos\theta}{-\sin\theta}\right|_{\theta=\frac{\pi}{3}}=-\frac{3}{\sqrt{3}}=-\sqrt{3}$$

(iv) 두 곡선의 교각을 ψ라고 할 때,

$$|\tan\psi|=|\tan(\alpha-\beta)|=\left|\frac{\tan\alpha-\tan\beta}{1+\tan\alpha\tan\beta}\right|=\left|\frac{-\frac{\sqrt{3}}{3}+\sqrt{3}}{1+1}\right|=\frac{1}{\sqrt{3}}$$

$\psi=\frac{\pi}{6}$ 또는 $\frac{5\pi}{6}$ 이다.

130. 포물선 $f(x)=x^2$과 포물선 $g(x)=x^2-x+1$의 교각을 θ(예각)라고 할 때, $\tan\theta$의 값은?

131. 곡선 $r=3\cos\theta$ 와 $\theta=\frac{\pi}{6}$ 의 동경벡터가 이루는 각도는?

① $\frac{\pi}{6}$ ② $\frac{\pi}{2}$ ③ $\frac{2\pi}{3}$ ④ $\frac{3\pi}{4}$

2 미적분의 평균값 정리

1 롤의 정리 (Rolle's Theorem)

함수 f가 구간 $[a,\ b]$에서 연속이고, 구간 $(a,\ b)$에서 미분가능하고,

$f(a)=f(b)$을 만족하면 $f'(c)=0$를 c가 구간 $(a,\ b)$에 적어도 하나 존재한다.

즉, 구간 $(a,\ b)$안에 x축과 평행인 접선이 적어도 하나 존재한다는 것이다.

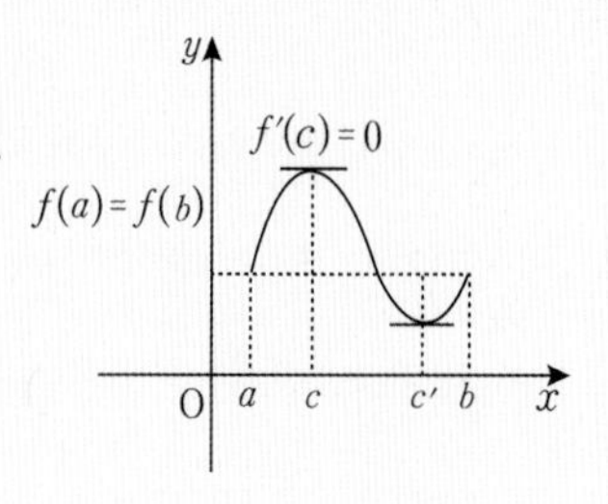

2 평균값 정리 (The Mean Vale Theorem)

함수 f가 구간 $[a,\ b]$에서 연속이고, 구간 $(a,\ b)$에서 미분가능할 때,

$\dfrac{f(b)-f(a)}{b-a}=f'(c)$를 만족하는 c가 구간 $(a,\ b)$에 적어도 하나 존재한다.

즉, 두 점 $(a,\ f(a))$, $(b,\ f(b))$를 연결한 선분과 평행인 접선을 갖는

점 c가 구간 $(a,\ b)$에 적어도 하나 존재한다는 것이다.

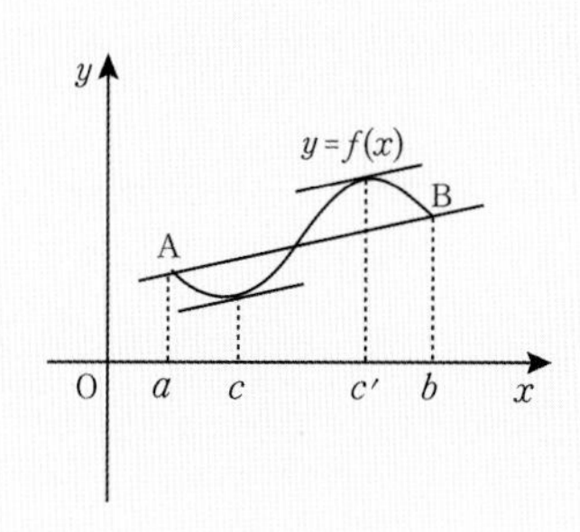

3 평균값 정리의 따름 정리

두 함수 $f(x)$, $g(x)$가 폐구간 $[a,\ b]$에서 연속이고 개구간 $(a,\ b)$에서 미분가능할 때,

(1) 구간 $(a,\ b)$ 안의 모든 x에 대하여 $f'(x)=0$이면 함수 $f(x)$는 상수함수이다.

(2) 구간 $(a,\ b)$ 안의 모든 x에 대하여 $f'(x)=g'(x)$라면, $f(x)-g(x)$는 구간 $(a,\ b)$에서 상수함수이다.

즉, c가 상수일 때, $f(x)=g(x)+c$이다.

4 정적분의 평균값 정리 (The Mean Value Theorem for Integrals)

구간 $[a,b]$에서 $f(x)$가 연속이고, $a\neq b$이면,

$\int_a^b f(x)\,dx=(b-a)f(c)$를 만족하는 c가 구간 (a,b)에

적어도 하나 존재한다. 여기서 $f(c)$를 평균값이라 한다.

즉, 평균값은 $f(c)=\dfrac{1}{b-a}\int_a^b f(x)dx$ 이다.

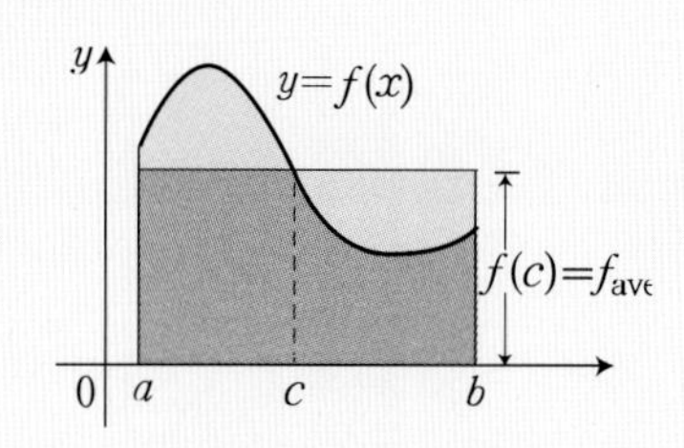

필수 예제 57

구간 $(1,4)$에서 미분가능인 함수 f가 $f(1)=2$이고,
모든 x에 대하여 $2 \le f'(x) \le 3$의 조건을 만족한다고 할 때, $f(4)$의 값의 범위는?

풀이 $y=f(x)$는 $(1,\ 4)$에서 미분가능하므로 평균값 정리에 의해 $\dfrac{f(4)-f(1)}{4-1}=f'(x)\ (1<x<4)$이고, $\dfrac{f(4)-2}{3}=f'(x)$이다.
주어진 조건에 의해 $2 \le \dfrac{f(4)-2}{3} \le 3$이고 $6 \le f(4)-2 \le 9$이므로 $8 \le f(4) \le 11$이다.

132. $f(0)=-3$이고 모든 x값에 대해 $f'(x) \le 5$라고 가정하자. $f(2)$의 최댓값은?

133. 함수 $f(x)$가 모든 실수 $x,\ y$에 대하여 $|f(x)-f(y)| \le |x-y|^2$을 만족할 때, $f(2014)-f(\pi)$의 값은?

134. 함수 $y=f(x)$가 매개방정식 $\begin{cases} x=2\cos t \\ y=3\sin t \end{cases} \left(0<t<\dfrac{\pi}{2}\right)$로 주어질 때, 두 점 $(1, f(1))$과 $(\sqrt{3}, f(\sqrt{3}))$을 지나는 직선의 기울기와 $y=f(x)$의 점 $(a, f(a))$에서 접선의 기울기가 같게 되는 a의 값은?

필수 예제 58

구간 $\left[0, \frac{3\pi}{2}\right]$에서 함수 $f(x) = \sin 2x$ 가 다음 정리를 만족시키는 모든 c의 합은?

> 구간 $[a, b]$에서 연속 함수 $f(x)$에 대해 $\int_a^b f(x)dx = (b-a)f(c)$를 만족하는 점 c가 구간 (a, b)에 적어도 하나 존재한다.

풀이 주어진 조건은 정적분의 평균값 정리를 말하고 있다. 따라서 이를 만족하는 점 c를 찾자.

$f(x) = \sin 2x$이고, $f(c) = \sin 2c$ 이다.

$$f(c) = \frac{1}{\frac{3}{2}\pi - 0}\int_0^{\frac{3}{2}\pi} \sin 2x\,dx = \frac{2}{3\pi}\left[-\frac{1}{2}\cos 2x\right]_0^{\frac{3}{2}\pi}$$

$$= -\frac{1}{3\pi}(\cos 3\pi - 1) = \frac{2}{3\pi} = \sin 2c$$

따라서 $\sin 2c = \frac{2}{3\pi}$ 만족하는 $c \in \left(0, \frac{3\pi}{2}\right)$라고 할 때, $c = \left\{\alpha, \frac{\pi}{2} - \alpha, \pi + \alpha, \frac{3\pi}{2} - \alpha\right\}$이므로 이 값들의 합은 3π이다.

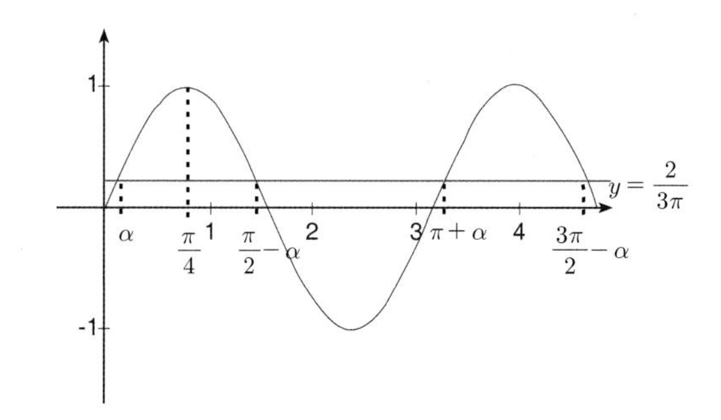

135. 함수 $f(x) = \sin x$의 구간 $0 \le x \le \pi$에서의 평균값은?

136. 실수 a, b가 $0 \le a < b \le 1$일 때, $\frac{1}{b-a}\int_a^b \frac{1}{1+x^3}dx$의 값이 될 수 있는 것은?

① $\frac{1}{3}$　② $\frac{2}{3}$　③ $\frac{4}{3}$　④ $\frac{8}{3}$

선배들의 이야기 ++

나 혼자 수업을 할 수 있다면 완벽한 이해를 한 것입니다.

저는 책에 필기를 하지 않았습니다. 책의 필기를 통해 복습하면 그 내용을 알고 있는 듯한 느낌을 가지게 됩니다. 인강을 들으며 A4용지에 이론을 필기하고, 문제 부분에는 푸는 데 필요한 생각 위주로 적어두었습니다. 그리고 수업 직후에 바로 복습을 합니다. 처음에는 아는 것이 많이 없어 필기 내용을 베껴 쓰는 정도로 복습을 했습니다. 누적 복습을 하면서 스스로 수업해보는 시간을 가졌습니다. 이 과정이 잘되면 그 부분은 완벽하게 이해를 했다고 판단했습니다.

모르는 부분을 넘어가면 결국 돌아가게 됩니다.

무슨 문제이든지 끝까지 푸는 습관을 가지세요. 뒤로 갈수록 시간이 부족하다고 발상을 끝내고 계산 과정을 넘기며 푸는 경우가 있습니다. 하지만 계산 과정을 연습해놓아야 나중에 복잡한 문제가 나왔을 때도 매끄럽게 풀어갈 수 있습니다.
틀린 문제는 어떤 부분에서 잘못 생각했는지를 고민했고, 해답지는 절대 보지 않았습니다. 편입수학은 시간 싸움이므로, 해답지의 풀이를 따라가다 보면 시간이 부족하게 됩니다. 그리고 맞힌 문제까지 복습했습니다. 계속해서 풀어야 확실하게 아는 느낌을 받았습니다.
질문을 많이 하는 것이 좋습니다. 아무리 기본적인 내용이라도, 자신이 모르면 가치가 있는 질문입니다. 대신 질문을 하기 전에 오래 걸리더라도 자신이 생각할 수 있을 만큼 생각을 하세요. 특히 초반에 공부를 시작할 때는 더욱더 스스로 해결해보려고 노력하는 것이 중요합니다. 그 시간들이 결코 헛된 시간들이 아닙니다. 오히려 가장 중요한 시간일 수 있습니다. 모르는 부분을 넘어가면, 결국 나중에 다시 돌아오게 됩니다.
오답노트를 만드는 것이 효과적이었습니다. 처음에는 모르는 부분이 많아서 오답노트를 만드는 것이 의미가 없지만, 뒤로 갈수록 아는 것이 많아지면, 생소한 문제라든지 모르는 문제가 몇 안 되게 되었고, 노트에 잘라서 붙인 뒤 옆에 생각이나 문제풀이 과정을 적어두고 시험 당일까지 반복해서 풀어보았습니다.

- 정재윤 (한양대학교 화학공학과)

3 테일러(Taylor) 급수 & 매클로린(Maclaurin) 급수

1 테일러 (Taylor) 급수

함수 $f(x)$가 $x=a$에서 미분가능할 때, 함수를 멱급수로 표현한 것을 말한다. $f(x)$를 x에 대한 다항식으로 표현한 것이다.

$$f(x) = f(a)+f'(a)(x-a)+\frac{f''(a)}{2!}(x-a)^2+\frac{f'''(a)}{3!}(x-a)^3+\cdots+\frac{f^{(n)}(a)}{n!}(x-a)^n+\cdots$$

$$=\sum_{n=0}^{\infty}\frac{f^{(n)}(a)}{n!}(x-a)^n=\sum_{n=0}^{\infty}C_n(x-a)^n$$

⇒ 테일러 급수를 통해 함수의 동치 및 근삿값을 만들어 낼 수 있다.

2 매클로린 (Maclaurin) 급수

미분가능한 함수 $f(x)$의 $x=0$에서 테일러 급수를 매클로린(Maclaurin) 급수라고 한다.

$$f(x)=f(0)+f'(0)x+\frac{f''(0)}{2!}x^2+\frac{f'''(0)}{3!}x^3+\cdots+\frac{f^{(n)}(0)}{n!}x^n+\cdots=\sum_{n=0}^{\infty}\frac{f^{(n)}(0)}{n!}x^n=\sum_{n=0}^{\infty}C_nx^n$$

Areum Math Tip

테일러 급수 증명

$f(x)=c_0+c_1(x-a)+c_2(x-a)^2+c_3(x-a)^3+\cdots+c_n(x-a)^n+\cdots$라고 할 때

(i) $f(a)=c_0$

(ii) $f'(x)=c_1+2c_2(x-a)+3c_3(x-a)^2+\cdots+nc_n(x-a)^{n-1}+\cdots \Rightarrow f'(a)=c_1$

(iii) $f''(x)=2!c_2+3\cdot 2c_3(x-a)+\cdots+n(n-1)c_n(x-a)^{n-2}+\cdots \Rightarrow f''(a)=2!c_2$

(iv) $f'''(x)=3!c_3+\cdots+n(n-1)(n-2)c_n(x-a)^{n-3}+\cdots \Rightarrow f'''(a)=3!c_3$

이와 같은 과정을 반복하면

$\Rightarrow c_0=f(a),\ c_1=f'(a),\ c_2=\frac{1}{2!}f''(a),\ c_3=\frac{1}{3!}f'''(a),\cdots,c_n=\frac{1}{n!}f^{(n)}(a)$ 이므로

$f(x)=c_0+c_1(x-a)+c_2(x-a)^2+c_3(x-a)^3+\cdots+c_n(x-a)^n+\cdots$ 에 구한 값을 대입하면

$$f(x)=f(a)+f'(a)(x-a)+\frac{f''(a)}{2!}(x-a)^2+\frac{f'''(a)}{3!}(x-a)^3+\cdots+\frac{f^{(n)}(a)}{n!}(x-a)^n+\cdots$$

$$=\sum_{n=0}^{\infty}\frac{f^{(n)}(a)}{n!}(x-a)^n$$

필수 예제 59

함수 $f(x)=x^{10}+1$에 대한 항등식 $f(x)=2+\sum_{n=1}^{10}C_n(x-1)^n$이 성립할 때, C_5 를 구하면?

풀이 $f(1)=2$이므로 $f(x)=x^{10}+1=2+\sum_{n=1}^{10}C_n(x-1)^n=f(1)+\sum_{n=1}^{10}C_n(x-1)^n$

$x=1$에서 10차 다항식 $f(x)$의 테일러 전개는

$f(x)=\sum_{n=0}^{\infty}\frac{f^{(n)}(1)}{n!}(x-1)^n=f(1)+\sum_{n=1}^{\infty}\frac{f^{(n)}(1)}{n!}(x-1)^n=f(1)+\sum_{n=1}^{10}\frac{f^{(n)}(1)}{n!}(x-1)^n$ 와 같다.

$C_n=\frac{f^{(n)}(1)}{n!}$ 이므로 $C_5=\frac{f^{(5)}(1)}{5!}=\frac{10\cdot 9\cdot 8\cdot 7\cdot 6}{5!}=\frac{10!}{5!\cdot 5!}=252$

137. $f(x)=(x+1)(x-2)^2$을 $(x-3)$의 거듭제곱으로 나타내시오.

138. $f(x)=\frac{1}{x-1}$에 대하여 $x=5$에서의 테일러 급수를 구하시오.

139. $|x|<1$에서 함수 $f(x)=\frac{1}{1+x^2}$을 멱급수(거듭제곱급수)로 나타낸 것은?

① $\sum_{n=0}^{\infty}(n+1)x^n$ ② $\sum_{n=0}^{\infty}(-1)^n x^n$

③ $\sum_{n=0}^{\infty}x^{2n}$ ④ $\sum_{n=0}^{\infty}(-1)^n x^{2n}$

3 주요함수의 매클로린 급수

(1) $\frac{1}{1-x} = 1 + x + x^2 + x^3 + x^4 + \cdots = \sum_{n=0}^{\infty} x^n$ $(|x| < 1)$

(2) $\frac{1}{1+x} = 1 - x + x^2 - x^3 + x^4 - \cdots = \sum_{n=0}^{\infty} (-1)^n x^n$ $(|x| < 1)$

(3) $\frac{1}{(1-x)^2} = 1 + 2x + 3x^2 + 4x^3 + \cdots = \sum_{n=1}^{\infty} nx^{n-1}$ $(|x| < 1)$

(4) $\frac{2}{(1-x)^3} = 2 + 3 \cdot 2x + 4 \cdot 3x^2 + \cdots = \sum_{n=2}^{\infty} n(n-1)x^{n-2}$ $(|x| < 1)$

(5) $\frac{x}{(1-x)^2} = x + 2x^2 + 3x^3 + 4x^4 + \cdots = \sum_{n=1}^{\infty} nx^n$ $(|x| < 1)$

(6) $\frac{1+x}{(1-x)^3} = 1 + 2^2 x + 3^2 x^2 + 4^2 x^3 + \cdots = \sum_{n=1}^{\infty} n^2 x^{n-1}$ $(|x| < 1)$

(7) $\frac{x+x^2}{(1-x)^3} = x + 2^2 x^2 + 3^2 x^3 + 4^2 x^4 + \cdots = \sum_{n=1}^{\infty} n^2 x^n$ $(|x| < 1)$

(8) $\ln(1+x) = x - \frac{1}{2}x^2 + \frac{1}{3}x^3 - \cdots = \sum_{n=1}^{\infty} (-1)^{n-1} \frac{x^n}{n}$ $(|x| < 1)$

(9) $-\ln(1-x) = x + \frac{1}{2}x^2 + \frac{1}{3}x^3 + \frac{1}{4}x^4 + \cdots = \sum_{n=1}^{\infty} \frac{x^n}{n}$ $(|x| < 1)$

(10) $\tan^{-1} x = x - \frac{1}{3}x^3 + \frac{1}{5}x^5 - \cdots = \sum_{n=0}^{\infty} \frac{(-1)^n x^{2n+1}}{2n+1}$ $(|x| \le 1)$

(11) $\tanh^{-1} x = x + \frac{1}{3}x^3 + \frac{1}{5}x^5 + \cdots = \sum_{n=0}^{\infty} \frac{x^{2n+1}}{2n+1}$ $(|x| < 1)$

(12) $\sin x = x - \frac{1}{3!}x^3 + \frac{1}{5!}x^5 - \frac{1}{7!}x^7 + \cdots = \sum_{n=0}^{\infty} \frac{(-1)^n x^{2n+1}}{(2n+1)!}$ $(|x| < \infty)$

(13) $\cos x = 1 - \frac{1}{2!}x^2 + \frac{1}{4!}x^4 - \frac{1}{6!}x^6 + \cdots = \sum_{n=0}^{\infty} \frac{(-1)^n x^{2n}}{(2n)!}$ $(|x| < \infty)$

(14) $\tan x = x + \frac{1}{3}x^3 + \frac{2}{15}x^5 + \cdots$ $\left(|x| < \frac{\pi}{2}\right)$

(15) $e^x = 1 + x + \frac{1}{2!}x^2 + \frac{1}{3!}x^3 + \cdots = \sum_{n=0}^{\infty} \frac{x^n}{n!}$ $(|x| < \infty)$

(16) $\sinh x = x + \frac{1}{3!}x^3 + \frac{1}{5!}x^5 + \frac{1}{7!}x^7 + \cdots = \sum_{n=0}^{\infty} \frac{x^{2n+1}}{(2n+1)!}$ $(|x| < \infty)$

(17) $\cosh x = 1 + \frac{1}{2!}x^2 + \frac{1}{4!}x^4 + \cdots = \sum_{n=0}^{\infty} \frac{x^{2n}}{(2n)!}$ $(|x| < \infty)$

(18) $(1+x)^p = 1 + px + \frac{p(p-1)}{2!}x^2 + \frac{p(p-1)(p-2)}{3!}x^3 + \cdots$ $(|x| < 1)$

(19) $\sin^{-1} x = \int \frac{1}{\sqrt{1-x^2}}\, dx = x + \frac{1}{2} \cdot \frac{1}{3}x^3 + \frac{1 \cdot 3}{2 \cdot 4} \cdot \frac{1}{5}x^5 + \cdots$ $(|x| \le 1)$

(20) $\sinh^{-1} x = \int \frac{1}{\sqrt{x^2+1}}\, dx = x - \frac{1}{2} \cdot \frac{1}{3}x^3 + \frac{1 \cdot 3}{2 \cdot 4} \cdot \frac{1}{5}x^5 - \cdots$ $(|x| \le 1)$

필수 예제 60

함수 $f(x)=\dfrac{e^{2x^2}}{x+2}$를 멱급수 $f(x)=\sum_{n=0}^{\infty}C_n x^n$으로 나타낼 때, x^5의 계수 C_5와 $f^{(5)}(0)$을 구하시오.

풀이 $f(x)=\dfrac{e^{2x^2}}{x+2}=\dfrac{e^{2x^2}}{2}\left(\dfrac{1}{1+\dfrac{x}{2}}\right)=\dfrac{1}{2}\left(1+2x^2+\dfrac{(2x^2)^2}{2!}+\dfrac{(2x^2)^3}{3!}+\cdots\right)\left(1-\left(\dfrac{x}{2}\right)+\left(\dfrac{x}{2}\right)^2-\left(\dfrac{x}{2}\right)^3+\left(\dfrac{x}{2}\right)^4-\cdots\right)$

$f(x)=\dfrac{1}{2}\left(\cdots+\left(-\dfrac{1}{32}-\dfrac{1}{4}-1\right)x^5+\cdots\right)$이므로 x^5의 계수는 $\dfrac{1}{2}\left(\dfrac{-1-8-32}{32}\right)=-\dfrac{41}{64}$이고,

$f^{(5)}(0)=5!C_5=5!\left(-\dfrac{41}{64}\right)=-\dfrac{15\cdot 41}{8}=-\dfrac{615}{8}$이다.

140. $f(x)=x\cos x\sin x$일 때, $f^{(8)}(0)$의 값은?

141. 다음 함수를 멱급수 $f(x)=\sum_{n=0}^{\infty}C_n x^n$으로 나타낼 때, x^5의 계수와 $f^{(5)}(0)$을 구하시오.

(1) $f(x)=x^3(x^2+x+1)^6$

(2) $f(x)=\sqrt{1+\cos 2x}$

142. $f(x)=x\sqrt{1+x^2}$일 때, $f^{(5)}(0)$의 값은?

143. 함수 $f(x)=\sec x=\dfrac{1}{\cos x}$의 $x=0$ 근방에서의 테일러 급수를 $\sum_{n=0}^{\infty}a_n x^n$과 같이 나타낼 때, $a_0+a_1+a_2+a_3+a_4$의 값은?

필수 예제 61

테일러 급수 $e^x = \sum_{n=0}^{\infty} a_n (x-1)^n = \sum_{n=0}^{\infty} b_n (x-2)^n$에서 $\frac{b_n}{a_n}$의 값은?

풀이 $y=e^x$의 매클로린 급수를 이용하여 $x=1$에서 테일러 급수와 $x=2$에서 테일러 급수를 만들 수 있다.

(i) $y=e^x$의 $x=1$에서 테일러 급수는 $e^x = e \cdot e^{x-1} = e\sum_{n=0}^{\infty} \frac{(x-1)^n}{n!}$이므로 $a_n = \frac{e}{n!}$이고,

(ii) $y=e^x$의 $x=2$에서 테일러 급수는 $e^x = e^2 \cdot e^{x-2} = e^2 \sum_{n=0}^{\infty} \frac{(x-2)^n}{n!}$이므로 $b_n = \frac{e^2}{n!}$이다.

여기서 $\frac{b_n}{a_n} = \frac{e^2}{n!} \cdot \frac{n!}{e} = e$이다.

144. $f(x) = (x^2-2x+2)^{10}$일 때, $f^{(16)}(1)$의 값은?

145. $f(x) = (x^2-4x+6)^{10}$일 때 $f^{(16)}(2)$의 값은?

146. $(x-\pi)^3 \sin x = \sum_{n=0}^{\infty} a_n (x-\pi)^n$ 일 때 a_6는?

4 근삿값 & 오차

(1) 함수의 근사다항식

함수 $f(x)$의 $x=a$에서의 테일러 급수 $\sum_{n=0}^{\infty} \frac{f^{(n)}(a)}{n!}(x-a)^n$에 대하여 이 급수의 n항까지의 부분합은

$T_n(x) = \sum_{k=0}^{n} \frac{f^{(k)}(a)}{k!}(x-a)^k$이다.

$n \to \infty$일 때, $T_n(x) \to f(x)$이므로 $T_n(x)$를 $f(x)$의 근사식으로 사용할 수 있다.

즉, $f(x) \approx T_n(x)$이다.

① 일차 근사다항식 : $f(x) \approx C_0 + C_1(x-a)$

② 이차 근사다항식 : $f(x) \approx C_0 + C_1(x-a) + C_2(x-a)^2$

③ 삼차 근사다항식 : $f(x) \approx C_0 + C_1(x-a) + C_2(x-a)^2 + C_3(x-a)^3$

(2) 선형근사식

① $(a, f(a))$에서 접선의 방정식은 테일러 급수의 일차 근사다항식과 같고

이를 선형근사식이라 한다.

$\boldsymbol{L(x) = f'(a)(x-a) + f(a)}$

② $f(b)$의 근삿값 : $\boldsymbol{f(b) \approx L(b) = f'(a)(b-a) + f(a)}$

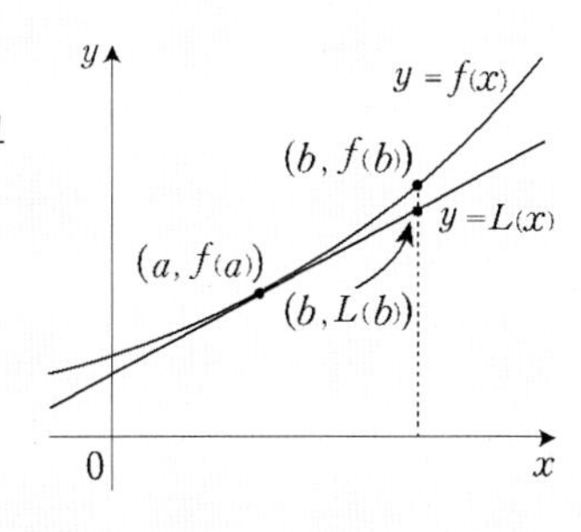

(3) 오차

① $f(x)$의 멱급수를 n항까지의 부분합(근삿값) $T_n(x)$와 나머지(오차) $R_n(x)$로 나타낼 수 있다.

즉, $f(x) = T_n(x) + R_n(x)$이다.

② 나머지의 절댓값은 오차의 크기와 같고 $|R_n(x)| = |f(x) - T_n(x)|$이다.

③ 교대급수의 각항이 차례로 감소하도록 x의 값을 취하면, 근삿값의 오차는 생략된 부분의 첫 번째 항의 절댓값보다 작다.

즉, 그 항의 절댓값이 최대오차가 된다.

필수 예제 62

함수 $f(x) = \sqrt{x+3}$ 에 대한 $x=1$에서의 일차근사함수와 이차근사함수를 이용하여 $f(1.2) = \sqrt{4.2}$ 의 근삿값을 구하면?

풀이 근사함수를 구하기 위해서 미분계수를 구하자.

$f(x) = \sqrt{x+3} \quad \Rightarrow \quad f(1) = 2,$

$f'(x) = \dfrac{1}{2\sqrt{x+3}} = \dfrac{1}{2}(x+3)^{-\frac{1}{2}} \quad \Rightarrow \quad f'(1) = \dfrac{1}{4}$

$f''(x) = -\dfrac{1}{4}(x+3)^{-\frac{3}{2}} \quad \Rightarrow \quad f''(1) = -\dfrac{1}{32}$

(i) 일차근사함수는 $f(x) \approx f(1) + f'(1)(x-1) = 2 + \dfrac{1}{4}(x-1)$이고,

이를 이용하여 $f(1.2) = \sqrt{4.2}$ 의 근삿값은 $f(1.2) \approx 2 + \dfrac{1}{4}(1.2-1) = 2 + \dfrac{1}{20} = 2.05$이다.

(ii) 이차근사함수는 $f(x) \approx f(1) + f'(1)(x-1) + \dfrac{f''(1)}{2!}(x-1)^2 = 2 + \dfrac{1}{4}(x-1) - \dfrac{1}{64}(x-1)^2$이고,

이를 이용하여 $f(1.2) = \sqrt{4.2}$ 의 근삿값은 $f(1.2) \approx 2 + \dfrac{1}{4}(1.2-1) - \dfrac{1}{64}(1.2-1)^2 = 2 + \dfrac{1}{20} - \dfrac{1}{1600} = \dfrac{3279}{1600}$ 이다.

147. 함수 $f(x) = \sqrt{x}$ 에 대한 $x=4$에서의 일차근사함수와 이차근사함수를 이용하여 $f(4.2) = \sqrt{4.2}$ 의 근삿값을 구하면?

148. 선형근사식을 이용하여 $\sqrt[3]{26.7}$ 의 근삿값을 구하여라.

149. $f(x) = \cos x + \sin x$ 의 선형근사식을 이용하여 $\cos 1 + \sin 1$ 의 값을 구하여라.

150. $f(x) = \tan^{-1} x$ 의 선형근사식을 이용하여 $\tan^{-1}\left(\dfrac{3}{4}\right)$ 의 근삿값을 구하여라.

(4) 매클로린 급수를 이용한 근삿값

테일러 급수 또는 매클로린 급수를 이용해서 함숫값 또는 적분값을 구할 경우 참값에 가까운 근삿값을 구할 수 있다.

ex) $\int \frac{\sin x}{x} dx = \int \frac{1}{x}\left(x - \frac{x^3}{3!} + \frac{x^5}{5!} - \frac{x^7}{7!} + \cdots\right) dx = \int \left(1 - \frac{x^2}{3!} + \frac{x^4}{5!} - \frac{x^6}{7!} + \cdots\right) dx$

$= x - \frac{x^3}{3 \times 3!} + \frac{x^4}{5 \times 5!} - \frac{x^7}{7 \times 7!} + \cdots + C$ (단, C는 적분상수)

근삿값 문제가 출제된다면 첫 번째 생각해야 하는 내용이 매클로린 급수의 활용이다.

우리가 배운 매클로린 급수의 목적을 함수의 근삿값을 구하기 위함이라 생각해도 과언이 아니다.

필수 예제 63

다음과 같은 근사에서 오차를 0.0005보다 작도록 하는 최소의 정수 N은 무엇인가?

$$\sum_{k=0}^{\infty} \frac{(-1)^k}{(2k+1)!} \approx \sum_{k=0}^{N} \frac{(-1)^k}{(2k+1)!}$$

풀이 $\sin 1 = \sum_{k=0}^{\infty} \frac{(-1)^k}{(2k+1)!}$은 참값이고, $\sum_{k=0}^{N} \frac{(-1)^k}{(2k+1)!}$은 근삿값이다.

다시 말해, $\frac{1}{1!} - \frac{1}{3!} + \frac{1}{5!} - \frac{1}{7!} + \cdots$은 참값이고, $\frac{1}{1!} - \frac{1}{3!} + \frac{1}{5!} - \frac{1}{7!} + \cdots$에서 어떤 항까지 잘랐을 때,

|참값−근사값|=(오차)가 $0.0005 = \frac{5}{10000} = \frac{1}{2000}$ 보다 작아야 한다.

$N = 0$이면 $\sin 1 \approx 1$이고 오차는 $\left| -\frac{1}{3!} + \frac{1}{5!} - \frac{1}{7!} + \cdots \right| < \frac{1}{3!} = \frac{1}{6}$이므로 오차는 $\frac{1}{2000}$ 보다 크다.

$N = 1$이면 $\sin 1 \approx 1 - \frac{1}{3!}$이고 오차는 $\left| \frac{1}{5!} - \frac{1}{7!} + \cdots \right| < \frac{1}{5!} = \frac{1}{120}$이므로 오차는 $\frac{1}{2000}$ 보다 크다.

$N = 2$이면 $\sin 1 \approx 1 - \frac{1}{3!} + \frac{1}{5!}$이고 오차는 $\left| -\frac{1}{7!} + \frac{1}{9!} - \cdots \right| < \frac{1}{7!} = \frac{1}{5040}$이므로 오차는 $\frac{1}{2000}$ 보다 작다.

$N = 3$이면 $\sin 1 \approx 1 - \frac{1}{3!} + \frac{1}{5!} - \frac{1}{7!}$이고 오차는 $\left| \frac{1}{9!} - \frac{1}{11!} \cdots \right| < \frac{1}{9!}$이므로 오차는 $\frac{1}{2000}$ 보다 작다.

이와 같은 방법으로 계속해서 확인하면 $N \geq 2$이면 오차는 $\frac{1}{2000}$ 보다 작다. 따라서 최소 정수 $N = 2$이다.

151. $\cos 1$의 근삿값을 $\frac{13}{24}$라고 할 때, 오차는 얼마를 넘지 않는가?

① $\frac{1}{2!}$ ② $\frac{1}{4!}$ ③ $\frac{1}{6!}$ ④ $\frac{1}{8!}$

152. $\int_0^{0.1} \frac{1}{\sqrt{1+x^3}} dx$의 값에 가장 가까운 것은?

① $\frac{1}{1000}$ ② $\frac{1}{100}$ ③ $\frac{1}{10}$ ④ 1

153. 정적분 $\int_0^1 \cos(\sqrt{x})\, dx$를 소수 둘째 자리까지 구한 값은?

① 0.74 ② 0.75 ③ 0.76 ④ 0.77

154. 적분 $\int_0^{0.1} \frac{\sin(x^2)}{x} dx$를 오차의 한계가 $(0.1)^6$이 되도록 계산한 근삿값은?

① $\frac{(0.1)^3}{3}$ ② $0.1 - \frac{(0.1)^3}{3}$

③ $\frac{(0.1)^2}{2}$ ④ $\frac{(0.1)^1}{2} - \frac{(0.1)^4}{4}$

4 로피탈 정리 (L'Hopital's theorem)

1 극한의 부정형

$\frac{0}{0}$, $\frac{\infty}{\infty}$, $\infty-\infty$, $\infty\times 0$꼴은 극한값을 정할 수 없다는 뜻으로 부정형이라고 한다. 부정형의 극한값은 부정이 아닌 꼴로 식을 변형 계산한다. 여기서 $\frac{0}{0}$, $\frac{\infty}{\infty}$의 형태는 로피탈의 정리를 활용할 것이며 $\infty-\infty$, $\infty\times 0$의 형태는 식 변형을 통해 $\frac{0}{0}$, $\frac{\infty}{\infty}$으로 변경하고 로피탈의 정리를 활용할 것이다.

2 로피탈 정리 (L'Hopital's theorem)

두 함수 $f(x), g(x)$가 $x=a$의 근방에서 미분가능하고, $g'(x)\neq 0$이라고 가정하자.

$\lim_{x\to a} f(x)=0$, $\lim_{x\to a} g(x)=0$ 혹은 $\lim_{x\to a} f(x)=\pm\infty$, $\lim_{x\to a} g(x)=\pm\infty$ 라고 가정하자.

다시 말해서, $\lim_{x\to a}\frac{f(x)}{g(x)}$이 $\frac{0}{0}$ 또는 $\frac{\infty}{\infty}$인 부정형이다. 이때 만일 $\lim_{x\to a}\frac{f'(x)}{g'(x)}$가 존재하면,

$\lim_{x\to a}\frac{f(x)}{g(x)}=\lim_{x\to a}\frac{f'(x)}{g'(x)}$이 성립한다. 이를 로피탈 정리 (L'Hopital's theorem)라고 한다.

(1) $\frac{0}{0}$꼴, $\frac{\infty}{\infty}$꼴 : 로피탈 정리로 극한을 구한다.

(2) **$0\cdot\infty$ 곱의 부정형**

$\lim_{x\to a} f(x)=0$, $\lim_{x\to a} g(x)=\infty$ 라면 다음과 같이 식 변형 후 로피탈 정리를 적용한다.

$\lim_{x\to a} f(x)\,g(x)=\lim_{x\to a}\frac{f(x)}{1/g(x)}$ ($\frac{0}{0}$꼴) 또는 $\lim_{x\to a} f(x)\,g(x)=\lim_{x\to a}\frac{g(x)}{1/f(x)}$ ($\frac{\infty}{\infty}$꼴)

(3) **$\infty-\infty$ 차 부정형**

$\lim_{x\to a} f(x)=\infty$, $\lim_{x\to a} g(x)=\infty$ 라면 $\lim_{x\to a}[f(x)-g(x)]$를 $\infty-\infty$ 부정형이라 부른다. 공통분모, 유리화 또는 공통인수로 인수분해를 통해서 주어진 식을 $\frac{0}{0}$, $\frac{\infty}{\infty}$인 부정형으로 변화시킴으로써 로피탈 정리를 사용할 수 있다.

(4) **$[f(x)]^{g(x)}$ 거듭제곱 부정형**

거듭제곱과 관련된 $0^0, \infty^0, 1^\infty$의 부정형은 $\bigstar=e^{\ln\bigstar}$의 형태로 나타내면 **$0\cdot\infty$**인 부정형으로 극한을 구할 수 있다. $\lim_{x\to a}[f(x)]^{g(x)}=\lim_{x\to a}e^{g(x)\ln[f(x)]}=e^{\lim_{x\to a}g(x)\ln[f(x)]}$

필수 예제 64

함수 $f(x)=xe^{x^2}+e$의 역함수를 $g(x)$라 할 때, $\lim_{x\to0}\frac{g(x)+1}{x}$의 값은?

풀이 $f(-1)=0$이므로 역함수 $f^{-1}(0)=g(0)=-1$이다.

주어진 극한은 $\lim_{x\to0}\frac{g(x)+1}{x}\left(\frac{0}{0}꼴\right)=\lim_{x\to0}\frac{g'(x)}{1}=g'(0)$ 이므로 역함수의 미분계수를 구하는 문제이다.

역함수 미분법에 의해서 $f(-1)=0$, $f'(x)=e^{x^2}+2x^2e^{x^2} \Rightarrow f'(-1)=3e$이므로

$g'(0)=g'(f(-1))=\frac{1}{f'(-1)}=\frac{1}{3e}$이다. 따라서 $\lim_{x\to0}\frac{g(x)+1}{x}=\frac{1}{3e}$이다.

155. 다음 주어진 식의 극한을 구하라.

(1) $\lim_{x\to0}\frac{\sin x}{x}$

(2) $\lim_{x\to0}\frac{3^x-1}{x}$

(3) $\lim_{x\to0}\frac{2x+\ln(1-x)}{e^x-\cos x}$

(4) $\lim_{x\to0}\frac{(1-e^x)\sqrt{5-e^x}}{(1+x)\ln(1+x)}$

156. $f'(a)=4$인 함수 $f(x)$에 대하여 극한값 $\lim_{h\to0}\frac{f(a+3h)-f(a)}{h}$을 구하여라. (단, a는 상수이다.)

157. $f(x)=\tan^{-1}(x^2)$일 때, $\lim_{h\to0}\frac{f(1+2h)-f(1)}{h}$의 값은?

158. $f'(1)=2$인 다항함수 $f(x)$에 대하여 극한값 $\lim_{x\to1}\frac{f(x)-f(1)}{x^3-1}$을 구하여라.

필수 예제 65

다음 극한값을 구하시오.

(1) $\lim_{x\to0}\dfrac{\sin(x^3)-x^3+\frac{1}{6}x^9}{x^{15}}$

(2) $\lim_{x\to0}\dfrac{\sin4x\left(e^x-\sin x-1-\frac{1}{2}x^2-\frac{1}{3}x^3\right)}{x^5}$

풀이 $x\to0$에 대한 극한값을 구할 때, 매클로린 급수를 이용하면 다항식의 가장 낮은 차수의 계수가 답이 된다. 예제로 문제유형을 암기!!

(1) $\lim_{x\to0}\dfrac{\sin(x^3)-x^3+\frac{1}{6}x^9}{x^{15}}=\lim_{x\to0}\dfrac{\left\{\left(x^3-\frac{1}{3!}x^9+\frac{1}{5!}x^{15}-\cdots\right)-x^3+\frac{1}{6}x^9\right\}}{x^{15}}$

$$=\lim_{x\to0}\frac{\frac{1}{5!}x^{15}-\frac{1}{7!}x^{21}+\cdots}{x^{15}}=\frac{1}{5!}=\frac{1}{120}$$

(2) 두 함수의 곱의 형태에서 각각의 극한값이 존재하면 각각의 극한값을 구해서 곱할 수 있다.

$$\lim_{x\to0}\frac{\sin4x\left(e^x-\sin x-1-\frac{1}{2}x^2-\frac{1}{3}x^3\right)}{x^5}=\lim_{x\to0}\frac{\sin4x}{x}\cdot\lim_{x\to0}\frac{\left\{e^x-\sin x-1-\frac{1}{2}x^2-\frac{1}{3}x^3\right\}}{x^4}$$

여기서 두 함수의 곱의 구조로 각각의 극한값을 구하자.

(i) $\lim_{x\to0}\dfrac{\sin4x}{x}=4$이고,

(ii) $\lim_{x\to0}\dfrac{\left\{e^x-\sin x-1-\frac{1}{2}x^2-\frac{1}{3}x^3\right\}}{x^4}=\lim_{x\to0}\dfrac{\left(1+x+\frac{x^2}{2!}+\frac{x^3}{3!}+\frac{x^4}{4!}+\cdots\right)-\left(x-\frac{x^3}{3!}+\frac{x^5}{5!}-\right)-1-\frac{1}{2}x^2-\frac{1}{3}x^3}{x^4}$

$$=\frac{1}{4!}$$

따라서 (i)과 (ii)에 의해서 극한값은 $4\cdot\dfrac{1}{4!}=\dfrac{1}{6}$이다.

159. 다음 극한을 구하시오.

(1) $\lim_{x\to0}\dfrac{e^{2x}-1}{\tan x}$

(2) $\lim_{x\to0}\dfrac{4x}{\tan^{-1}(4x)}+\lim_{x\to0}\dfrac{\tan(x)-x}{2x^3}$

(3) $\lim_{x\to0}\dfrac{\sin x-x}{x^2}$

(4) $\lim_{x\to0}\dfrac{e^x-\cos x-x}{x^2}$

필수 예제 66

다음 주어진 식의 극한값을 구하시오.

(1) $\lim_{x\to\infty}\frac{x}{x^2+3x+1}$　(2) $\lim_{x\to\infty}\frac{4x^2+x}{x^2+3x+1}$　(3) $\lim_{x\to\infty}\frac{-2x^3+x}{x^2+3x+1}$

풀이 $\frac{\infty}{\infty}$ 꼴의 부정형의 극한이다. 로피탈 정리를 이용해서 풀 수도 있고, $\lim_{n\to\infty}a_n=\infty$라면 $\lim_{n\to\infty}\frac{1}{a_n}=0$으로 수렴하는 것을 이용할 수도 있다.

(1) $\lim_{x\to\infty}\frac{x}{x^2+3x+1}=\lim_{x\to\infty}\frac{\frac{1}{x}}{1+\frac{3}{x}+\frac{1}{x^2}}=\frac{0}{1}=0$

(2) $\lim_{x\to\infty}\frac{4x^2+x}{x^2+3x+1}=\lim_{x\to\infty}\frac{4+\frac{1}{x}}{1+\frac{3}{x}+\frac{1}{x^2}}=4$

(3) $\lim_{x\to\infty}\frac{-2x^3+x}{x^2+3x+1}=\lim_{x\to\infty}\frac{-2x+\frac{1}{x}}{1+\frac{3}{x}+\frac{1}{x^2}}=\lim_{x\to\infty}-2x=-\infty$

160. 다음 주어진 식의 극한을 구하라.

(1) $\lim_{x\to\infty}\frac{-2x^2+x}{x^2+3x+1}$　(2) $\lim_{x\to\infty}\frac{2^x+3^x}{2^x-4^x}$

(3) $\lim_{x\to\infty}\frac{x^2+1}{e^x}$　(4) $\lim_{n\to\infty}\frac{(\ln n)^2}{n}$

필수 예제 67

다음 극한값이 $\lim_{x\to0^+} x^p \ln x = 0$을 만족하기 위한 p의 조건을 구하시오.

풀이 $0\cdot\infty$ 형태의 대표적인 꼴의 문제이다.

(i) $p=0$이면 $\lim_{x\to0^+} x^p\ln x = \lim_{x\to0^+}\ln x = -\infty$로 발산한다.

(ii) $p<0$이면 $\lim_{x\to0^+} x^p\ln x = 0^{음수}\cdot(-\infty) = \frac{1}{0^{양수}}\cdot(-\infty) = \infty\cdot(-\infty) = -\infty$이므로 발산한다.

(iii) $p>0$이면 $\lim_{x\to0^+} x^p\ln x = 0^{양수}\cdot(-\infty)$는 부정형이다. 분수형태로 만들어서 로피탈 정리를 이용하자.

$$\lim_{x\to0^+} x^p\ln x = \lim_{x\to0^+}\frac{\ln x}{\frac{1}{x^p}} = \lim_{x\to0^+}\frac{\frac{1}{x}}{\frac{-p}{x^{p+1}}} = \lim_{x\to0^+}\frac{1}{\frac{-p}{x^p}} = \lim_{x\to0^+}\frac{x^p}{-p} = 0$$

따라서 $p>0$이면 $\lim_{x\to0^+} x^p\ln x = 0$이다.

161. 다음 극한값을 구하시오.

(1) $\lim_{x\to0^+} x\ln x$

(2) $\lim_{x\to0^+} x^2\ln x$

(3) $\lim_{x\to\infty} x\left(\frac{\pi}{2}-\tan^{-1}x\right)$

(4) $\lim_{x\to\infty} x\sin\frac{1}{x}$

(5) $\lim_{x\to0}\frac{e^{-\frac{1}{x}}}{x}$

(6) $\lim_{x\to0}\frac{\frac{1}{x}}{e^{\frac{1}{x^2}}}$

필수 예제 68

다음 극한값을 구하시오. (단, $[x]$는 x를 넘지 않는 최대 정수임.)

(1) $\lim_{x\to0}\left(\frac{1}{\ln(x+1)}-\frac{1}{x}\right)$

(2) $\lim_{x\to\infty}\left(\sqrt{[x^2+x]}-x\right)$

풀이 $\infty-\infty$꼴의 극한은 통분 또는 유리화를 한 후에 로피탈 정리로 극한을 구할 수 있다.

(1) $\lim_{x\to0}\left(\frac{1}{\ln(x+1)}-\frac{1}{x}\right)=\lim_{x\to0}\frac{x-\ln(x+1)}{x\ln(x+1)}$ ($\frac{0}{0}$꼴) ($\because$ 로피탈 정리)

$$=\lim_{x\to0}\frac{1-\frac{1}{x+1}}{\ln(x+1)+\frac{x}{x+1}}=\lim_{x\to0}\frac{x}{(x+1)\ln(x+1)+x}=\lim_{x\to0}\frac{1}{\ln(x+1)+2}=\frac{1}{2}$$

(2) $\lim_{x\to\infty}\left(\sqrt{[x^2+x]}-x\right)=\lim_{x\to\infty}\frac{\left(\sqrt{[x^2+x]}-x\right)\left(\sqrt{[x^2+x]}+x\right)}{\sqrt{[x^2+x]}+x}=\lim_{x\to\infty}\frac{[x^2+x]-x^2}{\sqrt{[x^2+x]}+x}$

$=\lim_{x\to\infty}\frac{x^2+x-\alpha-x^2}{\sqrt{x^2+x-\alpha}+x}$; $[x^2+x]=n$이라고 할 때, $x^2+x=n+\alpha(0\le\alpha<1)$이므로

$n=x^2+x-\alpha$이다.

$=\lim_{x\to\infty}\frac{1-\frac{\alpha}{x}}{\sqrt{1+\frac{1}{x}-\frac{\alpha}{x^2}}+1}$; 분모와 분자에 각각 $\frac{1}{x}$를 곱한 것이다. $\lim_{x\to\infty}\frac{1}{x}=0$이므로

$=\frac{1}{2}$; 결국 최고차 항의 계수가 극한값이다.

162. 다음 주어진 식의 극한을 구하라.

(1) $\lim_{x\to\frac{\pi}{2}}(\sec x-\tan x)$

(2) $\lim_{x\to\infty}\left(\sqrt{3x^2+2}-\sqrt{3x^2+x}\right)$

(3) $\lim_{x\to-\infty}\left(\sqrt{1+4x+x^2}+x\right)$

(4) $\lim_{n\to\infty}\frac{1}{\sqrt{3n+\sqrt{2n}}-\sqrt{3n}}$

(5) $\lim_{x\to1}\left(\frac{x}{x-1}+(1-x)\tan\frac{\pi x}{2}-\frac{1}{\ln x}\right)$

3 무리수 e의 정의

(1) $\lim_{x\to\infty}\left(1+\frac{1}{x}\right)^x=e\,(=2.7182\cdots)$

(2) $\lim_{x\to0}(1+x)^{\frac{1}{x}}=e$

(3) $\lim_{x\to\infty}\left(1+\frac{a}{x}\right)^x=e^a$

(4) $\lim_{x\to0}(1+ax)^{\frac{1}{x}}=e^a$

(5) $\lim_{x\to\infty}\left(1+\frac{a}{x+b}\right)^x=e^a$

$\square\to\infty$일때, $\left(1+\frac{1}{\square}\right)^{\square}\to e$ (역수관계)

$\square\to0$일때, $(1+\square)^{\frac{1}{\square}}\to e$ (역수관계)

필수 예제 69

다음 주어진 식의 극한을 구하라.

(1) $\lim_{x\to\infty}\left(1+\frac{a}{x}\right)^x$

(2) $\lim_{x\to0}(1+ax)^{\frac{1}{x}}$

풀이 밑수도 미지수, 지수도 미지수형태의 함수는 무조건 $\bigstar=e^{\ln\bigstar}$ 꼴로 만들어놓고 생각한다.

(1) $\lim_{x\to\infty}x\ln\left(1+\frac{a}{x}\right)$은 $\infty\cdot0$꼴의 부정형이므로 분수형태로 만들어서 로피탈 정리를 이용하자.

$$\lim_{x\to\infty}x\ln\left(1+\frac{a}{x}\right)=\lim_{x\to\infty}\frac{\ln\left(1+\frac{a}{x}\right)}{\frac{1}{x}}=\lim_{t\to0}\frac{\ln(1+at)}{t}=\lim_{t\to0}\frac{a}{1+at}=a\ \left(\because\ \frac{1}{x}=t\text{로 치환하면 }\lim_{x\to\infty}\frac{1}{x}=t\to0\right)$$

$$\lim_{x\to\infty}\left(1+\frac{a}{x}\right)^x=\lim_{x\to\infty}e^{x\ln\left(1+\frac{a}{x}\right)}=e^a$$

(2) $\lim_{x\to0}\frac{\ln(1+ax)}{x}$은 $\frac{0}{0}$꼴의 부정형이므로 로피탈 정리를 이용해서 정리하자.

$\lim_{x\to0}\frac{\ln(1+ax)}{x}=\lim_{x\to0}\frac{a}{1+ax}=a$이므로 $\lim_{x\to0}(1+ax)^{\frac{1}{x}}=\lim_{x\to0}e^{\frac{1}{x}\ln(1+ax)}=e^a$이다.

TIP (1)과 (2)의 관계성을 생각해보자.

$\lim_{x\to\infty}\frac{1}{x}=t\to0$이므로 $\frac{1}{x}=t$로 치환하면 $\lim_{x\to\infty}\left(1+\frac{a}{x}\right)^x=\lim_{t\to0}(1+at)^{\frac{1}{t}}=e^a$이 성립한다.

필수 예제 70

다음 주어진 식의 극한을 구하라.

(1) $\lim_{x\to 0} x^x$　　　(2) $\lim_{x\to\infty} x^{\frac{1}{x}}$

풀이 밑수도 미지수, 지수도 미지수형태의 함수는 무조건 $\bigstar = e^{\ln\bigstar}$ 꼴로 만들어놓고 생각한다.

(1) $\lim_{x\to 0} x^x = \lim_{x\to 0} e^{x\ln x} = e^0 = 1 \quad \left(\because \lim_{x\to 0} x\ln x = 0\right)$

(2) $\lim_{x\to\infty} x^{\frac{1}{x}} = \lim_{x\to\infty} e^{\frac{1}{x}\ln x} = e^0 = 1 \quad \left(\because \lim_{x\to\infty}\frac{\ln x}{x} = \lim_{x\to\infty}\frac{1}{x} = 0\right)$

163. 다음 주어진 식의 극한을 구하라.

(1) $\lim_{x\to\infty}\left(1+\frac{a}{x+b}\right)^x$　　　(2) $\lim_{n\to\infty}\frac{n^{n+1}}{(n+1)^{n+1}}$

(3) $\lim_{n\to\infty}\left(1-\frac{3}{2n-5}\right)^n$　　　(4) $\lim_{x\to 0}(1+\sin 4x)^{\cot x}$

(5) $\lim_{x\to 0}(1-x)^{\frac{1}{\tan^{-1}x}}$　　　(6) $\lim_{x\to 0}(e^x+\sin 2x)^{\frac{1}{x}}$

(7) $\lim_{x\to 0}(1+\sin(2x))^{\frac{1}{x}}$　　　(8) $\lim_{x\to 0}(e^x+2x)^{\frac{3}{x}}$

164. $\lim_{x\to\infty}\left(\frac{x+a}{x-a}\right)^x = 9$를 만족하는 a의 값을 구하시오.

필수 예제 71

다음의 극한값을 구하시오.

(1) $\lim_{n\to\infty} n^2\int_0^{1/n}\tan^{-1}x\,dx$

(2) $\lim_{x\to 0}\frac{\sqrt{2+\tan x}-\sqrt{2+\sin x}}{x^3}$

풀이 극한의 부정형은 결국 $\frac{0}{0}$꼴 또는 $\frac{\infty}{\infty}$ 형태로 바꿔서 로피탈 정리를 이용해서 풀이하는 것이 기본형태이다.

(1) $\lim_{n\to\infty} n^2\int_0^{\frac{1}{n}}\tan^{-1}x dx=\lim_{n\to\infty}\frac{\int_0^{\frac{1}{n}}\tan^{-1}x dx}{\frac{1}{n^2}}$; 준식을 분수형태로 만들 수 있다.

$=\lim_{t\to 0}\frac{\int_0^{t}\tan^{-1}x dx}{t^2}$; $\frac{1}{n}=t$로 치환해서 식을 간결하게 하고 $\frac{0}{0}$꼴의 로피탈 정리를 하자.

$=\lim_{t\to 0}\frac{\tan^{-1}t}{2t}=\lim_{t\to 0}\left(\frac{1}{2}\cdot\frac{1}{1+t^2}\right)=\frac{1}{2}$

(2) $\lim_{x\to 0}\frac{\sqrt{2+\tan x}-\sqrt{2+\sin x}}{x^3}=\lim_{x\to 0}\left(\frac{\sqrt{2+\tan x}-\sqrt{2+\sin x}}{x^3}\times\frac{\sqrt{2+\tan x}+\sqrt{2+\sin x}}{\sqrt{2+\tan x}+\sqrt{2+\sin x}}\right)$ (∵분자의 유리화)

$=\lim_{x\to 0}\frac{\tan x-\sin x}{x^3}\times\frac{1}{\sqrt{2+\tan x}+\sqrt{2+\sin x}}$

$=\left(\frac{1}{3}+\frac{1}{3!}\right)\times\frac{1}{2\sqrt{2}}=\frac{1}{4\sqrt{2}}$

❖ 각각의 극한값이 존재하면 각각의 극한을 구한 후 곱할 수 있다.

165. 다음을 계산하시오.

(1) $\lim_{x\to 1}\frac{\int_1^{x^2}\left(\sin\frac{\pi}{2}t+e^t\right)dt}{x^3-1}$

(2) $\lim_{x\to 0}\frac{1}{x^2}\int_{-x^2}^{x^2}\frac{\sin t}{t}dt$

(3) $\lim_{x\to 0}\frac{1}{x}\int_0^x(1+\sin 2t)^{\frac{1}{t}}dt$

(4) $\lim_{x\to 0}\frac{(1-\cos x)^2}{3x^4}$

필수 예제 72

극한 $\lim_{x\to 2}\frac{a\sqrt{x^2+5}-b}{x-2}=\frac{2}{3}$를 만족하는 a,b는?

TIP 미분가능한 두 함수 $f(x)$, $g(x)$에 대하여

(1) $\lim_{x\to a}\frac{f(x)}{g(x)}=\alpha$이고, $\lim_{x\to a}g(x)=0$이면, $\lim_{x\to a}f(x)=0$이다.

(2) $\lim_{x\to a}\frac{f(x)}{g(x)}=\alpha$이고, $\lim_{x\to a}f(x)=0$이면, $\lim_{x\to a}g(x)=0$이다.

풀이 $\lim_{x\to 2}\frac{a\sqrt{x^2+5}-b}{x-2}$의 분모가 0인데 극한값이 존재하는 이유는 $\frac{0}{0}$꼴에서 로피탈 정리를 이용한 것이므로

$\lim_{x\to 2}a\sqrt{x^2+5}-b=3a-b=0$이고, $b=3a$이다.

$\lim_{x\to 2}\frac{a\sqrt{x^2+5}-b}{x-2}\left(\frac{0}{0}\text{꼴}\right)=\lim_{x\to 2}\frac{2ax}{2\sqrt{x^2+5}}=\frac{2a}{3}=\frac{2}{3}$ 이므로 $a=1, b=3$이다.

166. 다음 두 조건 $\lim_{x\to 0}\frac{f(x)}{x}=-2$, $\lim_{x\to\infty}\frac{f(x)-3x^3}{x^2}=1$을 동시에 만족하는 x의 다항식 $f(x)$의 계수들의 합은?

167. 다음 극한 $\lim_{x\to\frac{\pi}{2}}\frac{\cos(ax)}{\left(x-\frac{\pi}{2}\right)}=b$를 만족하는 실수 $a(2\le a\le 4)$, b에 대하여 $a+b$의 값을 구하시오.

168. $\lim_{x\to 0}\frac{\sin(\tan^{-1}(\sqrt{a+bx}))-\frac{\sqrt{2}}{2}}{x}=\frac{\sqrt{2}}{4}$일 때 $a+b$의 값은?

필수 예제 73

극곡선 $r=1+\sin\theta$가 수평접선 또는 수직접선을 갖는 점을 구하여라.

풀이 극곡선의 접선의 기울기 $\dfrac{dy}{dx}$는 매개함수 미분법을 이용한다.

$r=1+\sin\theta$를 $\begin{cases} x=r\cos\theta \\ y=r\sin\theta \end{cases}$ 를 사용하여 매개변수 미분을 한다.

$$\frac{dy}{dx}=\frac{(r\sin\theta)'}{(r\cos\theta)'}=\frac{r'\sin\theta+r\cos\theta}{r'\cos\theta-r\sin\theta}=\frac{\cos\theta\sin\theta+(1+\sin\theta)\cos\theta}{\cos\theta\cos\theta-(1+\sin\theta)\sin\theta}=\frac{\sin2\theta+\cos\theta}{\cos2\theta-\sin\theta}$$

(i) 접선이 수평하다는 것은 $\dfrac{dy}{dx}=\dfrac{y'}{x'}=0$이다. 즉, $y'=0$이고, $x'\neq0$을 만족하는 θ를 구하자.

$y'=\cos\theta(2\sin\theta+1)=0 \Rightarrow \theta=\dfrac{\pi}{2}, \dfrac{3\pi}{2}, \dfrac{7\pi}{6}, \dfrac{11\pi}{6}$ 이고, $x'\neq0$을 만족해야하므로 수평접선을 갖는

극좌표는 $\left(2, \dfrac{\pi}{2}\right), \left(\dfrac{1}{2}, \dfrac{7\pi}{6}\right), \left(\dfrac{1}{2}, \dfrac{11\pi}{6}\right)$이다.

(ii) 수직접선을 갖는다는 것은 $\dfrac{dy}{dx}=\dfrac{y'}{x'}=\infty$이다. 즉, $x'=0$이고, $y'\neq0$을 만족하는 θ를 구하자.

$x'=\cos^2\theta-\sin^2\theta-\sin\theta=-(2\sin^2\theta+\sin\theta-1)=0 \Rightarrow (2\sin\theta-1)(\sin\theta+1)=0 \Rightarrow \sin\theta=\dfrac{1}{2}$ or $\sin\theta=-1$

$\Rightarrow \theta=\dfrac{\pi}{6}, \dfrac{5\pi}{6}, \dfrac{3\pi}{2}$ 이고, $y'\neq0$을 만족해야하므로 수직접선을 갖는 극좌표는 $\left(\dfrac{3}{2}, \dfrac{\pi}{6}\right), \left(\dfrac{3}{2}, \dfrac{5\pi}{6}\right)$이다.

(iii) $\theta=\dfrac{3\pi}{2}$ 에서는 $x'=0$, $y'=0$이므로 극한을 통해서 $\dfrac{dy}{dx}$를 구한다.

$\displaystyle\lim_{\theta\to\frac{3\pi}{2}}\frac{\sin2\theta+\cos\theta}{\cos2\theta-\sin\theta}=\lim_{\theta\to\frac{3\pi}{2}}\frac{2\cos2\theta-\sin\theta}{-2\sin2\theta-\cos\theta}=\infty$ 따라서 $\left(0, \dfrac{3\pi}{2}\right)$에서 수직접선을 갖는다.

수평접선을 갖는 극좌표는 $\left(2, \dfrac{\pi}{2}\right), \left(\dfrac{1}{2}, \dfrac{7\pi}{6}\right), \left(\dfrac{1}{2}, \dfrac{11\pi}{6}\right)$이고,

수직접선을 갖는 극좌표는 $\left(\dfrac{3}{2}, \dfrac{\pi}{6}\right), \left(\dfrac{3}{2}, \dfrac{5\pi}{6}\right), \left(0, \dfrac{3\pi}{2}\right)$이다.

169. **그림과 같이 중심이 O이고 반지름이 1인 원 위의 두 점 A, B가 이루는 중심각의 크기를 θ로 나타낸다. 두 점 A, B를 잇는 현의 길이를 $\overline{AB}$, 호의 길이를 A ~ B로 나타낼 때,**

다음 극한값 $\displaystyle\lim_{\theta\to0}\frac{(A\sim B)^2}{\overline{AB}}$ 은?

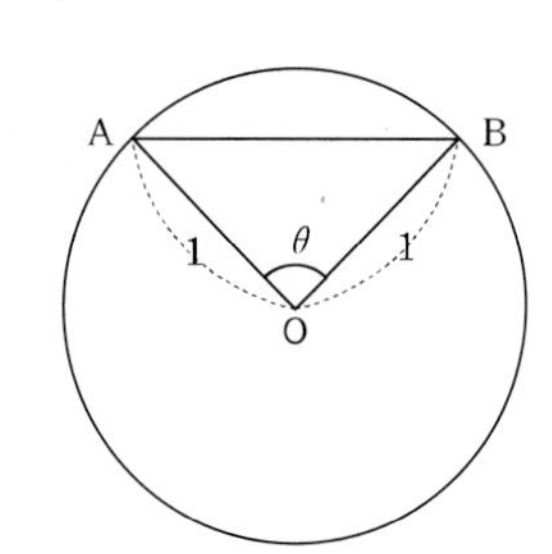

필수 예제 74

함수 $f(x)=\begin{cases} x^2\sin\dfrac{1}{x}, & x\neq 0 \\ 0 & , x=0 \end{cases}$에 대하여 다음 중 참인 것은?

ㄱ. $f(x)$는 모든 실수에서 연속이다.
ㄴ. $f(x)$는 모든 실수에서 미분가능하다.
ㄷ. $f(x)$의 도함수 $f'(x)$는 $x=1$에서 연속이다.
ㄹ. $f(x)$의 도함수 $f'(x)$는 $x=0$에서 연속이다.

풀이 $x=0$에서 특이점을 갖는 함수의 미분계수는 미분계수의 정의를 통해서 구한다.

ㄱ. $\begin{cases} f(0)=0 \\ \lim\limits_{x\to0} x^2\sin\dfrac{1}{x}=0\times(\text{진동})=0 \end{cases}$; $x=0$에서 연속이므로 모든 실수에서 연속이다. (참)

ㄴ. $\lim\limits_{h\to0}\dfrac{f(0+h)-f(0)}{h}=\lim\limits_{h\to0}\dfrac{h^2\sin\frac{1}{h}}{h}=\lim\limits_{h\to0}h\sin\dfrac{1}{h}=0\times(\text{진동})=0$이므로 $x=0$에서 미분가능하다. (참)

ㄷ. $f'(x)=\begin{cases} 2x\sin\dfrac{1}{x}-\cos\dfrac{1}{x}, & x\neq0 \\ 0, & x=0 \end{cases}$이므로 $\begin{cases} f'(1)=2\sin1-\cos1 \\ \lim\limits_{x\to1}f'(x)=2\sin1-\cos1 \end{cases}$이다. 따라서 $x=1$에서 연속이다. (참)

ㄹ. $f'(x)$에서 $\begin{cases} f'(0)=0 \\ \lim\limits_{x\to0}f'(x)=0\times(\text{진동})-(\text{진동})=-(\text{진동}) \end{cases}$ 이므로 $x=0$에서 불연속이다. (거짓)

170. 다음 주어진 함수의 $x=0$에서 연속성과 미분가능성을 조사하시오.

(1) $f(x)=\begin{cases} x\sin\dfrac{1}{x} & (x\neq0) \\ 0 & (x=0) \end{cases}$

(2) $f(x)=\begin{cases} x^{\frac{5}{3}}\sin\dfrac{1}{x} & (x\neq0) \\ 0 & (x=0) \end{cases}$

171. $f(x)=\begin{cases} x\tan^{-1}\dfrac{1}{x} & (x\neq0) \\ 0 & (x=0) \end{cases}$일 때, $f'(0)$의 값을 구하시오.

필수 예제 75

함수 $f(x)=\begin{cases} \dfrac{\sin x}{x} & (x \neq 0) \\ 1 & (x=0) \end{cases}$ 에 대하여 $f'(0)$, $f''(0)$의 값을 구하시오.

풀이 $x=0$에서 특이점을 갖는 함수의 미분계수를 구하는 문제이다. 두 가지 풀이법을 소개하고자 한다.
첫 번째는 미분계수의 정의로 풀이하는 방법이고, 두 번째는 없앨 수 있는 특이점으로 매클로린 급수를 이용하는 것이다.

M1) 미분계수의 정의에 의해 $\lim_{h\to0}\dfrac{f(0+h)-f(0)}{h}=\lim_{h\to0}\dfrac{\frac{\sin h}{h}-1}{h}=\lim_{h\to0}\dfrac{\sin h-h}{h^2}=\lim_{h\to0}\dfrac{\cos h-1}{2h}=\lim_{h\to0}\dfrac{-\sin h}{2}=0$

이므로 미분계수가 존재한다. $f'(0)=0$이다. $f'(x)=\begin{cases} \dfrac{x\cos x-\sin x}{x^2} & (x \neq 0) \\ 0 & (x=0) \end{cases}$ 이 도함수를 나타낼 수 있다.

$$\lim_{h\to0}\frac{f'(0+h)-f'(0)}{h}=\lim_{h\to0}\frac{\frac{h\cosh-\sinh}{h^2}-0}{h}=\lim_{h\to0}\frac{h\cosh-\sinh}{h^3}$$

$$=\lim_{h\to0}\frac{h-\frac{1}{2!}h^3+\cdots-\left(h-\frac{1}{3!}h^3+\cdots\right)}{h^3}=-\frac{1}{3}$$ 이므로 $f''(0)=-\dfrac{1}{3}$이다.

M2) $x=0$에서 $f(x)$는 연속함수이다. $\sin x=x-\dfrac{1}{3!}x^3+\dfrac{1}{5!}x^5-\dfrac{1}{7!}x^7+\cdots$의 매클로린 급수를 갖는다.

그렇다면 $\dfrac{\sin x}{x}$의 매클로린 급수를 이용하면 $\dfrac{\sin x}{x}=1-\dfrac{1}{3!}x^2+\dfrac{1}{5!}x^4-\dfrac{1}{7!}x^6+\cdots$이 되는 것이다.

따라서 C_n은 x^n의 계수라고 할 때, $f'(0)=1!\,C_1=0$이고 $f''(0)=2!\,C_2=-\dfrac{2!}{3!}=-\dfrac{1}{3}$이다.

172. 함수 H를 다음과 같이 정의할 때, 2차 미분계수 $H''(0)$의 값은?

$$H(x)=\begin{cases} \dfrac{1-\cos x}{x^2} & , x \neq 0 \\ \dfrac{1}{2} & , x=0 \end{cases}$$

173. 구간 $\left(-\dfrac{\pi}{2}, \dfrac{\pi}{2}\right)$에서 정의된 연속함수 $f(x)$가 모든 x에 대하여 $(\sin 4x)f(x)=e^{3x}-1$을 만족시킬 때, $f(0)$의 값은?

5 상대적 비율

풍선에 공기를 불어넣는다면 풍선의 부피와 반지름, 겉넓이는 모두 증가하고, 증가율은 서로 관련되어 있다.
뿐만 아니라 물탱크에 물을 붓는다면 물의 양, 높이, 물의 표면의 면적 등 서로의 관련성을 이용해서 부피의 증가율, 반지름의 증가율, 높이의 변화율을 구하는 것을 상대적 비율 문제라고 한다.
이 문제를 해결하기 위하여 관계식을 구하고, 양변을 시간에 대한 미분을 통해서 식을 정리하면 된다.

필수 예제 76

**그림과 같이 원뿔에 $2\mathrm{m}^3/\mathrm{min}$ 유량으로 물이 유입된다.
물의 높이 $h=3\mathrm{m}$일 때의 시간에 따른 높이의 변화율$(\mathrm{m}/\mathrm{min})$은?**

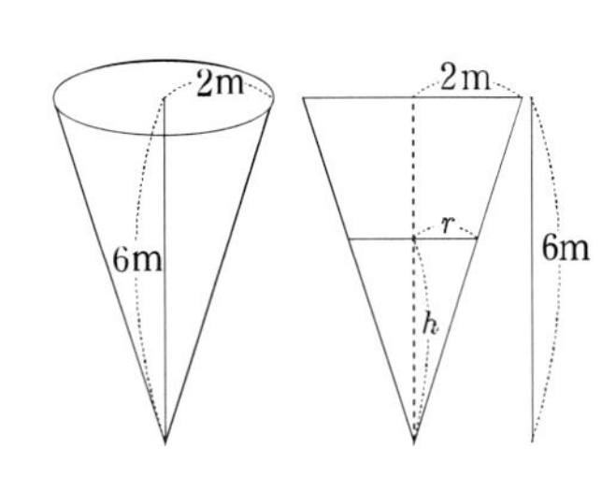

풀이 구하고자 하는 것은 $h=3$일 때, 원뿔에 담긴 물의 높이의 변화율 $\frac{dh}{dt}$ 이다.

원뿔의 부피 $V=\frac{1}{3}r^2\pi h$를 이용할 것이고, 변수가 2개이므로 관계식을 통해서 변수를 1개로 줄이면 $V=\frac{1}{27}\pi h^3$이다.

($\because$ 주어진 그림과 같이 $r:h=2:6$의 비례관계가 성립하므로 $r=\frac{1}{3}h$)

시간 t에 대해서 미분하면 $\frac{dV}{dt}=\frac{1}{9}\pi h^2\frac{dh}{dt}$ 이고 $\frac{dV}{dt}=2$, $h=3$을 대입하면 $\frac{dh}{dt}=\frac{2}{\pi}$ 이다.

174. 어떤 정육면체의 겉넓이가 매초 $24\mathrm{cm}^2$의 비율로 일정하게 증가한다면 이 정육면체의 한 모서리의 길이가 $1\mathrm{cm}$가 되는 순간의 부피의 변화율은 얼마인가?

175. 공기 펌프로 매초 $9\mathrm{m}^3$의 공기를 구형을 유지하며 커지는 기구에 주입하고 있다. 이 기구의 반지름이 $3\mathrm{m}$일 때, 반지름이 증가하는 순간 속도는?

필수 예제 77

수직인 벽에 $13m$ 길이의 사다리가 세워져 있다. 사다리의 밑바닥은 벽으로 $2m/s$ 의 비율로 멀어진다. 사다리 밑바닥이 벽으로부터 $5m$ 일 때, 사다리의 꼭대기가 벽으로부터 미끄러져 내리는 속력은?

풀이 벽과 밑바닥을 좌표평면의 1사분면으로 정하고 사다리의 밑바닥 쪽을 x, 사다리의 벽 쪽을 y라 하자.

사다리의 길이가 13이므로 피타고라스 정리에 의해 $x^2+y^2=13^2$ 의 관계식이 만들어진다. …㉠

$x=5$일 때, $y=12$이고 이 때, 시간에 대한 x의 변화율 $\dfrac{dx}{dt}=2$이다.

㉠을 시간 t에 대해 미분하면 $2x\dfrac{dx}{dt}+2y\dfrac{dy}{dt}=0$이며 $x=5$, $\dfrac{dx}{dt}=2$, $y=12$를 대입해서 정리하면 $\dfrac{dy}{dt}=-\dfrac{5}{6}$ 이다.

즉, 사다리가 미끄러져 내려오므로 y값이 줄어들고 있음을 나타내고 있다.

사다리의 꼭대기가 벽으로부터 미끄러져 내리는 속력을 물었으므로 $\dfrac{dy}{dt}$에 절댓값을 씌우면 $\dfrac{5}{6}$가 된다.

176. 한 사람이 곧은 직선의 형태의 길을 따라서 $4m/s$ 의 속도로 걷고 있다. 그 길에서 $20m$ 떨어진 지점에서 서치라이트가 그 사람을 따라 회전하며 비추고 있다. 그 사람이 서치라이트에 가장 가까운 길 위의 한 점으로부터 $15m$ 떨어진 지점을 지날 때, 서치라이트의 회전속도는?

① $\dfrac{8}{25}$ rad$/s$　② $\dfrac{16}{125}$ rad$/s$　③ $\dfrac{8}{225}$ rad$/s$　④ $\dfrac{32}{325}$ rad$/s$

177. 지름이 $2km$ 인 원 모양의 호수가 있다. 호수의 지름의 한 쪽 끝 지점 A에서 출발하여 다른 쪽 끝 지점 B까지 가려고 한다. A에서 C까지는 속력이 $10km/h$인 배를 타고 직선으로 간 후, 다시 C에서 B까지 호수 가장자리를 일정한 속력으로 자전거를 타고 간다고 하자. A에서 C를 거쳐 B까지 가는데 걸리는 시간이 최대가 되는 것은 $\theta=\dfrac{\pi}{6}$ 일 때라고 하면 자전거의 속력은?

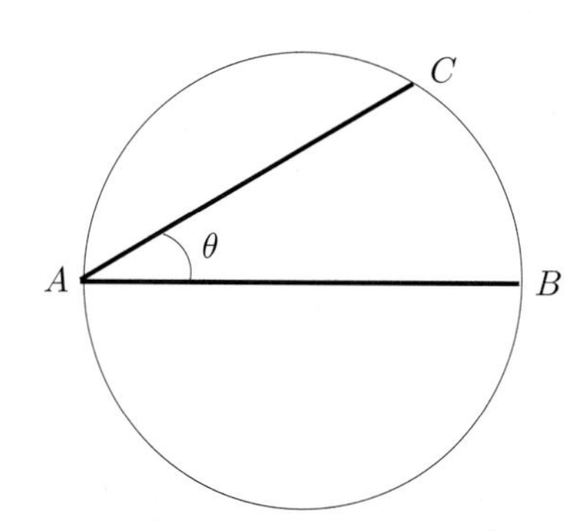

MEMO

6 함수의 극대 & 극소, 최대 & 최소

1 증가함수 & 감소함수

(1) 정의

구간 I에 속하는 x_1, x_2가

① $x_1 < x_2$이고, $f(x_1) < f(x_2)$일 때, $f(x)$는 구간 I에서 (순)증가함수라고 한다.

② $x_1 < x_2$이고, $f(x_1) \le f(x_2)$일 때, $f(x)$는 구간 I에서 (단조)증가함수라고 한다.

③ $x_1 < x_2$이고, $f(x_1) > f(x_2)$일 때, $f(x)$는 구간 I에서 (순)감소함수라고 한다.

④ $x_1 < x_2$이고, $f(x_1) \ge f(x_2)$일 때, $f(x)$는 구간 I에서 (단조)감소함수라고 한다.

(2) 증가함수 & 감소함수의 조건

함수 $y = f(x)$에 대하여 어떤 구간 I에서 연속이고 미분가능할 때

① 구간 I에서 증가함수가 되기 위한 조건은 $f'(x) \ge 0$이다.

② 구간 I에서 감소함수가 되기 위한 조건은 $f'(x) \le 0$이다.

⇒ $f'(x)$는 $f(x)$의 증가상태 또는 감소상태인지를 확인할 수 있다.

2 아래로 볼록 & 위로 볼록

(1) 아래로 볼록(위로 오목)

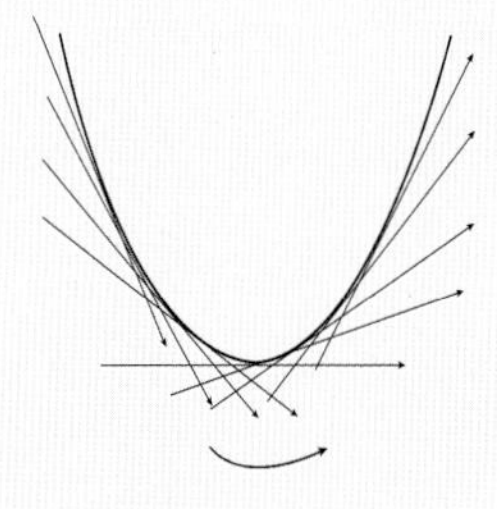

① $f(x)$의 그래프가 구간 I상에서 함수의 모든 접선 위에 존재한다면 I상에서 $f(x)$는 아래로 볼록이라고 부른다.

② 구간 I에서 $f''(x) > 0$일 때, $f(x)$는 아래로 볼록하다.

③ $f\left(\frac{x+y}{2}\right) \le \frac{f(x)+f(y)}{2}$ 만족하면 아래로 볼록하다.

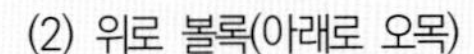

(2) 위로 볼록(아래로 오목)

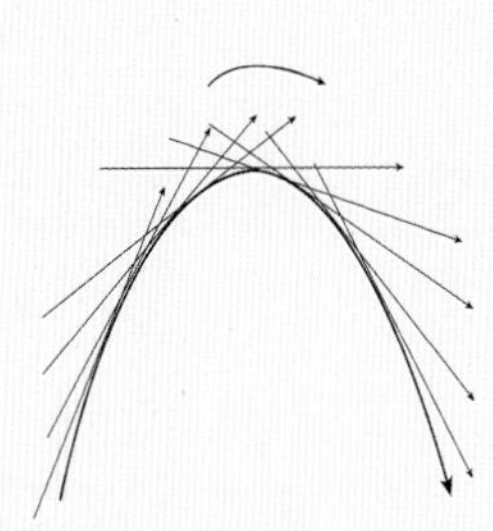

① $f(x)$의 그래프가 구간 I상에서 함수의 모든 접선 아래에 존재한다면 I상에서 $f(x)$는 위로 볼록이라고 부른다.

② 구간 I에서 $f''(x) < 0$일 때, $f(x)$는 위로 볼록하다.

③ $f\left(\frac{x+y}{2}\right) \ge \frac{f(x)+f(y)}{2}$을 만족하면 위로 볼록하다.

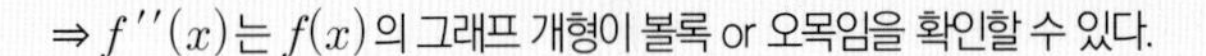

⇒ $f''(x)$는 $f(x)$의 그래프 개형이 볼록 or 오목임을 확인할 수 있다.

필수 예제 78

함수 $f(x) = -x^3 - kx^2 + kx - 4$가 '$x_1 < x_2$인 임의의 실수 x_1, x_2에 대하여 항상 $f(x_1) > f(x_2)$'를 만족하도록 하는 실수 k의 값의 범위는?

풀이 $f(x)$에서 $f'(x) = -3x^2 - 2kx + k$이고 위의 조건 '$x_1 < x_2$인 임의의 실수 x_1, x_2에 대하여 항상 $f(x_1) > f(x_2)$'은 순감소함수를 의미한다. 즉, 감소함수가 되기 위한 조건은 모든 x에 대하여 $f'(x) \le 0$인 것이므로
$D/4 = k^2 - (-3)(k) \le 0 \Rightarrow -3 \le k \le 0$

자주하는 질문!!
'$x_1 < x_2$인 임의의 실수 x_1, x_2에 대하여 항상 $f(x_1) > f(x_2)$' 순감소함수이므로 $f'(x) < 0$이 아니냐는 질문을 많이 합니다.
그러나 순감소함수는 $f'(x) \le 0$입니다.
예를 들어 $y = -x^3$의 그래프를 생각해봅시다. 이 함수는 순감소함수이지만 $x = 0$에서 미분계수는 0입니다.
즉, $y' = -3x^2 \le 0$이 되는 것이죠!!

178. 함수 $f(x) = 3x^6 + 4x^3 - x$에 대한 역함수가 존재하지 않는 구간은?

① $(-3, -2)$ ② $(-2, -1)$ ③ $(-1, 1)$ ④ $(1, 2)$

179. 매개곡선 $x = 3 + 2t^2,\ y = t^2 + t^3$이 위로 오목한 t의 범위는?

180. 함수 $y = f(x)$가 $f(0) = 0$이고 연속 함수 g에 대한 미분방정식 $y' = g(x)$의 해라고 한다. 다음 명제 중 옳은 것을 모두 고르면?

ㄱ. $\lim_{x\to\infty} g(x) = 1$이면 $\lim_{x\to\infty}\{f(x) - x\} = 0$이다.
ㄴ. $x \ge 0$에서 g가 감소함수이면 f도 $x \ge 0$에서 아래로 볼록이다.
ㄷ. 모든 x에 대하여 $g'(x) < 0$이면 함수 f의 그래프는 위로 볼록하다.

3 임계점

(1) 함수 $f(x)$에서 $f'(a)=0$ 이거나 $f'(a)$가 존재하지 않는 $f(x)$의 정의역에 속하는 상수 a를 임계수(critical number)라고 하고, $(a, f(a))$를 임계점이라고 한다.

(2) 만일 $f(x)$가 $x=a$에서 극댓값이나 극솟값을 가지면 $x=a$는 임계수이다.

(3) 함수 $f(x)$가 점 $x=a$에서 미분가능하고 극값을 가지면, $f'(a)=0$이다.

4 극댓점 & 극솟점

(1) 극댓점 : $x=a$ 부근에서 $f(a)$가 최댓값을 갖는다면 $(a, f(a))$를 극댓점이라고 한다.
또는 접선의 기울기가 양수에서 음수로 변하는 임계점을 말한다.

(2) 극솟점 : $x=b$ 부근에서 $f(b)$가 최솟값을 갖는다면 $(b, f(b))$를 극솟점이라고 한다.
또는 접선의 기울기가 음수에서 양수로 변하는 임계점을 말한다.

5 변곡점

곡선의 그래프가 아래로 볼록에서 위로 볼록으로, 또는 위로 볼록에서 아래로 볼록으로 변한다면 그 점을 변곡점이라고 한다.

곡선 $y=f(x)$가 연속이고 미분가능한 함수라고 할 때, $\alpha \in (a,b)$에 대하여 $f''(\alpha)=0$이고, $x=\alpha$의 좌우에서 $f''(x)$의 부호가 바뀌면 점 $(\alpha, f(\alpha))$를 변곡점이라 한다.

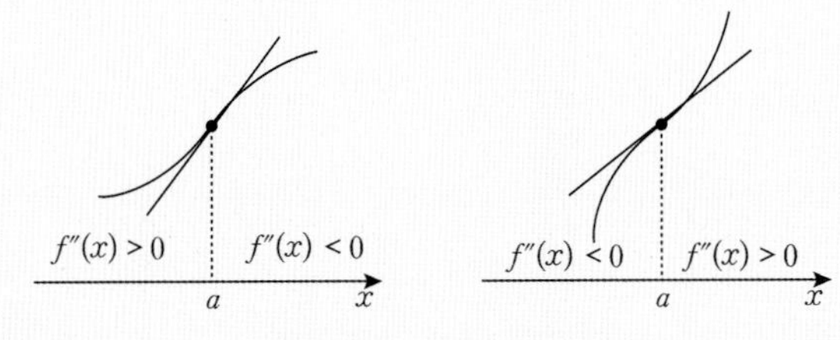

6 극대와 극소 판정법

(1) 1계 도함수 판정법

함수 $f(x)$의 임계점에서 $f'(x)$의 부호의 변화로 극대와 극소를 판정한다.

① $x=a$에서 $f'(x)$의 값이 $(+)\to(-)$이면, $(a, f(a))$는 극댓점이라 한다.

② $x=b$에서 $f'(x)$의 값이 $(-)\to(+)$이면, $(b, f(b))$는 극솟점이라 한다.

x		a		b	
$f'(x)$	+		−		+

(2) 2계 도함수 판정법

구간 I에서 $f(x)$가 연속인 도함수 $f'(x)$, $f''(x)$가 존재하면, $(a, b \in I)$

① $f'(a)=0$이고 $f''(a)<0$이면 $f(x)$는 $x=a$에서 극댓값을 갖는다.

② $f'(b)=0$이고 $f''(b)>0$이면 $f(x)$는 $x=b$에서 극솟값을 갖는다.

필수 예제 79

함수 $f(x)=(3x+1)(x-1)^3$일 때, 극댓값과 극솟값은?

풀이 다항함수는 모든 실수에서 연속이고 미분가능한 함수이므로 임계점은 $f'(x)=0$을 만족한다.

극대/극솟값을 구하기 위해서 $f'(x)=0$을 만족하는 임계점을 구하자.

$f'(x)=3(x-1)^2(4x)=0 \Rightarrow$ 임계점은 $x=0,1$일 때이다.

x		0		1	
$f'(x)$	−	0	+	0	+

따라서 기울기의 증감을 확인하면, $x=0$에서 극소이며, 그때의 극솟값은 -1이다.

또한, $x=1$에서는 임계점이지만, 극대/극소도 아니다.

따라서 극솟값은 -1로 존재하고, 극댓값은 존재하지 않는다.

181. 함수 $f(x)=ax^2-bx+\ln x$가 $x=1$에서 극솟값 -3을 가질 때 $a+b$의 값은?

182. 함수 $y=xe^{-x}$는 $x=a$에서 극값 b를 갖는다고 할 때, ab는 얼마인가?

183. 함수 $f(x)$의 2계 도함수가 $f''(x)=x^3-3x+2$ 일 때, 변곡점은 몇 개인가?

184. 함수 $f(x)=(x^2-x)e^{-x}$에서 변곡점을 갖는 x좌표의 합은?

7 점근선

곡선 위의 동점이 원점에서 한없이 멀어짐에 따라 어떤 직선에 한없이 가까워질 때, 이 직선을 곡선의 점근선이라 한다.

(1) 수평 점근선 : $\lim_{x \to \pm\infty} f(x) = b$이면 $y = b$는 수평 점근선이다.

(2) 수직 점근선 : $\lim_{x \to a} f(x) = \pm\infty$이면 $x = a$는 수직 점근선이다.

(3) 사점근선 : $\lim_{x \to \pm\infty} f(x) = ax + b$이면 $y = ax + b$는 사점근선이다.

8 그래프 개형 그리는 방법

지금까지 그래프를 그릴 때 필요한 특정한 내용에 대해 공부했다.

구체적으로 정의역, 치역, 대칭성, 극한, 점근선, 증가 또는 감소하는 구간, 극대와 극소, 오목과 변곡점 등이다.

이들을 이용하여 그래프의 개형을 그려보고자 한다.

Step 1) 정의역 내에서 극댓점과 극솟점을 구한다.

Step 2) 정의역 내에서 극한값을 구하고 점근선을 확인한다.

Step 3) x절편, y절편, 극댓점, 극솟점 등을 찍고 그래프를 간단히 그린다.

❖ 주의사항

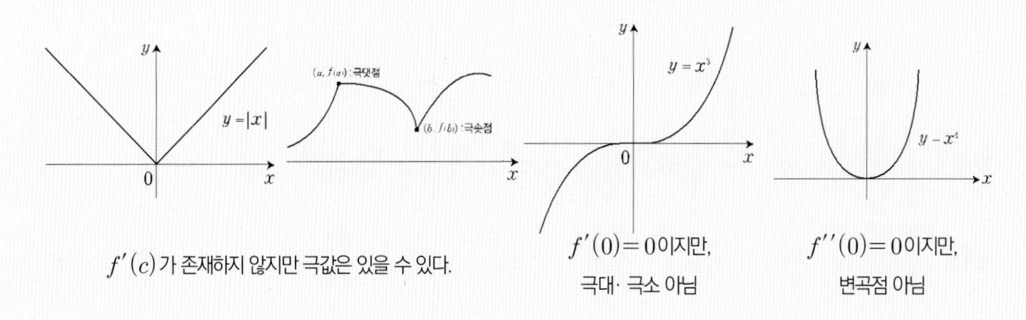

$f'(c)$가 존재하지 않지만 극값은 있을 수 있다.

$f'(0) = 0$이지만, 극대· 극소 아님

$f''(0) = 0$이지만, 변곡점 아님

MEMO

필수 예제 80

다음 주어진 함수의 그래프 개형을 그려보시오.

(1) $f(x)=x^3-3x+2$

(2) $y=x^4-4x^3$

풀이 다항함수의 정의역은 모든 실수이고, 연속이고 미분가능한 함수이므로 임계점은 $f'(x)=0$일 때이다.

(1) $f(x)=x^3-3x+2=(x-1)^2(x+2)$이므로 이 함수의 x절편은 $-2,\ 1$이다.
$f'(x)=3x^2-3=3(x-1)(x+1)=0$, $f''(x)=6x=0$ 이므로 $x=1$에서 극솟값 $f(1)=0$을 갖고,
$x=-1$에서 극댓값 $f(-1)=4$를 갖고, 변곡점은 $(0,2)$이다. $\lim_{x\to\infty}f(x)=\infty$, $\lim_{x\to-\infty}f(x)=-\infty$

(2) $f(x)=x^4-4x^3=x^3(x-4)$이므로 이 함수의 x절편은 $0,\ 4$이다.
$f'(x)=4x^3-12x^2=4x^2(x-3)=0$이므로 $x=0$과 $x=3$에서 임계점을 갖는다.
$f''(x)=12x^2-24x=12x(x-2)$, $f''(0)=0$, $f''(3)>0$이므로 $x=0$과 $x=2$에서 변곡점을 갖고,
$x=3$에서 극솟점을 갖는다. $\lim_{x\to\infty}f(x)=\infty$, $\lim_{x\to-\infty}f(x)=\infty$

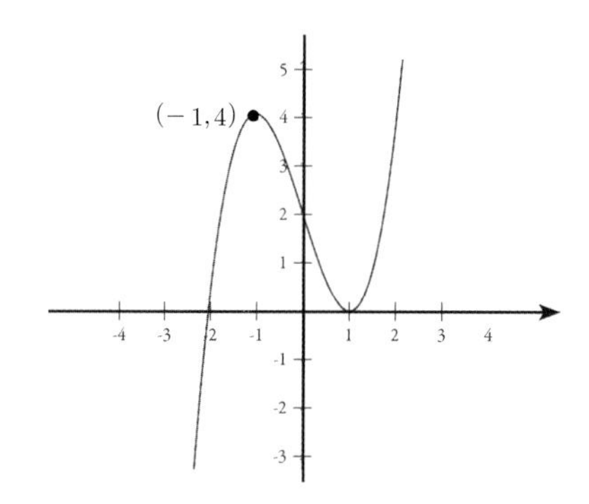

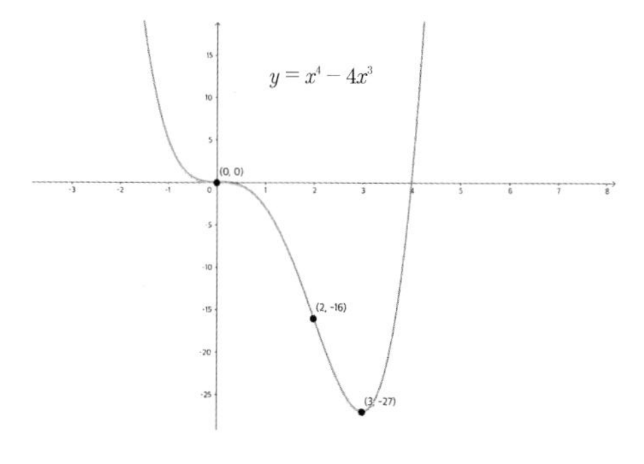

185. 다음 주어진 함수의 그래프 개형을 그려보시오.

(1) $f(x)=(3x+1)(x-1)^3$

(2) $y=3x^4-16x^3+18x^2$

(3) $f(x)=x^{\frac{2}{3}}$

(4) $f(x)=\frac{1}{3}x^{\frac{2}{3}}(5-2x)$

(5) $y=x^{\frac{2}{3}}(6-x)^{\frac{1}{3}}$

필수 예제 81

다음 주어진 함수의 그래프 개형을 그려보시오.

(1) $y = xe^{-x}$ (2) $f(x) = x + \dfrac{1}{x}$

풀이 (1) 지수함수의 정의역은 모든 실수이고, 연속이고 미분가능한 함수이므로 임계점은 $f'(x)=0$일 때이다.

$y' = e^{-x} - xe^{-x} = (1-x)e^{-x} = 0$을 만족하는 $x = 1$이다. $(e^{-x} \neq 0)$

$y'' = -e^{-x} - (1-x)e^{-x} = e^{-x}(x-2) = 0$을 만족하는 $x = 2$이다.

$y''(1) < 0$이므로 $x = 1$에서 극댓값 $f(1) = e^{-1}$를 갖고, $x = 2$에서 변곡점을 갖는다.

$x < 2$일 때 위로 볼록하고, $x > 2$일 때 아래로 볼록하다.

$\lim\limits_{x\to\infty} xe^{-x} = \lim\limits_{x\to\infty} \dfrac{x}{e^x} = 0$이고, $\lim\limits_{x\to-\infty} xe^{-x} = -\infty$

(2) 주어진 함수의 정의역은 $x \neq 0$인 모든 실수에서 연속이고 미분가능한 유리함수이다.

$f'(x) = 1 - \dfrac{1}{x^2} = \dfrac{(x-1)(x+1)}{x^2}$이고, 임계점은 $x = -1$, $x = 1$이다.

$x = -1$에서 극대가 존재하고 극댓값은 $f(-1) = -2$이다.

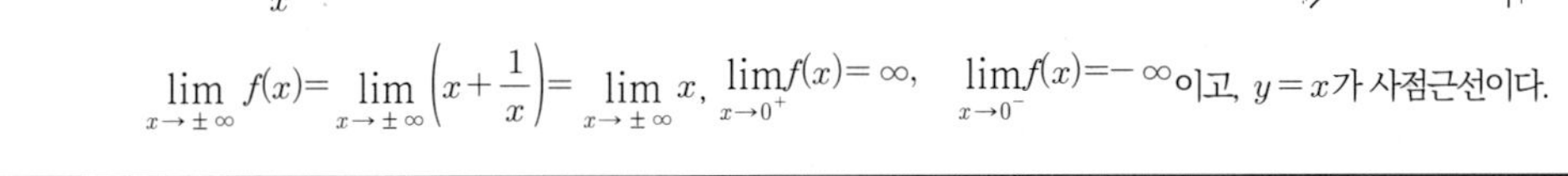

x		-1		0		1	
$f'(x)$	+	0	−	/	−	0	+

$f''(x) = \dfrac{2}{x^3}$이고, $x < 0$일 때는 위로 볼록하고, $x > 0$일 때는 아래로 볼록하다.

$\lim\limits_{x\to\pm\infty} f(x) = \lim\limits_{x\to\pm\infty}\left(x + \dfrac{1}{x}\right) = \lim\limits_{x\to\pm\infty} x$, $\lim\limits_{x\to 0^+} f(x) = \infty$, $\lim\limits_{x\to 0^-} f(x) = -\infty$이고, $y = x$가 사점근선이다.

186. 다음 주어진 함수의 그래프 개형을 그려보시오.

(1) $y = x^2 \ln x$

(2) $f(x) = 2x^2 - 5x + \ln x$

(3) $f(x) = x^2 e^{-x}$

다항함수의 그래프

(1) 일차함수 $f(x)=ax+b \ (a \neq 0)$

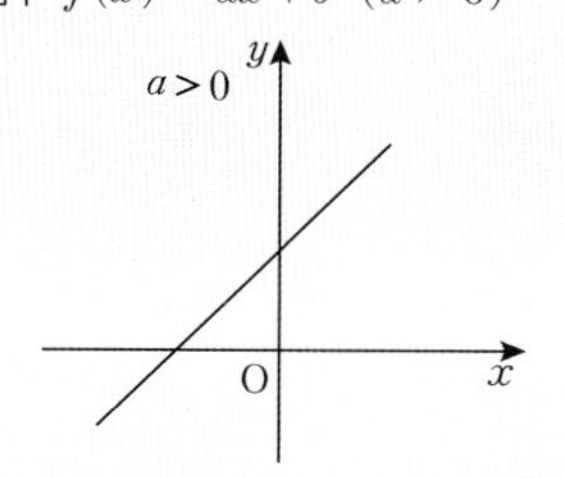

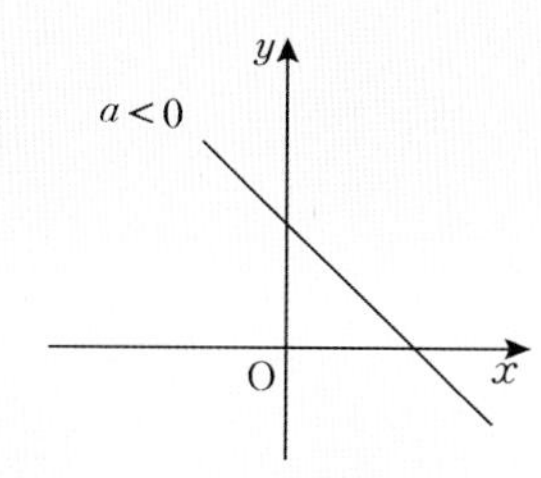

(2) 이차함수 $f(x)=ax^2+bx+c \ (a \neq 0)$

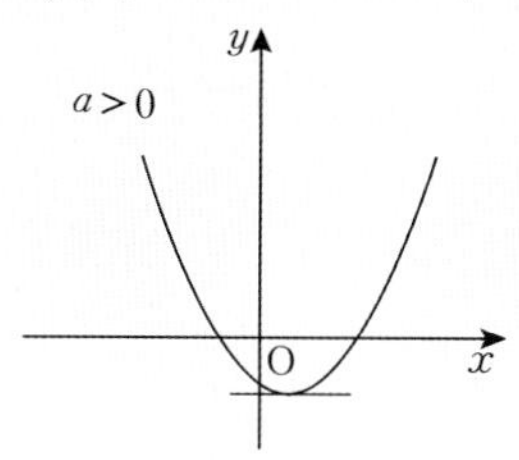

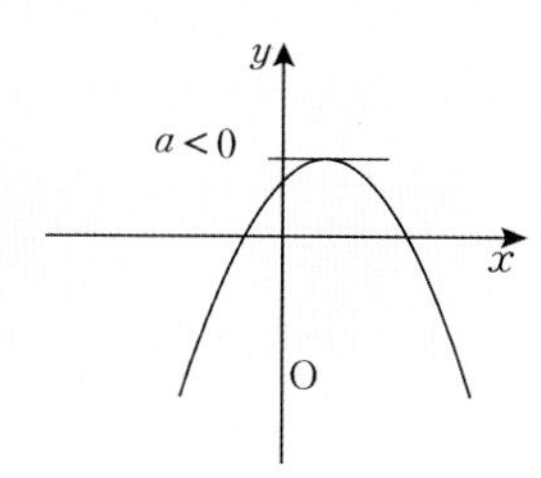

(3) 삼차함수 $f(x)=ax^3+bx^2+cx+d \ (a \neq 0)$

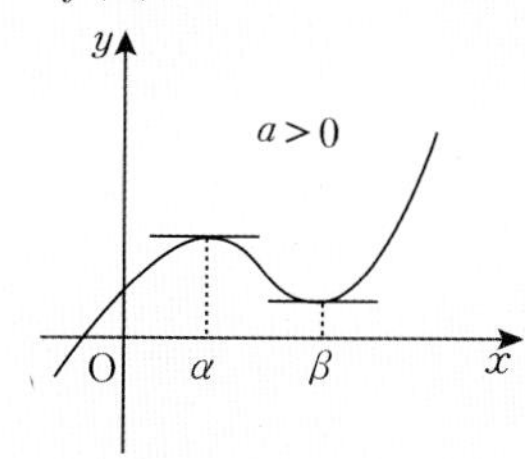

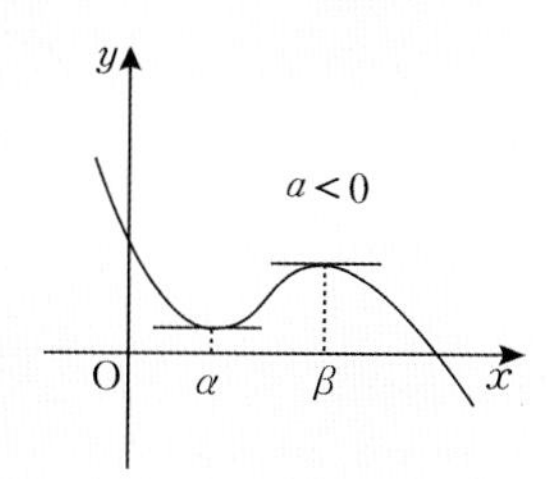

(4) 사차함수 $f(x)=ax^4+bx^3+cx^2+dx+e \ (a \neq 0)$

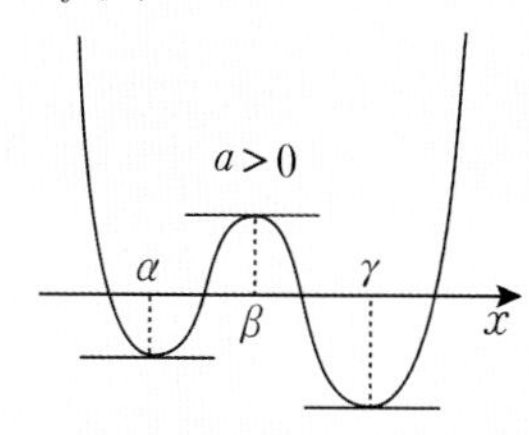

$a<0$인 경우의 그래프는

x축에 관하여 대칭이동한 모양이다.

(5) 오차함수 $f(x)=ax^5+bx^4+cx^3+dx^2+ex+f \ (a \neq 0)$

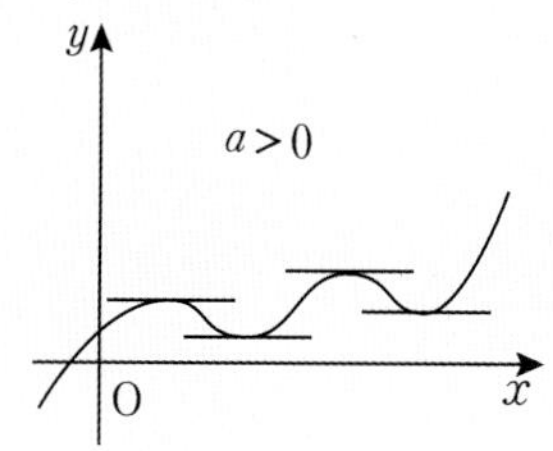

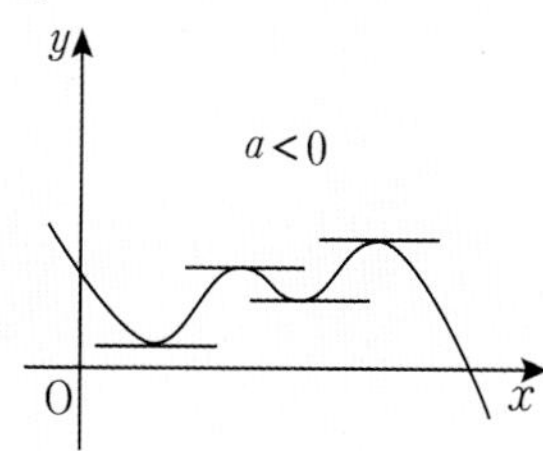

필수 예제 82

실수 t에 대하여, 함수 $f(x)=|x^4-2x^3+t|$의 미분가능하지 않은 점의 개수를 $g(t)$라고 할 때,

함수 $g(t)$를 구하시오.

풀이 (i) $f(x)=x^4-2x^3$의 그래프를 그려보자. 정의역은 실수 전체의 집합이고, 원점을 지나는 함수이다.

$f(x)=x^4-2x^3=x^3(x-2)$, $f'(x)=4x^3-6x^2=2x^2(2x-3)$, $f''(x)=12x^2-12x=12x(x-1)$

$x=0,\ 2$에서 근을 갖고, $x=\dfrac{3}{2}$에서 극소를 갖고, 극솟점$\left(\dfrac{3}{2},\ -\dfrac{27}{16}\right)$이다.

$x=0,1$에서 변곡점을 갖고, $x<0$, $x>1$일 때, 아래로 볼록하고, $0<x<1$일 때, 위로 볼록하다.

(ii) $t=\dfrac{27}{16}$일 때, $f(x)=\left|x^4-2x^3+\dfrac{27}{16}\right|$의 그래프는 모든 점에서 미분가능하다. ($f(x)\geq 0$이므로)

즉, $t\geq\dfrac{27}{16}$일 때 미분불가능한 점은 없다.

(iii) $t=0$일 때, $f(x)=|x^4-2x^3|$의 그래프에서 $x=2$일 때, 미분불가능하다.

즉 $t=0$일 때 미분불가능한 점은 1개이다.

(iv) $t=-1$일 때, $f(x)=|x^4-2x^3-1|$의 그래프에서 미분불가능한 점은 2개이다.

즉, $t<0$일 때 미분불가능한 점은 2개가 존재한다.

(v) $t=1$일 때, $f(x)=|x^4-2x^3+1|$의 그래프에서 미분불가능한 점은 2개이다.

즉, $0<t<\dfrac{27}{16}$일 때 미분불가능한 점은 2개가 존재한다.

(i)

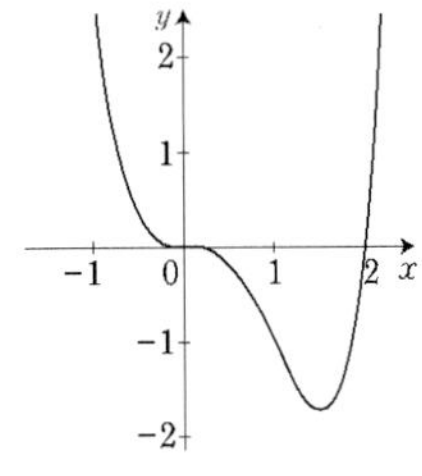

$f(x)=x^4-2x^3$

(ii)

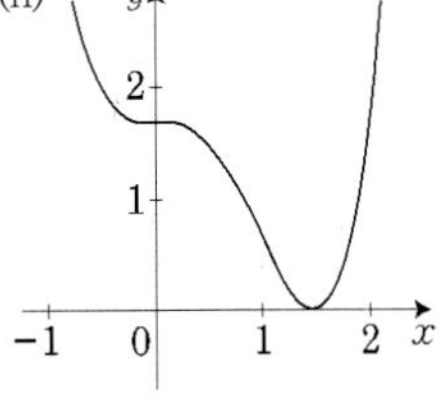

$f(x)=\left|x^4-2x^3+\dfrac{27}{16}\right|$

(iii)

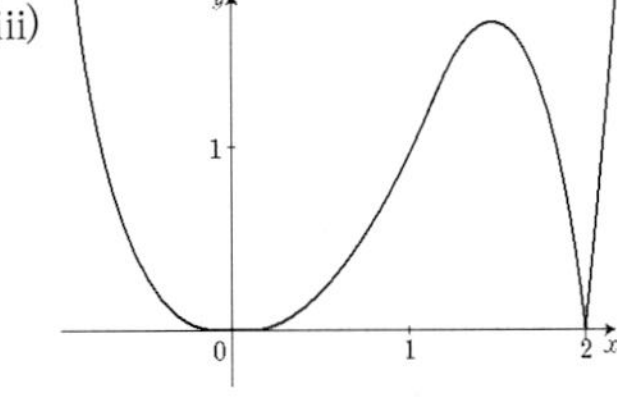

$f(x)=|x^4-2x^3|$

(iv)

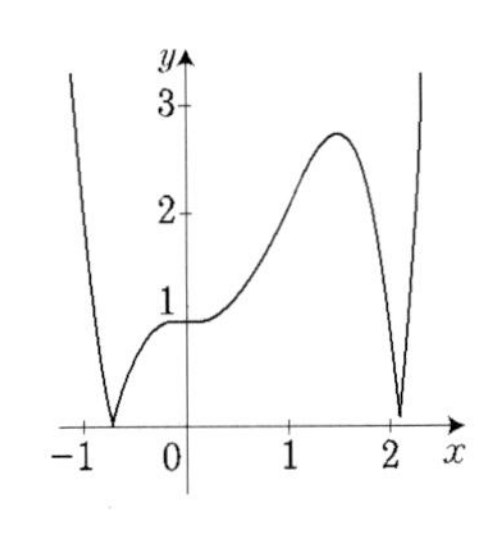

$f(x)=|x^4-2x^3-1|$

(v)

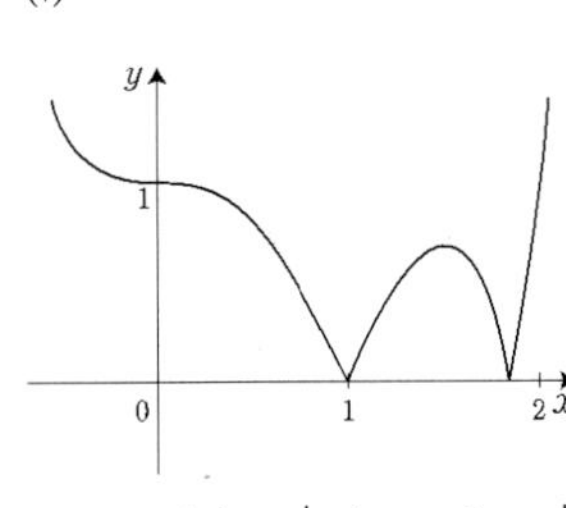

$f(x)=|x^4-2x^3+1|$

$$\therefore\ g(t)=\begin{cases}2\ (t<0)\\ 1\ (t=0)\\ 2\left(0<t<\dfrac{27}{16}\right)\\ 0\left(t\geq\dfrac{27}{16}\right)\end{cases}$$

187. 실수 t에 대하여 함수 $f(x)=|x^2+tx|$의 미분가능하지 않은 점의 개수를 $g(t)$라고 할 때 $g(-1)+g(0)+\lim_{t\to0+}g(t)$의 값은?

188. 다음 중 곡선 $xy=1$의 접선이 지날 수 없는 점을 고르면?

① $(1,\ 3)$　② $(-2,\ 2)$　③ $(1,\ -1)$　④ $\left(-1,\ -\frac{1}{2}\right)$

189. 두 함수 $f(x)=e^x$와 $g(x)=[x+0.5]$에 대한 다음 명제 중 옳지 않은 것은?

① f는 연속함수이다.

② $f+g$는 불연속함수이다.

③ $\int_{-2}^{2}f(x)g(x)dx=0$ 이다.

④ 집합 $\{x|f(x)=g(x)\}$는 공집합이다.

⑤ 모든 실수 x에 대하여 $\{g(x)\}^2\geq g(x)$이다.

9 실근의 존재성 & 개수

(1) 중간값 정리

$f(x)$가 폐구간 $[a,\ b]$에서 연속이고, $f(a)< k < f(b)$라 하자. (단, $f(a)\neq f(b)$)

이 때, $f(c)=k$를 만족하는 c는 구간 $(a,\ b)$에 적어도 하나 존재한다.

즉, $c \in (a, b)$이다.

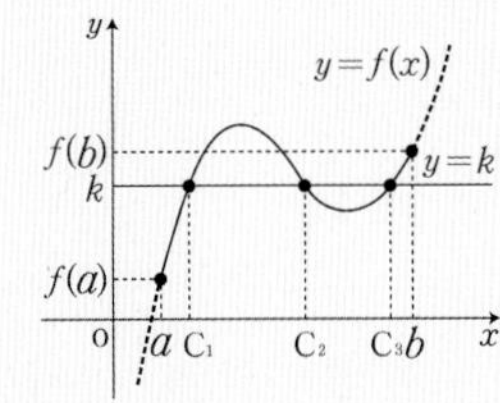

(2) 실근의 존재성

$f(x)$가 폐구간 $[a,\ b]$에서 연속이고, $f(a)f(b)<0$이면

$f(c)=0$을 만족하는 c는 구간 $(a,\ b)$에 적어도 하나 존재한다.

즉, $c \in (a, b)$이다.

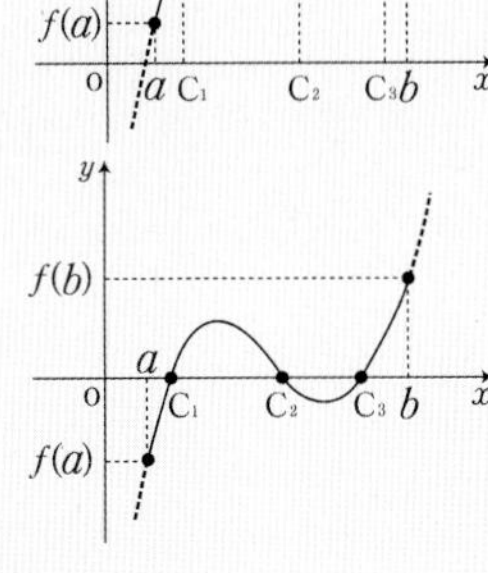

(3) 실근의 개수

① $f(x)=0$의 실근이란, 함수 $f(x)$의 그래프와 x축(직선 $y=0$)의 교점의 x좌표이다.

즉, 방정식 $f(x)=0$의 실근의 개수는 함수 $y=f(x)$의 그래프와 x축(직선 $y=0$)과의 교점의 개수와 같다.

따라서 $y=f(x)$ 그래프의 개형을 간단히 그려서 x축과의 교점의 개수를 구하면 된다.

② $f(x)=g(x)$ 또는 $f(x)-g(x)=0$의 실근이란, 함수 $f(x), g(x)$의 교점의 x좌표이다.

이것은 $h(x)=f(x)-g(x)$와 x축과 교점의 x좌표를 구하는 것과 같다.

❖ 실근의 개수를 구하는 문제는 그래프 개형을 그려서 확인해야 하므로 극대 · 극소 문제라고 인식하자.

MEMO

필수 예제 83

방정식 $x^5-x^2-1=0$의 해가 들어 있는 구간을 고르시오.

① $\left[0,\ \frac{1}{2}\right)$ ② $\left[\frac{1}{2},\ 1\right)$ ③ $\left[1,\ \frac{3}{2}\right)$ ④ $\left[\frac{3}{2},\ 2\right)$ ⑤ $\left[2,\ \frac{5}{2}\right)$

풀이 $f(x)=x^5-x^2-1$이라 하면 중간값 정리의 따름 정리에 의해

① $f(0)=-1<0,\ f\left(\frac{1}{2}\right)=-\frac{39}{32}<0 \Rightarrow f(0)f\left(\frac{1}{2}\right)>0$이므로 해가 존재함을 확인할 수 없다.

② $f\left(\frac{1}{2}\right)=-\frac{39}{32}<0,\ f(1)=-1<0 \Rightarrow f\left(\frac{1}{2}\right)f(1)>0$이므로 해가 존재함을 확인할 수 없다.

③ $f(1)=-1<0,\ f\left(\frac{3}{2}\right)=\frac{139}{32}>0 \Rightarrow f(1)f\left(\frac{3}{2}\right)<0$이므로 중간값 정리에 의해서 구간 $\left[1,\ \frac{3}{2}\right)$에서 적어도 하나의 해를 갖는다.

④ $f\left(\frac{3}{2}\right)=\frac{139}{32}>0,\ f(2)=27>0 \Rightarrow f\left(\frac{3}{2}\right)f(2)>0$이므로 해가 존재함을 확인할 수 없다.

⑤ $f(2)=27>0,\ f\left(\frac{5}{2}\right)=\frac{2893}{32}>0 \Rightarrow f(2)f\left(\frac{5}{2}\right)>0$이므로 해가 존재함을 확인할 수 없다.

따라서 $f(1)f\left(\frac{3}{2}\right)<0$을 만족하는 $\left[1,\ \frac{3}{2}\right)$에서 해가 존재한다.

190. 모든 실수 집합에서 정의된 함수 $f(x)=\cos x+x^2$ 에 대해 $f(c)=5$가 성립하는 실수 c가 존재하는 구간은?

① $[-2,\ 0]$ ② $[-1,\ 3)$ ③ $(5,\ 8]$ ④ $(3,\ 5)$

191. 다음 중 구간 $[-2,\ 2]$ 에서 가장 많은 해를 갖는 방정식은?

① $x^5+\sqrt{3}x^3+2=0$ ② $3x-\sin^2 x=0$
③ $\sin 2x-\cos x-4x=0$ ④ $3\cos x-1=0$

필수 예제 84

방정식 $x^4+4x^3-8x^2+n=0$이 서로 다른 네 실근을 갖게 하는 정수 n의 개수를 구하시오.

풀이 $x^4+4x^3-8x^2+n=0 \Leftrightarrow x^4+4x^3-8x^2=-n$이 된다. 이 방정식의 의미는 $f(x)=x^4+4x^3-8x^2$, $g(x)=-n$라고 할 때, 두 그래프 $f(x)$와 $g(x)$의 교점의 x좌표를 구하는 식과 같다.

따라서 문제는 두 그래프의 교점이 4개가 되는 $-n$의 구간을 찾자.

(i) $f(x)$의 그래프 개형을 그려서 확인하자.

$f(x)=x^4+4x^3-8x^2=x^2(x^2+4x-8)$, $f'(x)=4x^3+12x^2-16x=4x(x+4)(x-1)=0$을 만족하는 값은 $x=-4,\ 0,\ 1$이고 $x=-4$, $x=1$에서 극소, $x=0$에서 극대를 갖는다. 이때 그 값은 $f(-4)=-128$, $f(0)=0$, $f(1)=-3$이 된다. 따라서 $f(x)$의 그래프 개형을 그릴 수 있다.

(ii) $g(x)=-n$의 그래프를 $f(x)$와 같이 그려보면 4개의 실근을 갖는 구간은 $-3<-n<0$이 된다.

$-n=-1,\ -2$이므로 $n=1,\ 2$가 되어 만족하는 정수는 2개가 된다.

192. 방정식 $x^3-3cx-54=0$이 서로 다른 세 실근을 갖게 되는 정수 c의 값 중 최솟값은?

① -5　　② 0　　③ 5

④ 10　　⑤ 15

193. 방정식 $10\sin x=x$의 실근의 개수를 구하시오.

194. 곡선 $y=\sinh x$와 직선 $y=x$의 교점은 모두 몇 개인가?

195. 방정식 $x^2\ln x=-1$의 실근의 개수를 구하시오.

10 함수의 최댓값 & 최솟값

함수 $f(x)$가 폐구간 $[a,b]$에서 연속일 때,

(1) 구간 (a,b)상에 $f(x)$의 임계점에서 함숫값을 구한다.

(2) 구간 $[a,b]$의 양 끝점에서 함숫값 $f(a)$, $f(b)$를 구한다.

(3) 위의 1, 2단계로부터 가장 큰 값이 최댓값이고, 가장 작은 값이 최솟값이다.

❖ 폐구간에서 연속인 함수는 그 구간에서 반드시 최댓값과 최솟값을 갖는다.

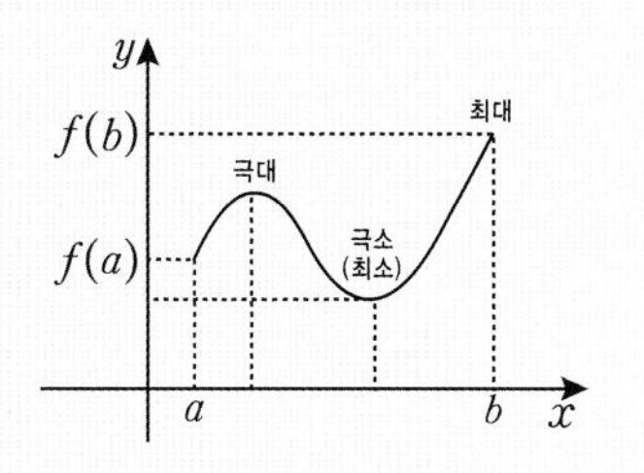

필수 예제 85

닫힌 구간 $[-3, 3]$에서 정의된 함수 $f(x)=x^2e^{-x^2}$의 최댓값은?

풀이 주어진 구간에서 $f(x)$는 연속이고 미분가능한 우함수이다.

$f'(x)=2xe^{-x^2}+x^2\cdot(-2x)e^{-x^2}=2xe^{-x^2}(1-x^2)=0 \Rightarrow x=-1,\ 0,\ 1$에서 임계점을 갖는다.

x	-3	$\cdots$	-1	$\cdots$	0	$\cdots$	1	$\cdots$	3
$f'(x)$	$+$	$+$	0	$-$	0	$+$	0	$-$	$-$

$x=-1$과 $x=1$에서 극대를 갖고, $x=0$에서 극소를 갖는다. 또한 $\lim\limits_{x\to\infty}x^2e^{-x^2}=0$이다.

$f(-3)=9e^{-9}$, $f(-1)=e^{-1}$, $f(0)=0$, $f(1)=e^{-1}$, $f(3)=9e^{-9}$이므로 최댓값은 e^{-1}이다.

196. 함수 $f(x)=x^2e^{-x}$의 구간 $[-1, 3]$에서 최솟값과 최댓값의 합은?

197. 구간 $[2, 4]$에서 함수 $y=\sqrt[3]{x^2}$의 최댓값과 최솟값을 구하시오.

198. 구간 $[0, 4]$에서 $f(x)=\dfrac{4x}{x^2+1}$의 최댓값은?

7 최적화 문제

실생활의 많은 영역에서 실질적인 응용이 된다. 사업가는 비용을 최소화하고 이윤을 최대화하기를 바란다. 여행자는 여행할 때 이동시간을 최소화하기를 원한다. 이 단원에서는 넓이, 부피, 거리, 시간 등을 최소화하는 문제를 다루고자 한다. 이러한 실질적인 문제를 해결하는 데 최대화 또는 최소화하는 함수를 설정해서 수학적 문제로 바꾸는 것이다.

1 최적화 문제풀이 단계

(1) 문제 이해하기 : 첫 단계는 문제를 분명히 이해할 때까지 조심스럽게 읽는 것이다.

스스로에게 질문하여서 모르는 것이 무엇인가? 주어진 조건이 무엇인가?

(2) 그림 그리기 : 대부분의 문제에서 그림을 그리는 것이 유용하며 그림에서 주어진 것, 요구하는 것을 확인하여라.

(3) 기호 도입하기 : 최대화 또는 최소화할 양을 기호 또는 함수로 나타내고 수학적으로 접근한다.

2 산술·기하평균

(1) $a>0,\ b>0$일 때, $\dfrac{a+b}{2} \geq \sqrt{ab}$ (단, 등호는 $a=b$일 때 성립)

(2) $a>0,\ b>0,\ c>0$에 대하여 $\dfrac{a+b+c}{3} \geq \sqrt[3]{abc}$ (단, 등호는 $a=b=c$일 때 성립)

필수 예제 86

타원 $\dfrac{x^2}{a^2}+\dfrac{y^2}{b^2}=1$에 내접하는 직사각형의 최대면적을 구하시오. (단, $a>0,\ b>0$)

풀이 타원에 내접하는 "직사각형의 면적"의 최댓값을 구하는 문제이다. 1, 2, 3, 4분면에 걸쳐서 생기는 직사각형의 넓이를 1사분면의 넓이만 구해서 4배 하자. 즉, $S=4xy\ (x>0,\ y>0)$가 구하고자 하는 식이다. 산술기하평균을 이용해서 풀이해보자.

양수 x, y, a, b에 대하여 $\dfrac{x^2}{a^2}+\dfrac{y^2}{b^2} \geq 2\sqrt{\dfrac{x^2}{a^2}\cdot\dfrac{y^2}{b^2}} \Leftrightarrow 1 \geq 2\left|\dfrac{xy}{ab}\right|=\dfrac{2xy}{ab} \Leftrightarrow ab \geq 2xy \Leftrightarrow 2ab \geq 4xy$

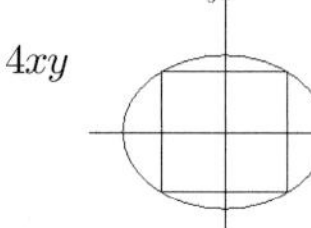

이므로 $S=4xy\ (x>0,\ y>0)$의 최댓값은 $2ab$이다.

즉, 산술기하평균의 등호성립조건을 만족할 때 S의 최댓값을 갖는다.

[다른 풀이] S의 미지수가 2개이므로 관계식을 통하여 미지수의 개수를 한 개로 줄여서 극대가 최댓값을 갖는 문제 유형이다.

관계식을 정리하면 $\dfrac{x^2}{a^2}+\dfrac{y^2}{b^2}=1 \Leftrightarrow y^2=b^2\left(1-\dfrac{x^2}{a^2}\right) \quad \Rightarrow \quad y=\dfrac{b}{a}\sqrt{a^2-x^2}\ (y>0)$이고, 식 S에 대입하자.

$S=4x\times\dfrac{b}{a}\sqrt{a^2-x^2}=\dfrac{4b}{a}x\sqrt{a^2-x^2} \Rightarrow S'=\dfrac{4b}{a}\left(\sqrt{a^2-x^2}+x\dfrac{-2x}{2\sqrt{a^2-x^2}}\right)=\dfrac{4b}{a}\left(\dfrac{a^2-2x^2}{\sqrt{a^2-x^2}}\right)=0$을 만족하는

$x=\dfrac{a}{\sqrt{2}}$이고, 대응하는 $y=\dfrac{b}{\sqrt{2}}$이다. $x=\dfrac{a}{\sqrt{2}}$에서 S는 극대이자 최댓값을 갖는다. 따라서 $S=2ab$이다.

필수 예제 87

밑면의 반지름이 r cm, 높이가 h cm인 직원뿔에 내접하는 최대직원기둥의 체적은?

풀이 "원기둥의 부피"의 최댓값을 묻는 문제이므로 원기둥의 부피에 대한 식을 세우고 미분하여 극댓값을 구해주면 된다.
원기둥의 반지름을 x, 높이를 y라 하면 $V=x^2y\pi$이다. 이 때 x과 y에 관한 식은 비례관계에 의해 $x:(h-y)=r:h$이므로

$y=\dfrac{rh-xh}{r}=h-\dfrac{hx}{r}$라 할 수 있다. 여기서 r과 h는 변수가 아니라 상수이다.

따라서 $V=\pi x^2\left(h-\dfrac{hx}{r}\right)=\pi h\left(x^2-\dfrac{x^3}{r}\right)$이고 $V'=\pi h\left(2x-\dfrac{3x^2}{r}\right)=\pi hx\left(2-\dfrac{3x}{r}\right)$이고

$x=\dfrac{2r}{3}$(이 때 $y=\dfrac{1}{3}h$) 일 때, V는 최대가 된다.

$\therefore V=\pi h\left(\dfrac{4r^2}{9}-\dfrac{8r^3}{27r}\right)=\dfrac{4}{27}\pi r^2h$

199. 곡선 $y=\sqrt{4-x^2}$과 x축으로 둘러싸인 부분에 내접하고 한 변이 x축에 놓여있는 직사각형 넓이의 최댓값을 구하면?

200. x축 위에 두 꼭짓점을, 그리고 포물선 $y=12-x^2$ 위에 두 꼭짓점을 갖는 직사각형의 넓이의 최댓값은? (단, $y>0$)

201. 직각을 낀 두 변의 길이가 $3\,\text{cm}, 4\,\text{cm}$인 직각삼각형에 내접하는 가장 큰 직사각형의 면적은?

202. 반지름의 길이가 $\sqrt{3}$인 구에 내접하는 원기둥의 최대 부피는?

203. 부피가 $54\pi\,\text{cm}^3$인 원기둥 모양의 통조림 캔을 만들 때, 재료가 가장 적게 들도록 하는 밑면의 반지름 r과 높이 h에 대하여 $\dfrac{r}{h}$의 값은? (단, 재료의 두께는 고르다고 가정한다.)

필수 예제 88

점 P는 곡선 $x^2-xy+y^2=1$ 위의 점이고 점 Q는 직선 $y=2x-4$ 위의 점이다.

두 점 P와 Q사이의 거리의 최솟값은?

풀이 기울기가 2인 직선과 주어진 곡선과의 거리가 최소 또는 최대가 되는 점은 곡선의 미분계수가 2가 되는 점이다.

곡선 $f: x^2-xy+y^2-1=0$를 음함수 미분법에 의해서 미분계수가 2인 점을 구하자.

$\frac{dy}{dx}=-\frac{f_x}{f_y}=-\frac{2x-y}{-x+2y}=2 \Leftrightarrow 2x-y=2x-4y \Rightarrow y=0$이다.

이를 f에 대입하면 $x^2=1$이고 점P는 $(-1,\ 0)$, $(1,\ 0)$이다. 따라서 PQ의 거리는 직선과 점과의 거리 공식을 이용하자.

직선 $2x-y-4=0$과 $(-1,\ 0)$ 사이의 거리 $d_1=\frac{|-2-4|}{\sqrt{4+1}}=\frac{6}{\sqrt{5}}=\frac{6\sqrt{5}}{5}$이고,

직선 $2x-y-4=0$과 $(1,\ 0)$ 사이의 거리 $d_2=\frac{|2-4|}{\sqrt{4+1}}=\frac{2}{\sqrt{5}}=\frac{2\sqrt{5}}{5}$ 이다.

따라서 최솟값은 $\frac{2\sqrt{5}}{5}$ 이다.

204. 점 $(5,\ -1)$에서 곡선 $y=x^2$ 위의 점까지의 거리 중 최단거리는?

205. 점 P는 포물선 $y=x^2+2$ 위의 점이고, 점 Q는 직선 $y=2x-1$ 위의 점이다. 두 점 P, Q사이의 거리의 최솟값은?

206. 포물선 $y=3x^2-6x+15$와 직선 $y=ax+b$가 두 점 A, B에서 만난다.
점 P가 포물선 상의 AB 위에 위치할 때, $\triangle PAB$의 넓이가 최대가 되는 P의 x좌표는?

207. $f(x)=\ln x$, $g(x)=e^x$일 때 두 곡선 간 거리의 최솟값은?

208. 영역 $D=\{(x,\ y)|\ (x-1)^2+(y-1)^2\le 1\}$위에서 정의된 함수 $f(x,y)=\frac{1}{\sqrt{x^2+y^2}}$의 최댓값과 최솟값의 합은?

선배들의 이야기 ++

유리멘탈 극복기!

저는 지칠 때나 공부가 하기 싫을 때, "꼭 성공해서 후배 편입생들에게 나의 이야기를 들려주자!"라는 생각을 했습니다. 제 최대 단점이 유리멘탈이라는 것입니다. 감정기복도 심하고 무언가 안 되면 극심한 스트레스를 받는 걱정덩어리였습니다. 이런 제가 편입에 성공했다니 저도 뿌듯해요. 합격 글자를 볼 때의 그 기쁨과 희열은 말로 표현이 안 됩니다.

여러분은 제 유리멘탈보다 강한 정신을 가지고 계실 테니 꼭 성공하실 겁니다. 또한 이 글을 읽고 계시다면 여러분은 무조건 성공합니다. 왜냐하면 아름쌤 제자이실 테니까요!

아름쌤 믿고 끝까지 전진하세요. 무조건 성공 안겨주실 거예요.

- 송아빈 (건국대학교 건축학과)

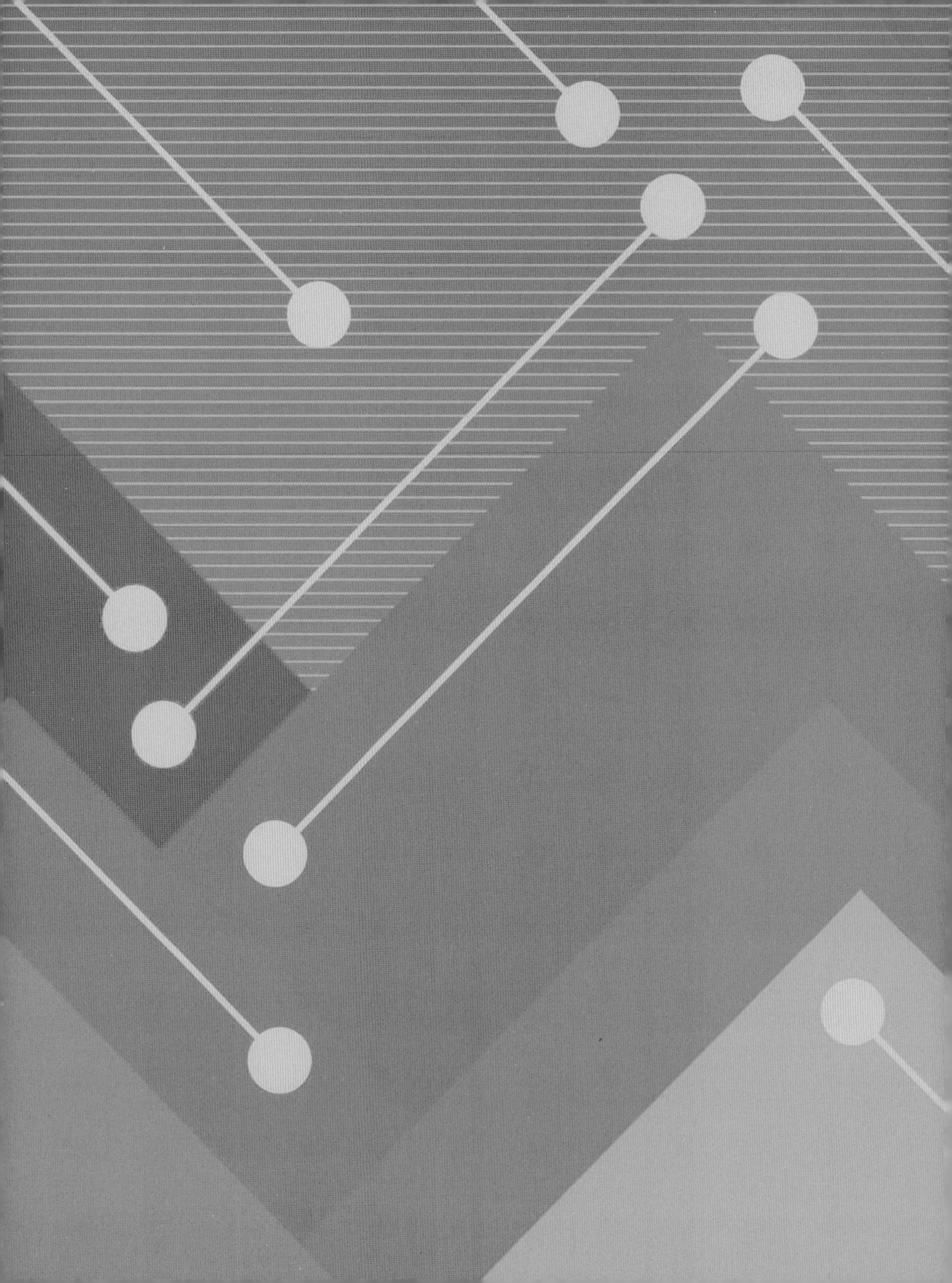

CHAPTER 04

적분 응용

1. 이상적분
2. 곡선으로 둘러싸인 영역의 면적
3. 곡선의 길이
4. 입체의 부피
5. 회전체의 부피
6. 회전체의 표면적
7. 파푸스 정리

04 적분 응용

1 이상적분

앞에서 정적분 $\int_a^b f(x)\,dx$는 유한구간 $[a, b]$에서 유한의 함숫값을 갖는 함수 $f(x)$에 대한 적분만을 다루었다.

이상적분이라는 것은 적분구간이 무한대까지인 경우 또는 함숫값이 무한대가 되는 경우에 대한 적분을 말하는 것이다. 이상적분을 두 가지의 형태로 구별해서 정리해보자.

1 무한구간에서 적분

무한구간에서의 적분은 다음과 같이 유한구간에서 정적분의 극한으로 정의한다.

(1) $\int_a^{\infty} f(x)\,dx = \lim_{t\to\infty}\int_a^t f(x)\,dx$

(2) $\int_{-\infty}^{b} f(x)\,dx = \lim_{t\to-\infty}\int_t^b f(x)\,dx$

(3) $\int_{-\infty}^{\infty} f(x)\,dx = \int_{-\infty}^{a} f(x)\,dx + \int_a^{\infty} f(x)\,dx = \lim_{t\to-\infty}\int_t^{a^-} f(x)\,dx + \lim_{s\to\infty}\int_{a^+}^{s} f(x)\,dx$

극한값이 존재하면 이상적분은 수렴(converge)한다고 하고, 존재하지 않으면 발산(diverge)한다고 한다.

2 불연속함수의 적분

적분 구간의 양 끝 또는 내부에서 불연속점을 갖는 함수, 즉 특이점이 존재하는 함수에 대한 정적분을 다음과 같이 정의한다.

(1) 함수 f가 구간 $[a, b)$에서 연속이고, $x = b$에서 특이점이 존재할 때, $\int_a^b f(x)\,dx = \lim_{t\to b^-}\int_a^t f(x)\,dx$

(2) 함수 f가 구간 $(a, b]$에서 연속이고, $x = a$에서 특이점이 존재할 때, $\int_a^b f(x)\,dx = \lim_{t\to a^+}\int_t^b f(x)\,dx$

(3) 함수 f가 $c\ (a < c < b)$에서 특이점이 존재할 때,

$$\int_a^b f(x)\,dx = \int_a^{c^-} f(x)\,dx + \int_{c^+}^b f(x)dx = \lim_{t\to c^-}\int_a^t f(x)\,dx + \lim_{s\to c^+}\int_s^b f(x)dx$$

극한값이 존재하면 이상적분은 수렴(converge)한다고 하고, 존재하지 않으면 발산(diverge)한다고 한다.

MEMO

필수 예제 89

다음 이상적분의 값을 구하시오.

(1) $\int_0^{\infty} \frac{1}{e^x+1}dx$　　(2) $\int_0^{\infty} \frac{20x}{(x^2+1)(3x+1)}dx$

풀이 (1) $e^x = t$로 치환하면 $x = \ln t$이고, $dx = \frac{1}{t}dt$이다.

$$\int_0^{\infty} \frac{1}{e^x+1}dx = \int_1^{\infty} \frac{1}{t+1} \cdot \frac{1}{t}dt = \int_1^{\infty} \frac{-1}{t+1} + \frac{1}{t}dt$$
$$= \lim_{s\to\infty}\int_1^s \left(\frac{1}{t} - \frac{1}{t+1}\right)dt = \lim_{s\to\infty}[\ln(t) - \ln(t+1)]_1^s$$
$$= \lim_{s\to\infty}\left[\ln\frac{t}{t+1}\right]_1^s = \lim_{s\to\infty}\left(\ln\frac{s}{s+1} - \ln\frac{1}{2}\right)$$
$$= \ln 1 - \ln\frac{1}{2} = \ln 2$$

(2) 유리함수 형태의 적분이므로 분모가 인수분해 되면 부분분수로 만들어서 적분한다.

$$\int_0^{\infty} \frac{20x}{(x^2+1)(3x+1)}dx = \int_0^{\infty}\left(\frac{-6}{3x+1} + \frac{2x+6}{x^2+1}\right)dx$$
$$= \lim_{t\to\infty}\int_0^t \left(\frac{-6}{3x+1} + \frac{2x}{x^2+1} + \frac{6}{x^2+1}\right)dx$$
$$= \lim_{t\to\infty}[-2\ln|3x+1| + \ln(x^2+1) + 6\tan^{-1}x]_0^t$$
$$= \lim_{t\to\infty}\left\{\ln\frac{t^2+1}{(3t+1)^2} + 6\tan^{-1}t\right\} = \ln\frac{1}{9} + 3\pi = -2\ln 3 + 3\pi$$

209. 다음 이상적분의 값을 구하시오.

(1) $\int_0^{\infty} e^{-3x}dx$　　(2) $\int_0^{\infty} xe^{-x^2}dx$

(3) $\int_{-\infty}^{\infty} \frac{dx}{x^2+4x+6}$　　(4) $\int_0^{\infty} \frac{1}{(x^2+1)^2}dx$

(5) $\int_{-\frac{2}{3}}^{\infty} \frac{dx}{4x^2-4x+10}$　　(6) $\int_{e^4}^{\infty} \frac{dx}{x\ln x(\ln\ln x)^3}$

필수 예제 90

다음 이상적분의 값을 구하시오.

(1) $\displaystyle\int_0^5 \frac{1}{\sqrt{|x-1|}}\,dx$ (2) $\displaystyle\int_{-1}^1 \frac{1}{x^2}\,dx$

풀이 (1) 절댓값의 핵심은 구간을 나눌 수 있어야 한다.

$|x-1|=\begin{cases} 1-x & (x-1<0) \\ x-1 & (x-1\geq 0)\end{cases}$ 이므로 피적분함수의 구간을 분할하고 절댓값을 정리해서 적분할 수 있다.

$$\int_0^5 \frac{1}{\sqrt{|x-1|}}\,dx=\lim_{s\to1^-}\int_0^s \frac{1}{\sqrt{1-x}}\,dx+\lim_{t\to1^+}\int_t^5 \frac{1}{\sqrt{x-1}}\,dx$$

$$=\lim_{s\to1^-}\left[-2\sqrt{1-x}\right]_0^s+\lim_{t\to1^+}\left[2\sqrt{x-1}\right]_t^5$$

$$=\lim_{s\to1^-}\left(-2\sqrt{1-s}+2\right)+\lim_{t\to1^+}\left(4-2\sqrt{t-1}\right)=2+4=6$$

(2) $x=0$에서 특이점이 존재하는 함수이므로 구간을 분할해서 적분해야 한다.

$$\int_{-1}^1 \frac{1}{x^2}\,dx=\lim_{a\to0^-}\int_{-1}^a \frac{1}{x^2}\,dx+\lim_{b\to0^+}\int_b^1 \frac{1}{x^2}\,dx$$

$$=\lim_{a\to0^-}\left[-\frac{1}{x}\right]_{-1}^a+\lim_{b\to0^+}\left[-\frac{1}{x}\right]_b^1$$

$$=\lim_{a\to0^-}\left[-\frac{1}{a}-1\right]+\lim_{b\to0^+}\left[-1+\frac{1}{b}\right]$$

$$=\infty+\infty-2$$

이므로 따라서 적분값은 존재하지 않는다.

210. 다음 이상적분의 값을 구하시오.

(1) $\displaystyle\int_0^1 x\ln x\,dx$ (2) $\displaystyle\int_0^1 x^2\ln x\,dx$

(3) $\displaystyle\int_0^1 (\ln x)^2\,dx$ (4) $\displaystyle\int_0^3 \frac{dx}{(x-1)^{\frac{2}{3}}}$

필수 예제 91

다음 이상적분이 수렴하기 위한 p의 조건을 구하시오.

(1) $\displaystyle\int_1^{\infty}\frac{1}{x^p}dx$

(2) $\displaystyle\int_e^{\infty}\frac{1}{x(\ln x)^p}dx$

(3) $\displaystyle\int_{e^e}^{\infty}\frac{1}{x\ln x(\ln(\ln x))^p}dx$

(4) $\displaystyle\int_e^{\infty}\frac{\ln x}{x^p}dx$

풀이 위 4개의 이상적분은 $p>1$일 때 수렴한다. 피적분 함수의 형태를 암기하자.

(1) $p=1$이면 $\displaystyle\lim_{t\to\infty}\int_1^t\frac{1}{x}dx=\lim_{t\to\infty}\{\ln|t|-\ln 1\}=\infty$

$p\neq1$이면 $\displaystyle\int_1^{\infty}\frac{1}{x^p}dx=\lim_{t\to\infty}\int_1^t x^{-p}dx=\frac{1}{1-p}\lim_{t\to\infty}\left[x^{1-p}\right]_1^t=\frac{\lim_{t\to\infty}t^{1-p}-1}{1-p}$

(i) $1-p>0$이면 $\displaystyle\lim_{t\to\infty}t^{1-p}=\infty$이다.

(ii) $1-p<0$이면 $\displaystyle\lim_{t\to\infty}t^{1-p}=\lim_{t\to\infty}\frac{1}{t^{p-1}}=0$이다.

(i), (ii)에 의해서 $p>1$이면 $\displaystyle\int_1^{\infty}\frac{1}{x^p}dx=\frac{-1}{1-p}=\frac{1}{p-1}$로 수렴한다.

(2) $\ln x=t<_1^{\infty}$로 치환하면 $\frac{1}{x}dx=dt$이다. 이렇게 치환을 하면 (1)과 동일한 형태가 된다.

$\displaystyle\int_e^{\infty}\frac{1}{x(\ln x)^p}dx=\int_1^{\infty}\frac{1}{t^p}dt$ ⇒ (1)에 의해서 $p>1$일 때 수렴한다.

(3) $\ln(\ln x)=t<_1^{\infty}$로 치환하면 $\frac{1}{x\ln x}dx=dt$이다. 이렇게 치환을 하면 (1)과 동일한 형태가 된다.

$\displaystyle\int_{e^3}^{\infty}\frac{1}{x\ln x(\ln(\ln x))^p}dx=\int_1^{\infty}\frac{1}{t^p}dt$ ⇒ (1)에 의해서 $p>1$일 때 수렴한다.

(4) $p=1$ 이면 $\displaystyle\lim_{t\to\infty}\int_e^t\frac{\ln x}{x}dx=\frac{1}{2}\lim_{t\to\infty}\left[(\ln x)^2\right]_e^t=\frac{1}{2}\lim_{t\to\infty}\left[(\ln t)^2-1\right]=\infty$

$p\neq1$이면 $\displaystyle\lim_{t\to\infty}\int_e^t x^{-p}\ln x\,dx=\lim_{t\to\infty}\left\{\frac{1}{1-p}\left[x^{1-p}\ln x\right]_e^t-\frac{1}{(1-p)^2}\left[x^{1-p}\right]_e^t\right\}$ (∵부분적분 공식을 적용)

$\displaystyle=\lim_{t\to\infty}\left\{\frac{1}{1-p}\left[t^{1-p}\ln t-e^{1-p}\right]-\frac{1}{(1-p)^2}\left[t^{1-p}-e^{1-p}\right]\right\}=\lim_{t\to\infty}\left\{\frac{t^{1-p}\{(1-p)\ln t-1\}}{(1-p)^2}-e^{1-p}\frac{(1-p)-1}{(1-p)^2}\right\}$

(i) $1-p>0$이면 $\displaystyle\lim_{t\to\infty}t^{1-p}\{(1-p)\ln t-1\}=\infty$

(ii) $1-p<0$이면 $\displaystyle\lim_{t\to\infty}t^{1-p}\{(1-p)\ln t-1\}$

$\displaystyle=\lim_{t\to\infty}\frac{(1-p)\ln t-1}{t^{-1+p}}\left(\frac{\infty}{\infty}\right)=\lim_{t\to\infty}\frac{(1-p)t^{-1}}{(-1+p)t^{-2+p}}=\lim_{t\to\infty}\frac{(1-p)}{(-1+p)t^{-1+p}}=0$

따라서 $1-p<0\Leftrightarrow p>1$일 때, $\displaystyle\int_e^{\infty}\frac{\ln x}{x^p}dx$는 수렴한다.

필수 예제 92

다음 이상적분이 수렴하기 위한 p의 조건을 구하시오.

(1) $\int_0^1 \frac{1}{x^p}dx$ (2) $\int_1^e \frac{1}{x(\ln x)^p}dx$

(3) $\int_e^{e^e} \frac{1}{x\ln x(\ln(\ln x))^p}dx$ (4) $\int_0^1 \frac{\ln x}{x^p}dx$

풀이 위 4개의 이상적분은 $p<1$일 때 수렴한다. 피적분 함수의 형태를 암기하자.

(1) $p=1$이면 $\lim_{t\to 0}\int_t^1 \frac{1}{x}dx = \lim_{t\to 0}\{\ln 1 - \ln|t|\} = \infty$

$p\neq 1$이면 $\int_0^1 \frac{1}{x^p}dx = \lim_{t\to 0}\int_t^1 x^{-p}dx = \frac{1}{1-p}\lim_{t\to 0}[x^{1-p}]_t^1 = \frac{1-\lim_{t\to 0} t^{1-p}}{1-p}$

(i) $1-p>0$이면 $\lim_{t\to 0} t^{1-p}=0$이다.

(ii) $1-p<0$이면 $\lim_{t\to 0} t^{1-p} = \lim_{t\to 0}\frac{1}{t^{p-1}} = \infty$ 이다.

(i), (ii)에 의해서 $p<1$이면 $\int_0^1 \frac{1}{x^p}dx$는 수렴한다.

(2) $\ln x = t <_0^1$로 치환하면 $\frac{1}{x}dx = dt$이다. 이렇게 치환을 하면 (1)과 동일한 형태가 된다.

$\int_1^e \frac{1}{x(\ln x)^p}dx = \int_0^1 \frac{1}{t^p}dt$ ⇒ (1)에 의해서 $p<1$일 때 수렴한다.

(3) $\ln(\ln x) = t <_0^1$로 치환하면 $\frac{1}{x\ln x}dx = dt$이다. 이렇게 치환을 하면 (1)과 동일한 형태가 된다.

$\int_e^{e^e} \frac{1}{x\ln x(\ln(\ln x))^p}dx = \int_0^1 \frac{1}{t^p}dt$ ⇒ (1)에 의해서 $p<1$일 때 수렴한다.

(4) $p=1$ 이면 $\lim_{t\to 0^+}\int_t^1 \frac{\ln x}{x}dx = \frac{1}{2}\lim_{t\to 0^+}[(\ln x)^2]_t^1 = \frac{1}{2}\lim_{t\to 0^+}[\ln 1-(\ln t)^2] = -\infty$

$p\neq 1$이면 $\lim_{t\to 0}\int_t^1 x^{-p}\ln x\,dx = \lim_{t\to 0}\left\{\frac{1}{1-p}[x^{1-p}\ln x]_t^1 - \frac{1}{(1-p)^2}[x^{1-p}]_t^1\right\}$ ($\because$부분적분 공식을 적용)

$= \lim_{t\to\infty}\left\{\frac{1}{1-p}[-t^{1-p}\ln t] - \frac{1}{(1-p)^2}[1-t^{1-p}]\right\} = \lim_{t\to 0^+}\left\{\frac{-1}{(1-p)^2}[t^{1-p}((1-p)\ln t-1)] - \frac{1}{(1-p)^2}\right\}$

(i) $1-p>0$ 이면 $\lim_{t\to 0^+} t^{1-p}\{(1-p)\ln t-1\}$

$= \lim_{t\to 0^+}\frac{(1-p)\ln t-1}{t^{-1+p}}\left(\frac{\infty}{\infty}\right) = \lim_{t\to 0^+}\frac{(1-p)t^{-1}}{(-1+p)t^{-2+p}} = \lim_{t\to 0^+}\frac{(1-p)t^{1-p}}{(-1+p)} = 0$

(ii) $1-p<0$ 이면 $\lim_{t\to 0^+} t^{1-p}\{(1-p)\ln t-1\} = \infty$

따라서 $1-p>0 \Leftrightarrow p<1$일 때, $\int_0^1 \frac{\ln x}{x^p}dx$는 수렴한다.

필수 예제 93

다음 이상적분 $\int_0^{\infty}\left(\frac{x}{x^2+1}-\frac{C}{3x+1}\right)dx$가 수렴하는 C에 대하여 C와 그 적분값을 각각 구하시오.

풀이 $\int_0^{\infty}\left(\frac{x}{x^2+1}-\frac{C}{3x+1}\right)dx=\lim_{t\to\infty}\int_0^{t}\left(\frac{x}{x^2+1}-\frac{C}{3x+1}\right)dx$

$$=\lim_{t\to\infty}\left[\frac{1}{2}\ln(x^2+1)-\frac{C}{3}\ln|3x+1|\right]_0^t=\lim_{t\to\infty}\left[\ln\frac{\sqrt{x^2+1}}{|3x+1|^{\frac{C}{3}}}\right]_0^t$$

$$=\ln\left(\lim_{t\to\infty}\frac{\sqrt{t^2+1}}{|3t+1|^{\frac{C}{3}}}\right)-\ln 1=\ln\frac{1}{3}\quad\left(\because\lim_{t\to\infty}\frac{\sqrt{t^2+1}}{(3t+1)^{\frac{C}{3}}}=\begin{cases}\frac{1}{3}&(C=3)\\0&(C>3)\\\infty&(C<3)\end{cases}\right)$$

이상적분이 수렴하려면 ln 안의 분수가 같은 차수여야 하므로 $\frac{C}{3}=1$이어야 한다. 따라서 $C=3$이고, 적분값은 $\ln\frac{1}{3}$이다.

211. 다음 이상적분 $\int_0^{\infty}\left(\frac{1}{\sqrt{x^2+4}}-\frac{C}{x+2}\right)dx$가 수렴하는 C에 대하여 C와 그 적분값을 각각 구하시오.

212. 다음 이상적분 $\int_0^1 x^p\ln x\,dx$가 수렴하기 위한 p의 조건을 구하시오.

213. 다음 이상적분의 수렴성을 판정하시오.

(1) $\int_2^{\infty}\frac{1}{\sqrt[3]{x-1}}dx$

(2) $\int_1^{\infty}\frac{1}{(2x+1)^3}dx$

(3) $\int_2^{4}\frac{1}{\sqrt[3]{x-2}}dx$

(4) $\int_0^{3}\frac{dx}{(x-1)^{\frac{2}{3}}}$

(5) $\int_0^{3}\frac{dx}{(x-1)^2}$

(6) $\int_0^{2}x^2\ln x\,dx$

3 이상적분의 비교판정법

이상적분의 정확한 값을 구하는 것이 불가능할 때 수렴성을 묻고자 한다면 비교판정을 통해서 확인할 수 있다.

(1) 구간 $a \le x < \infty$에서 연속함수인 $f(x), g(x)$에 대하여 $0 \le f(x) \le g(x)$를 만족할 때,

$0 \le \int_a^\infty f(x)dx \le \int_a^\infty g(x)dx$가 성립한다. 따라서

① $\int_a^\infty g(x)\, dx$가 수렴하면 $\int_a^\infty f(x)\, dx$도 수렴한다.

② $\int_a^\infty f(x)\, dx$가 발산하면 $\int_a^\infty g(x)\, dx$도 발산한다.

(2) m차 다항식 $p(x)= x^m + \cdots,$ n차 다항식 $q(x)= x^n + \cdots$에 대하여 $\int_a^\infty \frac{p(x)}{q(x)} dx$이 무한구간에 대한 이상적분일 때 (즉, 적분구간에서 특이점이 존재하지 않는다.) 다음과 같이 비교판정을 할 수 있다.

$$\int_a^\infty \frac{p(x)}{q(x)} dx = \int_a^\infty \frac{x^m + \cdots}{x^n + \cdots} dx < \int_a^\infty \frac{x^m + \cdots}{x^n} dx < \int_a^\infty \frac{kx^m}{x^n} dx = k\int_a^\infty \frac{1}{x^{n-m}} dx$$

$n-m > 1 \Leftrightarrow n > m+1$이면 $\int_a^\infty \frac{1}{x^{n-m}} dx$이 수렴하므로

$\int_a^\infty \frac{p(x)}{q(x)} dx = \int_a^\infty \frac{x^m + \cdots}{x^n + \cdots} dx$이 수렴하기 위한 조건은 $n > m+1$이 성립하면 된다.

(3) 특이점이 존재하는 경우 특이점에서 테일러 급수를 이용해서 비교판정할 수 있다.

(4) 적분 구간에 이상적분이 되는 요인이 두 가지가 존재한다면 적분 구간을 나눠서 생각해야 한다.

ex) $\int_0^\infty \frac{1}{\sqrt{x}(1+x)} dx = \int_0^1 \frac{1}{\sqrt{x}(1+x)} dx + \int_1^\infty \frac{1}{\sqrt{x}(1+x)} dx$

(5) 적분이 가능한 함수라면 적분을 통해서 수렴성을 판정할 수 있다.

MEMO

필수 예제 94

다음 이상적분 중 수렴하는 것을 고르시오.

(1) $\int_1^{\infty} \frac{1}{x+x^2} dx$ (2) $\int_2^{\infty} \frac{x^2}{\sqrt{x^5-1}} dx$ (3) $\int_1^{\infty} \frac{\cos^4 x}{x^3+1} dx$

(4) $\int_1^{\infty} \frac{e+\sin x}{\pi\sqrt{x}} dx$ (5) $\int_1^{\infty} \frac{1}{x+e^{2x}} dx$ (6) $\int_1^{\infty} \frac{1-e^{-x}}{x} dx$

풀이 (1) $\int_1^{\infty} \frac{1}{x+x^2} dx < \int_1^{\infty} \frac{1}{x^2} dx$이 성립하고,

$\int_1^{\infty} \frac{1}{x^2} dx$가 수렴하므로 비교판정에 의해서 $\int_1^{\infty} \frac{1}{x+x^2} dx$도 수렴한다.

(2) $\int_2^{\infty} \frac{x^2}{\sqrt{x^5-1}} dx > \int_2^{\infty} \frac{x^2}{\sqrt{x^5}} dx = \int_2^{\infty} \frac{1}{\sqrt{x}} dx$가 성립하고,

$\int_2^{\infty} \frac{1}{\sqrt{x}} dx$가 발산하므로 비교판정법에 의하여 $\int_2^{\infty} \frac{x^2}{\sqrt{x^5-1}} dx$도 발산한다.

(3) $[1, \infty]$에서 $\frac{\cos^4 x}{x^3+1} \le \frac{1}{x^3+1} < \frac{1}{x^3}$ $\Rightarrow$ $\int_1^{\infty} \frac{\cos^4 x}{x^3+1} dx < \int_1^{\infty} \frac{1}{x^3} dx$가 성립하고,

$\int_1^{\infty} \frac{1}{x^3} dx$가 수렴하므로 비교판정법에 의하여 $\int_1^{\infty} \frac{\cos^4 x}{x^3+1} dx$도 수렴한다.

(4) $-1 \le \sin x \le 1 \Leftrightarrow e-1 \le e+\sin x \le e+1$ 이므로 $\int_1^{\infty} \frac{e-1}{\pi\sqrt{x}} dx \le \int_1^{\infty} \frac{e+\sin x}{\pi\sqrt{x}} dx$ 이고

$\int_1^{\infty} \frac{e-1}{\pi\sqrt{x}} dx = \frac{e-1}{\pi} \int_1^{\infty} \frac{1}{\sqrt{x}} dx$는 발산하므로 비교판정법에 의하여 $\int_1^{\infty} \frac{e+\sin x}{\pi\sqrt{x}} dx$도 발산한다.

(5) $\int_1^{\infty} \frac{1}{x+e^{2x}} dx < \int_1^{\infty} \frac{1}{x} dx$: 발산 (판정불가)

$\int_1^{\infty} \frac{1}{x+e^{2x}} dx < \int_1^{\infty} \frac{1}{e^{2x}} dx$ 이고 $\int_1^{\infty} \frac{1}{e^{2x}} dx = \lim_{t\to\infty} \left[-\frac{1}{2} e^{-2x} \right]_1^t = \frac{1}{2} e^{-2}$

: 수렴이므로 비교판정법에 의하여 주어진 이상적분 $\int_1^{\infty} \frac{1}{x+e^{2x}} dx$도 수렴한다.

(6) $1 \le x < \infty$일 때, $-\infty < -x \le -1$ $\Rightarrow$ $0 < e^{-x} \le e^{-1} = \frac{1}{e}$ $\Rightarrow$ $-\frac{1}{e} \le -e^{-x} < 0$

$\Rightarrow$ $0 < 1-e^{-1} \le 1-e^{-x} < 1$ $\Rightarrow$ $\frac{1-e^{-1}}{x} \le \frac{1-e^{-x}}{x} < \frac{1}{x}$

$\Rightarrow$ $0 < \int_1^{\infty} \frac{1-e^{-1}}{x} dx \le \int_1^{\infty} \frac{1-e^{-x}}{x} dx < \int_1^{\infty} \frac{1}{x} dx$

$\int_1^{\infty} \frac{1-e^{-1}}{x} dx$가 발산이므로 $\int_1^{\infty} \frac{1-e^{-x}}{x}$도 발산한다.

필수 예제 95

다음 이상적분 중 수렴하는 것을 고르시오.

(1) $\int_0^1 \frac{e^{-x}}{x^2}dx$ (2) $\int_0^{\frac{\pi}{2}} \frac{\sin x}{x}dx$ (3) $\int_0^{\frac{\pi}{2}} \frac{1}{x\sin x}dx$ (4) $\int_0^1 \frac{\sin x}{x^{3/2}}dx$

(5) $\int_0^1 \frac{\cos x}{x}dx$ (6) $\int_0^1 \frac{1-\cos x}{x^2}dx$ (7) $\int_0^3 \frac{1}{x^2+4x-5}dx$ (8) $\int_0^1 \frac{1}{x\sqrt{x}+\sqrt{x}}dx$

풀이 (1) 구간 [0, 1] 에서 $\int_0^1 \frac{e^{-1}}{x^2}dx \le \int_0^1 \frac{e^{-x}}{x^2}dx \le \int_0^1 \frac{1}{x^2}dx$가 성립하고 $\int_0^1 \frac{e^{-1}}{x^2}dx$는 발산하므로 비교판정법에 의하여 $\int_0^1 \frac{e^{-x}}{x^2}dx$도 발산한다.

(2) 구간 $\left[0, \frac{\pi}{2}\right]$에서 $0 < \sin x \le x$이므로 $\int_0^{\frac{\pi}{2}} \frac{\sin x}{x}dx \le \int_0^{\frac{\pi}{2}} \frac{x}{x}dx = \frac{\pi}{2}$ 가 수렴하고 비교판정법에 의해서 주어진 이상적분 $\int_0^{\frac{\pi}{2}} \frac{\sin x}{x}dx$는 수렴한다.

(3) 구간 $\left[0, \frac{\pi}{2}\right]$에서 $\sin x \le x$ 이므로 $\int_0^{\frac{\pi}{2}} \frac{1}{x\sin x}dx \ge \int_0^{\frac{\pi}{2}} \frac{1}{x^2}dx$ 가 성립하고, $\int_0^{\frac{\pi}{2}} \frac{1}{x^2}dx$ 이 발산하므로 비교판정법에 의해 주어진 이상적분 $\int_0^{\frac{\pi}{2}} \frac{1}{x\sin x}dx$도 발산한다.

(4) $\int_0^1 \frac{\sin x}{x\sqrt{x}}dx < \int_0^1 \frac{x}{x\sqrt{x}}dx = \int_0^1 \frac{1}{\sqrt{x}}dx$가 수렴하므로 비교판정법에 의해 $\int_0^1 \frac{\sin x}{x\sqrt{x}}dx$도 수렴한다.

(5) $[0, 1]$ 에서 $\cos 1 < \cos x < 1$이므로 $\int_0^1 \frac{\cos 1}{x}dx < \int_0^1 \frac{\cos x}{x}dx$이 성립하고 $\int_0^1 \frac{\cos 1}{x}dx$ 가 발산하므로 비교판정법에 의해서 $\int_0^1 \frac{\cos x}{x}dx$도 발산한다.

(6) $[0, 1]$ 에서 $1-\cos x < 1-\left(1-\frac{1}{2!}x^2\right) = \frac{1}{2}x^2$이므로

$\int_0^1 \frac{1-\cos x}{x^2}dx < \int_0^1 \frac{\frac{1}{2}x^2}{x^2}dx = \frac{1}{2}$ 로 우변이 수렴하므로 비교판정법에 의해서 $\int_0^1 \frac{1-\cos x}{x^2}dx$도 수렴한다.

(7) $\int_0^3 \frac{1}{x^2+4x-5}dx = \int_0^3 \frac{1}{(x-1)(x+5)}dx = \frac{1}{6}\int_0^3 \frac{1}{x-1}dx - \frac{1}{6}\int_0^3 \frac{1}{x+5}dx$이고

정적분 $\int_0^3 \frac{1}{x+5}dx$는 유한의 값을 가지므로 수렴하고, $\int_0^3 \frac{1}{x-1}dx$는 발산한다. 따라서 주어진 이상적분은 발산한다.

(8) $\int_0^1 \frac{1}{x\sqrt{x}+\sqrt{x}}dx = \int_0^1 \frac{1}{\sqrt{x}(x+1)}dx$이고 구간 $[0,1]$에서 $g(x) = \frac{1}{x+1}$는 유한의 함숫값을 갖고

즉, $\frac{1}{2} \le g(x) \le 1$이고, $\frac{1}{2}\int_0^1 \frac{1}{\sqrt{x}}dx < \int_0^1 \frac{1}{\sqrt{x}(x+1)}dx < \int_0^1 \frac{1}{\sqrt{x}}dx$이므로 비교판정에 의해서 수렴한다.

필수 예제 96

다음 이상적분 $\int_0^{\infty} \frac{1}{\sqrt{x}(1+x)} dx$ 의 수렴판정을 하시오.

풀이 $\int_0^{\infty} \frac{1}{\sqrt{x}(1+x)} dx$ 이 이상적분이 되는 이유는 2가지가 있다.

첫 번째는 무한구간에 의한 이상적분이고, 두 번째는 피적분함수의 특이점이 적분구간에 포함되어 있기 때문이다.
즉, 특이점에 불연속인 함수이다. 이 경우 구간을 나누어서 판단해야 한다.

$$\int_0^{\infty} \frac{1}{\sqrt{x}(1+x)} dx = \int_0^1 \frac{1}{\sqrt{x}(1+x)} dx + \int_1^{\infty} \frac{1}{\sqrt{x}(1+x)} dx$$

(i) $\int_1^{\infty} \frac{1}{\sqrt{x}(1+x)} dx = \int_1^{\infty} \frac{1}{x\sqrt{x}+\sqrt{x}} dx < \int_1^{\infty} \frac{1}{x\sqrt{x}} dx$ 가 성립하고,

$\int_1^{\infty} \frac{1}{x\sqrt{x}} dx$ 가 수렴하므로 비교판정에 의해서 $\int_1^{\infty} \frac{1}{\sqrt{x}(1+x)} dx$ 도 수렴한다.

(ii) 구간 $[0,1]$ 에서 $g(x) = \frac{1}{x+1}$ 는 유한의 함수값을 갖고 $\left(\frac{1}{2} \le g(x) \le 1\right)$

$\frac{1}{2}\int_0^1 \frac{1}{\sqrt{x}} dx < \int_0^1 \frac{1}{\sqrt{x}(x+1)} dx < \int_0^1 \frac{1}{\sqrt{x}} dx$ 가 성립하고, $\int_0^1 \frac{1}{\sqrt{x}} dx$ 가 수렴하므로

비교판정에 의해서 $\int_0^1 \frac{1}{\sqrt{x}(1+x)} dx$ 는 수렴한다.

따라서 (i)과 (ii)에 의해서 $\int_0^{\infty} \frac{1}{\sqrt{x}(1+x)} dx$ 는 수렴한다.

214. 다음 이상적분 $\int_2^{\infty} \frac{1}{x\sqrt{x^2-4}} dx$ 의 수렴판정을 하시오.

215. 다음 이상적분의 수렴성을 판단하시오.

(1) $\int_{-\infty}^{\infty} \frac{x^2}{9+x^6} dx$

(2) $\int_0^{\infty} \frac{e^x}{e^{2x}+3} dx$

(3) $\int_{e}^{\infty} \frac{1}{x(\ln x)^3}\,dx$

(4) $\int_{0}^{\infty} \frac{x\tan^{-1}x}{(1+x^2)^2}\,dx$

(5) $\int_{0}^{1} \frac{3}{x^5}\,dx$

(6) $\int_{2}^{3} \frac{1}{\sqrt{3-x}}\,dx$

(7) $\int_{-2}^{14} \frac{dx}{\sqrt[4]{x+2}}$

(8) $\int_{6}^{8} \frac{4}{(x-6)^3}\,dx$

(9) $\int_{-2}^{3} \frac{1}{x^4}\,dx$

(10) $\int_{0}^{1} \frac{dx}{\sqrt{1-x^2}}$

(11) $\int_{0}^{9} \frac{1}{\sqrt[3]{x-1}}\,dx$

(12) $\int_{0}^{5} \frac{w}{w-2}\,dw$

(13) $\int_{0}^{3} \frac{dx}{x^2-6x+5}$

(14) $\int_{\frac{\pi}{2}}^{\pi} \csc x\,dx$

(15) $\int_{-1}^{0} \frac{e^{\frac{1}{x}}}{x^3}\, dx$

(16) $\int_{0}^{1} \frac{e^{\frac{1}{x}}}{x^3}\, dx$

(17) $\int_{0}^{2} z^2 \ln z\, dz$

(18) $\int_{0}^{1} \frac{\ln x}{\sqrt{x}}\, dx$

(19) $\int_{0}^{\infty} \frac{x}{x^3+1}\, dx$

(20) $\int_{1}^{\infty} \frac{2+e^{-x}}{x}\, dx$

(21) $\int_{1}^{\infty} \frac{x+1}{\sqrt{x^4-x}}\, dx$

(22) $\int_{0}^{\infty} \frac{\tan^{-1}x}{2+e^x}\, dx$

(23) $\int_{0}^{1} \frac{\sec^2 x}{x\sqrt{x}}\, dx$

(24) $\int_{0}^{\pi} \frac{\sin^2 x}{\sqrt{x}}\, dx$

4 감마함수

(1) 감마함수의 정의 : $\Gamma(n+1)=\int_0^\infty x^n e^{-x}dx \ (n>-1)$

(2) 감마함수의 성질 ① $\Gamma(n+1)=n\Gamma(n)$ (단, $n\neq 0$)

② n이 자연수라면, $\Gamma(n+1)=n!$

③ $\Gamma\left(\frac{1}{2}\right)=\sqrt{\pi}$

④ $\Gamma\left(\frac{3}{2}\right)=\frac{1}{2}\Gamma\left(\frac{1}{2}\right)=\frac{\sqrt{\pi}}{2}$

⑤ $\int_0^1(-\ln x)^n dx=n!$

(3) 다음 이상적분은 이중적분을 사용하여 수렴함을 증명할 수 있다.

이 단원에서는 자주 출제되는 내용이므로 암기하고 적용하는 데 활용하자.

① $\int_0^\infty e^{-x^2}dx=\frac{\sqrt{\pi}}{2}$

② $\int_0^\infty e^{-kx^2}dx=\frac{1}{\sqrt{k}}\cdot\frac{\sqrt{\pi}}{2}$

③ $\int_0^\infty x^2e^{-x^2}dx=\frac{1}{2}\int_0^\infty e^{-x^2}dx=\frac{\sqrt{\pi}}{4}$

Areum Math Tip

부분적분에 의해서 감마함수를 적분하자!!

$n\in\{0,1,2,3,\cdots\}$일 때,

$$\begin{aligned}\Gamma(n+1)=\int_0^\infty x^ne^{-x}dx &=\lim_{t\to\infty}\int_0^t x^ne^{-x}dx\\ &=\lim_{t\to\infty}\left\{-[x^ne^{-x}]_0^t+n\int_0^t x^{n-1}e^{-x}dx\right\}\\ &=\lim_{t\to\infty}\left\{-\frac{t^n}{e^t}+n\int_0^t x^{n-1}e^{-x}dx\right\}\\ &=n\Gamma(n)\end{aligned}$$

$\Gamma(1)=\int_0^\infty e^{-x}dx=1$

$\Gamma(n+1)=n\Gamma(n)=n(n-1)\Gamma(n-1)=n(n-1)(n-2)\Gamma(n-2)=n(n-1)(n-2)\cdots1\Gamma(1)=n!$

필수 예제 97

다음 특이적분 $\int_0^1 (-\ln x)^n dx$의 값은? ($n \in$ 자연수)

풀이 $-\ln x = t <_{\infty}^{0}$ 로 치환하면 $x = e^{-t}$이고, $dx = -e^{-t}dt$가 된다.

$$\int_0^1 (-\ln x)^n dx = -\int_{\infty}^{0} t^n e^{-t} dt = \int_0^{\infty} t^n e^{-t} dt = n!$$

216. 특이적분 $I_n = \int_0^{\infty} x^n e^{-x} dx$에 대한 다음 설명 중 옳지 않은 것은?

① 모든 자연수 n에 대하여 수렴한다.

② 모든 자연수 n에 대하여 $I_n = nI_{n-1}$이 성립한다.

③ $I_3 = 6$

④ 등식 $I_2 = \int_0^{\infty} x^5 e^{-x^2} dx$ 가 성립한다.

⑤ 등식 $I_3 = -\int_0^1 (\ln x)^3 dx$ 가 성립한다.

217. 다음 이상적분의 값을 구하시오.

(1) $\int_0^{\infty} x^3 e^{-x} dx$

(2) $\int_0^{\infty} x^3 e^{-2x} dx$

(3) $\int_0^{\infty} x^{-\frac{1}{2}} e^{-x} dx$

(4) $\int_{-\infty}^{\infty} x^2 e^{-x^2} dx$

(5) $\int_0^{\infty} e^{-4x^2} dx$

(6) $\int_{-\infty}^{\infty} x e^{-x^2} dx$

2 곡선으로 둘러싸인 영역의 면적

1 정적분의 정의

연속함수 $f(x)=x^2$의 그래프 아래에 놓여 있는 영역의 넓이 A는 직사각형들의 넓이의 합에 대한 극한이다.

구간 $[0, 1]$을 n등분하면 직사각형의 밑변은 $\frac{1}{n}$이고, 높이는 점 $\frac{1}{n}, \frac{2}{n}, \frac{3}{n}, \cdots, \frac{n}{n}$에서 함수 $f(x)=x^2$의 값들이다.

(1) 상합 : $f(x)=x^2$이 증가함수이므로 부분구간의 오른쪽 끝점을 잡으면 상합이 생긴다.

$$R_n = \frac{1}{n}\left(\frac{1}{n}\right)^2+\frac{1}{n}\left(\frac{2}{n}\right)^2+\frac{1}{n}\left(\frac{3}{n}\right)^2+\cdots+\frac{1}{n}\left(\frac{n}{n}\right)^2=\frac{1}{n}\sum_{k=1}^{n}\left(\frac{k}{n}\right)^2$$

$$=\frac{1}{n}\cdot\frac{1}{n^2}(1^2+2^2+3^2+\cdots+n^2)=\frac{1}{n^3}\cdot\frac{n(n+1)(2n+1)}{6}$$

$$\lim_{n\to\infty}R_n=\lim_{n\to\infty}\frac{1}{n}\sum_{k=1}^{n}\left(\frac{k}{n}\right)^2=\lim_{n\to\infty}\frac{n(n+1)(2n+1)}{6n^3}=\frac{1}{3}$$

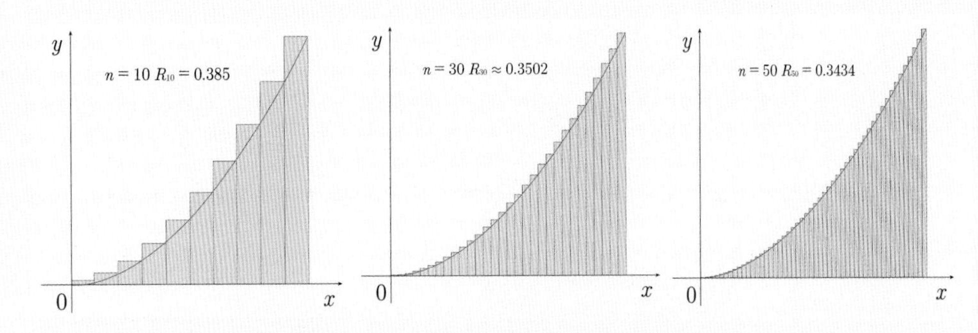

(2) 하합 : $f(x)=x^2$이 증가함수이므로 부분구간의 왼쪽 끝점을 잡으면 하합이 생긴다.

$$R_n = \frac{1}{n}\left(\frac{0}{n}\right)^2+\frac{1}{n}\left(\frac{1}{n}\right)^2+\frac{1}{n}\left(\frac{2}{n}\right)^2+\frac{1}{n}\left(\frac{3}{n}\right)^2+\cdots+\frac{1}{n}\left(\frac{n-1}{n}\right)^2=\frac{1}{n}\sum_{k=0}^{n-1}\left(\frac{k}{n}\right)^2$$

$$=\frac{1}{n}\cdot\frac{1}{n^2}(1^2+2^2+3^2+\cdots+(n-1)^2)=\frac{1}{n^3}\cdot\left(\frac{n(n+1)(2n+1)}{6}-n^2\right)$$

$$\lim_{n\to\infty}R_n=\lim_{n\to\infty}\frac{1}{n}\sum_{k=0}^{n-1}\left(\frac{k}{n}\right)^2=\lim_{n\to\infty}\frac{n(n+1)(2n+1)-6n^2}{6n^3}=\frac{1}{3}$$

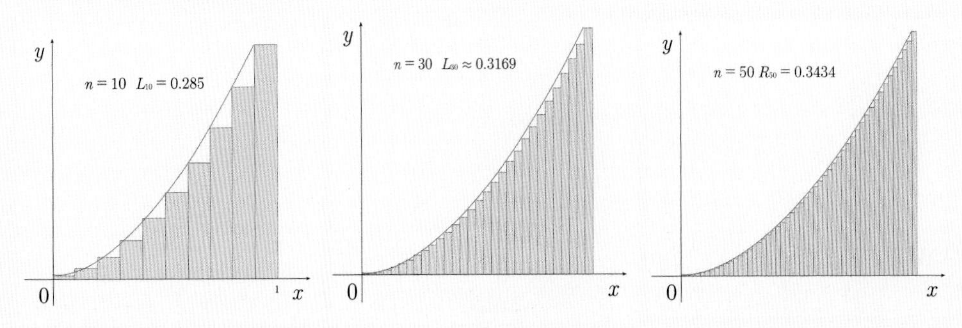

(3) 상합과 하합의 극한값이 같다.

함수 $f(x)$와 x축으로 둘러싸인 영역의 넓이를 A라고 하자.

하합 $\frac{1}{n}\sum_{k=0}^{n-1}\left(\frac{k}{n}\right)^2 < A <$ 상합 $\frac{1}{n}\sum_{k=1}^{n}\left(\frac{k}{n}\right)^2$이 성립하고, 극한을 취하면 스퀴즈 정리에 의해서

$\lim_{n\to\infty}\frac{1}{n}\sum_{k=0}^{n-1}\left(\frac{k}{n}\right)^2 \le A \le \lim_{n\to\infty}\frac{1}{n}\sum_{k=1}^{n}\left(\frac{k}{n}\right)^2$이다.

영역의 넓이 $A = \int_0^1 x^2\,dx = \lim_{n\to\infty}\frac{1}{n}\sum_{k=0}^{n-1}\left(\frac{k}{n}\right)^2 = \lim_{n\to\infty}\frac{1}{n}\sum_{k=1}^{n}\left(\frac{k}{n}\right)^2$ 이 성립한다.

(4) 무한급수 $\lim_{n\to\infty}\frac{1}{n}\sum_{k=1}^{n}\left(\frac{k}{n}\right)^2$를 정적분 $\int_0^1 x^2\,dx$로 나타낼 수 있다.

(5) 정적분의 정의는 $\lim_{n\to\infty}\sum_{k=1}^{n}\Delta x\, f(x^*) = \lim_{n\to\infty}\sum_{k=1}^{n}\frac{b-a}{n}f\left(a+\frac{(b-a)k}{n}\right) = \int_a^b f(x)\,dx$이다.

(6) 구간을 $[0,1]$로 고정하고 n등분을 할 경우 $\Delta x = \frac{1}{n} \approx dx$이고, $x^* = 0 + \frac{(1-0)k}{n} = \frac{k}{n} \approx x$ 이므로

무한급수를 정적분으로 구할 수 있다. ⇒ $\lim_{n\to\infty}\sum_{k=1}^{n}\frac{1}{n}f\left(\frac{k}{n}\right) = \int_0^1 f(x)\,dx$

(7) 구간을 $[0,1]$로 고정하고 an등분을 할 경우

$\Delta x = \frac{1}{an} \approx dx$이고, $x^* = 0 + \frac{(1-0)k}{an} = \frac{k}{an} \approx x$이므로 무한급수를 정적분으로 구할 수 있다.

$\Rightarrow \lim_{n\to\infty}\sum_{k=1}^{an}\frac{1}{an}f\left(\frac{k}{an}\right) = \int_0^1 f(x)\,dx$

필수 예제 98

다음 극한값 $\lim_{n\to\infty} n\left(\frac{1}{n^2+1^2}+\frac{1}{n^2+2^2}+\cdots+\frac{1}{n^2+n^2}\right)$을 구하시오.

풀이 식의 조작을 통해서 무한급수를 정적분으로 만들 수 있다.

$$\lim_{n\to\infty} n\left(\frac{1}{n^2+1^2}+\frac{1}{n^2+2^2}+\cdots+\frac{1}{n^2+n^2}\right) = \lim_{n\to\infty} n\sum_{k=1}^{n}\frac{1}{n^2+k^2}\cdot\frac{\frac{1}{n^2}}{\frac{1}{n^2}}$$

$$= \lim_{n\to\infty}\sum_{k=1}^{n}\frac{\frac{1}{n}}{1+\left(\frac{k}{n}\right)^2} = \int_0^1 \frac{1}{1+x^2}\,dx = \left[\tan^{-1}x\right]_0^1 = \frac{\pi}{4}$$

218. 다음 극한값을 구하시오.

(1) $\lim_{n\to\infty} \frac{1}{n}\left(\sqrt{3}+\sqrt{3+\frac{1}{n}}+\sqrt{3+\frac{2}{n}}+\cdots\sqrt{3+\frac{n-1}{n}}\right)$

(2) $\lim_{n\to\infty}\sum_{k=1}^{n}\left(2+\frac{k}{n}\right)^2\frac{1}{n}$

(3) $\lim_{n\to\infty} \frac{1}{n}\left(\cos\frac{2}{3n}+\cos\frac{4}{3n}+\cos\frac{6}{3n}+\cdots+\cos\frac{6n}{3n}\right)$

(4) $\lim_{n\to\infty} \frac{1}{n}\left\{\ln\left(2+\frac{1}{n}\right)+\ln\left(2+\frac{2}{n}\right)+\cdots+\ln\left(2+\frac{n}{n}\right)\right\}$

(5) $\lim_{n\to\infty}\sum_{k=1}^{n}\ln\left(1+\frac{k}{n}\right)^{\frac{1}{n}}$

(6) $\lim_{n\to\infty}\left(\frac{\pi^2}{n^2}\sin\left(\frac{\pi}{n}\right)+\frac{2\pi^2}{n^2}\sin\left(\frac{2\pi}{n}\right)+\ \cdots\ +\frac{n\pi^2}{n^2}\sin\left(\frac{n\pi}{n}\right)\right)$

219. $n \geq 1$일 때, $a_n=\sum_{k=1}^{n}\sin\left(\frac{k\pi}{4n}\right)$, $b_n=\sum_{k=1}^{n}\cos\left(\frac{k\pi}{4n}\right)$로 정의된 수열 $\{a_n\}$, $\{b_n\}$에 대하여 극한 $\lim_{n\to\infty}\frac{a_n}{b_n}$의 값은?

2 곡선과 x 축 또는 y축 사이의 면적

(1) 곡선과 x축 사이의 면적

함수 $f(x)$가 구간 $[a,b]$에서 연속일 때,

곡선 $y=f(x)$와 두 직선 $x=a, x=b$ 및 x축으로 둘러싸인 넓이는

$$A=\int_a^b |\, f(x)\,|\, dx \text{ (단, } a<b\text{)}$$

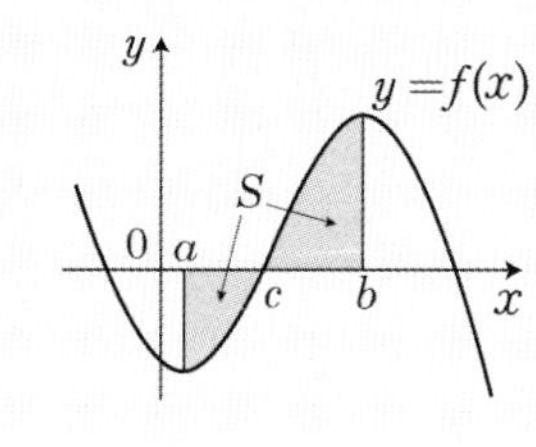

(2) 곡선과 y축 사이의 면적

함수 $g(y)$가 구간 $[c,d]$에서 연속일 때,

곡선 $x=g(y)$와 두 직선 $y=c, y=d$ 및 y축으로 둘러싸인 넓이는

$$A=\int_c^d |\, g(y)\,|\, dy \text{ (단, } c<d\text{)}$$

필수 예제 99

곡선 $y=3-|x^2-1|$과 $y=0$으로 둘러싸인 도형의 넓이는?

풀이 $y=3-|x^2-1|=\begin{cases} x^2+2 & (-1<x<1) \\ -x^2+4 & (x\le -1,\ x\ge 1) \end{cases}$ 이므로 y축 대칭인 우함수이다. 따라서 구하는 면적은

$S=2\left\{\int_0^1 (x^2+2)dx+\int_1^2 (4-x^2)dx\right\}=2\left\{\left[\frac{1}{3}x^3+2x\right]_0^1+\left[4x-\frac{1}{3}x^3\right]_1^2\right\}=8$ 이다.

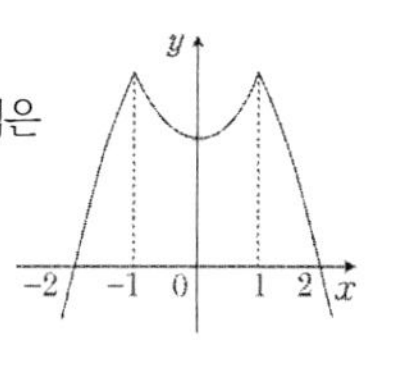

220. $f(x)=x^3-x^2-2x$의 그래프와 x축으로 둘러싸인 영역의 넓이는?

221. $y=2\ln x$와 x축, 직선 $x=4$로 둘러싸인 영역의 넓이는?

222. y축과 포물선 $x=2y-y^2$으로 둘러싸인 영역의 넓이를 구하시오.

223. y축, 직선 $y=1$과 $y=\sqrt[4]{x}$으로 둘러싸인 영역의 넓이를 구하시오.

3 두 곡선 사이의 면적

(1) 두 곡선 $y = f(x), y = g(x)$와 두 직선 $x = a, x = b$로 둘러싸인 도형의 면적은

$$\lim_{n\to\infty}\sum_{k=1}^{n}[f(x^*) - g(x^*)]\,\Delta x = \int_a^b |\,f(x) - g(x)\,|\,dx \text{ 이다.}$$

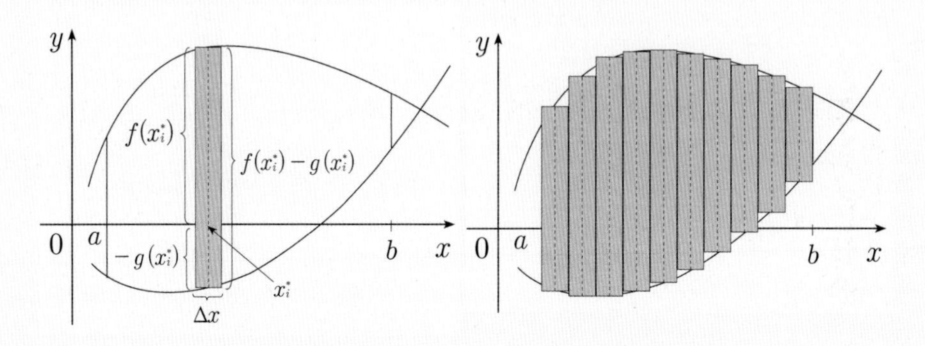

(2) 두 곡선 $y = f(x), y = g(x)$와 두 직선 $x = a, x = b$로 둘러싸인 도형의 면적은 $S_1 + S_2 + S_3$이므로 두 그래프의 교점을 구하고 구간별로 넓이를 구해서 더하면 된다.

(3) 어떤 영역은 x가 y의 함수로 표현되기도 한다. 함수 $x = f(y)$와 $x = g(y)$가 구간 $[c,d]$에서 연속일 때, $g(y) \le f(y)$일 때 둘러싸인 넓이는 $A = \int_c^d f(y) - g(y)\,dy$이다.

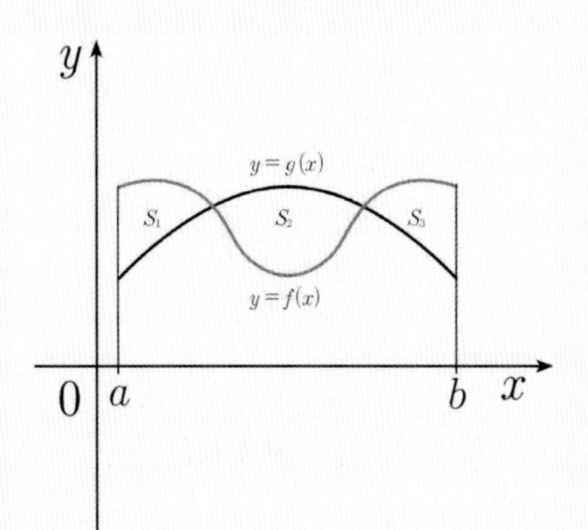

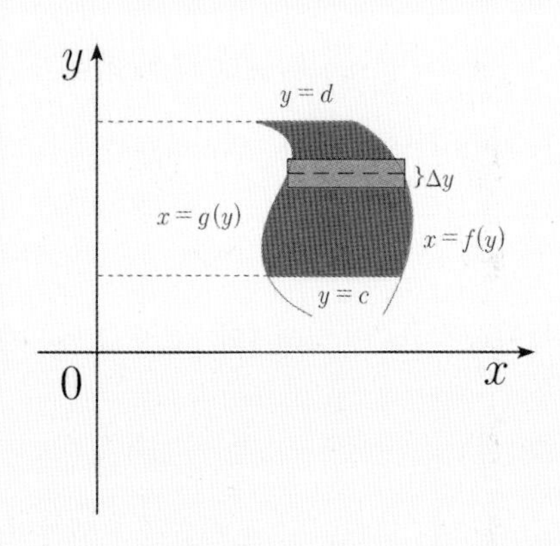

MEMO

필수 예제 100

곡선 $y=\tan x$와 $y=2\sin x$와 직선 $x=-\frac{\pi}{3}$, $x=\frac{\pi}{3}$으로 둘러싸인 영역의 넓이를 구하시오.

풀이 주어진 함수 $y=\tan x$와 $y=2\sin x$는 기함수이고,

$-\frac{\pi}{3}<x<0$에서 $2\sin x<\tan x$ 이고, $0<x<\frac{\pi}{3}$에서 $\tan x<2\sin x$ 이다.

두 그래프가 원점 대칭이므로 둘러싸인 영역의 면적은 같다.

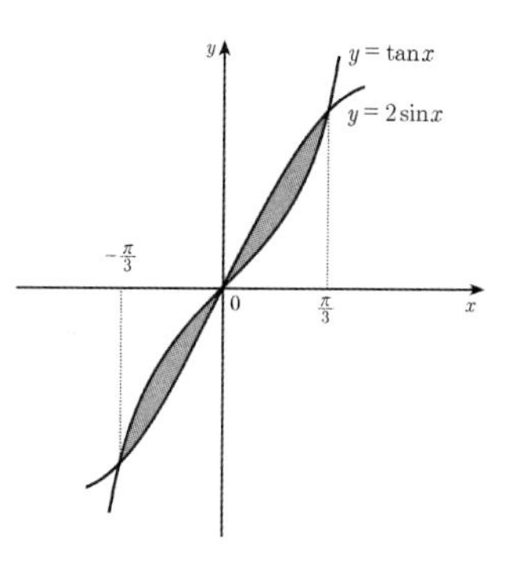

$$\int_{-\frac{\pi}{3}}^{\frac{\pi}{3}}|2\sin x-\tan x|\,dx=\int_{-\frac{\pi}{3}}^{0}(\tan x-2\sin x)\,dx+\int_{0}^{\frac{\pi}{3}}(2\sin x-\tan x)\,dx$$

$$=2\int_{0}^{\frac{\pi}{3}}(2\sin x-\tan x)\,dx$$

$$=2\left[-2\cos x+\ln|\cos x|\right]_0^{\frac{\pi}{3}}$$

$$=2\left\{-2\left(\frac{1}{2}-1\right)+\left(\ln\frac{1}{2}-\ln 1\right)\right\}=2-2\ln 2$$

224. 곡선 $y=\sin x$, $y=\cos x$와 직선 $x=0$, $x=\frac{\pi}{2}$로 둘러싸인 영역의 넓이를 구하시오.

225. $x\ge 0$에서 $f(x)=\frac{1}{2}(x^3+x)$이다. f와 f^{-1}가 나타내는 두 곡선으로 둘러싸인 영역의 넓이는?

226. 곡선 $y=x^2$과 직선 $y=4$에 의해 둘러싸인 넓이를 직선 $y=b$로 이등분할 때 b의 값은?

필수 예제 101

곡선 $x=y^2-2$, $x=e^y$과 직선 $y=-1, y=1$로 둘러싸인 도형의 면적은?

풀이 M1) $A=\int_{-1}^{1}\{e^y-(y^2-2)\}dy=\left[e^y-\frac{1}{3}y^3+2y\right]_{-1}^{1}=e-\frac{1}{e}+\frac{10}{3}$

M2) 주어진 곡선을 $y=x$에 대칭하여도 영역의 면적은 그대로이다.

즉, $y=x^2-2$, $y=e^x$, $x=-1, x=1$로 둘러싸인 영역의 면적을 구하는 것과도 같다.

$A=\int_{-1}^{1}\{e^x-(x^2-2)\}dx$ 로 풀이해도 된다.

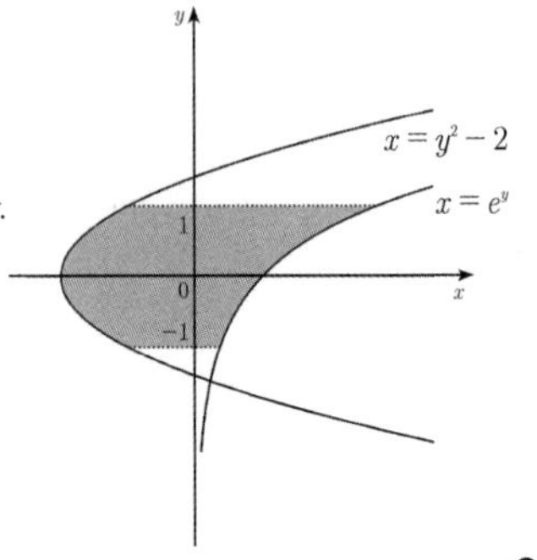

227. 다음 주어진 그래프로 둘러싸인 영역의 넓이를 구하시오.

(1) $y=x-1$, $y^2=2x+6$

(2) $x=y^2-4y$, $x=2y-y^2$

(3) $x=1-y^2$, $x=y^2-1$

(4) $y=\frac{1}{x}$, $y=\frac{1}{x^2}$, $x=2$

(5) $y=x^2-2x$, $y=x+4$

(6) $y=12-x^2$, $y=x^2-6$

(7) $y=e^x$, $y=xe^x$, $x=0$

(8) $y=\cos x$, $y=2-\cos x$, $0\le x\le 2\pi$

(9) $y=\cos x$, $y=\sin 2x$, $x=0$, $x=\frac{\pi}{2}$

(10) $y=\cos x$, $y=1-\cos x$, $x=0$, $x=\pi$

4 매개변수 방정식에서의 면적

매개곡선으로 둘러싸인 면적은 정적분의 치환적분법을 이용하여 구한다.

즉, 곡선이 매개변수 함수 $x=f(t), y=g(t)$로 주어지고, 이 곡선이 $t_1 \le t \le t_2$에서 연속일 때,

곡선 $x=f(t), y=g(t)$와 x축으로 둘러싸인 도형의 면적은 $A = \int_{t_1}^{t_2} |\, g(t) \,|\, f'(t)\, dt$

사이클로이드 (Cycloid) $\begin{cases} x=a(t-\sin t) \\ y=a(1-\cos t) \end{cases} (0 \le t \le 2\pi)$	성망형 (Asteroid) $\begin{cases} x=a\cos^3 t \\ y=a\sin^3 t \end{cases} (0 \le t \le 2\pi)$	타원 (Ellipse) $\begin{cases} x=a\cos t \\ y=b\sin t \end{cases} (0 \le t \le 2\pi)$
x축과 둘러싸인 면적 : $3\pi a^2$	그래프 내부의 면적 : $\frac{3\pi a^2}{8}$	그래프 내부의 면적 : πab
y, (x, y), t, a, 0, $2\pi a$, x	y, a, $x=\cos^3 t$, $y=\sin^3 t$, $0 \le t \le 2\pi$, $-a$, 0, a, x, $-a$	y, b, a, O, x, $a>b>0$

필수 예제 102

매개함수 $\begin{cases} x=a(\theta-\sin\theta) \\ y=a(1-\cos\theta) \end{cases}$ 인 사이클로이드(Cycloid)$(0 \le \theta \le 2\pi)$와 x축으로 둘러싸인 영역의 넓이는?

풀이 x축은 직선 $y=0$이므로 사이클로이드와 직선 $y=0$의 교점은 $1-\cos t=0$을 만족하는 $t=0, 2\pi$이다.

$0 \le x \le 2\pi a$에서 x축과 사이클로이드 곡선으로 둘러싸인 영역의 면적은 $\int_0^{2\pi a} |y|\, dx$이다.

$\begin{cases} x=a(\theta-\sin\theta) \\ y=a(1-\cos\theta) \end{cases}$로 치환하면 x가 0부터 $2\pi a$일 때, θ의 범위는 0부터 2π까지이다.

그 범위에서 $0 \le \theta \le 2\pi$에서 $y=a(1-\cos\theta) \ge 0$이고, $dx=a(1-\cos\theta)$이므로 치환적분을 하자.

$$S=\int_0^{2\pi a} |y|\, dx = \int_0^{2\pi} a^2 (1-\cos\theta)^2\, d\theta$$

$$= a^2 \int_0^{2\pi} (1-2\cos\theta+\cos^2\theta)\, d\theta \quad (\because \text{반각공식})$$

$$= a^2\left(2\pi - 0 + \frac{1}{2}\cdot\frac{\pi}{2}\cdot 4\right) \quad (\because \text{적분의 기하학적 성질과 왈리스 공식})$$

$$= 3\pi a^2$$

필수 예제 103

매개함수 $\begin{cases} x = a\cos^3\theta \\ y = a\sin^3\theta \end{cases}$ 인 성망형(Astroid)$(0 \le \theta \le 2\pi)$ 그래프로 둘러싸인 영역의 넓이는?

풀이 성망형은 x축, y축, 원점대칭이므로 1사분면상의 면적의 4배를 하면 된다.

$x = a\cos^3\theta$로 치환하고, x의 범위가 0부터 a일 때, θ의 범위는 $\frac{\pi}{2}$부터 0이다.

$$4\int_0^a |y|dx = 4\int_{\frac{\pi}{2}}^0 a\sin^3\theta \cdot (-3a\sin\theta\cos^2\theta)\,d\theta$$

$$= 12a^2\int_0^{\frac{\pi}{2}} \sin^4\theta\cos^2\theta\,d\theta = 12a^2\int_0^{\frac{\pi}{2}} \sin^4\theta(1-\sin^2\theta)\,d\theta$$

$$= 12a^2\int_0^{\frac{\pi}{2}} (\sin^4\theta - \sin^6\theta)\,d\theta = 12a^2\left(\frac{3}{4}\cdot\frac{1}{2}\cdot\frac{\pi}{2} - \frac{5}{6}\cdot\frac{3}{4}\cdot\frac{1}{2}\cdot\frac{\pi}{2}\right)$$

$$= 12a^2\cdot\frac{3}{4}\cdot\frac{1}{2}\cdot\frac{\pi}{2}\left(1-\frac{5}{6}\right) = \frac{3\pi a^2}{8}$$

228. 타원 $\frac{x^2}{a^2}+\frac{y^2}{b^2}=1$의 면적을 구하여라.

229. 곡선 $x=1+e^t$, $y=t-t^2$와 x축으로 둘러싸인 부분의 넓이를 구하시오.

230. 곡선 $x=\cos t$, $y=e^t\left(0 \le t \le \frac{\pi}{2}\right)$와 곡선 $x=t$, $y=t^2$ $(0 \le t \le 1)$과 직선 $x=0$ 으로 둘러싸인 영역의 넓이는?

5 극방정식에서의 면적

오른쪽 그림과 같이 극곡선으로 둘러싸인 면적을 무수히 많은 부분으로 나눴을 때,

각 부분은 반지름이 $f(\theta)$ 이고 중심각이 θ 인 부채꼴로 근사될 수 있다.

부채꼴의 면적 : $\pi r^2 \cdot \dfrac{\theta}{2\pi} = \dfrac{r^2}{2}\theta$

(1) 극방정식 $r = f(\theta)$ 와 동경 $\theta = \alpha, \theta = \beta\ (\alpha < \beta)$ 로 둘러싸인

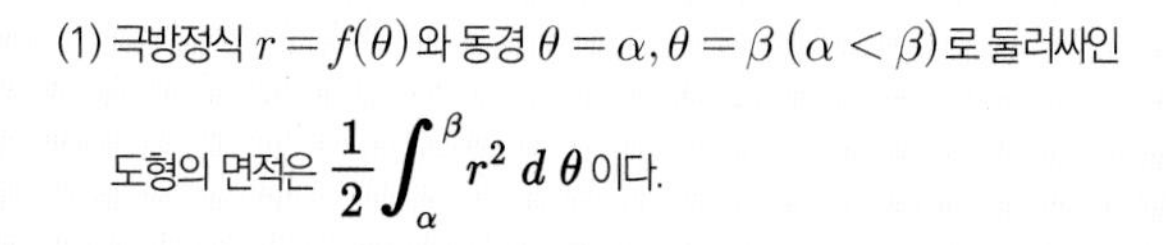

도형의 면적은 $\displaystyle \frac{1}{2}\int_{\alpha}^{\beta} r^2\, d\theta$ 이다.

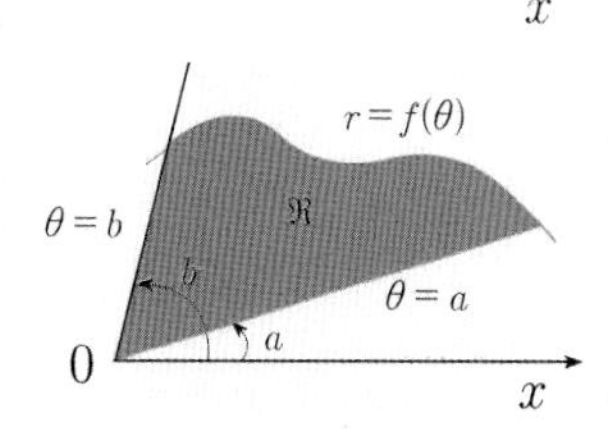

(2) 극방정식 $r_1 = f(\theta),\ r_2 = g(\theta)$ 와 동경 $\theta = \alpha, \theta = \beta\ (\alpha < \beta)$ 로

둘러싸인 도형의 면적은 다음과 같다.

$$\frac{1}{2}\int_{\alpha}^{\beta} {r_1}^2 - {r_2}^2\, d\theta = \frac{1}{2}\int_{\alpha}^{\beta} \{f^2(\theta) - g^2(\theta)\}\, d\theta$$

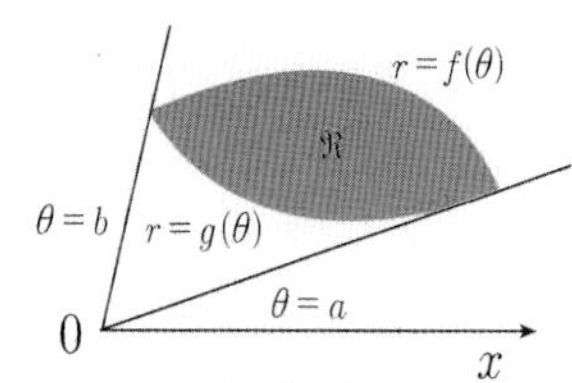

	심장형 $r = a(1 \pm \cos\theta)$ 또는 $r = a(1 \pm \sin\theta)$		연주형 $r^2 = a^2\cos 2\theta$ 또는 $r^2 = a^2\sin 2\theta$ 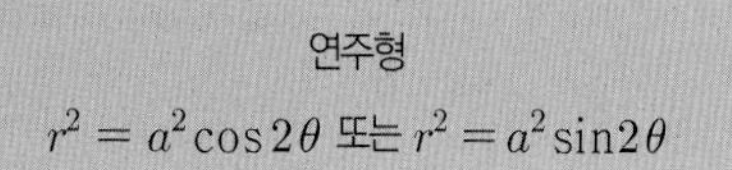	
내부면적	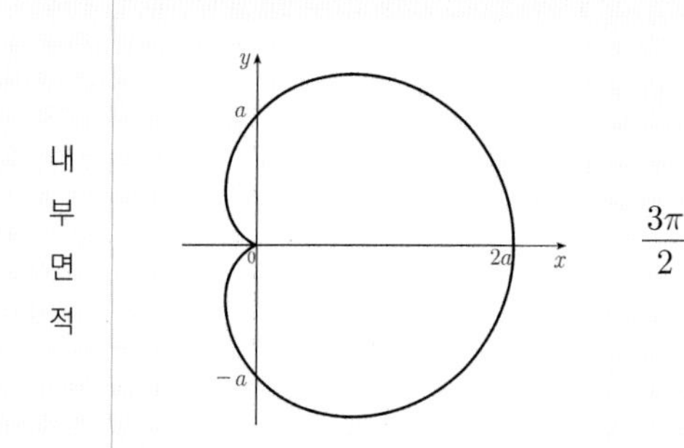	$\dfrac{3\pi}{2}a^2$	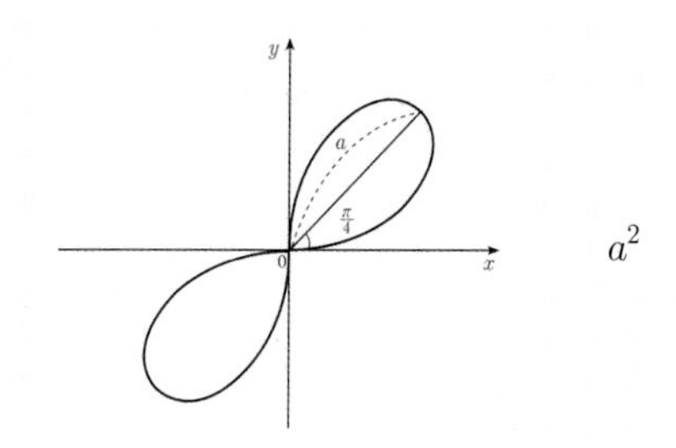	a^2
	4엽 장미 $r = a\cos 2\theta$ 또는 $r = a\sin 2\theta$ 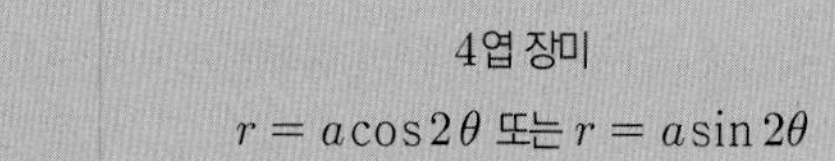		3엽 장미 $r = a\cos 3\theta$ 또는 $r = a\sin 3\theta$ 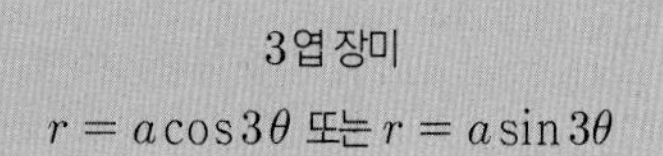	
내부면적	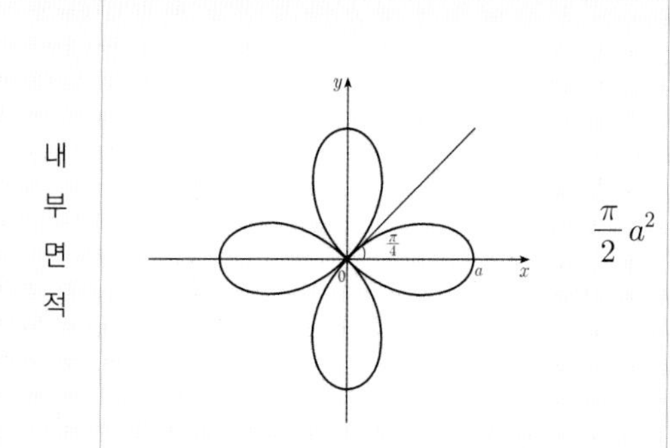	$\dfrac{\pi}{2}a^2$	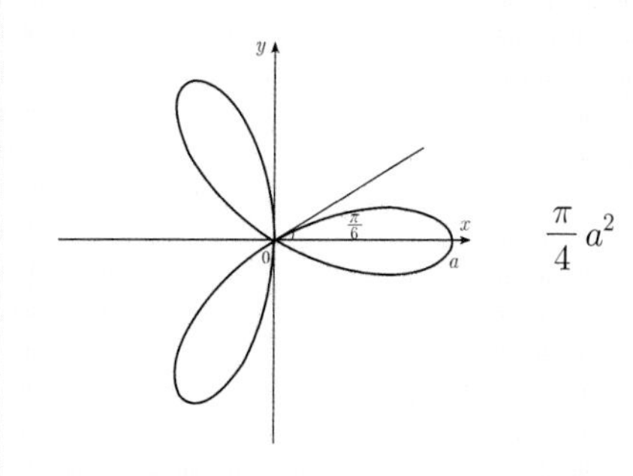	$\dfrac{\pi}{4}a^2$

필수 예제 104

주어진 극곡선 내부의 면적을 구하면?

(1) $r=a(1+\cos\theta)$

(2) $r^2=a^2\sin 2\theta$

풀이 (1) 심장형 $r=a(1+\cos\theta)$의 면적은 $0\le\theta\le\pi$에 해당하는 면적의 2배를 해서 구하자.

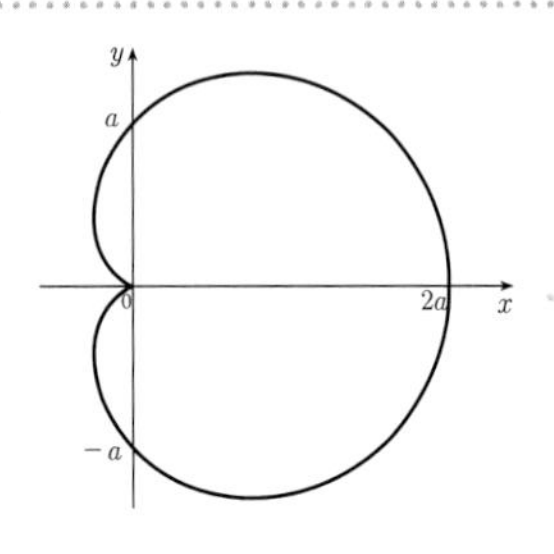

$$A=\frac{1}{2}\int_0^{2\pi} r^2\,d\theta=2\cdot\frac{1}{2}\int_0^{\pi} r^2\,d\theta=\int_0^{\pi} a^2(1+\cos\theta)^2\,d\theta$$

$$=a^2\int_0^{\pi}(1+2\cos\theta+\cos^2\theta)\,d\theta$$

$$=a^2\left(\pi-0+\frac{1}{2}\cdot\frac{\pi}{2}\cdot 2\right)=\frac{3\pi a^2}{2}$$

따라서 심장형 $r=a(1\pm\cos\theta)$, $r=a(1\pm\sin\theta)$ 내부의 면적은 $\frac{3\pi a^2}{2}$이다.

(2) 연주형 $r^2=a^2\sin 2\theta$의 면적은 $0\le\theta\le\frac{\pi}{4}$에 해당하는 면적의 4배를 해서 구하자.

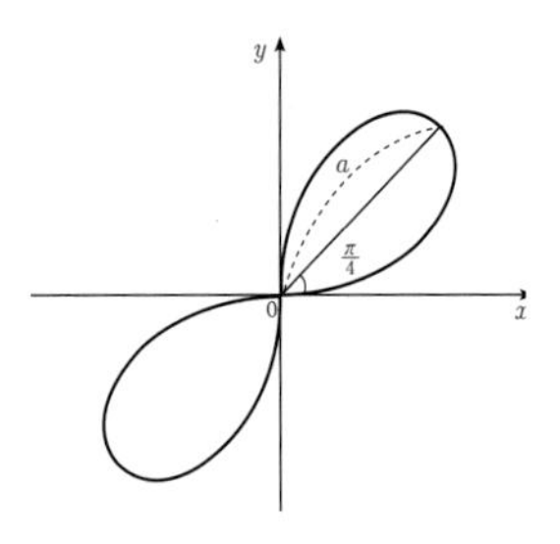

$$A=4\cdot\frac{1}{2}\int_0^{\frac{\pi}{4}} r^2\,d\theta=2\int_0^{\frac{\pi}{4}} a^2\sin 2\theta\,d\theta=2a^2\cdot\left[-\frac{1}{2}\cos 2\theta\right]_0^{\frac{\pi}{4}}=a^2$$

따라서 연주형 그래프 $r^2=a^2\sin 2\theta$, $r^2=a^2\cos 2\theta$의 내부면적은 a^2이다.

231. 주어진 극곡선 내부의 면적을 구하면?

(1) $r=a\cos 2\theta$

(2) $r=a\cos 3\theta$

(3) $r=3+2\cos\theta$

(4) $r=4+3\sin\theta$

필수 예제 105

극방정식 $r=3\cos\theta$ 의 내부와 $r=1+\cos\theta$ 의 내부영역의 공통된 영역의 넓이는?

풀이 두 극곡선의 교점을 구하면 $3\cos\theta=1+\cos\theta \Rightarrow \cos\theta=\frac{1}{2} \Rightarrow \theta=\frac{\pi}{3}$ 또는 $\theta=\frac{5}{3}\pi$

두 곡선으로 공통된 내부영역은 다음과 같다.

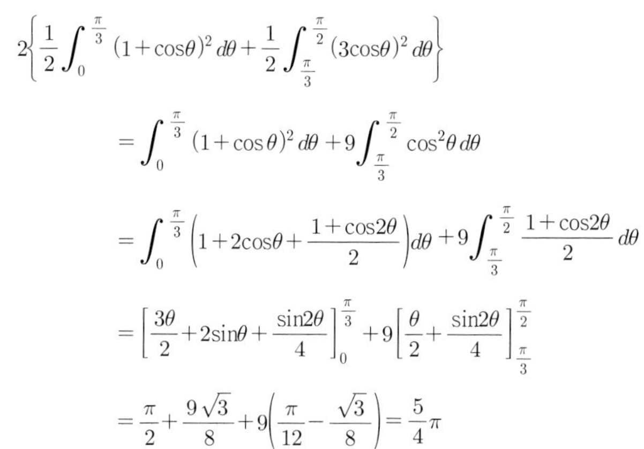

$$2\left\{\frac{1}{2}\int_0^{\frac{\pi}{3}}(1+\cos\theta)^2\,d\theta+\frac{1}{2}\int_{\frac{\pi}{3}}^{\frac{\pi}{2}}(3\cos\theta)^2\,d\theta\right\}$$

$$=\int_0^{\frac{\pi}{3}}(1+\cos\theta)^2\,d\theta+9\int_{\frac{\pi}{3}}^{\frac{\pi}{2}}\cos^2\theta\,d\theta$$

$$=\int_0^{\frac{\pi}{3}}\left(1+2\cos\theta+\frac{1+\cos2\theta}{2}\right)d\theta+9\int_{\frac{\pi}{3}}^{\frac{\pi}{2}}\frac{1+\cos2\theta}{2}\,d\theta$$

$$=\left[\frac{3\theta}{2}+2\sin\theta+\frac{\sin2\theta}{4}\right]_0^{\frac{\pi}{3}}+9\left[\frac{\theta}{2}+\frac{\sin2\theta}{4}\right]_{\frac{\pi}{3}}^{\frac{\pi}{2}}$$

$$=\frac{\pi}{2}+\frac{9\sqrt{3}}{8}+9\left(\frac{\pi}{12}-\frac{\sqrt{3}}{8}\right)=\frac{5}{4}\pi$$

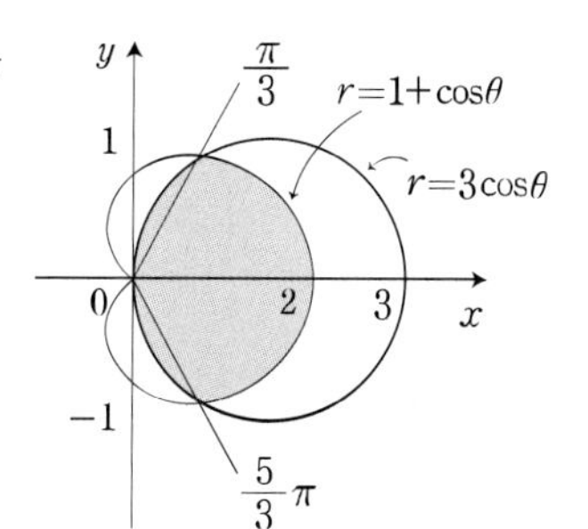

232. 곡선 $r=2-2\cos\theta$ 의 내부와 $r=2$ 의 외부에 속하는 영역의 넓이는?

233. 극곡선 $r=1-\sin\theta$ 의 내부와 원 $r=1$ 의 내부의 공통부분의 넓이는?

234. 극곡선 $r=1+2\cos\theta$ 는 외부곡선과 내부곡선으로 이루어진 심장형이다. 내부곡선으로 둘러싸인 부분의 면적은?

3 곡선의 길이

곡선 C의 아주 작은 호의 일부를 확대하면 직선을 띠고 있고,

그 길이를 ds라고 할 때 이것은 직각삼각형의 빗변의 길이와 같다.

$ds = \sqrt{(dx)^2 + (dy)^2}$

곡선 C의 길이 공식은 함수에 따라 공식의 표현이 달라지기 때문에

일괄적으로 $\int_C ds$ 로 표현한다.

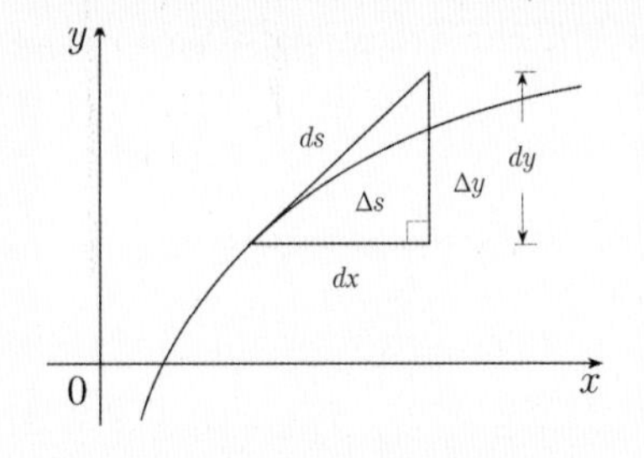

1 직교좌표에서 곡선의 길이

(1) $y = f(x)$의 구간 $[a, b]$에서 곡선 C의 길이 $\int_C ds = \int_a^b \sqrt{1+(f'(x))^2}\, dx = \int_a^b \sqrt{1+(y')^2}\, dx$

(2) $x = g(y)$의 구간 $[c, d]$에서 곡선 C의 길이 $\int_C ds = \int_c^d \sqrt{1+(g'(y))^2}\, dy = \int_c^d \sqrt{1+(x')^2}\, dy$

2 매개변수 방정식의 곡선의 길이

곡선 $\begin{cases} x = f(t) \\ y = g(t) \end{cases}$ $(t_1 \le t \le t_2)$, $\dfrac{dx}{dt} = f'(t)$로 주어질 때,

$$\int_C ds = \int_{t_1}^{t_2} \sqrt{\left(\frac{dx}{dt}\right)^2 + \left(\frac{dy}{dt}\right)^2}\, dt = \int_{t_1}^{t_2} \sqrt{(x')^2 + (y')^2}\, dt$$

3 극방정식의 곡선의 길이

극방정식 $r = f(\theta)$를 매개방정식 $\begin{cases} x = r\cos\theta \\ y = r\sin\theta \end{cases}$ 로 바꿀 수 있다. 동경 $\theta = \alpha, \theta = \beta\ (\alpha < \beta)$로 주어질 때,

매개방정식의 곡선의 길이를 이용하면 $\int_C ds = \int_\alpha^\beta \sqrt{(r)^2 + (r')^2}\ d\theta$

사이클로이드 (Cycloid) $\begin{cases} x = a(t - \sin t) \\ y = a(1 - \cos t) \end{cases}$ $(0 \le t \le 2\pi)$	성망형 (Asteroid) $\begin{cases} x = a\cos^3 t \\ y = a\sin^3 t \end{cases}$ $(0 \le t \le 2\pi)$	심장형 $r = a(1 \pm \cos\theta)$ $r = a(1 \pm \sin\theta)$
곡선의 길이 : $8a$	곡선의 길이 : $6a$	곡선의 길이 : $8a$

Areum Math Tip

$ds=\sqrt{(dx)^2+(dy)^2}$ 식을 통해서 다른 식을 유도할 수 있다.

$$ds=\sqrt{(dx)^2+(dy)^2}=\sqrt{1+\left(\frac{dy}{dx}\right)^2}\,dx=\sqrt{1+\left(\frac{dx}{dy}\right)^2}\,dy=\sqrt{\left(\frac{dx}{dt}\right)^2+\left(\frac{dy}{dt}\right)^2}\,dt$$

정적분의 정의에 의해 곡선의 길이는 다음과 같음을 알 수 있다.

(1) $y=f(x)$의 구간 $[a,b]$에서 곡선의 길이

$$\int_C ds=\int_a^b\sqrt{1+\left(\frac{dy}{dx}\right)^2}\,dx=\int_a^b\sqrt{1+(y')^2}\,dx=\int_a^b\sqrt{1+(f'(x))^2}\,dx$$

(2) $x=g(y)$의 구간 $[c,d]$에서 곡선의 길이

$$\int_C ds=\int_c^d\sqrt{1+\left(\frac{dx}{dy}\right)^2}\,dy=\int_c^d\sqrt{1+(x')^2}\,dy=\int_c^d\sqrt{1+\{g'(y)\}^2}\,dy$$

(3) 매개변수 방정식 $x=f(t),\ y=g(t),\ t_1\le t\le t_2$으로 주어질 때,

$$\int_C ds=\int_{t_1}^{t_2}\sqrt{\left(\frac{dx}{dt}\right)^2+\left(\frac{dy}{dt}\right)^2}\,dt=\int_{t_1}^{t_2}\sqrt{(x')^2+(y')^2}\,dt$$

(4) 극곡선 $r=f(\theta)\ (\alpha\le\theta\le\beta)$에 대하여 매개변수 방정식으로 바꾸면 $\begin{cases}x=r\cos\theta=f(\theta)\cos\theta\\ y=r\sin\theta=f(\theta)\sin\theta\end{cases}$ 이므로

매개변수 방정식의 곡선의 길이 공식에 대입해서 구한다.

$$\left(\frac{dx}{d\theta}\right)^2+\left(\frac{dy}{d\theta}\right)^2=\left(\frac{dr}{d\theta}\cos\theta-r\sin\theta\right)^2+\left(\frac{dr}{d\theta}\sin\theta+r\cos\theta\right)^2$$
$$=\{(r')^2\cos^2\theta+r^2\sin^2\theta-2rr'\sin\theta\cos\theta\}+\{(r')^2\sin^2\theta+r^2\cos^2\theta+2rr'\sin\theta\cos\theta\}$$
$$=(r')^2+r^2$$

$$\int_C ds=\int_\alpha^\beta\sqrt{\left(\frac{dx}{d\theta}\right)^2+\left(\frac{dy}{d\theta}\right)^2}\,d\theta=\int_\alpha^\beta\sqrt{r^2+\left(\frac{dr}{d\theta}\right)^2}\,d\theta=\int_\alpha^\beta\sqrt{r^2+(r')^2}\,d\theta$$

필수 예제 106

곡선 $y=\frac{1}{4}x^2-\frac{1}{2}\ln x\ (1\le x\le e)$의 길이는?

풀이 $y'=\frac{1}{2}x-\frac{1}{2}\cdot\frac{1}{x}=\frac{1}{2}\left(x-\frac{1}{x}\right)$이고,

$1+(y')^2=1+\frac{1}{4}\left(x^2-2+\frac{1}{x^2}\right)=\frac{1}{4}\left(x^2+2+\frac{1}{x^2}\right)=\frac{1}{4}\left(x+\frac{1}{x}\right)^2$

$\sqrt{1+(y')^2}=\sqrt{\frac{1}{4}\left(x+\frac{1}{x}\right)^2}=\frac{1}{2}\left|x+\frac{1}{x}\right|=\frac{1}{2}\left(x+\frac{1}{x}\right)\ (\because x\in[1,e])$

이다. 따라서 구간 $[1,e]$에서의 그래프의 길이는 다음과 같다.

$L=\int_1^e\sqrt{1+(y')^2}\,dx=\int_1^e\frac{1}{2}\left(x+\frac{1}{x}\right)dx=\frac{1}{2}\left[\frac{1}{2}x^2+\ln x\right]_1^e=\frac{1}{4}(e^2-1)+\frac{1}{2}=\frac{e^2+1}{4}$

235. 곡선 $y=\frac{4\sqrt{2}}{3}x^{\frac{3}{2}}-1$ 에서 $0\le x\le 1$까지 곡선의 길이를 구하면?

236. $f(x)=\int_0^x\sqrt{t^2+2t}\,dt$ 일 때, 곡선 $y=f(x), 0\le x\le 2$의 길이는?

237. 곡선 $x=\frac{1}{3}\sqrt{y}(y-3)\ (1\le y\le 9)$의 길이는?

238. 구간 $-10\le x\le 10$의 양 끝에 놓여 있는 두 장대 사이에 로프가 매여 있다. 로프의 모양이 현수선 $y=5(e^{0.1x}+e^{-0.1x})$로 표현될 때, 로프의 길이는?

필수 예제 107

매개함수 $\begin{cases} x = a\cos^3 t \\ y = a\sin^3 t \end{cases}$ 은 성망형(Astroid)$(0 \le t \le 2\pi)$의 곡선이다. 이 곡선의 길이는?

풀이 매개방정식 $x = a\cos^3 t,\ y = a\sin^3 t$의 1사분면상의 곡선의 길이의 4배로 구한다.

$\dfrac{dx}{dt} = -3a\cos^2 t\sin t,\ \dfrac{dy}{dt} = 3a\sin^2 t\cos t$ 이고,

$$\sqrt{\left(\frac{dx}{dt}\right)^2 + \left(\frac{dy}{dt}\right)^2} = \sqrt{9a^2\cos^4 t\sin^2 t + 9a^2\sin^4 t\cos^2 t}$$
$$= 3a\sqrt{\cos^2 t\sin^2 t(\cos^2 t + \sin^2 t)}$$
$$= 3a|\cos t\sin t|$$

$$\int_C ds = 4\int_0^{\frac{\pi}{2}} \sqrt{\left(\frac{dx}{dt}\right)^2 + \left(\frac{dy}{dt}\right)^2}\,dt = 4\int_0^{\frac{\pi}{2}} 3a|\sin t\cos t|\,dt$$
$$= 12a\int_0^{\frac{\pi}{2}} \sin t\cos t\,dt = 6a\left[\sin^2 t\right]_0^{\frac{\pi}{2}} = 6a$$

239. 매개함수 $\begin{cases} x = a(\theta - \sin\theta) \\ y = a(1-\cos\theta) \end{cases}$ 인 사이클로이드(Cycloid)$(0 \le \theta \le 2\pi)$의 곡선의 길이는? $(a > 0)$

240. 매개곡선 $x = e^t\sin t,\ y = e^t\cos t$의 $0 \le t \le \pi$에서의 길이를 구하면?

241. 곡선 $x(t) = t\sin t,\ y(t) = t\cos t\ (0 \le t \le 1)$의 길이는?

242. 곡선 $x(t) = 1 + 3t^2,\ y(t) = 4 + 2t^3\ (0 \le t \le 1)$의 길이는?

필수 예제 108

극방정식 $r=a(1+\cos\theta)$ $(0\le\theta\le 2\pi)$로 나타내어지는 곡선의 길이는?

풀이 곡선 $r=a(1+\cos\theta)$는 x축에 대하여 대칭이므로 0부터 π까지 곡선의 길이를 2배 해서 계산하자.

$r=a(1+\cos\theta)$, $r'=-a\sin\theta$ 이므로

$$\sqrt{r^2+(r')^2}=\sqrt{a^2(1+\cos\theta)^2+a^2(-\sin\theta)^2}$$
$$=a\sqrt{2+2\cos\theta}=a\sqrt{4\cos^2\frac{\theta}{2}}=2a\left|\cos\frac{\theta}{2}\right|=2a\cos\frac{\theta}{2}\ (\because 0\le\theta\le\pi\text{에서 }\cos\frac{\theta}{2}\ge 0)$$

$$\int_C ds=2\int_0^{\pi}\sqrt{r^2+(r')^2}\,d\theta=2\int_0^{\pi}2a\cos\frac{\theta}{2}\,d\theta$$
$$=4a\cdot 2\left[\sin\frac{\theta}{2}\right]_0^{\pi}=8a(1-0)=8a$$

TIP

삼각함수의 반각공식 $\sqrt{1+\cos x}=\sqrt{2\left(\frac{1+\cos x}{2}\right)}=\sqrt{2\left(\cos^2\frac{x}{2}\right)}=\sqrt{2}\left|\cos\frac{x}{2}\right|$

243. $-\frac{\pi}{4}\le\theta\le\frac{\pi}{4}$에서 곡선 $r=2\sec\theta$의 호의 길이를 구하면?

244. 극곡선 $r=\frac{1}{e^{\theta}}$ $(\theta\ge 0)$의 길이를 구하면?

245. 극곡선 $r=2\sin\theta+2\cos\theta$의 길이를 구하면?

246. 곡선 $r=3\cos\theta$의 내부에 있는 곡선 $r=1+\cos\theta$의 길이는?

4 입체의 부피

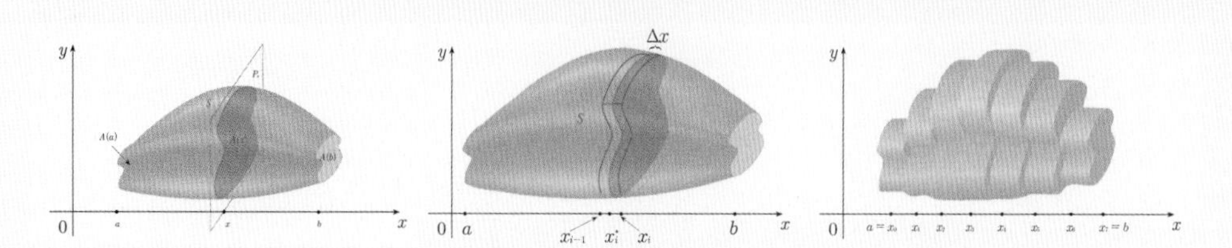

입체 S를 평면 P_x로 잘랐을 경우 폭 $\triangle x$로 잘라진 평판조각들의 부피의 합이 입체 S의 부피이다.

하나의 평판조각의 부피 $V = A(x) \times \triangle x$로 무수히 얇은 원판들의 합을 생각해서 적분으로 구할 수 있다.

(1) $x = a, x = b$ 사이에 놓인 입체 S의 x축에 수직인 절단면의 넓이를 $A(x)$라 할 때,

입체 S의 부피 $\boldsymbol{V = \int_a^b A(x)\,dx}$

(2) $y = c, y = d$ 사이에 놓인 입체 S의 y축에 수직인 절단면의 넓이를 $A(y)$라 할 때,

입체 S의 부피 $\boldsymbol{V = \int_c^d A(y)\,dy}$

필수 예제 109

밑면이 $y = \sin x\,(0 \le x \le \pi)$인 입체가 있다. 다음을 구하시오.

(1) 이 입체를 x축에 수직인 평면으로 자른 단면이 정사각형일 때, 이 입체의 체적?

(2) 이 입체를 x축에 수직인 평면으로 자른 단면이 정삼각형일 때, 이 입체의 체적?

풀이 (1) 정사각형의 한 변의 길이는 y이고, 정사각형 단면의 넓이는 $y^2 = \sin^2 x$이므로 단면적이 정사각형인 입체의 부피는

$$V = \int_0^\pi y^2\,dx = \int_0^\pi \sin^2 x\,dx = 2\int_0^{\frac{\pi}{2}} \sin^2 x\,dx = 2 \times \frac{\pi}{4} = \frac{\pi}{2}$$ 이다.

(2) 정삼각형의 한 변의 길이는 y이고, 정삼각형 단면의 넓이는 $\frac{\sqrt{3}}{4}y^2 = \frac{\sqrt{3}}{4}\sin^2 x$이므로 단면적이 정사각형인

입체의 부피 $V = \int_0^\pi \frac{\sqrt{3}}{4}y^2\,dx = \frac{\sqrt{3}}{4}\int_0^\pi \sin^2 x\,dx = 2 \cdot \frac{\sqrt{3}}{4}\int_0^{\frac{\pi}{2}} \sin^2 x\,dx = \frac{\sqrt{3}\pi}{8}$ 이다.

TIP

한 변의 길이가 a인 정삼각형의 높이 $h = a \times sin\frac{\pi}{3} = \frac{\sqrt{3}}{2}a$

한 변의 길이가 a인 정삼각형의 넓이 $A = \frac{1}{2}ah = \frac{1}{2}a \cdot \frac{\sqrt{3}}{2}a = \frac{\sqrt{3}}{4}a^2$

247. 영역 $S=\{(x,y)\,|\,0\le y\le 2-x^2\}$ 를 밑바닥으로 하는 입체가 있다. 다음을 구하시오.

(1) 이 입체를 y축에 수직인 평면으로 자른 단면이 정사각형일 때, 이 입체의 체적?

(2) 이 입체를 y축에 수직인 평면으로 자른 단면이 정삼각형일 때, 이 입체의 체적?

248. 영역 $\{(x,y)\ :\ 0\le y\le \sin^2 x,\ 0\le x\le \pi\}$를 밑바닥으로 하는 입체가 있다. 이 입체를 x축에 수직인 평면으로 자른 단면이 정사각형일 때, 이 입체의 부피는?

249. 1사분면에 있는 함수 $y=x^2$의 그래프와 직선 $y=4, x=0$으로 둘러싸인 영역을 입체의 밑면이라 하자. x축에 수직으로 자른 도형의 단면이 정사각형일 때, 입체의 부피를 구하면?

250. 반지름이 r인 원을 밑면으로 갖는 입체의 밑면에 수직인 단면들이 반원으로 이루어져 있다. 이 입체의 부피는?

251. 다음 주어진 도형의 부피를 구하시오.

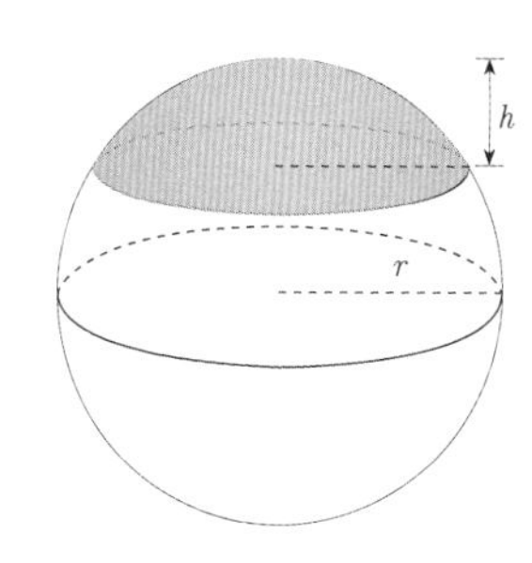

5 회전체의 부피

1 원판 법칙

(1) $y=f(x)$가 구간 $[a,b]$에서 연속일 때,

$f(x)$와 x축으로 둘러싸인 영역을 x축으로 회전시킨 입체의 부피

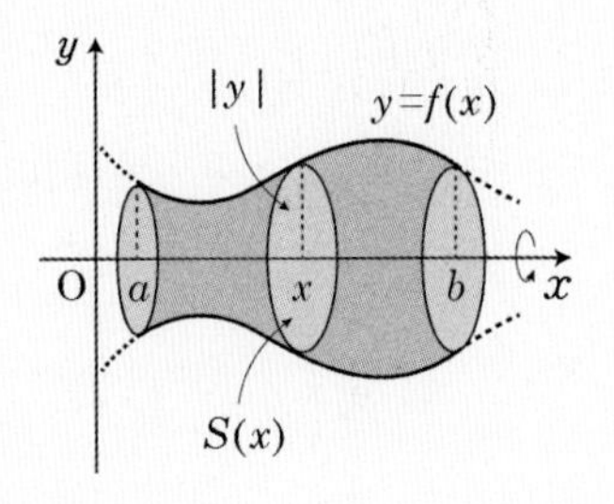

$$V_x = \pi\int_a^b |y|^2\,dx = \pi\int_a^b |f(x)|^2\,dx$$

TIP $|y|=|f(x)|$는 회전축인 직선 $y=0$(x축) 사이의 거리이고, 단면인 원의 반지름이다.

(2) $y=f(x)$가 구간 $[a,b]$에서 연속일 때,

$f(x)$와 직선 $y=A$로 둘러싸인 영역을 직선 $y=A$로 회전시킨 입체의 부피

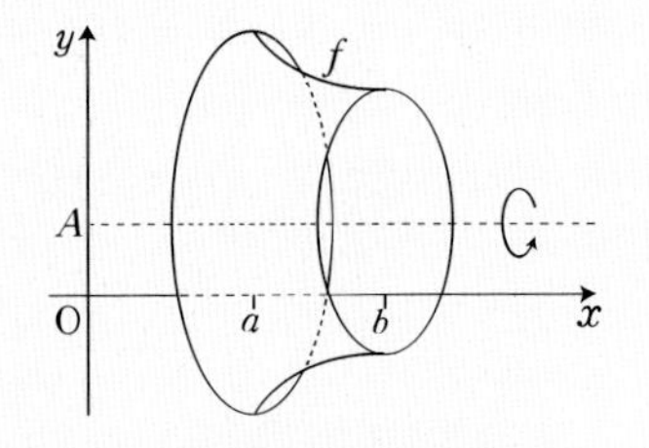

$$V_{y=A} = \pi\int_a^b |y-A|^2\,dx = \pi\int_a^b |f(x)-A|^2\,dx$$

TIP $|y-A|=|f(x)-A|$는 회전축인 직선 $y=A$와 곡선 사이의 거리이고, 단면인 원의 반지름이다.

(3) $x=g(y)$가 구간 $[c,d]$에서 연속일 때,

$g(y)$와 y축으로 둘러싸인 영역을 y축으로 회전시킨 입체의 부피

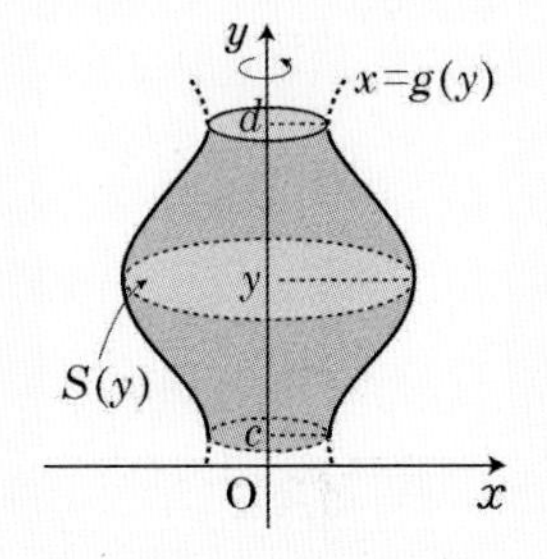

$$V_y = \pi\int_c^d |x|^2\,dy = \pi\int_c^d \{g(y)\}^2\,dy$$

TIP $x=g(y)$는 회전축(y축)과의 거리이고, 단면인 원의 반지름이다.

MEMO

필수 예제 110

다음 회전체의 부피를 구하시오.

(1) $x=0$에서 $x=1$까지 곡선 $y=\sqrt{x}$와 x축으로 둘러싸인 영역을 x축으로 회전하여 생긴 입체의 부피를 구하시오.

(2) $y=x^3,\ \ y=8,\ \ x=0$으로 둘러싸인 영역을 y축으로 회전하여 생긴 입체의 부피를 구하시오.

풀이 원판법칙을 이용하여 회전체의 부피를 구하자.

(1) x축 회전체의 단면은 원이고 원의 반지름이 y이므로 부피는 $\pi y^2\cdot \Delta x$의 합이다.

$V=\pi\int_0^1 y^2\,dx=\pi\int_0^1 x\,dx=\dfrac{\pi}{2}$

(2) y축 회전체의 단면은 원이고 원의 반지름이 x이므로 부피는 $\pi x^2\cdot \Delta y$의 합이다.

$y=x^3 \ \Leftrightarrow\ x=y^{\frac{1}{3}}$ 이므로

$V=\pi\int_0^8 x^2\,dy=\pi\int_0^8 y^{\frac{2}{3}}\,dy=\pi\dfrac{3}{5}y^{\frac{5}{3}}\Big|_0^8=\dfrac{96\pi}{5}$

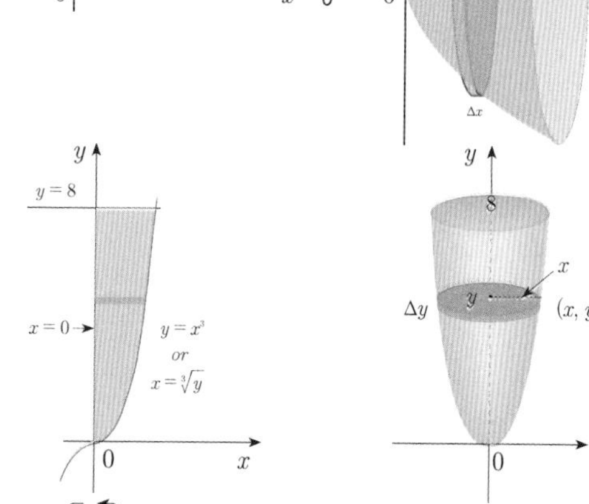

252. 곡선 $y=\dfrac{1}{x}$, $y=0$, $x=1$, $x=3$에 의해 둘러싸인 부분을 x축으로 회전시킬 때 나타나는 입체의 부피는?

253. 곡선 $y=\dfrac{1}{x}$, $y=-1$, $x=1$, $x=3$에 의해 둘러싸인 부분을 직선 $y=-1$을 축으로 회전시킬 때 나타나는 입체의 부피는?

254. 곡선 $y=\dfrac{1}{x}$, $y=2$, $x=1$, $x=3$에 의해 둘러싸인 부분을 직선 $y=2$를 축으로 회전시킬 때 나타나는 입체의 부피는?

2 두 곡선으로 둘러싸인 영역을 직선 $y=A$로 회전했을 때의 회전체의 부피

두 곡선으로 둘러싸인 영역을 직선 $y=A$를 중심으로 회전시킬 때 입체의 단면적은 π(외부반지름)$^2-\pi$(내부반지름)^{2}이다.

회전체의 부피 $=\pi\int_a^b$(외부반지름)$^2-$(내부반지름)^2dx이다.

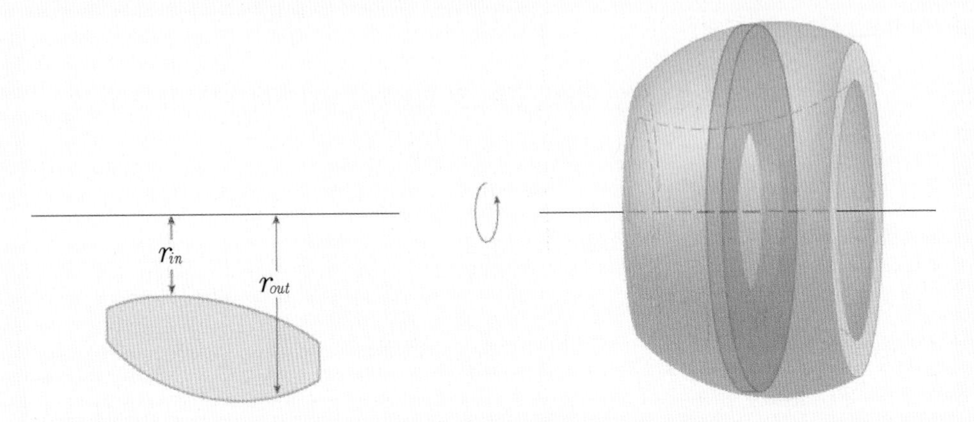

(1) 두 곡선 $y_1=f(x), y_2=g(x)$가 구간 $[a,b]$에서 $f(x)\ge g(x)\ge A$이고 연속일 때,

두 곡선으로 둘러싸인 영역을 직선 $y=A$로 회전시킨 입체의 부피

$$V_{y=A}=\pi\int_a^b |y_1-A|^2-|y_2-A|^2dx=\pi\int_a^b |f(x)-A|^2-|g(x)-A|^2dx$$

TIP $|y_1-A|, |y_2-A|$는 회전축인 직선 $y=A$와의 거리이고,

각각 외부입체의 단면 원의 반지름, 내부입체의 단면 원의 반지름을 나타내고 있다.

(2) 두 곡선 $y_1=f(x), y_2=g(x)$가 구간 $[a,b]$에서 $A\ge f(x)\ge g(x)$이고 연속일 때,

두 곡선으로 둘러싸인 영역을 $y=A$축으로 회전시킨 입체의 부피

$$V_{y=A}=\pi\int_a^b |A-y_2|^2-|A-y_1|^2dx=\pi\int_a^b |A-g(x)|^2-|A-f(x)|^2dx$$

MEMO

필수 예제 111

두 곡선 $y=x^2$과 $x=y^2$으로 둘러싸인 영역을 직선 $y=-1$에 대하여 회전시켜서 생기는 입체의 부피는?

풀이 두 곡선을 직선 $y=-1$에 대하여 회전시킬 때 생기는 단면적을 $A(x)$라 하면

$$A(x)=\pi\{(\sqrt{x}+1)^2-(x^2+1)^2\}$$
$$=\pi\{(x+2\sqrt{x}+1)-(x^4+2x^2+1)\}$$
$$=\pi\left(-x^4-2x^2+x+2x^{\frac{1}{2}}\right)$$

따라서 입체의 부피의 값은 다음과 같다.

$$V_{y=-1}=\int_0^1 A(x)dx=\int_0^1 \pi\left(-x^4-2x^2+x+2x^{\frac{1}{2}}\right)dx$$
$$=\pi\left[-\frac{1}{5}x^5-\frac{2}{3}x^3+\frac{1}{2}x^2+\frac{4}{3}x^{\frac{3}{2}}\right]_0^1=\pi\left(-\frac{1}{5}-\frac{2}{3}+\frac{1}{2}+\frac{4}{3}\right)=\frac{29}{30}\pi$$

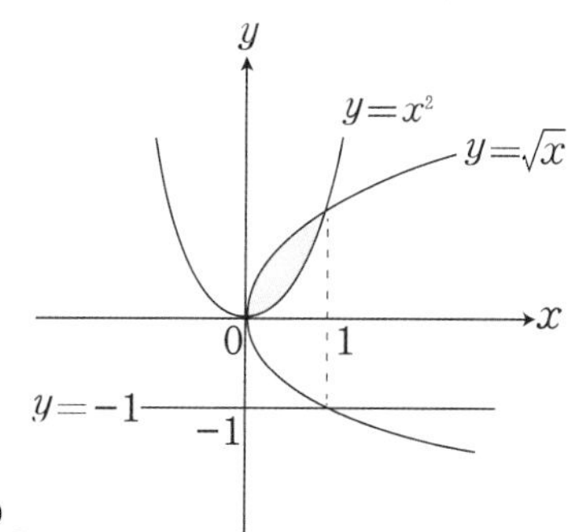

255. 곡선 $y=\frac{1}{x}$, $y=0$, $x=1$, $x=3$에 의해 둘러싸인 부분 D에 대하여 다음을 구하시오.

(1) 주어진 영역 D를 $y=-1$을 축으로 회전시킬 때 나타나는 입체의 부피는?

(2) 주어진 영역 D를 $y=2$을 축으로 회전시킬 때 나타나는 입체의 부피는?

256. 포물선 $y=-x^2+x+2$와 $y=-x+2$로 둘러싸인 영역에 대하여 다음을 구하시오.

(1) 주어진 영역을 x축 둘레로 회전시킬 때 나타나는 입체의 체적은?

(2) 주어진 영역을 직선 $y=-1$ 둘레로 회전시킬 때 나타나는 입체의 체적은?

257. 구간 $[-\pi, \pi]$에서 두 함수 $f(x)=3\sqrt{2}\cos x$와 $g(x)=3$의 그래프로 둘러싸인 영역 D에 대하여 다음을 구하시오.

(1) 영역 D를 직선 $y=3$을 중심으로 회전하여 얻은 입체의 부피를 구하면?

(2) 영역 D를 직선 $y=0$을 중심으로 회전하여 얻은 입체의 부피를 구하면?

3 원통쉘법 (method of cylindrical shell)

(1) $y=f(x)$가 구간 $[a,b]$에서 연속일 때, $f(x)$와 x축으로 둘러싸인 영역을 D라고 하자.

① 영역을 D를 직선 $x=0$(y축)으로 회전시킬 때 생기는 입체의 부피

$$V_{y축}=2\pi\int_a^b |x||y|\,dx=2\pi\int_a^b |x||f(x)|\,dx$$

② 영역을 D를 직선 $x=K$ (y축과 평행한 직선)를 축으로 회전시킬 때 생기는 입체의 부피

$$V_{x=K}=2\pi\int_a^b |x-K|\,|f(x)|\,dx=2\pi\int_a^b |x-K|\,|y|\,dx$$

(2) 두 곡선 $y_1=f(x), y_2=g(x)$가 구간 $[a,b]$에서 연속일 때, 두 곡선으로 둘러싸인 영역을 D라고 하자.

① 영역을 D를 y축(직선 $x=0$)으로 회전시킬 때 생기는 입체의 부피

$$V_{y축}=2\pi\int_a^b |x||f(x)-g(x)|\,dx=2\pi\int_a^b |x|\,|y_1-y_2|\,dx$$

② 영역을 D를 직선 $x=K$를 축으로 회전시킬 때 생기는 입체의 부피

$$V_{x=K}=2\pi\int_a^b |x-K||f(x)-g(x)|\,dx=2\pi\int_a^b |x-K|\,|y_1-y_2|\,dx$$

TIP 구간 $[a,b]$에 포함되는 x와 회전축인 직선 $x=K$ (y축과 평행한 직선)와의 거리는

$|x-K|=\begin{cases} x-K\ (x\ge K) \\ K-x\ (x<K)\end{cases}$ 이다.

Areum Math Tip

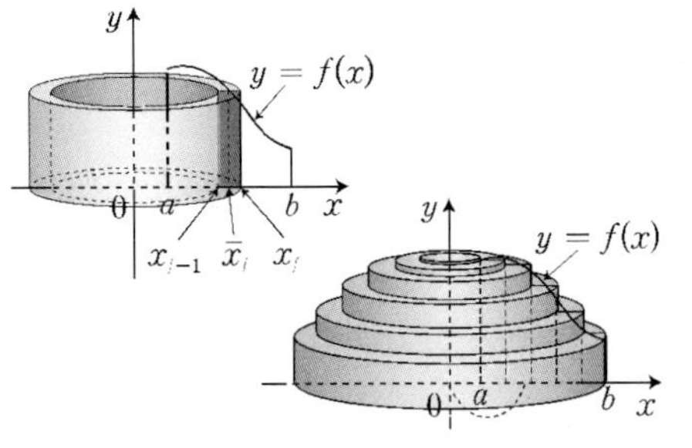

x : 회전축과의 거리

필수 예제 112

곡선 $y=e^x$과 직선 $x=1$ 및 x축, y축으로 둘러싸인 영역을 D라고 하자.

(1) 영역 D를 y축을 중심으로 회전시켜 생기는 입체의 부피는?

(2) 영역 D를 직선 $x=-1$을 축으로 회전시켜 생기는 입체의 부피는?

(3) 영역 D를 직선 $x=3$을 축으로 회전시켜 생기는 입체의 부피는?

풀이 $x=0$부터 $x=1$까지 $y=e^x$와 $y=0$으로 둘러싸인 영역을 D라고 하자.

(1) 영역 D를 y축($x=0$인 직선)으로 회전시킬 때

$$V_y=2\pi\int_0^1 xy\,dx=2\pi\int_0^1 xe^x\,dx=2\pi\left[(x-1)e^x\right]_0^1=2\pi\{0-(-e^0)\}=2\pi$$

(2) 영역 D를 $x=-1$인 직선으로 회전시킬 때

$$V_y=2\pi\int_0^1 (x+1)y\,dx=2\pi\int_0^1 (x+1)e^x\,dx=2\pi\left[xe^x\right]_0^1=2e\pi$$

(3) 영역 D를 $x=3$인 직선으로 회전시킬 때

$$V_y=2\pi\int_0^1 (3-x)y\,dx=2\pi\int_0^1 (3-x)e^x\,dx=2\pi\left[(4-x)e^x\right]_0^1=2\pi(3e-4)$$

258. 타원 $\dfrac{x^2}{a^2}+\dfrac{y^2}{b^2}=1$으로 둘러싸인 영역을 x축, y축으로 각각 회전시킬 때 만들어진 회전체의 부피를 구하시오. (단, $a>0, b>0$)

259. 곡선 $y=\dfrac{1}{x}$, $y=0$, $x=1$, $x=3$에 의해 둘러싸인 부분 D에 대하여 다음을 구하시오.

(1) 주어진 영역 D를 y축으로 회전시킬 때 나타나는 입체의 부피

(2) 주어진 영역 D를 $x=-1$을 축으로 회전시킬 때 나타나는 입체의 부피

(3) 주어진 영역 D를 $x=5$를 축으로 회전시킬 때 나타나는 입체의 부피

260. 포물선 $y=-x^2+4x-3$과 직선 $y=0$으로 둘러싸인 영역을 직선 $x=4$를 축으로 회전하여 생긴 입체의 부피를 계산하면?

필수 예제 113

포물선 $y=x-x^2$과 직선 $y=-x$으로 둘러싸인 영역에 대하여 다음을 구하시오.

(1) 주어진 영역을 직선 $x=0$(y축)을 중심으로 회전시킬 때 생기는 회전체의 부피는?

(2) 주어진 영역을 직선 $x=-1$을 중심으로 회전시킬 때 생기는 회전체의 부피는?

(3) 주어진 영역을 직선 $x=2$를 중심으로 회전시킬 때 생기는 회전체의 부피는?

풀이 $y_1=x-x^2$, $y_2=-x$라고 하자.

두 그래프의 교점은 $x-x^2=-x \Leftrightarrow x^2-2x=0 \Leftrightarrow x=0,\ x=2$이다.

구간 $[0,2]$에서 $y_1 \geq y_2$이다. 따라서 높이는 $|y_1-y_2|=2x-x^2$이다.

(1) $V_{y축}=2\pi\int_0^2|x-0|\,|y_1-y_2|\,dx=2\pi\int_0^2 x(2x-x^2)\,dx$

$=2\pi\int_0^2 2x^2-x^3\,dx=2\pi\left[\frac{2}{3}x^3-\frac{1}{4}x^4\right]_0^2=\frac{8\pi}{3}$

(2) $V_{x=-1}=2\pi\int_0^2|x-(-1)|\,|y_1-y_2|\,dx=2\pi\int_0^2(x+1)(2x-x^2)\,dx$

$=2\pi\int_0^2 2x+x^2-x^3\,dx=2\pi\left[x^2+\frac{1}{3}x^3-\frac{1}{4}x^4\right]_0^2=\frac{16\pi}{3}$

(3) $V_{x=2}=2\pi\int_0^2|2-x|\,|y_1-y_2|\,dx=2\pi\int_0^2 2(2x-x^2)-x(2x-x^2)\,dx$

$=2\pi\int_0^2 4x-2x^2-2x^2+x^3\,dx=2\pi\int_0^2 x^3-4x^2+4x\,dx=\frac{8\pi}{3}$

261. 영역 $D=\{(x,y)|x^2\cos(x^2)\leq y\leq cos(x^2), 0\leq x\leq 1\}$을 y축 둘레로 회전시킨 회전체의 부피는?

262. 곡선 $y=4x-x^2$과 직선 $y=3$으로 둘러싸인 영역을 $x=1$을 축으로 회전하여 생기는 입체의 부피는?

263. $y=2\sin x$, $y=\sin x$, $0\leq x\leq\pi$로 둘러싸인 영역 R을 $x=-1$을 회전축으로 회전하여 생긴 입체의 부피는?

필수 예제 114

곡선 $y=x(x-3)$과 x축에 의해 둘러싸인 영역에 대하여 다음을 구하시오.
(1) 주어진 영역을 x축을 중심으로 회전시킬 때 생기는 입체의 부피
(2) 주어진 영역을 y축을 중심으로 회전시킬 때 생기는 입체의 부피

풀이 (1) 원판방법에 의해서 구간 $[0,3]$에서 주어진 영역을 x축으로 회전시킬 때 나타나는 입체 단면의 반지름은 $|y-0|=-y$이다.

$$V_{x축}=\pi\int_0^3(-y)^2\,dx=\pi\int_0^3 y^2\,dx=\pi\int_0^3(x^2-3x)^2\,dx$$
$$=\pi\int_0^3 x^4-6x^3+9x^2\,dx=\pi\left[\frac{1}{5}x^5-\frac{3}{2}x^4+3x^3\right]_0^3$$
$$=\pi\cdot3^4\left(\frac{3}{5}-\frac{3}{2}+1\right)=\frac{81\pi}{10}$$

(2) 원주각법에 의해서 구간 $[0,3]$에서 주어진 영역을 y축으로 회전시킬 때 x와 회전축과의 거리는 $|x-0|=x$이고, 높이는 $|0-y|=-y$이다.

$$V_{y축}=2\pi\int_0^3 x(0-y)\,dx=2\pi\int_0^3 3x^2-x^3\,dx=2\pi\left[x^3-\frac{1}{4}x^4\right]_0^3=2\pi\cdot3^3\left(1-\frac{3}{4}\right)=\frac{27\pi}{2}$$

264. 곡선 $y=\cos x$와 직선 $y=\frac{2\sqrt{2}}{\pi}x$ 그리고 y축으로 둘러싸인 제 1사분면에 있는 영역 D에 대하여 다음 물음에 답하시오.
(1) 영역 D를 x축으로 회전하여 얻은 회전체의 부피를 구하시오.

(2) 영역 D를 y축으로 회전하여 얻은 회전체의 부피를 구하시오.

265. 곡선 $y=\cos x$와 직선 $y=\frac{2\sqrt{2}}{\pi}x$ 그리고 x축으로 둘러싸인 제 1사분면에 있는 영역을 R이라 하자. 다음을 계산하시오.
(1) R을 x축 주위로 회전하여 얻은 회전체의 부피를 구하시오.

(2) R을 y축 주위로 회전하여 얻은 회전체의 부피를 구하시오.

266. 곡선 $y = \sin^{-1}x \ (0 \le x \le 1)$, 직선 $x = 1$, 그리고 x축으로 둘러싸인 영역 D에 대하여 다음을 구하시오.

(1) 영역 D를 x축으로 회전하여 얻은 회전체의 부피를 구하시오.

(2) 영역 D를 y축으로 회전하여 얻은 회전체의 부피를 구하시오.

267. 어떤 사람이 반지름이 1m이고 높이가 1m인 원뿔 모양의 텐트에서 야영을 하고 있다.
추운 날씨 때문에 텐트 외피는 원뿔 모양을 그대로 유지하고 있는데 텐트 내피가 가라앉았다.
텐트 내피상의 각 점은 원뿔의 축까지의 거리가 r이고, 높이가 h일 때, $r = (1-h)^2$을 만족한다.
텐트 내피와 외피 사이 공간의 부피는?

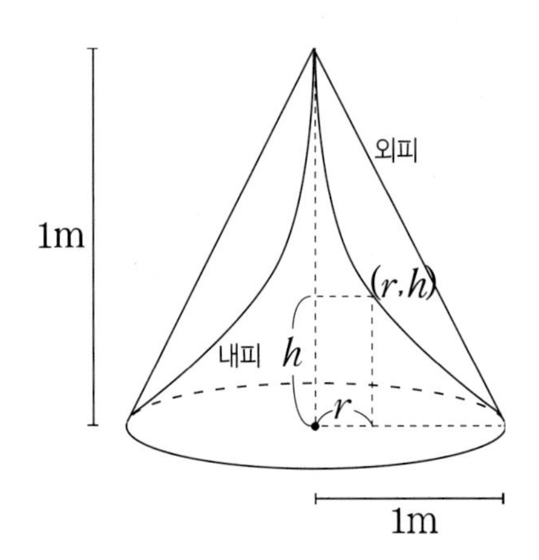

선배들의 이야기 ++

수학을 공부하는 이유

수학 공부가 힘들 때마다 극복할 수 있었던 이유는 왜 수학을 배우는지 알았던 순간이 있었기 때문입니다. 수학이 그림이나 물체의 움직임, 세상에 있는 모든 것을 수로 나타내는 것임을 알았을 때 소름이 돋았고, '내가 이렇게 대단한 걸 하고 있는 건가?'라고 생각하니 더 잘하고 싶은 마음이 솟구쳤습니다.

그리고 〈뷰티풀 마인드〉, 〈굿 윌 헌팅〉 등 수학 관련 영화를 보았을 때 더 흥미가 생겼습니다. 공부하다가 쉴 때 보면 상당히 좋습니다.

- 신동윤 (성균관대학교 기계공학과)

6 회전체의 표면적

1 x축 또는 y축에 대한 회전체의 표면적

$y=f(x),\quad a \le x \le b$로 주어질 때, x축에 대하여 회전하여 얻어진 회전체의 면적을 생각해보자.

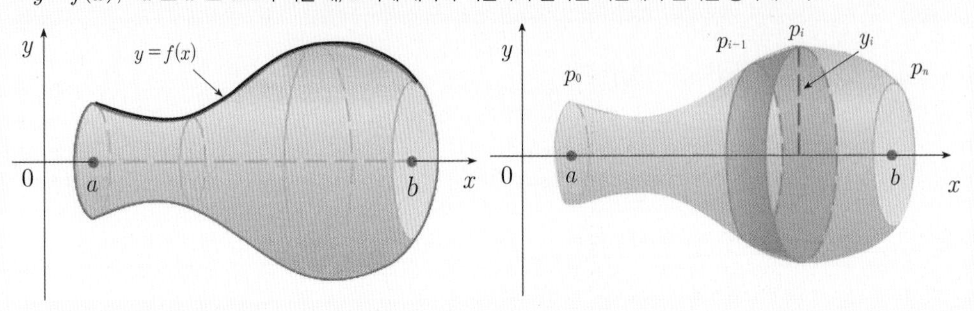

여기서 $\overline{P_{i-1}P_i}$ 을 아주 작은 곡선의 길이의 변화량 ds라고 할 수 있다.

회전체의 한 띠를 펼치면 밑변이 $2\pi\,|y|$ 이고, 높이가 ds인 직사각형과 비슷한 형태가 만들어진다.

그 직사각형의 면적의 합이 회전체의 표면적과 같고 그 공식은 $\boldsymbol{S_x = 2\pi \int_C |y|\, ds}$ 이다.

같은 이유에서 y축으로 회전할 경우 밑변은 $2\pi|x|$ 이고 높이가 ds인 직사각형이 만들어진다.

그 회전체의 면적은 $\boldsymbol{S_y = 2\pi \int_C |x|\, ds}$ 이다.

주어진 함수에 따라서 길이공식 $\int_C ds$를 적용해서 구할 수 있다.

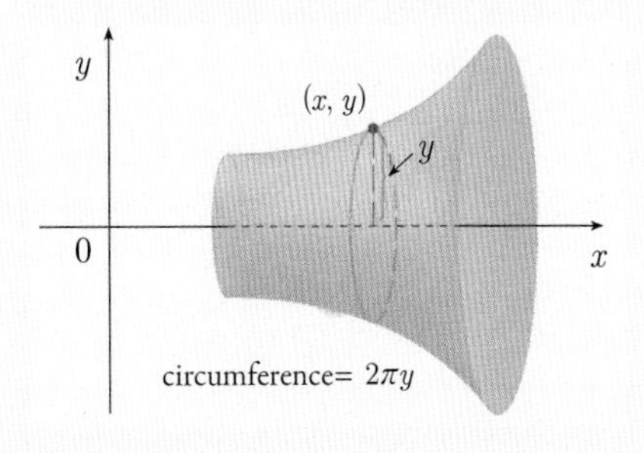

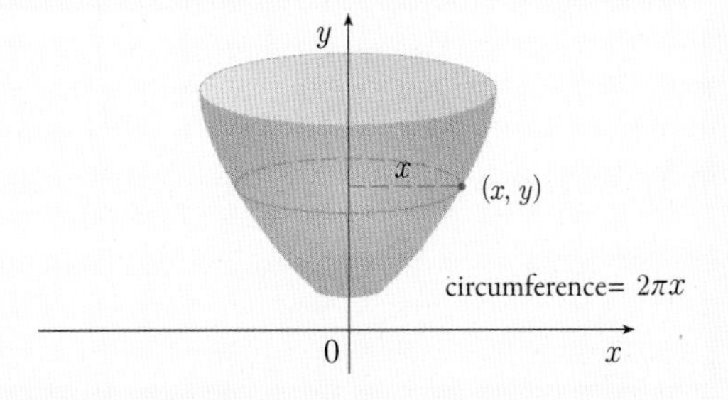

2 회전축이 달라진다면 어떻게 구할 수 있을까?

(1) $y=A$라는 직선에 대하여 회전한 회전체의 곡면적 공식은 $S_{y=A} = 2\pi \int_C |y-A|\, ds$이다.

(2) $x=A$라는 직선에 대하여 회전한 회전체의 곡면적 공식은 $S_{x=A} = 2\pi \int_C |x-A|\, ds$이다.

필수 예제 115

곡선 $y=x^2$의 점 $(0,0)$부터 점 $(\sqrt{6},6)$까지의 부분을 y축으로 회전시킨 회전체의 곡면적은?

풀이 (i) $y=x^2$을 $0 \le x \le \sqrt{6}$에서 y축으로 회전한 곡면의 면적은 다음과 같다.

$$S_y = 2\pi\int_0^{\sqrt{6}} x\sqrt{1+(y')^2}\,dx = 2\pi\int_0^{\sqrt{6}} x\sqrt{1+4x^2}\,dx$$

$$= 2\pi\left[\frac{1}{8}\cdot\frac{2}{3}(1+4x^2)^{\frac{3}{2}}\right]_0^{\sqrt{6}} = \frac{\pi}{6}(125-1) = \frac{62\pi}{3}$$

(ii) $y=x^2 \Leftrightarrow x=\sqrt{y}$를 $0 \le y \le 6$에서 y축으로 회전한 곡면의 면적은 다음과 같다.

$$S_y = 2\pi\int_0^6 x\sqrt{1+(x')^2}\,dy = 2\pi\int_0^6 \sqrt{y}\sqrt{1+\frac{1}{4y}}\,dy$$

$$= \pi\int_0^6 \sqrt{4y+1}\,dy = \pi\left[\frac{1}{4}\cdot\frac{2}{3}(4y+1)^{\frac{3}{2}}\right]_0^6 = \frac{\pi}{6}(125-1) = \frac{62\pi}{3}$$

(i)과 (ii)에서 확인한 것과 같이 길이함수 공식은 어떤 것을 적용해도 괜찮다.

268. $y=\sqrt{1+4x}\ (1 \le x \le 5)$를 x축을 중심으로 회전한 곡면의 표면적은?

269. 곡선 $y=\int_1^x \sqrt{\sqrt{t}-1}\,dt\ (1 \le x \le 16)$의 길이가 L, y축 주위로 회전시킨 곡면의 넓이가 S일 때, $\frac{S}{L}$의 값은?

270. $x=a\cos^3 t,\ y=a\sin^3 t\,(a>0,\ 0 \le t \le \pi)$로 표현된 곡선을 x축으로 회전한 회전체의 표면적은?

필수 예제 116

평면에서 $\{(x,y)|x^2+y^2=2y\ , y \ge 1\}$로 주어진 도형을 x축에 대하여 한 바퀴 회전하여 얻은 곡면의 넓이는?

풀이 주어진 영역은 중심이 $(0,1)$이고 반지름인 1인 상반원 $y=1+\sqrt{1-x^2}\ (-1 \le x \le 1)$이다.

(폐곡선이 아님을 주의하자.)

$$y' = \frac{-x}{\sqrt{1-x^2}} \quad \Rightarrow \quad 1+(y')^2 = 1+\frac{x^2}{1-x^2} = \frac{1}{1-x^2} \quad \Rightarrow \quad \sqrt{1+(y')^2} = \frac{1}{\sqrt{1-x^2}}$$

이므로 x축으로 회전한 회전체의 표면적은 다음과 같다.

$$S_x = 2\pi\int_{-1}^{1} y\sqrt{1+(y')^2}\,dx = 2\pi\int_{-1}^{1}\left(1+\sqrt{1-x^2}\right)\times\frac{1}{\sqrt{1-x^2}}\,dx$$

$$= 4\pi\int_0^1 \frac{1}{\sqrt{1-x^2}}+1\,dx = 4\pi\left[\sin^{-1}x+x\right]_0^1 = 2\pi(\pi+2)$$

[다른 풀이]

주어진 곡선은 $r=2\sin\theta\left(\frac{\pi}{4}\le\theta\le\frac{3\pi}{4}\right)$일 때, $r^2+(r')^2=4\sin^2\theta+4\cos^2\theta=4$이므로 $\sqrt{r^2+(r')^2}=2$이다.

x축으로 회전한 회전체의 표면적은 다음과 같다.

$$S_x = 2\pi\int_C y\,ds = 2\pi\int_{\frac{\pi}{4}}^{\frac{3\pi}{4}} r\sin\theta\sqrt{r^2+(r')^2}\,d\theta = 2\pi\int_{\frac{\pi}{4}}^{\frac{3\pi}{4}} 2\sin\theta\sin\theta\times 2\,d\theta$$

$$= 2\pi\cdot 4\int_{\frac{\pi}{4}}^{\frac{3\pi}{4}}\sin^2\theta\,d\theta = 2\pi\cdot 4\int_{\frac{\pi}{4}}^{\frac{3\pi}{4}}\frac{1-\cos 2\theta}{2}\,d\theta = 2\pi\cdot 2\left(\theta-\frac{1}{2}\sin 2\theta\right)_{\frac{\pi}{4}}^{\frac{3\pi}{4}} = 2\pi(\pi+2)$$

271. 곡선 $y=\sqrt{9-x^2}$, $-2\le x\le 1$은 원 $x^2+y^2=9$ 위의 한 호이다. x축에 대하여 호를 회전시켜 얻은 곡면의 넓이는?

272. 곡선 $y=\sqrt{4-x^2}$과 직선 $x=-1,\ x=1$과 x축으로 둘러싸인 영역을 x축 둘레로 회전시켰을 때 생기는 곡면의 겉넓이는?

273. 곡선 $y=\sqrt{4-x^2}$ (단, $-1\le x\le 1$)을 직선 $y=-1$축 둘레로 회전시켰을 때 생기는 곡면의 넓이는?

7 파푸스(Pappus) 정리

파푸스 정리는 평면의 영역 S가 직선 l의 한 쪽면에 완전히 놓여 있다고 하자. S가 직선 l에 대하여 회전한 입체의 부피는 영역 S의 넓이와 S의 중심에 의해서 이동된 거리의 곱이다. 이 내용을 조금 쉽게 이해하기 위해서 예를 들어 생각해보자. 반지름이 r인 원을 어떤 직선에 대하여 회전할 경우 토러스(torus, 원환체, 도넛모양의 입체)가 만들어진다.

이 도형의 부피를 적분을 통해서 구해보자.

(1) 단면인 원의 면적은 πr^2이고, 원판의 두께를 Δx,

적분하고자 하는 범위는 원의 이동 거리 즉, 반지름이 R인

원의 둘레 $2\pi R$이다. 여기서 R은 회전축과의 거리 d라고 하자.

따라서 부피는 $\int_0^{2\pi R} \pi r^2 dx = \pi r^2 \cdot 2\pi R = \pi r^2 \cdot 2\pi \cdot d$

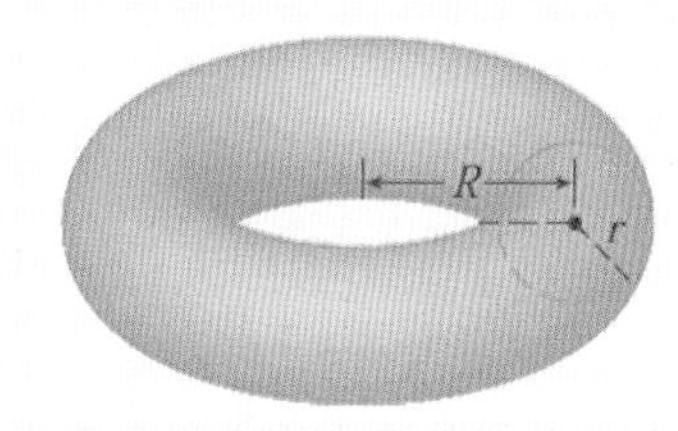

(2) 이 입체의 한쪽을 잘라서 펼치면 원기둥을 유추할 수 있고

입체의 겉넓이는 원기둥의 옆면 (전개도를 생각하면

직사각형의 면적)과 같다. 따라서 토러스의 겉넓이는

$2\pi r \times 2\pi R = 2\pi r \times 2\pi d$이다.

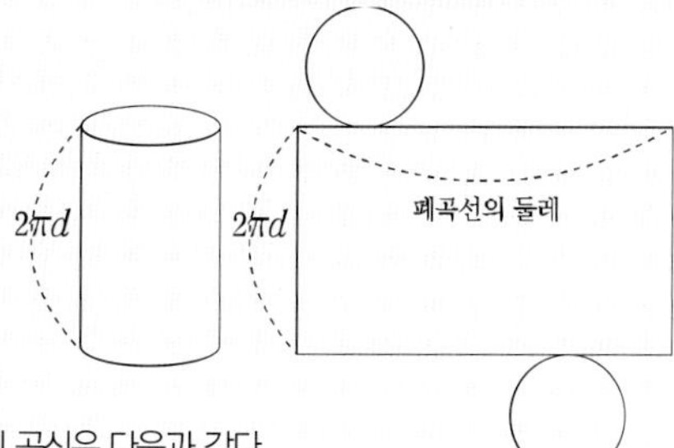

(3) 원뿐만 아니라 폐곡선을 회전시켜서 만든 입체의 부피와 겉넓이 공식은 다음과 같다.

여기서 d는 폐곡선의 중심과 회전축과의 거리이다.

① 회전체의 부피 = 폐곡선의 단면적 $\times 2\pi \times d$

② 회전체의 겉넓이 = 폐곡선의 둘레의 길이 $\times 2\pi \times d$

(4) 원, 타원, 정사각형, 정삼각형, 직사각형, 성망형 등

도형의 면적, 둘레의 길이, 도형의 중심을 쉽게 구할 수 있는 도형일 경우 유용하다.

필수 예제 117

극좌표 곡선 $r = -4\cos\theta$를 직선 $r = \sec\theta$에 관하여 회전시켰을 때 생긴 회전체의 부피와 표면적은?

풀이 곡선 $r = -4\cos\theta \iff r^2 = -4r\cos\theta \iff x^2 + y^2 = -4x \iff (x+2)^2 + y^2 = 4$

즉, 중심이 $(-2, 0)$이고 반지름이 2인 원이다. 회전축은 $r = \sec\theta = \dfrac{1}{\cos\theta} \iff r\cos\theta = 1 \iff x = 1$이다.

회전축과 원의 중심과의 거리 $d = 3$이다. 원의 넓이는 4π, 둘레는 4π이므로 파푸스 정리에 의해서

(i) 회전체의 부피 $V = 4\pi \times 2\pi \times d = 24\pi^2$

(ii) 회전체의 표면적 $S = 4\pi \times 2\pi \times d = 24\pi^2$

필수 예제 118

$|x|+|y| \le 1$과 $|x-1|+|y| \le 1$이 겹쳐진 부분을 직선 $2x+y+2=0$에 대해 회전하여 생기는 입체의 부피는?

풀이 $|x|+|y| \le 1$은 중심이 원점이고 한 변의 길이가 $\sqrt{2}$인 정사각형을 $\frac{\pi}{4}$만큼 회전한 도형이다. 이 도형을 x축의 방향으로 1만큼 평행이동한 도형은 $|x-1|+|y| \le 1$이다. 두 도형의 겹쳐진 부분의 중심은 $\left(\frac{1}{2},\ 0\right)$이고, 면적은 $\frac{1}{2}$이다.

또한 무게중심에서 직선 $2x+y+2=0$까지의 거리는 $\frac{3}{\sqrt{5}}$이다. 따라서 겹쳐진 부분을 직선 $2x+y+2=0$에 대해 회전하여 생기는 입체의 부피는 파푸스 정리에 의해서 $\frac{1}{2} \cdot 2\pi \cdot \frac{3}{\sqrt{5}} = \frac{3\pi}{\sqrt{5}}$이다.

274. 매개변수 곡선 $x=\cos\theta+2,\ y=\sin\theta$를 y축에 대하여 회전시킨 회전체의 부피와 표면적을 구하면?

275. 곡선 $\begin{cases} x=2\cos\theta \\ y=\sin\theta \end{cases}$를 직선 $y=x+3$에 관하여 회전시켰을 때 회전체의 부피를 구하면?

276. 평면에서 꼭짓점이 $(3,1)$, $(5,1)$, $(4,4)$인 삼각형을 직선 $y=x+1$을 중심으로 한 바퀴 회전했을 때, 회전체의 부피는?

277. 매개변수 방정식 $x=\cos^3\theta,\ y=\sin^3\theta$로 표현된 곡선을 직선 $y=2$를 축으로 회전했을 때, 생긴 회전곡면의 부피와 겉넓이를 구하시오.

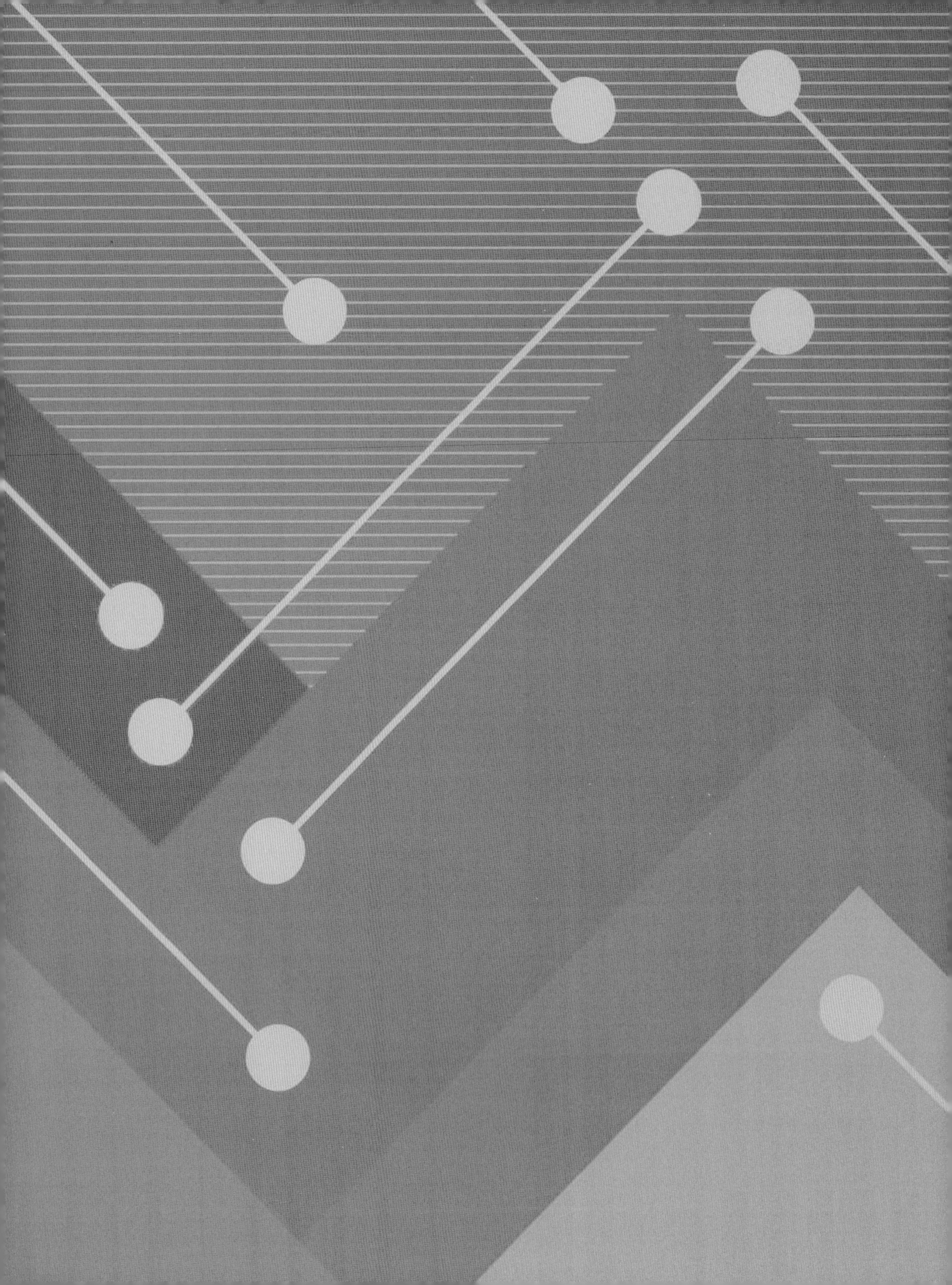

CHAPTER 05

무한급수

1. 무한급수의 정의
2. 무한급수의 수렴·발산 판정법
3. 멱급수의 수렴반경 & 수렴구간
4. 무한급수의 합

05 무한급수

1 무한급수의 정의

1 무한급수와 부분합

(1) 부분합

수열 $\{a_n\}$이 주어질 때 $S_1 = a_1,\ S_2 = a_1 + a_2,\ \cdots\ ,\ S_n = a_1 + a_2 + \cdots + a_n = \sum_{k=1}^{n} a_k$

위와 같이 정의된 S_n을 부분합이라 하고, 수열 $\{S_n\}$을 부분합 수열이라 한다.

(2) 무한급수의 정의

수열 $\{a_n\}$이 주어질 때, 부분합의 극한을 무한급수(infinite series)라 한다.

$$\sum_{n=1}^{\infty} a_n = \lim_{k\to\infty}\sum_{n=1}^{k} a_n = \lim_{n\to\infty} S_n = a_1 + a_2 + a_3 + \cdots + a_n + \cdots$$

부분합의 극한 $\lim_{n\to\infty} S_n$이 L로 수렴하면 무한급수의 값은 $\sum_{n=1}^{\infty} a_n = L$이고 수렴한다고 한다.

부분합의 극한 $\lim_{n\to\infty} S_n$이 발산하면 $\sum_{n=1}^{\infty} a_n$도 발산한다.

2 무한급수의 성질

$\sum_{n=1}^{\infty} a_n,\ \sum_{n=1}^{\infty} b_n$이 수렴하는 급수이고, c는 상수일 때 다음이 성립한다.

(1) $\sum_{n=1}^{\infty} ca_n = c\sum_{n=1}^{\infty} a_n$

(2) $\sum_{n=1}^{\infty} (a_n \pm b_n) = \sum_{n=1}^{\infty} a_n \pm \sum_{n=1}^{\infty} b_n$

(3) $\sum_{n=1}^{\infty} a_n$이 수렴하면 $\lim_{n\to\infty} a_n = 0$이다. (역은 성립하지 않는다.)

(4) $\lim_{n\to\infty} a_n \neq 0$이면 $\sum_{n=1}^{\infty} a_n$은 발산한다. (발산판정법)

Areum Math Tip

$\sum_{n=1}^{\infty} a_n$이 수렴하면 $\lim_{n\to\infty} a_n = 0$이다.

[증명] 수열 S_n이 α로 수렴할 때 $\lim_{n\to\infty} S_n = \lim_{n\to\infty} S_{n-1} = \alpha \Rightarrow \lim_{n\to\infty} a_n = \lim_{n\to\infty}(S_n - S_{n-1}) = \lim_{n\to\infty} S_n - \lim_{n\to\infty} S_{n-1} = 0$

⇒ 따라서 $\sum_{n=1}^{\infty} a_n$이 수렴하면 $\lim_{n\to\infty} a_n = 0$이다.

2 무한급수의 수렴 · 발산 판정법

모든 자연수 n에 대하여 $a_n > 0$일 때,

$\sum_{n=1}^{\infty} a_n = a_1 + a_2 + a_3 + \cdots + a_n + \cdots$ 을 양항급수라고 하고,

$\sum_{n=1}^{\infty} (-1)^{n+1} a_n = a_1 - a_2 + a_3 - \cdots + (-1)^{n+1} a_n + \cdots$ 을 교대급수라고 한다.

이 단원에서는 양항급수, 교대급수의 수렴·발산 판정법에 대해서 설명하고자 한다.

1 발산판정법

(1) $\lim_{n\to\infty} a_n \neq 0$이면 $\sum_{n=1}^{\infty} a_n$은 발산한다.

(2) $\lim_{n\to\infty} a_n = 0$이면 다른 방법을 이용하여 수렴발산을 확인한다.

2 적분판정법 (The Integral Test)

f가 $[1, \infty)$에서 연속이고 양의 값을 갖는 감소함수라 하고 $a_n = f(n)$이라 하자.

양항급수 $\sum_{n=1}^{\infty} a_n$이 수렴할 필요충분조건은 $\int_1^{\infty} f(x)dx$가 수렴할 때이다.

(1) $\int_1^{\infty} f(x)\,dx$가 수렴하면, $\sum_{n=1}^{\infty} a_n$도 수렴한다.

(2) $\int_1^{\infty} f(x)\,dx$가 발산하면, $\sum_{n=1}^{\infty} a_n$도 발산한다.

3 p 급수판정법

(1) 이상적분 $\int_1^{\infty} \frac{1}{x^p}dx$, $\int_e^{\infty} \frac{1}{x(\ln x)^p}dx$, $\int_{e^e}^{\infty} \frac{1}{x\ln x(\ln(\ln x))^p}dx$, $\int_e^{\infty} \frac{\ln x}{x^p}dx$의

수렴하기 위한 조건은 $p > 1$이다.

(2) 적분판정은 이상적분의 수렴성으로 무한급수의 수렴성을 판정할 수 있다.

따라서 급수 $\sum \frac{1}{n^p}$, $\sum \frac{1}{n(\ln n)^p}$, $\sum \frac{1}{n\ln n(\ln(\ln n))^p}$, $\sum \frac{\ln n}{n^p}$도 $p > 1$이면 수렴한다.

$p \leq 1$이면 발산한다.

(3) p급수는 다른 급수의 수렴, 발산판정을 하는 데 비교기준이 되는 중요한 급수이다.

↳ 비교판정법, 극한비교판정법에서 비교대상으로 사용!!

4 비교판정법 (The Comparison Test)

(1) 모든 자연수 n에 대하여 $0 < a_n \le b_n$ 이라면 즉, 양항급수에서

$\sum b_n$ 이 수렴하면 $\sum a_n$ 도 수렴한다.

$\sum a_n$ 이 발산하면 $\sum b_n$ 도 발산한다.

(2) 비교판정할 때, 비교 기준으로 사용되는 급수는 주로 p급수를 이용한다.

(3) 함수의 파워 (n이 무한대로 커질 때, 함숫값이 커지는 정도)

$\sin n, \cos n < \ln n < n^a$(다항식) $< a^n, e^n$(지수함수) $< n! < n^n$

Areum Math Tip

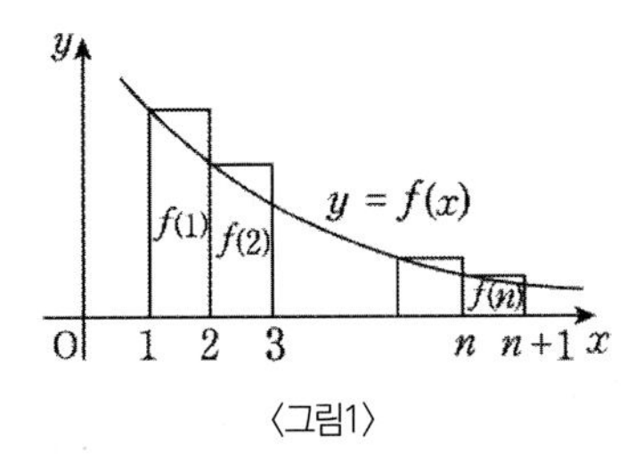

〈그림1〉

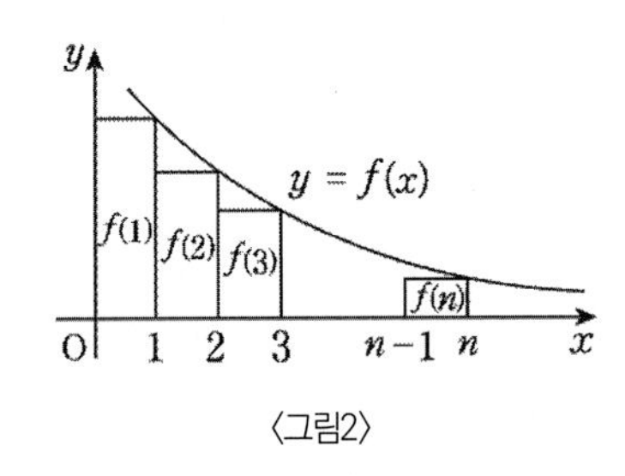

〈그림2〉

$a_n = f(n) > 0,\quad f(n+1) < f(n),\ \lim_{n\to\infty} f(n) = 0$일 때, (즉 양수항이고 감소할 때)

① 〈그림1〉에서는 직사각형의 면적(상합)은 적분값보다 크다. $\int_1^n f(x)dx < f(1) + f(2) + \cdots + f(n-1)$이고

양변에 $f(n)$을 더하면 $\int_1^n f(x)dx + f(n) < f(1) + f(2) + \cdots + f(n-1) + f(n) = \sum_{k=1}^{n} a_k$이다.

② 〈그림2〉에서는 직사각형의 면적(하합)은 적분값보다 작다. $f(2) + \cdots + f(n) < \int_1^n f(x)dx$ 고

양변에 $f(1)$을 더하면 $\sum_{k=1}^{n} a_k = f(1) + f(2) + \cdots + f(n) < f(1) + \int_1^n f(x)dx$이다.

①과 ②의 식을 정리하면 $\int_1^n f(x)dx + f(n) < \sum_{k=1}^{n} a_k < f(1) + \int_1^n f(x)dx$이고

$n\to\infty$인 극한을 보내면 $\lim_{n\to\infty} f(n) = 0$이므로 $\int_1^\infty f(x)dx \le \sum_{n=1}^{\infty} a_n \le \int_1^\infty f(x)dx + f(1)$이 성립한다.

따라서 $\int_1^\infty f(x)dx$가 수렴하면 좌변, 우변이 수렴하므로 $\sum_{n=1}^{\infty} f(n)$도 수렴하고,

$\int_1^\infty f(x)dx$이 발산하면 좌변, 우변이 발산하므로 $\sum_{n=1}^{\infty} f(n)$도 발산한다.

필수 예제 119

다음 급수의 수렴, 발산을 판정하시오.

(1) $\sum_{n=1}^{\infty} n^{\frac{1}{n}}$ (2) $\sum_{n=1}^{\infty}\left(1-\frac{1}{n}\right)^{n}$ (3) $\sum_{n=1}^{\infty}\frac{1}{n}$

(4) $\sum_{n=1}^{\infty}\frac{\ln n}{n^2}$ (5) $\sum_{n=1}^{\infty} ne^{-n}$ (6) $\sum_{n=1}^{\infty}\frac{2\sqrt{n}-5}{n^3}$

풀이 (1) $\lim_{n\to\infty}a_n=\lim_{n\to\infty}n^{\frac{1}{n}}=\lim_{n\to\infty}e^{\ln n^{\frac{1}{n}}}=\lim_{n\to\infty}e^{\frac{\ln n}{n}}=1\neq 0\left(\because \lim_{n\to\infty}\frac{\ln n}{n}=\lim_{n\to\infty}\frac{1}{n}=0\ (\text{로피탈 정리})\right)$이므로 발산판정법에 의해 발산한다.

(2) $\lim_{n\to\infty}\left(1-\frac{1}{n}\right)^n=\frac{1}{e}\neq 0$이므로 발산판정법에 의해 주어진 급수는 발산한다.

(3) $\lim_{n\to\infty}\frac{1}{n}=0$이므로 발산판정을 통해서 발산을 판정할 수 없다. 적분판정법을 통해서 발산이다.

(4) $\sum_{n=1}^{\infty}\frac{\ln n}{n^2}$은 적분판정법 또는 p급수판정법에 의해서 수렴한다.

(5) $\int_1^{\infty}xe^{-x}dx$은 직접 적분을 통해서 적분값이 존재하므로 적분판정에 의해서 $\sum_{n=1}^{\infty}n\cdot e^{-n}$ 수렴함을 보일 수 있다.

또는 $\int_0^{\infty}xe^{-x}dx=1$로 수렴하고, 정적분 $\int_0^1 xe^{-x}dx$도 유한의 값을 갖는다.

따라서 $\int_1^{\infty}xe^{-x}dx=\int_0^{\infty}xe^{-x}dx-\int_0^1 xe^{-x}dx$도 수렴하므로 적분판정법에 의하여 $\sum_{n=1}^{\infty}n\cdot e^{-n}$도 수렴한다.

(6) 이상적분의 비교판정법에 의해서 $\int_1^{\infty}\frac{2\sqrt{x}-5}{x^3}dx$이 수렴하므로 적분판정법에 의해서 $\sum_{n=1}^{\infty}\frac{5-2\sqrt{n}}{n^3}$은 수렴한다.

278. 다음 급수의 수렴, 발산을 판정하시오.

(1) $\sum_{n=1}^{\infty}\frac{n^2}{2n^2+1}$ (2) $\sum_{n=1}^{\infty}\sqrt[n]{2}$

(3) $\sum_{n=2}^{\infty}\frac{1}{n(\ln n)^2}$ (4) $\sum_{n=2}^{\infty}\frac{1}{n\ln n}$

(5) $\sum_{n=1}^{\infty}ne^{-n^2}$ (6) $\sum_{n=1}^{\infty}\frac{1}{n^{\sqrt{2}}}$

필수 예제 120

다음 급수의 합이 2보다 크고 3보다 작은 것을 모두 고른 것은?

(a) $\sum_{n=1}^{\infty}\frac{1}{n}$ (b) $\sum_{n=1}^{\infty}\frac{1}{n^2}$ (c) $\sum_{n=1}^{\infty}\frac{1}{n\sqrt{n}}$

풀이 적분판정법에 의해서 유도된 관계식 $\int_1^{\infty}f(x)dx \le \sum_{n=1}^{\infty}a_n \le \int_1^{\infty}f(x)dx+f(1)$을 이용해서 구하자.

(a) $\sum_{n=1}^{\infty}\frac{1}{n}$은 p급수판정법에 의하여 발산한다.

(b) $\int_1^{\infty}\frac{1}{x^2}dx=1 \le \sum_{n=1}^{\infty}\frac{1}{n^2} \le \int_1^{\infty}\frac{1}{x^2}dx+1=2$이므로 급수의 합이 2보다 작다.

(c) $\int_1^{\infty}\frac{1}{x\sqrt{x}}dx=2 \le \sum_{n=1}^{\infty}\frac{1}{n\sqrt{n}} \le \int_1^{\infty}\frac{1}{x\sqrt{x}}dx+1=3$이므로 급수의 합이 2와 3사이에 존재한다.

따라서 답은 (c)이다.

279. 다음 급수의 수렴, 발산을 판정하시오.

(1) $\sum_{n=1}^{\infty}\frac{1}{n\sqrt{n}}$

(2) $\sum_{n=1}^{\infty}\frac{1}{n^2}$

(3) $\sum_{n=2}^{\infty}\frac{1}{n\ln n}$

(4) $\sum_{n=2}^{\infty}\frac{1}{n(\ln n)^2}$

(5) $\sum_{n=1}^{\infty}\frac{\ln n}{n}$

(6) $\sum_{n=1}^{\infty}\frac{\ln n}{n^2}$

280. 무한급수 $\sum_{n=1}^{\infty}n^{\tan\theta}$이 수렴하기 위한 θ의 값으로 옳은 것은?

① $\frac{2\pi}{3}$ ② $\frac{3\pi}{4}$ ③ $\frac{5\pi}{6}$ ④ π

281. 무한급수 $\sum_{n=1}^{\infty} b^{\ln n}\,(b>0)$가 수렴하도록 하는 b의 범위는?

① $0<b<\frac{1}{e^2}$
② $0<b<\frac{1}{e}$
③ $0<b<e$
④ $0<b<e^2$

282. 다음 급수의 수렴, 발산을 판정하시오.

(1) $\sum_{n=1}^{\infty}\frac{1}{n^2+n+1}$
(2) $\sum_{n=2}^{\infty}\frac{n}{2n^2+3n-1}$

(3) $\sum_{n=1}^{\infty}\frac{1}{n\ln(1+n)}$
(4) $\sum_{n=1}^{\infty}\frac{\cos^2 n}{n^2+1}$

(5) $\sum_{n=1}^{\infty}\frac{\tan^{-1}n}{n\sqrt{n}}$
(6) $\sum_{n=1}^{\infty}\frac{5}{2+3^n}$

283. 비교판정법으로 무한급수 $\sum_{n=1}^{\infty} a_n$의 수렴성을 판정하려 할 때, 다음 중 옳은 것은?

① 모든 n에 대해 $a_n \le b_n$이고 $\sum_{n=1}^{\infty} b_n$이 수렴하면 $\sum_{n=1}^{\infty} a_n$은 수렴한다.

② 모든 n에 대해 $b_n \le a_n$이고 $\sum_{n=1}^{\infty} b_n$이 수렴하면 $\sum_{n=1}^{\infty} a_n$은 수렴한다.

③ 모든 n에 대해 $0 \le b_n \le a_n$이고 $\sum_{n=1}^{\infty} b_n$이 발산하면 $\sum_{n=1}^{\infty} a_n$은 수렴한다.

④ 모든 n에 대해 $0 \le a_n \le b_n$이고 $\sum_{n=1}^{\infty} b_n$이 수렴하면 $\sum_{n=1}^{\infty} a_n$은 수렴한다.

5 극한비교판정법 (The Limit Comparison Test)

두 양항급수 $\sum_{n=1}^{\infty} a_n$과 $\sum_{n=1}^{\infty} b_n$에 대하여

(1) $\lim_{n\to\infty}\frac{a_n}{b_n}=c>0$이면, 두 급수는 동시에 수렴하거나 동시에 발산한다.

$\Rightarrow$ $\sum b_n$이 수렴하면 $\sum a_n$도 수렴한다.

$\Rightarrow$ $\sum b_n$이 발산하면 $\sum a_n$도 발산한다.

(2) $\lim_{n\to\infty}\frac{a_n}{b_n}=0$이면 $a_n<b_n$이므로 $\Rightarrow$ $\sum b_n$이 수렴하면 $\sum a_n$도 수렴한다.

(3) $\lim_{n\to\infty}\frac{a_n}{b_n}=\infty$이면 $a_n>b_n$이므로 $\Rightarrow$ $\sum b_n$이 발산하면 $\sum a_n$도 발산한다.

Areum Math Tip

두 양항급수 $\sum_{n=1}^{\infty} a_n$과 $\sum_{n=1}^{\infty} b_n$이므로 $a_n>0, b_n>0$이고 양수 m, M이 존재하고 $m<c<M$이라 하자. $\lim_{n\to\infty}\frac{a_n}{b_n}=c$ 일 때,

충분히 큰 N에 대하여 $\frac{a_N}{b_N}$은 c에 가까워지므로 $m<\frac{a_N}{b_N}<M$이 성립한다.

또한 $mb_N<a_N<Mb_N$이므로 $\sum mb_N<\sum a_N<\sum Mb_N$ 도 성립한다.

$\sum b_n$이 수렴하면 $\sum Mb_N$도 수렴한다. 그러므로 비교판정법에 의해서 $\sum a_n$도 수렴한다.

$\sum b_n$이 발산하면 $\sum mb_N$도 발산한다. 그러므로 비교판정법에 의해서 $\sum a_n$도 발산한다.

따라서 두 양항급수 $\sum_{n=1}^{\infty} a_n$, $\sum_{n=1}^{\infty} b_n$에 대하여 $\lim_{n\to\infty}\frac{a_n}{b_n}=c>0$이면, 두 급수는 동시에 수렴하거나 발산한다.

필수 예제 121

양항급수 $\sum_{n=1}^{\infty} a_n$ 이 수렴할 때 다음 급수들의 수렴, 발산을 판정하시오.

(1) $\sum_{n=1}^{\infty} \sin(a_n)$ (2) $\sum_{n=1}^{\infty} \sin^{-1}(a_n)$ (3) $\sum_{n=1}^{\infty} \tan(a_n)$

(4) $\sum_{n=1}^{\infty} \ln(1+a_n)$ (5) $\sum_{n=1}^{\infty} \cos(a_n)$ (6) $\sum_{n=1}^{\infty} \frac{1}{e^{a_n}}$

풀이 양항급수 $\sum_{n=1}^{\infty} a_n$ 이 수렴하면 $\lim_{n\to\infty} a_n = 0$이고, $a_n = t$로 치환하면 $n\to\infty$일 때, $t\to 0$이다.

(1) $\lim_{n\to\infty} \frac{\sin(a_n)}{a_n} = \lim_{t\to 0} \frac{\sin(t)}{t} = 1 > 0$이므로 극한비교판정법에 의해 $\sum_{n=1}^{\infty} a_n$ 이 수렴하면 $\sum_{n=1}^{\infty} \sin(a_n)$도 수렴한다.

(2) $\lim_{n\to\infty} \frac{\sin^{-1}(a_n)}{a_n} = \lim_{t\to 0} \frac{\sin^{-1}(t)}{t} = 1 > 0$이므로 극한비교판정법에 의해 $\sum_{n=1}^{\infty} a_n$ 이 수렴하면 $\sum_{n=1}^{\infty} \sin^{-1}(a_n)$도 수렴한다.

(3) $\lim_{n\to\infty} \frac{\tan(a_n)}{a_n} = \lim_{t\to 0} \frac{\tan(t)}{t} = 1 > 0$이므로 극한비교판정법에 의해 $\sum_{n=1}^{\infty} a_n$ 이 수렴하면 $\sum_{n=1}^{\infty} \tan(a_n)$도 수렴한다.

(4) $\lim_{n\to\infty} \frac{\ln(1+a_n)}{a_n} = \lim_{t\to 0} \frac{\ln(1+t)}{t} = 1 > 0$이므로 극한비교판정법에 의해 $\sum_{n=1}^{\infty} a_n$ 이 수렴하면 $\sum_{n=1}^{\infty} \ln(1+a_n)$도 수렴한다.

(5) $\lim_{n\to\infty} \cos(a_n) = \cos 0 = 1 \neq 0$이므로 발산판정에 의해 $\sum_{n=1}^{\infty} \cos(a_n)$은 발산한다.

(6) $\lim_{n\to\infty} \frac{1}{e^{a_n}} = \frac{1}{e^0} = 1 \neq 0$이므로 발산판정에 의해 $\sum_{n=1}^{\infty} \frac{1}{e^{a_n}}$은 발산한다.

TIP $\sum_{n=1}^{\infty} \sin\left(\frac{1}{n^p}\right)$, $\sum_{n=1}^{\infty} \sin^{-1}\left(\frac{1}{n^p}\right)$, $\sum_{n=1}^{\infty} \tan\left(\frac{1}{n^p}\right)$, $\sum_{n=1}^{\infty} \ln\left(1+\frac{1}{n^p}\right)$의 수렴조건은 $\sum_{n=1}^{\infty} \frac{1}{n^p}$ 의 수렴조건과 동일하므로 $p>1$이다.

284. $\sum_{n=1}^{\infty} \frac{1}{\sqrt{n}} \sin\left(\frac{1}{n^k}\right)$이 수렴하기 위한 k의 범위는?

285. 다음 무한급수의 수렴, 발산 판정을 하시오.

(1) $\sum_{k=1}^{\infty} \sin^2\left(\frac{1}{k}\right)$

(2) $\sum_{n=1}^{\infty} \frac{1}{n^{1+\frac{1}{n}}}$

(3) $\sum_{n=2}^{\infty} \frac{1}{(\ln n)^2}$

6 교대급수판정법 (Alternating Series Test)

급수의 항이 양수와 음수가 번갈아 나타나는 급수를 교대급수라고 한다.

$a_n > 0$이고, $a_n \geq a_{n+1}$(감소수열)일 때,

(1) $\lim_{n\to\infty} a_n = 0$이면 $\sum_{n=1}^{\infty}(-1)^{n+1}a_n$은 수렴한다.

(2) $\lim_{n\to\infty} a_n \neq 0$이면 $\sum_{n=1}^{\infty}(-1)^{n+1}a_n$은 발산한다.

필수 예제 122

다음 급수의 수렴, 발산을 판정하시오.

(1) $\sum_{n=1}^{\infty}\frac{(-1)^{n+1}}{4n^2+1}$ (2) $\sum_{n=1}^{\infty}\frac{\cos n\pi}{n^{\frac{3}{4}}}$ (3) $\sum_{n=2}^{\infty}(-1)^n \sin\left(\frac{\pi}{n}\right)$

풀이 (1) $b_n = \frac{1}{4n^2+1} > 0$, $\{b_n\}$이 감소수열이고, $\lim_{n\to\infty} b_n = 0$이므로 교대급수판정법에 의해 $\sum_{n=1}^{\infty}\frac{(-1)^{n+1}}{4n^2+1}$은 수렴한다.

(2) $\sum_{n=1}^{\infty}\frac{\cos n\pi}{n^{\frac{3}{4}}} = \sum_{n=1}^{\infty}\frac{(-1)^n}{n^{\frac{3}{4}}}$ $b_n = \frac{1}{n^{\frac{3}{4}}}$ 라 하면 $\{b_n\}$은 감소수열이고, $\lim_{n\to\infty} b_n = \lim_{n\to\infty}\frac{1}{n^{3/4}} = 0$이므로

교대급수판정법에 의해서 $\sum_{n=1}^{\infty}\frac{\cos n\pi}{n^{\frac{3}{4}}}$는 수렴한다.

(3) $n \geq 2$에 대해 $b_n = \sin\left(\frac{\pi}{n}\right) > 0$이고, $\sin\left(\frac{\pi}{n}\right) \geq \sin\left(\frac{\pi}{n+1}\right)$, $\lim_{n\to\infty}\sin\left(\frac{\pi}{n}\right) = \sin 0 = 0$이므로

교대급수판정법에 의해 $\sum_{n=1}^{\infty}(-1)^n \sin\left(\frac{\pi}{n}\right)$는 수렴한다.

286. 다음 급수의 수렴, 발산을 판정하시오.

(1) $\sum_{n=1}^{\infty}\frac{(-1)^{n-1}}{\sqrt{n}}$ (2) $\sum_{n=2}^{\infty}(-1)^n\frac{3n+1}{n-1}$

(3) $\sum_{n=2}^{\infty}(-1)^n\frac{n}{\ln n}$ (4) $\sum_{n=1}^{\infty}\frac{(-1)^n}{n!}$

7 비율판정법 (The Ratio Test) 또는 비 판정법

임의의 급수 $\sum a_n$에 대하여

(1) $\lim_{n\to\infty}\left|\frac{a_{n+1}}{a_n}\right| = L < 1$이면 $\sum a_n$은 수렴한다.(절대수렴)

(2) $\lim_{n\to\infty}\left|\frac{a_{n+1}}{a_n}\right| = L > 1$ 혹은 존재하지 않으면 $\sum a_n$은 발산한다.

(3) $\lim_{n\to\infty}\left|\frac{a_{n+1}}{a_n}\right| = L = 1$이면 $\sum a_n$은 비율판정법으로 판정불가능이다.

(4) 수열 $\{a_n\}$과 수열 $\left\{\frac{1}{a_n}\right\}$의 비율판정값은 역수 관계에 놓인다.

(5) 수열 $\{a_n\}$, $\{b_n\}$의 비율 판정값이 각각 a, b로 존재한다면 수열$\{a_nb_n\}$의 비율판정값은 ab이다.

(6) a^n, $n!$, n^n 꼴이 포함되어 있는 경우 또는 곱의 구조를 하고 있는 무한급수는 비율판정법을 통해 수렴 발산 판정을 할 수 있다.

Areum Math Tip

❖ 수열 $\{a_n\}$과 수열 $\left\{\frac{1}{a_n}\right\}$의 비율판정값이 역수 관계에 놓임을 보이자.

수열 $A_n = \frac{1}{a_n}$이라고 하자. $\lim_{n\to\infty}\left|\frac{a_{n+1}}{a_n}\right| = L$이라고 할 때

$$\lim_{n\to\infty}\left|\frac{A_{n+1}}{A_n}\right| = \lim_{n\to\infty}\left|\frac{\frac{1}{a_{n+1}}}{\frac{1}{a_n}}\right| = \lim_{n\to\infty}\left|\frac{a_n}{a_{n+1}}\right| = \lim_{n\to\infty}\left|\frac{1}{\frac{a_{n+1}}{a_n}}\right| = \frac{1}{L}\text{이다.}$$

❖ 수열 $\{a_n\}$, $\{b_n\}$의 비율 판정값이 각각 a, b로 존재한다면 수열$\{a_nb_n\}$의 비율판정값은 ab임을 보이자.

수열 $A_n = a_nb_n$이라고 하자. $\lim_{n\to\infty}\left|\frac{a_{n+1}}{a_n}\right| = a$, $\lim_{n\to\infty}\left|\frac{b_{n+1}}{b_n}\right| = b$이라고 할 때

$$\lim_{n\to\infty}\left|\frac{A_{n+1}}{A_n}\right| = \lim_{n\to\infty}\left|\frac{a_{n+1}b_{n+1}}{a_nb_n}\right| = \lim_{n\to\infty}\left|\frac{a_{n+1}}{a_n}\right|\left|\frac{b_{n+1}}{b_n}\right| = \lim_{n\to\infty}\left|\frac{a_{n+1}}{a_n}\right|\cdot\lim_{n\to\infty}\left|\frac{b_{n+1}}{b_n}\right| = ab\text{가 성립한다.}$$

필수 예제 123

다음 수열의 비율판정값을 구하시오.

(1) $a_n = an^2 + bn + c$　　(2) $b_n = \ln(an^2 + bn + c)$　　(3) $c_n = r^n$

(4) $d_n = \dfrac{1}{n!}$　　(5) $A_n = \dfrac{\ln(n+1)}{n^2 4^n}$　　(6) $B_n = \dfrac{6^n \cdot n^{30}}{n!}$

풀이

(1) $\lim_{n\to\infty}\left|\dfrac{a_{n+1}}{a_n}\right| = \lim_{n\to\infty}\left|\dfrac{a(n+1)^2 + b(n+1) + c}{an^2 + bn + c}\right| = 1$

(2) $\lim_{n\to\infty}\left|\dfrac{b_{n+1}}{b_n}\right| = \lim_{n\to\infty}\left|\dfrac{\ln(a(n+1)^2 + b(n+1) + c)}{\ln(an^2 + bn + c)}\right| = \lim_{n\to\infty}\left|\dfrac{\dfrac{2a(n+1)+b}{a(n+1)^2 + b(n+1) + c}}{\dfrac{2an+b}{an^2 + bn + c}}\right| = \lim_{n\to\infty}\left|\dfrac{2a^2n^2 + \cdots}{2a^2n^2 + \cdots}\right| = 1$

(3) $\lim_{n\to\infty}\left|\dfrac{c_{n+1}}{c_n}\right| = \lim_{n\to\infty}\left|\dfrac{r^{n+1}}{r^n}\right| = |r|$

(4) $\lim_{n\to\infty}\left|\dfrac{d_{n+1}}{d_n}\right| = \lim_{n\to\infty}\left|\dfrac{\dfrac{1}{(n+1)!}}{\dfrac{1}{n!}}\right| = \lim_{n\to\infty}\left|\dfrac{n!}{(n+1)!}\right| = \lim_{n\to\infty}\left|\dfrac{n!}{(n+1)\cdot n!}\right| = \lim_{n\to\infty}\dfrac{1}{n+1} = 0$

(5) $A_n = \dfrac{\ln(n+1)}{n^2 4^n} = \ln(n+1)\cdot\dfrac{1}{n^2}\cdot\left(\dfrac{1}{4}\right)^n$ 이고, $a_n = \ln(n+1)$, $b_n = \dfrac{1}{n^2}$, $c_n = \left(\dfrac{1}{4}\right)^n$ 이라고 할 때,

각각의 수열의 비율판정값이 존재하므로 $\lim_{n\to\infty}\left|\dfrac{A_{n+1}}{A_n}\right| = \dfrac{1}{4}$ 이다.

(6) $B_n = \dfrac{6^n \cdot n^{30}}{n!} = 6^n \cdot n^{30} \cdot \dfrac{1}{n!}$ 이고, $a_n = 6^n$, $b_n = n^2$, $c_n = \dfrac{1}{n!}$ 이라고 할 때,

각각의 비율판정값이 존재하므로 $\lim_{n\to\infty}\left|\dfrac{B_{n+1}}{B_n}\right| = 0$

287. 다음 급수의 수렴, 발산을 판정하시오.

(1) $\sum_{n=1}^{\infty} n^2 e^{-n}$　　(2) $\sum_{k=1}^{\infty} \dfrac{2^k}{k^5}$　　(3) $\sum_{n=1}^{\infty} \dfrac{2^n}{n!}$

(4) $\sum_{n=1}^{\infty} \dfrac{n!}{n^n}$　　(5) $\sum_{n=1}^{\infty} \dfrac{n^n}{n!}$　　(6) $\sum_{n=1}^{\infty} \dfrac{n^n}{n!\,3^n}$

(7) $\sum_{n=0}^{\infty} \dfrac{n!}{2\cdot 5\cdot 8 \cdots (3n+2)}$　　(8) $\sum_{n=1}^{\infty} \dfrac{(n!)^2}{(2n)!}$　　(9) $\sum_{n=1}^{\infty} \dfrac{(2n)!}{(n!)^2}$

8 근 판정법 (The Root Test) 또는 n승근판정법

임의의 급수 $\sum a_n$이 $\sum a_n = \sum (b_n)^n$ 꼴에서 유용하게 쓸 수 있다.

$\lim_{n\to\infty}\sqrt[n]{|a_n|} = \lim_{n\to\infty}|a_n|^{\frac{1}{n}} = \lim_{n\to\infty}|(b_n)^n|^{\frac{1}{n}} = \lim_{n\to\infty}|b_n| = L$이면

(1) $L < 1$이면 $\sum a_n$는 수렴한다. (절대수렴)

(2) $L > 1$이거나 존재하지 않으면 $\sum a_n$는 발산한다.

(3) $L = 1$이면 $\sum a_n$는 판정불가능이다.

필수 예제 124

다음 급수의 수렴, 발산을 판정하시오.

(1) $\sum_{n=1}^{\infty}\left(\frac{2n+3}{3n+2}\right)^n$ (2) $\sum_{n=1}^{\infty}\left(1+\frac{1}{n}\right)^{n^2}$ (3) $\sum_{n=2}^{\infty}\frac{1}{(\ln n)^n}$

풀이 (1) $a_n = \left(\frac{2n+3}{3n+2}\right)^n$이라 하면 $\lim_{n\to\infty}(a_n)^{\frac{1}{n}} = \lim_{n\to\infty}\frac{2n+3}{3n+2} = \frac{2}{3} < 1$이므로 n승근판정법에 의하여 수렴한다.

(2) $a_n = \left(1+\frac{1}{n}\right)^{n^2}$이라 하면 $\lim_{n\to\infty}(a_n)^{\frac{1}{n}} = \lim_{n\to\infty}\left(1+\frac{1}{n}\right)^n = e > 1$이므로 n승근판정법에 의하여 발산한다.

(3) $a_n = \frac{1}{(\ln n)^n}$이라 하면 $\lim_{n\to\infty}(a_n)^{\frac{1}{n}} = \lim_{n\to\infty}\left(\frac{1}{(\ln n)^n}\right)^{\frac{1}{n}} = \lim_{n\to\infty}\frac{1}{\ln n} = 0 < 1$이므로 n승근판정법에 의하여 수렴한다.

288. 다음 급수의 수렴, 발산을 판정하시오.

(1) $\sum_{n=1}^{\infty}\left(\frac{n^2+1}{2n^2+1}\right)^n$ (2) $\sum_{n=1}^{\infty}\left(\frac{-2n}{n+1}\right)^{5n}$

(3) $\sum_{n=1}^{\infty}\frac{(-2)^n}{n^n}$ (4) $\sum_{n=5}^{\infty}\left(1-\frac{4}{n}\right)^{n^2}$

(5) $\sum_{n=1}^{\infty}2^{-n}\left(1-\frac{1}{n}\right)^{n^2}$ (6) $\sum_{n=1}^{\infty}\left(1+\frac{1}{n}\right)^n$

9 절대수렴 & 조건부수렴

(1) 절댓값 급수

임의의 급수 $\sum_{n=1}^{\infty} a_n$에 대하여 급수 $\sum_{n=1}^{\infty} |a_n|$를 절댓값 급수라고 한다.

(2) 절대수렴(absolutely convergent)

① 절댓값 급수 $\sum_{n=1}^{\infty} |a_n|$이 수렴하면 $\sum_{n=1}^{\infty} a_n$은 절대수렴한다고 한다.

② $\sum_{n=1}^{\infty} a_n$이 양항급수이면 $|a_n| = a_n$이므로 $\sum_{n=1}^{\infty} a_n$의 수렴은 절대수렴과 같다.

③ 급수 $\sum_{n=1}^{\infty} a_n$이 절대수렴하면 $\sum_{n=1}^{\infty} a_n$은 수렴한다.

(3) 조건부수렴(conditionally convergent)

$\sum_{n=1}^{\infty} |a_n|$은 발산하고 $\sum_{n=1}^{\infty} a_n$은 수렴하면, $\sum_{n=1}^{\infty} a_n$은 조건부수렴한다고 한다.

(4) 수열의 재배열

$\sum_{n=1}^{\infty} a_n$이 절대수렴하면 수열 $\{a_n\}$의 재배열 수열 $\{b_n\}$의 급수 $\sum_{n=1}^{\infty} b_n$도 수렴하고, $\sum_{n=1}^{\infty} a_n = \sum_{n=1}^{\infty} b_n$이다.

만약 $\sum_{n=1}^{\infty} a_n$이 조건부수렴하면 재배열 수열 $\{b_n\}$의 급수 $\sum_{n=1}^{\infty} b_n$은 $\sum_{n=1}^{\infty} a_n$과 달라질 수도 있다.

Areum Math Tip

❖ 조건부수렴의 재배열의 경우 수렴 값이 달라지는 예

$1 - \frac{1}{2} + \frac{1}{3} - \frac{1}{4} + \frac{1}{5} - \frac{1}{6} + \cdots = \ln 2 \quad \cdots (a)$

양변에 $\frac{1}{2}$을 곱하면 $\frac{1}{2} - \frac{1}{4} + \frac{1}{6} - \frac{1}{8} + \frac{1}{10} - \frac{1}{12} + \cdots = \frac{1}{2}\ln 2$이고,

중간항에 0을 삽입하면 $0 + \frac{1}{2} + 0 - \frac{1}{4} + 0 + \frac{1}{6} + 0 - \frac{1}{8} + \cdots = \frac{1}{2}\ln 2 \quad \cdots (b)$

$(a) + (b) = 1 + \frac{1}{3} - \frac{1}{2} + \frac{1}{5} + \frac{1}{7} - \frac{1}{4} + \cdots = \frac{3}{2}\ln 2 \cdots (c)$: (a)의 항을 재배열한 수열이다.

즉, 조건부수렴하는 급수의 합과 재배열한 급수의 합과 다를 수 있다.

필수 예제 125

다음 무한급수의 절대수렴과 조건부수렴을 판정하시오.

(가) $\sum_{n=2}^{\infty}(-1)^n \frac{\sqrt{\ln n}}{n\sqrt{n}}$ (나) $\sum_{n=2}^{\infty}\frac{(-1)^n}{n(\ln n)^3}$ (다) $\sum_{n=2}^{\infty}(-1)^n \frac{1}{(\ln n)^3}$ (라) $\sum_{n=2}^{\infty}\frac{(-1)^n}{\sqrt{n}\ln n}$

풀이 (가) $\sum_{n=2}^{\infty}\left|(-1)^n \frac{\sqrt{\ln n}}{n\sqrt{n}}\right| = \sum_{n=2}^{\infty}\frac{\sqrt{\ln n}}{n\sqrt{n}} < \sum_{n=2}^{\infty}\frac{\ln n}{n\sqrt{n}}$ 이며 $\sum_{n=2}^{\infty}\frac{\ln n}{n\sqrt{n}}$ 은 적분판정법에 의하여 수렴한다.

따라서 비교판정법에 의하여 $\sum_{n=2}^{\infty}\frac{\sqrt{\ln n}}{n\sqrt{n}}$ 도 수렴한다. 그러므로 $\sum_{n=2}^{\infty}(-1)^n\frac{\sqrt{\ln n}}{n\sqrt{n}}$ 은 절대수렴한다.

(나) $\sum_{n=2}^{\infty}\left|\frac{(-1)^n}{n(\ln n)^3}\right| = \sum_{n=2}^{\infty}\frac{1}{n(\ln n)^3}$ 은 적분판정법에 의하여 수렴한다. 따라서 $\sum_{n=2}^{\infty}\frac{(-1)^n}{n(\ln n)^3}$ 은 절대수렴한다.

(다) $\sum_{n=2}^{\infty}\left|(-1)^n\frac{1}{(\ln n)^3}\right| = \sum_{n=2}^{\infty}\frac{1}{(\ln n)^3}$ 이며 $\sum_{n=2}^{\infty}\frac{1}{(\ln n)^3}$ 은 $\sum_{n=2}^{\infty}\frac{1}{n}$ 과의 극한비교판정에 의해서 발산한다.

따라서 $\sum_{n=2}^{\infty}(-1)^n\frac{1}{(\ln n)^3}$ 은 절대수렴하지 않는다. $\lim_{n\to\infty}\frac{1}{(\ln n)^3}=0$이므로 $\sum_{n=2}^{\infty}(-1)^n\frac{1}{(\ln n)^3}$ 은 조건부수렴이다.

(라) $\sum_{n=2}^{\infty}\left|\frac{(-1)^n}{\sqrt{n}\ln n}\right| = \sum_{n=2}^{\infty}\frac{1}{\sqrt{n}\ln n} > \sum_{n=2}^{\infty}\frac{1}{n\ln n}$ 은 p급수 판정과 비교판정법에 의하여 발산한다.

따라서 $\sum_{n=2}^{\infty}\frac{(-1)^n}{\sqrt{n}\ln n}$ 은 절대수렴하지 않는다. $\lim_{n\to\infty}\frac{1}{\sqrt{n}\ln n}=0$이므로 $\sum_{n=2}^{\infty}\frac{(-1)^n}{\sqrt{n}\ln n}$ 은 조건부수렴이다.

289. 다음 급수의 절대수렴과 조건부수렴, 발산을 판정하시오.

(1) $\sum_{n=1}^{\infty}\frac{(-1)^{n+1}}{\sqrt[4]{n}}$

(2) $\sum_{n=1}^{\infty}(-1)^n\frac{n}{5+n}$

(3) $\sum_{n=1}^{\infty}\frac{(-1)^{n-1}}{n^2+1}$

(4) $\sum_{n=2}^{\infty}\frac{(-1)^n}{\ln n}$

(5) $\sum_{n=1}^{\infty}\frac{1}{(2n)!}$

(6) $\sum_{n=1}^{\infty}\frac{n(-3)^n}{4^{n-1}}$

(7) $\sum_{n=7}^{\infty}\frac{\cos(n\pi)}{(n+1)!}2^{3n}$

(8) $\sum_{n=1}^{\infty}(-1)^n\tan^{-1}\left\{\frac{\cos(\pi n)}{\sqrt[3]{n^4}}\right\}$

290. 다음 무한급수의 수렴, 발산을 판정하시오.

(1) $\displaystyle\sum_{n=1}^{\infty}\frac{2015-\sin n}{n}$

(2) $\displaystyle\sum_{n=1}^{\infty}\frac{(-1)^{n-1}}{\ln(\ln(\ln(n+2015)))}$

(3) $\displaystyle\sum_{n=1}^{\infty}\frac{(-1)^n\cos n\pi}{\sqrt{n}}$

(4) $\displaystyle\sum_{n=1}^{\infty}e^{-1/n}$

(5) $\displaystyle\sum_{n=0}^{\infty}\frac{\sqrt{n}-1}{n^2+1}$

(6) $\displaystyle\sum_{n=1}^{\infty}(-1)^n\frac{(2n-1)^{4n}}{(3n+1)^{2n}}$

(7) $\displaystyle\sum_{n=2}^{\infty}\frac{1}{n(\ln n)^{3/2}}$

(8) $\displaystyle\sum_{n=2}^{\infty}(-1)^n\frac{(\ln n)^5}{\sqrt[3]{n}}$

(9) $\displaystyle\sum_{n=1}^{\infty}\frac{1}{n^2+1}$

(10) $\displaystyle\sum_{n=1}^{\infty}(-1)^n\frac{n-1}{2n+1}$

(11) $\displaystyle\sum_{n=2}^{\infty}\frac{\sin n}{(n+1)(\ln n)^2}$

(12) $\displaystyle\sum_{n=1}^{\infty}2^{-n}\left(1+\frac{1}{n}\right)^{n^2}$

(13) $\displaystyle\sum_{n=2016}^{\infty}\frac{n-1}{n^2+n}$

(14) $\displaystyle\sum_{n=1}^{\infty}\frac{\cos^3 n}{1+n^2}$

(15) $\displaystyle\sum_{n=1}^{\infty}\tan\left(\frac{1}{n^2}\right)$

(16) $\displaystyle\sum_{n=1}^{\infty}\left(\frac{2-5n}{5+2n}\right)^n$

(17) $\displaystyle\sum_{n=1}^{\infty}ne^{-\sqrt{n}}$

(18) $\displaystyle\sum_{n=4}^{\infty}\frac{1}{n\ln n}$

(19) $\sum_{n=2}^{\infty} \frac{1}{n} \sin\left(\frac{1}{n}\right)$

(20) $\sum_{n=1}^{\infty} \sin\frac{1}{n}$

(21) $\sum_{n=4}^{\infty} \frac{2n}{n^2-3n}$

(22) $\sum_{n=1}^{\infty} \frac{1}{\sqrt{n}\, e^{\sqrt{n}}}$

(23) $\sum_{n=1}^{\infty} \frac{1}{n^{1+\frac{1}{n}}}$

(24) $\sum_{n=1}^{\infty} \frac{n!}{(n+1)^n}$

(25) $\sum_{n=3}^{\infty} \left(1-\frac{2}{n}\right)^{n^2}$

(26) $\sum_{n=1}^{\infty} \tan^{-1}\left(\frac{\pi}{n^2}\right)$

(27) $\sum_{n=1}^{\infty} \frac{1}{1+\sqrt{n}}$

(28) $\sum_{n=2}^{\infty} \frac{1}{(n+2)\ln n}$

(29) $\sum_{k=1}^{\infty} \frac{k^k}{k!}$

(30) $\sum_{k=1}^{\infty} \frac{(2k)!}{3^k (k!)^2}$

(31) $\sum_{k=1}^{\infty} \frac{k^k}{k!\, 2^k}$

(32) $\sum_{k=1}^{\infty} \frac{k^k}{k!\, 3^k}$

(33) $\sum_{n=1}^{\infty} \frac{n!}{1 \cdot 3 \cdot 5 \cdot \cdots \cdot (2n-1)}$

(34) $\sum_{n=1}^{\infty} \frac{3 \cdot 7 \cdot \cdots \cdot (4n-1)}{2 \cdot 5 \cdot \cdots \cdot (3n-1)}$

3 멱급수의 수렴반경 & 수렴구간

1 멱급수(power series)

(1) $x-x_0$에 대한 멱급수 : $\sum_{n=0}^{\infty} a_n(x-x_0)^n = a_0 + a_1(x-x_0) + a_2(x-x_0)^2 + \cdots$

(2) x에 대한 멱급수 : $\sum_{n=0}^{\infty} a_n x^n = a_0 + a_1 x + a_2 x^2 + a_3 x^3 + \cdots$

2 수렴반경 (수렴반지름)

멱급수 $\sum_{n=0}^{\infty} a_n(x-x_0)^n$의 비율판정값이 1보다 작으면 절대수렴한다.

$A_n = a_n(x-x_0)^n$이 라고 하자. 수열 $\{A_n\}$의 비율판정값을 구하면

$\lim_{n\to\infty}\left|\frac{A_{n+1}}{A_n}\right| = \lim_{n\to\infty}\left|\frac{a_{n+1}(x-x_0)^{n+1}}{a_n(x-x_0)^n}\right| = \lim_{n\to\infty}\left|\frac{a_{n+1}}{a_n}\right| |x-x_0| < 1$일 때 절대수렴한다.

여기서 $|\,x-x_0\,| < R = \lim_{n\to\infty}\left|\frac{a_n}{a_{n+1}}\right|$인 모든 x에 대하여 수렴하고, R을 무한급수의 수렴반경

(또는 수렴반지름)이라 한다.

① $\lim_{n\to\infty}\left|\frac{a_{n+1}}{a_n}\right| = r$이면 수렴반경 $R=\frac{1}{r}$,

② $\lim_{n\to\infty}\left|\frac{a_{n+1}}{a_n}\right| = 0$이면 수렴반경 $R=\infty$

③ $\lim_{n\to\infty}\left|\frac{a_{n+1}}{a_n}\right| = \infty$이면 수렴반경 $R=0$

3 수렴구간

(1) $\sum_{n=0}^{\infty} a_n(x-x_0)^n$의 수렴반경 $R=0$일 때, 수렴구간은 $x=x_0$이다.

(2) $\sum_{n=0}^{\infty} a_n(x-x_0)^n$의 수렴반경 $R=\infty$일 때, 수렴구간은 $x \in R$이다.

(3) $\sum_{n=0}^{\infty} a_n(x-x_0)^n$의 수렴반경 $R=a$일 때, $|\,x-x_0\,| < a$이므로, 다음의 범위를 가질 수 있다.

$[x_0-a, x_0+a]$, (x_0-a, x_0+a), $[x_0-a, x_0+a)$, $(x_0-a, x_0+a]$

필수 예제 126

다음 급수의 수렴반경을 구하시오.

(1) $\sum_{n=0}^{\infty} \frac{(-2)^n}{\sqrt{n+1}} x^n$ (2) $\sum_{n=1}^{\infty} (-1)^n \frac{(x-2)^n}{n2^n}$ (3) $\sum_{n=0}^{\infty} (-1)^n \frac{n^{2015} x^n}{2^{2n} \ln(n+2)}$

(4) $\sum_{n=0}^{\infty} \frac{(-3x+2)^n}{2^n(n^2+1)}$ (5) $\sum_{n=1}^{\infty} \frac{x^{2n}}{3^n+4^n}$ (6) $\sum_{n=1}^{\infty} \frac{(n!)^2}{(2n)!} x^n$

풀이 앞 절에서 배운 비율판정값의 복습이 필요하다.

(1) $A_n = \frac{(-2)^n}{\sqrt{n+1}} x^n$의 비율판정값은 $2|x|<1$일 때 수렴하므로 x의 수렴반경 $R=\frac{1}{2}$이다.

(2) $A_n = (-1)^n \frac{(x-2)^n}{n2^n}$의 비율판정값은 $\frac{|x-2|}{2}<1$일 때 수렴하므로 x의 수렴반경 $R=2$이다.

(3) $A_n = (-1)^n \frac{n^{2015} x^n}{2^{2n} \ln(n+2)}$의 비율판정값은 $\frac{|x|}{2^2}<1$일 때 수렴하므로 x의 수렴반경 $R=4$이다.

(4) $A_n = \frac{(-3x+2)^n}{2^n(n^2+1)}$의 비율판정값은 $\frac{|3x-2|}{2}<1$일 때 수렴하므로 x의 수렴반경 $R=\frac{2}{3}$이다.

(5) $A_n = \frac{x^{2n}}{3^n+4^n}$의 비율판정값은 $\frac{|x^2|}{4}<1$일 때 수렴하므로 x의 수렴반경 $R=2$이다.

여기서 $a_n = \frac{1}{3^n+4^n}$일 때, 비율판정값은 $\lim_{n\to\infty}\left|\frac{a_{n+1}}{a_n}\right| = \lim_{n\to\infty}\left|\frac{3^n+4^n}{3^{n+1}+4^{n+1}}\right| = \lim_{n\to\infty}\left|\frac{\left(\frac{3}{4}\right)^n+1}{3\left(\frac{3}{4}\right)^n+4}\right| = \frac{1}{4}$이다.

(6) $A_n = \frac{(n!)^2}{(2n)!} x^n$의 비율판정값은 $\frac{1}{4}|x|<1$일 때 수렴하므로 x의 수렴반경 $R=4$이다.

291. 다음 급수의 수렴반경을 구하시오.

(1) $\sum_{n=1}^{\infty} \frac{x^n}{\sqrt{n}}$ (2) $\sum_{n=1}^{\infty} \frac{(-1)^n x^n}{n^3}$

(3) $\sum_{n=2}^{\infty} \frac{(x-1)^n}{4^n \ln n}$ (4) $\sum_{n=1}^{\infty} \frac{(2x-3)^n}{4^n \cdot n}$

(5) $\sum_{n=1}^{\infty} \frac{(2x-3)^{2n}}{4^n \cdot n}$ (6) $\sum_{n=0}^{\infty} \frac{x^n}{n!}$

(7) $\sum_{n=1}^{\infty} \frac{2^n x^n}{n!}$ (8) $\sum_{n=0}^{\infty} n!(2x-1)^n$

(9) $\sum_{n=1}^{\infty} \frac{n!}{n^n} x^n$ (10) $\sum_{n=1}^{\infty} \frac{n^n}{n!} x^n$

05 | 무한급수

필수 예제 127

함수 $H(x)=\sum_{n=1}^{\infty}\frac{4\cdot 7\cdot 10\cdot \ldots \cdot (3n+1)}{n^n}(x-2)^n$ 의 정의구역에 속하는 점은?

① $x=\frac{1}{6}$ ② $x=\frac{5}{6}$ ③ $x=\frac{17}{6}$ ④ $x=\frac{21}{6}$

풀이 $a_n=\frac{4\cdot 7\cdot 10\cdot \cdots \cdot (3n+1)}{n^n}$ 으로 놓고 비율판정법을 이용하면

$$\lim_{n\to\infty}\left|\frac{a_{n+1}}{a_n}\right|=\lim_{n\to\infty}\frac{4\cdot 7\cdot 10\cdot \cdots \cdot (3n+1)(3n+4)}{(n+1)^{n+1}}\cdot\frac{n^n}{4\cdot 7\cdot 10\cdot \cdots \cdot (3n+1)}$$

$$=\lim_{n\to\infty}\frac{(3n+4)\cdot n^n}{(n+1)(n+1)^n}=\lim_{n\to\infty}\frac{3n+4}{n+1}\cdot\lim_{n\to\infty}\frac{n^n}{(n+1)^n}$$

$$=\lim_{n\to\infty}\frac{3n+4}{n+1}\cdot\lim_{n\to\infty}\left(1-\frac{1}{n+1}\right)^n=\frac{3}{e}$$

비율판정법에 의해서 $\frac{3}{e}|x-2|<1$일 때 수렴하므로 수렴반경은 $\frac{e}{3}$이다.

따라서 $1.1\approx-\frac{e}{3}+2<x<\frac{e}{3}+2\approx 2.9$에서 절대수렴한다.

그러므로 보기 ③의 있는 $x=\frac{17}{6}$에서 무한급수는 반드시 수렴한다.

292. $\sum_{n=1}^{\infty}\frac{(x-3)^n}{n\cdot 4^n}$ 이 수렴하는 모든 정수 x의 합은?

293. 멱급수 $\sum_{n=1}^{\infty}\frac{(-1)^{n+1}}{2^n n}(4x+1)^n$의 수렴구간은?

294. 멱급수 $\sum_{n=0}^{\infty}\frac{1}{(n+1)2^n}x^{2n}$의 수렴구간은?

295. 무한급수 $\sum_{n=1}^{\infty}\frac{1}{\sqrt{n}}\left(\frac{x-1}{x}\right)^n$의 수렴구간에 속한 정수 중 가장 작은 정수는?

296. 다음 명제의 참과 거짓을 나타내시오.

(1) $\lim_{n\to\infty} a_n = 0$이면 급수 $\sum_{n=1}^{\infty} a_n$은 수렴한다.

(2) $\sum_{n=1}^{\infty} a_n$이 수렴하면 $\sum_{n=1}^{\infty} (-1)^n a_n$도 수렴한다.

(3) 두 급수 $\sum_{n=1}^{\infty} a_n$과 $\sum_{n=1}^{\infty} b_n$이 모두 발산하면 급수 $\sum_{n=1}^{\infty} (a_n + b_n)$도 발산한다.

(4) 급수 $\sum a_n$과 급수 $\sum b_n$이 모두 수렴하면 급수 $\sum a_n b_n$도 수렴한다.

(5) 양항급수 $\sum a_n$과 $\sum b_n$이 모두 수렴하면 급수 $\sum a_n b_n$도 수렴한다.

(6) $\lim_{n\to\infty} \left| \frac{a_{n+1}}{a_n} \right| < 1$이면 $\sum_{n=1}^{\infty} a_n$이 수렴한다.

(7) $\sum_{n=1}^{\infty} |a_n|$이 수렴하면 $\lim_{n\to\infty} \left| \frac{a_{n+1}}{a_n} \right| < 1$이다.

(8) $\sum_{n=1}^{\infty} a_n$이 수렴하면 $\sum_{n=1}^{\infty} |a_n|$도 수렴한다.

(9) $\sum_{n=1}^{\infty} |a_n|$이 발산하면 $\sum_{n=1}^{\infty} a_n$도 발산한다.

(10) $\sum_{n=1}^{\infty} a_n$이 수렴하면 $\sum_{n=1}^{\infty} \frac{(-1)^n}{\sqrt{n}} a_n$도 수렴한다.

(11) $\sum_{n=1}^{\infty} |a_n|$이 수렴하면 $\sum_{n=1}^{\infty} a_n^2$도 수렴한다.

(12) $\sum_{n=1}^{\infty} a_n^2$이 수렴하면 $\sum_{n=1}^{\infty} a_n$도 수렴한다.

(13) 급수 $\sum a_n$이 절대수렴하면 급수 $\sum a_n \sin n$은 수렴한다.

(14) 멱급수 $\sum_{n=1}^{\infty} a_n x^n$이 $x = 2$에서 수렴하면 $x = -1$에서도 수렴한다.

(15) 급수 $\sum_{n=1}^{\infty} c_n 3^n$이 수렴하면 $\sum_{n=1}^{\infty} c_n (-3)^n$도 수렴한다.

4 무한급수의 합

정의역은 급수가 수렴하는 모든 x의 집합이고, 급수의 합은 함수로 나타낼 수 있다. 앞에서 배웠던 테일러 급수와 매클로린 급수를 이용해 무한급수의 합을 구할 수 있다. 뿐만 아니라 규칙에 의한 소거법을 통해서 무한급수의 합을 구할 수도 있다.

주요함수의 매클로린 급수

(1) $\frac{1}{1-x}=1+x+x^2+x^3+x^4+\cdots=\sum_{n=0}^{\infty}x^n$ $(|x|<1)$

(2) $\frac{1}{1+x}=1-x+x^2-x^3+x^4-\cdots=\sum_{n=0}^{\infty}(-1)^n x^n$ $(|x|<1)$

(3) $\frac{1}{(1-x)^2}=1+2x+3x^2+4x^3+\cdots=\sum_{n=1}^{\infty}n x^{n-1}$ $(|x|<1)$

(4) $\frac{2}{(1-x)^3}=2+3\cdot 2x+4\cdot 3x^2+\cdots=\sum_{n=2}^{\infty}n(n-1)x^{n-2}$ $(|x|<1)$

(5) $\frac{x}{(1-x)^2}=x+2x^2+3x^3+4x^4+\cdots=\sum_{n=1}^{\infty}n x^n$ $(|x|<1)$

(6) $\frac{1+x}{(1-x)^3}=1+2^2x+3^2x^2+4^2x^3+\cdots=\sum_{n=1}^{\infty}n^2x^{n-1}$ $(|x|<1)$

(7) $\frac{x+x^2}{(1-x)^3}=x+2^2x^2+3^2x^3+4^2x^4+\cdots=\sum_{n=1}^{\infty}n^2x^n$ $(|x|<1)$

(8) $\ln(1+x)=x-\frac{1}{2}x^2+\frac{1}{3}x^3-\cdots=\sum_{n=1}^{\infty}(-1)^{n-1}\frac{x^n}{n}$ $(|x|<1)$

(9) $-\ln(1-x)=x+\frac{1}{2}x^2+\frac{1}{3}x^3+\frac{1}{4}x^4+\cdots=\sum_{n=1}^{\infty}\frac{x^n}{n}$ $(|x|<1)$

(10) $\tan^{-1}x=x-\frac{1}{3}x^3+\frac{1}{5}x^5-\cdots=\sum_{n=0}^{\infty}\frac{(-1)^n x^{2n+1}}{2n+1}$ $(|x|\le 1)$

(11) $\tanh^{-1}x=x+\frac{1}{3}x^3+\frac{1}{5}x^5+\cdots=\sum_{n=0}^{\infty}\frac{x^{2n+1}}{2n+1}$ $(|x|<1)$

(12) $\sin x=x-\frac{1}{3!}x^3+\frac{1}{5!}x^5-\frac{1}{7!}x^7+\cdots=\sum_{n=0}^{\infty}\frac{(-1)^n x^{2n+1}}{(2n+1)!}$ $(|x|<\infty)$

(13) $\cos x=1-\frac{1}{2!}x^2+\frac{1}{4!}x^4-\frac{1}{6!}x^6+\cdots=\sum_{n=0}^{\infty}\frac{(-1)^n x^{2n}}{(2n)!}$ $(|x|<\infty)$

(14) $\tan x=x+\frac{1}{3}x^3+\frac{2}{15}x^5+\cdots$ $\left(|x|<\frac{\pi}{2}\right)$

(15) $e^x=1+x+\frac{1}{2!}x^2+\frac{1}{3!}x^3+\cdots=\sum_{n=0}^{\infty}\frac{x^n}{n!}$ $(|x|<\infty)$

(16) $\sinh x=x+\frac{1}{3!}x^3+\frac{1}{5!}x^5+\frac{1}{7!}x^7+\cdots=\sum_{n=0}^{\infty}\frac{x^{2n+1}}{(2n+1)!}$ $(|x|<\infty)$

(17) $\cosh x = 1 + \frac{1}{2!}x^2 + \frac{1}{4!}x^4 + \cdots = \sum_{n=0}^{\infty} \frac{x^{2n}}{(2n)!}$ $(|x| < \infty)$

(18) $(1+x)^p = 1 + px + \frac{p(p-1)}{2!}x^2 + \frac{p(p-1)(p-2)}{3!}x^3 + \cdots$ $(|x| < 1)$

(19) $\sin^{-1}x = \int \frac{1}{\sqrt{1-x^2}}dx = x + \frac{1}{2}\cdot\frac{1}{3}x^3 + \frac{1\cdot 3}{2\cdot 4}\cdot\frac{1}{5}x^5 + \cdots$ $(|x| \le 1)$

(20) $\sinh^{-1}x = \int \frac{1}{\sqrt{x^2+1}}dx = x - \frac{1}{2}\cdot\frac{1}{3}x^3 + \frac{1\cdot 3}{2\cdot 4}\cdot\frac{1}{5}x^5 - \cdots$ $(|x| \le 1)$

필수 예제 128

수열 $\{a_n\}$의 부분합이 $\sum_{k=1}^{n} a_k = n^2$을 만족한다. $b_k = \frac{1}{a_k \cdot a_{k+1}}$일 때, $\sum_{k=1}^{\infty} b_k$의 값은?

풀이 $S_n = \sum_{k=1}^{n} a_k = n^2$으로 나타낼 수 있다면 $S_{n-1} = \sum_{k=1}^{n-1} a_k = (n-1)^2$이고, $S_n - S_{n-1} = a_n$이다.

$a_n = \sum_{k=1}^{n} a_k - \sum_{k=1}^{n-1} a_k = n^2 - (n-1)^2 = 2n-1$이므로 $b_k = \frac{1}{a_k \cdot a_{k+1}} = \frac{1}{(2k-1)(2k+1)}$이다.

$$\sum_{k=1}^{\infty} b_k = \sum_{k=1}^{\infty} \frac{1}{(2k-1)(2k+1)} = \frac{1}{2}\sum_{k=1}^{\infty}\left(\frac{1}{2k-1} - \frac{1}{2k+1}\right) = \frac{1}{2}\lim_{n\to\infty}\sum_{k=1}^{n}\left(\frac{1}{2k-1} - \frac{1}{2k+1}\right)$$

$$= \frac{1}{2}\lim_{n\to\infty}\left(1 - \frac{1}{3} + \frac{1}{3} - \frac{1}{5} + \frac{1}{5} - \frac{1}{7} + \cdots + \frac{1}{2n-1} - \frac{1}{2n+1}\right)$$

$$= \frac{1}{2}\lim_{n\to\infty}\left(1 - \frac{1}{2n+1}\right) = \frac{1}{2}$$

297. 수열 $\{a_n\}$을 다음과 같이 정의할 때, 극한값 $\lim_{n\to\infty} a_n$을 구하면?

$$a_n = \frac{3}{4!} + \frac{4}{5!} + \cdots + \frac{n+2}{(n+3)!},\ n = 1, 2, 3...$$

298. 무한합 $\sum_{n=1}^{\infty}[\tan^{-1}(n+2) - \tan^{-1}n]$의 값은?

필수 예제 129

다음 무한급수의 합을 구하시오.

(1) $\sum_{n=2}^{\infty}\frac{2^n}{n!}$　(2) $\sum_{n=1}^{\infty}\frac{1}{n\,2^{2n+1}}$　(3) $\sum_{n=1}^{\infty}\frac{1}{n(n+1)}$　(4) $\sum_{n=2}^{\infty}\ln\left(1-\frac{1}{n^2}\right)$

풀이 (1) $e^x=\sum_{n=0}^{\infty}\frac{x^n}{n!}=1+x+\sum_{n=2}^{\infty}\frac{x^n}{n!} \Leftrightarrow \sum_{n=2}^{\infty}\frac{x^n}{n!}=e^x-1-x$이고 $x=2$를 대입하면 $\sum_{n=2}^{\infty}\frac{2^n}{n!}=e^2-3$이다.

(2) $|x|<1$일 때, $-\ln(1-x)=x+\frac{1}{2}x^2+\frac{1}{3}x^3+\frac{1}{4}x^4+\cdots=\sum_{n=1}^{\infty}\frac{x^n}{n}$이다.

$x=\frac{1}{4}$이라고 하면 $\sum_{n=1}^{\infty}\frac{1}{n\,2^{2n+1}}=\sum_{n=1}^{\infty}\frac{1}{2n4^n}=\frac{1}{2}\sum_{n=1}^{\infty}\frac{1}{n}x^n=-\frac{1}{2}\ln(1-x)\Big|_{x=\frac{1}{4}}=-\frac{1}{2}\ln\frac{3}{4}=\frac{1}{2}\ln\frac{4}{3}$

(3) 매클로린 급수를 이용할 수 없는 무한급수의 합은 정의와 규칙을 이용해서 풀이한다.

$$\sum_{n=1}^{\infty}\frac{1}{n(n+1)}=\lim_{k\to\infty}\sum_{n=1}^{k}\left(\frac{1}{n}-\frac{1}{n+1}\right)=\lim_{k\to\infty}\left\{\sum_{n=1}^{k}\frac{1}{n}-\sum_{n=1}^{k}\frac{1}{n+1}\right\}$$
$$=\lim_{k\to\infty}\left\{\left(1+\frac{1}{2}+\frac{1}{3}+\cdots+\frac{1}{k}\right)-\left(\frac{1}{2}+\frac{1}{3}+\cdots+\frac{1}{k}+\frac{1}{k+1}\right)\right\}=\lim_{k\to\infty}\left\{1-\frac{1}{k+1}\right\}=1$$

(4) 매클로린 급수를 이용할 수 없는 무한급수의 합은 정의와 규칙을 이용해서 풀이한다.

$$\sum_{n=2}^{\infty}\ln\left(1-\frac{1}{n^2}\right)=\lim_{k\to\infty}\sum_{n=2}^{k}\ln\left(\frac{n^2-1}{n^2}\right)=\lim_{k\to\infty}\sum_{n=2}^{k}\ln\left(\frac{(n-1)}{n}\frac{(n+1)}{n}\right)=\lim_{k\to\infty}\sum_{n=2}^{k}\left\{\ln\left(\frac{n-1}{n}\right)+\ln\left(\frac{n+1}{n}\right)\right\}$$
$$=\lim_{k\to\infty}\left\{\left(\ln\frac{1}{2}+\ln\frac{2}{3}+\ln\frac{3}{4}+\cdots+\ln\frac{k-1}{k}\right)+\left(\ln\frac{3}{2}+\ln\frac{4}{3}+\ln\frac{5}{4}+\cdots+\ln\frac{k}{k-1}+\ln\frac{k+1}{k}\right)\right\}$$
$$=\lim_{k\to\infty}\left(\ln\frac{1}{k}+\ln\frac{k+1}{2}\right)=\lim_{k\to\infty}\ln\left(\frac{k+1}{2k}\right)=\ln\frac{1}{2}=-\ln 2$$

299. 다음 무한급수의 합을 구하시오.

(1) $\frac{\pi^2}{2!}-\frac{\pi^4}{4!}+\frac{\pi^6}{6!}-\frac{\pi^8}{8!}+\cdots$

(2) $\sum_{n=1}^{\infty}\frac{(\ln 2)^{2n}}{(2n)!}$

(3) $\sum_{n=1}^{\infty}\frac{1}{n2^{2n+1}}$

(4) $\sum_{n=1}^{\infty}(-1)^{n+1}n\left(\frac{1}{3}\right)^n$

(5) $\sum_{k=0}^{\infty}\frac{(-1)^k}{(2k+1)}\left(\frac{1}{\sqrt{3}}\right)^{2k}$

(6) $\sum_{n=2}^{\infty}\frac{n(n-1)2^n}{3^n}$

필수 예제 130

무한급수 $\sum_{n=2}^{\infty} \frac{n(n-1)}{3^n}$ 의 값은?

풀이 $\sum_{n=0}^{\infty} x^n = \frac{1}{1-x}$ 의 양변을 x로 미분하면 $\sum_{n=1}^{\infty} nx^{n-1} = (1-x)^{-2}$ 이고,

다시 양변을 x로 다시 미분하면 $\sum_{n=2}^{\infty} n(n-1)x^{n-2} = 2(1-x)^{-3}$ 이다.

양변에 x^2을 곱하면 $\sum_{n=2}^{\infty} n(n-1)x^n = 2x^2(1-x)^{-3}$ 이고 $x = \frac{1}{3}$ 을 대입하자.

$\sum_{n=2}^{\infty} n(n-1)\left(\frac{1}{3}\right)^n = 2 \cdot \left(\frac{1}{3}\right)^2 \left(\frac{2}{3}\right)^{-3} = 2 \cdot \frac{1}{9} \cdot \frac{27}{8} = \frac{3}{4}$

300. $\sum_{n=2}^{\infty} (1+c)^{-n} = 2$를 만족하는 c값을 구하여라.

301. 무한급수 $\sum_{n=1}^{\infty} (-1)^{n-1} \frac{1}{n2^n}$ 의 값은?

302. 무한급수 $\sum_{n=1}^{\infty} \frac{n}{(n+1)!}$ 의 값은?

303. $|x| < 1$일 때, 급수 $\sum_{n=1}^{\infty} n^2 x^n$ 의 합은?

304. 급수 $\sum_{n=1}^{\infty} \left(\frac{5}{n(n+1)} + \frac{1}{3^n} \right)$ 의 합은?

한아름 선생님께 묻는다!

1. 대학 편입시험은 무엇인가요? 누구나 지원할 수 있나요?

편입은 4년제 대학의 3학년으로 입학하게 되는 시험제도입니다. 편입시험은 일반편입과 학사편입이 있습니다. 일반편입은 대학교 2학년을 수료하거나 그에 합당한 학점을 이수해야 지원가능하고 학사편입은 대학교 4학년을 졸업하고 그에 합당한 학점을 이수해야 지원가능합니다.

2. 편입을 왜 하나요?

다양한 경우가 있겠지만, 리얼하게 두 가지를 말해보자면 첫 번째, 대부분의 편입을 준비하는 학생들은 지방 전문대 또는 국립대를 다니거나 서울의 하위권 대학을 다니는 학생들이 가장 많습니다. 합격 수기를 통해서 편입의 동기를 보면 가장 많은 부분을 차지하는 내용이 학벌에 대한 콤플렉스입니다. 떳떳하게 "OO대학교에 다닌다."라고 말하고 싶은 부분이 가장 큽니다. 그래서 학력에 대한 갈증을 해소하고 싶은 학생들에게 단기간 고효율의 결과를 가져다줄 수 있는 시험입니다.
두 번째, 진로에 대한 고민 끝에 편입을 시작하기도 합니다. 현재 학과에서 적성을 찾을 수 없고, 취업이라는 또 다른 관문 앞에서 자신의 인생을 설계할 때 학과와 학교를 바꿔야겠다는 생각을 하고 시작하기도 합니다.

3. 수능의 반수, 재수 등과 비교했을 때, 편입의 장점과 어려운 점은 무엇인가요?

수능과 편입의 차이점이 곧 편입의 장점이 된다고 생각합니다. 그리고 편입의 어려운 점이라기보다는 주의만 기울인다면 극복할 수 있기 때문에 주의할 점이라고 할게요.

편입 장점 1. 시험과목
수능은 국어, 영어, 수학, 탐구 두 과목 등 시험과목이 많습니다. 편입은 인문계는 only 영어만 시험 보고, 자연계는 수학만 보거나 영어와 수학 두 과목만 준비하면 됩니다. 그래서 편입을 준비하는 학생의 입장에서 자신이 잘하는 과목에 집중도를 올릴 수 있습니다. 또한 늦게 준비하는 학생들의 경우도 전략적 준비를 한다면 충분히 명문대 합격이 가능합니다.

편입 장점 2. 지원대학

수능은 정시 가, 나, 다 군으로 3곳에만 지원 가능합니다. 그러나 편입시험은 대학별 시험날짜와 시간만 겹치지 않으면 원하는 만큼 지원 가능해서 편입 준비생은 평균적으로 10~15개 대학에 지원합니다. 물론 뽑는 인원이 수능에 비하면 현저히 적지만, 지원자 또한 현저히 적습니다. 그리고 한 학생이 여러 학교를 동시에 합격하는 경우가 많기 때문에 추가합격으로 합격하는 경우도 매우 많습니다. 그래서 결코 합격문이 좁지 않습니다.

편입 장점 3. 3학년으로 입학

수능의 재수, 삼수를 해서 원하는 대학에 가게 되면 1학년으로 시작하고 벌써 현역으로 입학한 학생들과 나이 차이가 난다고 생각합니다. 그러나 편입은 3학년으로 입학하기 때문에 공부를 한 시간에 대한 보상을 받은 것처럼 기존 학번과 크게 차이가 없습니다.

주의사항

1) 수능수학에 비하면 편입수학의 공부량은 방대합니다. 그래서 공부하고 복습하지 않으면 금방 잊혀지게 됩니다. 당연한 이치죠. 이런 시행착오를 줄이기 위해서는 시키는 대로 해야 합니다. 수학 공부의 원칙은 당일 복습과 누적 복습!! 이 과정이 처음에는 익숙하지 않아도 본인의 방법을 찾아서 꾸준히 다독하는 과정이 필요합니다.

2) 상위권 대학에 합격하기 위해서는 영어와 수학 모두 잘해야 합니다. 영어도 수학만큼 양이 많기 때문에 영어와 수학에 대한 적절한 비율과 절대적인 실력을 쌓아야 합니다.

4. 편입수학과 수능수학의 차이는 무엇인가요? 문과도 할 수 있는 정도인가요?

모든 수학시험의 기본은 계산력입니다. 수능수학은 100분 동안 30문제를 풀어야 하고, 사고력을 더 깊이 있게 물어보는 시험이라면 편입수학은 60~70분에 25~20문제를 풀어야 합니다. 깊이 있는 사고력보다는 계산력과 직관력을 물어보는 시험이라고 생각합니다. 결코 쉬운 시험은 아니지만 분명히 노력해서 합격할 수 있는 시험입니다.

합격생 중에는 미용전공, 운동선수 등등 다양한 학생들이 있었습니다. 문과생, 예체능을 했던 학생들도 충분히 해낼 수 있습니다. 본인의 의지가 중요한 것이라고 생각합니다.

5. 편입수학을 시작해서 공부를 할 때 유의해야 할 점은 무엇인가요?

점점 편입시험의 난이도가 올라가고 있습니다. 공식암기는 필수이지만, 단순히 공식만 암기해서 합격할 수 없습니다. 분명한 개념이 필요하고, 방대한 양을 연결할 수 있는 스토리텔링이 필요합니다. 그래서 편입수학은 한아름입니다. 이 모든 것을 해결할 수 있기 때문입니다.

6. 한아름 선생님이 편입수학 1타가 될 수 있었던 이유는 무엇일까요?

첫 번째, 편입을 해본 선배로서 편입준비생(이하 편준생)들의 마음을 잘 알았던 것 같아요. 일단 편준생의 수준이 높지 않다는 것을 알았기 때문에 학생들의 눈높이에 맞춰서 수업을 하려고 노력했고, 질문을 엄청 받았어요. 그러면서 학생들이 궁금해하는 내용들이 무엇인지를 잘 알았고 그 부분에 대한 해소를 중요하게 여겼어요. 가려운 부분을 잘 긁어주면서 학생들과 소통한 것이 가장 큰 요인이라고 생각합니다.

두 번째, 수학을 위한 공부가 아닌 시험을 위한 공부를 시켰어요. 편입시험은 짧은 시간에 많은 문제를 풀어야 하고, 시험 범위도 넓기 때문에 기출에 대한 분석을 더 철저히 하고 거기에 맞게 공부를 시켰어요. 그랬더니 자연스럽게 합격생이 많아지고 지금의 한아름이 있게 된 것 같아요.

세 번째는 교재라고 생각합니다. 더 좋은 콘텐츠로 학생들이 공부하기 편하게 해주고 싶었어요. 기본서만 공부해도 충분히 합격한다는 확신을 갖고, 그만큼 교재연구에 많은 노력을 쏟았습니다. 그래서 적중문제도 무수히 쏟아지게 되었구요.

7. 편입 수학을 시작하려는 학생들에게 당부할 점이 있다면 한마디 해주세요

편입을 고민하다가 골든타임을 놓치는 경우를 많이 봤습니다. 편입뿐만 아니라 어떤 일에 직면했을 때 할까 말까 고민한다면 하세요!! 하기로 결정했다면 빨리~ 뒤돌아보지 말고 직진해야 합니다. 지금이 여러분의 골든타임이라고 생각합니다.

공부를 하면서 막연한 불안감이 엄습해올 때가 있습니다. 그러나 확실한 것은 많은 학생들이 똑같은 고민을 할 것이고 누군가는 그 불안함과 두려움을 이겨내고 합격증을 받는다는 것입니다. 단 한 명을 뽑아도 그 자리는 여러분의 자리가 될 것이라는 확신을 가지고 공부하길 바랍니다. 그 길에 쌤이 등불이 되고 나침반이 되어 드릴게요!

★★★★★
편입수학
전국 1타 강사
10년 결정체

Areum Math series 01

한아름 편저

편입수학은 한아름

❶ 미적분과 급수

★★★ 고득점 합격 핵심전략 노하우 완전 공개
★★★ 편입에 성공한 선배들의 합격수기 수록

정답 및 해설

미다스북스

정답 및 해설

기초수학

미적분과 급수

기초수학

CHAPTER 01 방정식과 부등식

1. 집합

1. 풀이 참조

풀이 (1) $x \in \{1, 2, 3, 4, \cdots\}$ 이므로

집합 $A = \{1^2, 2^2, 3^2, 4^2, \cdots\} = \{1, 4, 9, 16, \cdots\}$이다.

(2) $x \in \{0, \pm1, \pm2, \pm3, \cdots\}$이므로

$y = x^2 \in \{0, 1, 4, 9, 16 \cdots\}$ 이다.

집합 $B = \{0, 1, 4, 9, 16, \cdots\}$ 이다.

2. 수 체계

2. (1) 7 (2) $\frac{4}{3}$ (3) 5 (4) 3.4

풀이 절댓값은 그 수의 부호를 없앤 수이다.

3. (1) 8 (2) -1 (3) -6 (4) -1 (5) -5 (6) 5

풀이 (1) $(+6)-(-2)=(+6)+(+2)=8$

(2) $(+1)-(+2)=(+1)+(-2)=-(2-1)=-1$

(3) $(-4)-(+2)=(-4)+(-2)=-6$

(4) $(-3)-(-2)=(-3)+(+2)=-(3-2)=-1$

(5) $0-(+5)=0+(-5)=-5$

(6) $0-(-5)=0+(+5)=+5$

4. (1) -1 (2) -7 (3) 3 (4) -6

풀이 (1) $-1+11-11=-1$

(2) $-6-3+2=-(6+3)+2=-9+2=-7$

(3) $-8+(-2)+13=-10+13=3$

(4) $(+2)+(-7)-(+3)-(-2)$

$=2-7-3+2=2+2-(7+3)$

$=4-10=-(10-4)=-6$

5. (1) 36 (2) -6 (3) -8 (4) -36

풀이 (1) $(-2)\times(+6)\times(-3)=+(2\times6\times3)=36$

(2) $(+2)\times(+3)\times(-1)=-(2\times3\times1)=-6$

(3) $(-2)^3=(-2)\times(-2)\times(-2)=-8$

(4) $(-3)^2\times(-4)=(+9)\times(-4)=-36$

6. (1) $\frac{8}{3}$ (2) $-\frac{4}{3}$ (3) 0 (4) $-\frac{1}{20}$

(5) -3 (6) $\frac{7}{6}$ (7) $-\frac{19}{18}$ (8) $-\frac{1}{15}$

(9) $-\frac{7}{12}$ (10) $\frac{13}{8}$ (11) $-\frac{1}{6}$ (12) $-\frac{13}{60}$

풀이 (1) $(+2)+\left(+\frac{2}{3}\right)=+\left(2+\frac{2}{3}\right)=+\frac{8}{3}$

(2) $(-1)+\left(-\frac{1}{3}\right)=-\left(1+\frac{1}{3}\right)=-\frac{4}{3}$

(3) $\left(-\frac{1}{2}\right)+\left(+\frac{1}{2}\right)=0$

(4) $\left(-\frac{1}{4}\right)+\left(+\frac{1}{5}\right)=\left(-\frac{5}{20}\right)+\left(+\frac{4}{20}\right)$

$=-\left(\frac{5}{20}-\frac{4}{20}\right)=-\frac{1}{20}$

(5) $(+3.5)-(6.5)=(+3.5)+(-6.5)=-(6.5-3.5)=-3$

(6) $-\frac{1}{3}-\left(-\frac{3}{2}\right)=-\frac{1}{3}+\left(+\frac{3}{2}\right)=-\frac{2}{6}+\frac{9}{6}=\frac{7}{6}$

(7) $-\frac{5}{6}-\frac{2}{9}=-\frac{15}{18}-\frac{4}{18}=-\frac{19}{18}$

(8) $-\frac{2}{3}-\left(-\frac{3}{5}\right)=-\frac{2}{3}+\left(+\frac{3}{5}\right)=-\frac{10}{15}+\frac{9}{15}=-\frac{1}{15}$

(9) $-\frac{1}{3}+\frac{1}{2}-\frac{3}{4}=-\frac{1}{3}+\left\{\frac{1}{2}-\frac{3}{4}\right\}$

$=-\frac{1}{3}+\left\{\frac{2}{4}-\frac{3}{4}\right\}$

$=-\frac{1}{3}-\frac{1}{4}$

$=-\frac{4}{12}-\frac{3}{12}=-\frac{7}{12}$

(10) $1-\frac{1}{2}-\left(-\frac{1}{4}\right)+\frac{7}{8}=1-\frac{4}{8}+\frac{2}{8}+\frac{7}{8}$

$=1+\frac{5}{8}=\frac{13}{8}$

(11) $\left(-\frac{4}{3}\right)+\left(+\frac{3}{2}\right)+\left(-\frac{1}{3}\right)$

$=\left\{\left(-\frac{4}{3}\right)+\left(-\frac{1}{3}\right)\right\}+\left(+\frac{3}{2}\right)$

$=\left(-\frac{5}{3}\right)+\left(+\frac{3}{2}\right)=\left(-\frac{10}{6}\right)+\left(+\frac{9}{6}\right)=-\frac{1}{6}$

(12) $\left(+\frac{1}{2}\right)+\left(-\frac{4}{5}\right)+\left(+\frac{3}{4}\right)+\left(-\frac{2}{3}\right)$

$=\left\{\left(+\frac{1}{2}\right)+\left(+\frac{3}{4}\right)\right\}+\left(-\frac{4}{5}\right)+\left(-\frac{2}{3}\right)$

$=\left(+\frac{75}{60}\right)+\left(-\frac{48}{60}\right)+\left(-\frac{40}{60}\right)$

$=-\frac{13}{60}$

7. (1) $-\frac{1}{3}$ (2) 2 (3) $-\frac{2}{7}$ (4) 2 (5) 4

(6) $-\frac{1}{6}$ (7) 6 (8) −9 (9) −110 (10) $\frac{61}{30}$

풀이 (1) $\left(-\frac{1}{3}\right)^3\times(-3)^2=-\frac{1}{27}\times9=-\frac{1}{3}$

(2) $\frac{1}{4}\times\left(-\frac{2}{5}\right)\times(-20)=\frac{1}{4}\times\frac{2}{5}\times20=2$

(3) $\left(-\frac{1}{2}\right)\times\left(-\frac{3}{7}\right)\times\left(-\frac{4}{3}\right)=-\left(\frac{1}{2}\times\frac{3}{7}\times\frac{4}{3}\right)=-\frac{2}{7}$

(4) $(-2)^3\times\left(-\frac{3}{8}\right)\times\frac{2}{3}=(-8)\times\left(-\frac{3}{8}\right)\times\frac{2}{3}=2$

(5) $(-6)\times\frac{1}{5}\times\left(-\frac{1}{3}\right)\times10=(-6)\times\left(-\frac{1}{3}\right)\times\frac{1}{5}\times10$

$=\left\{(-6)\times\left(-\frac{1}{3}\right)\right\}\times\left(\frac{1}{5}\times10\right)=2\times2=4$

(6) $\left(-\frac{3}{2}\right)\times\left(-\frac{1}{9}\right)\times(-1)^{10}\times(-1^{10})$

$=\left(-\frac{3}{2}\right)\times\left(-\frac{1}{9}\right)\times1\times(-1)$

$=-\left(\frac{3}{2}\times\frac{1}{9}\times1\times1\right)=-\frac{1}{6}$

(7) $(-2)^3\div(-4)\times(+3)=(-8)\times\left(-\frac{1}{4}\right)\times(+3)=6$

(8) $\left(-\frac{3}{4}\right)\div\left(-\frac{5}{3}\right)\times(-20)$

$=\left(-\frac{3}{4}\right)\times\left(-\frac{3}{5}\right)\times(-20)=-9$

(9) $(-2)^2\times(-3^3)+(-2)=4\times(-27)+(-2)$

$=(-108)+(-2)=-110$

(10) $\left(\frac{2}{5}-\frac{1}{3}\right)\div2-(-2)=\left(\frac{6}{15}-\frac{5}{15}\right)\times\frac{1}{2}+2$

$=\frac{1}{15}\times\frac{1}{2}+2=\frac{1}{30}+2=\frac{61}{30}$

8. (1) 81 (2) −81 (3) $\frac{1}{81}$ (4) $\frac{9}{4}$

(5) $\frac{1}{\sqrt{2}}$ (6) $\frac{1}{8}$ (7) $\frac{2}{3}$ (8) $\frac{27}{5}$

풀이 (1) $(-3)^4=(-1)^4\,3^4=3^4=81$

(2) $-3^4=-81$

(3) $3^{-4}=\frac{1}{3^4}=\frac{1}{81}$

(4) $\left(\frac{2}{3}\right)^{-2}=\left(\frac{3}{2}\right)^2=\frac{9}{4}$

(5) $8^{-\frac{1}{3}}\times8^{\frac{1}{6}}=(2^3)^{-\frac{1}{3}}\times(2^3)^{\frac{1}{6}}$

$=2^{-1}\times2^{\frac{1}{2}}=2^{-\frac{1}{2}}=\frac{1}{\sqrt{2}}$

(6) $16^{\frac{-3}{4}}=(2^4)^{-\frac{3}{4}}=2^{-3}=\frac{1}{8}$

(7) $\left\{\left(\frac{9}{4}\right)^{-\frac{3}{4}}\right\}^{\frac{2}{3}}=\left(\frac{3}{2}\right)^{2\times\left(-\frac{3}{4}\right)\times\frac{2}{3}}=\left(\frac{3}{2}\right)^{-1}=\frac{2}{3}$

(8) $\left\{\left(\frac{9}{25}\right)^{\frac{5}{4}}\right\}^{\frac{2}{5}} \times \left\{\left(\frac{1}{3}\right)^{-\frac{3}{2}}\right\}^{\frac{4}{3}} = \left(\frac{9}{25}\right)^{\frac{5}{4}\times\frac{2}{5}}\left(\frac{1}{3}\right)^{-\frac{3}{2}\times\frac{4}{3}}$

$= \left(\frac{9}{25}\right)^{\frac{1}{2}}\left(\frac{1}{3}\right)^{-2} = \left\{\left(\frac{3}{5}\right)^{2}\right\}^{\frac{1}{2}}(3^{-1})^{-2} = \frac{3}{5}\times 3^2 = \frac{27}{5}$

9. (1) $-\frac{1}{16}$ (2) $\frac{2}{5}$ (3) $-\frac{1}{2}$ (4) $-\frac{2}{5}$

(5) -15 (6) $\frac{7}{2}$ (7) 1 (8) -6

풀이 (1) $\frac{3}{4}\div(-12) = \frac{3}{4}\times\left(-\frac{1}{12}\right) = -\frac{3}{48} = -\frac{1}{16}$

(2) $-\frac{1}{3}\div\left(-\frac{5}{6}\right) = -\frac{1}{3}\times\left(-\frac{6}{5}\right) = \frac{2}{5}$

(3) $\left(-\frac{1}{2}\right)^2\div\left(\frac{5}{6}-\frac{4}{3}\right) = \frac{1}{4}\div\left(\frac{5}{6}-\frac{8}{6}\right) = \frac{1}{4}\times\left(-\frac{6}{3}\right)$

$= -\frac{1}{2}$

(4) $\left\{3\times\left(-\frac{5}{2}\right)+5\right\}\div\left(-\frac{5}{2}\right)^2 = \left\{-\frac{15}{2}+5\right\}\div\frac{25}{4}$

$= -\frac{5}{2}\times\frac{4}{25} = -\frac{2}{5}$

(5) $(-2)\div\left(-\frac{2}{5}\right)\times(-3) = (-2)\times\left(-\frac{5}{2}\right)\times(-3)$

$= -\left(2\times\frac{5}{2}\times 3\right) = -15$

(6) $(-4)-2\times\left[5-\left\{3^2-\left(\frac{7}{4}-\frac{3}{2}\right)\right\}\right]$

$= (-4)-2\times\left[5-\left\{9-\frac{1}{4}\right\}\right] = (-4)-2\times\left[5-\frac{35}{4}\right]$

$= (-4)-2\times\left(-\frac{15}{4}\right) = (-4)+\frac{15}{2} = \frac{7}{2}$

(7) $(-1)^{100}+\left[\left(-\frac{1}{2}\right)^2-\left\{1-\left(\frac{5}{3}\div\frac{20}{9}\right)\right\}\right]$

$= 1+\left[\frac{1}{4}-\left\{1-\left(\frac{5}{3}\times\frac{9}{20}\right)\right\}\right]$

$= 1+\left[\frac{1}{4}-\left(1-\frac{3}{4}\right)\right] = 1+\left[\frac{1}{4}-\frac{1}{4}\right] = 1$

(8) $(-5)+\left[\frac{1}{2}+\left\{\frac{3}{5}\div\left(-\frac{6}{5}\right)\right\}-1\right]$

$= (-5)+\left[\frac{1}{2}+\left\{\frac{3}{5}\times\left(-\frac{5}{6}\right)\right\}-1\right]$

$= (-5)+\left[\frac{1}{2}+\left(-\frac{1}{2}\right)-1\right] = (-5)+(-1) = -6$

10. $\frac{45}{16}$

풀이 $2+\cfrac{1}{1+\cfrac{1}{4+\cfrac{1}{3}}} = 2+\cfrac{1}{1+\cfrac{3}{13}} = 2+\frac{13}{16} = \frac{45}{16}$

11. (1) 4 (2) $\sqrt{42}$ (3) $2\sqrt{7}$ (4) $4\sqrt{3}$

(5) $-2\sqrt{3}$ (6) 25 (7) $15\sqrt{6}$ (8) $\frac{8}{3}$

풀이 (1) $\sqrt{2}\sqrt{8} = \sqrt{2\times 8} = \sqrt{16} = \sqrt{4^2} = 4$

(2) $\sqrt{2}\sqrt{3}\sqrt{7} = \sqrt{2\times 3\times 7} = \sqrt{42}$

(3) $\sqrt{2^2\times 7} = \sqrt{2^2}\times\sqrt{7} = 2\sqrt{7}$

(4) $\sqrt{48} = \sqrt{2^4\times 3} = \sqrt{4^2\times 3}$

$= \sqrt{4^2}\times\sqrt{3} = 4\sqrt{3}$

(5) $2\sqrt{15}\div(-\sqrt{5}) = \frac{2\sqrt{15}}{-\sqrt{5}} = -\frac{2\sqrt{15}}{\sqrt{5}}$

$= -2\sqrt{\frac{15}{5}} = -2\sqrt{3}$

(6) $20\sqrt{50}\div 4\sqrt{2} = \frac{20\sqrt{50}}{4\sqrt{2}}$

$= 5\sqrt{\frac{50}{2}} = 5\sqrt{25} = 5\times 5 = 25$

(7) $3\sqrt{2}\times 5\sqrt{3} = (3\times 5)\times\sqrt{2\times 3}$

$= 15\times\sqrt{6} = 15\sqrt{6}$

(8) $4\sqrt{24}\div 3\sqrt{6} = 8\sqrt{6}\div 3\sqrt{6} = \frac{8\sqrt{6}}{3\sqrt{6}} = \frac{8}{3}$

12. (1) $4\sqrt{5}$ (2) $-3\sqrt{7}+5\sqrt{3}$ (3) $-3\sqrt{3}$

(4) $-3\sqrt{2}$ (5) $\sqrt{15}-3\sqrt{7}$ (6) $3\sqrt{2}-\frac{7}{2}\sqrt{3}$

풀이 (1) $\sqrt{5}-4\sqrt{5}+7\sqrt{5} = (1-4+7)\sqrt{5}$

$= 4\sqrt{5}$

(2) $\sqrt{7}-4\sqrt{7}+5\sqrt{3} = (1-4)\sqrt{7}+5\sqrt{3}$

$= -3\sqrt{7}+5\sqrt{3}$

(3) $\sqrt{12}-5\sqrt{3} = 2\sqrt{3}-5\sqrt{3} = (2-5)\sqrt{3} = -3\sqrt{3}$

(4) $-2\sqrt{32}+\sqrt{50} = -2\sqrt{4^2\times 2}+\sqrt{5^2\times 2}$

$= -8\sqrt{2}+5\sqrt{2}$

$= (-8+5)\sqrt{2} = -3\sqrt{2}$

(5) $\sqrt{3}(\sqrt{5}-\sqrt{21}) = \sqrt{3}\times\sqrt{5}-\sqrt{3}\times\sqrt{21}$

$= \sqrt{15}-\sqrt{63} = \sqrt{15}-\sqrt{3^2\times 7}$

$= \sqrt{15}-3\sqrt{7}$

(6) $\frac{\sqrt{3}}{2}(5-4\sqrt{6})-3(2\sqrt{3}-3\sqrt{2})$

$=\frac{5}{2}\sqrt{3}-6\sqrt{2}-6\sqrt{3}+9\sqrt{2}$

$=3\sqrt{2}-\frac{7}{2}\sqrt{3}$

13. (1) $5\sqrt{3}-5\sqrt{5}$ (2) $-6\sqrt{5}+10$

(3) $5\sqrt{5}-8\sqrt{3}$ (4) $6\sqrt{3}$

풀이 (1) $\sqrt{12}-\sqrt{20}+\sqrt{27}-\sqrt{45}$

$=2\sqrt{3}-2\sqrt{5}+3\sqrt{3}-3\sqrt{5}$

$=5\sqrt{3}-5\sqrt{5}$

(2) $\sqrt{45}-5(\sqrt{5}-2)-2\sqrt{20}$

$=3\sqrt{5}-5\sqrt{5}+10-2\cdot2\sqrt{5}$

$=-6\sqrt{5}+10$

(3) $2\sqrt{5}-3\sqrt{3}+3\sqrt{5}-5\sqrt{3}=5\sqrt{5}-8\sqrt{3}$

(4) $4\sqrt{3}-6\sqrt{3}+2\sqrt{3}+6\sqrt{3}=6\sqrt{3}$

14. (1) $\frac{\sqrt{21}}{7}$ (2) $\frac{\sqrt{2}}{3}$ (3) $\frac{2\sqrt{3}}{9}$ (4) $2\sqrt{15}$

(5) $\sqrt{3}+\frac{\sqrt{6}}{3}$ (6) $\frac{\sqrt{6}}{2}$ (7) $7-4\sqrt{3}$

(8) $3+2\sqrt{2}$ (9) $\sqrt{5}+2$ (10) $2\sqrt{3}-3$

풀이 (1) $\frac{\sqrt{3}}{\sqrt{7}}=\frac{\sqrt{3}\times\sqrt{7}}{\sqrt{7}\times\sqrt{7}}=\frac{\sqrt{21}}{7}$

(2) $\frac{2}{3\sqrt{2}}=\frac{2\times\sqrt{2}}{3\sqrt{2}\times\sqrt{2}}=\frac{2\sqrt{2}}{6}=\frac{\sqrt{2}}{3}$

(3) $\frac{2}{\sqrt{27}}=\frac{2}{3\sqrt{3}}=\frac{2\sqrt{3}}{9}$

(4) $\frac{6\sqrt{5}}{\sqrt{3}}=\frac{6\sqrt{15}}{3}=2\sqrt{15}$

(5) $\frac{3\sqrt{2}+2}{\sqrt{6}}=\frac{3\sqrt{2}+2}{\sqrt{6}}\times\frac{\sqrt{6}}{\sqrt{6}}=\frac{3\sqrt{12}+2\sqrt{6}}{6}$

$=\frac{6\sqrt{3}+2\sqrt{6}}{6}$

$=\sqrt{3}+\frac{\sqrt{6}}{3}$

(6) $\frac{3\sqrt{2}}{2\sqrt{3}}=\frac{3\sqrt{2}\times\sqrt{3}}{2\sqrt{3}\times\sqrt{3}}=\frac{3\sqrt{6}}{6}=\frac{\sqrt{6}}{2}$

(7) $\frac{2-\sqrt{3}}{2+\sqrt{3}}=(2-\sqrt{3})^2=7-4\sqrt{3}$

(8) $\frac{\sqrt{2}+1}{\sqrt{2}-1}=\frac{(\sqrt{2}+1)^2}{2-1}=3+2\sqrt{2}$

(9) $\frac{1}{\sqrt{5}-2}=\frac{1\times(\sqrt{5}+2)}{(\sqrt{5}-2)\cdot(\sqrt{5}+2)}$

$=\frac{1\times(\sqrt{5}+2)}{5-4}=\sqrt{5}+2$

(10) $\frac{\sqrt{3}}{2+\sqrt{3}}=\frac{\sqrt{3}(2-\sqrt{3})}{(2+\sqrt{3})(2-\sqrt{3})}$

$=\frac{2\sqrt{3}-3}{4-3}=2\sqrt{3}-3$

15. (1) $\sqrt{3}-5$ (2) $\sqrt{3}-6$ (3) $\frac{16}{5}$

(4) $2\sqrt{2}+2\sqrt{3}$ (5) $3\sqrt{2}+\sqrt{3}$

(6) $\frac{13\sqrt{3}-19\sqrt{2}}{3}$

풀이 (1) $\sqrt{48}-(-\sqrt{5})^2-\frac{9}{\sqrt{3}}=4\sqrt{3}-5-3\sqrt{3}=\sqrt{3}-5$

(2) $2\sqrt{3}(1-\sqrt{3})+\frac{3}{\sqrt{3}}-\sqrt{12}$

$=2\sqrt{3}-6+\sqrt{3}-2\sqrt{3}=\sqrt{3}-6$

(3) $\sqrt{\frac{16}{25}}\div\sqrt{(-4)^2}+\sqrt{0.09}\times(-\sqrt{10})^2$

$=\frac{4}{5}\div4+0.3\times10=\frac{4}{5}\times\frac{1}{4}+3$

$=\frac{1}{5}+3=\frac{16}{5}$

(4) $\frac{\sqrt{18}}{3}+2\sqrt{27}+\frac{4}{2\sqrt{2}}-\sqrt{48}$

$=\frac{3\sqrt{2}}{3}+6\sqrt{3}+\sqrt{2}-4\sqrt{3}=2\sqrt{2}+2\sqrt{3}$

(5) $\sqrt{2}(4+\sqrt{6})-(\sqrt{6}+3)\div\sqrt{3}$

$=4\sqrt{2}+2\sqrt{3}-(\sqrt{2}+\sqrt{3})=3\sqrt{2}+\sqrt{3}$

(6) $\sqrt{2}(3\sqrt{6}-3)-\frac{\sqrt{24}-4}{\sqrt{3}}-\sqrt{27}-\frac{\sqrt{32}}{3}$

$=3\sqrt{12}-3\sqrt{2}-\frac{\sqrt{72}-4\sqrt{3}}{3}-3\sqrt{3}-\frac{4\sqrt{2}}{3}$

$=6\sqrt{3}-3\sqrt{2}-2\sqrt{2}+\frac{4\sqrt{3}}{3}-3\sqrt{3}-\frac{4\sqrt{2}}{3}$

$=\frac{13\sqrt{3}-19\sqrt{2}}{3}$

16. $B<A<C$

풀이 $4=\sqrt{16}$, $4\sqrt{2}=\sqrt{16}\sqrt{2}=\sqrt{32}$이고,
$5\sqrt{2}=\sqrt{25}\sqrt{2}=\sqrt{50}$이므로
$4\sqrt{2}<5\sqrt{2} \Rightarrow 4\sqrt{2}-1<5\sqrt{2}-1 \Rightarrow A<C$
$A-B=4\sqrt{2}-1-4=4\sqrt{2}-5=\sqrt{32}-\sqrt{25}>0$이 므 로
$A-B>0 \Rightarrow B<A$이다.
$\therefore B<A<C$

17. (1) $5-i$ (2) $7+4i$ (3) $-\frac{1}{5}-\frac{2}{5}i$ (4) i

풀이 (1) $(3+2i)+(2-3i)=5-i$
(2) $(2+3i)(2-i)=4+6i-2i-3i^2=7+4i$
(3) $\frac{1-2i}{3+4i}=\frac{(1-2i)(3-4i)}{(3+4i)(3-4i)}=\frac{-5-10i}{25}=-\frac{1}{5}-\frac{2}{5}i$
(4) $\frac{(1+i)^2}{2}=\frac{1+2i+i^2}{2}=\frac{2i}{2}=i$

18. $\frac{17}{13}$

풀이 $\frac{3+2i}{3-2i}=\frac{(3+2i)(3+2i)}{(3-2i)(3+2i)}=\frac{5+12i}{13}=\frac{5}{13}+\frac{12}{13}i$

19. $-\frac{1}{512}$

풀이 $\left(\frac{1+i}{2}\right)^{20}=\left(\frac{1+i}{2}\right)^{4\times5}=\left(-\frac{1}{2^2}\right)^5=-\frac{1}{1024}$,
$\left(\frac{1-i}{2}\right)^{20}=\left(\frac{1-i}{2}\right)^{4\times5}=\left(-\frac{1}{2^2}\right)^5=-\frac{1}{1024}$
$\therefore \left(\frac{1+i}{2}\right)^{20}+\left(\frac{1-i}{2}\right)^{20}=-\frac{1}{512}$

20. 4, 5

풀이 $z=2+i$일 때 $\bar{z}=\overline{2+i}=2-i$이므로
$z+\bar{z}=(2+i)+(2-i)=4$, $z\bar{z}=(2+i)(2-i)=5$

3. 다항식의 연산

21. ③

풀이 ① (거짓) 항은 $3x^2$, $-x$, 5이다.
② (거짓) x에 대한 이차식이다.
③ (참) 상수항은 5이다.
④ (거짓) x의 계수는 -1이다.

22. 24

풀이 두 인수의 상수항과 일차항, 일차항과 상수항의 곱을 구해서 더하면 된다.
$(x^2+3x+2)^2$ 의 전개식에서 일차항의 계수는 12,
(x^4+3x+1) 의 상수항은 1이므로 $12\times1=12$,
$(x^2+3x+2)^2$ 의 전개식에서 상수항은 4,
(x^4+3x+1) 의 일차항은 3이므로 $4\times3=12$
따라서 일차항의 계수는 $12+12=24$ 이다.

23. x^3-7x^2-6x

풀이 $2A=2x^3-6x^2+4$ $B+C=x^3+x^2+6x+4$이므로
$2A-(B+C)=2x^3-6x^2+4-(x^3+x^2+6x+4)$
$=x^3-7x^2-6x$

24. 풀이 참조

풀이 (1) x^2+4x+4(2) $4x^2+12x+9$
(3) $9x^2+6x+1$ (4) $9x^2-6x+1$
(5) x^2-4 (6) $9x^2-1$
(7) $4x^2+16x+15$ (8) $6x^2+9x-15$
(9) $x^3+6x^2+12x+8$ (10) $x^3-9x^2+27x-27$

25. 풀이 참조

풀이 (1) $2x(3x-2)=2x\times3x-2x\times2$
$=6x^2-4x$
(2) $3a(2a-b+c)=3a\times2a-3a\times b+3a\times c$
$=6a^2-3ab+3ac$
(3) $2a(3a-2)-6a(3a-7)$
$=2a\times3a-2a\times2-6a\times3a-6a\times(-7)$
$=6a^2-4a-18a^2+42a$
$=-12a^2+38a$

(4) $(x-2y)(-3x+y)$
$= x\times(-3x)+xy-2y\times(-3x)-2y\times y$
$= -3x^2+xy+6xy-2y^2$
$= -3x^2+7xy-2y^2$

(5) $(2a-b)(3a+b-2)$
$=2a(3a+b-2)-b(3a+b-2)$
$=6a^2+2ab-4a-3ab-b^2+2b$
$=6a^2-ab-4a+2b-b^2$

(6) $(x+5)^2=x^2+2\cdot x\cdot 5+25=x^2+10x+25$

(7) $(2x-3)^2=(2x)^2-2\cdot 2x\cdot 3+9=4x^2-12x+9$

(8) $(2x-3)(2x+3)=(2x)^2-3^2=4x^2-9$

(9) $(x+3)(x+5)=x^2+(3+5)x+3\cdot 5$
$=x^2+8x+15$

(10) $(2a+3)(2a-1)=(2a)^2+(3-1)\cdot 2a+(-3)\cdot 1$
$=4a^2+4a-3$

(11) $(\sqrt{8}-\sqrt{2}y)(\sqrt{8}+\sqrt{2}y)=(\sqrt{8})^2-(\sqrt{2})^2y^2$
$=8-2y^2$

(12) $(3\sqrt{2}+2x)^2=18+12\sqrt{2}x+4x^2$

(13) $(3a+5)(a+4)$
$=(3\times1)a^2+(3\times4+5\times1)a+5\times4$
$=3a^2+17a+20$

(14) $(2x+3)(4x-2)$
$=(2\times4)x^2+\{2\times(-2)+3\times4\}x+3\times(-2)$
$=8x^2+8x-6$

(15) $(3x+2y)(4x-5y)$
$=(3\times4)x^2+\{3\times(-5)+2\times4\}xy+2\times(-5)y^2$
$=12x^2-7xy-10y^2$

(16) $-6x^2+9xy+15x$

(17) $4a^2-20a+25$

(18) $(3a^2)^2-b^2=9a^4-b^2$

(19) $27x^3+54x^2+36x+8$

(20) $x^2+4y^2+9z^2+2(2xy+3xz+6yz)$

26.

$a=5$

풀이 $(x-7)(x+a)=x^2+(-7+a)x-7a=x^2-2x-35$에서 $-7+a=-2$ 이므로 $a=5$ 이다.

27.

1

풀이 $(x+y)^2=x^2+2xy+y^2$에서 $x^2+y^2=(x+y)^2-2xy$ 이므로 $x^2+y^2=3^2-2\times4=9-8=1$이다.

28.

(1) 7 (2) 18 (3) 47

풀이 $x^2-3x+1=0$에서 $x\neq0$이므로 양변을 x로 나누면

$x-3+\dfrac{1}{x}=0 \quad \therefore\ x+\dfrac{1}{x}=3$

(1) $x^2+\dfrac{1}{x^2}=\left(x+\dfrac{1}{x}\right)^2-2=3^2-2=7$

(2) $x^3+\dfrac{1}{x^3}=\left(x+\dfrac{1}{x}\right)^3-3x\cdot\dfrac{1}{x}\left(x+\dfrac{1}{x}\right)$
$=3^3-3(3)=18$

(3) $x^4+\dfrac{1}{x^4}=\left(x^2+\dfrac{1}{x^2}\right)^2-2=7^2-2=47$

29.

(1) $\dfrac{5}{12}a-\dfrac{1}{4}b$ (2) $\dfrac{2}{y}-3+4y$ (3) $-6a+9b$

(4) $\dfrac{2x+5}{x^2+5x+6}$ (5) $\dfrac{2}{x^3+3x^2+2x}$

(6) $1+\dfrac{1}{a}$ (7) $-2x-1$ (8) $\dfrac{a+1}{a-1}$

풀이 (1) $\dfrac{2a-3b}{3}-\dfrac{a-3b}{4}=\dfrac{8a-12b}{12}-\dfrac{3a-9b}{12}$
$=\dfrac{8a-12b-(3a-9b)}{12}=\dfrac{5a-3b}{12}=\dfrac{5}{12}a-\dfrac{1}{4}b$

(2) $(12-18y+24y^2)\div6y=\dfrac{12-18y+24y^2}{6y}$
$=\dfrac{12}{6y}-\dfrac{18y}{6y}+\dfrac{24y^2}{6y}=\dfrac{2}{y}-3+4y$

(3) $(2a^2b-3ab^2)\div\left(-\dfrac{1}{3}ab\right)=(2a^2b-3ab^2)\times\left(-\dfrac{3}{ab}\right)$
$=2a^2b\times\left(-\dfrac{3}{ab}\right)+(-3ab^2)\times\left(-\dfrac{3}{ab}\right)=-6a+9b$

(4) $\dfrac{1}{x+2}+\dfrac{1}{x+3}=\dfrac{(x+3)+(x+2)}{(x+2)(x+3)}$
$=\dfrac{2x+5}{x^2+5x+6}$

(5) $\dfrac{(x+2)-x}{x(x+1)(x+2)}=\dfrac{2}{x(x+1)(x+2)}$
$=\dfrac{2}{x^3+3x^2+2x}$

(6) $\dfrac{1-\dfrac{1}{a^2}}{1-\dfrac{1}{a}}=\dfrac{\dfrac{a^2-1}{a^2}}{\dfrac{a-1}{a}}=\dfrac{a(a-1)(a+1)}{a^2(a-1)}$
$=\dfrac{a+1}{a}=1+\dfrac{1}{a}$

(7) $\dfrac{\dfrac{x}{x+1}-\dfrac{1+x}{x}}{\dfrac{x}{x+1}+\dfrac{1-x}{x}}=\dfrac{\dfrac{x^2-(1+x)^2}{x(x+1)}}{\dfrac{x^2+1-x^2}{x(x+1)}}=-2x-1$

(8) $\dfrac{a+2}{a-\dfrac{2}{a+1}}=\dfrac{a+2}{\dfrac{a(a+1)-2}{a+1}}=\dfrac{\dfrac{a+2}{1}}{\dfrac{a^2+a-2}{a+1}}$

$=\dfrac{(a+2)(a+1)}{a^2+a-2}$

$=\dfrac{(a+2)(a+1)}{(a-1)(a+2)}=\dfrac{a+1}{a-1}$

30. 몫 : x^2+3x+5, 나머지 : 2

풀이

직접 나눠서 구하기

$$\begin{array}{r|l} & x^2+3x+5 \\ \hline 2x-3 & 2x^3+3x^2+x-13 \\ & -\ 2x^3-3x^2 \\ \hline & \quad 6x^2+x-13 \\ & \quad -\ 6x^2-9x \\ \hline & \qquad 10x-13 \\ & \qquad -\ 10x-15 \\ \hline & \qquad\qquad 2 \end{array}$$

조립제법 이용하기

$2x-3=2\left(x-\dfrac{3}{2}\right)$ 이므로 $2x^3+3x^2+x-13$을

$x-\dfrac{3}{2}$ 으로 나누면 다음과 같은 조립제법에 의하여

$\frac{3}{2}$	2	3	1	-13
		3	9	15
	2	6	10	2

$2x^3+3x^2+x-13=\left(x-\dfrac{3}{2}\right)(2x^2+6x+10)+2$

$=(2x-3)(x^2+3x+5)+2$

따라서 $2x^3+3x^2+x-13$을 $2x-3$으로 나누었을 때의 몫은 x^2+3x+5이고 나머지는 2이다.

31. (1) $5\sqrt{x}$ (2) $3x^{10}$ (3) $\dfrac{-x\sqrt{x}}{5}$

풀이 (1) $\dfrac{5x^2}{(\sqrt{x})^3}=\dfrac{5x^2}{x^{\frac{3}{2}}}=5x^{2-\frac{3}{2}}=5x^{\frac{1}{2}}=5\sqrt{x}$

(2) $\dfrac{3x^4}{(x^{-2})^3}=3x^{4-(-6)}=3x^{10}$

(3) $\dfrac{-\sqrt{x}}{5x^{-1}}=-\dfrac{1}{5}x^{\frac{1}{2}+1}=-\dfrac{1}{5}x^{\frac{3}{2}}=\dfrac{-x\sqrt{x}}{5}$

32. $\dfrac{\sqrt{5}-1}{2}$

풀이 $x=\dfrac{\sqrt{5}-1}{2}$ 에서 $x+1=\dfrac{\sqrt{5}+1}{2}$ 이므로

$\dfrac{1}{x+1}=\dfrac{2}{\sqrt{5}+1}=\dfrac{\sqrt{5}-1}{2}=x$

$\therefore \dfrac{1}{1+\dfrac{1}{1+\dfrac{1}{x+1}}}=\dfrac{1}{1+\dfrac{1}{1+x}}=\dfrac{1}{1+x}=\dfrac{\sqrt{5}-1}{2}$

33. (1) $\sqrt{x+2}-\sqrt{x}$ (2) $2(\sqrt{x+1}-\sqrt{x-1})$

(3) $\sqrt{x+4}+2$

풀이 (1) $\dfrac{2}{\sqrt{x+2}+\sqrt{x}}=\dfrac{2(\sqrt{x+2}-\sqrt{x})}{(\sqrt{x+2}+\sqrt{x})(\sqrt{x+2}-\sqrt{x})}$

$=\dfrac{2(\sqrt{x+2}-\sqrt{x})}{x+2-x}=\sqrt{x+2}-\sqrt{x}$

(2) $\dfrac{4}{\sqrt{x+1}+\sqrt{x-1}}$

$=\dfrac{4(\sqrt{x+1}-\sqrt{x-1})}{(\sqrt{x+1}+\sqrt{x-1})(\sqrt{x+1}-\sqrt{x-1})}$

$=\dfrac{4(\sqrt{x+1}-\sqrt{x-1})}{x+1-(x-1)}=2(\sqrt{x+1}-\sqrt{x-1})$

(3) $\dfrac{x}{\sqrt{x+4}-2}=\dfrac{x(\sqrt{x+4}+2)}{(\sqrt{x+4}-2)(\sqrt{x+4}+2)}$

$=\dfrac{x(\sqrt{x+4}+2)}{x+4-4}=\sqrt{x+4}+2$

34. (1) $1+\sqrt{2}$ (2) $\sqrt{5}-\sqrt{2}$ (3) $\dfrac{\sqrt{10}+\sqrt{2}}{2}$ (4) $\dfrac{\sqrt{6}-\sqrt{2}}{2}$

풀이 (1) $\sqrt{3+2\sqrt{2}}=\sqrt{(1+2)+2\sqrt{1\cdot 2}}$
$=\sqrt{(1+\sqrt{2})^2}=1+\sqrt{2}$

(2) $\sqrt{7-2\sqrt{10}}=\sqrt{(5+2)-2\sqrt{5\cdot 2}}$
$=\sqrt{(\sqrt{5}-\sqrt{2})^2}=\sqrt{5}-\sqrt{2}$

(3) $\sqrt{3+\sqrt{5}}=\sqrt{\dfrac{6+2\sqrt{5}}{2}}=\dfrac{\sqrt{6+2\sqrt{5}}}{\sqrt{2}}$
$=\dfrac{\sqrt{(\sqrt{5}+1)^2}}{\sqrt{2}}=\dfrac{\sqrt{5}+1}{\sqrt{2}}=\dfrac{\sqrt{10}+\sqrt{2}}{2}$

(4) $\sqrt{2-\sqrt{3}}=\sqrt{\dfrac{4-2\sqrt{3}}{2}}=\dfrac{\sqrt{(3+1)-2\sqrt{3\cdot 1}}}{\sqrt{2}}$
$=\dfrac{\sqrt{(\sqrt{3}-1)^2}}{\sqrt{2}}=\dfrac{\sqrt{3}-1}{\sqrt{2}}$
$=\dfrac{\sqrt{6}-\sqrt{2}}{2}$

4. 인수분해

35. ⑤

풀이 $4x^2(x+1)(x-1)$을 나눌 수 있는 식을 찾는다.

36. 풀이 참조

풀이 (1) $n(a+b+c)$

(2) $2x^2y-4xy^2$ 의 공통인수는 $2xy$ 이다.
$2x^2y-4xy^2=2xy\cdot x-2xy\cdot 2y=2xy(x-2y)$

(3) 공통인수인 x^2을 묶어낸다.
$x^2y+3x^2=x^2(y+3)$

(4) 두 식의 공통인수는 $(a+b)$이다.
$2a(a+b)^2-(a-b)(a+b)$
$=(a+b)\{2a(a+b)-(a-b)\}$
$=(a+b)\{2a^2+2ab-a+b\}$

37. 풀이 참조

(1) $x^2+3x+2=(x+2)(x+1)$

x	╳	$+2$
x		$+1$
		$+3$

(2) $x^2-3x+2=(x-2)(x-1)$

x	╳	-2
x		-1
		-3

(3) $x^2-x-6=(x-3)(x+2)$

x	╳	-3
x		$+2$
		-1

(4) $x^2+x-6=(x+3)(x-2)$

x	╳	$+3$
x		-2
		$+1$

(5) $2x^2+7x+5=(2x+5)(x+1)$

$2x$	╳	5	$=5x$
x		1	$=2x$
			$+7x$

(6) $5x^2 - 9x - 2 = (5x+1)(x-2)$

$$\begin{array}{lll} 5x & +1 & = +1 \\ x & -2 & = -10 \\ \hline & & = -9 \end{array}$$

(7) $2(6x^2 - 17x + 12) = 2(2x-3)(3x-4)$

$$\begin{array}{lll} 2x & -3 & = -9 \\ 3x & -4 & = -8 \\ \hline & & -17 \end{array}$$

(8) $x^2 - 4 = x^2 - 2^2 = (x+2)(x-2)$

(9) $4x^2 - 9y^2 = (2x)^2 - (3y)^2 = (2x+3y)(2x-3y)$

(10) 공통인수인 $(a+1)$를 찾는다.

$(a-1)(a+1) + 3(a+1) = \{(a-1)+3\}\cdot(a+1)$
$= (a-1+3)(a+1)$
$= (a+2)(a+1)$

(11) $8a^2b - 24ab + 18b = 2b(4a^2 - 12a + 9)$
$= 2b(2a-3)^2$

(12) $am^2 - 14am + 49a = a(m^2 - 14m + 49)$
$= a(m-7)^2$

(13) $4x^2 + 4x + 1 = (2x)^2 + 2\times 2x \times 1 + 1^2 = (2x+1)^2$

(14) $x^2 + 6xy + 9y^2 = x^2 + 2\times x \times 3y + (3y)^2$
$= (x+3y)^2$

(15) $am^2 - 49a = a(m^2 - 49)$
$= a(m^2 - 7^2) = a(m+7)(m-7)$

(16) $-2a^2 + 72 = -2(a^2 - 36) = -2(a^2 - 6^2)$
$= -2(a+6)(a-6)$

(17) $x^2 + 11xy + 28y^2 = (x+4y)(x+7y)$

(18) $x^2 + 2x - 35 = (x+7)(x-5)$

(19) $2x^2 - 3xy + y^2 = (2x-y)(x-y)$

(20) $12a^2 + 19ab + 5b^2 = (4a+5b)(3a+b)$

38.

풀이 참조

풀이

(1) $xy(x+2)(x-2)$

(2) $(2x+5)(2x-5)$

(3) $x(x+3)(x^2-3x+9)$

(4) $\dfrac{3}{\sqrt{x}}(x-1)(x-2)$

(5) $(3y-5)(y+1)$

(6) $4x(x-12)(x-10)$

(7) $(2x-9)(x+3)$

(8) $(x-8)(x+1)$

39.

(1) $a=3$ (2) $b=4$

(3) $a=3,\ b=4$ (4) $a=2,\ b=1$

풀이

(1) $x^2 - x - 6 = (x-3)(x+2)$ $\therefore a = 3$

(2) $x^2 + 7x + 12 = (x+3)(x+4)$ $\therefore b = 4$

(3) $6x^2 - x - 12 = (2x-3)(3x+4)$로
인수분해되므로 $a=3,\ b=4$

(4) $8x^2 + 2x - 3 = (4x+3)(2x-1)$로
인수분해되므로 $a=2,\ b=1$

40.

(1) $\square=25$ (2) $\square=\pm 8a$

(3) $\square = 5^2 = 25$ (4) $\square = \left(\dfrac{1}{2}\right)^2 = \dfrac{1}{4}$

풀이

(1) $a^2 + 10a + \square$
$= a^2 + 2\cdot a\cdot 5 + 5^2 = (a+5)^2$

(2) $a^2 + \square + 16$
$= a^2 + 2\cdot a\cdot(\pm 4) + (\pm 4)^2 = (a \pm 4)^2$

(3) $4a^2 + 20a + \square = (2a)^2 + 2\cdot 2a\cdot 5 + 5^2 = (2a+5)^2$
$\square = 5^2 = 25$

(4) $a^2 + a + \square = a^2 + 2\cdot a\cdot\dfrac{1}{2} + (\dfrac{1}{2})^2 = (a+\dfrac{1}{2})^2$

$\square = \left(\dfrac{1}{2}\right)^2 = \dfrac{1}{4}$

41.

(1) $\square = 3y$ (2) $\square = 2$

풀이

(1) $x^2 - 9y^2 = x^2 - (3y)^2 = (x+3y)(x-3y)$
$\therefore \square = 3y$

(2) $a^2 - 4 = a^2 - 2^2 = (a+2)(a-2)$
$\therefore \square = 2$

42.

20

풀이

$\sqrt{52^2 - 48^2} = \sqrt{(52+48)(52-48)} = \sqrt{100\times 4} = 20$

43.

풀이 참조

풀이

(1) $x(3-a)$

(2) $a(a-3)$

(3) $3ab(2a-3b)$

(4) $xy(6xy+x+3)$

(5) $4x^2y^2(2x-1+3y)$

(6) (준식)$= a(2x-y)+b(2x-y)=(2x-y)(a+b)$

(7) $(a+3)(xy-2)$

(8) (준식)$=(2x-1)(2x-4+2x+1)=(2x-1)(4x-3)$

(9) $(4x-3y)^2$

(10) $(2a-7b)^2$

(11) $(8a-3b)^2$

(12) (준식)$= ac(b^2-4b+4)=ac(b-2)^2$

(13) $y(x^2+6x+9)=y(x+3)^2$

(14) $(3a+2b)(3a-2b)$

(15) (준식)$=(a^2+b^2)(a^2-b^2)=(a^2+b^2)(a+b)(a-b)$

(16) $(a+b-c)(a-b+c)$

(17) (준식)$=(a+b)^2-c^2=(a+b+c)(a+b-c)$

(18) $(x-1)(x+2)$

(19) $(x+3y)(x-4y)$

(20) $(x-2y)(x-4y)$

(21) $(2x+3)(3x+1)$

(22) $(2x-1)(3x+2)$

(23) $(3x-2y)(5x+6y)$

(24) $(a+3)^3$

(25) $(x-2)(x^2+2x+4)$

(26) $(2x-1)(4x^2+2x+1)$

(27) $(2x-1)^3$

(28) $x^3+27=(x+3)(x^2-3x+9)$

(29) (준식) $=x^2y(27x^3-8y^3)$
$=x^2y(3x-2y)(9x^2+6xy+4y^2)$

(30) (준식) $=(x^3+y^3)(x^3-y^3)$
$=(x+y)(x^2-xy+y^2)(x-y)(x^2+xy+y^2)$
$=(x+y)(x-y)(x^2+xy+y^2)(x^2-xy+y^2)$

44.

풀이 참조

풀이

(1) $f(x)=x^3-4x^2+x+6$이라 하면 $f(-1)=0$이므로 조립제법을 이용하면

	1	−4	1	6
−1		−1	5	−6
	1	−5	6	0

이므로

$x^3-4x^2+x+6=(x+1)(x^2-5x+6)$
$=(x+1)(x-2)(x-3)$

(2) $f(x)=x^3-3x+2$이라 하면 $f(1)=0$이므로 조립제법을 이용하면

	1	0	−3	2
1		1	1	−2
	1	1	−2	0

이므로

$x^3-3x+2=(x-1)(x^2+x-2)$
$=(x-1)(x-1)(x+2)=(x-1)^2(x+2)$

(3) $f(x)=x^3+2x^2-11x-12$라 하면 $f(-1)=0$이므로 조립제법을 이용하면

	1	2	−11	−12
−1		−1	−1	12
	1	1	−12	0

이므로

$x^3+2x^2-11x-12=(x+1)(x^2+x-12)$
$=(x+1)(x-3)(x+4)$

(4) $f(x)=x^3-3x^2-5x-1$라 하면 $f(-1)=0$이므로 조립제법을 이용하면

	1	−3	−5	−1
−1		−1	4	1
	1	−4	−1	0

이므로

$x^3-3x^2-5x-1=(x+1)(x^2-4x-1)$

(5) $f(x)=x^3-3x^2+5x-3$이라 하면 $f(1)=0$이므로 조립제법을 이용하면

	1	−3	5	−3
1		1	−2	0
	1	−2	3	0

이므로

$x^3-3x^2+5x-3=(x-1)(x^2-2x+3)$이다.

(6) $f(x)=x^3-7x+6$이라 하면 $f(1)=0$이므로 조립제법을 이용하면

	1	0	−7	6
1		1	1	−6
	1	1	−6	0

이므로

$x^3-7x+6=(x-1)(x^2+x-6)$
$=(x-1)(x-2)(x+3)$

(7) $f(x)=x^3+x^2-8x-12$라 하면 $f(-2)=0$이므로 조립제법을 이용하면

	1	1	-8	-12
-2		-2	2	12
	1	-1	-6	0

이므로

$x^3+x^2-8x-12=(x+2)(x^2-x-6)$

$=(x+2)(x-3)(x+2)$

$=(x+2)^2(x-3)$

(8) $f(x)=12x^3+16x^2-5x-3$이라 하면

$f\left(\frac{1}{2}\right)=0$이므로 조립제법에 의해서

	12	16	-5	-3
$\frac{1}{2}$		6	11	3
	12	22	6	0

이므로

$12x^3+16x^2-5x-3=\left(x-\frac{1}{2}\right)(12x^2+22x+6)$

$=\left(x-\frac{1}{2}\right)(3x+1)(4x+6)$

$=2\left(x-\frac{1}{2}\right)(3x+1)(2x+3)$

$=(2x-1)(3x+1)(2x+3)$

(9) $f(x)=2x^3+3x^2+6x-4$라고 하면 $f\left(\frac{1}{2}\right)=0$

이므로 조립제법에 의해서

	2	3	6	-4
$\frac{1}{2}$		1	2	4
	2	4	8	0

이므로

$2x^3+3x^2+6x-4=\left(x-\frac{1}{2}\right)(2x^2+4x+8)$

$=2\left(x-\frac{1}{2}\right)(x^2+2x+4)$

$=(2x-1)(x^2+2x+4)$

(10) $f(x)=x^4+3x^3+x^2+x-6$라 하면 $f(1)=0$

이므로 조립제법에 의해서

	1	3	1	1	-6
1		1	4	5	6
	1	4	5	6	0
-3		-3	-3	-6	
	1	1	2	0	

이므로

$x^4+3x^3+x^2+x-6=(x-1)(x+3)(x^2+x+2)$

(11) [풀이1] $f(x)=x^4-6x^2+5$라 하면 $f(1)=0$이므로

조립제법에 의해서

	1	0	-6	0	5
1		1	1	-5	-5
	1	1	-5	-5	0
-1		-1	0	5	
	1	0	-5	0	

이므로

x^4-6x^2+5

$=(x-1)(x+1)(x^2-5)$

$=(x-1)(x+1)(x-\sqrt{5})(x+\sqrt{5})$

[풀이2] $x^2=X$라 치환하면

$x^4-6x^2+5=X^2-6X+5$

$=(X-1)(X-5)$

$=(x^2-1)(x^2-5)$

$=(x-1)(x+1)(x-\sqrt{5})(x+\sqrt{5})$

(12) $f(x)=x^4+2x^3-36x^2+88x-64$라 하면

$f(2)=0$이므로 조립제법에 의해서

	1	2	-36	88	-64
2		2	8	-56	64
	1	4	-28	32	0
2		2	12	-32	
	1	6	-16	0	

이므로

$x^4+2x^3-36x^2+88x-64$

$=(x-2)^2(x^2+6x-16)$

$=(x-2)^2(x-2)(x+8)$

$=(x-2)^3(x+8)$

(13) $f(x)=x^3-3x^2-x+3$이라고 하면 $f(1)=0$이므로

조립제법에 의하여 인수분해 하면

1	1	-3	-1	3
		1	-2	-3
	1	-2	-3	0

$\therefore f(x)=(x-1)(x^2-2x-3)=(x-1)(x-3)(x+1)$

(14) $f(x)=x^3+x^2-5x+3$이라 하면 $f(\alpha)=0$에서

α의 값이 될 수 있는 것은 $\alpha=\pm1$ 또는 $\alpha=\pm3$이다.

이때 $f(1)=0$이므로 조립제법을 이용하여 $f(x)$를

인수분해하면

	1	1	-5	3
1		1	2	-3
	1	2	-3	0

$\therefore x^3+x^2-5x+3=(x-1)(x^2+2x-3)=(x-1)^2(x+3)$

(15) $f(x)=x^4+2x^3-9x^2-2x+8$이라 하면

$f(\alpha)=0$에서 α의 값이 될 수 있는 것은 $\alpha=\pm1$

또는 $\alpha=\pm2$ 또는 $\alpha=+4$ 또는 $\alpha=\pm8$이다.

이때 $f(1)=0$, $f(-1)=0$이므로 조립제법을

이용하여 $f(x)$를 인수분해하면

	1	2	−9	−2	8
1		1	3	−6	−8
	1	3	−6	−8	0
−1		−1	−2	8	
	1	2	−8	0	

$\therefore x^4+2x^3-9x^2-2x+8=(x-1)(x+1)(x^2+2x-8)$

$=(x-1)(x+1)(x+4)(x-2)$

(16) $x^2+2y^2+3xy+y-1=x^2+3xy+2y^2+y-1$

$=x^2+3xy+(2y-1)(y+1)$

$=(x+2y-1)(x+y+1)$

45. -2

풀이 $f(x)$는 $x-1$로 나누어떨어지고, 이때 몫이 $Q(x)$라고 하면, $f(x)=3x^3+x^2+ax-2=(x-1)Q(x)$이고, $f(x)$는 1을 인수로 가지므로 $x=1$을 양변에 대입하면 $f(1)=3+1+a-2=0$이므로 $a=-2$

46. 7

풀이 $x^2+ax+10$는 $x+5$의 인수를 갖고 있으므로

$x^2+ax+10=(x+5)(x+\square)$ 이므로

$5\times\square=10 \quad \therefore \square=2$

$x^2+ax+10=(x+5)(x+2)$에서 $a=5+2=7$

47. 21

풀이 $f(x)+g(x)$를 $x-2$로 나눈 나머지가 10이므로

$f(x)+g(x)=(x-2)Q_1(x)+10$이고,

양변에 $x=2$를 대입하면 $f(2)+g(2)=10$이다.

$\{f(x)\}^2+\{g(x)\}^2$을 $x-2$로 나눈 나머지가 58이므로

$\{f(x)\}^2+\{g(x)\}^2=(x-2)Q_2(x)+58$이고,

양변에 $x=2$를 대입하면 $\{f(2)\}^2+\{g(2)\}^2=58$이다.

$\{f(2)\}^2+\{g(2)\}^2=\{f(2)+g(2)\}^2-2f(2)g(2)$

$\Rightarrow 58=10^2-2f(2)g(2)$

$\therefore f(2)g(2)=21$

48. 2

풀이 $f(x)=(x-1)(x+1)Q(x)+3x+1$ 로 놓고,

$f(x)=(x-1)Q_1(x)+a$,

$f(x)=(x+1)Q_2(x)+b$라 하자.

$f(1)=4=a,\quad f(-1)=-2=b$이므로

$a+b=4-2=2$

49.

(1) $\frac{1}{2}\left(-\frac{1}{x}+\frac{1}{x-2}\right)$ (2) $\frac{-1}{x+1}+\frac{2}{x+2}$

(3) $\frac{-1}{x+1}+\frac{2x+3}{x^2+1}$ (4) $\frac{1}{x+2}-\frac{1}{x+3}-\frac{1}{(x+3)^2}$

(5) $\frac{3}{x}-\frac{2}{x+1}-\frac{3}{(x+1)^2}$

(6) $x^3+x+\frac{1}{2}\left(\frac{3}{x-1}-\frac{1}{x+1}\right)$

풀이 (1) $\frac{1}{x^2-2x}=\frac{1}{x(x-2)}=\frac{a}{x}+\frac{b}{x-2}$

$=\frac{1}{2}\left(-\frac{1}{x}+\frac{1}{x-2}\right)$

위 식의 통분을 통해서 a,b를 구하면

$a(x-2)+bx=(a+b)x-2a=1$

$\Leftrightarrow a=-\frac{1}{2},\ b=\frac{1}{2}$

(2) $\frac{x}{(x+1)(x+2)}=\frac{A}{x+1}+\frac{B}{x+2}$

$=\frac{(A+B)x+(2A+B)}{(x+1)(x+2)}$

$\Leftrightarrow A+B=1,\ 2A+B=0$이므로 $A=-1,\ B=2$

$\therefore \frac{x}{(x+1)(x+2)}=\frac{-1}{x+1}+\frac{2}{x+2}$

(3) $\frac{x^2+5x+2}{(x+1)(x^2+1)}=\frac{A}{x+1}+\frac{Bx+C}{x^2+1}$

$=\frac{A(x^2+1)+(Bx+C)(x+1)}{(x+1)(x^2+1)}$

$x^2+5x+2=A(x^2+1)+(Bx+C)(x+1)$

$=(A+B)x^2+(B+C)x+(A+C)$

$A+B=1,\ B+C=5,\ A+C=2$

$\therefore A=-1,\ B=2,\ C=3$

$\therefore \frac{x^2+5x+2}{(x+1)(x^2+1)}=\frac{-1}{x+1}+\frac{2x+3}{x^2+1}$

(4) $\frac{1}{(x+2)(x+3)^2}=\frac{A}{x+2}+\frac{B}{x+3}+\frac{C}{(x+3)^2}$

$=\frac{A(x+3)^2+B(x+2)(x+3)+C(x+2)}{(x+2)(x+3)^2}$ 이므로

$1=A(x+3)^2+B(x+2)(x+3)+C(x+2)$

$=A(x^2+6x+9)+B(x^2+5x+6)+C(x+2)$

$A+B=0,\ 6A+5B+C=0,\ 9A+6B+2C=1$

$\therefore A=1,\ B=C=-1$

$\therefore \frac{1}{(x+2)(x+3)^2}=\frac{1}{x+2}-\frac{1}{x+3}-\frac{1}{(x+3)^2}$

(5) $\frac{x^2+x+3}{x(x+1)^2}=\frac{A}{x}+\frac{B}{x+1}+\frac{C}{(x+1)^2}$

$=\frac{A(x+1)^2+Bx(x+1)+Cx}{x(x+1)^2}$

$x^2+x+3=A(x^2+2x+1)+B(x^2+x)+Cx,$

$A+B=1,\ 2A+B+C=1,\ A=3,$

$\therefore A=3,\ B=-2,\ C=-3$

$\therefore \frac{x^2+x+3}{x(x+1)^2}=\frac{3}{x}-\frac{2}{x+1}-\frac{3}{(x+1)^2}$

(6) $\frac{x^5+2}{x^2-1}=(x^3+x)+\frac{x+2}{x^2-1}$

여기서

$\frac{x+2}{x^2-1}=\frac{A}{x-1}+\frac{B}{x+1}=\frac{A(x+1)+B(x-1)}{x^2-1}$

$x+2=(A+B)x+(A-B)$ 이므로

$A=\frac{3}{2},\ B=-\frac{1}{2}$

$\therefore \frac{x^5+2}{x^2-1}=x^3+x+\frac{1}{2}\left(\frac{3}{x-1}-\frac{1}{x+1}\right)$

5. N차 방정식

50. (1) $x=3$ (2) $x=-2$ (3) $x=56$

(4) $x=-2$ (5) $x=0$ 또는 $x=6$

풀이 (1) $4x-2(x-2)=10 \Rightarrow 4x-2x+4=10$

$\Rightarrow 4x-2x=10-4 \Rightarrow 2x=6 \quad \therefore x=3$

(2) $0.2x-1.6=0.4(x-3)$의 양변에 10을 곱하면

$2x-16=4(x-3) \Rightarrow 2x-16=4x-12$

$-2x=4 \quad \therefore x=-2$

(3) $\frac{2x-1}{3}-1=\frac{3x+2}{5}+2$의 양변에 분모의 최소공배수 15를 곱하면 $5(2x-1)-15=3(3x+2)+30$

$10x-5-15=9x+6+30 \Rightarrow 10x-9x=36+20$

$\therefore x=56$

(4) 절댓값 기호 안의 식의 값이 0이 되는 x값은 $x=1$이고, 이 값을 기준으로 x의 범위를 나눈다.

(i) $x<1$일 때,

$-(x-1)=2x+7 \Rightarrow 3x=-6$

$\therefore x=-2$

(ii) $x \ge 1$일 때,

$x-1=2x+7$

따라서 $x=-8$이지만, $x \ge 1$이므로 $x=-8$은 해가 아니다.

(i), (ii)에 의해서 $x=-2$이다.

(5) 절댓값 기호 안의 식의 값이 0이 되는 x값은 $x=1,\ x=2$이고, 이 값을 기준으로 x의 범위를 나눈다.

(i) $x<1$일 때, $x-1<0, x-2<0$이므로

$-(x-1)-(x-2)=x+3 \quad \therefore x=0$

(ii) $1 \le x<2$일 때, $x-1 \ge 0, x-2<0$이므로

$x-1-(x-2)=x+3 \quad \therefore x=-2$

그런데 $1 \le x<2$이므로 $x=-2$는 해가 아니다.

(iii) $x \ge 2$일 때, $x-1>0,\ x-2 \ge 0$이므로

$(x-1)+(x-2)=x+3 \quad \therefore x=6$

(i), (ii), (iii)에 의해서 $x=0$ 또는 $x=6$이다.

51. (1) $x=2$ 또는 $x=3$ (2) $x=2$ 또는 $x=5$

(3) $x=\pm 5$ (4) $x=\frac{3}{2}$ 또는 $x=2$

(5) $x=-\frac{1}{2}$ 또는 $x=-4$ (6) $x=-\frac{1}{5}$

(7) $x=2\pm\sqrt{6}$

풀이 (1) $(x-2)(x-3)=0$ $\therefore x=2$ 또는 $x=3$

(2) $(x-2)(x-5)=0$ $\therefore x=2$ 또는 $x=5$

(3) $x^2=25$ $\therefore x=\pm5$

(4) $(2x-3)(x-2)=0$ $\therefore x=\frac{3}{2}$ 또는 $x=2$

(5) $(2x+1)(x+4)=0$ $\therefore x=-\frac{1}{2}$ 또는 $x=-4$

(6) $(5x+1)^2=0$ $\therefore x=-\frac{1}{5}$

(7) 근의 공식에 대입하면

$$x=\frac{-(-2)\pm\sqrt{(-2)^2-1\times(-2)}}{1}=2\pm\sqrt{6}$$

52. -5

풀이 $x^2-4x+7=0 \Leftrightarrow x^2-4x=-7$

$\Leftrightarrow x^2-4x+4=-7+4$

$\Leftrightarrow (x-2)^2=-3$

$\therefore A=-2,\ B=-3$ $\therefore A+B=-5$

53. (1) 22 (2) 100 (3) 2164 (4) $2\sqrt{7}$

(5) -103 (6) $-\frac{4}{3}$ (7) $\frac{100}{9}$

풀이 근과 계수의 관계로부터 $\alpha+\beta=4,\ \alpha\beta=-3$

(1) $\alpha^2+\beta^2=(\alpha+\beta)^2-2\alpha\beta=4^2-2\times(-3)=22$

(2) $\alpha^3+\beta^3=(\alpha+\beta)^3-3\alpha\beta(\alpha+\beta)$

$=4^3-3\times(-3)\times4=100$

(3) $(\alpha^2+\beta^2)(\alpha^3+\beta^3)=\alpha^5+\alpha^2\beta^3+\alpha^3\beta^2+\beta^5$

$\alpha^5+\beta^5=(\alpha^2+\beta^2)(\alpha^3+\beta^3)-(\alpha\beta)^2(\alpha+\beta)$

$=22\times100-(-3)^2\times4=2164$

(4) $|\alpha-\beta|^2=(\alpha-\beta)^2=\alpha^2-2\alpha\beta+\beta^2$

$=22-2\times(-3)=28$

$\therefore|\alpha-\beta|=\sqrt{28}=2\sqrt{7}$

(5) $(\alpha-3\beta+1)(\beta-3\alpha+1)$

$=\alpha\beta-3\alpha^2+\alpha-3\beta^2+9\alpha\beta-3\beta+\beta-3\alpha+1$

$=-3(\alpha^2+\beta^2)+10\alpha\beta-2(\alpha+\beta)+1$

$=-3\times22+10\times(-3)-2\times4+1=-103$

(6) $\frac{1}{\alpha}+\frac{1}{\beta}=\frac{\alpha+\beta}{\alpha\beta}=\frac{4}{-3}=-\frac{4}{3}$

(7) $\frac{\alpha}{\beta^2}+\frac{\beta}{\alpha^2}=\frac{\alpha^3+\beta^3}{(\alpha\beta)^2}=\frac{100}{(-3)^2}=\frac{100}{9}$

54. $-\frac{4}{3}$

풀이 두 근을 3α, α로 놓으면 근과 계수의 관계에 의해

$2a=3\alpha+\alpha$, $a+1=3\alpha^2$이다. 식을 정리하면 $\alpha=\frac{1}{2}a$이고 다른 식에 이 식을 대입하면 $a+1=\frac{3}{4}a^2$이다.

즉, $a^2-\frac{4}{3}a-\frac{4}{3}=0$이므로 모든 a의 값의 곱은 $-\frac{4}{3}$

55. (1) $x=1,\ \frac{-1\pm\sqrt{3}i}{2}$ (2) $x=-1,\ \frac{1\pm\sqrt{3}i}{2}$

(3) $x=-1, 1, 2$ (4) $x=-1, 1, 5$

(5) $x=\pm1, \pm2i$

풀이 (1) $x^3-1=0 \Rightarrow (x-1)(x^2+x+1)=0$

$\Rightarrow x=1,\ \frac{-1\pm\sqrt{3}i}{2}$

(2) $x^3+1=0 \Rightarrow (x+1)(x^2-x+1)=0$

$\Rightarrow x=-1,\ \frac{1\pm\sqrt{3}i}{2}$

(3) $f(x)=x^3-2x^2-x+2$이라고 하면 $f(1)=0$이므로 조립제법에 의하여 인수분해하면

	1	−2	−1	2
1		1	−1	−2
	1	−1	−2	0

$\therefore f(x)=(x-1)(x^2-x-2)=(x-1)(x-2)(x+1)$

$\therefore x=-1, 1, 2$

(4) $f(x)=x^3-5x^2-x+5$이라고 하면 $f(1)=0$이므로 조립제법에 의하여 인수분해하면

	1	−5	−1	5
1		1	−4	−5
	1	−4	−5	0

$\therefore f(x)=(x-1)(x^2-4x-5)=(x-1)(x+1)(x-5)$

$\therefore x=-1, 1, 5$

(5) $x^2=t$로 치환하면 주어진 식은 $t^2+3t-4=0$이고, $(t-1)(t+4)=0 \Leftrightarrow t=1,\ t=-4$이므로 $x=\pm1, \pm2i$이다.

56. (1) 0 (2) 1 (3) -2

풀이 $x^3+x-1=0$의 세 근을 α, β, γ라 할 때, 근과 계수의 관계에 의해서 제시된 값을 구할 수 있다.

(1) $\alpha+\beta+\gamma=0$

(2) $\alpha\beta\gamma=1$

(3) $\alpha\beta+\beta\gamma+\alpha\gamma=1$이므로

$(\alpha+\beta+\gamma)^2=\alpha^2+\beta^2+\gamma^2+2(\alpha\beta+\beta\gamma+\alpha\gamma) \Leftrightarrow$

$\alpha^2+\beta^2+\gamma^2=(\alpha+\beta+\gamma)^2-2(\alpha\beta+\beta\gamma+\alpha\gamma)=-2$

57. 4

풀이 $f(x)=x^3-5x+2$로 놓으면 $f(2)=0$이므로

$f(x)=(x-2)(x^2+2x-1)$

즉, $(x-2)(x^2+2x-1)=0$에서 $x=2$

또는 $x=-1\pm\sqrt{2}$

$\alpha<\beta<\gamma$이므로 $\alpha=-1-\sqrt{2}$, $\beta=-1+\sqrt{2}$, $\gamma=2$

$\therefore \gamma-(\alpha+\beta)=2-(-2)=4$

58. $3-i$

풀이 삼차방정식 $3x^3+ax^2+bx-15=0$의 한 허근이 $2+i$이므로 다른 허근은 $2-i$이다.

이 두 근을 갖는 이차방정식은 $x^2-4x+5=0$이므로

나머지 한 근을 α라 하면

$3x^3+ax^2+bx-15=3(x^2-4x+5)(x-\alpha)=0$이고,

$x=0$을 대입하면 $-15=-15\alpha \quad \therefore \alpha=1$

따라서 나머지 두 근의 합은 $1+2-i=3-i$

59. -6

풀이 $w^3=1$에서 $w^3-1=0 \quad \Leftrightarrow (w-1)(w^2+w+1)=0$

$w\neq1$이므로 $w^2+w+1=0$

$$f(1)=\frac{w}{1+w^2}=\frac{w}{-w}=-1,$$

$$f(2)=\frac{w^2}{1+w^4}=\frac{-w-1}{1+w}=-1,$$

$$f(3)=\frac{w^3}{1+w^6}=\frac{1}{1+(w^3)^2}=\frac{1}{2},$$

$$f(4)=\frac{w^4}{1+w^8}=\frac{w}{1+w^2}=-1=f(1),$$

$$f(5)=\frac{w^5}{1+w^{10}}=\frac{w^2}{1+w}=\frac{-w-1}{1+w}=-1=f(2),$$

$$f(6)=\frac{w^6}{1+w^{12}}=\frac{(w^3)^2}{1+(w^3)^4}=\frac{1}{2}=f(3)$$

$$\vdots$$

$$\therefore f(1)+f(2)+f(3)+\cdots+f(12)=4\left(-1-1+\frac{1}{2}\right)$$

$$=4\times\left(-\frac{3}{2}\right)=-6$$

60. ①

풀이 $x^4+x^3-7x^2-x+6=0$

$\Leftrightarrow (x^4-7x^2+6)+(x^3-x)=0$

$\Leftrightarrow (x^2-1)(x^2-6)+x(x^2-1)=0$

$\Leftrightarrow (x^2-1)(x^2+x-6)=0$

$\Leftrightarrow (x-1)(x+1)(x-2)(x+3)=0$

$\therefore x=1$ 또는 $x=-1$ 또는 $x=2$ 또는 $x=-3$

따라서 모든 해의 합은 -1이다.

61. -8

풀이 $x^2=X$로 치환하면

$X^2+2X-8=0 \ \Leftrightarrow \ (X+4)(X-2)=0$

$\Leftrightarrow \ (x^2+4)(x^2-2)=0$

따라서 두 허근은 $x^2+4=0$의 두 근 $x=\pm2i$이다.

$\therefore \alpha^2+\beta^2=(-2i)^2+(2i)^2=-8$

62. (1) $x=3$, $y=-1$ (2) $x=2$, $y=2$

풀이 (1) 연립방정식 $\begin{cases}3(x-y)+y=11 & \cdots\cdots ㉠\\ \dfrac{x}{4}+\dfrac{y}{3}=\dfrac{5}{12} & \cdots\cdots ㉡\end{cases}$

㉠의 괄호를 풀면 $3x-2y=11$ ······ ㉢

㉡×12를 하면 $3x+4y=5$ ······ ㉣

㉢－㉣을 하면 $-6y=6 \quad \therefore y=-1$

$y=-1$을 ㉢에 대입하면 $3x+2=11 \quad \therefore x=3$

(2) $\begin{cases}2x-3y+1=y-3\\ y-3=x+2y-7\end{cases}$

x, y에 대하여 정리하면 $\begin{cases}2x-4y=-4 & \cdots ㉠\\ x+y=4 & \cdots ㉡\end{cases}$에 대하여 ㉠－2㉡ $\Rightarrow \ -6y=-12$

$\therefore x=2, y=2$

63. 17

풀이 $\begin{cases} x+y+z=5 & \cdots ㉠ \\ x-z=3 & \cdots ㉡ \\ x+z=5 & \cdots ㉢ \end{cases}$ 에서 ㉡+㉢을 하면 $2x=8$

$\therefore x=4 \quad \cdots ㉣$

㉢에 ㉣을 대입하면 $4+z=5$ $\therefore z=1 \cdots ㉤$

㉣, ㉤을 ㉠에 대입하면 $y=0$

$\therefore \alpha=4,\ \beta=0,\ \gamma=1,\ \alpha^2+\beta^2+\gamma^2=17$

64. 가로 : $4\sqrt{5}$ cm, 세로 : $2\sqrt{5}$ cm

풀이 처음 직사각형의 가로의 길이를 x cm,

세로의 길이를 y cm라 하면

$\begin{cases} x^2+y^2=100 & \cdots ㉠ \\ (x+2)(y-1)=xy-2 & \cdots ㉡ \end{cases}$

㉡을 정리하면 $x=2y \quad \cdots ㉢$,

㉢을 ㉠에 대입하면 $5y^2=100,\ y^2=20$,

$y>0$이므로 $y=2\sqrt{5}$

따라서 처음 직사각형의 가로의 길이는 $4\sqrt{5}$ cm,

세로의 길이는 $2\sqrt{5}$ cm이다.

6. 부등식

65. (1) $-8<3x-5<7$ (2) $-6<2-2x<4$

풀이 (1) $-3<3x<12$이고, $-8<3x-5<7$

(2) $2>-2x>-8$이고, $4>2-2x>-6$이다.

식을 정리하면 $-6<2-2x<4$이다.

66. (1) $x\ge 1$ (2) $-3\le x<-1$ (3) $x\le -1$

풀이 (1) $2(x+1)-8\ge 3(2-3x)-1$에서 괄호를 풀면

$2x+2-8\ge 6-9x-1 \Rightarrow 2x+9x\ge 5+6$

$11x\ge 11$ $\therefore x\ge 1$

(2) 연립부등식 $\begin{cases} 3x-5<-8 & \cdots\cdots ㉠ \\ 2x-1\ge -7 & \cdots\cdots ㉡ \end{cases}$

㉠에서 $3x<-3 \Rightarrow x<-1$,

㉡에서 $2x\ge -6 \Rightarrow x\ge -3$

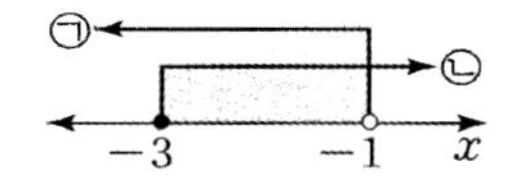

$\therefore -3\le x<-1$

(3) 연립부등식 $\begin{cases} \dfrac{1-x}{3}>\dfrac{x-1}{4} & \cdots\cdots ㉠ \\ 0.3x-2\ge 0.7+3x & \cdots\cdots ㉡ \end{cases}$

㉠×12를 하면 $4(1-x)>3(x-1)$

$\Rightarrow 4-4x>3x-3$ $\therefore x<1$

㉡×10을 하면 $3x-20\ge 7+30x$

$\Rightarrow -27x\ge 27$ $\therefore x\le -1$

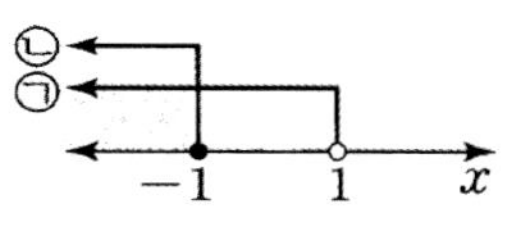

$\therefore x\le -1$

67. (1) $x>\dfrac{4}{5}$ (2) $a=2$

풀이 (1) $a-b>0$이고 $\dfrac{a+2b}{a-b}=3$이어야 하므로

$a+2b=3a-3b$에서

$b=\dfrac{2}{5}a \Rightarrow a-b=a-\dfrac{2}{5}a=\dfrac{3}{5}a>0$이므로 $a>0$

따라서 $ax>2b$에서 $x>\dfrac{2b}{a}=\dfrac{4}{5}$ $\therefore x>\dfrac{4}{5}$

(2) 연립부등식 $\begin{cases} 3x-5<2a & \cdots\cdots ㉠ \\ 4x+9>-3 & \cdots\cdots ㉡ \end{cases}$

㉠에서 $3x < 2a+5 \Rightarrow x < \frac{2a+5}{3}$,

㉡에서 $4x > -12 \Rightarrow x > -3$

연립부등식의 해가 $-3 < x < 3$이므로

$\frac{2a+5}{3} = 3$, $2a+5=9$ $\therefore a=2$

68. $x < -\frac{1}{2}$ 또는 $x > 1$

풀이 (ⅰ) $x < 0$일 때, $-3x-(x-2) > 4$에서

$-4x > 2$ $\therefore x < -\frac{1}{2}$

(ⅱ) $0 \le x < 2$일 때, $3x-(x-2) > 4$에서 $2x > 2$

$\therefore x > 1$ $\Rightarrow$ $\therefore 1 < x < 2$

(ⅲ) $x \ge 2$일 때, $3x+x-2 > 4$에서 $4x > 6$

$\therefore x > \frac{3}{2}$ $\Rightarrow$ $\therefore x \ge 2$

(ⅰ), (ⅱ), (ⅲ)에서 $x < -\frac{1}{2}$ 또는 $x > 1$

69. (1) $x > 7$또는 $x < -4$ (2) $-4 < x < 7$

(3) $x \ge 1$ 또는 $x \le -5$ (4) $-5 \le x \le 1$

풀이 (1) $x^2-3x-28=(x-7)(x+4)>0$를 만족하는 x의 범위는 $x > 7$또는 $x < -4$이다.

(2) $x^2-3x-28=(x-7)(x+4)<0$를 만족하는 x의 범위는 $-4 < x < 7$이다.

(3) $x^2+4x-5=(x+5)(x-1) \ge 0$를 만족하는 x의 범위는 $x \ge 1$ 또는 $x \le -5$이다.

(4) $x^2+4x-5=(x+5)(x-1) \le 0$를 만족하는 x의 범위는 $-5 \le x \le 1$이다.

7. 지수방정식

70. (1) 5 (2) 1 (3) 3

풀이 (1) $8^x = \left(\frac{1}{2}\right)^{x^2-4}$에서 $8^x = 2^{3x}$이고 $\left(\frac{1}{2}\right)^{x^2-4} = 2^{-x^2+4}$

이므로 $2^{3x} = 2^{-x^2+4}$에서

$3x = -x^2+4 \Rightarrow x^2+3x-4=0$

$\Rightarrow (x+4)(x-1)=0$ $\therefore x=-4$ 또는 $x=1$

$\therefore \alpha-\beta = 1-(-4)=5$ $(\because \alpha > \beta)$

(2) $\frac{3^{x^2+1}}{3^{x-1}} = 81$에서 $\frac{3^{x^2+1}}{3^{x-1}} = 3^{x^2+1-(x-1)} = 3^{x^2-x+2}$

이므로 $3^{x^2-x+2} = 3^4$이다.

$x^2-x+2=4 \Rightarrow x^2-x-2=0$

$\Rightarrow (x+1)(x-2)=0$ $\therefore x=-1$ 또는 $x=2$

$\therefore \alpha+\beta = 2+(-1)=1$

(3) $(2^x)^2-3\cdot2\cdot2^x-16=0$에서 $2^x=t(t>0)$로 치환하면 $t^2-6t-16=0$, $(t+2)(t-8)=0$

$\therefore t=-2$ 또는 $t=8$

그런데 $t>0$이므로 $t=8$이다. 즉, $2^x=8$에서 $x=3$

따라서 구하는 모든 근의 합은 3이다.

71. (1) -2 (2) $x<2$ (3) 6

풀이 (1) $\left(\frac{1}{4}\right)^{x^2} \le \left(\frac{1}{16}\right)^{x^2+x-4}$에서 $\left(\frac{1}{4}\right)^{x^2} \le \left(\frac{1}{4}\right)^{2(x^2+x-4)}$

이고, $0 < \frac{1}{4} < 1$이므로 $x^2 \ge 2(x^2+x-4)$

$x^2+2x-8 \le 0$, $(x+4)(x-2) \le 0$

$\therefore -4 \le x \le 2$

따라서 x의 최솟값은 -4이고 최댓값은 2이므로 x의 최댓값과 최솟값의 합은 $2+(-4)=-2$

(2) 주어진 식에서 $(3^x)^2-1 < 9\cdot3^x - \frac{1}{9}\cdot3^x$이므로

$3^x=t$ $(t>0)$로 치환하면

$t^2-\frac{80}{9}t-1<0$, $9t^2-80t-9<0$

$\Rightarrow (9t+1)(t-9)<0$ $\therefore -\frac{1}{9}<t<9$

그런데 $t>0$이므로 $0<t<9 \Rightarrow 0<3^x<3^2$

$\therefore x<2$

(3) $(2^x-2)(2^{x+1}-16) \le 0$

$\Rightarrow (2^x-2)(2\cdot2^x-16) \le 0$

$\Rightarrow (2^x-2)(2^x-8) \le 0$

$\therefore 2 \le 2^x \le 8$ 이고, $1 \le x \le 3$ 이다.

따라서, 모든 정수 x의 값의 합은 $1+2+3=6$

8. 로그방정식

72. (1) 4 (2) 2

풀이 (1) $\log_2 48-\log_2 3=\log_2\frac{48}{3}=\log_2 16=\log_2 2^4=4$

(2) $\log_3 4\cdot\log_4 5\cdot\log_5 9=\frac{\log 4}{\log 3}\cdot\frac{\log 5}{\log 4}\cdot\frac{\log 9}{\log 5}$

$=\frac{\log 9}{\log 3}=\log_3 9=2$

73. $\frac{34}{15}$

풀이 $a=b^{\frac{3}{5}}$ 에서 $a^{\frac{5}{3}}=b$ 이므로 $\log_a b=\frac{5}{3}$ 이고,

$a=b^{\frac{3}{5}}$ 에서 $\log_b a=\frac{3}{5}$

$\therefore\ \log_a b+\log_b a=\frac{5}{3}+\frac{3}{5}=\frac{34}{15}$

74. 20

풀이 $\log_2(3x+1)+\log_2(x+2)=3$에서

$\begin{cases}3x+1>0\\x+2>0\\(3x+1)(x+2)>0\end{cases}$ 을 만족하므로 $x>-\frac{1}{3}$ 이다.

$\log_2(3x+1)(x+2)=3$

$\Rightarrow\ (3x+1)(x+2)=2^3$

$\Rightarrow\ 3x^2+7x+2=8$

$\Rightarrow\ 3x^2+7x-6=0$

$(3x-2)(x+3)=0$

$\Rightarrow\ x=\frac{2}{3}$ 또는 $x=-3$

조건 $x>-\frac{1}{3}$에 의해서 $x=\frac{2}{3}$ 이다. $\therefore\ 30\alpha=20$

75. $\log_2 25$

풀이 $2^x>0$ 이므로 모든 실수 x에 대하여 $2^x+2>2$

$\log_3(2^x+2)=\log_9(2^x+2)+\frac{3}{2}$

$\Rightarrow\ \log_3(2^x+2)=\log_{3^2}(2^x+2)+\frac{3}{2}$

$\Rightarrow\ \log_3(2^x+2)=\frac{1}{2}\log_3(2^x+2)+\frac{3}{2}$

$\Rightarrow\ \log_3(2^x+2)=X\ (X>\log_3 2)$ 라 하면

$X-\frac{1}{2}X=\frac{3}{2}$ 에서 $X=3$ 이므로 $\log_3(2^x+2)=3$에서

$2^x+2=3^3=27$ 이므로 $2^x=25\quad\therefore x=\log_2 25$

[다른 풀이]

$2^x>0$이므로 모든 실수 x에 대하여

$2^x+2>2\ \Rightarrow\ \log_3(2^x+2)=\log_9(2^x+2)+\frac{3}{2}$에서

우변, 좌변의 밑을 9로 통일 시키면

$\log_9(2^x+2)^2=\log_9(2^x+2)+\log_9\sqrt{9^3}$ 에서

$(2^x+2)^2=27(2^x+2)$

$\Rightarrow$ 즉 $(2^x+2)^2-27(2^x+2)=0$

$\Rightarrow\ (2^x+2)(2^x-25)=0$

$2^x+2>0$이므로 $2^x=25\quad\therefore x=\log_2 25$

9. 가우스

76. 풀이 참조

풀이 (1) $5 \le x < 6$

(2) $5 \le x-2 < 6 \Rightarrow 7 \le x < 8$

(3) $2 \le \frac{x}{2} < 3 \quad \Rightarrow 4 \le x < 6$

(4) $3 \le -x < 4 \quad \Rightarrow -4 < x \le -3$

(5) $2 \le x^2 < 3$을 만족하는 연립부등식을 풀자.

(ⅰ) $x^2 - 2 \ge 0 \Rightarrow x \ge \sqrt{2},\ x \le \sqrt{2}$

(ⅱ) $x^2 - 3 < 0 \Rightarrow -\sqrt{3} < x < \sqrt{3}$

따라서 $-\sqrt{3} < x \le -\sqrt{2},\ \sqrt{2} \le x < \sqrt{3}$이다.

(6) $[x] > \frac{3}{2}$를 만족하는 부등식을 $[x] \ge 2$라고 할 수 있다.

따라서 $x \ge 2$이다.

77. $-1 \le x < 3$

풀이 $([x]+2)([x]-3) < 0$이므로 $-2 < [x] < 3$이다.

$[x]$는 정수이므로 $[x] = -1,\ 0,\ 1,\ 2$

$[x] = n$일 때, $n \le x < n+1$이므로 $-1 \le x < 0$ 또는 $0 \le x < 1$ 또는 $1 \le x < 2$또는 $2 \le x < 3$이다.

$\therefore\ -1 \le x < 3$

CHAPTER 02 함수

1. 좌표평면

78. 풀이 참조

풀이 (1) x축 대칭 : $(0,\ -4)$, y축 대칭 : $(0,\ 4)$,
원점 대칭 : $(0,\ -4)$
(2) x축 대칭 : $(-1,\ -4)$, y축 대칭 : $(1,\ 4)$,
원점 대칭 : $(1,\ -4)$

79. -14

풀이 $\frac{a-3}{2}=2,\ a-3=4,\ a=7,\ \frac{4+b}{2}=1,\ 4+b=2,\ b=-2$
$\therefore ab=-14$

80. (1) 5 (2) $\sqrt{109}$

풀이 (1) $\overline{\mathrm{AB}}=\sqrt{(2+1)^2+(-3-1)^2}=\sqrt{25}=5$
(2) $\overline{\mathrm{AB}}=\sqrt{(3+3)^2+(3+5)^2+(1+2)^2}=\sqrt{109}$

81. 6

풀이 $\overline{\mathrm{AB}}=\sqrt{(2-a)^2+(4-1)^2}=5$에서
$(2-a)^2+3^2=25$이므로 $(2-a)^2=16,\ 2-a=\pm 4$
$\therefore a=6$ ($\because a$는 양수)

82. $a=2,\ b=\sqrt{3}$

풀이 $\overline{\mathrm{OA}}^2=\overline{\mathrm{OB}}^2$에서 $a^2=1+b^2$ ⋯ ㉠,
$\overline{\mathrm{OB}}^2=\overline{\mathrm{AB}}^2$에서 $1+b^2=(a-1)^2+b^2 \Leftrightarrow a(a-2)=0$
이므로 $a=2(\because a>0)$
㉠에 대입하면 $4=1+b^2$
$\therefore b=\sqrt{3}$

2. 함수

83. ③

풀이 일대일 대응은 $f(x_1)=f(x_2)$이면 $x_1=x_2$이고 공역과 치역이 일치하는 함수를 말한다.
보기 중 이 조건을 만족하는 것은 ㄱ, ㄹ이다.
ㄴ. $g(-1)=g(1)=2$
ㄷ. $h(-1)=h(1)=1$

84. p

풀이 $f(c)=r,\ f(r)=f(b)=q,\ f(q)=f(a)=p$ 이므로
$(f\circ f\circ f)(c)=(f\circ f)(b)=f(a)=p$

85. $f(x)=2x+2$

풀이 $(f\circ f)(x)=f(f(x))=f(ax+b)=a(ax+b)+b$
$=a^2x+ab+b$
따라서 $a^2=4,\ ab+b=6$이므로 $a=2,\ b=2\ (\because a>0)$
$\therefore f(x)=2x+2$

86. $-\frac{3}{2}$

풀이 $f\circ g(x)=f(g(x))=6(2x^2+3x+4)+7$
$12x^2+18x+24+7=1,\ 12x^2+18x+30=0,$
$2x^2+3x+5=0$
이차방정식의 근과 계수의 관계에 의해 x값들의 합은
$-\frac{3}{2}$이다.

87. 2

풀이 $f(1)=a+b=2$ ⋯ ㉠
$f^{-1}(3)=-1$이므로 $f(-1)=3$,
$f(-1)=-a+b=3$ ⋯ ㉡
㉠, ㉡을 연립하여 풀면 $a=-\frac{1}{2},\ b=\frac{5}{2}$
$\therefore a+b=2$

88. -2

풀이 $g^{-1}(x)=f(x)$이므로 $g(x)$의 역함수를 구한다.

$g(x)=y=\dfrac{x}{x+2}$ 로 놓고 x와 y를 바꾸면

$x=\dfrac{y}{y+2}$ 이다. 이 식을 y에 대하여 정리하면

$xy+2x=y \Rightarrow y(x-1)=-2x \Rightarrow y=\dfrac{2x}{1-x}$ 이고,

$g^{-1}(x)=f(x)=\dfrac{2x}{1-x}$ 이다.

$\therefore a\times b=(-1)\times 2=-2$

89. c

풀이 $f(b)=a,\ f(c)=b,\ f(d)=c$ 이므로 $f^{-1}(a)=b$,

$f^{-1}(b)=c,\ f^{-1}(c)=d$이다.

$\therefore (f^{-1}\circ f^{-1})(a)=f^{-1}(f^{-1}(a))=f^{-1}(b)=c$

3. 일차함수

90. 풀이 참조

풀이 (1) 기울기가 -2, y 절편이 1 이므로 $y=-2x+1$

(2) $y-2=3(x+1)$ 에서 $y=3x+5$

(3) $y-1=\dfrac{1+3}{3-1}(x-3)$ 에서 $y=2x-5$

(4) $\dfrac{x}{2}+\dfrac{y}{3}=1$ 에서 $3x+2y=6$

(5) 평행한 직선 $y=-3$, 수직이 직선 $x=-1$

(6) 평행한 직선: $2(x+1)-3(y-3)=0 \Rightarrow 2x-3y+11=0$

수직인 직선: $3(x+1)+2(y-3)=0 \Rightarrow 3x+2y-3=0$

91. 3

풀이 직선 $2x-3y+5=0$을 x축의 방향으로 k만큼 평행이동한 직선의 방정식은 $2(x-k)-3y+5=0$이고,

이 직선이 점 $(2,1)$을 지나므로

$2(2-k)-3\times1+5=0,\ 6-2k=0 \qquad \therefore k=3$

92. $y=2x-1$

풀이 $y=\dfrac{1}{2}x+4$와 x축에 대하여 대칭인 직선 l의 방정식은

$y=-\dfrac{1}{2}x-4$이다. 구하는 직선은 l과 수직이므로 기울기는 2

이고 점 $(2,3)$을 지나므로 방정식은

$y-3=2(x-2)$ 즉, $y=2x-1$이다.

93. (1) $(-1,1)$ (2) $\left(\dfrac{4}{3},\dfrac{5}{3}\right)$

풀이 (1) $x+2=-x \Rightarrow x=-1,\ y=1$이므로

교점의 좌표는 $(x,y)=(-1,1)$이다.

(2) $2x-1=\dfrac{1}{2}x+1 \Rightarrow \dfrac{3}{2}x=2 \Rightarrow x=\dfrac{4}{3},\ y=\dfrac{5}{3}$

이므로 교점의 좌표는 $(x,y)=\left(\dfrac{4}{3},\dfrac{5}{3}\right)$이다.

94. (1) 2 (2) 1

풀이 (1) $y=\dfrac{4}{3}x-1 \Leftrightarrow 4x-3y-3=0$ 이므로

$$d=\frac{|-4-3-3|}{\sqrt{4^2+(-3)^2}}=2$$

(2) $$d=\frac{|13|}{\sqrt{5^2+(-12)^2}}=1$$

95. $\dfrac{7}{\sqrt{13}}$

풀이 두 직선이 서로 평행하므로 한 직선 위의 임의의 점과 다른 직선 사이의 거리를 구하면 된다.
직선 $2x+3y-5=0$ 위의 한 점 $(1,1)$을 택하면
$\dfrac{|2\times1+3\times1+2|}{\sqrt{2^2+3^2}}=\dfrac{7}{\sqrt{13}}$

96. 그래프 참조

풀이 (1) $y \geq x+1$

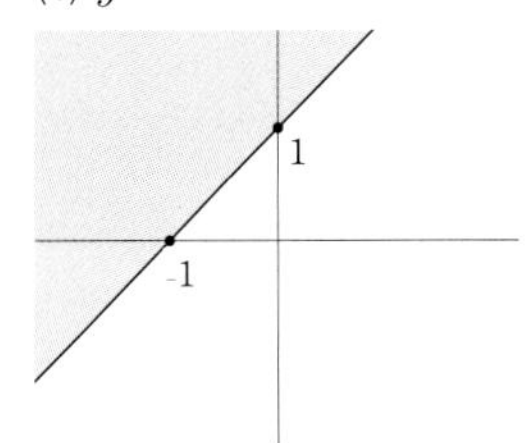

(2) $y \leq -x+1$

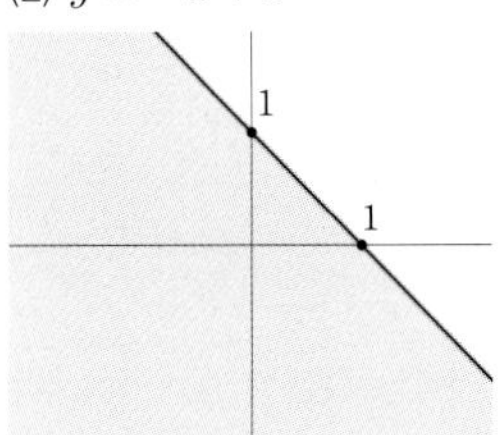

(3) $|x|+|y| \leq 1$

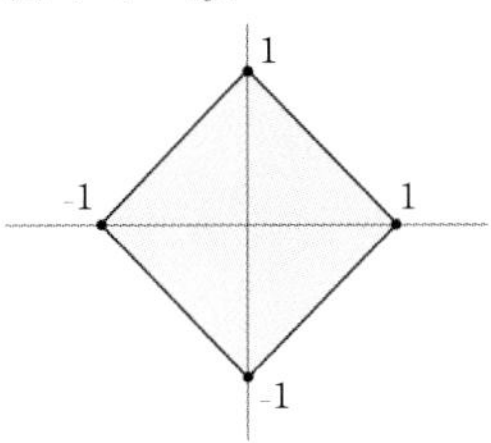

97. 그래프 참조

풀이 (1) $y=|x+2|-1$

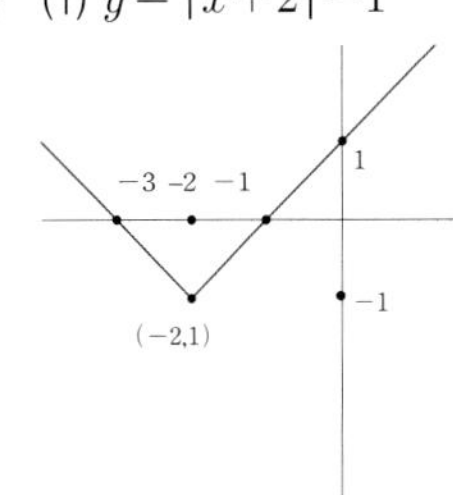

(2) $y=2|x|-2$

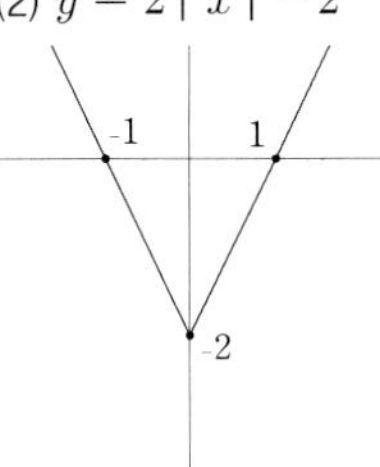

(3) $y=|2x-2|$

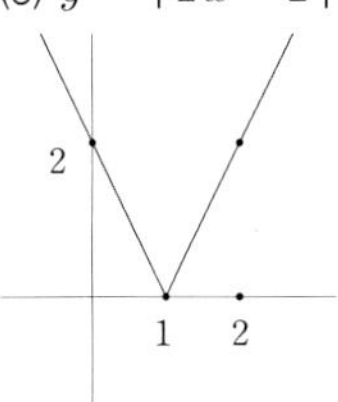

(4) $|y|=2x-2$

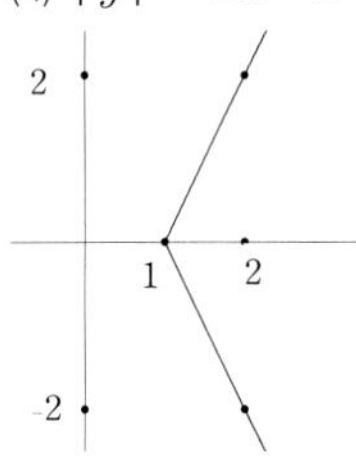

(5) $|y|=2|x|-2$

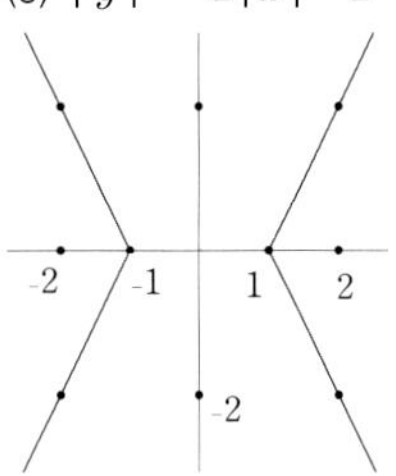

(6) $y=|x+2|+|x-3|$

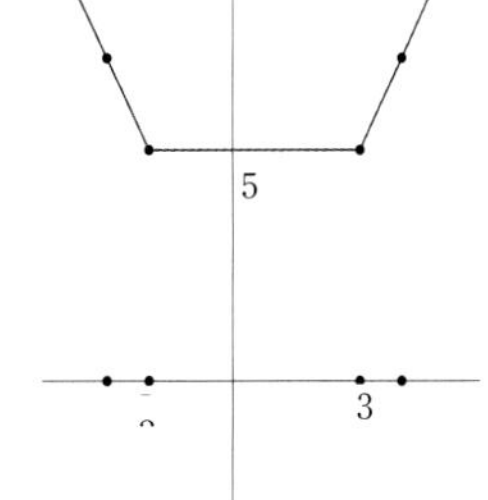

4. 이차함수

98. 그래프 참조

풀이 (1) $y=x^2-1$

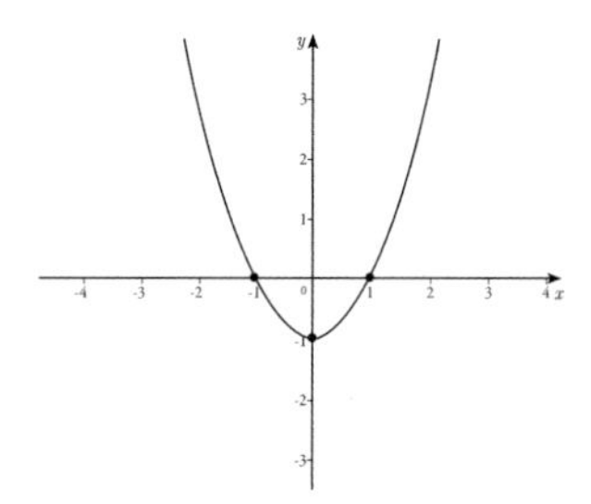

(2) $y=x^2+2x-3$

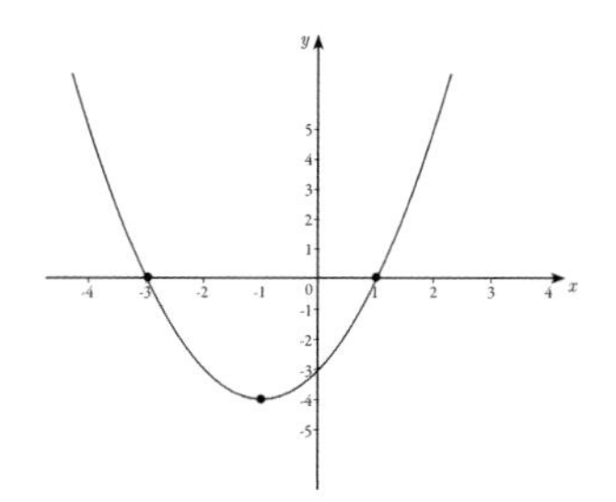

(3) $y=-x^2-2x+3$

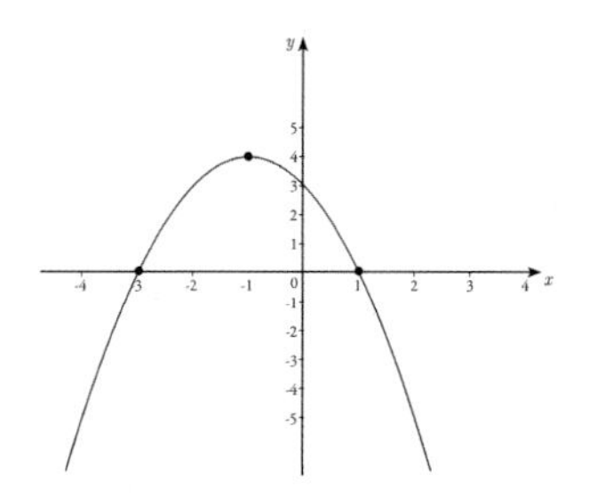

(4) $y=\left|x^2+2x-3\right|$

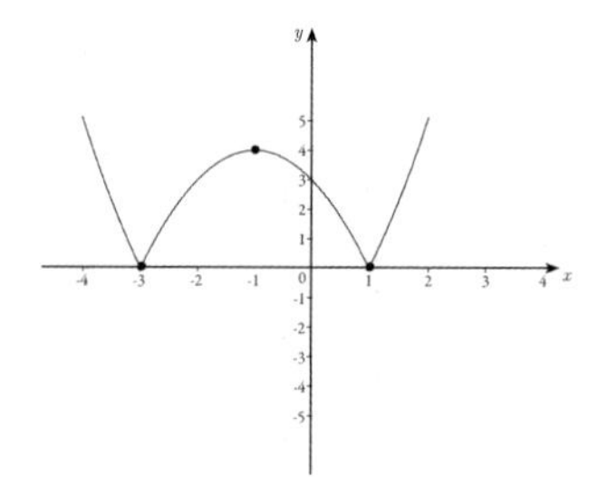

99. 그래프 참조

풀이 (1) $y \geq x^2-4x+3$

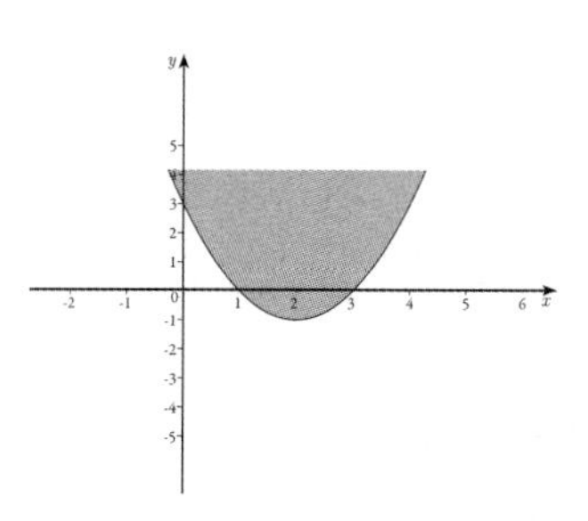

(2) $y \leq -x^2+4x$

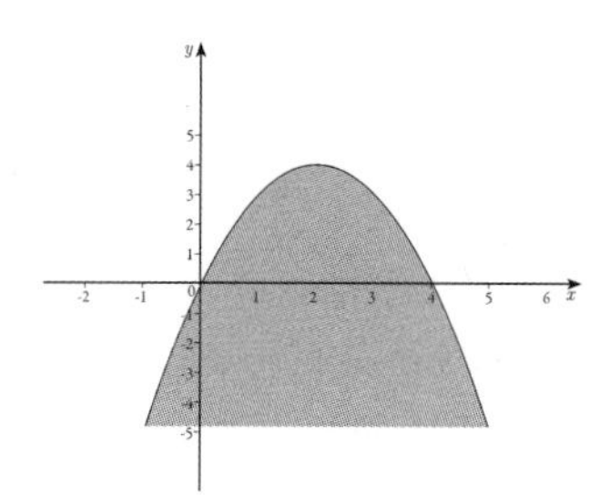

100. 그래프 참조

풀이 (1) $D=\{(x,y)\mid y\geq x^2-4,\ y\leq -x^2+2x\}$

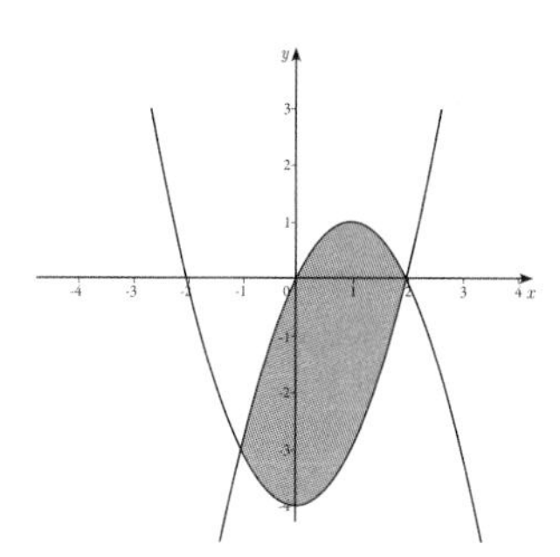

(2) $R=\{(x,y)\mid y\geq x^2-4,\ y\leq x+2\}$

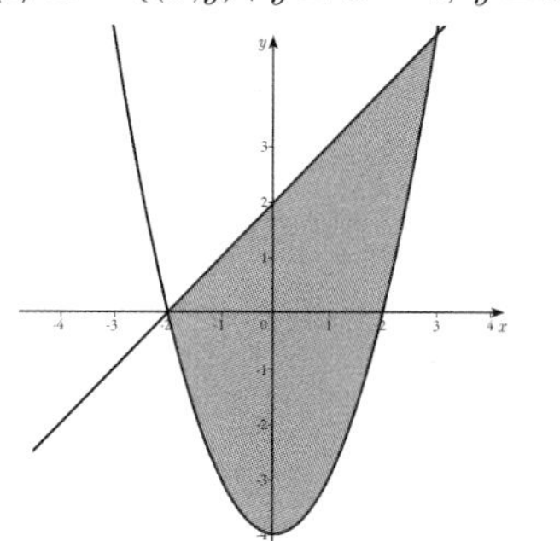

101. 6

풀이 $P(x)$의 x^2의 계수를 $a(a\neq 0)$라고 하면 두 근의 합은 18, 곱은 9이므로 $P(x)=a(x^2-18x+9)$이다.
이 식에 x 대신 $3x$를 대입하면
$P(3x)=0 \Rightarrow a\{(3x)^2-18\cdot 3x+9\}=0$
이 식의 양변을 $9a$로 나누면 $x^2-6x+1=0$
이 방정식의 두 근의 합은 근과 계수의 관계에 의해 6이다.

102. $x=1$ 또는 $x=-3$

풀이 $f(x)=a(x+1)(x-3)$이라 하면 그래프가 점 $(1,\ -2)$를 지나므로
$-2=a(1+1)(1-3)$에서 $a=\frac{1}{2}$
$\therefore f(x)=\frac{1}{2}(x+1)(x-3)$
$\therefore f(-x)=\frac{1}{2}(-x+1)(-x-3)=\frac{1}{2}(x-1)(x+3)$
$f(-x)=0$의 두 근은 $x=1$ 또는 $x=-3$이다.

풀이 $f(-x)=0$의 그래프는 $f(x)=0$의 그래프와 y축 대칭이므로 x축과의 교점의 좌표는 $(1,0)$, $(-3,0)$이 된다.

103. (1) $x\geq 3, x\leq 1$ (2) $x\neq 3$인 모든 실수
(3) $-2\leq x<4$ (4) $x=-1$

풀이 (1) $(x-1)(x-3)\geq 0$이므로 $x\leq 1,\ x\geq 3$
(2) $(x-3)^2>0$ 이므로 $x\neq 3$인 모든 실수
(3) $\begin{cases} x^2-16<0 & \cdots\cdots ㉠ \\ x^2-4x\leq 12 & \cdots\cdots ㉡ \end{cases}$
㉠은 $(x-4)(x+4)<0$이므로 $-4<x<4$,
㉡은 $x^2-4x-12\leq 0$이므로
$(x+2)(x-6)\leq 0,\ -2\leq x\leq 6$
㉠, ㉡의 공통부분은 $-2\leq x<4$
(4) $-x^2-2x-1\geq 0 \Leftrightarrow x^2+2x+1\leq 0$
$\Leftrightarrow (x+1)^2\leq 0 \Leftrightarrow x=-1$

104. 0

풀이 $\begin{cases} x^2-3x+a>0 & \cdots ㉠ \\ x^2+bx-8\leq 0 & \cdots ㉡ \end{cases}$의 해가 $-2\leq x<1$ 또는 $2<x\leq 4$이므로 ㉠의 해는 $x<1$ 또는 $x>2$,
㉡의 해는 $-2\leq x\leq 4$이다.
따라서 ㉠에서 $x^2-3x+a=(x-1)(x-2)>0$,
㉡에서 $x^2+bx-8=(x+2)(x-4)\leq 0$
$\therefore a=2,\ b=-2 \quad \therefore a+b=0$

105. 최댓값 : 2, 최솟값 : -6

풀이 모든 x에 대하여 $x^2+2ax-4(a-3)\geq 0$이 성립하기 위한 조건은 $\frac{D}{4}\leq 0$을 만족하면 된다.
$\frac{D}{4}=a^2+4(a-3)=a^2+4a-12=(a+6)(a-2)\leq 0$
$\Leftrightarrow -6\leq a\leq 2$
따라서 a의 최댓값은 2, 최솟값은 -6이다.

106. 3

풀이 $y=x^2-2x-2=(x-1)^2-3$이므로 꼭짓점의 좌표 $(1,-3)$에서 최솟값을 갖는다. $f(-2)=6,\ f(3)=1$이므로 구간 $-2\leq x\leq 3$에서 최솟값은 -3, 최댓값은 6이다.
$\therefore$(최댓값)+(최솟값)$=3$

5. 유리함수

107. 그래프 참조

풀이 (1) $y=\dfrac{1}{x-2}$

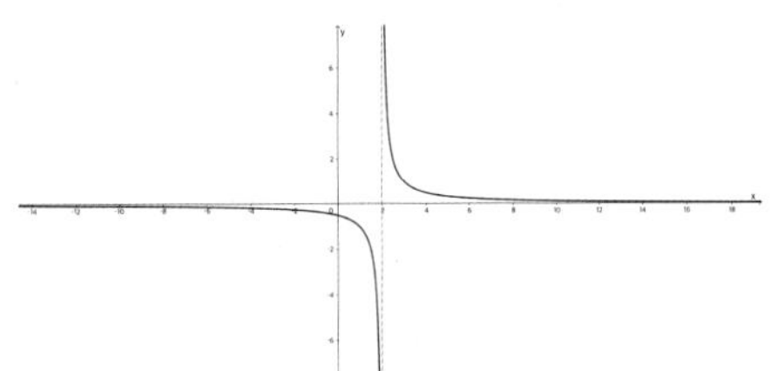

(2) $y=2+\dfrac{1}{x-2}$

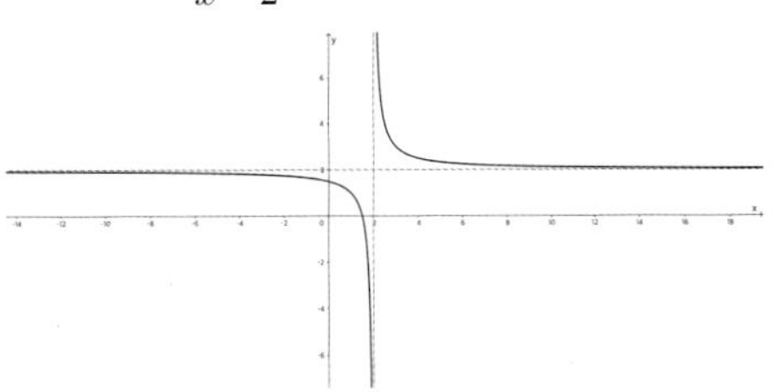

(3) $y=x+\dfrac{1}{x-2}$

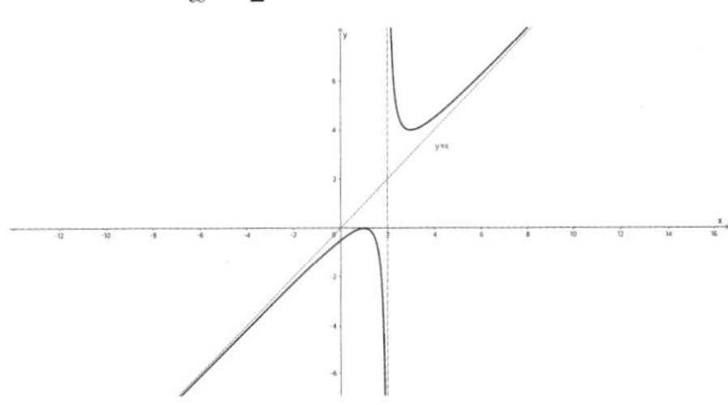

(4) $y=\dfrac{x^3+1}{x}$

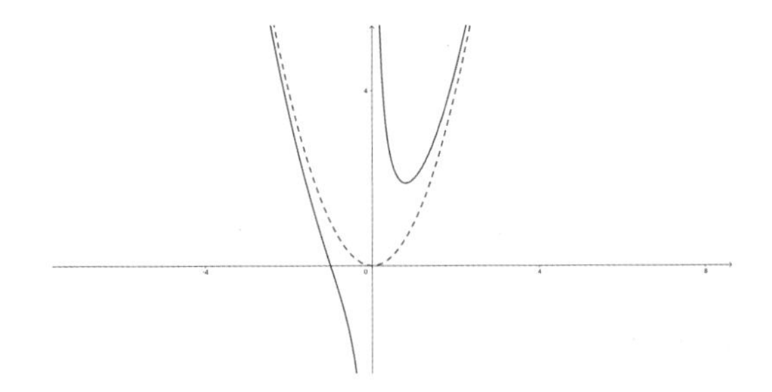

108. ③

풀이 ② 서로 수직인 두 좌표축이 점근선이므로 직각쌍곡선이다.

③ $|k|$가 클수록 원점에서 멀어진다.

④ 직선 $y=x$에 대칭이므로 역함수는 자기 자신이다.

109. -12

풀이 $f^{-1}(-1)=1$ 에서 $f(1)=-1$ 이므로

$f(1)=\dfrac{2+4}{1+a}=-1 \quad \therefore a=-7$

$y=f(x)$ 와 $y=g(x)$ 의 점근선이 같으므로

$c=a=-7$

$f(x)=\dfrac{2x+4}{x-7}=2+\dfrac{18}{x-7}$

$g(x)=\dfrac{bx+5}{x-7}=b+\dfrac{5+7b}{x-7} \quad \therefore b=2$

$\therefore a+b+c=-7+2-7=-12$

110. 1

풀이 우변을 통분하여 정리하면

$\dfrac{3x}{x^3+1}=\dfrac{(a+b)x^2+(-a+b+c)x+(a+c)}{x^3+1}$

이고 이 식은 x에 대한 항등식이므로

$a+b=0,\ -a+b+c=3,\ a+c=0$

$\therefore a=-1,\ b=1,\ c=1 \qquad \therefore a+b+c=1$

6. 무리함수

111. 그래프 참조

풀이 (1) $y=\sqrt{2x+4}$

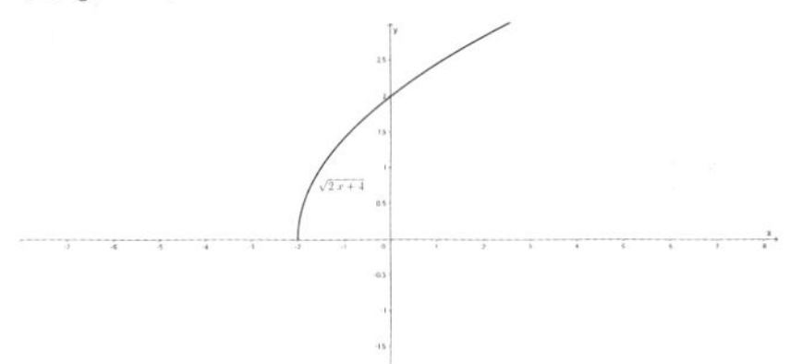

(2) $y=\sqrt{2x+4}+2$

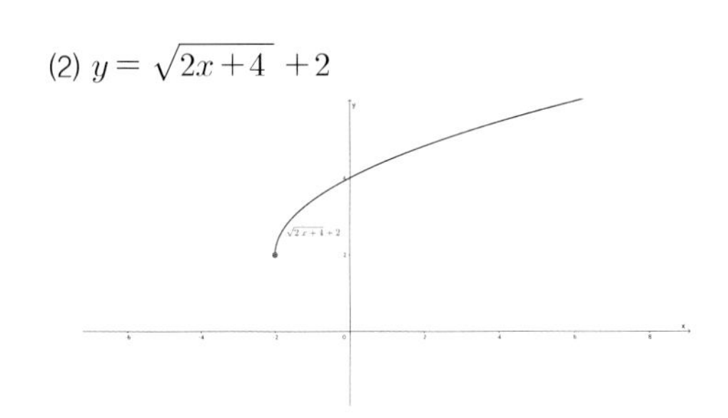

112. $-1 \le x < 1$

풀이 (분모)$\neq 0$이므로 $x \neq 1$이다.
또한 무리식의 정의역을 생각하면
$1-x^2 \ge 0 \Rightarrow (x-1)(x+1) \le 0 \Rightarrow -1 \le x \le 1$
두 조건을 모두 만족하는 x의 범위는 $-1 \le x < 1$이다.

113. $\sqrt{2}$

풀이 두 함수가 역함수 관계이므로 두 함수의 그래프는 직선 $y=x$에 대하여 대칭이다. 따라서 두 함수의 그래프의 교점은 $y=\sqrt{x-2}+2$와 $y=x$의 교점과 같다.
$\sqrt{x-2}+2=x$에서 $\sqrt{x-2}=x-2$이고, 양변을 제곱하면
$x-2=x^2-4x+4$
$\Rightarrow x^2-5x+6=(x-2)(x-3)=0$
$\therefore x=2,\ x=3$
따라서 두 그래프의 교점의 좌표는 $(2,2)$, $(3,3)$이므로 두 교점의 거리는 $\sqrt{(3-2)^2+(3-2)^2}=\sqrt{2}$이다.

114. 6

풀이 함수 $f(x)$와 그 역함수 $f^{-1}(x)$의 그래프는
직선 $y=x$에 대하여 대칭이고, 교점이 존재한다면
직선 $y=x$ 위에 있다.
따라서 $\sqrt{6x-9}=x$에서 $6x-9=x^2$ (단, $x \ge \frac{3}{2}$)
$\therefore x=3$
따라서 교점의 좌표는 $(3,3)$이다.

115. 7

풀이 주어진 식은 $x-3-\sqrt{x-3}=0$이므로
$\sqrt{x-3}=t$로 치환하면 $t^2-t=0$ (단, $t \ge 0$)
$\therefore t=0, t=1$
$\sqrt{x-3}=0,\ \sqrt{x-3}=1$
$\therefore x=3$ 또는 $x=4$
따라서 두 근의 합은 7이다.

116. 12

풀이 주어진 식은 $x^2-12x-3+\sqrt{x^2-12x+3}=0$이고,
$x^2-12x+3=t$로 치환하면 주어진 식은
$t+\sqrt{t}-6=0$ (단, $t \ge 0$) $\Rightarrow t-6=-\sqrt{t}$
양변을 제곱해서 정리하면 $t^2-13t+36=0$
$\Rightarrow t=4, t=9$
그러나 $t=9$이면 $t+\sqrt{t}-6 \neq 0$이므로 $t=4$만 해가 된다.
그러므로 $x^2-12x+3=4$이고 따라서 두 근의 합은 12이다.

7. 원의 방정식

117. (1) $(x+3)^2+(y-1)^2=25$ (2) $x^2+y^2=4$

(3) 중심: $(-1, 2)$, 반지름: 5

풀이 (1) 중심이 (a,b)이고, 반지름의 길이가 r인 원의 방정식 $(x-a)^2+(y-b)^2=r^2$ 이므로 식에 대입하면 $(x+3)^2+(y-1)^2=25$이다.

(2) 중심이 원점이고 반지름이 r인 원의 방정식은 $x^2+y^2=r^2$이고, $(1, \sqrt{3})$을 대입하면 $r^2=4$이다. 따라서 원의 방정식은 $x^2+y^2=4$이다.

(3) $x^2+y^2+2x-4y-20=0$이고 $(x+1)^2+(y-2)^2=25$이므로 중심은 $(-1, 2)$이고, 반지름은 5인 원이다.

118. ③

풀이 ① 중심이 원점 $(0, 0)$이고 반지름의 길이가 $\sqrt{8}$인 원이다.

② 중심이 $(1, 2)$이고 반지름의 길이가 $\sqrt{10}$인 원이다.

③ $x^2+y^2+4x+8y=0 \Leftrightarrow (x+2)^2+(y+4)^2=20$이므로 중심이 $(-2, -4)$이고 반지름 $\sqrt{20}$인 원이다.

④ $x^2+y^2-2x+6y-6=0 \Leftrightarrow (x-1)^2+(y+3)^2=16$이므로 중심이 $(1, -3)$이고 반지름 4인 원이다.

따라서 반지름의 길이가 가장 큰 원은 ③이다.

119. $4\sqrt{7}$

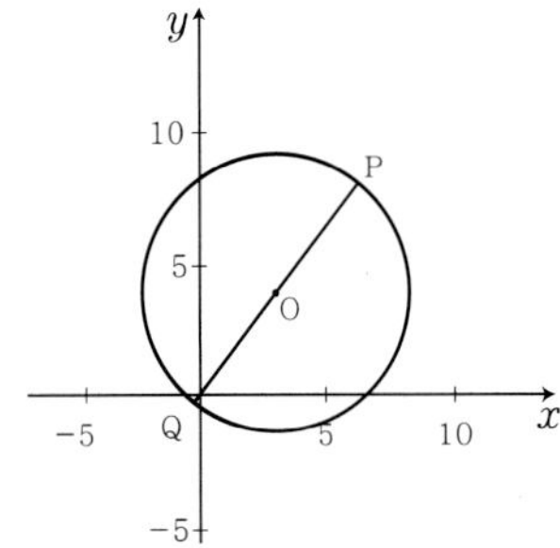

풀이 $x^2+y^2-6x-8y-3=0 \Leftrightarrow (x-3)^2+(y-4)^2=28$

원점 O를 지나는 지름의 양 끝점을 각각 P, Q라 하면 점 A가 점 P의 위치에 있을 때 선분 OA의 길이는 최대가 되고, 점 Q의 위치에 있을 때 선분 OA의 길이는 최소가 된다. 따라서 구하는 선분 OA의 길이의 최댓값과 최솟값의 합은 원의 지름 PQ의 길이와 같으므로 $2\sqrt{28}=4\sqrt{7}$이다.

120. $\frac{3}{4} \le a \le \frac{4}{3}$

풀이 직선 $y=a(x+3)-4$는 점 $(-3, -4)$를 지나고 기울기가 a인 직선이다.

원 $(x-2)^2+(y-1)^2=1$과 $y=a(x+3)-4$이 접할 때는 원의 중심 $(2, 1)$에서 직선 $a(x+3)-y-4=0$에 이르는 거리가 반지름의 길이 1과 같을 때이므로

$\frac{|5a-5|}{\sqrt{a^2+1}}=1$, $|5a-5|=\sqrt{a^2+1}$

$25(a^2-2a+1)=a^2+1$, $12a^2-25a+12=0$

$(3a-4)(4a-3)=0 \quad \therefore\ a=\frac{3}{4}, \frac{4}{3}$

따라서 원과 직선이 만나기 위한 실수 a의 값의 범위는 $\frac{3}{4} \le a \le \frac{4}{3}$이다.

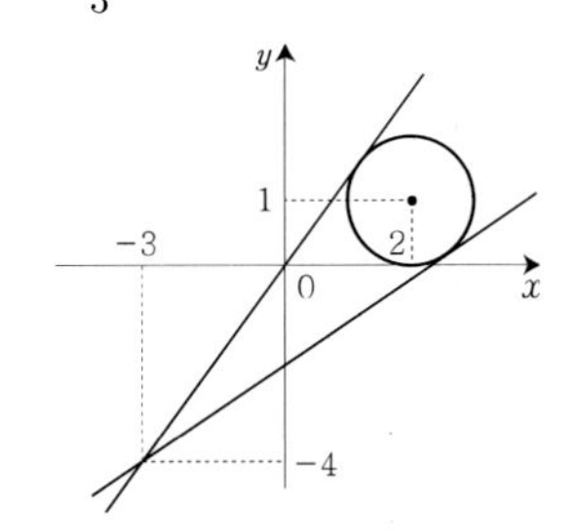

121. 22

풀이 원의 중심 $(-2, -1)$ 에서 직선 $4x+3y+k=0$ 에 이르는 거리는 5 이므로

$\frac{|-8-3+k|}{\sqrt{4^2+3^2}}=\frac{|k-11|}{5}=5$ 에서 $k=-14$ 또는 $k=36$

구하는 접선의 방정식은

$4x+3y-14=0$ 또는 $4x+3y+36=0$

따라서 모든 상수 k 의 값의 합은 $-14+36=22$

122. $-2\sqrt{2}<b<2\sqrt{2}$

풀이 $y=x+b$를 $x^2+y^2=4$에 대입하면

$x^2+(x+b)^2=4 \Leftrightarrow 2x^2+2bx+b^2-4=0$

이 이차방정식이 서로 다른 두 실근을 가져야 하므로

$\frac{D}{4}=b^2-2(b^2-4)>0$

즉, $-b^2+8>0$, $b^2<8$이므로 $-2\sqrt{2}<b<2\sqrt{2}$

123. 풀이 참조

풀이 (1)

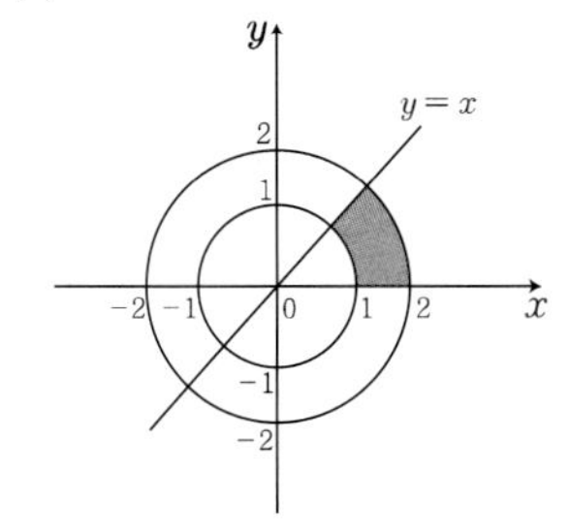

(2)

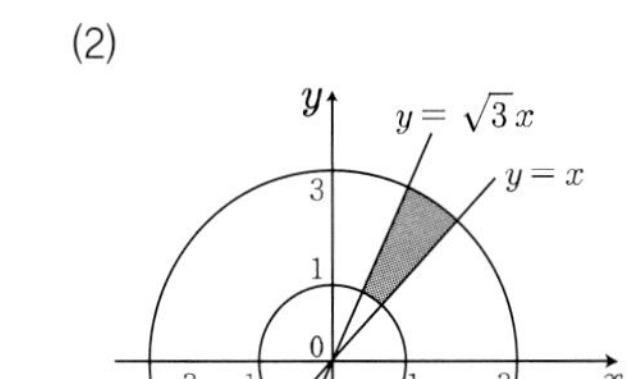

1. 수열의 극한과 합

124. (1) $a_n = 3n - 14$ (2) $a_n = -3n + 9$

풀이 (1) $-11, -8, -5, -2, \cdots$ 에서 첫째항은 -11이고, 공차 $d = 3$이므로 $a_n = 3n - 14$이다.

(2) $6, 3, 0, -3, \cdots$에서 첫째항은 6이고, 공차 $d = -3$이므로 $a_n = -3n + 9$이다.

125. $15, 12$

풀이 18과 9 사이의 두 수를 x, y라고 하자.
공차를 d라고 하면
$18, 18 + d = x, 18 + 2d = y, 18 + 3d = 9$는 등차수열이다. 따라서 $d = -3$이고, $x = 15, y = 12$이다.

126. $k = 8, d = 3$

풀이 삼차방정식의 세 근이 등차수열을 이루기 때문에 $a - d, a, a + d$라고 하자.

(i) 세 근의 합은 $(a - d) + a + (a + d) = 3a = 3$이므로 $a = 1$이다.

↳ 즉, a는 방정식의 근이 되므로
$f(x) = x^3 - 3x^2 - 6x + k$라 할 때,
$f(1) = -8 + k = 0$이다. $\Rightarrow k = 8$

(ii) 세 근의 곱은 $(a - d) \cdot a \cdot (a + d) = a(a^2 - d^2) = -k$ 이므로 $a = 1, k = 8$을 대입해서 공차 d를 구하면
$\Rightarrow 1 - d^2 = -8 \Rightarrow d^2 = 9 \Rightarrow d = 3 (\because d > 0)$
이다.

127. $a_{10} = 20, \ d = 2$

풀이 $a_n = S_n - S_{n-1} = (n^2 + n) - \{(n-1)^2 + (n-1)\}$
$= 2n \ (n \ge 2)$이고, $a_1 = S_1 = 2$이다.
위의 $a_n = 2n$에 $n = 1$을 대입하면 $a_1 = 2$이므로
일반항 $a_n = 2n \ (n \ge 1)$이다.
$\therefore a_{10} = 20, \ d = 2$

128. 제9항

풀이 첫째항이 2이고, 공비가 2인 등비수열의 일반항 $a_n = 2^n$이다.
제 n에서 처음으로 500보다 커지다고 하면 $2^n > 500$이라 할 수 있고, $2^8 = 256, 2^9 = 512$이므로 $n = 9$이다.

129. $\frac{1}{8}$

풀이 곡선 $y = x^3 - 2x^2 + x$와 직선 $y = k$가 만나는 교점의 x좌표는 방정식 $x^3 - 2x^2 + x = k$의 근이다.
서로 다른 세 근이 등비수열의 관계를 이루기 때문에 $a, \ ar, \ ar^2$이라 하자.

(i) 세 근의 합

$$a + ar + ar^2 = a(1 + r + r^2) = 2 \Rightarrow 1 + r + r^2 = \frac{2}{a}$$

(ii) 두 근끼리의 곱 $a^2r + a^2r^2 + a^2r^3 = a^2r(1 + r + r^2) = 1$

위의 식 (i)에 의해서 $ar = \frac{1}{2}$

(iii) 세 근의 곱 $a^3r^3 = (ar)^3 = k$

위의 식 (ii)에 의해서 $k = \frac{1}{8}$이다.

130. 7

풀이 첫째항을 a, 공비를 r이라고 하면

(i) $S_5 = \frac{a(1 - r^5)}{1 - r} = 1 \Rightarrow 1 - r^5 = \frac{1 - r}{a}$

(ii) $S_{10} = \frac{a(1 - r^{10})}{1 - r} = \frac{a(1 - r^5)(1 + r^5)}{1 - r} = S_5(1 + r^5) = 3$

$\Rightarrow 1 + r^5 = 3, \ r^5 = 2$

(iii) $S_{15} = \frac{a(1 - r^{15})}{1 - r} = \frac{a(1 - r^5)(1 + r^5 + r^{10})}{1 - r}$

$= S_5(1 + r^5 + r^{10}) = 1 \cdot (1 + 2 + 2^2) = 7$

131. $a_n = 4 \cdot 5^{n-1}$

풀이 $a_n = S_n - S_{n-1} = (5^n - 1) - (5^{n-1} - 1) = 5^{n-1}(5 - 1)$
$= 4 \cdot 5^{n-1} (n \ge 2)$이고, $a_1 = S_1 = 4$이다.
위의 $a_n = 4 \cdot 5^{n-1}$에 $n = 1$을 대입하면 $a_1 = 4$이므로
일반항 $a_n = 4 \cdot 5^{n-1} \ (n \ge 1)$이다.

132. 37

풀이 $\sum_{k=1}^{10}(3a_k-1)^2=\sum_{k=1}^{10}\left(9a_k^{\,2}-6a_k+1\right)$

$=9\sum_{k=1}^{10}a_k^{\,2}-6\sum_{k=1}^{10}a_k+\sum_{k=1}^{10}1=9\cdot5-6\cdot3+1\cdot10=37$

133. (1) $\frac{n(2n-1)(2n+1)}{3}$ (2) $\frac{n(n+1)(n+2)}{6}$

풀이 (1) $a_n=(2n-1)^2$이고,

$S_n=\sum_{k=1}^{n}(2k-1)^2=\sum_{k=1}^{n}(4k^2-4k+1)$

$=4\sum_{k=1}^{n}k^2-4\sum_{k=1}^{n}k+\sum_{k=1}^{n}1$

$=4\left\{\frac{n(n+1)(2n+1)}{6}\right\}-4\frac{n(n+1)}{2}+n$

$=\frac{n(2n-1)(2n+1)}{3}$

(2) $a_n=1+2+\cdots+n=\frac{n(n+1)}{2}$이고,

$S_n=\sum_{k-1}^{n}\frac{k(k+1)}{2}=\frac{1}{2}\sum_{k-1}^{n}(k^2+k)$

$=\frac{1}{2}\left\{\sum_{k-1}^{n}k^2+\sum_{k-1}^{n}k\right\}$

$=\frac{1}{2}\left\{\frac{n(n+1)(2n+1)}{6}+\frac{n(n+1)}{2}\right\}$

$=\frac{n(n+1)(n+2)}{6}$

■ 2. 순열과 조합

134. (1) 24 (2)120 (3)120 (4)42

풀이 (1) ${}_4P_3=4\times3\times2=24$

(2) ${}_6P_3=6\times5\times4=120$

(3) ${}_5P_4=5\times4\times3\times2=120$

(4) ${}_7P_2=7\times6=42$

135. ${}_{14}P_9$

136. 720

풀이 ${}_{10}P_3=10\times9\times8=720$

137. (1) 1 (2) 1 (3) 10 (4) 20 (5) 21 (6) 6

풀이 (1) ${}_3C_0=1$

(2) ${}_4C_4=1$

(3) ${}_5C_3=\frac{5\times4\times3}{3!}=10$

(4) ${}_6C_3=\frac{6\times5\times4}{3!}=20$

(5) ${}_7C_2=\frac{7\times6}{2!}=21$

(6) ${}_4C_2=\frac{4\times3}{2!}=6$

138. 60

풀이 남자 4명중 2명을 고르는 경우의 수는

${}_4C_2=\frac{4\times3}{2!}=6$이고

여자 5명중 3명을 고르는 경우의 수는

${}_5C_3=\frac{5\times4\times3}{3!}=10$이므로

총 경우의 수는 $6\times10=60$이다.

139. 90

풀이 서로 다른 수학문제집 6권 중 2권을 뽑는 경우의 수는

${}_6C_2=\frac{6\times5}{2!}=15$이고

서로 다른 영어문제집 4권 중 2권을 뽑는 경우의 수는

${}_4C_2=\frac{4\times3}{2!}=6$이므로

총 경우의 수는 $15\times6=90$이다.

미적분과 급수

CHAPTER 01 함수

1. 지수함수 & 로그함수

1. (1) $e^{x\ln x}$ (2) $e^{\frac{1}{x}\ln x}$

풀이 밑수도 미지수, 지수도 미지수를 포함하고 있는 식은 항상 $\bigstar = e^{\ln\bigstar}$ 와 같이 변환시킨다.

(1) $y = x^x = e^{\ln x^x} = e^{x\ln x}$

(2) $y = x^{\frac{1}{x}} = e^{\ln x^{\frac{1}{x}}} = e^{\frac{1}{x}\ln x}$

2. 삼각함수 & 역삼각함수

2. (1) $\cos\theta$ (2) $-\sin\theta$ (3) $-\sin\theta$

(4) $\tan\theta$ (5) $-\sin\theta$ (6) $\sec^2\theta$

풀이 (1) $\sin\left(\frac{\pi}{2}-\theta\right)=\cos\theta$

(2) $\sin\left(\frac{\pi}{2}\times2+\theta\right)=-\sin\theta$

(3) $\cos\left(\frac{\pi}{2}\times1+\theta\right)=-\sin\theta$

(4) $\tan\left(\frac{\pi}{2}\times2+\theta\right)=\tan\theta$

(5) $\sin(-(\pi-\theta))=-\sin(\pi-\theta)$

$=-\sin\left(\frac{\pi}{2}\times2-\theta\right)=-\sin\theta$

(6) 삼각함수의 변환공식에 의해서

$\sin(\pi-\theta)=\sin\theta$, $\cos\left(\frac{3}{2}\pi+\theta\right)=\sin\theta$,

$\tan(-\theta)=-\tan\theta$, $\tan(\pi+\theta)=\tan\theta$

$\sin\left(\frac{\pi}{2}+\theta\right)=\cos\theta$, $\cos(\pi+\theta)=-\cos\theta$

(준식) $=\sin\theta\sin\theta+\tan\theta\tan\theta-\cos\theta(-\cos\theta)$

$=1+\tan^2\theta=\sec^2\theta$

3. 3π

풀이 주어진 그래프는 $y=3\cos2x$이고, $y=3\sin2x$의 그래프를 x축의 방향으로 $-\frac{\pi}{4}$만큼 평행이동한 것과 같으므로 $y=3\sin\left(2\left(x+\frac{\pi}{4}\right)\right)=3\sin\left(2x+\frac{\pi}{2}\right)$이므로

$a=3, b=2, c=\frac{\pi}{2}$이고, $abc=3\pi$이다.

4. $\sin2\alpha=-\frac{24}{25}$, $\cos2\alpha=\frac{7}{25}$, $\tan2\alpha=-\frac{24}{7}$

풀이 $\tan\alpha=-\frac{3}{4}$일 때, $\sin\alpha=-\frac{3}{5}$, $\cos\alpha=\frac{4}{5}$이다.

$\sin2\alpha=2\sin\alpha\cos\alpha=-\frac{24}{25}$,

$\cos2\alpha=\cos^2\alpha-\sin^2\alpha=\frac{7}{25}$, $\tan2\alpha=\frac{\sin2\alpha}{\cos2\alpha}=-\frac{24}{7}$

5. -2

풀이 $\sin\alpha=-\frac{4}{5}\left(\pi<\alpha<\frac{3}{2}\pi\right)$이므로 직각삼각형을 그려서

$\tan\alpha=\frac{4}{3}$임을 확인할 수있다.

$$\tan\alpha=\tan\left(2\cdot\frac{\alpha}{2}\right)=\frac{\tan\frac{\alpha}{2}+\tan\frac{\alpha}{2}}{1-\tan^2\frac{\alpha}{2}}=\frac{4}{3}$$

$\frac{\pi}{2}<\frac{\alpha}{2}<\frac{3}{4}\pi$이고, $\tan\frac{\alpha}{2}=t$라고 치환하면 $t<0$이다.

식을 정리하면

$$\frac{4}{3}=\frac{2t}{1-t^2}\Rightarrow 4-4t^2=6t\Rightarrow 2t^2+3t-2=0$$

$$\Rightarrow (t+2)(2t-1)=0,\ t=-2,\ \frac{1}{2}$$

따라서 $\tan\frac{\alpha}{2}=-2$이다.

6. $k=4$

풀이 주어진 두 직선과 x축이 이루는 각을 각각 α,β라고 할 때, $\tan\alpha=\frac{k}{2}$, $\tan\beta=\frac{1}{3}$이라고 할 수 있다. 두 직선의 사잇각을 θ라고 할 때,

$$|\tan\alpha|=|\tan(\theta+\beta)|=\left|\frac{\tan\theta+\tan\beta}{1-\tan\theta\cdot\tan\beta}\right|$$ 이고,

$\theta=\frac{\pi}{4}$이므로

$$|\tan\alpha|=\left|\tan\left(\frac{\pi}{4}+\beta\right)\right|=\left|\frac{1+\frac{1}{3}}{1-\frac{1}{3}}\right|=2=\frac{k}{2}\Rightarrow k=4$$

7. 풀이 참조

풀이 $y=\cos x-\sin x=\sqrt{2}\left(\frac{1}{\sqrt{2}}\cos x-\frac{1}{\sqrt{2}}\sin x\right)$

$=\sqrt{2}\left(\cos\frac{\pi}{4}\cos x-\sin\frac{\pi}{4}\sin x\right)$

$=\sqrt{2}\cos\left(\frac{\pi}{4}+x\right)$ 이거나 또는

$y=\cos x-\sin x=\sqrt{2}\left(\frac{1}{\sqrt{2}}\cos x-\frac{1}{\sqrt{2}}\sin x\right)$

$=\sqrt{2}\left(\sin\frac{\pi}{4}\cos x-\cos\frac{\pi}{4}\sin x\right)=\sqrt{2}\sin\left(\frac{\pi}{4}-x\right)$

이다. 따라서 주기는 2π이고, 최댓값은 $\sqrt{2}$, 최솟값은 $-\sqrt{2}$, 진폭은 $2\sqrt{2}$이다.

8. $x=\frac{\pi}{12}$ or $\frac{7\pi}{12}$

풀이 $\sqrt{3}\sin x+\cos x=2\left(\frac{\sqrt{3}}{2}\sin x+\frac{1}{2}\cos x\right)$

$=2\left(\sin x\cos\frac{\pi}{6}+\cos x\sin\frac{\pi}{6}\right)$

$=2\sin\left(x+\frac{\pi}{6}\right)=\sqrt{2}$

$\sin\left(x+\frac{\pi}{6}\right)=\frac{\sqrt{2}}{2}$이므로 $x+\frac{\pi}{6}=\frac{\pi}{4}$ or $\frac{3\pi}{4}$이고,

$x=\frac{\pi}{12}$ or $\frac{7\pi}{12}$이다.

9. $\sqrt{13}$

풀이 $y=\sqrt{3}\cos x+k\sin x-1$

$=\sqrt{3+k^2}\left(\frac{\sqrt{3}}{\sqrt{3+k^2}}\cos x+\frac{k}{\sqrt{3+k^2}}\sin x\right)-1$

$=\sqrt{3+k^2}\sin(x+\alpha)-1$

(여기서 $\cos\alpha=\frac{k}{\sqrt{3+k^2}}$, $\sin\alpha=\frac{\sqrt{3}}{\sqrt{3+k^2}}$)

최댓값은 $\sqrt{3+k^2}-1=3$이므로 $k=\sqrt{13}$ $(\because k>0)$

10. (1) $\frac{\pi}{6}$ (2) $\frac{\pi}{4}$ (3) $\frac{3}{\sqrt{13}}$

(4) $\frac{\pi}{3}$ (5) $-\frac{\pi}{4}$ (6) $\frac{3\pi}{4}$

풀이 (1) $\sin^{-1}\frac{1}{2}=\alpha$라 하면 $\sin\alpha=\frac{1}{2}$이고 $\alpha=\frac{\pi}{6}$이다.

$\sin^{-1}\frac{1}{2}=\frac{\pi}{6}$

(2) $\tan^{-1}1=\alpha$라 하면 $\tan\alpha=1$이고 $\alpha=\frac{\pi}{4}$이다.

$\tan^{-1}1=\frac{\pi}{4}$

(3) $\tan^{-1}\frac{2}{3}=\alpha$라 하면 $\tan\alpha=\frac{2}{3}$이고 $\cos\alpha=\frac{3}{\sqrt{13}}$이다.

$\cos\left(\tan^{-1}\frac{2}{3}\right)=\frac{3}{\sqrt{13}}$

(4) $\sin^{-1}\left(\sin\frac{7\pi}{3}\right)=\sin^{-1}\left(\sin\frac{\pi}{3}\right)=\frac{\pi}{3}$

(5) $\sin^{-1}\left(-\frac{1}{\sqrt{2}}\right)=-\sin^{-1}\frac{1}{\sqrt{2}}=-\frac{\pi}{4}$이다.

$\because\ \sin^{-1}\frac{1}{\sqrt{2}}=\alpha$라 하면 $\sin\alpha=\frac{1}{\sqrt{2}}$이고 $\alpha=\frac{\pi}{4}$이다.

(6) $\cos^{-1}x+\cos^{-1}(-x)=\pi$이고,

$\cos^{-1}(-x)=\pi-\cos^{-1}x$을 이용하자.

$\cos^{-1}\left(-\frac{1}{\sqrt{2}}\right)=\pi-\cos^{-1}\frac{1}{\sqrt{2}}=\pi-\frac{\pi}{4}=\frac{3\pi}{4}$ 이다.

11. (1) $\frac{12\sqrt{6}}{5}$ (2) $-\frac{1}{3}$ (3) $\frac{5}{9}$

(4) $\frac{7}{25}$ (5) $\frac{\pi}{4}$

풀이 (1) $\cos^{-1}\frac{1}{5}=\alpha$라 하면 우리의 목표는 $\sin\alpha+\tan\alpha$가 된다. 여기서 $\cos\alpha=\frac{1}{5}$이므로 직각삼각형의 성질에 의해 $\sin\alpha=\frac{2\sqrt{6}}{5}$, $\tan\alpha=2\sqrt{6}$ 이다.

$\therefore\ \sin\alpha+\tan\alpha=\frac{2\sqrt{6}}{5}+2\sqrt{6}=\frac{12\sqrt{6}}{5}$

(2) $\tan\left(\frac{\pi}{4}-\tan^{-1}2\right)=\frac{\tan\frac{\pi}{4}-\tan(\tan^{-1}2)}{1+\tan\frac{\pi}{4}\tan(\tan^{-1}2)}$

$=\frac{1-2}{1+1\times2}=-\frac{1}{3}$

(3) $\cos^{-1}\frac{2}{3}=\alpha$라 두면 $\cos\alpha=\frac{2}{3}$ 이다.

$\sin^2\alpha=1-\cos^2\alpha=1-\frac{4}{9}=\frac{5}{9}$

(4) $\sin^{-1}\frac{3}{5}=\alpha$라 하면 $\sin\alpha=\frac{3}{5}$이고, $\cos\alpha=\frac{4}{5}$이다.

$\cos\left(2\sin^{-1}\left(\frac{3}{5}\right)\right)=\cos(2\alpha)=\cos^2\alpha-\sin^2\alpha=\frac{7}{25}$

(5) $\tan^{-1}\left(\frac{1}{3}\right)=\alpha$, $\tan^{-1}\left(\frac{1}{7}\right)=\beta$라 하면

$\tan\alpha=\frac{1}{3}$, $\tan\beta=\frac{1}{7}$이므로

$\tan(2\alpha)=\frac{2\tan\alpha}{1-\tan^2\alpha}=\frac{\frac{2}{3}}{\frac{8}{9}}=\frac{3}{4}$ 이다.

여기서 $0<2\alpha<\frac{\pi}{4}$, $0<\beta<\frac{\pi}{4}$이고, $0<2\alpha+\beta<\frac{\pi}{2}$ 이다. 또한, $2\tan^{-1}\left(\frac{1}{3}\right)+\tan^{-1}\left(\frac{1}{7}\right)=2\alpha+\beta$이므로

$\tan(2\alpha+\beta)=\frac{\tan(2\alpha)+\tan\beta}{1-\tan(2\alpha)\cdot\tan\beta}=\frac{\frac{3}{4}+\frac{1}{7}}{1-\frac{3}{4}\cdot\frac{1}{7}}=1$을

만족하는 $2\alpha+\beta=\frac{\pi}{4}$이다.

12. $-\frac{33}{65}$

풀이 $\cos^{-1}\frac{3}{5}=\alpha$라 하고 $\cos^{-1}\left(-\frac{12}{13}\right)=\beta$라 하자.

즉 $\cos\alpha=\frac{3}{5}$, $\cos\beta=-\frac{12}{13}$이다.

$\sin\theta=\sin(\alpha+\beta)=\sin\alpha\cos\beta+\cos\alpha\sin\beta$ 이므로

$\sin\alpha=\frac{4}{5}$이고 $\sin\beta=\frac{5}{13}$이다.

(단, 이 값들은 직각삼각형과 피타고라스 정리를 사용하여 얻었고, $\frac{\pi}{2}\le\beta\le\pi$임을 명심하자.)

따라서

$\sin\theta=\sin(\alpha+\beta)=\frac{4}{5}\times\left(-\frac{12}{13}\right)+\frac{3}{5}\times\frac{5}{13}=-\frac{33}{65}$

13. $-\sqrt{2}\le x\le\sqrt{2}$

풀이 $y=\sin^{-1}x$의 정의역은 $-1\le x\le 1$이므로 $y=\sin^{-1}\bigstar$에서 $\bigstar$의 범위는 $-1\le\bigstar\le 1$이다.

따라서 $f(x)=\sin^{-1}(x^2-1)$에서 $-1\le x^2-1\le 1$을 만족한다.

$-1\le x^2-1\le 1$

$\Rightarrow\ 0\le x^2\le 2\ \Rightarrow\ -\sqrt{2}\le x\le\sqrt{2}$

14. 정답 ①

풀이 ① (참) $x>0$일 때,

$\tan^{-1}x+\tan^{-1}\frac{1}{x}=\tan^{-1}x+\cot^{-1}x=\frac{\pi}{2}$

② (거짓) $\cos^{-1}x+\sin^{-1}x=\frac{\pi}{2}\ne\frac{\pi}{4}$

③ (거짓) $\sin^{-1}(-x)=-\sin^{-1}x$

④ (거짓) $\sin^{-1}\left(\sin\frac{7\pi}{3}\right)=\sin^{-1}\left(\sin\left(2\pi+\frac{\pi}{3}\right)\right)$

$=\sin^{-1}\left(\sin\frac{\pi}{3}\right)=\sin^{-1}\left(\frac{\sqrt{3}}{2}\right)=\frac{\pi}{3}$

⑤ (거짓)

$\tan^{-1}\left(\tan\frac{5}{4}\pi\right)=\tan^{-1}\left(\tan\left(\pi+\frac{\pi}{4}\right)\right)$

$=\tan^{-1}\left(\tan\frac{\pi}{4}\right)=\tan^{-1}(1)=\frac{\pi}{4}$

따라서 옳은 것은 ①이다.

3. 쌍곡선함수 & 역쌍곡선함수

15. 17

풀이 $\tanh x=\frac{1}{3}=\frac{e^{2x}-1}{e^{2x}+1} \Leftrightarrow 3e^{2x}-3=e^{2x}+1 \Leftrightarrow e^{2x}=2$

$8\cosh 4x=8\times\frac{e^{4x}+e^{-4x}}{2}$

$=4\left\{(e^{2x})^2+\frac{1}{(e^{2x})^2}\right\}=4\left(4+\frac{1}{4}\right)=17$

16. $\frac{1}{5}$

풀이 $\tanh(x-y)=\frac{\tanh x-\tanh y}{1-\tanh x\tanh y}=\frac{\frac{1}{2}-\frac{1}{3}}{1-\frac{1}{2}\times\frac{1}{3}}=\frac{\frac{1}{6}}{\frac{5}{6}}=\frac{1}{5}$

17. 2

풀이 $\ln(e\cosh x+e\sinh x)+\ln(e\cosh x-e\sinh x)$

$=\ln(e^2\cosh^2x-e^2\sinh^2x)=\ln\{(e^2(\cosh^2x-\sinh^2x)\}$

$=\ln(e^2)=2\ln e=2$

18. 풀이 참조

풀이 (1) $\tanh x=\frac{\sinh x}{\cosh x}=\frac{e^{2x}-1}{e^{2x}+1}$ 이므로

$\tanh(\ln x)=\frac{e^{2\ln x}-1}{e^{2\ln x}+1}=\frac{x^2-1}{x^2+1}$ 이 성립한다.

(2) $\tanh x=\frac{\sinh x}{\cosh x}$ 이고, $\cosh x+\sinh x=e^x$

$\cosh x-\sinh x=e^{-x}$ 이므로

$\frac{1+\tanh x}{1-\tanh x}=\frac{1+\frac{\sinh x}{\cosh x}}{1-\frac{\sinh x}{\cosh x}}$

$=\frac{\cosh x+\sinh x}{\cosh x-\sinh x}=\frac{e^x}{e^{-x}}=e^{2x}$ 가 성립한다.

(3) $\cosh x+\sinh x=e^x$ 이므로

$(\cosh x+\sinh x)^n=e^{nx}$ 이고,

$\cosh nx+\sinh nx=\frac{e^{nx}+e^{-nx}}{2}+\frac{e^{nx}-e^{-nx}}{2}=e^{nx}$

이므로 $(\cosh x+\sinh x)^n=\cosh nx+\sinh nx$ 이 성립한다.

19. $\ln\left(\frac{1+\sqrt{5}}{2}\right)$

풀이 $\sinh^{-1}x=\ln(x+\sqrt{x^2+1})$ 이므로 $x=\frac{1}{2}$를 대입하자.

$\sinh^{-1}\frac{1}{2}=\ln\left(\frac{1}{2}+\sqrt{\frac{1}{4}+1}\right)=\ln\left(\frac{1+\sqrt{5}}{2}\right)$

20. $f^{-1}(x)=\ln(x+\sqrt{x^2-1})$

풀이 $y=\cosh x=\frac{e^x+e^{-x}}{2}$ $(x\geq 0, y\geq 1)$를 $y=x$에 대하여

대칭시키면 $x=\cosh y=\frac{e^y+e^{-y}}{2}$ $(x\geq 1, y\geq 0)$이다.

(i) $x=\cosh y \Leftrightarrow y=\cosh^{-1}x$

(ii) $e^y+e^{-y}=2x$의 양변에 e^y을 곱하여 정리하면

$e^{2y}-2xe^y+1=0$이고 근의 공식에 의하여

$e^y=x+\sqrt{x^2-1}$ $(\because y\geq 0,\ e^y\geq 1)$

$\therefore y=\cosh^{-1}x=\ln(x+\sqrt{x^2-1})$

21. $f^{-1}(x)=\frac{1}{2}\ln\left(\frac{1+x}{1-x}\right)$

풀이 $y=\tanh x=\frac{e^x-e^{-x}}{e^x+e^{-x}}=\frac{e^{2x}-1}{e^{2x}+1}$ $(x\in R,\ -1<y<1)$를

$y=x$에 대하여 대칭시키면

$x=\tanh y=\frac{e^{2y}-1}{e^{2y}+1}$ $(-1<x<1, y\in R)$이다.

(i) $x=\tanh y \Leftrightarrow y=\tanh^{-1}x$

(ii) $x=\frac{e^{2y}-1}{e^{2y}+1} \Rightarrow e^{2y}-1=xe^{2y}+x$

$\Rightarrow e^{2y}(1-x)=1+x \Rightarrow e^{2y}=\frac{1+x}{1-x}$

$\therefore y=\tanh^{-1}x=\frac{1}{2}\ln\left(\frac{1+x}{1-x}\right)$

22. 풀이 참조

풀이 $\sec\theta=t$라고 치환하면 $\cos\theta=\frac{1}{t}$, $\tan\theta=\sqrt{t^2-1}$ 이다.

$\ln(\sec\theta+\tan\theta)=\ln\left(t+\sqrt{t^2-1}\right)=\cosh^{-1}t=x$이 므 로

$t=\cosh x$이고, $t=\sec\theta=\cosh x$이다.

23. 풀이 참조

풀이 $\csc\theta=t$라고 치환하면 $\sin\theta=\frac{1}{t}$, $\cot\theta=\sqrt{t^2-1}$ 이다.

$\ln(\csc\theta+\cot\theta)=\ln\left(t+\sqrt{t^2-1}\right)=\cosh^{-1}t=x$이므로

$t=\cosh x$이고, $t=\csc\theta=\cosh x$이다.

4. 극좌표 & 극곡선

24. $\left(-\sqrt{2},\ \sqrt{2}\right)$

풀이 $x=r\cos\theta \Rightarrow x=2\cos\frac{3}{4}\pi = 2\cos\left(\frac{\pi}{2}+\frac{\pi}{4}\right)$

$= 2\left(-\sin\frac{\pi}{4}\right) = 2\times\left(-\frac{\sqrt{2}}{2}\right) = -\sqrt{2}$

$y=r\sin\theta \Rightarrow y=2\sin\frac{3}{4}\pi = 2\sin\left(\frac{\pi}{2}+\frac{\pi}{4}\right)$

$= 2\cos\frac{\pi}{4} = 2\frac{\sqrt{2}}{2} = \sqrt{2}$

$\therefore$ 극좌표가 $\left(2,\ \frac{3}{4}\pi\right)$인 점을 직교좌표로 나타내면 $\left(-\sqrt{2},\ \sqrt{2}\right)$이다.

25. ④

풀이 $r=\sqrt{x^2+y^2} \Rightarrow r=\sqrt{1+3}=2,$

$\theta=\tan^{-1}\left(\frac{y}{x}\right) \Rightarrow \theta=\tan^{-1}\sqrt{3} = \frac{\pi}{3}$

직교좌표 $(1,\ \sqrt{3})$을 극좌표 $\left(2,\ \frac{\pi}{3}\right)$로 나타낼 수 있다.

또한 극좌표의 성질 $(r,\theta)=\left((-1)^n r,\ n\pi+\theta\right)$에 의해서 정수 n에 대하여 $\left(2,\ \frac{\pi}{3}\right)=\left((-1)^n 2,\ n\pi+\frac{\pi}{3}\right)$가 성립한다.

$n=1$이면 $\left(2,\ \frac{\pi}{3}\right)=\left(-2,\ \pi+\frac{\pi}{3}\right)=\left(-2,\ \frac{4\pi}{3}\right)$

$n=-1$이면 $\left(2,\ \frac{\pi}{3}\right)=\left(-2,\ -\pi+\frac{\pi}{3}\right)=\left(-2,\ -\frac{2\pi}{3}\right)$

$n=2$이면 $\left(2,\ \frac{\pi}{3}\right)=\left(2,\ 2\pi+\frac{\pi}{3}\right)$, … 이 성립한다.

26. ①

풀이 $r^2=x^2+y^2$이고, $r=\sqrt{x^2+y^2}$이므로

$r=\sqrt{4^2+(-4)^2}=4\sqrt{2}$ 이다.

$\tan\theta=\frac{y}{x} \Rightarrow \tan\theta=\frac{4}{-4}=-1$이고, $\theta\in$ 2사분면이다.

즉 $\theta=\frac{3\pi}{4}$이다.

따라서 $(r,\theta)=\left(4\sqrt{2},\ \frac{3\pi}{4}\right)$

$=\left(-4\sqrt{2},\ \frac{3\pi}{4}+(2n+1)\pi\right)$

$=\left(4\sqrt{2},\ \frac{3\pi}{4}+2n\pi\right)$ ($n\in$ 정수)

① $\left(4\sqrt{2},\ -\frac{3}{4}\pi\right)$ 불가능

② $\left(4\sqrt{2},\ \frac{3}{4}\pi\right)$ 가능

③ $\left(4\sqrt{2},\ \frac{3\pi}{4}+2n\pi\right)$에서 $n=1$ 대입하면 $\left(4\sqrt{2},\ \frac{11}{4}\pi\right)$ 가능

④ $\left(-4\sqrt{2},\ \frac{3\pi}{4}+(2n+1)\pi\right)$에서 $n=-1$ 대입하면 $\left(-4\sqrt{2},\ -\frac{\pi}{4}\right)$ 가능

27. 풀이 참조

풀이 (1) $r=\sqrt{x^2+y^2}$이므로 $r=2 \Leftrightarrow \sqrt{x^2+y^2}=2$이다. 따라서 $x^2+y^2=4$이다.

(2) $r=\cot\theta\csc\theta \Leftrightarrow r=\frac{\cos\theta}{\sin\theta}\cdot\frac{1}{\sin\theta}$

$\Leftrightarrow r\sin\theta\sin\theta=\cos\theta$

$\Leftrightarrow r\sin\theta r\sin\theta=r\cos\theta$

$\Leftrightarrow y^2=x$

즉, $r=\cot\theta\csc\theta$는 직교방정식으로 $x=y^2$의 그래프를 나타낸 것이다.

(3) $r=3\sin\theta$의 양변에 r을 곱하면 $r^2=3r\sin\theta$이고, $r^2=x^2+y^2$, $r\sin\theta=y$이므로 $x^2+y^2=3y$이다.

(4) $r=\csc\theta=\frac{1}{\sin\theta}$의 양변에 $\sin\theta$를 곱하면 $r\sin\theta=1$이고, $r\sin\theta=y$이므로 $y=1$이다.

28. 풀이 참조

풀이 (1) $y=r\sin\theta$이므로 $y=5 \Leftrightarrow r\sin\theta=5$이다.

따라서 $r=\frac{5}{\sin\theta}=5\csc\theta$이다.

(2) $x=r\cos\theta,\ y=r\sin\theta$이므로

$x=-y^2 \Leftrightarrow r\cos\theta=-r^2\sin^2\theta$이다. 따라서

$-r\sin^2\theta=\cos\theta \Leftrightarrow r=-\frac{\cos\theta}{\sin^2\theta} \Leftrightarrow r=-\csc\theta\cot\theta$

(3) $x^2+y^2=r^2,\ x=r\cos\theta$이므로

$x^2+y^2=2ax \Leftrightarrow r^2=2ar\cos\theta \Leftrightarrow r=2a\cos\theta$이다.

(4) $x^2+y^2=r^2,\ x=r\cos\theta,\ y=r\sin\theta$이므로

$(x^2+y^2)^2=x^2-y^2 \Leftrightarrow r^4=r^2\cos^2\theta-r^2\sin^2\theta$

$\Leftrightarrow r^2=\cos^2\theta-\sin^2\theta \Leftrightarrow r^2=\cos 2\theta$이다.

29. ④

풀이 원점을 지난다는 것은 $r=0$이 되는 것과 같다.

① $r=2\sin\theta$는 $\theta=0$일 때, $r=0$이므로 원점을 지난다.

② $r=2\cos\theta$는 $\theta=\frac{\pi}{2}$일 때, $r=0$이므로 원점을 지난다.

③ $r=\tan\theta$는 $\theta=0$일 때, $r=0$이므로 원점을 지난다.

④ $r=2\sec\theta$는 직선 $x=2$이므로 원점을 지나지 않는다.

30. ②, ④

풀이 그래프를 그려서 간단히 확인하는 것을 추천한다.
식을 통해서 정리하고자 한다면, $f(-\theta)=f(\theta)$인지 확인하자.

① $r=2\sin(-\theta)=-2\sin\theta$

② $r=\cos2(-\theta)=\cos2\theta$

③ $r^2=4\sin2(-\theta)=-4\sin2\theta$

④ $r=2+\cos(-\theta)=2+\cos\theta$

따라서 극축에 대칭인 것은 ②, ④이다.

31. 4개

풀이 두 극곡선의 교점은
$2\cos3\theta=2\sin\theta \Leftrightarrow \cos3\theta=\sin\theta$일 때이다.
수식으로는 계산이 복잡하므로 그림으로 확인하자.
교점은 4개이다.

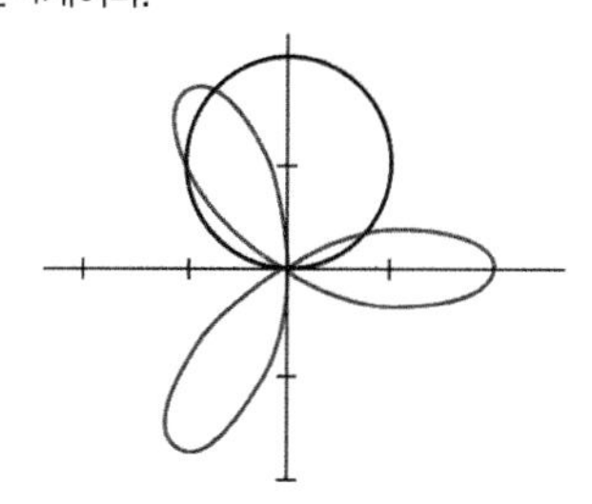

32. (1) 타원 (2) 쌍곡선 (3) 포물선 (4) 타원

풀이 (1) $r=\sqrt{x^2+y^2}$, $x=r\cos\theta$, $y=r\sin\theta$ 이므로

$$r=\frac{8}{4+3\cos\theta} \Leftrightarrow 4r+3r\cos\theta=8$$
$$\Leftrightarrow 4\sqrt{x^2+y^2}+3x=8$$
$$\Leftrightarrow 16(x^2+y^2)=(8-3x)^2$$
$$\Leftrightarrow 16(x^2+y^2)=64-48x+9x^2$$
$$\Leftrightarrow 16y^2+7x^2+48x=64$$

즉, 타원이다.

(2) $r=\sqrt{x^2+y^2}$, $x=r\cos\theta$, $y=r\sin\theta$ 이므로

$$r=\frac{6}{1+2\sin\theta} \Leftrightarrow r+2r\sin\theta=6$$
$$\Leftrightarrow \sqrt{x^2+y^2}+2y=6$$
$$\Leftrightarrow x^2+y^2=(6-2y)^2$$
$$\Leftrightarrow x^2+y^2=36-24y+4y^2$$
$$\Leftrightarrow x^2-3y^2+24y=36$$

즉, 쌍곡선이다.

(3) $r=\frac{1}{1+\sin\theta}$의 양변에 $1+\sin\theta$를 곱하면

$r+r\sin\theta=1$이고, $r=\sqrt{x^2+y^2}$, $r\sin\theta=y$이므로

$$r=\frac{1}{1+\sin\theta} \Leftrightarrow \sqrt{x^2+y^2}+y=1 \Leftrightarrow \sqrt{x^2+y^2}=1-y$$

이다. 양변을 제곱하면 $x^2+y^2=y^2-2y+1$이므로
$x^2=-2y+1$는 포물선이다.

(4) $r=\frac{12}{4-\sin\theta}$의 양변에 $4-\sin\theta$를 곱하면

$4r-r\sin\theta=12$이고, $r=\sqrt{x^2+y^2}$, $r\sin\theta=y$이므로

$$r=\frac{12}{4-\sin\theta} \Leftrightarrow 4\sqrt{x^2+y^2}-y=12$$
$$\Leftrightarrow 4\sqrt{x^2+y^2}=y+12$$

이다. 양 변을 제곱하면
$16(x^2+y^2)=y^2+24y+144 \Leftrightarrow 16x^2+15y^2-24y=144$
이므로 타원이다.

CHAPTER 02 미적분법

1. 함수의 극한과 연속

33. (1) 존재하지 않는다. (2) 존재하지 않는다. (3) 1

풀이 (1) $\lim_{x\to 0} f(x) = \begin{cases} \lim_{x\to 0^+} f(x) = 2 \\ \lim_{x\to 0^-} f(x) = 0 \end{cases}$ 이므로 $x=0$에서

극한값은 존재하지 않는다.

(2) $\lim_{x\to 2} f(x) = \begin{cases} \lim_{x\to 2^+} f(x) = -1 \\ \lim_{x\to 2^-} f(x) = -2 \end{cases}$ 이므로 $x=2$에서

극한값은 존재하지 않는다.

(3) $\lim_{x\to 1} g(x) = \begin{cases} \lim_{x\to 1^+} g(x) = 1 \\ \lim_{x\to 1^-} g(x) = 1 \end{cases}$ 이므로 $x=1$에서

극한값은 $\lim_{x\to 1} g(x) = 1$이다.

34. ③

풀이 ① $\lim_{x\to 0+} sgn(x) = 1$이다.

② $\lim_{x\to 0-} sgn(x) = -1$이다.

③ $x=0$에서 좌극한은 -1이고, 우극한은 1이다. 따라서 $x=0$에서의 극한값은 존재하지 않는다.

④ 절댓값에 의해 좌극한은 1이고 우극한도 1이 된다. 따라서 극한값은 1이다.

35. (1) 존재하지 않는다. (2) 0

풀이 (1) $\lim_{x\to 0} \sin\frac{1}{x} =$ (진동)

(2) $-1 \le \sin\frac{1}{x} \le 1$

$\Leftrightarrow \lim_{x\to 0}(-x^2) \le \lim_{x\to 0} x^2 \sin\frac{1}{x} \le \lim_{x\to 0} x^2$

$\Rightarrow \lim_{x\to 0} x^2 \sin\frac{1}{x} = 0$

36. $c=-5$

풀이 $x=-3$에서 연속이기 위해서 $f(-3) = \lim_{x\to -3} f(x)$가 성립해야 한다.

① $f(-3) = c$

② $\lim_{x\to -3} f(x) = \lim_{x\to -3} \frac{(x+3)(x-2)}{x+3} = \lim_{x\to -3} x-2 = -5$

따라서 ①과 ②가 같아야 하므로 $c=-5$이다.

37. (1) 존재하지 않는다. (2) 존재하지 않는다.
(3) 0 (4) 존재하지 않는다.

풀이 (1) $\lim_{x\to 0} \tan^{-1}\left(\frac{1}{x}\right) = \begin{cases} \lim_{x\to 0^+} \tan^{-1}\left(\frac{1}{x}\right) = \frac{\pi}{2} \\ \lim_{x\to 0^-} \tan^{-1}\left(\frac{1}{x}\right) = -\frac{\pi}{2} \end{cases}$

즉, 우극한은 $\frac{\pi}{2}$이고 좌극한은 $-\frac{\pi}{2}$이므로 발산한다.

(2) $\lim_{x\to 3-}\left(\left[\frac{x}{2}\right] - \frac{[x]}{2}\right) = 1-1=0,$

$\lim_{x\to 3+}\left(\left[\frac{x}{2}\right] - \frac{[x]}{2}\right) = 1-1.5 = -0.5$

이므로 $x=3$에서 극한값이 존재하지 않는다.

(3) $-1 < x < 1$ 일 때 $0 \le x^2 < 1$이므로 $[x^2] = 0$

$\therefore \lim_{x\to 0}[x^2] = 0$

(4) $\lim_{x\to\infty}\left(\left[\frac{x}{2}\right] - \frac{[x]}{2}\right) = \lim_{x\to\infty}\left(\frac{x}{2} - k - \frac{x-l}{2}\right) = -k + \frac{l}{2}$

(단, $0 \le k < 1,\ 0 \le l < 1$)이므로 극한값이 존재하지 않는다. 즉, k, l값에 따라서 값이 달라진다.

38. 2

풀이 (i) $\lim_{x\to n^+}[x] = n$이므로 $\lim_{x\to n+} \frac{[x]^2 + x}{2[x]} = \frac{n^2+n}{2n} = \frac{n+1}{2}$

(ii) $\lim_{x\to n^-}[x] = n-1$이므로 $\lim_{x\to n-} \frac{[x]^2+x}{2[x]} = \frac{(n-1)^2+n}{2(n-1)}$

극한값이 존재하므로 n은 0과 1이 될 수 없고, 좌극한과 우극한값이 같다.

$\frac{n^2-n+1}{2(n-1)} = \frac{n+1}{2}$

$\Leftrightarrow 2n^2 - 2n + 2 = 2(n^2-1) \Leftrightarrow n = 2$

39. 4

풀이 $f(x)=[3x]$가 불연속인 점은 $\left\{-\frac{2}{3}, -\frac{1}{3}, 0, \frac{1}{3}, \frac{2}{3}\right\}$이고,

$g(x)=\left[\frac{x}{3}\right]$가 불연속인 점은 $\{0\}$이므로

$A=5, B=1, A-B=4$이다.

40. 0

풀이 (1) $|x|<1$일 때, $\lim_{n\to\infty}x^n=0$이므로,

$$f(x)=\lim_{n\to\infty}\frac{x^2(1-x^n)}{1+x^n}=x^2$$

(2) $|x|>1$일 때,

$$f(x)=\lim_{n\to\infty}\frac{x^2(1-x^n)}{1+x^n}=x^2\lim_{n\to\infty}\frac{\frac{1}{x^n}-1}{\frac{1}{x^n}+1}=-x^2$$

(3) $x=1$일 때, $f(1)=0$

(4) $x=-1$일 때, $f(-1)$은 존재하지 않는다.

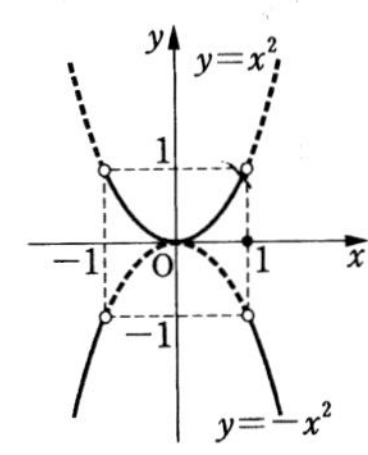

따라서 그래프는 위와 같고 $x=\pm1$에서 불연속이다.
즉 x값들의 합은 0이다.

41. $-\frac{1}{4}$

풀이 $x=2$에서 연속이기 위해 $f(2)=\lim_{x\to2}f(x)$가 성립해야 한다.

① $f(2)=2a+2$

② $\lim_{x\to2}f(x)=\begin{cases}\lim_{x\to2-}\frac{x-2}{\sqrt{x^2+5}-3} & \cdots Ⓐ \\ \lim_{x\to2+}ax+2 & \cdots Ⓑ\end{cases}$

Ⓐ $\lim_{x\to2-}\frac{(x-2)(\sqrt{x^2+5}+3)}{x^2+5-9}=\lim_{x\to2-}\frac{\sqrt{x^2+5}+3}{x+2}$

$=\frac{3}{2}$

Ⓑ $\lim_{x\to2+}(ax+2)=2a+2$

(i) 극한값이 존재한다. ⇒ Ⓐ=Ⓑ

$\frac{3}{2}=2a+2 \Leftrightarrow a=-\frac{1}{4}$이다.

(ii) 극한값과 함숫값이 같다. $a=-\frac{1}{4}$일 때 ①과 ②도 같다.

$\therefore a=-\frac{1}{4}$

2. 미분이란

42. 풀이 참조

풀이 (1) $y' = 6x^5, \quad y'' = 30x^4$

(2) $y' = \frac{1}{2}x^{-\frac{1}{2}} = \frac{1}{2\sqrt{x}}, \quad y'' = -\frac{1}{4}x^{-\frac{3}{2}} = \frac{-1}{4x\sqrt{x}}$

(3) $y' = -x^{-2} = -\frac{1}{x^2}, \quad y'' = 2x^{-3} = \frac{2}{x^3}$

43. 0

풀이 $f'(x) = 4x^3 - 12x$ 이고, $x = 0$을 대입하면 $f'(0) = 0$이다.

44. $\frac{3}{4}$

풀이 $f'(x) = 1 - \frac{1}{x^2}$ 이고, $x = 2$를 대입하면 $f'(2) = \frac{3}{4}$ 이다.

45. $\frac{3}{2}$

풀이 주어진 함수 $f(x) = \frac{x^3}{g(x)}$ 을 $g(x) = \frac{x^3}{f(x)}$ 으로 변형시키고 분수함수 미분법을 적용하면

$g'(x) = \frac{3x^2 f(x) - x^3 f'(x)}{\{f(x)\}^2}$ 이고,

$g'(2) = \frac{3 \cdot 2^2 f(2) - 2^3 f'(2)}{\{f(2)\}^2} = \frac{3}{2}$

46. 1

풀이 $g'(x) = \frac{-(-f(x) - xf'(x))}{(1 - xf(x))^2} = \frac{f(x) + xf'(x)}{(1 - xf(x))^2}$

$\therefore g'(0) = f(0) = 1$

47. $-2 + \sqrt{2}$

풀이 (준식)

$= \left.\frac{-\sec x \cdot \tan x \cdot \tan x - (1 - \sec x)\sec^2 x}{\tan^2 x}\right]_{x = \frac{\pi}{4}} = -2 + \sqrt{2}$

48. 풀이 참조

풀이 (1) $y' = \frac{(2 - \tan x) + x\sec^2 x}{(2 - \tan x)^2}$

(2) $g'(x) = 3x^2\cos x - x^3 \sin x$

(3) $h'(u) = \csc u - u\csc u \cot u + \csc^2 u$

(4) $y' = \frac{x^2\cos x - 2x\sin x}{x^4} = \frac{x\cos x - 2\sin x}{x^3}$

(5) $f'(\theta) = \frac{\sec\theta\tan\theta(1 + \sec\theta) - \sec^2\theta\tan\theta}{(1 + \sec\theta)^2}$

$= \frac{\sec\theta\tan\theta}{(1 + \sec\theta)^2}$

(6) $y' = \sec x \tan^2 x + \sec^3 x$

49. (1) 6 (2) $-\frac{1}{3}$ (3) $\frac{2}{9}$

(4) $\frac{1}{4}$ (5) 7 (6) 18

풀이 (1) $f'(x) = (2x+1)(x^2 - x + 1) + (x^2 + x + 1)(2x - 1)$

$f'(1) = 6$

(2) $f'(x) = -\frac{2x+1}{(x^2 + x + 1)^2}$, $f'(1) = -\frac{1}{3}$

(3) $f'(x) = \frac{2(x^2 - 1) - (2x - 3)(2x)}{(x^2 - 1)^2}$, $f'(2) = \frac{2}{9}$

(4) $f'(x) = \frac{\cos x(2 + \cos x) - \sin x(-\sin x)}{(2 + \cos x)^2}$, $f'\left(\frac{\pi}{2}\right) = \frac{1}{4}$

(5) $y' = 16x + 7(e^x \tan x + e^x \sec^2 x)$, $f'(0) = 7$

(6) $y' = (x+2)(x^2+5) + (x-1)(x^2+5)$

$+ (x-1)(x+2)(2x)$

이므로 $f'(1) = 18$

50. (1) $y^{(n)} = \frac{n!}{(1-x)^{n+1}}$, (2) $y^{(n)} = \sin\left(\frac{\pi}{2} \times n + x\right)$

풀이 (1) $y = \frac{1}{1-x} = (1-x)^{-1}$에 대하여

$y' = 1!(1-x)^{-2}$

$\Rightarrow y'' = 2!(1-x)^{-3}$

$\Rightarrow y^{(3)} = 3!(1-x)^{-4}$

$\Rightarrow \vdots$

$\Rightarrow y^{(n)} = \frac{n!}{(1-x)^{n+1}}$

(2) $y^{(0)} = \sin x = \sin\left(\frac{\pi}{2}\times 0 + x\right)$

$\Rightarrow\ y^{(1)} = \cos x = \sin\left(\frac{\pi}{2}\times 1 + x\right)$

$\Rightarrow\ y^{(2)} = -\sin x = \sin\left(\frac{\pi}{2}\times 2 + x\right)$

$\Rightarrow\ y^{(3)} = -\cos x = \sin\left(\frac{\pi}{2}\times 3 + x\right)$

$\Rightarrow\ \vdots$

$\Rightarrow\ y^{(n)} = \sin\left(\frac{\pi}{2}\times n + x\right)$

51. $31e$

풀이 $g(x)=x^2,\ h(x)=e^x$에 대하여

$f^{(5)} = \{g(x)h(x)\}^{(5)}$

$= {}_5C_0 g^{(0)}h^{(5)} + {}_5C_1 g^{(1)}h^{(4)} + {}_5C_2 g^{(2)}h^{(3)} + {}_5C_3 g^{(3)}h^{(2)} + {}_5C_4 g^{(4)}h^{(1)} + {}_5C_5 g^{(5)}h^{(0)}$

$= {}_5C_0 x^2e^x + {}_5C_1 2xe^x + {}_5C_2 2e^x,$

$f^{(5)}(1) = ({}_5C_0 + 2{}_5C_1 + 2{}_5C_2)e$

$= (1+10+20)e = 31e$

3. 적분이란

52. (1) $\frac{2}{3}x^{\frac{3}{2}}+C$ (2) $\frac{2}{5}x^{\frac{5}{2}}+C$ (3) $\frac{1}{x}+C$

(4) $\frac{\pi^2}{9}-1$ (5) 0 (6) 2 (7) 2 (8) 0

풀이 (1) $\int \sqrt{x}\,dx = \int x^{\frac{1}{2}}dx = \frac{2}{3}x^{\frac{3}{2}}+C$

(2) $\int x\sqrt{x}\,dx = \int x^{\frac{3}{2}}dx = \frac{2}{5}x^{\frac{5}{2}}+C$

(3) $\int -\frac{1}{x^2}dx = \int -x^{-2}dx = -\frac{1}{-1}x^{-1}+C = \frac{1}{x}+C$

(4) $\int_0^{\frac{\pi}{3}}(2x-\sec x\tan x)\,dx$

$= \int_0^{\frac{\pi}{3}}2x\,dx - \int_0^{\frac{\pi}{3}}\sec x\tan x\,dx$

$= [x^2]_0^{\frac{\pi}{3}} - [\sec x]_0^{\frac{\pi}{3}} = \left\{\left(\frac{\pi}{3}\right)^2-0\right\}-(2-1) = \frac{\pi^2}{9}-1$

(5) $\int_{-\frac{\pi}{2}}^{\frac{\pi}{2}}\sin x\,dx = -\cos x\Big|_{-\frac{\pi}{2}}^{\frac{\pi}{2}} = 0$

(6) $\int_0^{\pi}\sin x\,dx = -\cos x\Big|_0^{\pi} = 2$

(7) $\int_{-\frac{\pi}{2}}^{\frac{\pi}{2}}\cos x\,dx = \sin x\Big|_{-\frac{\pi}{2}}^{\frac{\pi}{2}} = 2$

(8) $\int_0^{\pi}\cos x\,dx = \sin x\Big|_0^{\pi} = 0$

53. (1) $\frac{\pi}{4}$ (2) 1 (3) $-2x+C$ (4) $-\tanh x+C$

(5) $\frac{\sinh x - x}{2}+C$ (6) $\frac{1}{8}\sin 4x+\frac{1}{4}\sin 2x+C$

풀이 (1) $\int_0^{\frac{\pi}{2}}\cos^2 x\,dx = \int_0^{\frac{\pi}{2}}\frac{1+\cos 2x}{2}dx$

$= \left[\frac{1}{2}\left(x+\frac{1}{2}\sin 2x\right)\right]_0^{\frac{\pi}{2}} = \frac{\pi}{4}$

(2) $\int_0^{\frac{\pi}{4}}\frac{1}{1-\sin^2 x}dx = \int_0^{\frac{\pi}{4}}\frac{1}{\cos^2 x}dx$

$= \int_0^{\frac{\pi}{4}}\sec^2 x\,dx = [\tan x]_0^{\frac{\pi}{4}} = 1$

(3) $\int \tan^2 x dx - \int \frac{1+\cos^2 x}{\cos^2 x} dx$

$= \int \sec^2 x - 1\, dx - \int \frac{1}{\cos^2 x} + 1 dx$

$= \int \sec^2 x - 1 dx - \int \sec^2 x + 1 dx$

$= -\int 2dx = -2x + C$

(4) $\int \tanh^2 x - 1\, dx = \int -\operatorname{sech}^2 x\, dx$

$= -\tanh x + C$

(5) $\int \sinh^2 \frac{x}{2}\, dx = \int \frac{\cosh x - 1}{2} dx$

$= \frac{1}{2}\sinh x - \frac{x}{2} + C$

(6) $\int \cos x \cos 3x\, dx = \frac{1}{2}\int (\cos 4x + \cos 2x) dx$

$= \frac{1}{2}\left[\frac{1}{4}\sin 4x + \frac{1}{2}\sin 2x\right] + C$

$= \frac{1}{8}\sin 4x + \frac{1}{4}\sin 2x + C$

$\cos(x+3x) = \cos x \cos 3x - \sin x \sin 3x$

$+ \quad \cos(x-3x) = \cos x \cos 3x + \sin x \sin 3x$

$\cos 4x + \cos(-2x) = 2\cos x \cos 3x$

$\Rightarrow \quad \frac{1}{2}(\cos 4x + \cos 2x) = \cos x \cos 3x$

54. (1) 4 (2) $\frac{15}{2}$ (3) 6 (4) $\frac{3}{2}$

풀이 (1) $\int_0^{2\pi} |\sin x|\, dx = 2\int_0^{\pi} \sin x\, dx = 2 \cdot 2\int_0^{\frac{\pi}{2}} \sin x\, dx = 4$

(2) $3\int_{-2}^{1} |x|\, dx = 3\left[\int_{-2}^{0} (-x) dx + \int_0^1 x\, dx\right]$

$= 3\left[\left[-\frac{1}{2}x^2\right]_{-2}^{0} + \left[\frac{1}{2}x^2\right]_0^1\right] = 3\left(2 + \frac{1}{2}\right) = \frac{15}{2}$

(3) $\int_{-1}^{3} 2x\, dx - \int_{-1}^{3} [x] dx = [x^2]_{-1}^{3} - \int_{-1}^{3} [x]\, dx = 6$

$(\because \int_{-1}^{3} [x] dx$

$= \int_{-1}^{0^-} (-1) dx + \int_{0^+}^{1^-} 0 dx + \int_1^2 1 dx + \int_2^3 2dx$

$= -1+0+1+2 = 2)$

(4) $\int_0^1 [4x]\, dx$

$= \int_0^{\frac{1}{4}} 0\, dx + \int_{\frac{1}{4}}^{\frac{2}{4}} 1 dx + \int_{\frac{2}{4}}^{\frac{3}{4}} 2dx + \int_{\frac{3}{4}}^{1} 3dx$

$= 0 + \frac{1}{4} + 2\left(\frac{1}{4}\right) + 3\left(\frac{1}{4}\right) = \frac{6}{4} = \frac{3}{2}$

4. 함수에 따른 미분법

55. 풀이 참조

풀이 (1) $y=\sin(x^2)$일 때, $y'=2x\cos(x^2)$

(2) $y=\sin^2 x$일 때, $y'=2\sin x\cos x=\sin 2x$

(3) $y=\cos^3 2x$ 일 때,

$y'=3\cos^2(2x)\cdot(-\sin 2x)\cdot 2=-6\sin 2x\cos^2(2x)$

(4) $y=(x^3-1)^{100}$ 일 때

$y'=100(x^3-1)^{99}\cdot 3x^2=300x^2(x^3-1)^{99}$

(5) $y=\sqrt{\sinh 3x}$ 일 때 $y'=\dfrac{3\cosh 3x}{2\sqrt{\sinh 3x}}$

(6) $f(x)=3^{\ln x^2}$ 일 때, $y'=3^{\ln x^2}\ln 3\cdot\dfrac{2}{x}$

(7) $f(x)=\ln(\sec x+\tan x)$ 일 때,

$$f'(x)=\frac{\sec x\tan x+\sec^2 x}{\sec x+\tan x}=\frac{\sec x(\sec x+\tan x)}{\sec x+\tan x}=\sec x$$

(8) $f(x)=\ln(\csc x+\cot x)$일 때,

$$f'(x)=\frac{-\csc x\cot x-\csc^2 x}{\csc x+\cot x}=\frac{-\csc x(\cot x+\csc x)}{\csc x+\cot x}=-\csc x$$

56. 12

풀이 $(f\circ g)'(x)=\{f(g(x))\}'=f'(g(x))\cdot g'(x)$

$(f\circ g)'(1)=f'(g(1))\cdot g'(1)$

$=f'(2)\cdot(-3)=(-4)\cdot(-3)=12$

57. $\dfrac{1}{8}$

풀이 $f'(2x^2)\cdot 4x=x^3 \Leftrightarrow f'(2x^2)=\dfrac{1}{4}x^2$이므로

$x=\dfrac{1}{\sqrt{2}}$을 대입하면 $f'(1)=\dfrac{1}{4}\left(\dfrac{1}{\sqrt{2}}\right)^2=\dfrac{1}{8}$이다.

58. 풀이 참조

풀이 (1) $(\sinh^{-1}x)'=\dfrac{1}{x+\sqrt{x^2+1}}\left(1+\dfrac{2x}{2\sqrt{x^2+1}}\right)$

$=\dfrac{1}{x+\sqrt{x^2+1}}\left(\dfrac{\sqrt{x^2+1}+x}{\sqrt{x^2+1}}\right)$

$=\dfrac{1}{\sqrt{x^2+1}}$

(2) $(\cosh^{-1}x)'=\dfrac{1}{x+\sqrt{x^2-1}}\left(1+\dfrac{2x}{2\sqrt{x^2-1}}\right)$

$=\dfrac{1}{x+\sqrt{x^2-1}}\left(\dfrac{\sqrt{x^2-1}+x}{\sqrt{x^2-1}}\right)$

$=\dfrac{1}{\sqrt{x^2-1}}$

(3) $\tanh^{-1}x=\dfrac{1}{2}\{\ln(1+x)-\ln(1-x)\}$이고,

$(\tanh^{-1}x)'=\dfrac{1}{2}\left(\dfrac{1}{1+x}-\dfrac{-1}{1-x}\right)$

$=\dfrac{1}{2}\left(\dfrac{2}{1-x^2}\right)=\dfrac{1}{1-x^2}$

(4) $(\operatorname{csch}^{-1}x)'=\left(\sinh^{-1}\dfrac{1}{x}\right)'$

$=\dfrac{1}{\sqrt{\dfrac{1}{x^2}+1}}\left(-\dfrac{1}{x^2}\right)$

$=\dfrac{-1}{x^2\dfrac{\sqrt{1+x^2}}{|x|}}=\dfrac{-1}{|x|\sqrt{1+x^2}}$

(5) $(\operatorname{sech}^{-1}x)'=\left(\cosh^{-1}\dfrac{1}{x}\right)'$

$=\dfrac{1}{\sqrt{\dfrac{1}{x^2}-1}}\left(\dfrac{-1}{x^2}\right)=\dfrac{-1}{x^2\dfrac{\sqrt{1-x^2}}{|x|}}$

$=\dfrac{-1}{|x|\sqrt{1-x^2}}$

(6) $(\coth^{-1}x)'=\left(\tanh^{-1}\dfrac{1}{x}\right)'$

$=\dfrac{1}{1-\dfrac{1}{x^2}}\left(-\dfrac{1}{x^2}\right)=\dfrac{-1}{x^2-1}=\dfrac{1}{1-x^2}$

59. $\sec x$

풀이 $\dfrac{dy}{dx}=\dfrac{1}{\sqrt{1+\tan^2 x}}\sec^2 x=\dfrac{1}{\sqrt{\sec^2 x}}\sec^2 x$

$=\dfrac{1}{\sec x}\sec^2 x=\sec x$ ($\because |x|<\dfrac{\pi}{2}$이므로 $\sec x>0$)

60. $-\csc x$

풀이 $\dfrac{dy}{dx}=\dfrac{-\sin x}{1-\cos^2 x}=\dfrac{-\sin x}{\sin^2 x}=-\dfrac{1}{\sin x}=-\csc x$

61. $y' = \dfrac{-\cos(x+y)-y^2\sin x}{\cos(x+y)-2y\cos x}$

풀이 양변을 x로 미분하면

$\cos(x+y)(1+y') = 2yy'\cos x - y^2\sin x$

$\Leftrightarrow (\cos(x+y)-2y\cos x)y' = -\cos(x+y)-y^2\sin x$

$\Leftrightarrow y' = \dfrac{-\cos(x+y)-y^2\sin x}{\cos(x+y)-2y\cos x}$

[편미분을 이용한 풀이]

$f(x,y) = \sin(x+y) - y^2\cos x$일 때,

$f_x(x,y) = \cos(x+y) + y^2\sin x$

$f_y(x,y) = \cos(x+y) - 2y\cos x$이므로

$\dfrac{dy}{dx} = -\dfrac{\cos(x+y)+y^2\sin x}{\cos(x+y)-2y\cos x}$이다.

62. $-\dfrac{9}{13}$

풀이 $2(x^2+y^2)^2 = 25(x^2-y^2)$의 양변을 x로 미분하면

$4(x^2+y^2)(2x+2yy') = 25(2x-2yy')$

$x=3,\ y=1$을 대입하면

$4(9+1)(6+2y') = 25(6-2y')$

$48+16y' = 30-10y',\ 26y' = -18 \qquad \therefore\ y' = -\dfrac{9}{13}$

따라서 점 $(3,\ 1)$에서의 접선의 기울기는 $-\dfrac{9}{13}$이다.

[편미분을 이용한 풀이]

$f(x,y) = 2(x^2+y^2)^2 - 25(x^2-y^2)$

$f_x = 4(x^2+y^2)\cdot 2x - 50x,\ f_x(3,1) = 90$

$f_y = 4(x^2+y^2)\cdot 2y + 50y,\ f_y(3,1) = 130$

$\dfrac{dy}{dx} = -\dfrac{f_x(3,1)}{f_y(3,1)} = -\dfrac{9}{13}$

63. $y = x+1$

풀이 $f(x,y) = e^x\ln y - xy$라 하고 편미분을 이용해서 접선의 기울기를 구하자.

$f_x = e^x\ln y - y,\ f_y = \dfrac{e^x}{y} - x$라고 하자.

$f_x(0,1) = -1,\ f_y(0,1) = 1$이므로 $\dfrac{dy}{dx} = -\dfrac{f_x}{f_y} = 1$

따라서 접선의 방정식은 $y = x+1$이다.

64. ①

풀이 편미분을 이용한 음함수의 도함수를 구하자.

$f(x,\ y) = x^2+y^2-\cos xy = 0$이라 하자.

$\dfrac{dy}{dx} = -\dfrac{f_x}{f_y} = -\dfrac{2x+y\sin xy}{2y+x\sin xy}$

65. $y'(1) = -1,\ y''(1) = 1$

풀이 주어진 함수를 변형해서 합성함수 미분을 이용하자.

$\sqrt{y} = 2-\sqrt{x} \Rightarrow y = (2-\sqrt{x})^2 = 4+x-4\sqrt{x}$

$y'(x) = 1-\dfrac{2}{\sqrt{x}} = 1-2x^{-\frac{1}{2}},\ y''(x) = x^{-\frac{3}{2}}$이므로

$y'(1) = -1,\ y''(1) = 1$

66. 풀이 참조

풀이 (1) $y = \sin^{-1}x \quad\Leftrightarrow\quad x = \sin y$일 때, $\cos y = \sqrt{1-x^2}$

이고, $x = \sin y$의 양변을 x로 미분하면

$1 = \cos y\, y' \ \Leftrightarrow\ y' = \dfrac{1}{\cos y} = \dfrac{1}{\sqrt{1-x^2}}$

$\Leftrightarrow\ (\sin^{-1}x)' = \dfrac{1}{\sqrt{1-x^2}}$

(2) $y = \cos^{-1}x \quad\Leftrightarrow\quad x = \cos y$일 때, $\sin y = \sqrt{1-x^2}$

이고, $x = \cos y$의 양변을 x로 미분하면

$1 = -\sin y\, y' \ \Leftrightarrow\ y' = \dfrac{-1}{\sin y} = \dfrac{-1}{\sqrt{1-x^2}}$

$\Leftrightarrow\ (\cos^{-1}x)' = \dfrac{-1}{\sqrt{1-x^2}}$

(3) $y = \tan^{-1}x \quad\Leftrightarrow\quad x = \tan y$일 때, $\cos y = \dfrac{1}{\sqrt{1+x^2}}$이고,

$x = \tan y$의 양변을 x로 미분하면

$1 = \sec^2 y\, y' \ \Leftrightarrow\ y' = \cos^2 y = \dfrac{1}{1+x^2}$

$\Leftrightarrow\ (\tan^{-1}x)' = \dfrac{1}{1+x^2}$

(4) $y = \csc^{-1}x \quad\Leftrightarrow\quad x = \csc y$일 때,

$\sin y = \dfrac{1}{x},\ \tan y = \dfrac{1}{\sqrt{x^2-1}}$ 이고,

$x = \csc y$의 양변을 x로 미분하면

$1 = -\csc y\cot y\, y'$

$\Leftrightarrow\ y' = -\sin y\tan y = \dfrac{-1}{x\sqrt{x^2-1}}\ (x>1)$

$\Leftrightarrow\ (\csc^{-1}x)' = \dfrac{-1}{|x|\sqrt{x^2-1}}\ (|x|>1)$

(5) $y = \sec^{-1}x \quad\Leftrightarrow\quad x = \sec y$ 일 때,

$\cos y = \dfrac{1}{x}$, $\cot y = \dfrac{1}{\sqrt{x^2-1}}$ 이고,

$x = \sec y$의 양변을 x로 미분하면

$1 = \sec y \tan y\, y'$

$\Leftrightarrow\ y' = \cos y \cot y = \dfrac{1}{x\sqrt{x^2-1}}\ (|x|>1)$

$\Leftrightarrow\ (\sec^{-1}x)' = \dfrac{1}{|x|\sqrt{x^2-1}}\ (|x|>1)$

(6) $y = \cot^{-1}x \ \Leftrightarrow\ x = \cot y$ 일 때,

$\sin y = \dfrac{1}{\sqrt{1+x^2}}$ 이고,

$x = \cot y$의 양변을 x로 미분하면

$1 = -\csc^2 y\, y' \ \Leftrightarrow\ y' = -\sin^2 y = \dfrac{-1}{1+x^2}$

$\Leftrightarrow\ (\cot^{-1}x)' = \dfrac{-1}{1+x^2}$

67. -1

풀이 $f'(x) = \dfrac{-\sin x}{\sqrt{1-(\cos x)^2}} = \dfrac{-\sin x}{\sqrt{\sin^2 x}} = \dfrac{-\sin x}{|\sin x|}$

$\therefore\ f'\left(\dfrac{\pi}{4}\right) = \dfrac{-\dfrac{\sqrt{2}}{2}}{\dfrac{\sqrt{2}}{2}} = -1$

68. $\dfrac{\pi}{4}+\dfrac{1}{2}$

풀이 $f'(x) = \dfrac{-1}{x^2}\tan^{-1}\dfrac{1}{x} + \dfrac{1}{x}\dfrac{1}{1+\dfrac{1}{x^2}}\left(\dfrac{-1}{x^2}\right)$ 이고,

$f'(-1) = -\tan^{-1}(-1) + \dfrac{1}{2} = \dfrac{\pi}{4}+\dfrac{1}{2}$

69. $\dfrac{4}{\pi-4}$

풀이 $f(1) = (1+a)\tan^{-1}1 = \dfrac{\pi}{4}+\dfrac{\pi}{4}a$

$f'(x) = \tan^{-1}(x^2) + (x+a)\dfrac{2x}{1+x^4}$ 이고,

$f'(1) = \tan^{-1}1 + 1 + a = \dfrac{\pi}{4}+1+a$ 이므로

$f(1) = f'(1) \Leftrightarrow \dfrac{\pi}{4}+\dfrac{\pi}{4}a = \dfrac{\pi}{4}+1+a$

$\Leftrightarrow \left(\dfrac{\pi}{4}-1\right)a = 1 \Rightarrow a = \dfrac{1}{\dfrac{\pi}{4}-1} = \dfrac{4}{\pi-4}$

70. $-\dfrac{\cos\dfrac{1}{x}}{x^2}$

풀이 $y = \dfrac{1}{\sin^{-1}x}$ 을 $y=x$에 대하여 대칭시키면

$x = \dfrac{1}{\sin^{-1}y} \ \Leftrightarrow\ \sin^{-1}y = \dfrac{1}{x} \ \Leftrightarrow\ y = \sin\dfrac{1}{x}$ 이므로

$f^{-1}(x) = \sin\dfrac{1}{x}$

$\Rightarrow (f^{-1})'(x) = \cos\dfrac{1}{x}\left(-\dfrac{1}{x^2}\right) = -\dfrac{\cos\dfrac{1}{x}}{x^2}$

71. $\dfrac{3}{41}$

풀이 [풀이1] 직접 역함수를 구한다.

$y = \sqrt{\tan x}$ 를 $y=x$에 대하여 대칭을 시키면

$x = \sqrt{\tan y} \ \Leftrightarrow\ \tan y = x^2 \ \Leftrightarrow\ y = \tan^{-1}(x^2)$

이므로 $g(x) = \tan^{-1}(x^2)$ 이고, $g'(x) = \dfrac{2x}{1+x^4}$,

$g'(3) = \dfrac{3}{41}$

[풀이2] $f(x) = \sqrt{\tan x}$, $f'(x) = \dfrac{\sec^2 x}{2\sqrt{\tan x}}$ 에 대하여

$\alpha = \tan^{-1}9$라고 할 때, $\tan\alpha = 9$, $\sec\alpha = \sqrt{82}$ 이다.

$f(\alpha) = 3$, $f'(\alpha) = \dfrac{\sec^2\alpha}{2\sqrt{\tan\alpha}} = \dfrac{82}{6} = \dfrac{41}{3}$,

$g'(3) = g'(f(\alpha)) = \dfrac{1}{f'(\alpha)} = \dfrac{3}{41}$

72. $\dfrac{4}{3}$

풀이 $f(x) = \tanh x$ 이고, f의 역함수 f^{-1}의 정의역이 $(-1,1)$일 때,

$f^{-1}(x) = g(x) = \dfrac{1}{2}\ln\left(\dfrac{1+x}{1-x}\right)$ 이다.

$g'(x) = \dfrac{1}{1-x^2} \Rightarrow g'\left(\dfrac{1}{2}\right) = \dfrac{4}{3}$ 이다.

73. $\frac{1}{2}$

풀이 $f(x)$가 $(0, 1)$을 지나므로

$f(0)=1 \Leftrightarrow f^{-1}(1)=0$ 이다.

$f'(x)=5x^4+2,\ f'(0)=2$일 때,

$(f^{-1})'(1)=(f^{-1})'(f(0))=\frac{1}{f'(0)}=\frac{1}{2}$이다.

74. $\frac{2}{3}$

풀이 $f(1)=\frac{\pi}{4}$이고, $f'(x)=\frac{1}{x}+\frac{1}{1+x^2}$이다.

$(f^{-1})'\left(\frac{\pi}{4}\right)=(f^{-1})'(f(1))=\frac{1}{f'(1)}=\frac{1}{\frac{3}{2}}=\frac{2}{3}$이다.

75. $\frac{5}{6}$

풀이 $f^{-1}=g$라고 하자.

$(f^{-1})'(0)=g'(0)$

$=g'(f(1))=\frac{1}{f'(1)}=\frac{1}{3}$

$(f^{-1})'(1)=g'(1)$

$=g'(f(0))=\frac{1}{f'(0)}=\frac{1}{2}$

따라서 $(f^{-1})'(0)+(f^{-1})'(1)=\frac{5}{6}$이다.

76. -1

풀이 $f(x)$의 역함수를 $g(x)$라고 하면

$G(x)=\frac{1}{f^{-1}(x)}=\frac{1}{g(x)}$이고 $G'(x)=-\frac{g'(x)}{\{g(x)\}^2}$이다.

$f(3)=2$이므로 $f^{-1}(2)=g(2)=3$,

$g'(2)=g'(f(3))=\frac{1}{f'(3)}=9$ 이므로

$G'(2)=-\frac{g'(2)}{\{g(2)\}^2}=-\frac{9}{9}=-1$

77. $\frac{dy}{dx}=-1,\ \frac{d^2y}{dx^2}=-3\sqrt{3}$

풀이 $x=\sin 2t=\frac{\sqrt{3}}{2},\ y=2\cos t=\sqrt{3}$을 만족하는 $t=\frac{\pi}{6}$일 때이다.

$x'=2\cos 2t\Big]_{t=\frac{\pi}{6}}=1$,

$y'=-2\sin t\Big]_{t=\frac{\pi}{6}}=-1$

$x''=-4\sin 2t\Big]_{t=\frac{\pi}{6}}=-2\sqrt{3}$

$y''=-2\cos t\Big]_{t=\frac{\pi}{6}}=-\sqrt{3}$

$\frac{dy}{dx}=\frac{y'}{x'}=\frac{-1}{1}=-1$,

$\frac{d^2y}{dx^2}=\frac{x'y''-x''y'}{(x')^3}=\frac{-\sqrt{3}-2\sqrt{3}}{1}=-3\sqrt{3}$

78. 2

풀이 $x=t^3-t=t^2(t-1)=0$,

$y=t^2-1=(t+1)(t-1)=0$을 만족하는 $t=1$이다.

즉, $t=1$일 때 원점을 지나는 매개함수이다.

$\frac{dx}{dt}=3t^2-2t,\ \frac{dy}{dt}=2t$이고 원점은 $t=1$일 때이므로

곡선의 원점에서의 기울기 $\frac{dy}{dx}$는

$\frac{dy}{dx}=\frac{2t}{3t^2-2t}\Big]_{t=1}=2$

79. 4

풀이 $\frac{dx}{dt}=x'=3t^2,\ \frac{dy}{dt}=y'=-1-4t$이므로

$\frac{dy}{dx}=\frac{y'}{x'}=\frac{-1-4t}{3t^2}=1$

$\Rightarrow 3t^2+4t+1=0 \Rightarrow (3t+1)(t+1)=0$

$\Rightarrow t=-\frac{1}{3}$ 또는 $t=-1$

(i) $t=-\frac{1}{3}$일 때, $x=-\frac{1}{27},\ y=\frac{55}{9}$이므로 정수가 아니므로 정수가 아니다.

(ii) $t=-1$일 때, $x=-1,\ y=5$이므로 $a=-1,\ b=5$

$\therefore\ a+b=4$

80. $\frac{dy}{dx}=-1-\sqrt{2}$

풀이 $\frac{dy}{dx}=\frac{r'\sin\theta+r\cos\theta}{r'\cos\theta-r\sin\theta}\Big|_{\theta=\frac{\pi}{4}}=\frac{r'+r}{r'-r}$이다.

$r=1+\sin\theta\Big]_{\theta=\frac{\pi}{4}}=\dfrac{2+\sqrt{2}}{2}$, $r'=\cos\theta\Big]_{\theta=\frac{\pi}{4}}=\dfrac{\sqrt{2}}{2}$

$r'+r=1+\sqrt{2}$, $r'-r=-1$이므로

$\dfrac{dy}{dx}=-1-\sqrt{2}$ 이다.

81. $x=\dfrac{3\sqrt{3}}{4}$

풀이 $r=1+\sin\theta\Big]_{\theta=\frac{\pi}{6}}=\dfrac{3}{2}$, $r'=\cos\theta\Big]_{\theta=\frac{\pi}{6}}=\dfrac{\sqrt{3}}{2}$

$$\frac{dy}{dx}=\frac{r'\sin\theta+r\cos\theta}{r'\cos\theta-r\sin\theta}\bigg]_{\theta=\frac{\pi}{6}}$$

$$=\frac{\frac{\sqrt{3}}{2}\cdot\frac{1}{2}+\frac{3}{2}\cdot\frac{\sqrt{3}}{2}}{\frac{\sqrt{3}}{2}\cdot\frac{\sqrt{3}}{2}-\frac{3}{2}\cdot\frac{1}{2}}=\frac{4\sqrt{3}}{0}\text{ 꼴이므로}$$

수직접선을 갖는다.

$x=r\cos\theta$이므로 $x=\dfrac{3\sqrt{3}}{4}$ 인 수직접선을 갖는다.

82. $\dfrac{-2\sqrt{3}}{3}$

풀이 $r=1+\sqrt{3}\sin\theta\Big]_{\theta=\frac{\pi}{3}}=\dfrac{5}{2}$

$r'=\sqrt{3}\cos\theta\Big]_{\theta=\frac{\pi}{3}}=\dfrac{\sqrt{3}}{2}$

$$\frac{dy}{dx}=\frac{r'\sin\theta+r\cos\theta}{r'\cos\theta-r\sin\theta}\bigg]_{\theta=\frac{\pi}{3}}$$

$$=\frac{\frac{\sqrt{3}}{2}\cdot\frac{\sqrt{3}}{2}+\frac{5}{2}\cdot\frac{1}{2}}{\frac{\sqrt{3}}{2}\cdot\frac{1}{2}-\frac{5}{2}\cdot\frac{\sqrt{3}}{2}}=\frac{8}{-4\sqrt{3}}=\frac{-2\sqrt{3}}{3}$$

83. 1

풀이 극곡선의 접선의 기울기 $\dfrac{dy}{dx}$는 매개함수 미분법을 이용한다.

$r=\cos2\theta$를 $\begin{cases}x=r\cos\theta\\ y=r\sin\theta\end{cases}$ 를 사용하여 매개변수 미분을 한다.

$r\left(\dfrac{\pi}{4}\right)=\cos2\theta\Big]_{\theta=\frac{\pi}{4}}=0$, $r'\left(\dfrac{\pi}{4}\right)=-2\sin2\theta\Big]_{\theta=\frac{\pi}{4}}=-2$

$$\frac{dy}{dx}=\frac{r'\sin\theta+r\cos\theta}{r'\cos\theta-r\sin\theta}\bigg]_{r=0,\ \theta=\frac{\pi}{4}}=\tan\frac{\pi}{4}=1$$

84. $-\sqrt{3}$

풀이 극곡선의 접선의 기울기 $\dfrac{dy}{dx}$는 매개함수 미분법을 이용한다.

$r=\sin3\theta$를 $\begin{cases}x=r\cos\theta\\ y=r\sin\theta\end{cases}$ 를 사용하여 매개변수 미분을 한다.

$r\left(\dfrac{\pi}{3}\right)=\sin3\theta\Big]_{\theta=\frac{\pi}{6}}=1$, $r'\left(\dfrac{\pi}{3}\right)=3\cos3\theta\Big]_{\theta=\frac{\pi}{6}}=0$

$$\frac{dy}{dx}=\frac{r'\sin\theta+r\cos\theta}{r'\cos\theta-r\sin\theta}\bigg]_{r'=0,\ \theta=\frac{\pi}{6}}=-\cot\left(\frac{\pi}{6}\right)=-\sqrt{3}$$

85. 1

풀이 극곡선의 접선의 기울기 $\dfrac{dy}{dx}$는 매개함수 미분법을 이용한다.

$r=\sin4\theta$를 $\begin{cases}x=r\cos\theta\\ y=r\sin\theta\end{cases}$ 를 사용하여 매개변수 미분을 한다.

$r\left(\dfrac{\pi}{4}\right)=\sin4\theta\Big]_{\theta=\frac{\pi}{4}}=0$, $r'\left(\dfrac{\pi}{4}\right)=4\cos4\theta\Big]_{\theta=\frac{\pi}{4}}=-4$

$$\frac{dy}{dx}=\frac{r'\sin\theta+r\cos\theta}{r'\cos\theta-r\sin\theta}\bigg]_{r=0,\ \theta=\frac{\pi}{4}}=\tan\frac{\pi}{4}=1$$

86. 1

풀이 $f(x)=(\ln x)^{3x}=e^{3x\ln(\ln x)}$

$\Rightarrow f'(x)=(\ln x)^{3x}\left\{3\ln(\ln x)+3x\dfrac{1}{x\ln x}\right\}$

$\Rightarrow f'(e)=3 \Rightarrow \dfrac{1}{3}f'(e)=1$

87. 1

풀이 $y=x^{\sin\frac{\pi x}{2e}}=e^{\sin\left(\frac{\pi}{2e}x\right)\ln x}$

$\Rightarrow y'=x^{\sin\frac{\pi x}{2e}}\left\{\dfrac{\pi}{2e}\cos\left(\dfrac{\pi}{2e}x\right)\ln x+\sin\left(\dfrac{\pi}{2e}x\right)\dfrac{1}{x}\right\}$

$\Rightarrow y'(e)=e\left(\dfrac{1}{e}\right)=1$

88. (1) 2 (2) 4 (3) 2

풀이 (1) $y=x^x=e^{x\ln x}$을 양변을 x에 대하여 미분하면

$y'=x^x(\ln x+1)=y(\ln x+1)$이다.

$$y''=y'(\ln x+1)+y\cdot\frac{1}{x}$$

$$\therefore y''=x^x(\ln x+1)^2+x^x\cdot\frac{1}{x}$$

$$=x^x(\ln x+1)^2+x^{x-1}$$

$$\Rightarrow f''(1)=2$$

(2) $y(x)=(x^x)^x=x^{x^2}=e^{x^2\ln x}\Rightarrow y(1)=1$

$y'(x)=x^{x^2}(2x\ln x+x)=y(2x\ln x+x)\Rightarrow y'(1)=1$

$y''(x)=y'(2x\ln x+x)+y(2\ln x+3)\Rightarrow y''(1)=4$

(3) $y(x)=x^{\ln x}=e^{(\ln x)^2}\Rightarrow y(1)=1$

$$y'(x)=e^{(\ln x)^2}\cdot\frac{2\ln x}{x}=y\cdot\frac{2\ln x}{x}\Rightarrow y'(1)=0$$

$$y''(x)=y'\cdot\frac{2\ln x}{x}+y\cdot\frac{2-2\ln x}{x^2}\Rightarrow y''(1)=2$$

89. $\dfrac{dy}{dx}=\dfrac{x^2\sqrt{2x+1}}{(3x+2)^5}\left(\dfrac{2}{x}+\dfrac{1}{2x+1}-\dfrac{15}{3x+2}\right)$

풀이 양변에 ln을 씌우면 곱으로 연결된 인수를 덧셈으로 나타낼 수 있다.

$\ln y=2\ln x+\frac{1}{2}\ln(2x+1)-5\ln(3x+2)$이고 양변을 x에 대해서 미분하면

$$\frac{1}{y}y'=\frac{2}{x}+\frac{1}{2x+1}-\frac{15}{3x+2}$$

$$\Rightarrow\frac{dy}{dx}=\frac{x^2\sqrt{2x+1}}{(3x+2)^5}\left(\frac{2}{x}+\frac{1}{2x+1}-\frac{15}{3x+2}\right)$$

90. $\frac{1}{2}$

풀이 $f(x)=2(1+x)^{-1}-1$

$f'(x)=-2(1+x)^{-2}$

$$f''(x)=4(1+x)^{-3}\Rightarrow f''(1)=4\cdot 2^{-3}=\frac{1}{2}$$

91. 풀이 참조

풀이 (1) $f'=\ln(2x^2)2x$

(2) $y'=-\dfrac{\sin(x^2)}{x^2}2x=-\dfrac{2\sin(x^2)}{x}$

(3) $y'=\sqrt{1+(x^5)^3}\,5x^4=5x^4\sqrt{1+x^{15}}$

92. $\sqrt{17}$

풀이 $F'(x)=f(x)$, $F''(x)=f'(x)$

$$f'(t)=\frac{\sqrt{1+(t^2)^2}}{t^2}2t$$

$$F''(2)=f'(2)=\frac{\sqrt{1+16}}{4}4=\sqrt{17}$$

93. $m=\dfrac{2}{2+\pi}$, $C=-\dfrac{\pi}{2}$

풀이 $F(x,y)=\displaystyle\int_y^{x^2+x}(1+\sin^{-1}t)dt=C$

$F_x(x,y)=\{1+\sin^{-1}(x^2+x)\}(2x+1)$ $F_x(0,1)=1$

$F_y(x,y)=-(1+\sin^{-1}y)$

$$F_y(0,1)=-(1+\sin^{-1}1)=-1-\frac{\pi}{2}$$

$$\Rightarrow\frac{dy}{dx}=-\frac{F_x}{F_y}=\frac{-1}{-1-\frac{\pi}{2}}=\frac{2}{2+\pi}=m$$

$$\int(1+\sin^{-1}t)dt=C\begin{pmatrix}u'=1 & v=\sin^{-1}t\\ u=t & v'=\dfrac{1}{\sqrt{1-t^2}}\end{pmatrix}$$

$$=t+\left(t\sin^{-1}t-\int\frac{t}{\sqrt{1-t^2}}dt\right)$$

$$=t+t\sin^{-1}t+\sqrt{1-t^2}$$

$(0,1)$을 지나는 곡선 $\Rightarrow\displaystyle\int_1^0(1+\sin^{-1}t)dt$

$$=\left[t+t\sin^{-1}t+\sqrt{1-t^2}\right]_1^0$$

$$=-\frac{\pi}{2}=C$$

94. 1

풀이 $H'(x)=\dfrac{-1}{x^2}\displaystyle\int_3^x(2t-3H'(t))dt+\frac{1}{x}(2x-3H'(x))$

$$H'(3)=\frac{-1}{9}\int_3^3(2t-3H'(t))dt+\frac{1}{3}(6-3H'(3))$$

$H'(3)=2-H'(3)$으 식을 정리하면 $2H'(3)=2$ 이다.

$\therefore H'(3)=1$

95. $y=2e(x-1)$

풀이 $y=\int_1^{x^2} xe^{t^2}dt = x\int_1^{x^2} e^{t^2}dt$이고,

$y'=\int_1^{x^2} e^{t^2}dt + xe^{x^4}\cdot 2x$

$y'(1)=2e$

따라서 점 $(1,\ 0)$에서의 접선의 방정식은 $y=2e(x-1)$이다.

96. $\cos 1+3\sin 1-1$

풀이 $f(x)=\int_0^{x^2}\sin(xt)dt = -\frac{1}{x}[\cos(xt)]_0^{x^2}$

$= -\frac{1}{x}\{\cos(x^3)-1\} = \frac{1}{x}\{1-\cos(x^3)\}$

이므로

$f'(x)= -\frac{1}{x^2}\{1-\cos(x^3)\}+\frac{1}{x}\{3x^2\sin(x^3)\}$

$\therefore f'(1)= -1\{1-\cos 1\}+1\{3\sin 1\}=\cos 1+3\sin 1-1$

[다른 풀이]

$xt=u$로 치환하면 $dt=\frac{1}{x}du$이고 구간도 변경된다.

$f(x)=\int_0^{x^2}\sin(xt)dt = \frac{1}{x}\int_0^{x^3}\sin(u)du$

$f'(x)= -\frac{1}{x^2}\int_0^{x^3}\sin u\, du + \frac{1}{x}\sin(x^3)\cdot 3x^2$

$f'(1)= -\int_0^1 \cos u\, du + 3\sin 1$

$= \cos u]_0^1 + 3\sin 1$

$= \cos 1+3\sin 1-1$

97. $2\sin 1$

풀이 $\sqrt{xt}=u$라고 치환하면

$^{x^3}_{x}\rangle \sqrt{xt}=u\langle^{x^2}_{x}$, $t=\frac{1}{x}u^2$, $dt=\frac{2}{x}udu$이므로

$f(x)=\int_x^{x^3}\sin(\sqrt{xt})dt = \int_x^{x^2}\frac{2}{x}u\sin u\, du$

$=\frac{2}{x}\int_x^{x^2}u\sin u\, du$이다.

따라서

$f'(x)= -\frac{2}{x^2}\int_x^{x^2}u\sin u\, du+\frac{2}{x}(2x^3\sin x^2 - x\sin x)$

이므로 $f'(1)=2\sin 1$

98. $f'\left(\frac{1}{2}\right)=1$

풀이 $f(x)=x-\int_0^x \ln(x^2-t^2)dt$

$=x-\int_0^x \ln(x-t)+\ln(x+t)dt$이고,

치환적분법에 의하여

$\int_0^x \ln(x-t)dt = \int_0^x \ln u du$ $(^{x}_{0}\rangle x-t=u\langle^{0}_{x},\ dt=-du)$

$\int_0^x \ln(x+t)dt = \int_x^{2x}\ln u du$ $(^{x}_{0}\rangle x+t=u\langle^{2x}_{x},\ dt=du)$

이므로

$f(x)=x-\int_0^x \ln u\, du - \int_x^{2x}\ln u\, du$이다. 따라서

$f'(x)=1-\ln x-2\ln 2x+\ln x = 1-2\ln 2x$이므로

$f'\left(\frac{1}{2}\right)=1$이다.

5. 함수에 따른 적분법

99. (1) $\frac{1}{4}(\sin3-\sin2)$ (2) $\frac{1}{3}\sin^3x+C$

(3) $-\frac{1}{\sin x}+C$ (4) $\frac{1}{\sqrt{e}}-\frac{1}{e}$

(5) $\frac{e-1}{2}$ (6) $\ln3$

풀이 (1) $\int_0^1 x^3\cos(x^4+2)\,dx=\left[\frac{1}{4}\sin(x^4+2)\right]_0^1$

$=\frac{1}{4}(\sin3-\sin2)$

(2) $\int\cos x\sin^2x\,dx=\frac{1}{3}\sin^3x+C$

(3) $\int\frac{\cos x}{\sin^2x}dx=\int\cos x(\sin x)^{-2}dx$

$=-(\sin x)^{-1}+C=-\frac{1}{\sin x}+C$

(4) $\int_1^2\frac{e^{-1/x}}{x^2}dx\ \left(\begin{smallmatrix}2\\1\end{smallmatrix}>-\frac{1}{x}=t<\begin{smallmatrix}-\frac{1}{2}\\-1\end{smallmatrix}\Rightarrow\frac{1}{x^2}dx=dt\right)$

$=\int_{-1}^{-\frac{1}{2}}e^t\,dt=\left[e^t\right]_{-1}^{-\frac{1}{2}}=e^{-\frac{1}{2}}-e^{-1}=\frac{1}{\sqrt{e}}-\frac{1}{e}$

(5) $1-x^2=t$로 치환하면

$-2xdx=dt\ \Rightarrow\ x\,dx=-\frac{1}{2}dt$이므로

$\int_0^1 xe^{1-x^2}dx=\int_1^0\left(-\frac{1}{2}\right)e^t\,dt$

$=\int_0^1\frac{1}{2}e^t\,dt=\left[\frac{1}{2}e^t\right]_0^1=\frac{e-1}{2}$

(6) $\int_1^2\frac{2x+1}{x^2+x}dx\ \ (x^2+x=t,\ 2x+1=dt)$

$=\int_2^6\frac{1}{t}dt=\ln t]_2^6=\ln6-\ln2=\ln3$

100. (1) $\frac{26}{3}$ (2) $\frac{3}{4}(\sqrt[3]{4}-1)$ (3) $2(1+\ln2)$

(4) $\frac{8}{3}(4-\ln3)$ (5) $\frac{7}{3}$ (6) $-\frac{6}{5}$

풀이 (1) $\int_0^4\sqrt{2x+1}\,dx=\int_0^4(2x+1)^{\frac{1}{2}}dx$

$=\left[\frac{2}{3}\cdot\frac{1}{2}(2x+1)^{\frac{3}{2}}\right]_0^4$

$=\frac{1}{3}\left(9^{\frac{3}{2}}-1\right)=\frac{1}{3}(9\sqrt{9}-1)$

$=\frac{1}{3}(27-1)=\frac{26}{3}$

(2) $\int_0^1\frac{x}{\sqrt[3]{x^2+1}}dx=\int_0^1 x(x^2+1)^{-\frac{1}{3}}dx$

$=\left[\frac{3}{2}\cdot\frac{1}{2}(x^2+1)^{\frac{2}{3}}\right]_0^1=\frac{3}{4}(2^{\frac{2}{3}}-1)$

$=\frac{3}{4}(\sqrt[3]{4}-1)$

(3) $\begin{smallmatrix}9\\4\end{smallmatrix}>\sqrt{x}=t<\begin{smallmatrix}3\\2\end{smallmatrix},\ x=t^2,\ dx=2t\,dt$

$\int_4^9\frac{1}{\sqrt{x}-1}dx=\int_2^3\frac{2t}{t-1}dt=2\int_2^3\frac{t-1+1}{t-1}dt$

$=2\int_2^3\left(1+\frac{1}{t-1}\right)dt$

$=2\left[t+\ln|t-1|\right]_2^3=2(1+\ln2)$

(4) $\begin{smallmatrix}16\\0\end{smallmatrix}>\sqrt[4]{x}=t<\begin{smallmatrix}2\\0\end{smallmatrix},\ \sqrt{x}=t^2,\ x=t^4,\ dx=4t^3dt$

$\int_0^{16}\frac{\sqrt{x}}{1+\sqrt[4]{x^3}}dx=\int_0^2\frac{t^2}{1+t^3}4t^3dt=4\int_0^2\frac{t^5}{1+t^3}dt$

$=4\int_0^2\frac{t^2(1+t^3)-t^2}{1+t^3}dt$

$=4\int_0^2 t^2-\frac{t^2}{1+t^3}dt$

$=4\left[\frac{1}{3}t^3-\frac{1}{3}\ln(1+t^3)\right]_0^2=\frac{4}{3}(8-\ln9)$

$=\frac{4}{3}(8-2\ln3)=\frac{8}{3}(4-\ln3)$

(5) $\sqrt{4+x^2}=t,\ x\,dx=t\,dt$로 치환하면

$\int_0^{\sqrt{5}}\frac{x^3}{\sqrt{4+x^2}}dx=\int_2^3\frac{t^2-4}{t}\cdot t\,dt$

$=\int_2^3 t^2-4\,dt=\left[\frac{1}{3}t^3-4t\right]_2^3$

$=\frac{27-8}{3}-4=\frac{7}{3}$

(6) $\int_{-2}^0 x\sqrt[3]{(x+1)^2}\,dx=\int_{-2}^0 x(x+1)^{\frac{2}{3}}dx\ \ (x+1=t)$

$=\int_{-1}^1 t^{\frac{5}{3}}-t^{\frac{2}{3}}dx=\left[\frac{3}{8}t^{\frac{8}{3}}-\frac{3}{5}t^{\frac{5}{3}}\right]_{-1}^1$

$$=\left[\frac{3}{8}(1-1)-\frac{3}{5}\{1-(-1)\}\right]=-\frac{6}{5}$$

101. (1) $\frac{\pi}{2}$ (2) $\frac{\sqrt{3}-1}{4}$

(3) $\frac{\pi}{12}$ (4) $\frac{1}{4}\left[\frac{\pi}{6}+\frac{\sqrt{3}}{4}\right]$

풀이 (1) $x=\sin\theta$로 치환하면 $dx=\cos\theta\, d\theta$

$$\int_0^1 \frac{1}{\sqrt{1-x^2}}dx=\int_0^{\frac{\pi}{2}}\frac{1}{|\cos\theta|}\cos\theta\, d\theta=\frac{\pi}{2}$$

또는 공식에 의해서

$$\int_0^1 \frac{1}{\sqrt{1-x^2}}dx=\left[\sin^{-1}x\right]_0^1=\sin^{-1}1=\frac{\pi}{2}$$

(2) ${}_{1}^{\sqrt{2}}>x=2\sin\theta<{}_{\frac{\pi}{6}}^{\frac{\pi}{4}}$, $dx=2\cos\theta\, d\theta$

$$\int_1^{\sqrt{2}}\frac{1}{x^2\sqrt{4-x^2}}dx=\int_{\frac{\pi}{6}}^{\frac{\pi}{4}}\frac{2\cos\theta}{4\sin^2\theta\, 2\cos\theta}d\theta$$

$$=\frac{1}{4}\int_{\frac{\pi}{6}}^{\frac{\pi}{4}}\csc^2\theta\, d\theta=-\frac{1}{4}\left[\cot\theta\right]_{\frac{\pi}{6}}^{\frac{\pi}{4}}$$

$$=-\frac{1}{4}(1-\sqrt{3})=\frac{\sqrt{3}-1}{4}$$

(3) $\int_{\frac{1}{2}}^{\frac{1}{\sqrt{2}}}\frac{x}{\sqrt{1-4x^4}}dx$

$\left({}_{\frac{1}{2}}^{\frac{1}{\sqrt{2}}}>2x^2=t<{}_{\frac{1}{2}}^{1},\ x\,dx=\frac{1}{4}dt\right)$

$$=\frac{1}{4}\int_{\frac{1}{2}}^{1}\frac{1}{\sqrt{1-t^2}}dt$$

$$=\frac{1}{4}\left[\sin^{-1}t\right]_{\frac{1}{2}}^{1}=\frac{1}{4}\left(\frac{\pi}{2}-\frac{\pi}{6}\right)=\frac{\pi}{12}$$

(4) $\int_0^{\frac{1}{\sqrt{2}}}x\sqrt{1-x^4}\,dx\ \left(\begin{matrix}x^2=t\\2x\,dx=dt\end{matrix}\right)$

$$=\int_0^{\frac{1}{2}}\frac{1}{2}\sqrt{1-t^2}\,dt\ \left(\begin{matrix}t=\sin\theta\\dt=\cos\theta d\theta\end{matrix}\right)$$

$$=\frac{1}{2}\int_0^{\frac{\pi}{6}}\cos^2\theta\, d\theta=\frac{1}{4}\int_0^{\frac{\pi}{6}}1+\cos2\theta\, d\theta$$

$$=\frac{1}{4}\left[\theta+\frac{1}{2}\sin2\theta\right]_0^{\frac{\pi}{6}}=\frac{1}{4}\left[\frac{\pi}{6}+\frac{\sqrt{3}}{4}\right]$$

102. (1) $\ln\left(x+\sqrt{x^2-1}\right)+C$ (2) $\frac{5\sqrt{5}}{3}$

(3) $\frac{1}{a^2}\cdot\frac{\sqrt{x^2-a^2}}{x}$ (4) $\sqrt{3}$

풀이 (1) 미분공식을 적용해서 구할 수도 있다.

$$\int\frac{1}{\sqrt{x^2-1}}dx=\ln\left(x+\sqrt{x^2-1}\right)+C$$

(2) $x=2\sec\theta$, $dx=2\sec\theta\tan\theta\, d\theta$로 치환하면,
θ의 범위는 0부터 a이고, 여기서 $2\sec a=3$을 만족한다. 따라서 $\sec a=\frac{3}{2}$, $\tan a=\frac{\sqrt{5}}{2}$이다.

$$\int_2^3 x\sqrt{x^2-4}\,dx=\int_0^a 2\sec\theta\cdot2\tan\theta\cdot2\sec\theta\tan\theta\, d\theta$$

$$=8\int_0^a\tan^2\theta\sec^2\theta\, d\theta$$

$$=\frac{8}{3}\tan^3\theta\Big]_0^a=\frac{8}{3}\tan^3 a$$

$$=\frac{8}{3}\cdot\frac{5\sqrt{5}}{8}=\frac{5\sqrt{5}}{3}$$

(3) $x=a\sec\theta$, $dx=a\sec\theta\tan\theta\, d\theta$로 치환하자.

$$\int\frac{1}{x^2\sqrt{x^2-a^2}}dx=\int\frac{a\sec\theta\tan\theta}{a^2\sec^2\theta\cdot a\tan\theta}d\theta$$

$$=\frac{1}{a^2}\int\frac{1}{\sec\theta}dx$$

$$=\frac{1}{a^2}\int\cos\theta\, d\theta$$

$$=\frac{1}{a^2}\sin\theta=\frac{1}{a^2}\cdot\frac{\sqrt{x^2-a^2}}{x}$$

(4) ${}_{\frac{1}{2}}^{1}>x=\frac{1}{2}\sec\theta<{}_{0}^{\frac{\pi}{3}}$, $dx=\frac{1}{2}\sec\theta\tan\theta\, d\theta$,

$$4x^2-1=4\left(\frac{1}{4}\sec^2\theta\right)-1=\sec^2\theta-1=\tan^2\theta$$

$$\int_{\frac{1}{2}}^{1}\frac{1}{x^2\sqrt{4x^2-1}}dx=\int_0^{\frac{\pi}{3}}\frac{\frac{1}{2}\sec\theta\tan\theta}{\frac{1}{4}\sec^2\theta\sqrt{\tan^2\theta}}d\theta$$

$$=\int_0^{\frac{\pi}{3}}2\frac{1}{\sec\theta}d\theta=\int_0^{\frac{\pi}{3}}2\cos\theta\, d\theta$$

$$=2\left[\sin\theta\right]_0^{\frac{\pi}{3}}=2\cdot\frac{\sqrt{3}}{2}=\sqrt{3}$$

103. (1) $\ln\left(x+\sqrt{x^2+1}\right)+C$ (2) $\ln(1+\sqrt{2})$

(3) $\ln\left(\dfrac{2+2\sqrt{2}}{1+\sqrt{5}}\right)$ (4) $\dfrac{\pi}{16}$

풀이 (1) 미분공식에 적용하거나, 삼각치환적분을 할 수 있다.

$$\int \frac{1}{\sqrt{x^2+1}}dx=\ln\left(x+\sqrt{x^2+1}\right)+C$$

(2) $\displaystyle\int_2^3 \frac{1}{\sqrt{x^2-4x+5}}dx$

$=\displaystyle\int_2^3 \frac{1}{\sqrt{(x-2)^2+1}}dx\left(\tfrac{3}{2}>x-2=t<\tfrac{1}{0},\ dx=dt\right)$

$=\displaystyle\int_0^1 \frac{1}{\sqrt{t^2+1}}dt$

$=\left[\ln(t+\sqrt{t^2+1})\right]_0^1=\ln(1+\sqrt{2})$

(3) $\displaystyle\int_0^1 \frac{1}{\sqrt{x^2+2x+5}}dx\ \left(\tfrac{1}{0}>x+1=t<\tfrac{2}{1},\ dx=dt\right)$

$=\displaystyle\int_0^1 \frac{1}{\sqrt{(x+1)^2+2^2}}dx$

$=\displaystyle\int_1^2 \frac{1}{\sqrt{t^2+2^2}}dt$

$=\left[\ln\left|t+\sqrt{t^2+4}\right|\right]_1^2$

$=\ln(2+2\sqrt{2})-\ln(1+\sqrt{5})$

TIP $\displaystyle\int \frac{1}{\sqrt{x^2\pm a^2}}dx=\ln\left|x+\sqrt{x^2\pm a^2}\right|-\ln a+C$

이다. 정적분의 경우 적분상수가 의미가 없기 때문에 $-\ln a+C$를 적분상수로 생각하고 적분할 수 있다.

example) $\displaystyle\int_1^2 \frac{1}{\sqrt{x^2+2^2}}dx$

$=\left[\ln\left|x+\sqrt{x^2+2^2}\right|-\ln 2+C\right]_1^2$

$=\left[\ln\left|x+\sqrt{x^2+2^2}\right|\right]_1^2$

---

(4) $\displaystyle\int_{-3}^1 \frac{1}{x^2+6x+25}dx=\int_{-3}^1 \frac{1}{(x+3)^2+4^2}dx$

$=\dfrac{1}{4}\left[\tan^{-1}\left(\dfrac{x+3}{4}\right)\right]_{-3}^1=\dfrac{1}{4}\cdot\dfrac{\pi}{4}=\dfrac{\pi}{16}$

104. (1) $\dfrac{1}{2}x^2-4x+16\ln|x+4|+C$

(2) $\dfrac{1}{2}x^2-2\ln|x^2+4|+2\tan^{-1}\left(\dfrac{x}{2}\right)+C$

(3) $\dfrac{5}{2}\ln 2$ (4) $\dfrac{1}{15}$

(5) $\dfrac{1}{4}\ln\dfrac{5}{3}-\dfrac{1}{10}$ (6) $2\ln\dfrac{8}{5}-\dfrac{3}{4}$

풀이 (1) $\displaystyle\int \frac{x^2}{x+4}dx=\int x-4+\frac{16}{x+4}dx$

$=\dfrac{1}{2}x^2-4x+16\ln|x+4|+C$

(2) $\displaystyle\int \frac{x^3+3}{x^2+4}dx=\int x+\frac{-4x+4}{x^2+4}dx$

$=\displaystyle\int x-\frac{4x}{x^2+4}+\frac{4}{x^2+4}dx$

$=\dfrac{1}{2}x^2-2\ln|x^2+4|+2\tan^{-1}\left(\dfrac{x}{2}\right)+C$

(3) $\displaystyle\int_{\frac{1}{2}}^{\frac{5}{2}} \frac{5}{2x+3}dx=\frac{5}{2}\int_{\frac{1}{2}}^{\frac{5}{2}} \frac{2}{2x+3}dx$

$=\dfrac{5}{2}\left[\ln|2x+3|\right]_{\frac{1}{2}}^{\frac{5}{2}}$

$=\dfrac{5}{2}(\ln 8-\ln 4)=\dfrac{5}{2}\ln 2$

(4) $\tfrac{1}{0}>2x+3=t<\tfrac{5}{3}$, $2dx=dt$, $dx=\dfrac{1}{2}dt$

$\displaystyle\int_0^1 \frac{1}{(2x+3)^2}dx=\frac{1}{2}\int_3^5 \frac{1}{t^2}dt$

$=-\dfrac{1}{2}\left[\dfrac{1}{t}\right]_3^5=-\dfrac{1}{2}\left(\dfrac{1}{5}-\dfrac{1}{3}\right)$

$=-\dfrac{1}{2}\left(\dfrac{3-5}{15}\right)=\dfrac{1}{15}$

(5) $2x+3=t<\tfrac{5}{3}$, $2x=t-3$, $x=\dfrac{1}{2}(t-3)$, $dx=\dfrac{1}{2}dt$

$\displaystyle\int_0^1 \frac{x}{(2x+3)^2}dx=\frac{1}{4}\int_3^5 \frac{t-3}{t^2}dt=\frac{1}{4}\int_3^5 \frac{1}{t}-\frac{3}{t^2}dt$

$=\dfrac{1}{4}\left[\ln t+\dfrac{3}{t}\right]_3^5$

$=\dfrac{1}{4}\left(\ln 5-\ln 3+\dfrac{3}{5}-1\right)=\dfrac{1}{4}\ln\dfrac{5}{3}-\dfrac{1}{10}$

(6) $x+5=t$로 치환하면 $x=t-5$, $dx=dt$이므로

$\displaystyle\int_0^3 \frac{2x}{(x+5)^2}dx=\int_5^8 \frac{2t-10}{t^2}dt=\int_5^8 \frac{2}{t}-\frac{10}{t^2}dt$

$=2\ln t+\dfrac{10}{t}\Big]_5^8=2\ln\dfrac{8}{5}-\dfrac{3}{4}$

105. (1) $\frac{1}{4}\ln\frac{5}{3}$ (2) $\ln\frac{4}{3}$ (3) $\frac{3}{2}\ln3-2\ln2$

(4) $2\ln3-\ln2$ (5) $2\ln3-2\ln2$ (6) $\frac{9}{5}\ln\frac{8}{3}$

풀이 (1) $\int_3^4 \frac{1}{x^2-4}dx$

$=\frac{1}{4}\int_3^4\left(\frac{1}{x-2}-\frac{1}{x+2}\right)dx$

$=\frac{1}{4}[\ln|x-2|-\ln|x+2|]_3^4$

$=\frac{1}{4}\{(\ln2-\ln6)-(\ln1-\ln5)\}$

(2) $\int_1^2 \frac{1}{x^2+x}dx=\int_1^2\frac{1}{x(x+1)}dx$

$=\int_1^2\frac{1}{x}+\frac{-1}{x+1}dx$

$=[\ln|x|]_1^2-[\ln|x+1|]_1^2$

$=\ln2-(\ln3-\ln2)$

$=2\ln2-\ln3=\ln\frac{4}{3}$

(3) $\int_1^4\frac{x-1}{2x^2+x}dx=\int_1^4\frac{x-1}{x(2x+1)}dx$

$=\int_1^4\frac{-1}{x}+\frac{3}{2x+1}dx$

$=\frac{3}{2}\ln|2x+1|-\ln|x|\Big]_1^4$

$=\frac{3}{2}(\ln9-\ln3)-\ln4=\frac{3}{2}\ln3-2\ln2$

(4) $\int_0^1\frac{x+7}{x^2+4x+3}dx=\int\frac{x+7}{(x+1)(x+3)}$

$=\int_0^1\left(\frac{3}{x+1}-\frac{2}{x+3}\right)dx$

$=[3\ln|x+1|-2\ln|x+3|]_0^1$

$=3(\ln2-\ln1)-2(\ln4-\ln3)$

$=3\ln2-4\ln2+2\ln3$

$=2\ln3-\ln2$

(5) $\int_0^1\frac{2}{2x^2+3x+1}dx=\int_0^1\frac{2}{(2x+1)(x+1)}dx$

$=\int_0^1\frac{4}{2x+1}-\frac{2}{x+1}dx$

$=2\ln(2x+1)-2\ln(x+1)]_0^1$

$=2(\ln3-\ln1)-2(\ln2-\ln1)=2\ln3-2\ln2$

(6) $\int_1^2\frac{4x^2-7x-12}{x(x+2)(x-3)}dx$

$=\int_1^2\frac{2}{x}+\frac{\frac{9}{5}}{x+2}+\frac{\frac{1}{5}}{x-3}dx$

$=2\ln|x|+\frac{9}{5}\ln|x+2|+\frac{1}{5}\ln|x-3|\Big]_1^2$

$=2\ln2+\frac{9}{5}\ln\frac{4}{3}-\frac{1}{5}\ln2$

$=\frac{9}{5}\ln2+\frac{9}{5}\ln\frac{4}{3}=\frac{9}{5}\ln\frac{8}{3}$

106. (1) $\frac{1}{4}\ln2+\frac{\pi}{8}$

(2) $\ln2-\frac{1}{2}\ln3+\frac{1}{\sqrt2}\tan^{-1}\left(\frac{\sqrt2}{5}\right)$

(3) $\ln|x-1|-\frac{1}{2}\ln|x^2+9|-\frac{1}{3}\tan^{-1}\left(\frac{x}{3}\right)+C$

(4) $2\ln|x|-\frac{1}{2}\ln|x^2+3|-\frac{1}{\sqrt3}\tan^{-1}\left(\frac{x}{\sqrt3}\right)+C$

풀이 (1) $\int_0^1\frac{1}{(x+1)(x^2+1)}dx$

$=\int_0^1\frac{\frac{1}{2}}{x+1}+\frac{-\frac{1}{2}x+\frac{1}{2}}{x^2+1}dx$

$=\frac{1}{2}\int_0^1\frac{1}{x+1}-\frac{x}{x^2+1}+\frac{1}{x^2+1}dx$

$=\frac{1}{2}\left[\ln|x+1|-\frac{1}{2}\ln|x^2+1|+\tan^{-1}x\right]_0^1$

$=\frac{1}{2}\left(\ln2-\frac{1}{2}\ln2+\frac{\pi}{4}\right)=\frac{1}{4}\ln2+\frac{\pi}{8}$

(2) $\int_1^2\frac{x+1}{2x^3+x}dx$

$=\int_1^2\frac{x+1}{x(2x^2+1)}dx$

$=\int_1^2\frac{1}{x}+\frac{-2x+1}{2x^2+1}dx$

$=\int_1^2\frac{1}{x}-\frac{2x}{2x^2+1}+\frac{1}{2x^2+1}dx$

$=\ln|x|-\frac{1}{2}\ln(2x^2+1)+\frac{1}{\sqrt2}\tan^{-1}(\sqrt2x)\Big]_1^2$

$=\ln2-\frac{1}{2}(\ln9-\ln3)+\frac{1}{\sqrt2}(\tan^{-1}(2\sqrt2)-\tan^{-1}\sqrt2)$

$=\ln2-\frac{1}{2}\ln3+\frac{1}{\sqrt2}\tan^{-1}\left(\frac{\sqrt2}{5}\right)$

TIP $\tan^{-1}(2\sqrt{2})=a$, $\tan^{-1}\sqrt{2}=b$라고 할 때,

$\tan a=2\sqrt{2}$, $\tan b=\sqrt{2}$이다.

$\tan(a-b)=\dfrac{\tan a-\tan b}{1+\tan a\cdot\tan b}=\dfrac{2\sqrt{2}-\sqrt{2}}{1+2\sqrt{2}\cdot\sqrt{2}}=\dfrac{\sqrt{2}}{5}$이므로

$\tan^{-1}(2\sqrt{2})-\tan^{-1}\sqrt{2}=a-b=\tan^{-1}\left(\dfrac{\sqrt{2}}{5}\right)$이다.

(3) $\displaystyle\int\frac{10}{(x-1)(x^2+9)}dx=\int\frac{1}{x-1}+\frac{-x-1}{x^2+9}dx$

$\displaystyle=\int\frac{1}{x-1}-\frac{x}{x^2+9}-\frac{1}{x^2+9}dx$

$\displaystyle=\ln|x-1|-\frac{1}{2}\ln|x^2+9|-\frac{1}{3}\tan^{-1}\left(\frac{x}{3}\right)+C$

(4) $\displaystyle\int\frac{x^2-x+6}{x^3+3x}dx=\int\frac{x^2-x+6}{x(x^2+3)}dx$

$\displaystyle=\int\frac{2}{x}+\frac{-x-1}{x^2+3}dx$

$\displaystyle=\int\frac{2}{x}-\frac{x}{x^2+3}-\frac{1}{x^2+3}dx$

$\displaystyle=2\ln|x|-\frac{1}{2}\ln|x^2+3|-\frac{1}{\sqrt{3}}\tan^{-1}\left(\frac{x}{\sqrt{3}}\right)+C$

107. (1) $\ln\dfrac{3}{2}+1$ (2) $10\ln|x-3|-9\ln|x-2|+\dfrac{5}{x-2}+C$

(3) $\ln|x^2+1|-2\ln|x+1|+2\tan^{-1}x+C$ (4) $\ln 6-\dfrac{1}{6}$

풀이 (1) $\displaystyle\int_2^3\frac{4x}{x^3-x^2-x+1}dx=\int_2^3\frac{4x}{(x+1)(x-1)^2}dx$

$\displaystyle=\int_2^3\frac{-1}{x+1}+\frac{1}{x-1}+\frac{2}{(x-1)^2}dx$

$\displaystyle=-[\ln|x+1|]_2^3+[\ln|x-1|]_2^3-\left[\frac{2}{x-1}\right]_2^3$

$=-(\ln 4-\ln 3)+(\ln 2-\ln 1)-(1-2)$

$=-2\ln 2+\ln 3+\ln 2+1$

$=\ln 3-\ln 2+1=\ln\dfrac{3}{2}+1$

(2) $\displaystyle\int\frac{x^2+1}{(x-3)(x-2)^2}dx$

$\displaystyle=\int\frac{10}{x-3}+\frac{-9}{x-2}+\frac{-5}{(x-2)^2}dx$

$\displaystyle=10\ln|x-3|-9\ln|x-2|+\frac{5}{x-2}+C$

(3) $\displaystyle\int\frac{4x}{x^3+x^2+x+1}dx=\int\frac{4x}{(x+1)(x^2+1)}dx$

$\displaystyle=\int\frac{-2}{x+1}+\frac{2x+2}{x^2+1}dx$

$\displaystyle=\int-\frac{2}{x+1}+\frac{2x}{x^2+1}+\frac{2}{x^2+1}dx$

$=-2\ln|x+1|+\ln|x^2+1|+2\tan^{-1}x+C$

(4) $\displaystyle\int_3^4\frac{2x^2+4}{x^3-2x^2}dx$

$\displaystyle=\int_3^4\frac{2x^2+4}{x^2(x-2)}dx$

$\displaystyle=\int_3^4\frac{-1}{x}+\frac{-2}{x^2}+\frac{3}{x-2}dx$

$\displaystyle=\left.-\ln x+\frac{2}{x}+3\ln(x-2)\right]_3^4$

$\displaystyle=-(\ln 4-\ln 3)+2\left(\frac{1}{4}-\frac{1}{3}\right)+3(\ln 2-\ln 1)$

$\displaystyle=-2\ln 2+\ln 3-\frac{1}{6}+3\ln 2$

$\displaystyle=\ln 2+\ln 3-\frac{1}{6}$

$\displaystyle=\ln 6-\frac{1}{6}$

108. (1) $\dfrac{\pi}{12}$ (2) $\dfrac{1}{2}\ln 3+\dfrac{\pi}{6\sqrt{3}}$

(3) $\dfrac{1}{2}\ln|x^2+2x+5|+\dfrac{3}{2}\tan^{-1}\left(\dfrac{x+1}{2}\right)+C$

(4) $\dfrac{1}{3}\ln|x-1|-\dfrac{1}{6}\ln|x^2+x+1|$

$-\dfrac{\sqrt{3}}{3}\tan^{-1}\left(\dfrac{2x+1}{\sqrt{3}}\right)+C$

풀이 (1) $\displaystyle\int_{-2}^1\frac{1}{x^2+4x+13}dx=\int_{-2}^1\frac{1}{(x+2)^2+3^2}dx$

$\displaystyle=\frac{1}{3}\left[\tan^{-1}\left(\frac{x+2}{3}\right)\right]_{-2}^1$

$\displaystyle=\frac{1}{3}[\tan^{-1}1-0]=\frac{\pi}{12}$

(2) $\displaystyle\int_0^2\frac{x+2}{x^2+2x+4}dx$

$\displaystyle=\frac{1}{2}\int_0^2\frac{2x+2}{x^2+2x+4}dx+\int_0^2\frac{1}{(x+1)^2+(\sqrt{3})^2}dx$

$\displaystyle=\frac{1}{2}[\ln(x^2+2x+4)]_0^2+\frac{1}{\sqrt{3}}\left[\tan^{-1}\left(\frac{x+1}{\sqrt{3}}\right)\right]_0^2$

$\displaystyle=\frac{1}{2}(\ln 12-\ln 4)+\frac{1}{\sqrt{3}}\left(\tan^{-1}\sqrt{3}-\tan^{-1}\left(\frac{1}{\sqrt{3}}\right)\right)$

$$= \frac{1}{2}\ln 3 + \frac{1}{\sqrt{3}}\left(\frac{\pi}{3} - \frac{\pi}{6}\right)$$
$$= \frac{1}{2}\ln 3 + \frac{\pi}{6\sqrt{3}}$$

(3) $\int \frac{x+4}{x^2+2x+5}dx$

$$= \frac{1}{2}\int \frac{2x+2}{x^2+2x+5}dx + \int \frac{3}{x^2+2x+5}dx$$
$$= \frac{1}{2}\int \frac{2x+2}{x^2+2x+5}dx + \int \frac{3}{(x+1)^2+4}dx$$
$$= \frac{1}{2}\ln|x^2+2x+5| + \frac{3}{2}\tan^{-1}\left(\frac{x+1}{2}\right) + C$$

(4) $\int \frac{1}{x^3-1}dx$

$$= \int \frac{1}{(x-1)(x^2+x+1)}dx$$
$$= \frac{1}{3}\int \frac{1}{x-1} + \frac{-x-2}{x^2+x+1}dx$$
$$= \frac{1}{3}\left\{\int \frac{1}{x-1}dx - \frac{1}{2}\int \frac{2x+1}{x^2+x+1}dx - \int \frac{\frac{3}{2}}{x^2+x+1}dx\right\}$$
$$= \frac{1}{3}\left\{\int \frac{1}{x-1}dx - \frac{1}{2}\int \frac{2x+1}{x^2+x+1}dx - \int \frac{\frac{3}{2}}{\left(x+\frac{1}{2}\right)^2+\frac{3}{4}}dx\right\}$$
$$= \frac{1}{3}\left(\ln|x-1| - \frac{1}{2}\ln|x^2+x+1| - \sqrt{3}\tan^{-1}\left(\frac{2x+1}{\sqrt{3}}\right) + C\right)$$
$$= \frac{1}{3}\ln|x-1| - \frac{1}{6}\ln|x^2+x+1| - \frac{\sqrt{3}}{3}\tan^{-1}\left(\frac{2x+1}{\sqrt{3}}\right) + C$$

109. (1) $e^x - \tan^{-1}(e^x) + C$

(2) $2\ln|e^x+2| - \ln|e^x+1| + C$

(3) $2\sqrt{x+1} + \ln|\sqrt{x+1}-1| - \ln|\sqrt{x+1}+1| + C$

(4) $2\ln|\sqrt{x}+1| - \ln x - \frac{2}{\sqrt{x}} + C$

풀이 (1) $e^x = t$, $x = \ln t$, $dx = \frac{1}{t}dt$

$$\int \frac{e^{3x}}{1+e^{2x}}dx = \int \frac{t^3}{t(1+t^2)}dt = \int \frac{t^2}{t^2+1}dt$$
$$= t - \tan^{-1}t + C = e^x - \tan^{-1}(e^x) + C$$
$$= \int \frac{t^2+1-1}{t^2+1}dt = \int 1 - \frac{1}{t^2+1}dt$$
$$= t - \tan^{-1}t + C = e^x - \tan^{-1}(e^x) + C$$

(2) $e^x = t$로 치환하면 $x = \ln t$이고 $dx = \frac{1}{t}dt$이므로

$$\int \frac{e^{2x}}{e^{2x}+3e^x+2}dx = \int \frac{t^2}{t^2+3t+2}\cdot\frac{1}{t}dt$$
$$= \int \frac{t}{(t+1)(t+2)}dt$$
$$= \int \frac{-1}{t+1} + \frac{2}{t+2}dt$$
$$= -\ln|t+1| + 2\ln|t+2| + C$$
$$= 2\ln|e^x+2| - \ln|e^x+1| + C$$

(3) $\sqrt{x+1} = t$로 치환하면 $x = t^2 - 1$이고 $dx = 2t\,dt$이므로

$$\int \frac{\sqrt{x+1}}{x}dx$$
$$= \int \frac{t}{t^2-1}\cdot 2t\,dt$$
$$= \int \frac{2t^2}{t^2-1}dt$$
$$= \int 2 + \frac{2}{(t-1)(t+1)}dt$$
$$= \int 2 + \frac{1}{t-1} + \frac{-1}{t+1}dt$$
$$= 2t + \ln|t-1| - \ln|t+1| + C$$
$$= 2\sqrt{x+1} + \ln|\sqrt{x+1}-1| - \ln|\sqrt{x+1}+1| + C$$

(4) $\sqrt{x} = t$로 치환하면 $x = t^2$이고 $dx = 2t\,dt$이므로

$$\int \frac{1}{x^2+x\sqrt{x}}dx$$
$$= \int \frac{2t}{t^4+t^3}dt$$
$$= \int \frac{2}{t^3+t^2}dt$$
$$= \int \frac{2}{t^2(t+1)}dt$$
$$= \int -\frac{2}{t} + \frac{2}{t^2} + \frac{2}{t+1}dt$$
$$= -2\ln|t| - \frac{2}{t} + 2\ln|t+1| + C$$
$$= -2\ln|\sqrt{x}| - \frac{2}{\sqrt{x}} + 2\ln|\sqrt{x}+1| + C$$
$$= 2\ln|\sqrt{x}+1| - \ln x - \frac{2}{\sqrt{x}} + C$$

110. (1) $x\ln x - x + C$ (2) $\frac{1}{2}x^2\ln x - \frac{1}{4}x^2 + C$

(3) $\frac{1}{3}x^3\ln x - \frac{1}{9}x^3 + C$ (4) $-\frac{1}{x}\ln x - \frac{1}{x} + C$

(5) $\frac{32\ln 2}{3} - \frac{28}{9}$ (6) $4(2\ln 2 - 1)$

(7) $\frac{1}{3}(\ln x)^3 + C$ (8) $e - 2$

풀이 (1) $\int \ln x\,dx = x\ln x - \int x\frac{1}{x}dx = x\ln x - x + C$

$\begin{pmatrix} u' = 1, & v = \ln x \\ u = x, & v' = \frac{1}{x} \end{pmatrix}$

(2) $\int x\ln x\,dx = \frac{1}{2}x^2\ln x - \int \frac{1}{2}x^2 \cdot \frac{1}{x}dx$

$= \frac{1}{2}x^2\ln x - \frac{1}{2}\int x\,dx \quad \begin{pmatrix} u' = x, & v = \ln x \\ u = \frac{1}{2}x^2, & v' = \frac{1}{x} \end{pmatrix}$

$= \frac{1}{2}x^2\ln x - \frac{1}{4}x^2 + C$

(3) $\int x^2\ln x\,dx = \frac{1}{3}x^3\ln x - \int \frac{1}{3}x^3 \cdot \frac{1}{x}dx$

$= \frac{1}{3}x^3\ln x - \frac{1}{3}\int x^2\,dx \quad \begin{pmatrix} u' = x, & v = \ln x \\ u = \frac{1}{3}x^3, & v' = \frac{1}{x} \end{pmatrix}$

$= \frac{1}{3}x^3\ln x - \frac{1}{9}x^3 + C$

(4) $\int \frac{\ln x}{x^2}dx = -\frac{1}{x}\ln x - \int \left(-\frac{1}{x^2}\right)dx$

$= -\frac{1}{x}\ln x - \frac{1}{x} + C \quad \begin{pmatrix} u' = \frac{1}{x^2}, & v = \ln x \\ u = -\frac{1}{x}, & v' = \frac{1}{x} \end{pmatrix}$

[다른 풀이_공식 적용]

$\int x^{-2}\ln x\,dx = \frac{1}{-1}x^{-1}\ln x - \left(\frac{1}{-1}\right)^2 x^{-1} + C$

$= -\frac{\ln x}{x} - \frac{1}{x} + C$

(5) $\int_1^4 \sqrt{x}\ln x\,dx = \frac{2}{3}x^{\frac{3}{2}}\ln x - \int_1^4 \frac{2}{3}x^{\frac{1}{2}}dx$

$= \frac{2}{3}x^{\frac{3}{2}}\ln x - \frac{2}{3}\cdot\frac{2}{3}x^{\frac{3}{2}} \quad \begin{pmatrix} u' = \sqrt{x}, & v = \ln x \\ u = \frac{2}{3}x^{\frac{3}{2}}, & v' = \frac{1}{x} \end{pmatrix}$

$= \frac{2}{3}\left[x^{\frac{3}{2}}\ln x\right]_1^4 - \frac{4}{9}\left[x^{\frac{3}{2}}\right]_1^4$

$= \frac{2}{3}(16\ln 2) - \frac{4}{9}(7) = \frac{32\ln 2}{3} - \frac{28}{9}$

(6) $\int_1^4 x^{-\frac{1}{2}}\ln x\,dx = \left[2x^{\frac{1}{2}}\ln x - 4x^{\frac{1}{2}}\right]_1^4$

$= 4\ln 4 - 4(2-1) = 8\ln 2 - 4 = 4(2\ln 2 - 1)$

(7) 단순 치환적분(덩어리 적분)을 이용해야한다.

$\int \frac{(\ln x)^2}{x}dx = \frac{1}{3}(\ln x)^3 + C$

(8) $\int_1^e (\ln x)^2 dx = x(\ln x)^2 - \int x\cdot\frac{2\ln x}{x}dx$

$\begin{pmatrix} u' = 1, & v = (\ln x)^2 \\ u = x, & v' = 2\ln x\frac{1}{x} \end{pmatrix}$

$= x(\ln x)^2 - 2(x\ln x - x)$

$= x\left[(\ln x)^2\right]_1^e - \left[2x\ln x\right]_1^e + \left[2x\right]_1^e$

$= e - 2e + 2e - 2 = e - 2$

111. (1) $\frac{\sqrt{3}\pi}{2}$ (2) $\pi - 2\ln 2$

(3) $\frac{\pi}{2} - 1$ (4) $\frac{\pi}{8} - \frac{1}{4}\ln 2$

(5) $1 - \sqrt{2} + \ln(1+\sqrt{2})$ (6) $\frac{3}{4}\ln(1+\sqrt{2}) - \frac{\sqrt{2}}{4}$

풀이 (1) 두 가지 풀이법을 적용해보자.

[풀이1] $\frac{\sqrt{3}}{2} = a$이라 하고, 부분적분을 이용하면

$\int_{-a}^{a} \cos^{-1}x\,dx = x\cos^{-1}x\Big]_{-a}^{a} - \int_{-a}^{a}\frac{-x}{\sqrt{1-x^2}}dx$

$= a\left(\cos^{-1}a + \cos^{-1}(-a)\right) = a\pi$

$= \frac{\sqrt{3}\pi}{2}$

여기서 $\cos^{-1}x + \cos^{-1}(-x) = \pi$인 성질을 이용하여 계산하고, $\frac{x}{\sqrt{1-x^2}}$이 기함수 이므로

$\int_{-a}^{a}\frac{x}{\sqrt{1-x^2}}dx = 0$이다.

[풀이2] 우함수와 기함수의 성질을 이용하자.

$\frac{\sqrt{3}}{2} = a$라고 하고, $\cos^{-1}x + \sin^{-1}x = \frac{\pi}{2}$을 이용하면

$\int_{-a}^{a}\cos^{-1}x\,dx = \int_{-a}^{a}\frac{\pi}{2} - \sin^{-1}x\,dx$

$= \int_{-a}^{a}\frac{\pi}{2}dx - \int_{-a}^{a}\sin^{-1}x\,dx = \frac{\pi}{2}\cdot 2a$

$= a\pi = \frac{\sqrt{3}\pi}{2}$

(2) $\int_0^1 4\tan^{-1}x\,dx = 4x\tan^{-1}x - \int \frac{4x}{1+x^2}dx$

$\begin{pmatrix} u' = 4, & v = \tan^{-1}x \\ y = 4x, & v' = \frac{1}{1+x^2} \end{pmatrix}$

$= 4\left[x\tan^{-1}x\right]_0^1 - 2\left[\ln(1+x^2)\right]_0^1$

$= 4\tan^{-1}1 - 2\ln2 = \pi - 2\ln2$

(3) $\int_0^1 2x\tan^{-1}x\,dx = \left[x^2\tan^{-1}x\right]_0^1 - \int_0^1 \frac{x^2}{1+x^2}dx$

$\begin{pmatrix} u' = 2x, & v = \tan^{-1}x \\ u = x^2, & v' = \frac{1}{1+x^2} \end{pmatrix}$

$= \left[x^2\tan^{-1}x\right]_0^1 - \int_0^1 \left(1 - \frac{1}{1+x^2}\right)dx$

$= \left[x^2\tan^{-1}x\right]_0^1 - [x]_0^1 + \left[\tan^{-1}x\right]_0^1$

$= \tan^{-1}1 - 1 + \tan^{-1}1$

$= \frac{\pi}{4} - 1 + \frac{\pi}{4} = \frac{\pi}{2} - 1$

(4) $2x = t$로 치환하면 $dx = \frac{1}{2}dt$이고 $x = 0$일 때 $t = 0$,

$x = \frac{1}{2}$일 때 $t = 1$이다.

$\int_0^{\frac{1}{2}} \tan^{-1}(2x)\,dx = \frac{1}{2}\int_0^1 \tan^{-1}t\,dt$ 부분적분에 의해서 1은 적분하고, $\tan^{-1}x$는 미분하자.

$= \frac{1}{2}\left[\left[t\tan^{-1}t\right]_0^1 - \int_0^1 \frac{t}{1+t^2}dt\right]$

$= \frac{1}{2}\left\{\tan^{-1}1 - \left[\frac{1}{2}\ln|1+t^2|\right]_0^1\right\}$

$= \frac{1}{2}\left(\frac{\pi}{4} - \frac{1}{2}\ln2\right) = \frac{\pi}{8} - \frac{1}{4}\ln2$

(5) $u' = 1$, $v = \sinh^{-1}x$로 두고 부분적분을 하면

$\int_0^1 \sinh^{-1}x\,dx = x\sinh^{-1}x\Big]_0^1 - \int_0^1 \frac{x}{\sqrt{1+x^2}}dx$

$= \sinh^{-1}1 - (1+x^2)^{\frac{1}{2}}\Big]_0^1$

$= \ln(1+\sqrt{2}) - (\sqrt{2}-1)$

$= 1 - \sqrt{2} + \ln(1+\sqrt{2})$

(6) $u' = x$, $v = \sinh^{-1}x$로 두고 부분적분을 하면

$\int_0^1 x\sinh^{-1}x\,dx$

$= \frac{1}{2}x^2\sinh^{-1}x\Big]_0^1 - \frac{1}{2}\int_0^1 \frac{x^2}{\sqrt{x^2+1}}dx$

$= \frac{1}{2}\sinh^{-1}1 - \frac{1}{2}\int_0^1 \frac{x^2}{\sqrt{x^2+1}}dx$ 에서 $x = \tan t$로 치환하면

$= \frac{1}{2}\ln(1+\sqrt{2}) - \frac{1}{2}\int_0^{\frac{\pi}{4}} \frac{\tan^2 t}{\sec t}\sec^2 t\,dt$

$= \frac{1}{2}\ln(1+\sqrt{2}) - \frac{1}{2}\int_0^{\frac{\pi}{4}} \sec t\tan^2 t\,dt$

$= \frac{1}{2}\ln(1+\sqrt{2}) - \frac{1}{2}\int_0^{\frac{\pi}{4}} \sec t(\sec^2 t - 1)dt$

$= \frac{1}{2}\ln(1+\sqrt{2}) - \frac{1}{2}\int_0^{\frac{\pi}{4}} \sec^3 t - \sec t\,dt$

$= \frac{1}{2}\ln(1+\sqrt{2}) - \frac{1}{2}\left\{\frac{1}{2}(\sec t\tan t + \ln(\sec t + \tan t)) - \ln(\sec t + \tan t)\right\}\Big]_0^{\frac{\pi}{4}}$

$= \frac{1}{2}\ln(1+\sqrt{2}) - \frac{1}{2}\left(\frac{\sqrt{2}}{2} - \frac{1}{2}\ln(1+\sqrt{2})\right)$

$= \frac{3}{4}\ln(1+\sqrt{2}) - \frac{\sqrt{2}}{4}$

112. (1) $\frac{1}{3}(\pi+2)$ (2) $\frac{\pi^2}{2} - 2$ (3) $\frac{1}{4}e^2 + \frac{1}{4}$ (4) $3-e$ (5) $\frac{e^2-1}{4}$ (6) $1 - \frac{1}{e}$ (7) π

풀이 (1) $\int_0^{\pi} (x+1)\sin3x\,dx$

$= -\frac{1}{3}[(x+1)\cos3x]_0^{\pi} + \frac{1}{9}[\sin3x]_0^{\pi}$

$= -\frac{1}{3}((\pi+1)(-1) - 1) + 0$

$= -\frac{1}{3}(-\pi - 2) = \frac{\pi+2}{3}$

미분		적분
$x+1$		$\sin3x$
1	$+$	$-\frac{1}{3}\cos3x$
0	$-$	$-\frac{1}{9}\sin3x$

(2) $\int_0^{\frac{\pi}{2}} 4x^2\sin2x\,dx$

$= -2x^2\cos2x - (-2x\sin2x) + \cos2x$

$= -2\left[x^2\cos2x\right]_0^{\frac{\pi}{2}} + 2\left[x\sin2x\right]_0^{\frac{\pi}{2}} + \left[\cos2x\right]_0^{\frac{\pi}{2}}$

$= -2\left(\frac{\pi^2}{4}(-1)\right) + 0 + (-1-1) = \frac{\pi^2}{2} - 2$

미분		적분
$4x^2$		$\sin2x$
$8x$	$+$	$-\frac{1}{2}\cos2x$
8	$-$	$-\frac{1}{4}\sin2x$
0	$+$	$\frac{1}{8}\cos2x$

(3) $\int_0^1 xe^{2x}\,dx = \frac{1}{2}xe^{2x} - \int \frac{1}{2}e^{2x}\,dx$

$\begin{pmatrix} u' = e^{2x} & v = x \\ u = \frac{1}{2}e^{2x} & v' = 1 \end{pmatrix}$

$= \left[\frac{1}{2}xe^{2x} - \frac{1}{4}e^{2x}\right]_0^1$

$= \frac{1}{2}e^2 - \frac{1}{4}(e^2 - 1) = \frac{1}{4}e^2 + \frac{1}{4}$

[다른 풀이]

$\int_0^1 xe^{2x}\,dx = \left[\frac{1}{2}xe^{2x} - \frac{1}{4}e^{2x}\right]_0^1$

$= \frac{1}{2}e^2 - \frac{1}{4}(e^2 - 1) = \frac{1}{4}e^2 + \frac{1}{4}$

미분		적분
x		e^{2x}
1	$+$	$\frac{1}{2}e^{2x}$
0	$-$	$\frac{1}{4}e^{2x}$

(4) $\int_0^1 (2x-1)e^x\,dx = \left[(2x-1)e^x\right]_0^1 - 2\left[e^x\right]_0^1$

$= (e+1) - 2(e-1)$

$= e + 1 - 2e + 2 = 3 - e$

미분		적분
$2x-1$		e^x
2	$+$	e^x
0	$-$	e^x

(5) $\int_0^1 x^2e^{2x}\,dx = \frac{1}{2}\left[x^2e^{2x}\right]_0^1 - \frac{1}{2}\left[xe^{2x}\right]_0^1 + \frac{1}{4}\left[e^{2x}\right]_0^1$

$= \frac{1}{2}e^2 - \frac{1}{2}e^2 + \frac{1}{4}(e^2 - 1) = \frac{e^2 - 1}{4}$

미분		적분
x^2		e^{2x}
$2x$	$+$	$\frac{1}{2}e^{2x}$
2	$-$	$\frac{1}{4}e^{2x}$
0	$+$	$\frac{1}{8}e^{2x}$

(6) 주어진 식을 부분적분하면

$\int_0^1 x\cosh x\,dx = x\sinh x - \cosh x\Big]_0^1$

$= \sinh1 - \cosh1 + \cosh0$

$= \frac{e^1 - e^{-1}}{2} - \frac{e^1 + e^{-1}}{2} + 1$

$= 1 - \frac{1}{e}$

(7) 절댓값의 핵심은 구간을 나눌 수 있어야 한다. 절댓값 안이 양수인 경우와 음수인 경우로 나누자.

$\int_0^\pi x|\cos x|\,dx = \int_0^{\frac{\pi}{2}} x|\cos x|\,dx + \int_{\frac{\pi}{2}}^\pi x|\cos x|\,dx$

$= \int_0^{\frac{\pi}{2}} x\cos x\,dx - \int_{\frac{\pi}{2}}^\pi x\cos x\,dx$

$= \left[x\sin x + \cos x\right]_0^{\frac{\pi}{2}} - \left[x\sin x + \cos x\right]_{\frac{\pi}{2}}^\pi$

$= \frac{\pi}{2} - 1 - \left(-1 - \frac{\pi}{2}\right) = \pi$

113. (1) $\frac{1}{5}(2e^\pi + 1)$ (2) $\frac{1}{2}\left(e^{\frac{\pi}{2}} - 1\right)$

(3) $\frac{e^5}{10} + \frac{1}{2e} - \frac{3}{5}$ (4) $\frac{e^3}{6} - \frac{1}{2e} + \frac{1}{3}$

풀이 (1) $\int_0^{\frac{\pi}{2}} e^{2x}\sin x\,dx = \frac{\left[e^{2x}(2\sin x - \cos x)\right]_0^{\frac{\pi}{2}}}{2^2 + 1^2}$

$= \frac{1}{5}\left(e^\pi(2-0) - 1(0-1)\right)$

$= \frac{1}{5}(2e^\pi + 1)$

(2) $\int_0^{\frac{\pi}{2}} e^x \cos x\,dx = \dfrac{\left[e^x(\cos x+\sin x)\right]_0^{\frac{\pi}{2}}}{1^2+1^2}$

$= \frac{1}{2}\left(e^{\frac{\pi}{2}}(0+1)-1(1+0)\right)$

$= \frac{1}{2}\left(e^{\frac{\pi}{2}}-1\right)$

(3) $\int_0^1 e^{2x}\sinh 3x\,dx = \int_0^1 e^{2x}\dfrac{e^{3x}-e^{-3x}}{2}dx$

$= \int_0^1 \frac{1}{2}e^{5x}-\frac{1}{2}e^{-x}\,dx$

$= \frac{1}{10}e^{5x}+\frac{1}{2}e^{-x}\Big]_0^1$

$= \frac{e^5}{10}+\frac{1}{2e}-\frac{3}{5}$

(4) $\int_0^1 e^x\cosh 2x\,dx = \int_0^1 e^x\dfrac{e^{2x}+e^{-2x}}{2}dx$

$= \int_0^1 \frac{1}{2}e^{3x}+\frac{1}{2}e^{-x}\,dx$

$= \frac{1}{6}e^{3x}-\frac{1}{2}e^{-x}\Big]_0^1$

$= \frac{e^3}{6}-\frac{1}{2e}+\frac{1}{3}$

114. (1) $\frac{2}{9}$ (2) $\frac{\pi^2}{16}$ (3) $x\tan x+\ln|\cos x|-\frac{1}{2}x^2+C$

(4) $-\frac{1}{2}-\frac{\pi}{4}$

풀이 (1) $\int_0^{\frac{\pi}{2}} x\sin x\cos^2 x\,dx \quad \begin{pmatrix} u'=\sin x\cos^2 x, & v=x \\ u=-\frac{1}{3}\cos^3 x, & v'=1 \end{pmatrix}$

$= -\frac{1}{3}x\cos^3 x+\frac{1}{3}\int_0^{\frac{\pi}{2}}\cos^3 x\,dx$

$= -\frac{1}{3}\left[x\cos^3 x\right]_0^{\frac{\pi}{2}}+\frac{1}{3}\left[\sin x-\frac{1}{3}\sin^3 x\right]_0^{\frac{\pi}{2}}$

$= \frac{1}{3}\left[1-\frac{1}{3}\right]_0^{\frac{\pi}{2}} = \frac{2}{9}$

TIP $\int\cos^3 x\,dx = \int\cos x\cos^2 x\,dx$

$(\cos^2 x = 1-\sin^2 x)$

$= \int \cos x-\cos x\sin^2 x\,dx$

$= \sin x-\frac{1}{3}\sin^3 x$

(2) $\int_0^{\frac{\pi}{2}} x\cos^2 2x\,dx = \int_0^{\frac{\pi}{2}} x\cdot\left(\dfrac{1+\cos 4x}{2}\right)dx$

$= \frac{1}{2}\int_0^{\frac{\pi}{2}} x+x\cos 4x\,dx$

$= \frac{1}{2}\left[\frac{1}{2}x^2+\frac{1}{4}x\sin 4x+\frac{1}{16}\cos 4x\right]_0^{\frac{\pi}{2}} = \frac{\pi^2}{16}$

(3) $\int x\tan^2 x\,dx = \int x(\sec^2 x-1)\,dx$

$= \int x\sec^2 x-\int x\,dx$

$= \int x\sec^2 x\,dx-\frac{1}{2}x^2+C$

$u'=\sec^2 x,\ v=x$로 두고 부분적분을 하면

$= x\tan x-\int\tan x\,dx-\frac{1}{2}x^2+C$

$= x\tan x+\ln|\cos x|-\frac{1}{2}x^2+C$

(4) $x^2=t$로 치환하면 $x\,dx=\frac{1}{2}dt$이므로

$\int_{\sqrt{\frac{\pi}{2}}}^{\sqrt{\pi}} x^3\cos(x^2)\,dx = \frac{1}{2}\int_{\frac{\pi}{2}}^{\pi} t\cos t\,dt$

$= \frac{1}{2}\left[t\sin t+\cos t\right]_{\frac{\pi}{2}}^{\pi}$

$= \frac{1}{2}\left(-1-\frac{\pi}{2}\right) = -\frac{1}{2}-\frac{\pi}{4}$

115. $\frac{5}{2}$

풀이 (i) $\int_a^b f(x)f'''(x)\,dx$

$= \left[f(x)f''(x)\right]_a^b-\int_a^b f'(x)f''(x)\,dx$

$\begin{pmatrix} u'=f'''(x) & v=f(x) \\ u=f''(x) & v'=f'(x) \end{pmatrix}$

(ii) $\int_a^b f'(x)f''(x)\,dx = \frac{1}{2}\left[\{f'(x)\}^2\right]_a^b$(덩어리적분)

$= \frac{1}{2}\left[\{f'(b)\}^2-\{f'(a)\}^2\right]$

$= \frac{1}{2}[9-4] = \frac{5}{2}$

(i) (ii)에 의해서

$\int_a^b f(x)f'''(x)\,dx = \left[f(x)f''(x)\right]_a^b-\int_a^b f'(x)f''(x)\,dx$

$= f(b)f''(b)-f(a)f''(a)-\frac{1}{2}(\{f'(b)\}^2-\{f'(a)\}^2)$

$= 9-4-\frac{5}{2} = \frac{5}{2}$

116. 풀이 참조

풀이 (1) $\int_0^{\frac{\pi}{2}} \sin^3 x\, dx = \int_0^{\frac{\pi}{2}} \sin x \sin^2 x\, dx$

$= \int_0^{\frac{\pi}{2}} \sin x(1-\cos^2 x)dx$

$= \int_0^{\frac{\pi}{2}} (\sin x - \sin x\cos^2 x)dx$

$= -[\cos x]_0^{\frac{\pi}{2}} + \frac{1}{3}[\cos^3 x]_0^{\frac{\pi}{2}}$

$= 1 - \frac{1}{3} = \frac{2}{3}$

(2) $\int \sin^2 x\cos^2 x\, dx = \int \left(\frac{1-\cos 2x}{2}\right)\left(\frac{1+\cos 2x}{2}\right)dx$

$= \frac{1}{4}\int (1-\cos^2 2x)dx$

$= \frac{1}{4}\int 1 - \frac{1+\cos 4x}{2} dx$

$= \frac{1}{4}\int \frac{1}{2} - \frac{1}{2}\cos 4x dx$

$= \frac{1}{8}\left(x - \frac{1}{4}\sin 4x\right) + C$

$= \frac{x}{8} - \frac{\sin 4x}{32} + C$

(3) $\int \sin^3 x\cos^6 x\, dx = \int \sin x\sin^2 x\cos^6 x\, dx$

$= \int \sin(1-\cos^2 x)\cos^6 x\, dx$

$= \int \sin\cos^6 x - \sin x\cos^8 x\, dx$

$= -\frac{1}{7}\cos^7 x + \frac{1}{9}\cos^9 x + C$

(4) $\int \sin^4 x\cos^5 x\, dx = \int \sin^4 x\cos^4 x\cos x\, dx$

$(\because \cos^4 x = (1-\sin^2 x)^2)$

$= \int \sin^4 x(1-\sin^2 x)^2\cos x\, dx$

$= \int (\sin^4 x - 2\sin^6 x + \sin^8 x)\cos x\, dx$

$= \frac{1}{5}\sin^5 x - \frac{2}{7}\sin^7 x + \frac{1}{9}\sin^9 x + C$

117. 풀이 참조

풀이 (1) $\int \tan x\, dx = \int \frac{\sin x}{\cos x}dx = -\ln|\cos x| + C$

$= \ln|\sec x| + C$

(2) $\frac{d}{dx}(\ln(\sec x + \tan x)) = \frac{\sec x\tan x + \sec^2 x}{\sec x + \tan x}$

$= \frac{\sec x(\sec x + \tan x)}{\sec x + \tan x} = \sec x$

이므로 미분의 역연산을 통해서 적분 공식을 정리할 수 있다. 따라서 $\int \sec x\, dx = \ln|\sec x + \tan x| + C$이다.

(3) $(\tan x)' = \sec^2 x$이므로 미분의 역연산을 통해서 적분 공식을 정리하면 $\int \sec^2 x\, dx = \tan x + C$이다.

(4) $\int \tan^2 x\, dx = \int \sec^2 x - 1\, dx = \tan x - x + C$

(5) $\int \tan^3 x\, dx = \int \tan^2 x\tan x\, dx$

$= \int (\sec^2 x - 1)\tan x\, dx$

$= \int \sec^2 x\tan x - \tan x\, dx$

$= \frac{1}{2}\tan^2 x + \ln|\cos x| + C$

TIP $\int \sec^2 x\tan x\, dx = \frac{1}{2}\sec^2 x + C_1$

$= \frac{1}{2}(1+\tan^2 x) + C_1$

$= \frac{1}{2}\tan^2 x + C$

---

(6) $\int \tan x\sec^4 x\, dx = \int \tan x\sec x\sec^3 x\, dx$

$= \frac{1}{4}\sec^4 x + C$ (덩어리적분)

(7) $\frac{d}{dx}(-\ln(\csc x + \cot x)) = -\frac{-\csc x\cot x - \csc^2 x}{\csc x + \cot x}$

$= \frac{\csc x(\csc x + \cot x)}{\csc x + \cot x}$

$= \csc x$

이므로 미분의 역연산을 통해서 적분 공식을 정리하면 $\int \csc x\, dx = -\ln|\csc x + \cot x| + C$ 이다.

(8) $(-\cot x)' = \csc^2 x$이므로 미분의 역연산을 통해서 적분 공식을 정리하면 $\int \csc^2 x\, dx = -\cot x + C$이다.

(9) $\int \cot^3 x\, dx = \int \cot^2 x\cot x\, dx$

$= \int (\csc^2 x - 1)\cot x\, dx$

$= \int \csc^2 x\cot x - \cot x\, dx$

$= -\frac{1}{2}\cot^2 x - \ln|\sin x| + C$

(10) $u' = \csc^2 x,\ v = \csc x$로 두고 부분적분을 하면 $\int \csc^3 x\, dx = \int \csc^2 x\csc x\, dx$ 에서

$= -\cot x\csc x - \int \csc x\cot^2 x\, dx$

$= -\cot x\csc x - \int \csc x(\csc^2 x - 1)\, dx$

$= -\cot x\csc x - \int \csc^3 x + \int \csc x\, dx$

$$2\int \csc^3 x\,dx = -\cot x\csc x + \int \csc x\,dx$$
$$= -\cot x\csc x - \ln|\csc x + \cot x| + C$$
$$\therefore \int \csc^3 x\,dx = \frac{1}{2}(-\cot x\csc x - \ln|\csc x + \cot x|) + C$$

118.

(1) $\frac{4}{3}$ (2) $\frac{\pi}{2}$ (3) $\frac{\pi}{16}$ (4) $-\frac{15}{128}\pi$

풀이 (1) $\int_0^{\pi}\sin^3 x + \cos^5 x dx = \int_0^{\pi}\sin^3 x dx + \int_0^{\pi}\cos^5 x dx$

$$= 2\int_0^{\frac{\pi}{2}}\sin^3 dx = \frac{4}{3}$$

(2) 삼각함수의 반각공식을 이용해서 식을 정리하자.

$\cos^2 x = \frac{1+\cos 2x}{2}$, $1+\cos 2x = 2\cos^2 x$,

$\cos 2x = 2\cos^2 x - 1$이므로

$$\int_0^{2\pi}(2\cos^2 x - 1)\cos^2 x\,dx$$
$$= \int_0^{2\pi} 2\cos^4 x - \cos^2 x dx = \frac{3\pi}{2} - \pi = \frac{\pi}{2}$$

(3) $\cos^2 x = 1 - \sin^2 x$이므로

$$\int_0^{\frac{\pi}{2}}\sin^2 x\cos^2 x dx = \int_0^{\frac{\pi}{2}}\sin^2 x - \sin^4 x\,dx$$
$$= \frac{1}{2}\cdot\frac{\pi}{2} - \frac{3}{4}\cdot\frac{1}{2}\cdot\frac{\pi}{2}$$
$$= \frac{\pi}{4}\left(1 - \frac{3}{4}\right) = \frac{\pi}{16}$$

(4) $\int_0^{\frac{\pi}{2}}\cos 2x\sin^6 x dx$

$$= \int_0^{\frac{\pi}{2}}(1 - 2\sin^2 x)\sin^{6x}dx \quad \left(\because \sin^2 x = \frac{1-\cos 2x}{2}\right)$$
$$= \int_0^{\frac{\pi}{2}}\sin^6 x - 2\sin^8 x\,dx$$
$$= \frac{5}{6}\cdot\frac{3}{4}\cdot\frac{1}{2}\frac{\pi}{2}\left(1 - 2\cdot\frac{7}{8}\right) = -\frac{15}{128}\pi$$

119.

$\frac{\pi}{4}$

풀이 $I = \int_0^{\frac{\pi}{2}}\frac{\sqrt{\tan^3 x}}{\sqrt{\tan^3 x} + \sqrt{\cot^3 x}}dx$라 하자.

적분값을 구하기 위해 $x = \frac{\pi}{2} - t$로 치환하면

$\tan\left(\frac{\pi}{2} - t\right) = \frac{\sin\left(\frac{\pi}{2} - t\right)}{\cos\left(\frac{\pi}{2} - t\right)} = \frac{\cos t}{\sin t} = \cot t$가 되고,

같은 이유에서 $\cot\left(\frac{\pi}{2} - t\right) = \tan t$가 된다.

$$I = \int_0^{\frac{\pi}{2}}\frac{\sqrt{\tan^3 x}}{\sqrt{\tan^3 x} + \sqrt{\cot^3 x}}dx$$
$$= \int_{\frac{\pi}{2}}^{0}\frac{\sqrt{\tan^3\left(\frac{\pi}{2} - t\right)}}{\sqrt{\tan^3\left(\frac{\pi}{2} - t\right)} + \sqrt{\cot^3\left(\frac{\pi}{2} - t\right)}}(-1)dt$$
$$= \int_0^{\frac{\pi}{2}}\frac{\sqrt{\cot^3 t}}{\sqrt{\cot^3 t} + \sqrt{\tan^3 t}}dt$$

이므로 처음식이랑 치환된 식

$I = \int_0^{\frac{\pi}{2}}\frac{\sqrt{\cot^3 t}}{\sqrt{\cot^3 t} + \sqrt{\tan^3 t}}dt$이랑 더하면

$2I = \int_0^{\frac{\pi}{2}}\frac{\sqrt{\cot^3 x} + \sqrt{\tan^3 x}}{\sqrt{\cot^3 x} + \sqrt{\tan^3 x}}dx = \frac{\pi}{2}$이므로 $I = \frac{\pi}{4}$

120.

502

풀이 $1004 - x = t$라고 치환하면 $dx = -dt$, 구간도 같이 변경하면

$$I = \int_0^{1004}\frac{\sqrt{1004 - x}}{\sqrt{x} + \sqrt{1004 - x}}dx$$
$$= -\int_{1004}^{0}\frac{\sqrt{t}}{\sqrt{1004 - t} + \sqrt{t}}dt$$

이다. 처음식과 치환된 식을 더하면

$$I + I = \int_0^{1004}\frac{\sqrt{1004 - x}}{\sqrt{x} + \sqrt{1004 - x}}dx + \int_0^{1004}\frac{\sqrt{x}}{\sqrt{1004 - x} + \sqrt{x}}dx$$
$$= \int_0^{1004}\frac{\sqrt{x} + \sqrt{1004 - x}}{\sqrt{x} + \sqrt{1004 - x}}dx$$

$2I = \int_0^{1004} 1dx = 1004$이다.

따라서 $I = 502$이다.

121.

(1) $\tan\left(\frac{x}{2}\right) + C$

(2) $\frac{1}{2}\ln 2 + \frac{\pi}{4}$

(3) $-\cot\left(\frac{x}{2}\right) + C$

(4) $\dfrac{1}{5}\ln\left|\dfrac{2\sin\left(\dfrac{x}{2}\right)-\cos\left(\dfrac{x}{2}\right)}{\sin\left(\dfrac{x}{2}\right)+2\cos\left(\dfrac{x}{2}\right)}\right|+C$

(5) $\ln\left(\dfrac{\sqrt{3}+1}{2}\right)$

(6) $2-4\ln\left(\dfrac{3}{2}\right)$

풀이 (1) $\tan\dfrac{x}{2}=t$일 때, $dx=\dfrac{2}{1+t^2}dt$, $\cos x=\dfrac{1-t^2}{1+t^2}$

$$\int\frac{1}{1+\cos x}dx=\int\frac{1}{1+\dfrac{1-t^2}{1+t^2}}\frac{2}{1+t^2}dt$$

$$=\int\frac{2}{1+t^2+1-t^2}dt=\int 1\,dt$$

$$=t+C=\tan\frac{x}{2}+C$$

(2) ${}_{0}^{\frac{\pi}{4}} > \tan x=t <_{0}^{1}$일 때, $x=\tan^{-1}t$, $dx=\dfrac{1}{1+t^2}dt$

$$\int_0^{\frac{\pi}{4}}\frac{2}{1+\tan x}dx=\int_0^1\frac{2}{(1+t)(1+t^2)}dt$$

$$=\int_0^1\frac{1}{t+1}+\frac{-t+1}{t^2+1}dt$$

$$=\left[\ln|t+1|-\frac{1}{2}\ln|t^2+1|+\tan^{-1}x\right]_0^1$$

$$=\ln2-\frac{1}{2}\ln2+\frac{\pi}{4}=\frac{1}{2}\ln2+\frac{\pi}{4}$$

(3) $\tan\left(\dfrac{x}{2}\right)=t$로 치환하면 $x=2\tan^{-1}t$, $dx=\dfrac{2}{1+t^2}dt$,

$\cos x=\dfrac{1-t^2}{1+t^2}$이므로

$$\int\frac{1}{1-\cos x}dx=\int\frac{1}{1-\dfrac{1-t^2}{1+t^2}}\cdot\frac{2}{1+t^2}dt$$

$=\displaystyle\int\frac{1}{t^2}dt=-\frac{1}{t}+C=-\cot\left(\frac{x}{2}\right)+C$이다. ($C$는 상수)

(4) $\tan\left(\dfrac{x}{2}\right)=t$로 치환하면 $x=2\tan^{-1}t$, $dx=\dfrac{2}{1+t^2}dt$,

$\cos x=\dfrac{1-t^2}{1+t^2}$, $\sin x=\dfrac{2t}{1+t^2}$ 이므로

$$\int\frac{1}{3\sin x-4\cos x}dx$$

$$=\int\frac{1}{3\cdot\dfrac{2t}{1+t^2}-4\cdot\dfrac{1-t^2}{1+t^2}}\cdot\frac{2}{1+t^2}dt$$

$$=\int\frac{1}{2t^2+3t-2}dt=\int\frac{1}{(2t-1)(t+2)}dt$$

$$=\int\left(\frac{2}{5}\cdot\frac{1}{2t-1}-\frac{1}{5}\cdot\frac{1}{t+2}\right)dt$$

$$=\frac{1}{5}\ln|2t-1|-\frac{1}{5}\ln|t+2|+C$$

$$=\frac{1}{5}\ln\left|\frac{2t-1}{t+2}\right|+C$$

$$=\frac{1}{5}\ln\left|\frac{2\tan\left(\dfrac{x}{2}\right)-1}{\tan\left(\dfrac{x}{2}\right)+2}\right|+C$$

$$=\frac{1}{5}\ln\left|\frac{2\sin\left(\dfrac{x}{2}\right)-\cos\left(\dfrac{x}{2}\right)}{\sin\left(\dfrac{x}{2}\right)+2\cos\left(\dfrac{x}{2}\right)}\right|+C$$

(5) ${}_{\frac{\pi}{3}}^{\frac{\pi}{2}}\rangle\tan\left(\dfrac{x}{2}\right)=t\langle_{\frac{1}{\sqrt{3}}}^{1}$ 로 치환하면 $x=2\tan^{-1}t$,

$dx=\dfrac{2}{1+t^2}dt$, $\cos x=\dfrac{1-t^2}{1+t^2}$, $\sin x=\dfrac{2t}{1+t^2}$ 이므로

$$\int_{\frac{\pi}{3}}^{\frac{\pi}{2}}\frac{1}{1+\sin x-\cos x}dx$$

$$=\int_{\frac{1}{\sqrt{3}}}^{1}\frac{1}{1+\dfrac{2t}{1+t^2}-\dfrac{1-t^2}{1+t^2}}\cdot\frac{2}{1+t^2}dt$$

$$=\int_{\frac{1}{\sqrt{3}}}^{1}\frac{1}{t(t+1)}dt=\int_{\frac{1}{\sqrt{3}}}^{1}\frac{1}{t}-\frac{1}{t+1}dt$$

$$=[\ln|t|-\ln|t+1|]_{\frac{1}{\sqrt{3}}}^{1}=\ln\left(\frac{\sqrt{3}+1}{2}\right)$$

(6) ${}_{0}^{\frac{\pi}{2}}\rangle\cos x=t\langle_{1}^{0}$로 치환하면 $-\sin x dx=dt$이므로

$$\int_0^{\frac{\pi}{2}}\frac{\sin2x}{2+\cos x}dx=\int_0^{\frac{\pi}{2}}\frac{2\sin x\cos x}{2+\cos x}dx$$

$$=\int_1^0-\frac{2t}{2+t}dt=\int_0^1\frac{2t}{t+2}dt=\int_0^1 2-\frac{4}{t+2}dt$$

$$=[2t-4\ln|t+2|]_0^1=2-4\ln\left(\frac{3}{2}\right)$$

122. 4

풀이 $f^{-1}(x)=t,\ f(t)=x<^{1}_{0},\ f'(t)dt=dx$로 치환하고

$\begin{pmatrix} u'=f' & v=t \\ u=f & v'=1 \end{pmatrix}$로 놓고 부분적분을 사용하면

$$\int_1^4 g(x)dx=\int_{f(0)=1}^{f(1)=4} f^{-1}(x)dx=\int_0^1 tf'(t)dt$$

$$=[tf(t)]_0^1-\int_0^1 f(t)dt$$

$$=f(1)-0-\int_0^1 f(t)dt$$

$$\int_0^1 f(x)dx+\int_1^4 g(x)dx$$

$$=\int_0^1 f(x)dx+f(1)-0-\int_0^1 f(t)dt=4$$

123. $\frac{51}{4}$

풀이 $g(x)=f^{-1}(x)=t,\ {}^{2}_{-1}>f(t)=x<^{12}_{0},\ f'(t)dt=dx$

$$\int_0^{12} g(x)dx=\int_0^{12} f^{-1}(x)dx$$

$$=\int_{-1}^{2} tf'(t)\,dt=\int_{-1}^{2} t(3t^2+1)dt$$

$$=\int_{-1}^{2}(3t^3+t)dt=\left[\frac{3}{4}t^4+\frac{1}{2}t^2\right]_{-1}^{2}=\frac{51}{4}$$

124.

(1) $\frac{1}{5}\sec^5 x-\frac{1}{3}\sec^3 x+C$

(2) $2\sqrt{x}\,e^{\sqrt{x}}-2e^{\sqrt{x}}+C$

(3) $\frac{\pi}{4}-\frac{1}{2}$

(4) $\sin^{-1}x+\sqrt{1-x^2}+C$

풀이 (1) $\int \frac{\tan^3 x}{\cos^3 x}dx=\int \sec^3 x\tan^3 x dx$

$$=\int \sec^2 x\tan^2 x(\sec x\tan x)dx$$

$=\int \sec^2 x(\sec^2 x-1)(\sec x\tan x)dx$이므로

$\sec x=t$로 치환하면 $\sec x\tan x dx=dt$이다. 따라서

$$\int \sec^2 x(\sec^2 x-1)(\sec x\tan x)dx$$

$$=\int t^2(t^2-1)dt=\int t^4-t^2 dt$$

$$=\frac{1}{5}t^5-\frac{1}{3}t^3+C$$

$=\frac{1}{5}\sec^5 x-\frac{1}{3}\sec^3 x+C$ (C는 적분상수)

(2) $\sqrt{x}=t$로 치환하면 $x=t^2$, $dx=2tdt$이므로

$\int e^{\sqrt{x}}dx=\int 2te^t dt$이다. 따라서 부분적분법에

의하여 $e^t=u'$, $2t=v$라 하면 $u=e^t$, $v'=2$이므로

$$\int 2te^t dt=2te^t-\int 2e^t dt$$

$$=2te^t-2e^t+C$$

$=2\sqrt{x}\,e^{\sqrt{x}}-2e^{\sqrt{x}}+C$이다.

(3) $\int_{\frac{1}{2}}^{1}\sqrt{\frac{1}{x}-1}\,dx=\int_{\frac{1}{2}}^{1}\frac{\sqrt{1-x}}{\sqrt{x}}dx$이므로

${}^{1}_{\frac{1}{2}}\rangle\ \sqrt{x}=\sin\theta\langle^{\frac{\pi}{2}}_{\frac{\pi}{4}}$로 치환하면 $x=\sin^2\theta$,

$\frac{1}{\sqrt{x}}dx=2\cos\theta d\theta$이다. 따라서

$$\int_{\frac{1}{2}}^{1}\frac{\sqrt{1-x}}{\sqrt{x}}dx=\int_{\frac{\pi}{4}}^{\frac{\pi}{2}}\sqrt{1-\sin^2\theta}\cdot 2\cos\theta d\theta$$

$$=\int_{\frac{\pi}{4}}^{\frac{\pi}{2}}2\cos^2\theta d\theta=\int_{\frac{\pi}{4}}^{\frac{\pi}{2}}1+\cos 2\theta d\theta$$

$=\left[\theta+\frac{1}{2}\sin 2\theta\right]_{\frac{\pi}{4}}^{\frac{\pi}{2}}=\frac{\pi}{4}-\frac{1}{2}$이다.

(4) $\int\sqrt{\frac{1-x}{1+x}}\,dx$

$$=\int\frac{1-x}{\sqrt{1-x^2}}dx$$

$$=\int\left(\frac{1}{\sqrt{1-x^2}}-\frac{x}{\sqrt{1-x^2}}\right)dx$$

$=\sin^{-1}x+\sqrt{1-x^2}+C$ (C는 적분상수)

1. 미분의 기하학적 의미 & 응용

125. $-\frac{14}{5}$

풀이 $F(x,y)=x^2-y^2-2x-xy-y-2$라 하자.

$\Rightarrow \frac{dy}{dx}=-\frac{2x-2-y}{-2y-x-1} \Rightarrow \left.\frac{dy}{dx}\right|_{(2,-1)}=3$

접선의 방정식은 $y+1=3(x-2)=3x-7$이다.

$y=3x-7$과 $y=-2x$와의 교점의 x좌표는 방정식 $3x-7=-2x$의 해이다.

따라서 교점은 $\left(\frac{7}{5}, -\frac{14}{5}\right)$이고,

교점의 y좌표는 $-\frac{14}{5}$이다.

126. $y=2ex$

풀이 곡선 $y=e^{2x}$와 접하는 직선의 교점의 좌표를 (t,e^{2t})라고 하자. 이 점에서 접선의 기울기는 $y'=2e^{2x}]_{x=t}=2e^{2t}$이고, 접선의 방정식은 $y=2e^{2t}(x-t)+e^{2t}$이다.

접선이 원점을 지나므로 $(0,0)$을 대입하면 $2te^{2t}=e^{2t}$이므로 $t=\frac{1}{2}$이다. 즉, 접선의 방정식은 $y=2ex$이다.

127. 0

풀이 $\begin{cases} f'(x)=\frac{1}{x} \\ g'(x)=\frac{1}{e} \end{cases} \Leftrightarrow x=e$에서 교점이 생기고,

$\begin{cases} f(e)=\ln e=1 \\ g(e)=\frac{1}{e}e+b=1+b \end{cases} \Leftrightarrow f(e)=g(e)$를 만족하는

$b=0$이다.

또한 두 그래프가 접하는 점의 좌표는 $(e,1)$이다.

128. 5

풀이 $h(x)=\begin{cases} f(x)=x^2+ax+b & (x\le 0) \\ g(x)=x+c & (x>0) \end{cases}$이라 할 때,

$h(x)$가 $x=0$에서 미분가능하므로 $x=0$에서 연속이고 좌미분계수와 우미분계수의 값도 같다.

즉, $f(0)=g(0)$, $f'(0)=g'(0)$을 만족해야한다.

$f(0)=g(0) \Rightarrow b=c$이고,

$f'(x)=2x+a,\ g'(x)=1 \Rightarrow f'(0)=g'(0) \Leftrightarrow a=1$

$f(x)=x^2+x+b$이고, $g(x)=x+b$라고 할 수 있다.

$f(-3)=6+b,\ g(1)=1+b$이므로 $f(-3)-g(1)=5$이다.

129. ⑤

풀이 $f(x)=2\cos x-x$라 하자.

$f'(x)=-2\sin x-1$이므로 뉴턴의 방법을 이용하면

$x_{n+1}=x_n-\frac{f(x_n)}{f'(x_n)}=x_n-\frac{2\cos x_n-x_n}{-2\sin x_n-1}$

$=x_n+\frac{2\cos x_n-x_n}{2\sin x_n+1}$

130. $\frac{1}{3}$

풀이 두 그래프의 교점의 좌표는 $(1,1)$이고,

$f'(1)=2=\tan\alpha,\ g'(1)=1=\tan\beta$이다.

$\therefore |\tan\theta|=|\tan(\alpha-\beta)|=\left|\frac{2-1}{1+2}\right|=\frac{1}{3}$

131. ③

풀이 곡선과 동경벡터가 이루는 각을 α라고 하자.

$\tan\alpha=\frac{r}{r'}=\left.\frac{3\cos\theta}{-3\sin\theta}\right|_{\theta=\frac{\pi}{6}}=-\sqrt{3}$

$\tan\left(\pi-\frac{\pi}{3}\right)=-\sqrt{3}$이므로 $\alpha=\frac{2\pi}{3}$이다.

2. 미적분의 평균값 정리

132. 7

풀이 $y=f(x)$는 모든 x에 대하여 미분가능하므로
$(0,2)$에서 미분가능하고,

평균값 정리에 의해 $\dfrac{f(2)-f(0)}{2-0}=f'(x)\le 5$ 이므로

$\dfrac{f(2)+3}{2}\le 5 \Rightarrow f(2)\le 7$이다. $f(2)$의 최댓값은

7이다.

133. 0

풀이 $|f(x)-f(y)|\le|x-y|^2$

$\Leftrightarrow \dfrac{|f(x)-f(y)|}{|x-y|}\le|x-y|$

$\Leftrightarrow \left|\dfrac{f(x)-f(y)}{x-y}\right|\le|x-y|$

$\Leftrightarrow -|x-y|\le\dfrac{f(x)-f(y)}{x-y}\le|x-y|$

이제 세 변에 $\lim\limits_{x\to y}$를 씌우면 (단, x는 동점, y는 고정값이다. 즉 y는 상수라 생각해도 무방하다.)

$\lim\limits_{x\to y}(-|x-y|)\le\lim\limits_{x\to y}\dfrac{f(x)-f(y)}{x-y}\le\lim\limits_{x\to y}|x-y|$

$\Leftrightarrow 0\le f'(y)\le 0$

스퀴즈 정리에 의해 $f'(y)=0$이다. 즉 f는 상수함수이다. 따라서 $f(2014)-f(\pi)=0$이 된다.

134. $\sqrt{2}$

풀이 $x'(t)=-2\sin t$, $y'(t)=3\cos t$이므로

$\dfrac{dy}{dx}=\dfrac{y'(t)}{x'(t)}=-\dfrac{3\cos t}{2\sin t}$

i) $x=1$일 때, $t=\dfrac{\pi}{3}$이므로

$y=f(1)=3\sin\dfrac{\pi}{3}=\dfrac{3}{2}\sqrt{3}$이고

$x=\sqrt{3}$일 때, $t=\dfrac{\pi}{6}$이므로 $y=f(\sqrt{3})=3\sin\dfrac{\pi}{6}=\dfrac{3}{2}$이다. 따라서 두 점 $(1,\ f(1))$과 $(\sqrt{3},\ f(\sqrt{3}))$을 지나는 직선의

기울기는 $\dfrac{\frac{3}{2}-\frac{3}{2}\sqrt{3}}{\sqrt{3}-1}=-\dfrac{3}{2}$이다.

ii) 점 $(a,\ f(a))$에서의 접선의 기울기는

$f'(a)=-\dfrac{3\cos t}{2\sin t}$이므로

$-\dfrac{3\cos t}{2\sin t}=-\dfrac{3}{2}$, $\dfrac{\cos t}{\sin t}=1$을 만족하는 $t=\dfrac{\pi}{4}$이다.

따라서 $t=\dfrac{\pi}{4}$일 때 x좌표 $a=2\cos t=\sqrt{2}$이다.

135. $\dfrac{2}{\pi}$

풀이 $\displaystyle\int_0^{\pi}\sin x\,dx=(\pi-0)\sin c$ (평균값 : $\sin c$)

$2=\pi\sin c \quad\Leftrightarrow\quad \sin c=\dfrac{2}{\pi}$

136. ②

풀이 적분의 평균값 정리에 의해서 $\displaystyle\int_a^b f(x)dx=(b-a)f(c)$

$(0\le a<c<b\le 1)$이 성립한다.

$f(x)=\dfrac{1}{1+x^3}$일 때, $f(c)=\dfrac{1}{1+c^3}$이고, 식에 대입하면 문제에서 주어진 식을 유도할 수 있다.

$\displaystyle\int_a^b\frac{1}{1+x^3}dx=(b-a)\left(\frac{1}{1+c^3}\right)$

$\Leftrightarrow\quad \dfrac{1}{1+c^3}=\dfrac{1}{b-a}\displaystyle\int_a^b\frac{1}{1+x^3}dx$

주어진 조건식을 이용해서 $\dfrac{1}{1+c^3}$의 범위를 구하자.

$0\le a<c<b\le 1 \Rightarrow 0<c<1$

$\Rightarrow 0<c^3<1 \Rightarrow 1<1+c^3<2$

역수를 취하면 $\dfrac{1}{2}<\dfrac{1}{1+c^3}<1$이므로

$\dfrac{1}{2}<f(c)=\dfrac{1}{1+c^3}<1$을 만족하는 값을 보기에서

고르면 $\dfrac{2}{3}$이다.

3. 테일러 급수 & 매클로린 급수

137. $4+9(x-3)+6(x-3)^2+(x-3)^3$

풀이 $f(x)=(x+1)(x-2)^2=x^3-3x^2+4,$

$f'(x)=3x^2-6x,\quad f''(x)=6x-6,\quad f'''(x)=6$

$f(3)=4, f'(3)=9,\quad f''(3)=12,\quad f'''(3)=6$이므로

$$f(x)=(x+1)(x-2)^2=\sum_{n=0}^{3}\frac{f^{(n)}(3)}{n!}(x-3)^n$$
$$=f(3)+f'(3)(x-3)+\frac{f''(3)}{2!}(x-3)^2+\frac{f'''(3)}{3!}(x-3)^3$$
$$=4+9(x-3)+\frac{12}{2!}(x-3)^2+\frac{6}{3!}(x-3)^3$$
$$=4+9(x-3)+6(x-3)^2+(x-3)^3$$

138. $\displaystyle\sum_{n=0}^{\infty}\frac{(-1)^n}{4^{n+1}}(x-5)^n$

풀이 $f(x)=\dfrac{1}{x-1}=(x-1)^{-1},$

$f'(x)=-(x-1)^{-2},$

$f''(x)=2!(x-1)^{-3},$

$\vdots\ ,$

$f^{(n)}(x)=(-1)^n n!(x-1)^{-(n+1)}$

$f(5)=4^{-1}=\dfrac{1}{4},\quad f'(5)=-4^{-2}=\dfrac{-1}{4^2},$

$f''(5)=2!\cdot 4^{-3}=\dfrac{2!}{4^3},$

$\vdots\ ,$

$f^{(n)}(5)=(-1)^n n!\cdot 4^{-(n+1)}=\dfrac{(-1)^n}{4^{n+1}}n!$

$$f(x)=\frac{1}{x-1}$$
$$=f(5)+f'(5)(x-5)+\frac{f''(5)}{2!}(x-5)^2+\cdots$$
$$+\frac{f^{(n)}(5)}{n!}(x-5)^n+\cdots$$
$$=\sum_{n=0}^{\infty}\frac{f^{(n)}(5)}{n!}(x-5)^n$$
$$=\frac{1}{4}-\frac{1}{4^2}(x-5)+\frac{1}{4^3}(x-5)^2+\cdots$$
$$=\sum_{n=0}^{\infty}\frac{(-1)^n}{4^{n+1}}(x-5)^n$$

139. ④

풀이 $x=0$에서 테일러급수의 정의로 풀어보자.

$$f(x)=f(0)+f'(0)x+\frac{f''(0)}{2!}x^2+\cdots+\frac{f^{(n)}(0)}{n!}x^n+\cdots$$
$$=\sum_{n=0}^{\infty}\frac{f^{(n)}(0)}{n!}x^n=\sum_{n=0}^{\infty}C_nx^n$$

$f(x)=\dfrac{1}{1+x^2}=(1+x^2)^{-1}$

$f'(x)=-2x(1+x^2)^{-2}$

$f''(x)=-2(1+x^2)^{-2}+8x^2(1+x^2)^{-3}$

$f'''(x)=24x(1+x^2)^{-3}-48x^3(1+x^2)^{-4}$

$\vdots$

$$f(x)=f(0)+f'(0)x+\frac{f''(0)}{2!}x^2+\cdots+\frac{f^{(n)}(0)}{n!}x^n+\cdots$$

$=1-x^2+x^4-\cdots$이므로 보기에서 고르면 ④이다.

[다른 풀이]

$$f(x)=\frac{1}{1+x^2}=\frac{1}{1-(-x^2)}=\sum_{n=0}^{\infty}(-x^2)^n$$
$$=\sum_{n=0}^{\infty}(-1)^nx^{2n}$$

140. -2^9

풀이 $f(x)$의 매클로린 급수를 이용하여 x^8의 계수 C_8을 구해서 $f^{(8)}(0)=8!\,C_8$계산하는 문제이다.

$\sin x\cos x=\dfrac{1}{2}\sin 2x$이므로 의 매클로린 급수는 다음과 같다.

$$f(x)=x\cos x\sin x=\frac{1}{2}x\sin 2x$$
$$=\frac{x}{2}\left\{(2x)-\frac{(2x)^3}{3!}+\frac{(2x)^5}{5!}-\frac{(2x)^7}{7!}+\cdots\right\}$$

x^8의 계수는 $\dfrac{-2^7}{2\times 7!}$이므로

$f^{(8)}(0)=8!\,C_8=8!\cdot\dfrac{-2^7}{2\times 7!}=\dfrac{-8\cdot 2^7}{2}=-2^9$이다.

141. (1) 21, 2520 (2) 0, 0

풀이 (1) 두 가지 풀이법으로 풀어보자.

[풀이1]

$$(1+x)^p = 1+px+\frac{p(p-1)}{2!}x^2 + \frac{p(p-1)(p-2)}{3!}x^3+\cdots$$

$$(1+\bigstar)^p = 1+p\bigstar+\frac{p(p-1)}{2!}\bigstar^2 + \frac{p(p-1)(p-2)}{3!}\bigstar^3+\cdots$$

의 매클로린 공식을 이용하자.

$$f(x) = x^3(x^2+x+1)^6 = x^3\left\{1+6(x^2+x)+\frac{6\cdot 5}{2!}(x^2+x)^2+\cdots\right\} = x^3(1+6x+21x^2+\cdots)$$

x^5의 계수는 21,

$f^{(5)}(0)=5!C_5=120\cdot 21=2520$이다.

[풀이2]

$g(x)=(x^2+x+1)^6$ 라고 하면

$f(x)=x^3(x^2+x+1)^6=x^3g(x)$이고,

$f(x)$의 x^5의 계수는 $g(x)$의 매클로린 급수 $g(x)$ $=g(0)+g'(0)x+\frac{g''(0)}{2!}x^2+\cdots$에서

x^2의 계수와 같다.

$g'(x)=6(x^2+x+1)^5(2x+1)$,

$g''(x)=30(x^2+x+1)^4(2x+1)^2+12(x^2+x+1)^5$이고,

$\frac{g''(0)}{2!}=\frac{42}{2!}=21$이므로 $f(x)$의 x^5의 계수는 21이고,

$f^{(5)}(0)=5!C_5=120\cdot 21=2520$이다.

(2) $f(x)=\sqrt{1+\cos 2x}=\sqrt{2\left(\frac{1+\cos 2x}{2}\right)}=\sqrt{2\cos^2 x}$

$$=\sqrt{2}\cos x=\sqrt{2}\left(1-\frac{x^2}{2!}+\frac{x^4}{4!}-\frac{x^6}{6!}+\cdots\right)$$

이므로 x^5의 계수$=0$, $f^{(5)}(0)=5!\,C_5=0$

142. -15

풀이 $$(1+\bigstar)^p = 1+p\bigstar+\frac{p(p-1)}{2!}\bigstar^2 + \frac{p(p-1)(p-2)}{3!}\bigstar^3+\cdots$$

의 매클로린공식을 이용하자.

$$f(x)=x(1+x^2)^{\frac{1}{2}} = x\left\{1+\frac{1}{2}x^2+\frac{\left(\frac{1}{2}\right)\left(-\frac{1}{2}\right)}{2!}x^4+\cdots\right\} = x+\frac{1}{2}x^3-\frac{1}{8}x^5+\cdots$$

이므로 $f^{(5)}(0)=5!\cdot C_5=-\frac{5!}{8}=-15$이다.

143. $\frac{41}{24}$

풀이 $f(x)=\frac{1}{\cos x}=\frac{1}{1-\frac{1}{2!}x^2+\frac{1}{4!}x^4-\cdots}$ 의 매클로린 급수를

구하기 위해서 직접 나눠서 구해보자.

$$\begin{array}{r|l} & 1+\frac{1}{2!}x^2+\frac{5}{4!}x^4+\cdots \\ \hline 1-\frac{1}{2!}x^2+\frac{1}{4!}x^4-\cdots & 1 \\ & -\left(1-\frac{1}{2!}x^2+\frac{1}{4!}x^4-\cdots\right) \\ & \frac{1}{2!}x^2-\frac{1}{4!}x^4+\cdots \\ & -\left(\frac{1}{2!}x^2-\frac{1}{(2!)^2}x^4+\cdots\right) \\ & \frac{5}{4!}x^4-\cdots \end{array}$$

따라서

$$f(x)=\frac{1}{\cos x}=\frac{1}{1-\frac{1}{2!}x^2+\frac{1}{4!}x^4-\cdots}=1+\frac{1}{2!}x^2+\frac{5}{4!}x^4+\cdots$$ 이다.

$\Rightarrow a_0+a_1+a_2+a_3+a_4=1+\frac{1}{2!}+\frac{5}{4!}=\frac{41}{24}$이다.

144. $16!\times 45$

풀이 $x=1$에서 $f(x)$의 Taylor전개를 하면

$f(x)=f(1)+f'(1)(x-1)+\frac{f''(1)}{2!}(x-1)^2+\cdots$이고,

$(x-1)^{16}$의 계수는 $C_{16}=\frac{f^{(16)}(1)}{16!}$이다.

문제에서 구하고자 하는 것은 $f^{(16)}(1)=16!C_{16}$이다.

$$(1+\bigstar)^{10}=1+10\bigstar+\frac{10\cdot 9}{2!}\bigstar^{2}+\cdots$$
$$={}_{10}C_0+{}_{10}C_1\bigstar+{}_{10}C_2\bigstar^{2}+\cdots+{}_{10}C_8\bigstar^{8}+{}_{10}C_9\bigstar^{9}+{}_{10}C_{10}\bigstar^{10}$$

위 매클로린 공식을 이용하여 C_{16}을 찾자.

$$f(x)=(x^2-2x+2)^{10}=(1+(x-1)^2)^{10}$$
$$=1+10(x-1)^2+\cdots+\frac{10\cdot 9\cdots 3}{8!}((x-1)^2)^8+\frac{10\cdot 9\cdots 2}{9!}((x-1)^2)^9+\frac{10!}{10!}((x-1)^2)^{10}$$

즉, $C_{16}=\frac{10\cdot 9\cdots 3}{8!}={}_{10}C_8={}_{10}C_2=\frac{10\cdot 9}{2!}=45$이고,

$$f^{(16)}(1)=16!\,C_{16}=16!\times\frac{10\cdot 9\cdots 3}{8!}=16!\times\frac{10\cdot 9}{2}=16!\times 45$$

145. $180\cdot 16!$

풀이 $f(x)=\{(x-2)^2+2\}^{10}=2^{10}\left(1+\frac{(x-2)^2}{2}\right)^{10}$이고

$g(x)=\left(1+\frac{(x-2)^2}{2}\right)^{10}$라 하면, $f(x)=2^{10}g(x)$이다.

$g(x)=\left(1+\frac{(x-2)^2}{2}\right)^{10}$의 $(x-2)$의 테일러 전개는 다음과 같다. 여기서 $\bigstar=\frac{(x-2)^2}{2}$이다.

$$g(x)=(1+\bigstar)^{10}$$
$$=1+10\cdot\bigstar+\frac{1}{2!}\cdot 10\cdot 9\cdot\bigstar^2+\frac{1}{3!}\cdot 10\cdot 9\cdot 8\cdot\bigstar^3+\cdots+\frac{1}{8!}\cdot 10\cdot 9\cdots 3\cdot\bigstar^8+\cdots$$
$$=1+{}_{10}C_1\bigstar+{}_{10}C_2\bigstar^2+\cdots+{}_{10}C_8\bigstar^8+{}_{10}C_9\bigstar^9+\bigstar^{10}$$

$g(x)$의 $(x-2)^{16}$의 계수는 $\frac{{}_{10}C_8}{2^8}=\frac{{}_{10}C_2}{2^8}=\frac{45}{2^8}$이다.

따라서 $f(x)=2^{10}g(x)$의 $x=2$에서 테일러전개를 하면

$(x-2)^{16}$의 계수는 $2^{10}\cdot\frac{45}{2^8}=\frac{f^{(16)}(2)}{16!}$ 이므로

$f^{(16)}(2)=180\cdot 16!$이다.

146. $\frac{1}{3!}$

풀이 $\sum_{n=0}^{\infty}a_n(x-\pi)^n$은 $x=\pi$에서 taylor 급수 전개를 말하는 것이다. 정의가 아닌 기존의 $\sin x$의 매클로린 공식의 변형을 이용해서 구해보자. $x-\pi=\bigstar$이라고 할 때,

$\sin x=\sin(x-\pi+\pi)=\sin(\bigstar+\pi)=-\sin\bigstar$이다.

즉, $\sin x=-\sin\bigstar$, 따라서

$\sin x=-\sin\bigstar=-\bigstar+\frac{1}{3!}\bigstar^3-\frac{1}{5!}\bigstar^5+\cdots$ 이다.

$$(x-\pi)^3\sin x=-(x-\pi)^3\sin(x-\pi)=-\bigstar^3\sin\bigstar$$
$$=-\bigstar^3\left(\bigstar-\frac{1}{3!}\bigstar^3+\frac{1}{5!}\bigstar^5-\cdots\right)$$

$\sum_{n=0}^{\infty}a_n(x-\pi)^n$의 a_6은 $(x-\pi)^6=\bigstar^6$의 계수이므로

$a_6=\frac{1}{3!}$이다.

147. $2.05,\ \frac{3279}{1600}$

풀이
$$\begin{cases} f(x)=\sqrt{x} & f(4)=2 \\ f'(x)=\frac{1}{2\sqrt{x}}=\frac{1}{2}x^{-\frac{1}{2}} & f'(4)=\frac{1}{4} \\ f''(x)=-\frac{1}{4}x^{-\frac{3}{2}} & f''(4)=-\frac{1}{32}\end{cases}$$ 이고,

(i) 일차근사함수는

$f(x)\approx f(4)+f'(4)(x-4)=2+\frac{1}{4}(x-4)$이고,

이를 이용하여 $f(4.2)=\sqrt{4.2}$ 의 근삿값은

$f(4.2)\approx 2+\frac{1}{4}(4.2-4)=2+\frac{1}{20}=2.05$이다.

(ii) 이차근사함수는

$$f(x)\approx f(4)+f'(4)(x-4)+\frac{f''(4)}{2!}(x-4)^2$$
$$=2+\frac{1}{4}(x-4)-\frac{1}{64}(x-4)^2$$이고,

이를 이용하여 $f(4.2)=\sqrt{4.2}$ 의 근삿값은

$$f(4.2)\approx 2+\frac{1}{4}(4.2-4)-\frac{1}{64}(4.2-4)^2$$
$$=2+\frac{1}{20}-\frac{1}{1600}=\frac{3279}{1600}$$

이다.

148. $\frac{269}{90}$

풀이 $f(x)=\sqrt[3]{x}$ 라고 하자. $x=27$에서 일차근사함수 (=선형근사식)을 이용하여 $f(26.7)=\sqrt[3]{26.7}$ 의 근삿값을 구하자.

$$\begin{cases} f(x)=\sqrt[3]{x}=x^{\frac{1}{3}}, & f(27)=3 \\ f'(x)=\frac{1}{3}x^{-\frac{2}{3}}, & f'(27)=\frac{1}{3}(3^3)^{-\frac{2}{3}}=\frac{1}{27} \end{cases}$$

이고, 일차근사함수는 $f(x)\approx f(27)+f'(27)(x-27)$ $=3+\frac{1}{27}(x-27)$이고, 이를 이용하여 $f(26.7)=\sqrt[3]{26.7}$의 근삿값은 $f(26.7)\approx 3+\frac{1}{27}(26.7-27)=3-\frac{1}{90}=\frac{269}{90}$이다.

149. $1+\frac{(\sqrt{3}-1)\pi}{6}$

풀이 $f(1)=\cos1+\sin1$의 근삿값을 구하기 위해서 $x=\frac{\pi}{3}$에서 선형근사식(=일차근사식)을 이용하자.

$f(x)=\cos x+\sin x$, $f'(x)=-\sin x+\cos x$,

$f\left(\frac{\pi}{3}\right)=\frac{1+\sqrt{3}}{2}$, $f'\left(\frac{\pi}{3}\right)=\frac{1-\sqrt{3}}{2}$

이고, $x=\frac{\pi}{3}$에서의 $f(x)$의 선형근사식은

$$f(x)\approx f\left(\frac{\pi}{3}\right)+f'\left(\frac{\pi}{3}\right)\left(x-\frac{\pi}{3}\right)$$

$$=\frac{\sqrt{3}+1}{2}+\frac{1-\sqrt{3}}{2}\left(x-\frac{\pi}{3}\right)\text{이다.}$$

$$f(1)=\cos1+\sin1\approx\frac{\sqrt{3}+1}{2}+\frac{1-\sqrt{3}}{2}\left(1-\frac{\pi}{3}\right)$$

$$=1+\frac{(\sqrt{3}-1)\pi}{6}$$

150. $\frac{2\pi-1}{8}$

풀이 $\tan^{-1}\left(\frac{3}{4}\right)$의 근사값을 구하기 위해서 $x=1$에서 선형근사식(일차근사식)을 이용하자.

$f(x)=\tan^{-1}x$, $f'(x)=\frac{1}{1+x^2}$, $f(1)=\frac{\pi}{4}$, $f'(1)=\frac{1}{2}$

이고, $x=1$에서 $f(x)$의 선형근사식은

$f(x)\approx f(1)+f'(1)(x-1)=\frac{\pi}{4}+\frac{1}{2}(x-1)$이다.

따라서 $f\left(\frac{3}{4}\right)=\tan^{-1}\left(\frac{3}{4}\right)\approx\frac{\pi}{4}+\frac{1}{2}\left(\frac{3}{4}-1\right)=\frac{2\pi-1}{8}$이다.

151. ③

풀이 모든 x에 대하여

$\cos x=1-\frac{1}{2!}x^2+\frac{1}{4!}x^4-\frac{1}{6!}x^6+\cdots$ 이고,

$\cos1=1-\frac{1}{2!}+\frac{1}{4!}-\frac{1}{6!}+\cdots$ 이다.

$\cos1$의 근삿값을 $\cos1\approx1-\frac{1}{2!}+\frac{1}{4!}=\frac{13}{24}$ 라고 하면

오차는 $\left|-\frac{1}{6!}+\frac{1}{8!}-\cdots\right|$이고, 이 값은 $\frac{1}{6!}$을 넘지 못한다.

즉, $\left|-\frac{1}{6!}+\frac{1}{8!}-\cdots\right|<\frac{1}{6!}$이다.

152. ③

풀이 $(1+x)^p=1+px+\frac{p(p-1)}{2!}x^2+\cdots$

$$(1+x^3)^{-\frac{1}{2}}=1-\frac{1}{2}x^3+\frac{\left(-\frac{1}{2}\right)\left(-\frac{3}{2}\right)}{2!}x^6+\cdots$$

$$\int_0^{0.1}\frac{1}{\sqrt{1+x^3}}dx=\int_0^{\frac{1}{10}}(1+x^3)^{-\frac{1}{2}}dx$$

$$=\int_0^{\frac{1}{10}}\left(1-\frac{1}{2}x^3+\frac{3}{8}x^6-\cdots\right)dx$$

$$=\left[x-\frac{1}{8}x^4+\frac{3}{8}\frac{1}{7}x^7-\cdots\right]_0^{\frac{1}{10}}$$

$$=\frac{1}{10}-\frac{1}{8}\frac{1}{10^4}+\cdots\approx\frac{1}{10}$$

153. ③

풀이 $\cos x=1-\frac{1}{2!}x^2+\frac{1}{4!}x^4-\frac{1}{6!}x^6+\cdots$

$\cos\sqrt{x}=1-\frac{1}{2!}x+\frac{1}{4!}x^2-\frac{1}{6!}x^3+\cdots$

$$\int_0^1\cos\sqrt{x}\,dx=\left[x-\frac{1}{2}\frac{1}{2}x^2+\frac{1}{24}\frac{1}{3}x^3-\frac{1}{720}\frac{1}{4}x^4+\cdots\right]_0^1$$

$$=1-\frac{1}{4}+\frac{1}{72}-\frac{1}{2880}+\cdots$$

$$=0.75+0.013\times\times\times-0.000\times\times\times\approx0.76$$

154. ③

풀이 $\sin x = x - \frac{1}{3!}x^3 + \frac{1}{5!}x^5 - \cdots$

$$\sin(x^2) = x^2 - \frac{1}{3!}x^6 + \frac{1}{5!}x^{10} - \frac{1}{7!}x^{14} + \cdots$$

$$\frac{\sin(x^2)}{x} = x - \frac{1}{3!}x^5 + \frac{1}{5!}x^9 - \frac{1}{7!}x^{13} + \cdots$$

$$\int_0^{\frac{1}{10}} \frac{\sin(x^2)}{x}dx = \left[\frac{1}{2}x^2 - \frac{1}{6}\frac{1}{6}x^6 + \frac{1}{120}\frac{1}{10}x^{10} - \cdots\right]_0^{0.1}$$

$$= \frac{1}{2}\left(\frac{1}{10}\right)^2 - \frac{1}{36}\left(\frac{1}{10}\right)^6 + \frac{1}{1200}\left(\frac{1}{10}\right)^{10} - \cdots$$

$\int_0^{\frac{1}{10}} \frac{\sin(x^2)}{x}dx \approx \frac{1}{2}\left(\frac{1}{10}\right)^2$ 이면,

(오차)<(오차)의 최대$= \frac{1}{36}\left(\frac{1}{10}\right)^6 < \left(\frac{1}{10}\right)^6$

4. 로피탈 정리 (L'Hopital's theorem)

155. (1) 1 (2) ln3 (3) 1 (4) −2

풀이 (1) $\lim_{x\to 0}\frac{\sin x}{x}\left(\frac{0}{0}꼴\right) = \lim_{x\to 0}\frac{\cos x}{1} = 1$

(2) $\lim_{x\to 0}\frac{3^x - 1}{x}\left(\frac{0}{0}꼴\right) = \lim_{x\to 0}\frac{3^x \ln 3}{1} = \ln 3$

(3) $\lim_{x\to 0}\frac{2x + \ln(1-x)}{e^x - \cos x}\left(\frac{0}{0}꼴\right)$

$$= \lim_{x\to 0}\frac{2 - \frac{1}{1-x}}{e^x + \sin x} = \frac{2-1}{1+0} = 1$$

(4) $\lim_{x\to 0}\frac{(1-e^x)\sqrt{5-e^x}}{(1+x)\ln(1+x)}\left(\frac{0}{0}꼴\right)$

$$= \lim_{x\to 0}\frac{\sqrt{5-e^x}}{(1+x)} \times \lim_{x\to 0}\frac{(1-e^x)}{\ln(1+x)} = 2 \times \lim_{x\to 0}\frac{-e^x}{\frac{1}{1+x}} = -2$$

156. 12

풀이 M1) 미분계수의 정의에 의해서

$$\lim_{h\to 0}\frac{f(a+3h) - f(a)}{h}$$

$$= \lim_{h\to 0}\frac{f(a+3h) - f(a)}{3h} \times 3 = 3f'(a) = 12$$

M2) 로피탈 정리에 의해서

$$\lim_{h\to 0}\frac{f(a+3h) - f(a)}{h}\left(\frac{0}{0}꼴\right)$$

$$= \lim_{h\to 0} f'(a+3h) \times 3 = 3f'(a) = 12$$

157. 2

$f(x) = \tan^{-1}(x^2)$의 도함수 $f'(x) = \frac{2x}{1+x^4}$ 이다.

풀이 M1) 미분계수의 정의에 의해서

$$\lim_{h\to 0}\frac{f(1+2h) - f(1)}{h} = 2 \cdot \lim_{h\to 0}\frac{f(1+2h) - f(1)}{2h}$$

$$= 2f'(1) = 2$$

M2) 로피탈 정리에 의해서

$$\lim_{h\to 0}\frac{f(1+2h) - f(1)}{h}\left(\frac{0}{0}꼴\right) = \lim_{h\to 0}\frac{2f'(1+2h)}{1}$$

$$= 2f'(1) = 2$$

158. $\frac{2}{3}$

풀이 M1) 미분계수의 정의와 극한의 성질에 의해서

$$\lim_{x\to1}\frac{f(x)-f(1)}{x^3-1}=\lim_{x\to1}\frac{f(x)-f(1)}{x-1}\times\lim_{x\to1}\frac{1}{x^2+x+1}$$
$$=f'(1)\times\frac{1}{3}=\frac{2}{3}$$

M2) 로피탈 정리에 의해서

$$\lim_{x\to1}\frac{f(x)-f(1)}{x^3-1}\left(\frac{0}{0}\text{꼴}\right)=\lim_{x\to1}\frac{f'(x)}{3x^2}=\frac{f'(1)}{3}=\frac{2}{3}$$

159. (1) 2 (2) $\frac{7}{6}$ (3) 0 (4) 1

풀이 (1) (i) 로피탈 정리 이용

$$\lim_{x\to0}\frac{e^{2x}-1}{\tan x}=\lim_{x\to0}\frac{2e^{2x}}{\sec^2x}=\frac{2e^0}{\sec^2 0}=2$$

(ii) 매클로린 급수 이용

$$\lim_{x\to0}\frac{e^{2x}-1}{\tan x}=\lim_{x\to0}\frac{1+2x+\cdots-1}{x}=2$$

(2) (i) 로피탈 정리 이용

$$\lim_{x\to0}\frac{4x}{\tan^{-1}(4x)}=\lim_{x\to0}\frac{4}{\frac{4}{1+16x^2}}=1$$

$$\lim_{x\to0}\frac{\tan(x)-x}{2x^3}=\lim_{x\to0}\frac{\sec^2(x)-1}{6x^2}$$
$$=\frac{1}{6}\lim_{x\to0}\left(\frac{\tan(x)}{x}\right)^2=\frac{1}{6}\text{ 이므로}$$

극한값은 $1+\frac{1}{6}=\frac{7}{6}$ 이다.

(ii) 매클로린 급수 이용

$$\lim_{x\to0}\frac{4x}{\tan^{-1}(4x)}=\lim_{x\to0}\frac{4x}{4x}=1$$

$$\lim_{x\to0}\frac{\tan(x)-x}{2x^3}=\lim_{x\to0}\frac{x+\frac{1}{3}x^3+\cdots-x}{2x^3}=\frac{1}{6}$$

(3) (i) 로피탈 정리 이용

$$\lim_{x\to0}\frac{\sin x-x}{x^2}=\lim_{x\to0}\frac{\cos x-1}{2x}=\lim_{x\to0}\frac{-\sin x}{2}=0$$

(ii) 매클로린 급수 이용

$$\lim_{x\to0}\frac{\sin x-x}{x^2}=\lim_{x\to0}\frac{x-\frac{1}{3}x^3+\cdots-x}{x^2}$$
$$=\lim_{x\to0}\frac{0x^2-\frac{1}{3!}x^3+\cdots}{x^2}=0$$

(4) (i) 로피탈 정리 이용

$$\lim_{x\to0}\frac{e^x-\cos x-x}{x^2}=\lim_{x\to0}\frac{e^x+\sin x-1}{2x}$$
$$=\lim_{x\to0}\frac{e^x+\cos x}{2}=1$$

(ii) 매클로린 급수 이용

$$\lim_{x\to0}\frac{e^x-\cos x-x}{x^2}$$
$$=\lim_{x\to0}\frac{1+x+\frac{1}{2}x^2+\cdots-\left(1-\frac{1}{2!}x^2+\right)-x}{x^2}$$
$$=\lim_{x\to0}\frac{x^2+\cdots}{x^2}=1$$

160. (1) -2 (2) 0 (3) 0 (4) 0

풀이 (1) [풀이1] $\lim_{x\to\infty}\frac{-2x^2+x}{x^2+3x+1}=\lim_{x\to\infty}\frac{-2+\frac{1}{x}}{1+\frac{3}{x}+\frac{1}{x^2}}=-2$

[풀이2] 로피탈 정리에 의해서

$$\lim_{x\to\infty}\frac{-2x^2+x}{x^2+3x+1}\left(\frac{\infty}{\infty}\text{꼴}\right)$$
$$=\lim_{x\to\infty}\frac{-4x+1}{2x+3}=\lim_{x\to\infty}\frac{-4}{2}=-2$$

($\because$) $\lim_{x\to\infty}\frac{(\text{다항식})}{(\text{다항식})}$에서 분모와 분자의 최고차항이 같다면 $\lim_{x\to\infty}\frac{(\text{다항식})}{(\text{다항식})}=\frac{(\text{최고차항의 계수})}{(\text{최고차항의 계수})}$

(2) $$\lim_{x\to\infty}\frac{2^x+3^x}{2^x-4^x}=\lim_{x\to\infty}\frac{\left(\frac{2}{4}\right)^x+\left(\frac{3}{4}\right)^x}{\left(\frac{2}{4}\right)^x-1}=\frac{0}{-1}=0$$

(3) 로피탈 정리에 의해서

$$\lim_{x\to\infty}\frac{x^2+1}{e^x}\left(\frac{\infty}{\infty}\text{꼴}\right)=\lim_{x\to\infty}\frac{2x}{e^x}=\lim_{x\to\infty}\frac{2}{e^x}=0$$

($\because$) $\lim_{x\to\infty}\frac{(\text{다항식})}{(\text{지수함수})}\left(\frac{\infty}{\infty}\text{꼴}\right)=0$

(4) $$\lim_{n\to\infty}\frac{(\ln n)^2}{n}\left(\frac{\infty}{\infty}\text{꼴}\right)=\lim_{n\to\infty}\frac{2\ln n}{n}=\lim_{n\to\infty}\frac{2}{n}=0$$

161. (1) 0　(2) 0　(3) 1

(4) 1　(5) 없다.　(6) 0

풀이 (1) $\lim_{x\to0^+} x\ln x (0\cdot(-\infty)꼴)$

$$= \lim_{x\to0+}\frac{\ln x}{\frac{1}{x}} = \left(\frac{-\infty}{\infty}\right) = \lim_{x\to0^+}\frac{\frac{1}{x}}{-\frac{1}{x^2}} = \lim_{x\to0^+}\frac{-x^2}{x} = 0$$

(2) $\lim_{x\to0^+} x^2\ln x (0\cdot(-\infty)꼴)$

$$= \lim_{x\to0+}\frac{\ln x}{\frac{1}{x^2}} = \left(\frac{-\infty}{\infty}\right) = \lim_{x\to0^+}\frac{\frac{1}{x}}{-\frac{2}{x^3}} = \lim_{x\to0^+}\frac{-x^3}{2x} = 0$$

(3) $\lim_{x\to\infty} x\left(\frac{\pi}{2}-\tan^{-1}x\right) (\infty\cdot0꼴)$

$$= \lim_{x\to\infty}\frac{\frac{\pi}{2}-\tan^{-1}x}{\frac{1}{x}} \left(\frac{0}{0}꼴\right)$$

$$= \lim_{x\to\infty}\frac{-\frac{1}{1+x^2}}{-\frac{1}{x^2}} = \lim_{x\to\infty}\frac{x^2}{1+x^2} = 1$$

(4) $\lim_{x\to\infty} x\sin\frac{1}{x} (\infty\cdot0꼴) = \lim_{x\to\infty}\frac{\sin\frac{1}{x}}{\frac{1}{x}} \left(\frac{0}{0}꼴\right)$

$$= \lim_{t\to0}\frac{\sin t}{t} = 1$$

($\frac{1}{x}=t$로 치환하면 $x\to\infty$일 때, $t\to0$이다.)

(5) (i) $\frac{1}{x}=t$로 치환하면 $x\to0^+$일 때, $t\to\infty$이다.

$$\lim_{x\to0^+}\frac{e^{-\frac{1}{x}}}{x} = \lim_{t\to\infty}te^{-t} = \lim_{t\to\infty}\frac{t}{e^t} = 0$$

(ii) $\frac{1}{x}=t$로 치환하면 $x\to0^-$일 때, $t\to-\infty$이다.

$$\lim_{x\to0^-}\frac{e^{-\frac{1}{x}}}{x} = \lim_{t\to-\infty}te^{-t} = -\infty\cdot e^{\infty} = -\infty$$

$$\lim_{x\to0}\frac{e^{-\frac{1}{x}}}{x} = \begin{cases}\lim_{x\to0^+}\frac{e^{-\frac{1}{x}}}{x}=0\\ \lim_{x\to0^-}\frac{e^{-\frac{1}{x}}}{x}=-\infty\end{cases}$$ 이므로

$\lim_{x\to0^-}\frac{e^{-\frac{1}{x}}}{x}$의 극한값은 존재하지 않는다.

(6) $\frac{1}{x}=t$로 치환하면 $x\to0^+$일 때, $t\to\infty$이고,

$x\to0^-$일 때, $t\to-\infty$이다.

$$\lim_{x\to0}\frac{\frac{1}{x}}{e^{\frac{1}{x^2}}} = \begin{cases}\lim_{x\to0^+}\frac{\frac{1}{x}}{e^{\frac{1}{x^2}}} = \lim_{t\to\infty}\frac{t}{e^{t^2}}=0\\ \lim_{x\to0^-}\frac{\frac{1}{x}}{e^{\frac{1}{x^2}}} = \lim_{t\to-\infty}\frac{t}{e^{t^2}}=0\end{cases}$$ 이므로

$\lim_{x\to0}\frac{\frac{1}{x}}{e^{\frac{1}{x^2}}} = 0$이다.

162. (1) 0　(2) $-\frac{\sqrt{3}}{6}$　(3) -2

(4) $\sqrt{6}$　(5) $\frac{1}{2}+\frac{2}{\pi}$

풀이 (1) $\lim_{x\to\frac{\pi}{2}}(\sec x-\tan x) = \lim_{x\to\frac{\pi}{2}}\frac{1-\sin x}{\cos x}\left(\frac{0}{0}꼴\right)$

$$= \lim_{x\to\frac{\pi}{2}}\frac{-\cos x}{-\sin x} = 0$$

(2) $\lim_{x\to\infty}\left(\sqrt{3x^2+2}-\sqrt{3x^2+x}\right)$

$$= \lim_{x\to\infty}\frac{2-x}{\sqrt{3x^2+2}+\sqrt{3x^2+x}}$$

$$= \lim_{x\to\infty}\frac{\frac{2}{x}-1}{\sqrt{3+\frac{2}{x^2}}+\sqrt{3+\frac{1}{x}}}$$

$$= \frac{-1}{2\sqrt{3}} = -\frac{\sqrt{3}}{6}$$

(3) $-x=t$로 치환하면 $x=-t$이다. $x\to-\infty$일 때, $x=-t\to-\infty$이므로 $t\to\infty$이다.

$$\lim_{x\to-\infty}(\sqrt{1+4x+x^2}+x)=\lim_{t\to\infty}(\sqrt{1-4t+t^2}-t)$$
$$=\lim_{t\to\infty}\frac{1-4t}{\sqrt{1-4t+t^2}+t}$$
$$=\frac{-4}{2}=-2$$

(4) $$\lim_{n\to\infty}\frac{1}{\sqrt{3n+\sqrt{2n}}-\sqrt{3n}}$$
$$=\lim_{n\to\infty}\frac{\sqrt{3n+\sqrt{2n}}+\sqrt{3n}}{(\sqrt{3n+\sqrt{2n}}-\sqrt{3n})(\sqrt{3n+\sqrt{2n}}+\sqrt{3n})}$$
$$=\lim_{n\to\infty}\frac{\sqrt{3n+\sqrt{2n}}+\sqrt{3n}}{\sqrt{2n}}=\frac{\sqrt{3}+\sqrt{3}}{\sqrt{2}}=\sqrt{6}$$

(5) 대입을 통해 각각의 값을 확인해보면 $x\to1$일 때,
$\frac{x}{x-1}\to\infty$, $(1-x)\tan\frac{\pi x}{2}\to0\times\infty$, $\frac{1}{\ln x}=\infty$이므로

$$\lim_{x\to1}\left(\frac{x}{x-1}+(1-x)\tan\frac{\pi x}{2}-\frac{1}{\ln x}\right)$$
$$=\lim_{x\to1}\left(\frac{x}{x-1}-\frac{1}{\ln x}\right)+\lim_{x\to1}(1-x)\tan\frac{\pi x}{2}$$

(i) $$\lim_{x\to1}\left(\frac{x}{x-1}-\frac{1}{\ln x}\right)=\lim_{x\to1}\frac{x\ln x-(x-1)}{(x-1)\ln x}$$
$$=\lim_{x\to1}\frac{\ln x+1-1}{\ln x+\frac{x-1}{x}}=\lim_{x\to1}\frac{x\ln x}{x\ln x+x-1}$$
$$=\lim_{x\to1}\frac{\ln x+1}{\ln x+1+1}=\frac{1}{2}$$

(ii) $$\lim_{x\to1}(1-x)\tan\frac{\pi x}{2}=\lim_{x\to1}(1-x)\frac{\sin\frac{\pi x}{2}}{\cos\frac{\pi x}{2}}$$
$$=\lim_{x\to1}\sin\frac{\pi x}{2}\cdot\frac{(1-x)}{\cos\frac{\pi x}{2}}=\lim_{x\to1}\frac{1-x}{\cos\frac{\pi x}{2}}$$
$$=\lim_{x\to1}\frac{-1}{-\frac{\pi}{2}\sin\frac{\pi x}{2}}=\frac{2}{\pi}$$

따라서 극한값은 $\frac{1}{2}+\frac{2}{\pi}=\frac{\pi+4}{2\pi}$이다.

163. (1) e^a (2) e^{-1} (3) $e^{-\frac{3}{2}}$ (4) e^4 (5) e^{-1} (6) e^3 (7) e^2 (8) e^9

풀이

(1) $$\lim_{x\to\infty}\left(1+\frac{a}{x+b}\right)^x$$
$$=\lim_{x\to\infty}\left(1+\frac{a}{x+b}\right)^{x+b}\times\lim_{x\to\infty}\left(1+\frac{a}{x+b}\right)^{-b}=e^a$$

(2) $$\lim_{n\to\infty}\frac{n^{n+1}}{(n+1)^{n+1}}=\lim_{n\to\infty}\left(\frac{n}{n+1}\right)^{n+1}$$
$$=\lim_{n\to\infty}\left(\frac{n+1-1}{n+1}\right)^{n+1}$$
$$=\lim_{n\to\infty}\left(1+\frac{-1}{n+1}\right)^{n+1}=e^{-1}$$

(3) $$\lim_{n\to\infty}\left(1-\frac{3}{2n-5}\right)^n=\lim_{n\to\infty}\left(1-\frac{\frac{3}{2}}{n-\frac{5}{2}}\right)^n=e^{-\frac{3}{2}}$$

[다른 풀이]

$$\lim_{n\to\infty}\left(1-\frac{3}{2n-5}\right)^n=\left\{\lim_{n\to\infty}\left(1-\frac{3}{2n-5}\right)^{2n}\right\}^{\frac{1}{2}}$$
$$=(e^{-3})^{\frac{1}{2}}=e^{-\frac{3}{2}}$$

(4) $$\lim_{x\to0}(1+\sin4x)^{\cot x}=\lim_{x\to0}e^{\cot x\ln(1+\sin4x)}=e^4$$
$$\left(\because\lim_{x\to0}\frac{\ln(1+\sin4x)}{\tan x}=\lim_{x\to0}\frac{\frac{4\cos4x}{1+\sin4x}}{\sec^2x}=4\right)$$

(5) $$\lim_{x\to0}(1-x)^{\frac{1}{\tan^{-1}x}}=\lim_{x\to0}e^{\frac{1}{\tan^{-1}x}\ln(1-x)}=e^{-1}$$
$$\left(\because\lim_{x\to0}\frac{\ln(1-x)}{\tan^{-1}x}=\lim_{x\to0}\frac{\frac{-1}{1-x}}{\frac{1}{1+x^2}}=-1\right)$$

(6) $$\lim_{x\to0}(e^x+\sin2x)^{\frac{1}{x}}=\lim_{x\to0}e^{\frac{1}{x}\ln(e^x+\sin2x)}=e^3$$
$$\left(\because\lim_{x\to0}\frac{\ln(e^x+\sin2x)}{x}=\lim_{x\to0}\frac{e^x+2\cos2x}{e^x+\sin2x}=3\right)$$

(7) $$\lim_{x\to0}(1+\sin(2x))^{\frac{1}{x}}=\lim_{x\to0}e^{\frac{1}{x}\ln(1+\sin2x)}=e^2$$
$$\left(\because\lim_{x\to0}\frac{\ln(1+\sin2x)}{x}=\lim_{x\to0}\frac{2\cos2x}{1+\sin2x}=2\right)$$

(8) $\lim_{x\to0}(e^x+2x)^{\frac{3}{x}} = \lim_{x\to0} e^{\frac{3}{x}\ln(e^x+2x)} = e^9 = e^9$

$\left(\because \lim_{x\to0}\frac{3\ln(e^x+2x)}{x} = \lim_{x\to0}\frac{3(e^x+2)}{e^x+2x} = 9\right)$

164. ln3

풀이 $\lim_{x\to\infty}\left(\frac{x+a}{x-a}\right)^x = \lim_{x\to\infty}\left(\frac{x-a+2a}{x-a}\right)^x$

$= \lim_{x\to\infty}\left(1+\frac{2a}{x-a}\right)^x = e^{2a} = 9$

$\Rightarrow\ 2a = \ln9 = 2\ln3 \quad \therefore\ a = \ln3$

165. (1) $\frac{2(1+e)}{3}$ (2) 2 (3) e^2 (4) $\frac{1}{12}$

풀이 (1) 로피탈 정리에 의해서

$(\text{준식}) = \lim_{x\to1}\frac{\left(\sin\left(\frac{\pi}{2}x^2\right)+e^{x^2}\right)2x}{3x^2} = \frac{2\left(\sin\frac{\pi}{2}+e\right)}{3}$

$= \frac{2(1+e)}{3}$

(2) 로피탈 정리에 의해서

$(\text{준식}) = \lim_{x\to0}\frac{\frac{\sin(x^2)}{x^2}2x - \frac{\sin(-x^2)}{-x^2}(-2x)}{2x}$

$= \lim_{x\to0}\frac{2\sin(x^2)}{x^2} = \lim_{x\to0}\frac{2\cos(x^2)2x}{2x} = 2$

(3) $(\text{준식}) = \lim_{x\to0}\frac{(1+\sin2x)^{\frac{1}{x}}}{1} = \lim_{x\to0}e^{\frac{1}{x}\ln(1+\sin2x)} = e^2$

$\because \lim_{x\to0}\frac{\ln(1+\sin2x)}{x} = \lim_{x\to0}\frac{2\cos2x}{1+\sin2x} = 2$

(4) $\lim_{x\to0}\frac{(1-\cos x)^2}{3x^4} = \frac{1}{3}\lim_{x\to0}\left(\frac{1-\cos x}{x^2}\right)^2$

$= \frac{1}{3}\left(\lim_{x\to0}\frac{1-\cos x}{x^2}\right)^2 = \frac{1}{12} \quad \left(\because \lim_{x\to0}\frac{1-\cos x}{x^2} = \frac{1}{2}\right)$

166. 2

풀이 $f(x)$가 다항식이므로 미분가능한 함수이다.

$\lim_{x\to0}\frac{f(x)}{x}$ ($\frac{0}{0}$ 꼴, $f(0)=0$)$= \lim_{x\to0}f'(x) = f'(0) = -2$이고,

$\lim_{x\to\infty}\frac{f(x)-3x^3}{x^2}$ 의 극한값이 1로 존재하므로

$f(x)-3x^3 = x^2+ax+b$라고 할 수 있다.

$f(x) = 3x^3+x^2+ax+b$, $f'(x) = 9x^2+2x+a$이므로

$f(0) = b = 0$, $f'(0) = a = -2$이므로 $f(x) = 3x^3+x^2-2x$

이다. $f(x)$의 계수의 합은 2이다.

167. 6

풀이 분모 → 0이므로 분자 → 0이다.

따라서 $\cos\frac{\pi}{2}a = 0$이어야 하므로 $a = 3$이다.

따라서 $\lim_{x\to\frac{\pi}{2}}\frac{\cos(3x)}{\left(x-\frac{\pi}{2}\right)} = \frac{0}{0}$ 꼴이므로 로피탈 정리를 활용하면

$\lim_{x\to\frac{\pi}{2}}\frac{-3\sin(3x)}{1} = 3$, $b = 3$이다. 즉, $a+b = 6$

168. 3

풀이 준식이 극한값을 가지므로 (준식)$=\frac{0}{0}$ 이어야 한다.

$\sin(\tan^{-1}\sqrt{a}) = \frac{\sqrt{2}}{2} \Rightarrow \tan^{-1}\sqrt{a} = \frac{\pi}{4} \Rightarrow \sqrt{a} = 1 \Rightarrow$

$a = 1$이다. 로피탈 정리를 활용하면

$\lim_{x\to0}\frac{\sin(\tan^{-1}(\sqrt{1+bx})) - \frac{\sqrt{2}}{2}}{x}$

$= \lim_{x\to0}\cos(\tan^{-1}(\sqrt{1+bx}))\frac{\frac{b}{2\sqrt{1+bx}}}{1+(\sqrt{1+bx})^2}$

$= \cos\left(\frac{\pi}{4}\right)\cdot\frac{b}{4} = \frac{\sqrt{2}}{4} \Leftrightarrow b = 2 \quad \therefore a+b = 3$

169. 0

풀이 호의 길이 $\mathrm{A}\sim\mathrm{B} = 2\pi\times r\times\frac{\theta}{2\pi} = r\theta$이고 $r = 1$이므로

$\mathrm{A}\sim\mathrm{B} = \theta$이다.

선분 $\overline{\mathrm{AB}}$ 의 길이를 $2x$, $\overline{\mathrm{AB}}$ 의 중점과 원의 중심 사이의 거리를

h라고 할 때, $\sin\frac{\theta}{2} = x$, $\cos\frac{\theta}{2} = h$이다.

즉, 선분 $\overline{\mathrm{AB}}$ 의 길이는 $2x = 2\sin\frac{\theta}{2}$ 이다.

$\lim_{\theta\to0}\frac{(\mathrm{A}\sim\mathrm{B})^2}{\overline{\mathrm{AB}}} = \lim_{\theta\to0}\frac{\theta^2}{2\sin\frac{\theta}{2}}$ $\left(\frac{0}{0}\text{꼴}\right)$

$= \lim_{\theta\to0}\frac{2\theta}{\cos\frac{\theta}{2}} = \frac{0}{1} = 0$

170. (1) 연속, 미분불가능 (2) 연속, 미분가능

풀이 (1) $f(0)=0,\ \lim_{x\to 0} x\sin\frac{1}{x}=0$(스퀴즈 정리)

함숫값과 극한값이 같으므로 연속이다.

$$\lim_{h\to 0}\frac{f(0+h)-f(0)}{h}=\lim_{h\to 0}\frac{h\sin\frac{1}{h}}{h}=\lim_{h\to 0}\sin\frac{1}{h}=(\text{진동})$$

미분계수가 존재하지 않으므로 미분불가능하다.

(2) $f(0)=0,\ \lim_{x\to 0} x^{\frac{5}{3}}\sin\frac{1}{x}=0$(스퀴즈정리)

함숫값과 극한값이 같으므로 연속이다.

$$\lim_{h\to 0}\frac{f(0+h)-f(0)}{h}=\lim_{h\to 0}\frac{h^{\frac{5}{3}}\sin\frac{1}{h}}{h}$$

$$=\lim_{h\to 0} h^{\frac{2}{3}}\sin\frac{1}{h}=0$$

($\because$ 극한에서 $0\times$(진동)은 0이다.)

미분계수가 존재하므로 미분가능하며

$x=0$에서의 미분계수는 0이다.

171. 존재하지 않는다.

풀이 미분계수의 정의에 의해

$$f'(0)=\lim_{h\to 0}\frac{f(0+h)-f(0)}{h}=\lim_{h\to 0}\frac{h\tan^{-1}\frac{1}{h}}{h}$$

$$=\lim_{h\to 0}\tan^{-1}\frac{1}{h}=\begin{cases}\lim_{h\to 0-}\tan^{-1}\frac{1}{h}=-\frac{\pi}{2}\\ \lim_{h\to 0+}\tan^{-1}\frac{1}{h}=\frac{\pi}{2}\end{cases}$$

$\therefore\ x=0$에서 미분계수는 존재하지 않고, 미분불가능하다.

172. $-\frac{1}{12}$

풀이 주어진 함수는 $x=0$에서 특이점을 갖는 함수이다. 미분계수를 구할 때, 미분계수의 정의를 통해서 구할 수도 있고, 없앨 수 있는 특이점이므로 매클로린 급수 공식을 이용해서 구할 수도 있다.

$$H(x)=\frac{1}{x^2}\left(1-\left(1-\frac{x^2}{2!}+\frac{x^4}{4!}-\frac{x^6}{6!}+\cdots\right)\right)$$

$$=\frac{1}{x^2}\left(\frac{x^2}{2!}-\frac{x^4}{4!}+\frac{x^6}{6!}-\cdots\right)=\frac{1}{2!}-\frac{x^2}{4!}+\frac{x^3}{6!}-\cdots$$

이며 $H(0)=\frac{1}{2}$이므로 주어진 식과 동일하다.

즉, $H(x)$는 $x=0$에서 연속이고 무한 번 미분가능하다.

따라서 $H''(0)=2!C_2=-\frac{1}{12}$이다.

173. $\frac{3}{4}$

풀이 $f(x)=\begin{cases}\frac{e^{3x}-1}{\sin 4x} & (x\neq 0)\\ c & (x=0)\end{cases}$라고 하자. 모든 x에 대하여 $f(x)$가 연속이므로 $f(0)=\lim_{x\to 0}f(x)$를 만족한다.

$$\lim_{x\to 0}f(x)=\lim_{x\to 0}\frac{e^{3x}-1}{\sin 4x}=\lim_{x\to 0}\frac{3e^{3x}}{4\cos 4x}\ (\because \text{로피탈})=\frac{3}{4}$$

따라서 $f(0)=\frac{3}{4}$이다.

5. 상대적 비율

174. 6

풀이 한 변의 길이가 x인 정육면체의 겉넓이는
$S=6x^2$이고, $V=x^3$이다.

"시간에 대한 겉넓이의 변화율" $=\frac{dS}{dt}=24$이고,

$x=1$일 때, "시간에 대한 부피의 변화율" $=\frac{dV}{dt}$를

구하고자 한다.

(i) 겉넓이의 변화율은 $\frac{dS}{dt}=12x\frac{dx}{dt}$, $x=1$일 때

$24=12\frac{dx}{dt}$이므로

"시간에 대한 한 변의 길이 x의 변화율"

$=\frac{dx}{dt}=2$이다.

(ii) $\frac{dV}{dt}=3x^2\frac{dx}{dt}$이고, $x=1$일 때,

$\frac{dx}{dt}=2$이므로 $\frac{dV}{dt}=6$이다.

175. $\frac{1}{4\pi}$

풀이 변화하는 것은 변수로 두어야 하므로 반지름을 r,

부피 V로 두면 반지름이 r인 구의 부피는 $V=\frac{4}{3}\pi r^3$이다.

(시간에 대한 부피의 변화율)$=\frac{dV}{dt}=9$이고, $r=3$일 때

$\frac{dr}{dt}$의 값을 구하고자 한다.

$\frac{dV}{dt}=4\pi r^2\frac{dr}{dt}$이고 $\frac{dV}{dt}=9, r=3$을 대입하면

$\frac{dr}{dt}=\frac{1}{4\pi}$이다.

176. ②

풀이 사람이 걷고 있는 직선을 $\overline{AC}=x$라고 하고, 써치라이트가 사람을 따라서 비추는 각도를 $\angle ABC=\theta$라고 하자. $\overline{AB}=20$은 고정값이다. 시간에 대한 x의 변화율 $\frac{dx}{dt}=4$이고, $x=15$, $\overline{BC}=25$일 때, 시간에 대한 θ의 변화율 $\frac{d\theta}{dt}(\text{rad}/s)$를 구하고자 한다. $\tan\theta=\frac{x}{20}$이고 시간에 대하여 미분하면

$\sec^2\theta\frac{d\theta}{dt}=\frac{1}{20}\frac{dx}{dt}$

$\frac{d\theta}{dt}=\frac{\cos^2\theta}{20}\frac{dx}{dt}$

$=\frac{1}{20}\left(\frac{20}{25}\right)^2 4=\frac{16}{125}$

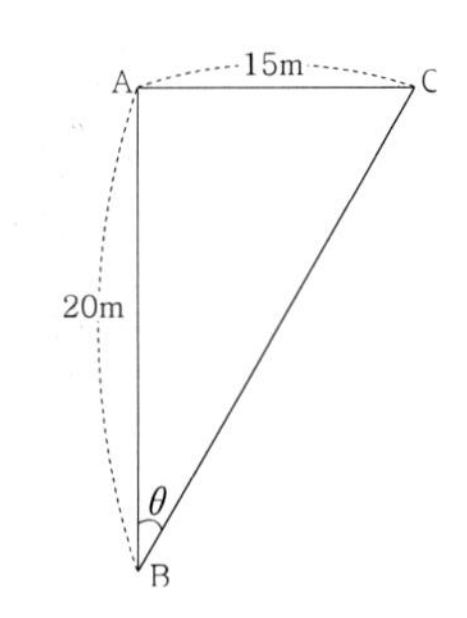

177. 20

풀이 $\overline{AC}=x, \overline{BC}=y, \overline{AB}=2$라고 하자.

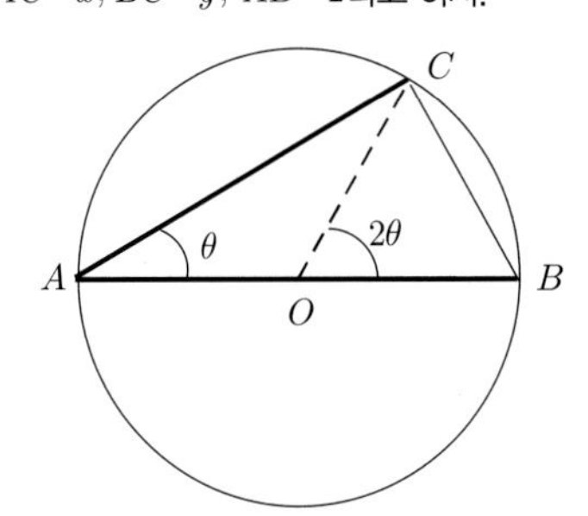

삼각형 ABC는 직각삼각형이고, $x^2+y^2=4$가 성립한다.

(i) $\cos\theta=\frac{x}{2} \Leftrightarrow x=2\cos\theta$, $\frac{dx}{dt}=10$

(ii) $\widehat{BC}=2\pi r\cdot\frac{2\theta}{2\pi}=2\theta$, $\frac{d\widehat{BC}}{dt}=k$ 라고 하자.

(iii) 거리=시간×속력 ⇔ 시간=거리/속력

(iv) 시간 $f(\theta)=\frac{2\cos\theta}{10}+\frac{2\theta}{k}$이고, $f'(\theta)=\frac{-\sin\theta}{5}+\frac{2}{k}$

$\theta=\frac{\pi}{6}$에서 최대가 존재한다면 $f'\left(\frac{\pi}{6}\right)=-\frac{1}{10}+\frac{2}{k}=0$

을 만족한다. $\frac{d\widehat{BC}}{dt}=k=20$이다.

6. 함수의 극대 & 극소, 최대 & 최소

178. ③

풀이 역함수가 존재하는 구간에서 함수는 (순)증가 또는 (순)감소이어야 한다. $f(x)=3x^6+4x^3-x$에 대하여
$f'(x)=18x^5+12x^2-1$이다.
보기 ③은 구간 $(-1,\ 1)$에서 $f'(-1)<0,\ f'(1)>0$이므로 감소에서 증가로 바뀐다. 따라서 구간 $(-1,\ 1)$에서 일대일 대응이 되지 않아 역함수가 존재하지 않는다.

179. $t>0$

풀이 곡선이 위로 오목한 것은 아래로 볼록과 같은 의미이고,
$\frac{d^2y}{dx^2}>0$일 때 나타난다.
$\begin{Bmatrix} x'=4t & y'=2t+3t^2 \\ x''=4 & y''=2+6t \end{Bmatrix}$,
$\frac{d^2y}{d^2x}=\frac{x'y''-x''y'}{(x')^3}=\frac{3}{16t}$
이고 $t>0$일 때 곡선은 아래로 볼록(위로 오목)하다.

180. ㄷ

풀이 $y'=f'(x)=g(x)$가 성립한다.
ㄱ. (거짓)
[반례] $\lim_{x\to\infty}g(x)=\lim_{x\to\infty}f'(x)=1$을 만족하는 함수를
$f'(x)=e^{-x}+1$라고 하자.
$f(0)=0$이므로 $f(x)=-e^{-x}+x+1$이다.
따라서 $\lim_{x\to\infty}\{f(x)-x\}=1$이 된다.
따라서 ㄱ은 거짓이다.
ㄴ. (거짓) g가 감소함수라 하면 $g'(x)\le 0$이므로
$f''(x)\le 0$이다. 즉 f는 위로 볼록이다.
ㄷ. (참) $g'(x)<0$이면 $f''(x)<0$이므로 위로 볼록이다.
따라서 옳은 것은 ㄷ이다.

181. $a+b=7$

풀이 주어진 함수의 정의역은 $x>0$이고, 정의역에서 연속이고 미분가능한 함수이다. $x=1$에서 극솟값 -3을 갖는다는 것을 식으로 표현하면 $f'(1)=0,\ f(1)=3$이다.
$f(1)=a-b=-3$ ⋯ ㉠
$f'(x)=2ax-b+\frac{1}{x}$에서
$f'(1)=2a-b+1=0 \Rightarrow 2a-b=-1$ ⋯ ㉡
두 식 ㉠과 ㉡의 연립방정식을 풀면 $a=2,\ b=5$
$\therefore\ a+b=7$

182. $\frac{1}{e}$

풀이 극값을 구하기 위해서 먼저 임계점을 구해보자.
$y'=e^{-x}-xe^{-x}=(1-x)e^{-x}$이므로 임계점 $x=1$에서 극댓값을 갖는다.
따라서 극값은 $y(1)=\frac{1}{e}$이고,
$a=1,\ b=e^{-1}$ 이고 $ab=e^{-1}$다.

x		1	
$f'(x)$	+	0	−

183. 1개

풀이 $f''(x)=(x-1)^2(x+2)$이고, $x=-2,\ x=1$일 때,
$f''(x)=0$이다.
$x<-2$일 때, $f(x)$는 위로 볼록하고, $x>-2$일 때
아래로 볼록하다. 따라서 변곡점은 1개이다.

x		-2		1	
$f''(x)$	−	0	+	0	+

184. 5

풀이 모든 실수에서 연속이고 미분가능한 함수이다.
변곡점은 $f''(x)=0$인 점 x에서 부호의 변화를 확인하자.
$f'(x)=(-x^2+3x-1)e^{-x},\ f''(x)=(x^2-5x+4)e^{-x}$
$=(x-1)(x-4)e^{-x}$이므로
$f''(x)=0$을 만족하는 x는 $1,\ 4$이고
여기에서 아래로 볼록, 위로 볼록, 아래로 볼록으로 바뀌는 변곡점을 갖는다. 그 x값의 합은 5이다.

185. 풀이 참조

풀이 (1) $f'(x)=3(x-1)^3+3(3x+1)(x-1)^2$
$=3(x-1)^2(4x)=12x(x-1)^2=0$
$\Rightarrow$ 임계점은 $x=0,1$일 때이다.

x		0		1	
$f'(x)$	−	0	+	0	+

따라서 기울기의 증감을 확인하면,

$x=0$에서 극소이며, 그때의 극솟값은 -1이다.

또한, $x=1$에서는 임계점이지만, 극대/극소도 아니다.

$f''(x)=12(x-1)^2+24x(x-1)=12(x-1)(3x-1)$이므로

$x=1$과 $x=\dfrac{1}{3}$에서 변곡점을 갖는다.

$x<\dfrac{1}{3}$일 때는 $f''(x)>0$이므로 $f(x)$는 아래로 볼록하고

$\dfrac{1}{3}<x<1$일 때는 $f''(x)<0$이므로 $f(x)$는 위로 볼록하고

$x>1$일 때는 $f''(x)>0$이므로 $f(x)$는 아래로 볼록하다.

$\lim\limits_{x\to\infty}f(x)=\infty,\ \lim\limits_{x\to-\infty}f(x)=\infty$

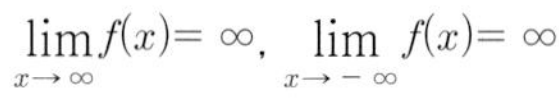

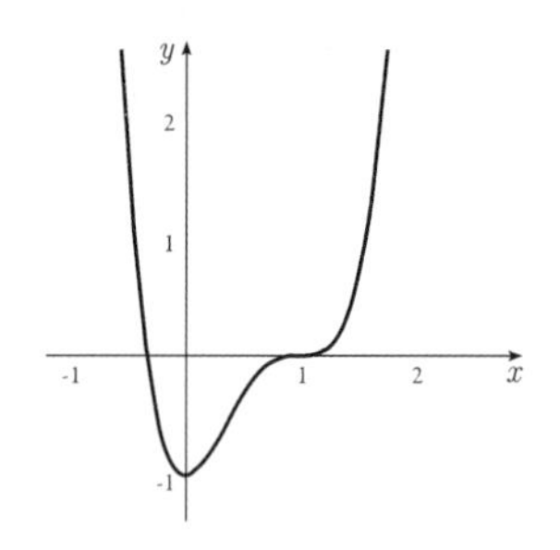

(2) $y=3x^4-16x^3+18x^2=x^2(3x^2-16x+18)$

$=3x^2(x-\alpha)(x-\beta)$

$3x^2-16x+18=0$의 $D/4=64-54>0$이므로 두 근 α,β를 갖는다.

$y'=12x^3-48x^2+36x=12x(x^2-4x+3)$

$=12x(x-3)(x-1)$

4차함수의 그래프 개형을 생각하면 $x=0$에서 극소, $x=1$에서 극대, $x=3$에서 극소가 된다. 따라서 그래프 개형은 다음과 같다.

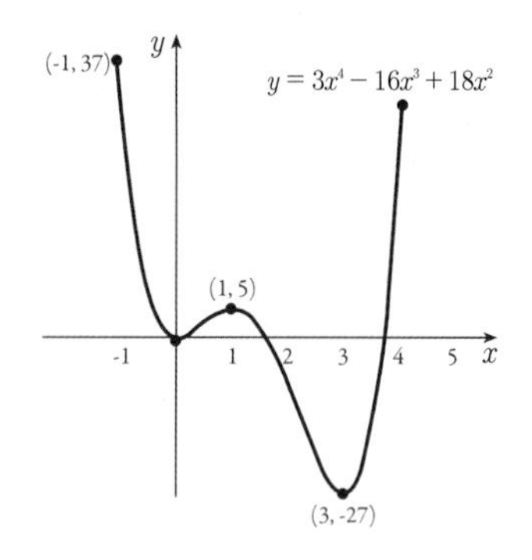

(3) $f(x)=x^{\frac{2}{3}}=\sqrt[3]{x^2}$는 우함수이고, $(0,0)$을 지난다.

$f'(x)=\dfrac{2}{3}x^{-\frac{1}{3}}=\dfrac{2}{3\sqrt[3]{x}}$

$x=0$은 미분 불가능한 임계점을 갖고, $(0,0)$은 극솟점이다.

x		0	
$f'(x)$	−		+

$f''(x)=\dfrac{2}{3}\cdot\left(-\dfrac{1}{3}\right)x^{-\frac{4}{3}}=\dfrac{-2}{9\sqrt[3]{x^4}}<0$이므로

$x\neq0$에 대하여 $f(x)$는 위로 볼록인 함수이다.

따라서 $f(x)=x^{\frac{2}{3}}=\sqrt[3]{x^2}$인 함수는 모든 실수에서 연속이지만 $x=0$에서 미분 불가능한 함수이다.

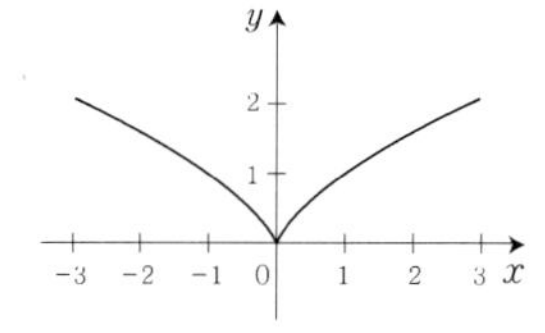

(4) 모든 실수에서 연속인 함수이지만, $x=0$에서 미분계수가 존재하지 않는 함수이다.

$f(x)=\dfrac{5}{3}x^{\frac{2}{3}}-\dfrac{2}{3}x^{\frac{5}{3}}$이고,

$f'(x)=\dfrac{5}{3}\cdot\dfrac{2}{3}x^{-\frac{1}{3}}-\dfrac{2}{3}\cdot\dfrac{5}{3}x^{\frac{2}{3}}=\dfrac{5}{3}\cdot\dfrac{2}{3}x^{-\frac{1}{3}}(1-x)$

$=\dfrac{10}{9}\dfrac{1-x}{\sqrt[3]{x}}$

$x=0$은 미분 불가능한 임계점을 갖고,

$x=1$은 미분계수가 0이 되는 임계점을 갖는다.

x		0		1	
$f'(x)$	−		+	0	−

$(1,f(1))=(1,1)$에서 극대, $(0,f(0))=(0,0)$에서 극소를 갖는다.

$f''(x)=\dfrac{10}{9}\left(-\dfrac{1}{3}\right)x^{-\frac{4}{3}}-\dfrac{10}{9}\dfrac{2}{3}x^{-\frac{1}{3}}$

$=-\dfrac{10}{27}x^{-\frac{4}{3}}(1+2x)=-\dfrac{10}{27}\dfrac{2x+1}{\sqrt[3]{x^4}}$

$x<-\dfrac{1}{2}$일 때, $f''(x)>0$ 이므로 $f(x)$는 아래로 볼록하고,

$x>-\dfrac{1}{2}$일 때, $f''(x)<0$이므로 $f(x)$는 위로 볼록하다.

$\lim\limits_{x\to\infty}f(x)=-\infty,\ \lim\limits_{x\to-\infty}f(x)=\infty$

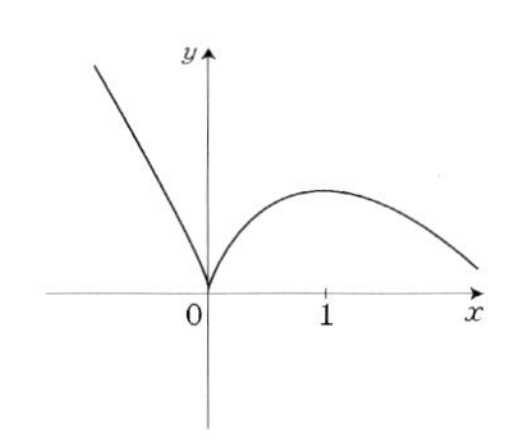

(5) $y=x^{\frac{2}{3}}(6-x)^{\frac{1}{3}}$ 은 x절편은 $0, 6$이다.

$y'=\frac{2}{3}x^{-\frac{1}{3}}(6-x)^{\frac{1}{3}}-\frac{1}{3}x^{\frac{2}{3}}(6-x)^{-\frac{2}{3}}$

$=\frac{1}{3}x^{-\frac{1}{3}}(6-x)^{-\frac{2}{3}}(2(6-x)-x)$

$=\frac{12-3x}{3\sqrt[3]{x}\sqrt[3]{(6-x)^2}}$

$x=0$과 $x=6$은 미분 불가능한 임계점을 갖고, $x=4$은 미분계수가 0이 되는 임계점을 갖는다.

x		0		4		6	
$f'(x)$	$-$		$+$	0	$-$		$-$

따라서 $(0,0)$은 극솟점이고, $\left(4, 2^{\frac{5}{3}}\right)$은 극댓값을 갖는다. $(6,0)$은 수직접선을 갖는다.

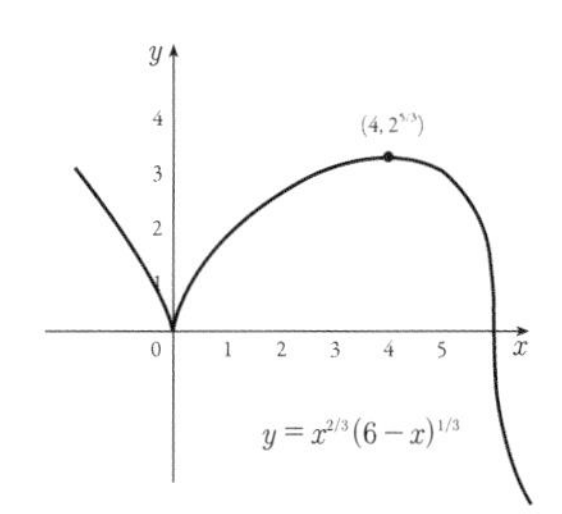

186. 풀이 참조

풀이 (1) 곡선 $y=x^2\ln x$의 정의역 $x>0$이다.

$f(x)=x^2\ln x$ 일 때, $f'(x)=2x\ln x+x=x(2\ln x+1)$

이고 $x=e^{-\frac{1}{2}}$에서 극소를 갖는다. $f\left(e^{-\frac{1}{2}}\right)=-\frac{1}{2e}>-1$

이고 $\lim_{x\to\infty}x^2\ln x=\infty$, $\lim_{x\to0^+}x^2\ln x=0$

⇒ 그래프의 개형을 확인할 수 있다.

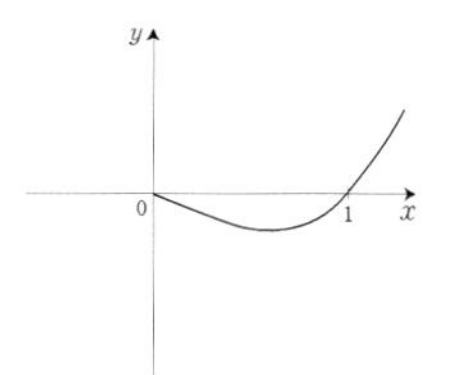

(2) $f(x)=2x^2-5x+\ln x$의 정의역 $x>0$이다.

$f'(x)=4x-5+\frac{1}{x}=\frac{4x^2-5x+1}{x}$

$=\frac{(4x-1)(x-1)}{x}$

여기서 임계점은 $x=\frac{1}{4}, x=1$이다.

0은 정의역에 속하는 원소가 아니므로 임계점이 될 수 없다.

x		$\frac{1}{4}$		1	
$f'(x)$	$+$	0	$-$	0	$+$

$f\left(\frac{1}{4}\right)=\frac{1}{8}-\frac{5}{4}+\ln\frac{1}{4}=-\frac{9}{8}-\ln4$은 극댓값이고,

$f(1)=-3$은 극솟값이다

$\lim_{x\to\infty}f(x)=\infty$, $\lim_{x\to0^+}f(x)=-\infty$

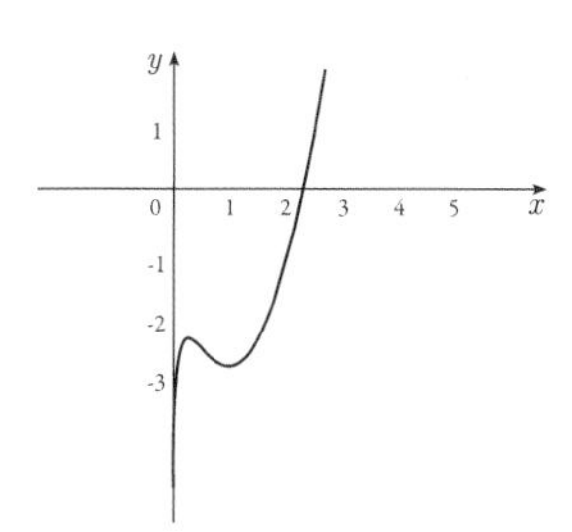

(3) $f(x)$의 정의역은 실수 전체 집합이고 원점을 지나는 연속이고 미분가능한 함수이다.

$f'(x)=2xe^{-x}-x^2e^{-x}=e^{-x}\{x(2-x)\}$

임계점은 $x=0$, $x=2$이고, $x=2$에서 극대점 $\left(2, \frac{4}{e^2}\right)$을 갖고, $x=0$에서 극소점 $(0,0)$을 갖는다.

$\lim_{x\to\infty}x^2e^{-x}=\lim_{x\to\infty}\frac{x^2}{e^x}=0$

$\lim_{x\to-\infty}x^2e^{-x}=\infty$

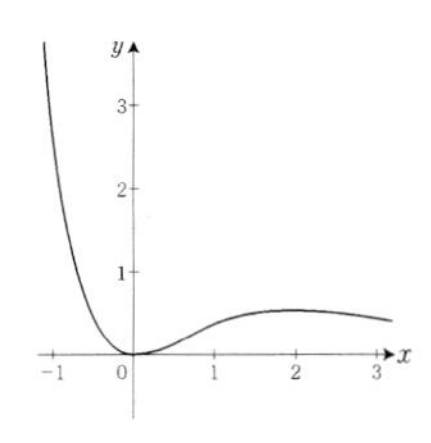

187. 4

풀이 $t=-1$일 때, $f(x)=|x^2-x|$이므로 미분가능 하지 않는 점은 2개이고 $g(-1)=2$이다.

$t=0$일 때, $f(x)=|x^2|=x^2$ 이므로 미분가능 하지 않는 점은 0개이고 $g(0)=0$이다.

$t\to 0+$일 때, $f(x)=|x^2+tx|=|x(x+t)|$이므로 미분가능 하지 않은 점은 2개이고 $\lim_{t\to 0+} g(t)=2$이다.

따라서 $g(-1)+g(0)+\lim_{t\to 0+} g(t)=4$이다.

188. ①

풀이 $y=\frac{1}{x}$의 유리함수는 $y'=-\frac{1}{x^2}$, $y''=\frac{2}{x^3}$이다.

(i) $x<0$일 때

$y''<0$이고 그래프는 위로 볼록하므로 접선의 방정식이 그래프보다 위쪽에 존재한다.

따라서 $y<\frac{1}{x}$인 점은 접선이 지날 수 없다.

(ii) $x>0$일 때

$y''>0$이고 그래프는 아래로 볼록하므로 접선의 방정식이 그래프보다 아래에 존재한다.

따라서 $y>\frac{1}{x}$인 점은 접선이 지날 수 없다.

(iii) 보기의 값을 대입하면 $(1,3)$은 접선이 지날 수 없는 점이다.

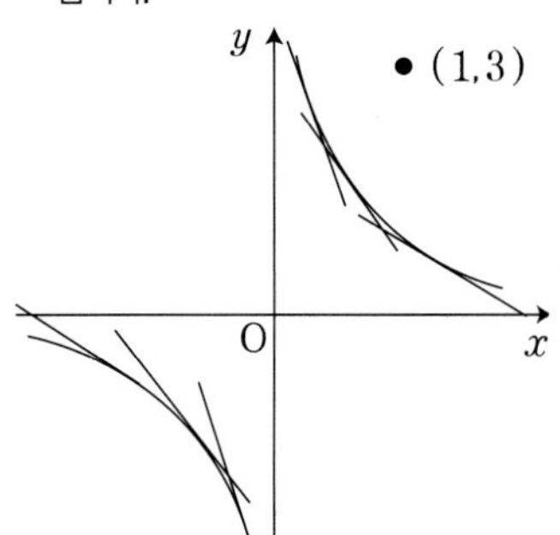

189. ③

풀이 ① 지수함수는 연속함수이다.

② 가우스함수는 불연속함수이므로

$f+g=$(연속함수)+(불연속함수)=(불연속함수)이다.

③ 가우스 함수는 구간에 대하여 나눌 수 있는

정수함수이다. $g(x)=\begin{cases}-2, & -2\le x<-1.5\\ -1, & -1.5\le x<-0.5\\ 0, & -0.5\le x<0.5\\ 1, & 0.5\le x<1.5\\ 2, & 1.5\le x<2\end{cases}$ 이므로

$$\int_{-2}^{2} f(x)g(x)dx$$

$$=\int_{-2}^{-1.5}(-2e^x)dx+\int_{-1.5}^{-0.5}(-e^x)dx$$

$$+\int_{-0.5}^{0.5}0dx+\int_{0.5}^{1.5}e^x dx+\int_{1.5}^{2}2e^x dx \neq 0$$

④ 두 그래프 $f(x)$와 $g(x)$의 교점은 없다.

⑤ $g(x)$의 함숫값이 정수이므로

$\{g(x)\}^2 \ge g(x)$는 항상 성립한다.

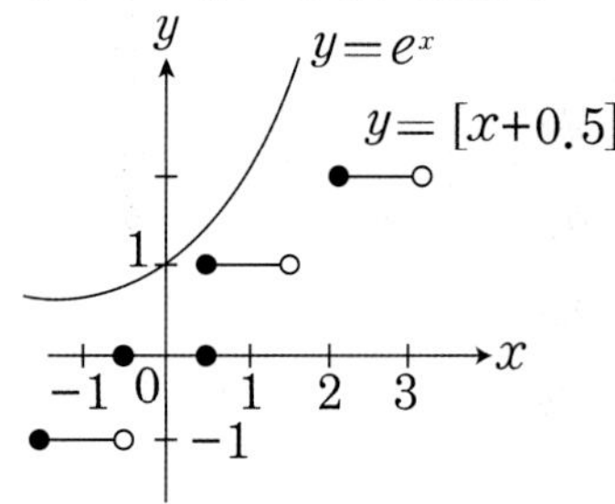

190. ②

풀이 중간값 정리를 이용하여 $f(x)=\cos x+x^2$의 함숫값이 5가 되는 c가 존재하는 구간을 찾자.

$f(-2)=\cos(-2)+4=\cos 2+4<5$,

$f(0)=1<5$, $f(-1)=\cos(-1)+1<5$,

$f(3)=\cos 3+9>5$, $f(5)=\cos 5+25>5$,

$f(8)=\cos 8+64>5$이므로 구간 $[-1,\ 3)$에서

$f(c)=5$를 만족하는 적어도 하나의 c가 존재한다.

[참고] $\cos x=5-x^2$의 해가 존재하는 구간을 구하는 것과 같은 문제이다.

191. ④

풀이 ① $f(x)=x^5+\sqrt{3}x^3+2$라 하면

$f'(x)=5x^4+3\sqrt{3}x^2\ge 0$이므로 함수 $f(x)$는 증가함수이다.

$f(-2)=-8\sqrt{3}-30<0$, $f(2)=8\sqrt{3}+34>0$이므로
중간값 정리에 의해서 구간 $[-2,\ 2]$에서
방정식 $x^5+\sqrt{3}x^3+2=0$은 1개의 해를 갖는다.

② $g(x)=3x-\sin^2 x$라 하면
$g'(x)=3-2\sin x\cos x=3-\sin 2x>0$이므로
함수 $g(x)$는 증가함수이다.
$g(-2)=-6-\sin^2(-2)<0$, $g(2)=6-\sin^2 2>0$
이므로 구간 $[-2, 2]$에서 방정식 $3x-\sin^2 x=0$은
1개의 해를 갖는다.

③ $h(x)=\sin 2x-\cos x-4x$라 하면

$$\begin{aligned}h'(x)&=2\cos 2x+\sin x-4\\&=2(\cos^2 x-\sin^2 x)+\sin x-4\\&=2(1-2\sin^2 x)+\sin x-4\\&=-4\sin^2 x+\sin x-2<0\end{aligned}$$

이므로 함수 $h(x)$는 감소함수이다.
$h(-2)=\sin(-4)-\cos(-2)+8=-\sin 4-\cos 2+8>0$
$h(2)=\sin 4-\cos 2-8<0$ 이므로 구간 $[-2,\ 2]$에서
방정식 $\sin 2x-\cos x-4x=0$은 1개의 해를 갖는다.

④ $3\cos x-1=0 \Leftrightarrow \cos x=\dfrac{1}{3}$은 그래프를 그려보면
구간 $[-2,\ 2]$에서 2개의 해를 갖는다.
따라서 가장 많은 해를 갖는 방정식은 ④이다.

192. ④

풀이 $x^3-3cx-54=0 \Leftrightarrow x^3-3cx=54$의 해 x는
$f(x)=x^3-3cx$와 $y=54$의 교점의 x좌표와 같다.
$f'(x)=3x^2-3c=0$에서 $x=\sqrt{c}$ 또는 $-\sqrt{c}$이다.
서로 다른 세 실근을 가지려면 $f(x)$는 기함수이고,
극댓값 $f(-\sqrt{c})>54$, 극솟값 $f(\sqrt{c})<54$일 때 교점은
3개가 생긴다.
$f(-\sqrt{c})=-c\sqrt{c}+3c\sqrt{c}>54 \Rightarrow 2c\sqrt{c}>54$
$\Rightarrow c\sqrt{c}>27 \Rightarrow c^{\frac{3}{2}}>27 \Rightarrow c>27^{\frac{2}{3}}=9$
따라서 정수 c의 최솟값은 10이다.

193. 7개

풀이 그림을 그려보면 $f(x)=10\sin x$와 $g(x)=x$의
교점은 단 7개 뿐이다. (단, 여기서 $\pi \fallingdotseq 3$이다.)
기함수의 성질을 생각하면 제 1사분면에 3개, 원점,
제 3사분면에 3개 총 7개이다.

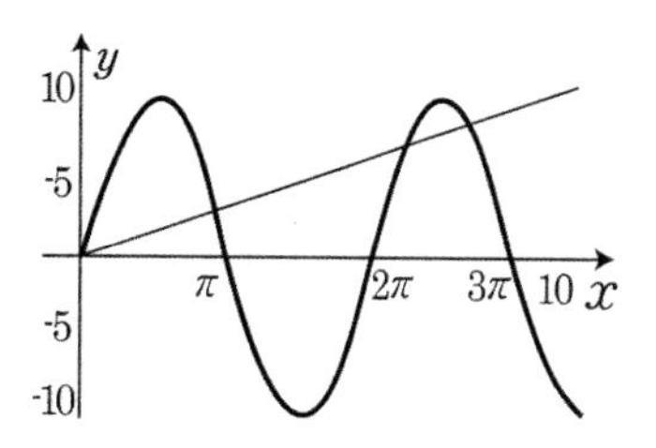

194. 1개

풀이 $f(x)=\sinh x$, $g(x)=x$라고 하자.
풀이1) 그래프를 직접 그려보면 직관적 판단을 할 수 있다.
$f(x)=\sinh x$의 $(0,0)$에서 접선의 방정식은 $y=x$이다.
원점에서만 두 그래프가 만나므로 교점의 개수는 1개이다.
풀이2) f와 g의 교점은 $f(x)=g(x)$를 만족하는 x의 값과 같다.
따라서 $h(x)=f(x)-g(x)$라 두면 $h(x)=0$을 만족하는 x의 값과 같다.
즉, $h(x)=\sinh x-x$이고 $h'(x)=\cosh x-1\geq 0$이므로
$h(x)$는 단조증가함수이다.
또한 $h(0)=0$이므로 $h(x)$는 x축과의 교점이 1개다.
즉, $f(x)$와 $g(x)$의 교점의 개수가 1개이다.

195. 0개

풀이 $x^2\ln x=-1$ 실근의 개수는 두 곡선 $y=x^2\ln x$와 $y=-1$의
교점의 개수와 같다. (정의역 $x>0$)
$f(x)=x^2\ln x$일 때, $f'(x)=2x\ln x+x=x(2\ln x+1)$,
$x=e^{-\frac{1}{2}}$에서 극소를 갖는다.
$f\left(e^{-\frac{1}{2}}\right)=-\dfrac{1}{2e}>-1$이므로 두 곡선 $y=x^2\ln x$와 $y=-1$의
교점은 존재하지 않는다. $\lim\limits_{x\to\infty}x^2\ln x=\infty$, $\lim\limits_{x\to 0^+}x^2\ln x=0 \Rightarrow$
그래프의 개형을 확인할 수 있다.

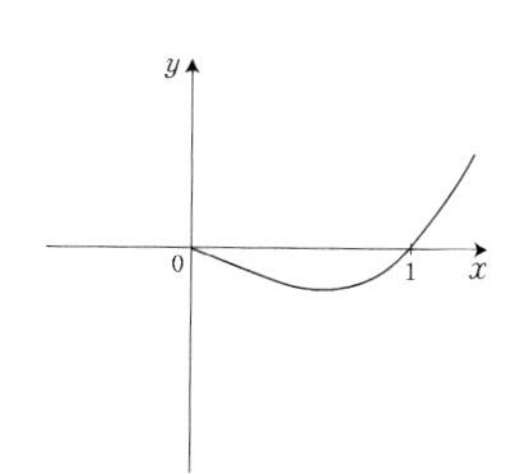

196. e

풀이 폐구간 영역에서의 최대/최소 문제는 정의역 내에서 극값을 구하고, 구간의 양끝 값을 비교한다.

(i) 정의역 내의 극값을 구하기

$f'(x)=2xe^{-x}-x^2e^{-x} \quad =e^{-x}\{x(2-x)\}$, 임계점은 $x=0,\ x=2$이고, 극값은 $f(0)=0,\ f(2)=\dfrac{4}{e^2}<1$

(ii) 정의역의 양 끝 값 : $f(-1)=e,\ f(3)=\dfrac{9}{e^3}<1$

(iii) 최솟값은 0이고 최댓값은 e이다. 그러므로 최솟값과 최댓값의 합은 e이다.

197. 최댓값 : $\sqrt[3]{16}$, 최솟값 : $\sqrt[3]{4}$

풀이 (i) $f'(x)=\dfrac{2}{3}x^{-\frac{1}{3}}=\dfrac{2}{3\sqrt[3]{x}}$이고, $x=0$에서 임계점이 존재하지만, 구간$[2,4]$에 속하는 점은 아니다.

즉, 구간 $2\le x\le 4$에서 $f'(x)>0$이므로 이 구간에서 $f(x)$는 증가한다.

(ii) 따라서 $f(2)=\sqrt[3]{4}$는 최솟값, $f(4)=\sqrt[3]{16}$은 최댓값이다.

198. 2

풀이 (i) 정의역 내의 극값을 구하자.

$f'(x)=\dfrac{4(x^2+1)-4x(2x)}{(x^2+1)^2} \quad f'(x)=\dfrac{-4(x-1)(x+1)}{(x^2+1)^2}$

이므로 구간 $[0,\ 4]$에서의 임계점은 $x=1$뿐이다.

$f(1)=\dfrac{4}{2}=2$

(ii) 정의역의 양 끝값을 구하자. $f(0)=0,\ f(4)=\dfrac{16}{17}$

(i), (ii)에 의하여 최댓값은 2이다.

7. 최적화 문제

199. 4

풀이 타원 $\dfrac{x^2}{a^2}+\dfrac{y^2}{b^2}=1$의 상반부와 x축에 의해 둘러싸인 직사각형의 최대면적은 $\dfrac{x^2}{a^2}+\dfrac{y^2}{b^2}=1$에 내접하는 직사각형의 최대면적 $2ab$의 $\dfrac{1}{2}$와 같다. 즉, ab이다.

$x^2+y^2=4 \Leftrightarrow \dfrac{x^2}{2^2}+\dfrac{y^2}{2^2}=1$이고 상반원과 x축에 둘러싸인 영역의 최대면적은 4이다.

200. 32

풀이 주어진 함수 $y=12-x^2$은 우함수이다. 직사각형의 면적은 $S=xy$이고, 관계식을 통해 변수를 줄이자.

$S(x)=2xy=2x(12-x^2)=-2x^3+24x$

$S'(x)=-6x^2+24$이므로 임계점은 $x=2\ (\because x>0)$

따라서 최대 넓이는 $S(2)=-16+48=32$

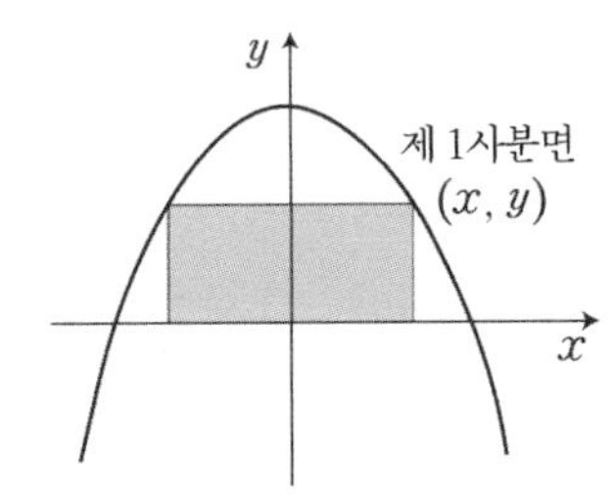

201. 3

풀이 1사분면에 존재하는 직선 $\dfrac{x}{3}+\dfrac{y}{4}=1 \Leftrightarrow y=-\dfrac{4}{3}x+4$

위의 임의의 한 점을 (x,y)라고 하자. 한 점 (x,y)에서 x축에 수직인 선분과 y축에 수직인 선분을 내리고 각 교점을 연결하면 직사각형이 만들어진다. 구하고자 하는 것은 이 직사각형의 최대 면적이고, $S=xy$이다.

미지수가 2개이므로 관계식을 통해서 변수를 줄이자.

$S=xy=-\dfrac{4}{3}x^2+4x$이고, 최댓값은 이차함수의 극대에서 존재한다.

$S'=-\dfrac{8}{3}x+4 \quad S'\left(\dfrac{3}{2}\right)=0\ S\left(\dfrac{3}{2}\right)=3$이다. 즉, 직각삼각형에 내접하는 직사각형의 최댓값은 3이다.

202. 4π

풀이 구하고자 하는 것은 원기둥의 부피의 최댓값이므로 원기둥 부피의 식을 세운다.
반지름이 r이고, 높이가 h인 원기둥의 부피는 $V=\pi r^2 h$이고, 관계식을 통해서 변수를 줄이자.

$r^2+\left(\frac{h}{2}\right)^2=3$에서 $r^2=3-\frac{h^2}{4}$이므로

$V=\pi r^2 h=\pi\left(3-\frac{h^2}{4}\right)h=\pi\left(3h-\frac{h^3}{4}\right)$

$V'=\pi\left(3-\frac{3}{4}h^2\right)=3\pi\left(1-\frac{1}{2}h\right)\left(1+\frac{1}{2}h\right)$에서

$h=2$일 때, 극대이자 최대이고 이때 부피 $V=4\pi$이다.

203. $\frac{1}{2}$

풀이 재료가 적게 들기 위해서는 겉넓이가 작아야 한다.
즉, 구하고자 하는 것은 통조림 캔의 겉넓이의 최솟값이므로 원기둥의 겉넓이 식을 세우고, 미분하여 극소를 만족하게 하는 r, h의 값을 찾으면 된다.
반지름을 r, 높이를 h라 하면
(겉넓이) = (아래뚜껑+윗뚜껑)+(옆면)

$=(\pi r^2\times 2)+2\pi rh=2\pi r^2+108\pi\times\frac{1}{r}$

($\because$ $V=54\pi=\pi r^2 h$에서 $h=\frac{54}{r^2}$)

(겉넓이)$'$ $=4\pi r-108\pi\frac{1}{r^2}=\frac{4\pi r^3-108\pi}{r^2}$

여기서 임계점을 구하면 분모에서 $r=0$, 분자에서 $r=3$이다.
$r=0$은 조건에 맞지 않다. 따라서 $r=3$이다. 이것이 정답이다.
(당연히 극소일 것이다.)

이때 $h=\frac{54}{r^2}=\frac{54}{9}=6$이고 $\frac{r}{h}=\frac{3}{6}=\frac{1}{2}$

204. $2\sqrt{5}$

풀이 거리의 최솟값을 구하는 문제이므로 거리의 식을 찾아 미분하여 극솟값을 구해보자. 포물선 위의 점 (x, y)에 대하여 거리 $d=\sqrt{(x-5)^2+(y+1)^2}$ 이다.
변수(미지수)가 2개이므로 x와 y의 관계식($y=x^2$)을 통해서 변수를 한 개로 줄이자

$d=\sqrt{(x-5)^2+(x^2+1)^2}$ 이다.

이 때 $\sqrt{\ }$ 속의 식 $f(x)$의 최솟값을 찾아보자.

$f(x)=(x-5)^2+(x^2+1)^2$,

$f'(x)=2(x-5)+2(x^2+1)(2x)=4x^3+6x-10$
$=2(x-1)(2x^2+2x+5)$

이므로 임계점은 $x=1$뿐이다.
따라서 가장 가까운 점은 $(1,\ 1)$이고
거리는 $\sqrt{(x-5)^2+(x^2+1)^2}\,\Big|_{x=1}=\sqrt{20}=2\sqrt{5}$

205. 풀이 참조

풀이 포물선 $y=x^2+2$에서 접선의 기울기가 2인 점을 P로 잡을 때 $\overline{PQ}$가 최솟값이 된다. $y'=2x=2$에서 $x=1$ 이므로 $y=3$이다.
점 $(1,3)$과 직선 $2x-y-1=0$ 사이의 거리는

$d=\frac{|2-3-1|}{\sqrt{(2)^2+(-1)^2}}=\frac{2}{\sqrt{5}}=\frac{2\sqrt{5}}{5}$ 이므로

포물선 $y=x^2+2$와 직선 $y=2x-1$ 사이의 거리는 $\frac{2\sqrt{5}}{5}$ 이다.

206. $\frac{a}{6}+1$

풀이 $\triangle PAB$의 넓이가 최대가 되는 P의 x좌표는 포물선 $y=3x^2-6x+15$ 위의 접선의 기울기가 a가 될 때의 x좌표와 같다. 즉, $6x-6=a$이므로 $x=\frac{a}{6}+1$이다.

207. $\sqrt{2}$

풀이 두 함수는 서로 역함수 관계이므로 $y=e^x$와 $y=x$사이의 최소거리에 $\times 2$ 하면 된다.
$y=e^x$와 $y=x$의 최소거리는 $y=e^x$에서 기울기가 1인 점은 $x=0$일 때이다. 즉 $(0,1)$과 $x-y=0$사이의 거리 $d=\frac{|1-0|}{\sqrt{1^2+1^2}}=\frac{1}{\sqrt{2}}$ 이고, 두 곡선 사이의 거리는

$2d=\frac{2}{\sqrt{2}}=\sqrt{2}$ 이다.

208. $2\sqrt{2}$

풀이 $f(x)=\frac{1}{\sqrt{x^2+y^2}}$ 의 최댓값은 $g(x)=\sqrt{x^2+y^2}$ 의 최솟값과 같고, $f(x)=\frac{1}{\sqrt{x^2+y^2}}$ 의 최솟값은 $g(x)=\sqrt{x^2+y^2}$ 의 최

댓값과 같다. $g(x)=\sqrt{x^2+y^2}$ 은 정의역 D에 존재하는 임의의 점(x,y)와 원점 사이의 거리를 구하는 식이고,
이때, 원점에서 시작하여 원의중심 $(1,1)$을 지나는 반직선과 원의 두 교점이 각각 최댓값과 최솟값을 갖는 점이 된다.
원점과 중심 사이의 거리는 $\sqrt{1^2+1^2}=\sqrt{2}$ 이고
(최솟값)= $\sqrt{2}-1$, (최댓값)= $\sqrt{2}+1$ 이다. 그러므로 $f(x)$의 최댓값과 최솟값의 합은 $2\sqrt{2}$ 이다.

1. 이상적분

209. (1) $\frac{1}{3}$ (2) $\frac{1}{2}$ (3) $\frac{\pi}{\sqrt{2}}$

(4) $\frac{\pi}{4}$ (5) $\frac{1}{6}\left[\frac{\pi}{2}+\tan^{-1}\left(\frac{7}{9}\right)\right]$ (6) $\frac{1}{2(\ln 4)^2}$

풀이 (1) $\int_0^\infty e^{-3x}dx = \lim_{t\to\infty}\int_0^t e^{-3x}dx$

$= \lim_{t\to\infty}\left[-\frac{1}{3}e^{-3x}\right]_0^t = \lim_{t\to\infty}\left(-\frac{1}{3}(e^{-3t}-1)\right) = \frac{1}{3}$

(2) $\int_0^\infty xe^{-x^2}dx = \lim_{t\to\infty}\int_0^t xe^{-x^2}dx$

$= \lim_{t\to\infty}\left[-\frac{1}{2}e^{-x^2}\right]_0^t = \lim_{t\to\infty}\frac{1}{2}(1-e^{-t}) = \frac{1}{2}$

(3) $\int \frac{1}{x^2+4x+6}dx = \int \frac{1}{(x+2)^2+\sqrt{2}^2}dx$

$= \int \frac{1}{u^2+(\sqrt{2})^2}du \ (x+2=u,\ dx=du)$

$= \frac{1}{\sqrt{2}}\tan^{-1}\frac{(x+2)}{\sqrt{2}}+C$

$\therefore \int_{-\infty}^\infty \frac{1}{x^2+4x+6}dx = \lim_{\substack{s\to\infty \\ t\to-\infty}}\left[\frac{1}{\sqrt{2}}\tan^{-1}\frac{(x+1)}{\sqrt{2}}\right]_t^s$

$= \frac{1}{\sqrt{2}}\left(\frac{\pi}{2}-\left(-\frac{\pi}{2}\right)\right) = \frac{\pi}{\sqrt{2}}$

(4) $\int_0^\infty \frac{1}{(x^2+1)^2}dx = \lim_{t\to\infty}\int_0^t \frac{1}{(x^2+1)^2}dx$

삼각치환법을 사용하여

$x=\tan\theta$로 치환하면 $dx=\sec^2\theta\, d\theta$이므로

$\int_0^{\frac{\pi}{2}}\frac{1}{\sec^2\theta}d\theta = \int_0^{\frac{\pi}{2}}\cos^2\theta\, d\theta = \frac{\pi}{4}$

TIP wallis 공식 $\int_0^{\frac{\pi}{2}}\cos^2 x\, dx = \frac{\pi}{4}$

(5) 분모를 완전제곱식으로 변환하면 $(2x-1)^2+9>0$이므로 특이점은 존재하지 않는다.

$\int_{-\frac{2}{3}}^\infty \frac{dx}{4x^2-4x+10} = \lim_{t\to\infty}\int_{-\frac{2}{3}}^t \frac{1}{(2x-1)^2+9}dx$

$= \lim_{t\to\infty}\frac{1}{2}\cdot\frac{1}{3}\tan^{-1}\left(\frac{2x-1}{3}\right)\Big|_{-\frac{2}{3}}^t$

$= \lim_{t\to\infty}\frac{1}{6}\left[\tan^{-1}\left(\frac{2t-1}{3}\right)-\tan^{-1}\left(-\frac{7}{9}\right)\right]$

$= \frac{1}{6}\left[\frac{\pi}{2}+\tan^{-1}\left(\frac{7}{9}\right)\right]$

(6) $\ln(\ln x)=t$로 치환하면 $\frac{1}{x\ln x}dx = dt$가 된다.

$\int_{e^4}^\infty \frac{dx}{x\ln x(\ln\ln x)^3} = \lim_{s\to\infty}\int_{\ln 4}^s \frac{1}{t^3}dt$

$= \lim_{s\to\infty} -\frac{1}{2}\frac{1}{t^2}\Big|_{\ln 4}^s = \lim_{s\to\infty} -\frac{1}{2}\left(\frac{1}{s^2}-\frac{1}{(\ln 4)^2}\right)$

$= \frac{1}{2(\ln 4)^2}$

210. (1) $-\frac{1}{4}$ (2) $-\frac{1}{9}$ (3) 2 (4) $3+3\sqrt[3]{2}$

풀이 (1) $\int_0^1 x\ln x\,dx = \left[\frac{1}{2}x^2\ln x\right]_0^1 - \frac{1}{2}\int_0^1 x\,dx$

$= \lim_{t\to 0^+}\left[\frac{1}{2}x^2\ln x\right]_t^1 - \frac{1}{4}[x^2]_0^1$

$= 0-\frac{1}{4} = -\frac{1}{4}$

TIP $\lim_{x\to 0^+}x^n\ln x = 0\ (n>0)$

(2) $\int_0^1 x^2\ln x\,dx = \lim_{t\to 0^+}\int_t^1 x^2\ln x\,dx$이므로

부분적분을 사용하면

$\int_t^1 x^2\ln x\,dx = \left[\frac{1}{3}x^3\ln x\right]_t^1 - \int_t^1 \frac{1}{3}x^2\,dx$

$= -\frac{1}{3}t^3\ln t - \left[\frac{1}{9}x^3\right]_t^1$

$= -\frac{1}{3}t^3\ln t - \frac{1}{9}(1-t^3)$

$\therefore \int_0^1 x^2\ln x\,dx = \lim_{t\to 0^+}\left\{-\frac{1}{3}t^3\ln t - \frac{1}{9}(1-t^3)\right\}$

$= -\frac{1}{9}$

(3) $\int (\ln x)^2\,dx = x(\ln x)^2 - 2\int \ln x\,dx$

$$= x(\ln x)^2 - 2(x\ln x - x) \quad \begin{pmatrix} u' = 1 & v = (\ln x)^2 \\ u = x & v' = 2\ln x \cdot \frac{1}{x} \end{pmatrix}$$

$$= x(\ln x)^2 - 2x\ln x + 2x$$

$$\int_0^1 (\ln x)^2\, dx = \left[x(\ln x)^2\right]_0^1 - \left[2x\ln x\right]_0^1 + \left[2x\right]_0^1 = 2$$

TIP $\lim_{x\to 0}\{x(\ln x)^2\} = \lim_{x\to 0}\dfrac{(\ln x)^2}{\frac{1}{x}}$

$$= \lim_{x\to 0}\frac{2\ln x\cdot\frac{1}{x}}{-\frac{1}{x^2}} = \lim_{x\to 0}(-2x\ln x) = 0$$

---

(4) $\displaystyle\int_0^3 \frac{dx}{(x-1)^{\frac{2}{3}}} = \int_0^1 \frac{dx}{(x-1)^{\frac{2}{3}}} + \int_1^3 \frac{dx}{(x-1)^{\frac{2}{3}}}$

$$= \int_{-1}^0 \frac{dt}{t^{\frac{2}{3}}} + \int_0^2 \frac{dt}{t^{\frac{2}{3}}} (\because\ x-1 = t\ ,\ dx = dt\ )$$

$$= \lim_{s\to 0^-}\left[3t^{\frac{1}{3}}\right]_{-1}^{s} + \lim_{h\to 0^+}\left[3t^{\frac{1}{3}}\right]_h^2 = 3 + 3\sqrt[3]{2}$$

211. $C=1,\ \ln 2$

풀이 $\displaystyle\int_0^\infty\left(\frac{1}{\sqrt{x^2+4}} - \frac{C}{x+2}\right)dx$

$$= \lim_{t\to\infty}\int_0^t \frac{1}{\sqrt{x^2+4}} - \frac{C}{x+2}\ dx$$

$$= \lim_{t\to\infty}\left\{\ln(x+\sqrt{x^2+4}) - C\ln|x+2|\right\}_0^t$$

$$= \lim_{t\to\infty}\left[\ln\left(\frac{x+\sqrt{x^2+4}}{(x+2)^C}\right)\right]_0^t$$

$$= \ln\left(\lim_{t\to\infty}\frac{t+\sqrt{t^2+4}}{(t+2)^C}\right) - \ln\frac{2}{2^C}$$

$= \ln 2 - \ln\dfrac{2}{2} = \ln 2$ ($C=1$일 때, 수렴한다.)

$$\left(\because \lim_{t\to\infty}\frac{t+\sqrt{t^2+4}}{(t+2)^C} = \begin{cases} 2 & (C=1) \\ 0 & (C>1) \\ \infty & (C<1) \end{cases}\right)$$

212. $p>-1$

풀이 $\displaystyle\int_0^1 \frac{\ln x}{x^k}\,dx$의 수렴조건은 $k<1$이다.

따라서 $\displaystyle\int_0^1 x^p\ln x\,dx = \int_0^1 \frac{\ln x}{x^{-p}}\,dx$의 수렴조건은

$-p<1$이므로 $p>-1$일 때 수렴한다.

213. (1) 발산 (2) 수렴 (3) 수렴 (4) 수렴 (5) 발산 (6) 수렴

풀이 (1) $\displaystyle\int_2^\infty \frac{1}{\sqrt[3]{x-1}}\,dx$ ($x-1=t$치환, $dx=dt$)

$$= \int_1^\infty \frac{1}{\sqrt[3]{t}}\,dt \ : \text{발산}$$

(2) $\displaystyle\int_1^\infty \frac{1}{(2x+1)^3}\,dx$ ($2x+1=t$치환, $dx=\frac{1}{2}dt$)

$$= \int_3^\infty \frac{1}{2t^3}\,dt\ : \text{수렴}$$

(3) $x-2=t$로 치환하면

$\displaystyle\int_2^4 \frac{1}{\sqrt[3]{x-2}}\,dx = \int_0^2 \frac{1}{\sqrt[3]{t}}\,dx = \int_0^2 \frac{1}{t^{\frac{1}{3}}}\,dx$ 이다.

특이점이 존재하는 피적분함수의 수렴조건에 의해서 수렴한다.

(4) $x-1=t$로 치환하면

$$\int_0^3 \frac{dx}{(x-1)^{\frac{2}{3}}} = \int_{-1}^2 \frac{1}{t^{\frac{2}{3}}}\,dt$$

$$= \int_{-1}^0 \frac{1}{t^{\frac{2}{3}}}\,dt + \int_0^2 \frac{1}{t^{\frac{2}{3}}}\,dt$$

특이점이 존재하는 피적분함수의 수렴조건에 의해서 수렴한다.

(5) $x-1=t$로 치환하면

$$\int_0^3 \frac{dx}{(x-1)^2} = \int_{-1}^2 \frac{1}{t^2}\,dt$$

$$= \int_{-1}^0 \frac{1}{t^2}\,dt + \int_0^2 \frac{1}{t^2}\,dt$$

특이점이 존재하는 피적분함수의 수렴조건에 의해서 발산한다.

(6) $\displaystyle\int_0^1 x^p\ln x\,dx$은 $p>-1$일 때 수렴하므로

$$\int_0^2 x^2\ln x\,dx = \int_0^1 x^2\ln x\,dx + \int_1^2 x^2\ln x\,dx$$

$\displaystyle\int_0^1 x^2\ln x\,dx$는 수렴하고, $\displaystyle\int_1^2 x^2\ln x\,dx$도 수렴한다.

214. 수렴

풀이 $\displaystyle\int_2^\infty \frac{1}{x\sqrt{x^2-4}}\,dx$ ($x=2\sec\theta$로 삼각치환적분을 하자.)

$$= \int_0^{\frac{\pi}{2}} \frac{2\sec\theta\tan\theta}{2\sec\theta\sqrt{4\sec^2\theta-4}}\,d\theta = \int_0^{\frac{\pi}{2}} \frac{1}{2}\,d\theta = \frac{\pi}{4}$$

적분값이 존재하므로 수렴한다.

215. 풀이 참조

풀이 (1) 수렴

$x^3=t$로 치환하면 $x^2dx=\frac{1}{3}dt$이므로

$$\int_{-\infty}^{\infty}\frac{x^2}{9+x^6}dx=\frac{1}{3}\int_{-\infty}^{\infty}\frac{1}{9+t^2}dt$$

$$=\frac{1}{3}\left[\frac{1}{3}\tan^{-1}\frac{t}{3}\right]_{-\infty}^{\infty}$$

$$=\frac{1}{9}\left(\frac{\pi}{2}+\frac{\pi}{2}\right)=\frac{\pi}{9}$$

이므로 주어진 이상적분은 수렴한다.

(2) 수렴

$e^x=t$로 치환하면 $dx=\frac{1}{t}dt$이므로

$$\int_0^{\infty}\frac{e^x}{e^{2x}+3}dx=\int_1^{\infty}\frac{1}{t^2+3}dt$$

$$=\frac{1}{\sqrt{3}}\tan^{-1}\frac{t}{\sqrt{3}}\Big]_1^{\infty}$$

$$=\frac{1}{\sqrt{3}}\left(\frac{\pi}{2}-\frac{\pi}{6}\right)=\frac{\pi}{3\sqrt{3}}$$ 이므로

주어진 이상적분은 수렴한다.

(3) 수렴

$p>1$이므로 주어진 이상적분은 수렴한다.

(4) 수렴

$x=\tan t$로 치환하면 $dx=\sec^2 t\,dt$이므로

$$\int_0^{\infty}\frac{x\tan^{-1}x}{(1+x^2)^2}dx=\int_0^{\frac{\pi}{2}}\frac{t\tan t}{\sec^4 t}\sec^2 t\,dt$$

$$=\int_0^{\frac{\pi}{2}}\frac{t\tan t}{\sec^2 t}dt$$

$$=\int_0^{\frac{\pi}{2}}t\sin t\cos t\,dt$$

$$=\frac{1}{2}\int_0^{\frac{\pi}{2}}t\sin 2t\,dt$$

$$=\frac{1}{2}\left[-\frac{1}{2}t\cos 2t+\frac{1}{4}\sin 2t\right]_0^{\frac{\pi}{2}}$$

$$=\frac{\pi}{8}$$ 이므로

주어진 이상적분은 수렴한다.

(5) 발산

$p>1$이므로 주어진 이상적분은 발산한다.

(6) 수렴

$p<1$이므로 주어진 이상적분은 수렴한다.

(7) 수렴

$p<1$이므로 주어진 이상적분은 수렴한다.

(8) 발산

$p>1$이므로 주어진 이상적분은 발산한다.

(9) 발산

$p>1$이므로 주어진 이상적분은 발산한다.

(10) 수렴

$$\int_0^1\frac{1}{\sqrt{1-x^2}}dx=\sin^{-1}x\Big]_0^1=\frac{\pi}{2}$$

이므로 주어진 이상적분은 수렴한다.

(11) 수렴

$p<1$이므로 주어진 이상적분은 수렴한다.

(12) 발산

$\int_0^5\frac{w}{w-2}dw=\int_0^5 1+\frac{2}{w-2}dw$에서

$\frac{2}{w-2}$는 $p=1$이므로 주어진 이상적분은 발산한다.

(13) 발산

$\int_0^3\frac{1}{x^2-6x+5}dx=\frac{1}{4}\int_0^3\frac{1}{x-5}-\frac{1}{x-1}dx$에서

$\frac{1}{x-5}$는 특이점 $x=5$가 적분 범위에 없으므로

단순 정적분이므로 수렴한다.

$\frac{1}{x-1}$은 특이점 $x=1$가 적분 범위에 있고

$p=1$이므로 발산한다. 따라서 주어진 이상적분은 발산한다.

(14) 발산

$$\int_{\frac{\pi}{2}}^{\pi}\csc x\,dx=\ln(\csc x-\cot x)\Big]_{\frac{\pi}{2}}^{\pi}=\infty$$

이므로 주어진 이상적분은 발산한다.

(15) 수렴

$\frac{1}{x}=t$로 치환하면 $dx=-\frac{1}{t^2}dt$이므로

$$\int_{-1}^{0}\frac{e^{\frac{1}{x}}}{x^3}dx=\int_{-\infty}^{-1}t^3e^t\frac{1}{t^2}dt$$

$$= \int_{-\infty}^{-1} te^t \, dt$$

$$= te^t - e^t \big]_{-\infty}^{-1} = -2e^{-1}$$

이므로 주어진 이상적분은 수렴한다.

(16) 발산

$$\int_0^1 \frac{e^{\frac{1}{x}}}{x^3} dx > \int_0^1 \frac{e^1}{x^3} dx \text{이고}$$

$\int_0^1 \frac{e^1}{x^3} dx$는 $p > 1$이므로 발산하므로

비교판정법에 의해서 주어진 이상적분은 발산한다.

(17) 수렴

$$\int_0^2 z^2 \ln z \, dz = \frac{1}{3} z^3 \ln z - \frac{1}{9} z^3 \Big]_0^2 = \frac{8}{3} \ln 2 - \frac{8}{9}$$

이므로 주어진 이상적분은 수렴한다.

(18) 수렴

$$\int_0^1 \frac{\ln x}{\sqrt{x}} dx = \int_0^1 x^{-\frac{1}{2}} \ln x \, dx$$

$$= 2x^{\frac{1}{2}} \ln x - 4x^{\frac{1}{2}} \big]_0^1 = -4$$

이므로 주어진 이상적분은 수렴한다.

(19) 수렴

주어진 이상적분은 구간에 무한대가 있는 이상적분이고

$\frac{x}{x^3+1} < \frac{1}{x^2}$ 이고 $\frac{1}{x^2}$는 무한대까지 이상적분에서

$p > 1$이므로 수렴한다.

비교판정법에 의해서 주어진 이상적분은 수렴한다.

(20) 발산

$$\int_1^\infty \frac{2+e^{-x}}{x} dx > \int_1^\infty \frac{2}{x} dx \text{이고}$$

$\int_1^\infty \frac{2}{x} dx$는 $p = 1$이므로 발산하므로

비교판정법에 의해서 주어진 이상적분은 발산한다.

(21) 발산

$$\int_1^\infty \frac{x+1}{\sqrt{x^4 - x}} dx > \int_1^\infty \frac{x+1}{\sqrt{x^4}} dx$$

$$> \int_1^\infty \frac{x}{\sqrt{x^4}} dx = \int_1^\infty \frac{1}{x} dx \text{이고}$$

$\int_1^\infty \frac{1}{x} dx$는 $p = 1$이므로 발산하므로

비교판정법에 의해서 주어진 이상적분은 발산한다.

(22) 수렴

$$\int_0^\infty \frac{\tan^{-1} x}{2+e^x} dx < \int_0^\infty \frac{\frac{\pi}{2}}{2+e^x} dx$$

$$< \int_0^\infty \frac{\frac{\pi}{2}}{e^x} dx = \frac{\pi}{2} \int_0^\infty e^{-x} dx \text{이고}$$

$\int_0^\infty e^{-x} dx$는 수렴하므로

비교판정법에 의해서 주어진 이상적분은 수렴한다.

(23) 발산

$$\int_0^1 \frac{\sec^2 x}{x\sqrt{x}} dx = \int_0^1 \frac{1}{x\sqrt{x}\cos^2 x} dx > \int_0^1 \frac{1}{x\sqrt{x}} dx$$

이므로 $\int_0^1 \frac{1}{x\sqrt{x}} dx$는 $p > 1$이므로 발산하므로

비교판정법에 의해서 주어진 이상적분은 발산한다.

(24) 수렴

$$\int_0^\pi \frac{\sin^2 x}{\sqrt{x}} dx < \int_0^\pi \frac{1}{\sqrt{x}} dx \text{이고}$$

$\int_0^\pi \frac{1}{\sqrt{x}} dx$는 $p < 1$이므로 수렴한다.

비교판정법에 의해서 주어진 이상적분은 수렴한다.

216. ④

풀이 ① $n \in$자연수, $I_n = \int_0^\infty x^n e^{-x} dx = n!$로 수렴한다.

② $I_n = n!$, $I_{n-1} = (n-1)!$이므로 $I_n = nI_{n-1}$

③ $I_3 = 3! = 6$

④ $\int_0^\infty x^5 e^{-x^2} dx = \int_0^\infty x^2 x^2 x e^{-x^2} dx$

$\left(x^2 = t <_0^\infty,\ 2xdx = dt,\ xdx = \frac{1}{2}dt\right)$

$= \int_0^\infty \frac{1}{2} t^2 e^{-t^2} dt = \frac{1}{2} \int_0^\infty t^2 e^{-t} dt = \frac{2!}{2} = 1 \neq I_2$

⑤ $-\int_0^1 (\ln x)^3 dx = \int_0^1 (-\ln x)^3 dx = 3! = I_3$

217. (1) 6 (2) $\frac{3}{8}$ (3) $\sqrt{\pi}$ (4) $\frac{\sqrt{\pi}}{2}$ (5) $\frac{\sqrt{\pi}}{4}$ (6) 0

풀이 (1) 감마함수 $\int_0^\infty x^n e^{-x}\,dx = n!$ 이므로

$\int_0^\infty x^3 e^{-x}\,dx = 3! = 6$ 이다.

(2) $2x = t$로 치환하면 $dx = \frac{1}{2}dt$이다.

$$\int_0^\infty x^3 e^{-2x}\,dx = \int_0^\infty \frac{t^3}{8}e^{-t}\cdot\frac{1}{2}\cdot dt = \frac{1}{16}\int_0^\infty t^3 e^{-t}dt$$
$$= \frac{1}{16}\times 3! = \frac{3}{8}$$

(3) $\sqrt{x} = t$로 치환하면 $x = t^2$이고 $dx = 2t\,dt$이다.

$$\int_0^\infty x^{-\frac{1}{2}}e^{-x}dx = \int_0^\infty \frac{e^{-x}}{\sqrt{x}}dx = \int_0^\infty \frac{e^{-t^2}}{t}2t\,dt$$
$$= 2\int_0^\infty e^{-t^2}dt = \sqrt{\pi}$$

(4) $\int_{-\infty}^\infty x^2 e^{-x^2}dx = -\frac{1}{2}\int_{-\infty}^\infty x\left(-2xe^{-x^2}\right)dx$

$u' = -2xe^{-x^2}$, $v = x$라 하면 $u = e^{-x^2}$, $v' = 1$이므로
부분적분법에 의해

$$\int_{-\infty}^\infty x^2 e^{-x^2}dx = -\frac{1}{2}\int_{-\infty}^\infty x\left(-2xe^{-x^2}\right)dx$$
$$= -\frac{1}{2}\left(\left[xe^{-x^2}\right]_{-\infty}^\infty - \int_{-\infty}^\infty e^{-x^2}dx\right)$$
$$= -\frac{1}{2}\left(0 - \sqrt{\pi}\right) = \frac{\sqrt{\pi}}{2}$$
$$\left(\because \int_{-\infty}^\infty e^{-x^2}\,dx = 2\int_0^\infty e^{-x^2}\,dx = 2\times\frac{\sqrt{\pi}}{2} = \sqrt{\pi}\right)$$

(5) $2x = t$라 두면 $2dx = dt$이므로

$$\int_0^\infty e^{-4x^2}dx = \int_0^\infty e^{-(2x)^2}dx = \int_0^\infty e^{-t^2}\frac{1}{2}dt = \frac{\sqrt{\pi}}{4}$$

(6) $\int_{-\infty}^\infty xe^{-x^2}\,dx = -\frac{1}{2}e^{-x^2}\Big]_{-\infty}^\infty = 0$

2. 곡선으로 둘러싸인 영역의 면적

218. (1) $\frac{2}{3}(8-3\sqrt{3})$ (2) $\frac{19}{3}$ (3) $\frac{3}{2}\sin 2$
(4) $\ln\frac{27}{4}-1$ (5) $2\ln 2-1$ (6) π

풀이 (1) (준식) $= \lim_{n\to\infty}\frac{1}{n}\sum_{k=0}^{n-1}\sqrt{3+\frac{k}{n}}$

$$= \int_0^1 \sqrt{3+x}\,dx = \left[\frac{2}{3}(3+x)^{\frac{3}{2}}\right]_0^1$$
$$= \frac{2}{3}(4\sqrt{4}-3\sqrt{3}) = \frac{2}{3}(8-3\sqrt{3})$$

(2) (준식) $= \int_0^1 (2+x)^2 dx$

$$= \frac{1}{3}\left[(2+x)^3\right]_0^1 = \frac{1}{3}(27-8) = \frac{19}{3}$$

(3) (준식) $= \lim_{n\to\infty}\frac{1}{n}\sum_{k=1}^{3n}\cos\frac{2k}{3n}$

$$= \lim_{n\to\infty}\frac{3}{3n}\sum_{k=1}^{3n}\cos\frac{2k}{3n}$$
$$= 3\int_0^1 \cos 2x\,dx = \frac{3}{2}\left[\sin 2x\right]_0^1 = \frac{3}{2}\sin 2$$

(4) (준식) $= \lim_{n\to\infty}\frac{1}{n}\sum_{k=1}^{n}\ln\left(2+\frac{k}{n}\right)$

$$= \int_0^1 \ln(2+x)dx \quad (2+x = t <_2^3,\ dx = dt)$$
$$= \int_2^3 \ln t\,dt = \left[t\ln t\right]_2^3 - \left[t\right]_2^3$$
$$= 3\ln 3 - 2\ln 2 - 1 = \ln\frac{27}{4} - 1$$

(5) (준식) $= \lim_{n\to\infty}\sum_{k=1}^{n}\frac{1}{n}\ln\left(1+\frac{k}{n}\right)$

$$= \int_0^1 \ln(1+x)dx \quad (1+x = t <_1^2,\ dx = dt)$$
$$= \int_1^2 \ln t\,dt = \left[t\ln t\right]_1^2 - \left[t\right]_1^2 = 2\ln 2 - 1$$

(6) (준식) $= \lim_{n\to\infty}\sum_{k=1}^{n}\frac{k\pi^2}{n^2}\sin\left(\frac{k\pi}{n}\right)$

$$= \lim_{n\to\infty}\sum_{k=1}^{n}\frac{k}{n}\frac{1}{n}\pi^2\sin\left(\frac{k}{n}\pi\right)$$
$$= \pi^2\int_0^1 x\sin(\pi x)dx = \pi$$

219. $\sqrt{2}-1$

풀이 $$\lim_{n\to\infty}\frac{a_n}{b_n}=\frac{\lim_{n\to\infty}\sum_{k=1}^{n}\sin\left(\frac{k\pi}{4n}\right)}{\lim_{n\to\infty}\sum_{k=1}^{n}\cos\left(\frac{k\pi}{4n}\right)}$$

$$=\frac{\int_0^1\sin\left(\frac{\pi}{4}x\right)dx}{\int_0^1\cos\left(\frac{\pi}{4}x\right)dx}=\frac{-\frac{4}{\pi}\left[\cos\left(\frac{\pi}{4}x\right)\right]_0^1}{\frac{4}{\pi}\left[\sin\left(\frac{\pi}{4}x\right)\right]_0^1}$$

$$=-\frac{\frac{\sqrt{2}}{2}-1}{\frac{\sqrt{2}}{2}}=\sqrt{2}-1$$

220. $\frac{37}{12}$

풀이 3차함수 $f(x)$의 그래프 개형을 그려보자.

$f(x)=x^3-x^2-2x=x(x^2-x-2)=x(x-2)(x+1)$

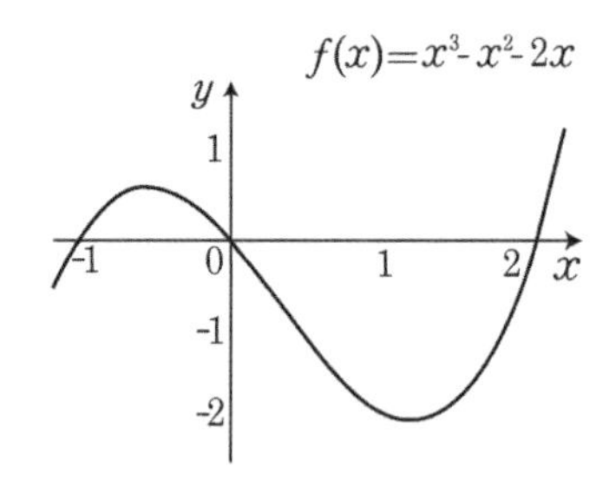

그래프와 x축으로 둘러싸인 영역의 면적은

$$\int_{-1}^{2}|f(x)|\,dx$$

$$=\int_{-1}^{0}(x^3-x^2-2x)dx+\int_0^2(-x^3+x^2+2x)dx$$

$$=\left[\frac{1}{4}x^4-\frac{1}{3}x^3-x^2\right]_{-1}^{0}+\left[-\frac{1}{4}x^4+\frac{1}{3}x^3+x^2\right]_0^2$$

$$=-\left(\frac{1}{4}+\frac{1}{3}-1\right)+\left(-4+\frac{8}{3}+4\right)$$

$$=-\left(\frac{3+4-12}{12}\right)+\frac{8}{3}=\frac{5}{12}+\frac{8}{3}=\frac{37}{12}$$

221. $16\ln 2-6$

풀이 $$2\int_1^4\ln x\,dx=2\{[x\ln x]_1^4-[x]_1^4\}$$

$$=2\{4\ln 4-3\}=16\ln 2-6$$

222. $\frac{4}{3}$

풀이 y축과 포물선 $x=2y-y^2$의 교점이 $(0,\ 0)$, $(0,\ 2)$이고, 영역의 넓이를 S라고 하자.

$$S=\int_0^2 xdy=\int_0^2 2y-y^2dy=\left[y^2-\frac{1}{3}y^3\right]_0^2=\frac{4}{3}$$

풀이 주어진 영역은 x축과 포물선 $y=2x-x^2$으로 둘러싸인 영역과 같다. 따라서 영역의 면적을 S라 하면 다음과 같이 구할 수 있다.

$$S=\int_0^2 ydx=\int_0^2 2x-x^2dx=\left[x^2-\frac{1}{3}x^3\right]_0^2=\frac{4}{3}$$

223. $\frac{1}{5}$

풀이 $y=\sqrt[4]{x}$이므로 $x=y^4$이고, 영역의 넓이를 S라고 하자.

$$S=\int_0^1 xdy=\int_0^1 y^4dy=\frac{1}{5}$$

풀이 주어진 영역은 x축, 직선 $x=1$과 $x=\sqrt[4]{y}$으로 둘러싸인 영역의 넓이와 같다. 따라서 영역의 면적을 S라 하면 다음과 같이 구할 수 있다.

$$S=\int_0^1 ydx=\int_0^1 x^4dx=\frac{1}{5}$$

224. $2\sqrt{2}-2$

풀이 $0\le x\le\frac{\pi}{4}$에서는 $\sin x\le\cos x$ 이고,

$\frac{\pi}{4}\le x\le\frac{\pi}{2}$에서는 $\sin x\ge\cos x$이다.

둘러싸인 영역의 넓이를 S라고 하면

$$S=\int_0^{\frac{\pi}{4}}\cos x-\sin x dx+\int_{\frac{\pi}{4}}^{\frac{\pi}{2}}\sin x-\cos x dx$$

$$=[\sin x+\cos x]_0^{\frac{\pi}{4}}+[-\cos x-\sin x]_{\frac{\pi}{4}}^{\frac{\pi}{2}}$$

$$=(\sqrt{2}-1)+(-1+\sqrt{2})=2\sqrt{2}-2$$

225. $\frac{1}{4}$

풀이 $f'(x)=\frac{1}{2}(3x^2+1)>0$이므로 $f(x)$는 모든 실수에서 증가하는 기함수이다. f와 f^{-1}가 둘러싸인 영역은 $f(x)$와 직선 $y=x$로 둘러싸인 영역의 2배이다.

$\begin{cases} y = \frac{1}{2}(x^3+x) \\ y = x \end{cases}$ 의 교점은

$\frac{1}{2}(x^3+x) = x \Leftrightarrow x=0,\ x=1$이다.

$2\int_0^1 \{x - f(x)\}dx = 2\int_0^1 \left(\frac{1}{2}x - \frac{1}{2}x^3\right)dx$

$= \int_0^1 (x-x^3)\,dx = \frac{1}{4}$

226. $b = 4^{\frac{2}{3}}$

풀이 포물선 $y=x^2$과 직선 $y=4$, $y=b$는 우함수이므로 y축에 대하여 대칭이고 둘러싸인 넓이를 이등분한다는 것은 1사분면의 둘러싸인 면적 또한 직선 $y=b$가 이등분한다.

$\int_0^4 \sqrt{y}\,dy = \frac{2}{3}y^{\frac{3}{2}}\Big]_0^4 = \frac{2}{3}\cdot 4\sqrt{4} = \frac{16}{3}$을 직선 $y=b$가 넓이를 이등분 하므로

$\int_0^b \sqrt{y}\,dy = \frac{2}{3}y^{\frac{3}{2}}\Big]_0^b = \frac{2}{3}\cdot b\sqrt{b} = \frac{8}{3}$ 을 만족하는 b를 구하면

$b^{\frac{3}{2}} = 4 \Leftrightarrow b = 4^{\frac{2}{3}}$이다.

227. 풀이 참조

풀이 (1) 두 그래프 $y=x-1$, $y^2=2x+6$의 교점은 $(-1,\ -2)$와 $(5,\ 4)$이고 둘러싸인 영역의 넓이를 S라고 하자.

$S = \int_{-2}^4 (y+1) - \left(\frac{1}{2}y^2 - 3\right)dy$

$= \int_{-2}^4 -\frac{1}{2}y^2 + y + 4dy$

$= \left[-\frac{1}{6}y^3 + \frac{1}{2}y^2 + 4y\right]_{-2}^4 = 18$

(2) 두 그래프 $x=y^2-4y$, $x=2y-y^2$의 교점은 $(0,\ 0)$와 $(-3,\ 3)$이고 둘러싸인 영역의 넓이를 S라고 하자.

$S = \int_0^3 (2y-y^2) - (y^2-4y)dy$

$= \int_0^3 6y - 2y^2 dy = \left[3y^2 - \frac{2}{3}y^3\right]_0^3 = 9$

(3) 두 그래프 $x=1-y^2$, $x=y^2-1$의 교점은 $(0,\ 1)$와 $(0,\ -1)$이고 둘러싸인 영역의 넓이를 S라고 하자.

$S = \int_{-1}^1 (1-y^2) - (y^2-1)dy$

$= \int_{-1}^1 2 - 2y^2 dy = 4\int_0^1 1-y^2 dy$

$= 4\left[y - \frac{1}{3}y^3\right]_0^1 = \frac{8}{3}$

(4) 두 그래프 $y=\frac{1}{x}$, $y=\frac{1}{x^2}$의 교점은 $(1,\ 1)$이고 둘러싸인 영역의 넓이를 S라고 하자.

$S = \int_1^2 \left(\frac{1}{x} - \frac{1}{x^2}\right)dx = \left[\ln|x| + \frac{1}{x}\right]_1^2 = \ln 2 - \frac{1}{2}$

(5) 두 그래프 $y=x^2-2x$, $y=x+4$의 교점은 $(-1,\ 3)$와 $(4,\ 8)$이고 둘러싸인 영역의 넓이를 S라고 하자.

$S = \int_{-1}^4 (x+4) - (x^2-2x)dx$

$= \int_{-1}^4 4 + 3x - x^2 dx$

$= \left[4x + \frac{3}{2}x^2 - \frac{1}{3}x^3\right]_{-1}^4 = \frac{125}{6}$

(6) 두 그래프 $y=12-x^2$, $y=x^2-6$의 교점은 $(3,\ 3)$와 $(-3,\ 3)$이고 둘러싸인 영역의 넓이를 S라고 하자.

$S = \int_{-3}^3 (12-x^2) - (x^2-6)dx$

$= \int_{-3}^3 18 - 2x^2 dx = 2\left[18x - \frac{2}{3}x^3\right]_0^3 = 72$

(7) 두 그래프 $y=e^x$, $y=xe^x$의 교점은 $(1,\ e)$이고 둘러싸인 영역의 넓이를 S라고 하자.

$S = \int_0^1 e^x - xe^x dx = [2e^x - xe^x]_0^1 = e-2$

(8) 둘러싸인 영역의 넓이를 S라고 하자.

$S = \int_0^{2\pi} 2 - 2\cos x dx = [2x - 2\sin x]_0^{2\pi} = 4\pi$

(9) 구간 $0 \le x \le \frac{\pi}{6}$에서 $\cos x \ge \sin 2x$이고,

구간 $\frac{\pi}{6} \le x \le \frac{\pi}{2}$에서 $\cos x \le \sin 2x$이므로 둘러싸인 영역의 넓이를 S라고 하면

$S = \int_0^{\frac{\pi}{6}} \cos x - \sin 2x dx + \int_{\frac{\pi}{6}}^{\frac{\pi}{2}} \sin 2x - \cos x dx$

$= \left[\sin x + \frac{1}{2}\cos 2x\right]_0^{\frac{\pi}{6}} + \left[-\frac{1}{2}\cos 2x - \sin x\right]_{\frac{\pi}{6}}^{\frac{\pi}{2}} = \frac{1}{2}$

(10) 두 곡선의 교점을 찾으면

$1 - \cos x = \cos x \Rightarrow \cos x = \frac{1}{2} \Rightarrow x = \frac{\pi}{3}$이므로

둘러싸인 영역의 넓이를 S라 하면

$$S=\int_0^{\frac{\pi}{3}}\cos x-(1-\cos x)\,dx+\int_{\frac{\pi}{3}}^{\pi}(1-\cos x)-\cos x\,dx$$

$$=\int_0^{\frac{\pi}{3}}2\cos x-1\,dx+\int_{\frac{\pi}{3}}^{\pi}1-2\cos x\,dx$$

$$=[2\sin x-x]_0^{\frac{\pi}{3}}+[x-2\sin x]_{\frac{\pi}{3}}^{\pi}=2\sqrt{3}+\frac{\pi}{3}$$

228. πab

풀이 타원은 x축, y축, 원점대칭이므로 1사분면상의 면적의 4배를 하면 된다. $x=a\cos t$, $y=b\sin t$로 매개화하여 x축으로 둘러싸인 면적을 구하면

$$4\int_0^a|y|dx=4\int_{\frac{\pi}{2}}^0 b\sin t\cdot(-a\sin t)\,dt$$

$$=4ab\int_0^{\frac{\pi}{2}}\sin^2 t\ dt\ =\pi ab$$

229. $3-e$

풀이 $t=0$과 $t=1$일 때, 곡선과 x축이 만난다. 따라서 넓이 S는

$$S=\int_2^{1+e}ydx=\int_0^1(t-t^2)e^t dt=\left[(-t^2+3t-3)e^t\right]_0^1$$

$=3-e$ 이다.

230. $\dfrac{e^{\frac{\pi}{2}}}{2}+\dfrac{1}{6}$

풀이 (i) 매개함수 $x=\cos t,\ y=e^t\left(0\le t\le\frac{\pi}{2}\right)$와 x축이 둘러싸인 영역의 면적 A는 다음과 같다.

$$A=\int_0^1|y|\,dx=\int_{\frac{\pi}{2}}^0 e^t(-\sin t)\,dt$$

$$=\int_0^{\frac{\pi}{2}}e^t\sin t\,dt=\frac{e^t(\sin-\cos t)}{2}\Bigg|_0^{\frac{\pi}{2}}=\frac{e^{\frac{\pi}{2}}+1}{2}$$

(ii) 매개함수 $x=t,\ y=t^2\ \ (0\le t\le 1)$과 x축이 둘러싸인 영역의 면적 B는 다음과 같다.

$$B=\int_0^1|y|\,dx=\int_0^1 t^2\,dt\ =\frac{1}{3}$$

(iii) 두 그래프가 둘러싸인 영역의 면적은

$$A-B=\frac{e^{\frac{\pi}{2}}}{2}+\frac{1}{6}\text{ 이다.}$$

풀이 2) 곡선과 $a\le y\le b$에서 y축으로 둘러싸인 면적은 $\int_a^b|x|\,dy$이므로 면적은 다음과 같다.

$$S=S_1+S_2=\int_0^1|x|\,dy+\int_1^{e^{\frac{\pi}{2}}}|x|\,dy$$

$$=\int_0^1 t\cdot 2t\,dt+\int_0^{\frac{\pi}{2}}\cos t\cdot e^t dt$$

$$=\left[\frac{2}{3}t^3\right]_0^1+\left[\frac{e^t}{2}(\cos t+\sin t)\right]_0^{\frac{\pi}{2}}$$

$$=\frac{e^{\frac{\pi}{2}}}{2}+\frac{1}{6}$$

231. (1) $\frac{\pi}{2}a^2$ (2) $\frac{\pi}{4}a^2$ (3) 11π (4) $\frac{41}{2}\pi$

풀이 (1) 4엽 장미 $r=a\cos2\theta$의 면적은 $0\le\theta\le\frac{\pi}{4}$에 해당하는 면적의 8배를 해서 구하자.

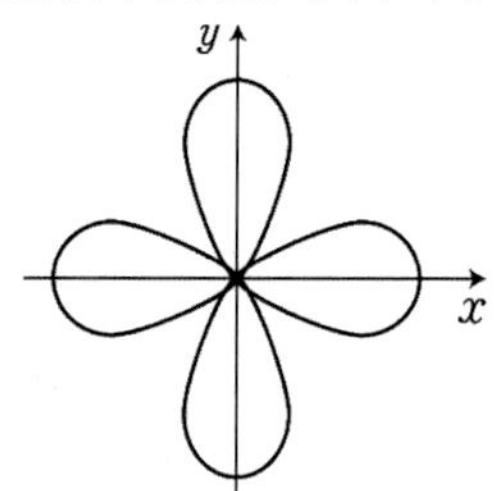

$$A=8\cdot\frac{1}{2}\int_0^{\frac{\pi}{4}}r^2\,d\theta=4\int_0^{\frac{\pi}{4}}a^2\cos^2 2\theta\,d\theta$$

$$=4a^2\int_0^{\frac{\pi}{4}}\frac{1+\cos4\theta}{2}d\theta$$

$$=2a^2\left[\theta+\frac{1}{4}\sin4\theta\right]_0^{\frac{\pi}{4}}=\frac{\pi}{2}a^2$$

⇒ 4엽 장미 그래프 $r=a\cos2\theta, r=a\sin2\theta$의 내부면적은 $\frac{\pi}{2}a^2$이다.

(2) $r=a\cos3\theta$

3엽 장미 $r=a\cos3\theta$의 면적은 $0\le\theta\le\frac{\pi}{6}$에 해당하는 면적의 6배를 해서 구하자.

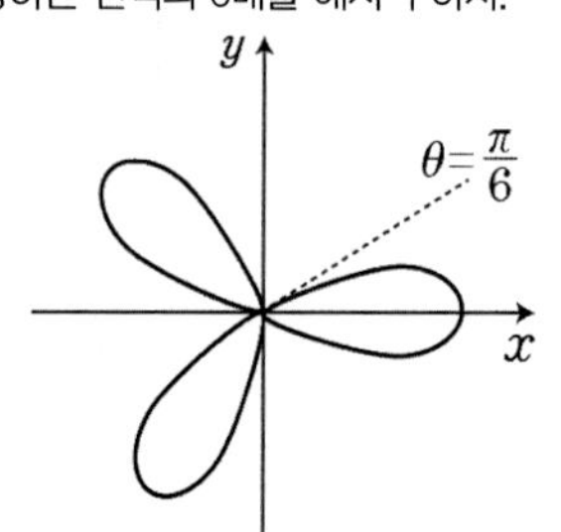

$$A=6\cdot\frac{1}{2}\int_0^{\frac{\pi}{6}} r^2\,d\theta=3\int_0^{\frac{\pi}{6}} a^2\cos^2 3\theta\,d\theta$$

$$=3a^2\int_0^{\frac{\pi}{6}}\frac{1+\cos6\theta}{2}\,d\theta$$

$$=\frac{3}{2}a^2\left[\theta+\frac{1}{6}\sin6\theta\right]_0^{\frac{\pi}{6}}=\frac{\pi}{4}a^2$$

⇒ 3엽장미 그래프 $r=a\cos3\theta$, $r=a\sin3\theta$의

내부면적은 $\frac{\pi}{4}a^2$이다.

(3) 극곡선 $r=3+2\cos\theta$의 내부의 면적은 구간 $0\le\theta\le\pi$에서 그려지는 영역의 면적의 2배로 구할 수 있다. 면적을 구하면

$$S=2\times\int_0^{\pi}\frac{1}{2}r^2d\theta=\int_0^{\pi}(4\cos^2\theta+12\cos\theta+9)d\theta$$

$$=8\times\frac{\pi}{4}+9\pi=11\pi$$

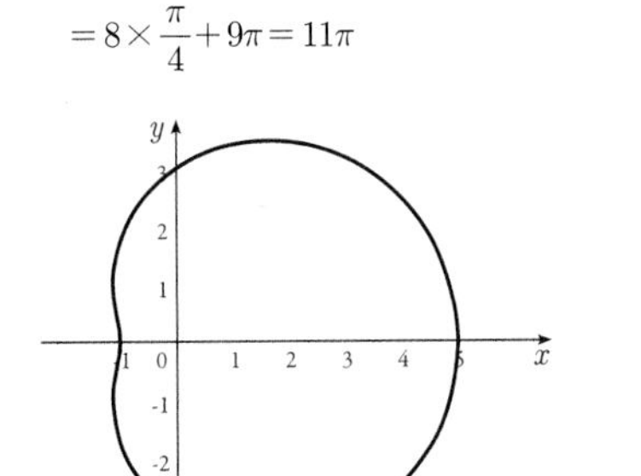

(4) 극곡선 $r=4+3\sin\theta$의 내부의 면적은

구간 $-\frac{\pi}{2}\le\theta\le\frac{\pi}{2}$에서 그려지는 영역의 면적의

2배이므로 면적을 구하면

$$S=2\times\int_{-\frac{\pi}{2}}^{\frac{\pi}{2}}\frac{1}{2}r^2d\theta=\int_{-\frac{\pi}{2}}^{\frac{\pi}{2}}(16+24\sin\theta+9\sin^2\theta)d\theta$$

$$=16\pi+\frac{9}{2}\pi=\frac{41}{2}\pi$$

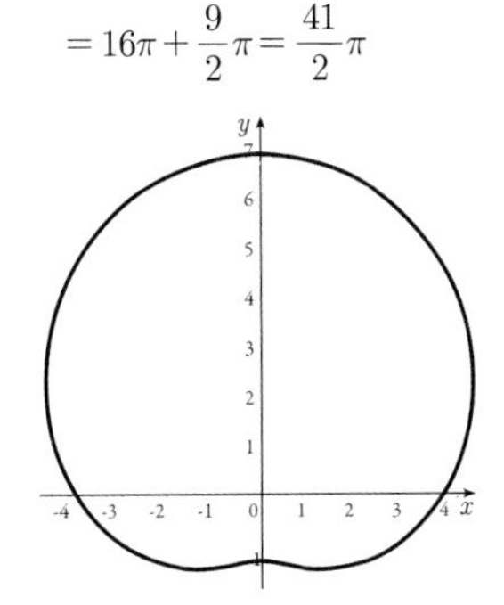

232. $8+\pi$

풀이 $S=2\times\frac{1}{2}\int_{\frac{\pi}{2}}^{\pi}\{(2-2\cos\theta)^2-2^2\}d\theta$

$$=\int_{\frac{\pi}{2}}^{\pi}(-8\cos\theta+4\cos^2\theta)d\theta$$

$$=-8\int_{\frac{\pi}{2}}^{\pi}\cos\theta d\theta+4\times\frac{1}{2}\cdot\frac{\pi}{2}=8+\pi$$

233. $\frac{5}{4}\pi-2$

풀이 공통부분의 넓이는 극곡선 $r=1-\sin\theta$의 $0\le\theta\le\pi$ 부분과 원 $r=1$의 넓이의 절반의 합이다.

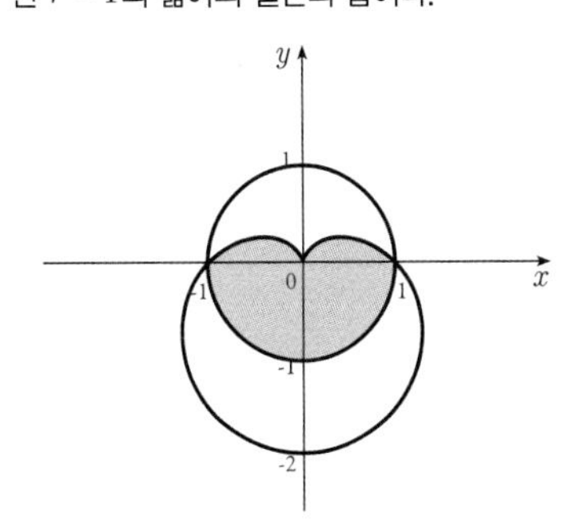

$$S=2\times\frac{1}{2}\int_0^{\frac{\pi}{2}}(1-\sin\theta)^2d\theta+\frac{\pi}{2}$$

$$=\int_0^{\frac{\pi}{2}}(1-2\sin\theta+\sin^2\theta)d\theta+\frac{\pi}{2}$$

$$=\frac{\pi}{2}-2+\frac{1}{2}\cdot\frac{\pi}{2}+\frac{1}{2}\pi=\frac{5}{4}\pi-2$$

234. $\pi-\frac{3\sqrt{3}}{2}$

풀이 내부곡선으로 둘러싸인 영역은 구간 $\left[\frac{2}{3}\pi,\ \frac{4}{3}\pi\right]$이다.

$$S=\frac{1}{2}\int_{\frac{2}{3}\pi}^{\frac{4}{3}\pi}(1+2\cos\theta)^2\,d\theta$$

$$=\frac{1}{2}\int_{\frac{2}{3}\pi}^{\frac{4}{3}\pi}1+4\cos\theta+2(1+\cos2\theta)\,d\theta$$

$$=\frac{1}{2}\left[3\theta+4\sin\theta+\sin2\theta\right]_{\frac{2}{3}\pi}^{\frac{4}{3}\pi}$$

$$=\frac{1}{2}\left(2\pi+4\sin\frac{4}{3}\pi+\sin\frac{8}{3}\pi-4\sin\frac{2}{3}\pi-\sin\frac{4}{3}\pi\right)$$

$$=\pi-\frac{3\sqrt{3}}{2}$$

3. 곡선의 길이

235. $\frac{13}{6}$

풀이 $y' = \frac{4\sqrt{2}}{3}\cdot\frac{3}{2}x^{\frac{1}{2}} = 2\sqrt{2}\sqrt{x}$ 이고,

$\sqrt{1+(y')^2} = \sqrt{1+8x}$ 이다.

따라서 구간 $[0, 1]$에서의 그래프의 길이는

$$L = \int_0^1 \sqrt{1+(y')^2}\,dx$$
$$= \int_0^1 \sqrt{1+8x}\,dx = \int_0^1 (1+8x)^{\frac{1}{2}}\,dx$$
$$= \frac{1}{8}\cdot\frac{2}{3}\left[(1+8x)^{\frac{3}{2}}\right]_0^1 = \frac{1}{12}(27-1) = \frac{13}{6}$$

236. 4

풀이 $f'(x) = \sqrt{x^2+2x}$, $1+\{f'(x)\}^2 = 1+x^2+2x = (x+1)^2$

$\Rightarrow \sqrt{1+\{f'(x)\}^2} = \sqrt{(x+1)^2} = |x+1|$

$$L = \int_0^2 \sqrt{1+(y')^2}\,dx = \int_0^2 |x+1|\,dx = \int_0^2 (x+1)\,dx$$
$$= \left[\frac{1}{2}x^2+x\right]_0^2 = 4$$

237. $\frac{32}{3}$

풀이 곡선의 길이 $L = \int_1^9 \sqrt{1+(x')^2}\,dy$를 적용해서

길이를 구하자.

$x = \frac{1}{3}y^{\frac{3}{2}} - y^{\frac{1}{2}}$, $x' = \frac{1}{2}y^{\frac{1}{2}} - \frac{1}{2}y^{-\frac{1}{2}} = \frac{1}{2}\left(\sqrt{y} - \frac{1}{\sqrt{y}}\right)$

$$\sqrt{1+(x')^2} = \sqrt{1+\frac{1}{4}\left(y-2+\frac{1}{y}\right)} = \sqrt{\frac{1}{4}\left(y+2+\frac{1}{y}\right)}$$
$$= \sqrt{\frac{1}{4}\left(\sqrt{y}+\frac{1}{\sqrt{y}}\right)^2} = \frac{1}{2}\left|\sqrt{y}+\frac{1}{\sqrt{y}}\right|$$
$$L = \int_1^9 \sqrt{1+(x')^2}\,dy = \int_1^9 \frac{1}{2}\left(\sqrt{y}+\frac{1}{\sqrt{y}}\right)dy$$
$$= \frac{1}{2}\left[\frac{2}{3}y^{\frac{3}{2}} + 2y^{\frac{1}{2}}\right]_1^9 = \frac{26}{3}+2 = \frac{32}{3}$$

238. $10\left(e - \frac{1}{e}\right)$

풀이 $y = 5(e^{0.1x} + e^{-0.1x}) = 10\cosh\left(\frac{x}{10}\right)$라고 할 수 있다.

$1+(y')^2 = 1+\left(\sinh\frac{x}{10}\right)^2 = \cosh^2\frac{x}{10}$ 이고,

$\sqrt{1+(y')^2} = \sqrt{\cosh^2\frac{x}{10}} = \left|\cosh\frac{x}{10}\right| = \cosh\frac{x}{10}$ 이다.

따라서 구간 $[-10, 10]$에서의 그래프의 길이는

$$L = \int_{-10}^{10} \sqrt{1+(y')^2}\,dx = 2\int_0^{10} \cosh\frac{x}{10}\,dx$$
$$= 20\left[\sinh\frac{x}{10}\right]_0^{10} = 20\sinh 1 = 10\left(e - \frac{1}{e}\right)$$

239. $8a$

풀이 $\frac{dx}{d\theta} = a(1-\cos\theta)$, $\frac{dy}{d\theta} = a\sin\theta$ 이고,

$$\sqrt{(x')^2+(y')^2} = \sqrt{a^2(1-\cos\theta)^2 + a^2\sin^2\theta}$$
$$= a\sqrt{2-2\cos\theta} = 2a\left|\sin\frac{\theta}{2}\right|$$

($\because$ 반각공식)

TIP 삼각함수의 반각공식

$$\sqrt{1-\cos x} = \sqrt{2\left(\frac{1-\cos x}{2}\right)} = \sqrt{2\left(\sin^2\frac{x}{2}\right)}$$
$$= \sqrt{2}\left|\sin\frac{x}{2}\right|$$

매개함수 곡선의 길이 공식에 의해서

$$L = \int_0^{2\pi} \sqrt{\left(\frac{dx}{d\theta}\right)^2 + \left(\frac{dy}{d\theta}\right)^2}\,d\theta = \int_0^{2\pi} 2a\left|\sin\frac{\theta}{2}\right|d\theta$$
$$= 2a\int_0^{2\pi} \sin\frac{\theta}{2}\,d\theta$$
$$= -4a\left[\cos\frac{\theta}{2}\right]_0^{2\pi} = -4a(-1-1) = 8a$$

240. $\sqrt{2}\,(e^{\pi}-1)$

풀이 $\frac{dx}{dt} = e^t\sin t + e^t\cos t$, $\frac{dy}{dt} = e^t\cos t - e^t\sin t$ 이므로

$$L = \int_0^{\pi} \sqrt{\left(\frac{dx}{dt}\right)^2 + \left(\frac{dy}{dt}\right)^2}\,dt$$
$$= \int_0^{\pi} e^t\sqrt{(\sin t+\cos t)^2 + (\cos t - \sin t)^2}\,dt$$
$$= \sqrt{2}\int_0^{\pi} e^t\,dt = \sqrt{2}\,[e^t]_0^{\pi} = \sqrt{2}\,(e^{\pi}-1)$$

241. $\frac{\sqrt{2}}{2}+\frac{1}{2}\ln(\sqrt{2}+1)$

풀이 $x'(t)=\sin t+t\cos t$

$\Rightarrow [x'(t)]^2=\sin^2 t+2t\sin t\cos t+t^2\cos^2 t$

$y'(t)=\cos t-t\sin t$

$\Rightarrow [y'(t)]^2=\cos^2 t-2t\sin t\cos t+t^2\sin^2 t$

$\therefore [x'(t)]^2+[y'(t)]^2=1+t^2$

$\int_0^1 \sqrt{1+t^2}\,dt=\int_0^{\frac{\pi}{4}} \sec^3\theta\, d\theta$ ($\because t=\tan\theta$로 치환)

$=\frac{1}{2}[\ln|\sec\theta+\tan\theta|+\sec\theta\tan\theta]_0^{\frac{\pi}{4}}$

$=\frac{\sqrt{2}}{2}+\frac{1}{2}\ln(\sqrt{2}+1)$

242. $4\sqrt{2}-2$

풀이 $x'(t)=6t,\ y'(t)=6t^2$이고,

$(x')^2+(y')^2=36t^2+36t^4=36t^2(1+t^2)$

$\sqrt{(x')^2+(y')^2}=6|t|\sqrt{1+t^2}=6t\sqrt{1+t^2}$ ($\because t\geq 0$)

따라서 길이 공식에 대입을 하면

$\int_C dx=\int_0^1 \sqrt{(x')^2+(y')^2}\,dt=\int_0^1 6t\sqrt{1+t^2}\,dt$

$=2(1+t^2)^{\frac{3}{2}}\Big]_0^1=2(2\sqrt{2}-1)=4\sqrt{2}-2$

243. 4

풀이 $r=2\sec\theta,\ \frac{dr}{d\theta}=r'=2\sec\theta\tan\theta$이고,

$\sqrt{r^2+(r')^2}=\sqrt{4\sec^2\theta+4\sec^2\theta\tan^2\theta}$

$=\sqrt{4\sec^2\theta(1+\tan^2\theta)}$

$=\sqrt{4\sec^4\theta}=2\sec^2\theta$

극곡선의 곡선의 길이는

$L=\int_{-\frac{\pi}{4}}^{\frac{\pi}{4}} \sqrt{r^2+(r')^2}\,d\theta=\int_{-\frac{\pi}{4}}^{\frac{\pi}{4}} 2\sec^2\theta\,d\theta$

$=2[\tan\theta]_{-\frac{\pi}{4}}^{\frac{\pi}{4}}=4$

244. $\sqrt{2}$

풀이 $L=\int_0^{\infty} \sqrt{r^2+(r')^2}\,d\theta$

$=\lim_{t\to\infty}\int_0^t \sqrt{(e^{-\theta})^2+(-e^{-\theta})^2}\,d\theta$

$=\lim_{t\to\infty}\int_0^t \sqrt{2}e^{-\theta}\,d\theta$

$=\lim_{t\to\infty}\sqrt{2}[-e^{-\theta}]_0^t=\lim_{t\to\infty}\sqrt{2}(-e^{-t}+1)=\sqrt{2}$

245. $2\sqrt{2}\pi$

풀이

TIP **삼각함수의 합성**

$y=a\sin x+b\cos x=\sqrt{a^2+b^2}\sin(x+\alpha)$

$\left(\text{단},\ \sin\alpha=\frac{b}{\sqrt{a^2+b^2}},\ \cos\alpha=\frac{a}{\sqrt{a^2+b^2}}\right)$

$r=2\sin\theta+2\cos\theta=2\sqrt{2}\left(\sin\theta\cdot\frac{1}{\sqrt{2}}+\cos\theta\cdot\frac{1}{\sqrt{2}}\right)$

$=2\sqrt{2}\sin\left(\theta+\frac{\pi}{4}\right)$

이므로 $r=2\sqrt{2}\sin\theta$를 $\theta=-\frac{\pi}{4}$만큼 회전한 그래프다.

따라서 곡선 $r=2\sin\theta+2\cos\theta$와 곡선 $r=2\sqrt{2}\sin\theta$는 지름이 $2\sqrt{2}$인 원이므로 원주의 길이는 $2\sqrt{2}\pi$이다.

246. 4

풀이 교점을 구하면 $3\cos\theta=1+\cos\theta$에서 $\cos\theta=\frac{1}{2}$이고,

$\theta=\pm\frac{\pi}{3}$이다. 따라서 $-\frac{\pi}{3}\leq\theta\leq\frac{\pi}{3}$에서 $r=1+\cos\theta$의 길이를 구하면 구하는 곡선은 극축에 대칭이므로

$2\times\int_0^{\frac{\pi}{3}} \sqrt{r^2+(r')^2}\,d\theta$

$=2\times\int_0^{\frac{\pi}{3}} \sqrt{(1+\cos\theta)^2+(-\sin\theta)^2}\,d\theta$

$=2\times\int_0^{\frac{\pi}{3}} \sqrt{2(1+\cos\theta)}\,d\theta$

$=2\times\int_0^{\frac{\pi}{3}} 2\cos\frac{\theta}{2}\,d\theta$ (반각공식)

$=8\left[\sin\frac{\theta}{2}\right]_0^{\frac{\pi}{3}}=4$

4. 입체의 부피

247. (1) 8 (2) $2\sqrt{3}$

풀이 (1) $y=2-x^2$ 위의 임의의 한 점을 x, y라고 하자.

y축에 수직인 정사각형의 한 변의 길이는 $2x$이고,

정사각형 단면의 넓이는 $(2x)^2=4x^2=4(2-y)$

이므로 단면적이 정사각형인 입체의 부피는

$$V=\int_0^2 4x^2\,dy=\int_0^2 4(2-y)\,dy=[8y-2y^2]_0^2=8$$

이다.

(2) $y=2-x^2$ 위의 임의의 한 점을 x,y라고 하자.

y축에 수직인 정삼각형의 한 변의 길이는 $2x$이고, 정삼각형 단면의 넓이는

$$\frac{\sqrt{3}}{4}(2x)^2=\sqrt{3}x^2=\sqrt{3}(2-y)$$

단면적이 정삼각형인 입체의 부피는

$$V=\int_0^2 \sqrt{3}x^2\,dy=\sqrt{3}\int_0^2(2-y)\,dy$$

$$=\sqrt{3}\left[2y-\frac{1}{2}y^2\right]_0^2=2\sqrt{3}$$

248. $\frac{3\pi}{8}$

풀이

$$V=\int_0^{\pi} y^2dx=\int_0^{\pi}\sin^4 x dx$$

$$=2\int_0^{\frac{\pi}{2}}\sin^4 x dx$$

$$=2\cdot\frac{3}{4}\cdot\frac{1}{2}\cdot\frac{\pi}{2}$$ ($\because$ 왈리스(Wallis) 공식)

$$=\frac{3\pi}{8}$$

249. $\frac{256}{15}$

풀이 $y=x^2$과 $y=4$의 교점은 $x=2$일 때이고,

정사각형의 한 변의 길이는 $4-x^2$이다.

입체의 부피

$$V=\int_0^2(4-x^2)^2\,dx=\int_0^2(16-8x^2+x^4)\,dx=\frac{256}{15}$$

250. $\frac{2\pi r^3}{3}$

풀이 중심이 원점이고 반지름이 r인 원 $x^2+y^2=r^2$ 위의 임의의 점을 (x,y)라고 하자.

또는 y축에 수직인 입체를 생각해도 상관없다.

x축에 수직인 입체를 생각했을 때, 절단면인 원의 반지름을 y이고, 단면의 면적은 $\frac{\pi y^2}{2}$이다.

입체의 부피는 결국 반구의 부피와 같다.

$$V=\frac{\pi}{2}\int_{-r}^{r}y^2\,dx=2\times\frac{\pi}{2}\int_0^r r^2-x^2\,dx$$

$$=\pi\left(r^3-\frac{r^3}{3}\right)=\frac{2\pi r^3}{3}$$

〈참고사항〉

그래서 반지름이 r인 구의 부피는 $\frac{4\pi}{3}r^3$입니다.

251. $\pi h^2\left(r-\frac{h}{3}\right)$

풀이 중심이 원점이고 반지름이 r이므로 원의 방정식은 $x^2+y^2=r^2$이다.

$$V=\int_{r-h}^{r}\pi x^2dy=\pi\int_{r-h}^{r}r^2-y^2dy$$

$$=\pi\left[r^2y-\frac{1}{3}y^3\right]_{r-h}^{r}$$

$$=\pi\left[r^2(r-(r-h))-\frac{1}{3}\left(r^3-(r-h)^3\right)\right]$$

$$=\pi h^2\left(r-\frac{h}{3}\right)$$

5. 회전체의 부피

252. $\frac{2}{3}\pi$

풀이 주어진 영역을 x축으로 회전시킬 때 나타나는 입체의 단면은 반지름이 $|y-0|=\frac{1}{x}$인 원이다.

$$V_{x축}=\pi\int_1^3 |y-0|^2 dx=\pi\int_1^3 \frac{1}{x^2}dx=\frac{2}{3}\pi$$

253. $\pi\left(\frac{8}{3}+2\ln3\right)$

풀이 주어진 영역을 $y=-1$을 축으로 회전시킬 때 나타나는 입체 단면의 반지름이 $|y-(-1)|=\left|\frac{1}{x}+1\right|$인 원이다.

$$V_{y=-1}=\pi\int_1^3\left(\frac{1}{x}+1\right)^2dx=\pi\int_1^3\left(\frac{1}{x^2}+\frac{2}{x}+1\right)dx$$
$$=\pi\left[-\frac{1}{x}+2\ln x+x\right]_1^3=\pi\left(\frac{8}{3}+2\ln3\right)$$

254. $\pi\left(\frac{26}{3}-4\ln3\right)$

풀이 주어진 영역을 $y=2$를 축으로 회전시킬 때 나타나는 입체 단면의 반지름은 $|y-2|=\left|\frac{1}{x}-2\right|=2-\frac{1}{x}$인 원이다.

$$V_{y=2}=\pi\int_1^3\left(2-\frac{1}{x}\right)^2dx=\pi\int_1^3\left(4+\frac{1}{x^2}-\frac{4}{x}\right)dx$$
$$=\pi\left[4x-\frac{1}{x}-4\ln x\right]_1^3=\pi\left(\frac{26}{3}-4\ln3\right)$$

255. (1) $\pi\left(\frac{2}{3}+2\ln3\right)$ (2) $\pi\left(4\ln3-\frac{2}{3}\right)$

풀이 (1) 주어진 영역 D를 $y=-1$을 축으로 회전시킬 때 나타나는 외부입체 단면의 반지름은 $\left|\frac{1}{x}-(-1)\right|=\frac{1}{x}+1$인 원이고, 내부입체 단면의 반지름은 $|0-(-1)|=1$이다.

$$V_{y=-1}=\pi\int_1^3\left(\frac{1}{x}+1\right)^2-1^2dx=\pi\int_1^3\frac{1}{x^2}+\frac{2}{x}dx$$
$$=\pi\left[-\frac{1}{x}+2\ln x\right]_1^3=\pi\left(\frac{2}{3}+2\ln3\right)$$

(2) 주어진 영역 D를 $y=2$을 축으로 회전시킬 때 나타나는 외부입체 단면의 반지름은 $|0-2|=2$이고, 내부입체 단면의 반지름은 $|y-2|=\left|\frac{1}{x}-2\right|=2-\frac{1}{x}$이다.

$$V_{y=2}=\pi\int_1^3 2^2-\left(2-\frac{1}{x}\right)^2dx=\pi\int_1^3\frac{4}{x}-\frac{1}{x^2}dx$$
$$=\pi\left[4\ln x+\frac{1}{x}\right]_1^3=\pi\left(4\ln3-\frac{2}{3}\right)$$

256. (1) $\frac{56}{15}\pi$ (2) $\frac{32}{5}\pi$

풀이 두 그래프의 교점을 구하면

$$-x^2+x+2=-x+2 \Leftrightarrow x^2-2x=0$$
$$\Leftrightarrow x=0,\ x=2\text{이다.}$$

주어진 포물선을 각각 $y_1, y_2\,(y_1\geq y_2)$라고 하자.

즉, 구간 $[0,2]$에서 $y_1=-x^2+x+2$, $y_2=-x+2$이다.

(1) 주어진 영역을 x축으로 회전시킬 때 나타나는 외부입체 단면의 반지름은 $|y_1-0|=y_1$이고, 내부입체 단면의 반지름은 $|y_2-0|=y_2$이다.

$$V_{x축}=\pi\int_0^2(y_1)^2-(y_2)^2dx$$
$$=\pi\int_0^2(-x^2+x+2)^2-(-x+2)^2dx$$
$$=\pi\int_0^2(x^4+x^2+4-2x^3-4x^2+4x)-(x^2-4x+4)dx$$
$$=\pi\int_0^2 x^4-2x^3-4x^2+8x\,dx$$
$$=\pi\left[\frac{1}{5}x^5-\frac{1}{2}x^4-\frac{4}{3}x^3+4x^2\right]_0^2=\frac{56}{15}\pi$$

(2) 주어진 영역을 x축으로 회전시킬 때 나타나는 외부입체 단면의 반지름은 $|y_1-(-1)|=y_1+1$이고, 내부입체 단면의 반지름은 $|y_2-(-1)|=y_2+1$이다.

$$V_{x축}=\pi\int_0^2(y_1+1)^2-(y_2+1)^2dx$$
$$=\pi\int_0^2(-x^2+x+3)^2-(-x+3)^2dx$$
$$=\pi\int_0^2(x^4+x^2+9-2x^3-6x^2+6x)-(x^2-6x+9)dx$$
$$=\pi\int_0^2 x^4-2x^3-6x^2+12x\,dx$$
$$=\pi\left[\frac{1}{5}x^5-\frac{1}{2}x^4-2x^3+6x^2\right]_0^2=\frac{32}{5}\pi$$

257. (1) $9\pi(\pi-3)$ (2) 9π

풀이 구간 $[-\pi, \pi]$에서 두 함수 $f(x)$, $g(x)$의 교점은

$x=-\frac{\pi}{4}$, $x=\frac{\pi}{4}$이다.

(1) 원판방법에 의해서

$y=3$을 중심으로 회전시킬 때 입체의 단면인 원의 반지름은 $f(x)-g(x)=3\sqrt{2}\cos x-3$이다.

$$V_{y=3}=\pi\int_{-\frac{\pi}{4}}^{\frac{\pi}{4}}(3\sqrt{2}\cos x-3)^2dx$$

$$=2\cdot\pi\int_0^{\frac{\pi}{4}}18\cos^2x-18\sqrt{2}\cos x+9dx$$

$$=2\pi\int_0^{\frac{\pi}{4}}18+9\cos 2x-18\sqrt{2}\cos x\,dx$$

$$=2\pi\left[18x+\frac{9}{2}\sin 2x-18\sqrt{2}\sin x\right]_0^{\frac{\pi}{4}}$$

$$=9\pi(\pi-3)$$

(2) 원판방법에 의해서

$y=0$을 중심으로 회전시킬 때 외부입체의 단면인 원의 반지름은 $f(x)=3\sqrt{2}\cos x$이고, 내부입체의 원의 반지름은 3이다.

$$V_{y=0}=\pi\int_{-\frac{\pi}{4}}^{\frac{\pi}{4}}(3\sqrt{2}\cos x)^2-3^2dx$$

$$=2\cdot\pi\int_0^{\frac{\pi}{4}}18\cos^2x-9dx$$

$$=2\pi\int_0^{\frac{\pi}{4}}9+9\cos 2x-9dx=2\pi\int_0^{\frac{\pi}{4}}9\cos 2x\,dx$$

$$=2\pi\left[\frac{9}{2}\sin 2x\right]_0^{\frac{\pi}{4}}=9\pi$$

258. $\frac{4\pi}{3}ab^2$, $\frac{4\pi}{3}a^2b$

풀이 $\frac{x^2}{a^2}+\frac{y^2}{b^2}=1 \Leftrightarrow y^2=b^2\left(1-\frac{1}{a^2}x^2\right)$ or $x^2=a^2\left(1-\frac{1}{b^2}y^2\right)$

을 이용하여 식을 정리하자.

(1) x축으로 회전시킬 때 만들어진 회전체의 부피

$-a\le x\le a$에서 타원은 y축에 대하여 대칭이므로 1사분면 위에 있는 영역을 x축에 대하여 회전해서 2배하여 계산한다.

$$V_{x축}=\pi\int_{-a}^{a}y^2dx$$

$$=2\cdot\pi\int_0^a y^2dx=2\pi b^2\int_0^a 1-\frac{1}{a^2}x^2\,dx$$

$$=2\pi b^2\left[x-\frac{1}{3a^2}x^3\right]_0^a=\frac{4\pi}{3}ab^2$$

(2) y축으로 회전시킬 때 만들어진 회전체의 부피 $-b\le y\le b$에서 타원은 x축에 대하여 대칭이므로 1사분면 위에 있는 영역을 y축에 대하여 회전해서 2배하여 계산한다.

(i) 원판방법 :

$$V_{y축}=\pi\int_{-b}^{b}x^2dy=2\cdot\pi\int_0^b x^2dy$$

$$=2\pi a^2\int_0^b 1-\frac{1}{b^2}y^2\,dx$$

$$=2\pi a^2\left[y-\frac{1}{3b^2}y^3\right]_0^b=\frac{4\pi}{3}a^2b$$

(ii) 원주각법 : 1사분면에 있는 $y=b\sqrt{1-\frac{1}{a^2}x^2}$이다.

$$V_y=2\cdot 2\pi\int_0^a xy\,dx=2\cdot 2\pi b\int_0^a x\sqrt{1-\frac{1}{a^2}x^2}\,dx$$

$$=2\pi b\frac{2}{3}\left(\frac{a^2}{-1}\right)\left[\left(1-\frac{1}{a^2}x^2\right)^{\frac{3}{2}}\right]_0^a=\frac{4\pi}{3}a^2b$$

TIP 타원체 $\frac{x^2}{a^2}+\frac{y^2}{b^2}+\frac{z^2}{c^2}=1$의 부피는 $\frac{4\pi}{3}abc$이다.

구 $\frac{x^2}{a^2}+\frac{y^2}{a^2}+\frac{z^2}{a^2}=1$의 부피는 $\frac{4\pi}{3}a^3$이다.

259. (1) 4π (2) $2\pi(2+\ln 3)$ (3) $2\pi(5\ln 3-2)$

풀이 원주각법을 이용하여 회전체의 부피를 구하자.

즉, 직사각형의 면적의 합을 이용할 것이고,

밑변=2π·회전축과 거리= $2\pi|x-L|$이고,

높이는 $|y_1-y_2|=\left|\frac{1}{x}-0\right|=\frac{1}{x}$이다.

(1) $V_{y축}=2\pi\int_1^3|x-0|\frac{1}{x}dx=2\pi\int_1^3 1\,dx=4\pi$

(2) $V_{x=-1}=2\pi\int_1^3|x-(-1)|\frac{1}{x}dx$

$$=2\pi\int_1^3\left(1+\frac{1}{x}\right)dx=2\pi(2+\ln 3)$$

(3) $V_{x=5}=2\pi\int_1^3|x-5|\frac{1}{x}dx=2\pi\int_1^3(5-x)\frac{1}{x}dx$

$$=2\pi\int_1^3\left(\frac{5}{x}-1\right)dx=2\pi(5\ln 3-2)$$

260. $\dfrac{16\pi}{3}$

풀이 원통쉘법을 이용하면

$$\begin{aligned}\text{부피 } V&=2\pi\int_1^3(4-x)(-x^2+4x-3)dx\\&=2\pi\int_1^3(x^3-8x^2+19x-12)dx\\&=2\pi\left[\frac{1}{4}x^4-\frac{8}{3}x^3+\frac{19}{2}x^2-12x\right]_1^3\\&=2\pi\left(-\frac{9}{4}+\frac{59}{12}\right)\\&=\frac{16\pi}{3}\end{aligned}$$

261. $\pi(1-\cos1)$

풀이 $V_{y축}=2\pi\int_0^1|x-0|(\cos(x^2)-x^2\cos(x^2))\,dx$

$=2\pi\int_0^1 x\cos(x^2)-x^3\cos(x^2)\,dx$

(i) $\int_0^1 x\cos(x^2)\,dx=\dfrac{1}{2}\left[\sin(x^2)\right]_0^1=\dfrac{1}{2}\sin1$

(ii)

$$\int_0^1 x^3\cos(x^2)\,dx=\frac{1}{2}\int_0^1 t\cos t\,dt=\frac{1}{2}\left[t\sin t+\cos t\right]_0^1$$

$$\left(\because x^2=t,\quad xdx=\frac{1}{2}dt\right)$$

$=\dfrac{1}{2}(\sin1+\cos1-1)$

$\therefore V_{y축}:\ 2\pi\left\{\dfrac{1}{2}(\sin1-\sin1-\cos1+1)\right\}=\pi(1-\cos1)$

262. $\dfrac{8}{3}\pi$

풀이 회전축과의 거리는 $x-1$, 높이는 $4x-x^2-3$이므로

$$\begin{aligned}V&=2\pi\int_1^3(x-1)(4x-x^2-3)dx\\&=2\pi\int_1^3(-x^3+5x^2-7x+3)dx\\&=2\pi\left[-\frac{1}{4}x^4+\frac{5}{3}x^3-\frac{7}{2}x^2+3x\right]_1^3\\&=\frac{8}{3}\pi\end{aligned}$$

263. $4\pi+2\pi^2$

풀이 원통쉘법에 의해서 높이는 $2\sin x-\sin x$이고
회전축과의 거리는 $x+1$이다.

$$\begin{aligned}\text{부피 } V&=\int_0^\pi 2\pi\,(1+x)(2\sin x-\sin x)\,dx\\&=2\pi\int_0^\pi(\sin x+x\sin x)\,dx\\&=2\pi\left[-\cos x-x\cos x+\sin x\right]_0^\pi\\&=2\pi\{1+\pi-(-1)\}=4\pi+2\pi^2\end{aligned}$$

264. (1) $\dfrac{\pi^2}{12}+\dfrac{\pi}{4}$ (2) $\dfrac{\sqrt{2}}{4}\pi^2+(\sqrt{2}-2)\pi-\dfrac{\sqrt{2}}{48}\pi^3$

풀이 $y_1=\cos x,\ y_2=\dfrac{2\sqrt{2}}{\pi}x$라고 하자.

두 그래프의 교점은 $x=\dfrac{\pi}{4}$일 때이다.

$D=\left\{(x,y)\,|\,0\le x\le\dfrac{\pi}{4},\ \dfrac{2\sqrt{2}}{\pi}x\le y\le\cos x\right\}$이다.

(1) $V_{x축}=\pi\int_0^{\frac{\pi}{4}}(y_1)^2-(y_2)^2\,dx$

$$\begin{aligned}&=\pi\int_0^{\frac{\pi}{4}}\cos^2x-\frac{8}{\pi^2}x^2\,dx\\&=\pi\int_0^{\frac{\pi}{4}}\frac{1+\cos2x}{2}-\frac{8}{\pi^2}x^2\,dx\\&=\pi\left[\frac{1}{2}x+\frac{1}{4}\sin2x-\frac{8}{3\pi^2}x^3\right]_0^{\frac{\pi}{4}}=\frac{\pi^2}{12}+\frac{\pi}{4}\end{aligned}$$

(2) $V_{y축}=2\pi\int_0^{\frac{\pi}{4}}x(y_1-y_2)\,dx$

$$\begin{aligned}&=2\pi\int_0^{\frac{\pi}{4}}x\cos x-\frac{2\sqrt{2}}{\pi}x^2\,dx\\&=2\pi\left[x\sin x+\cos x-\frac{2\sqrt{2}}{3\pi}x^3\right]_0^{\frac{\pi}{4}}\\&=2\pi\left(\frac{\sqrt{2}}{8}\pi+\frac{\sqrt{2}}{2}-1-\frac{\sqrt{2}}{96}\pi^2\right)\\&=\frac{\sqrt{2}}{4}\pi^2+(\sqrt{2}-2)\pi-\frac{\sqrt{2}}{48}\pi^3\end{aligned}$$

265. (1) $\dfrac{\pi^2}{6}-\dfrac{\pi}{4}$ (2) $\dfrac{\sqrt{2}}{48}\pi^3+\pi^2-\dfrac{\sqrt{2}}{4}\pi^2-\sqrt{2}\pi$

풀이 $y_1=\cos x,\ y_2=\dfrac{2\sqrt{2}}{\pi}x$라고 하자.

두 그래프의 교점은 $x=\dfrac{\pi}{4}$일 때이다.

즉, 영역 R은 $0\le x\le\dfrac{\pi}{4}$에서 $y=\dfrac{2\sqrt{2}}{\pi}x$,

$\dfrac{\pi}{4}\le x\le\dfrac{\pi}{2}$에서 $y=\cos x$, 그리고 x축으로 둘러싸인 부분이다.

(1) $V_{x축}=\pi\displaystyle\int_0^{\frac{\pi}{4}}\left(\frac{2\sqrt{2}}{\pi}x\right)^2dx+\pi\int_{\frac{\pi}{4}}^{\frac{\pi}{2}}\cos^2x\,dx$

$$=\pi\left\{\int_0^{\frac{\pi}{4}}\frac{8}{\pi^2}x^2\,dx+\int_{\frac{\pi}{4}}^{\frac{\pi}{2}}\frac{1+\cos2x}{2}\,dx\right\}$$

$$=\pi\left\{\frac{8}{\pi^2}\frac{1}{3}\left(\frac{\pi}{4}\right)^3+\frac{1}{2}\left(\frac{\pi}{4}\right)+\frac{1}{4}(0-1)\right\}=\frac{\pi^2}{6}-\frac{\pi}{4}$$

(2) $V_{y축}=2\pi\displaystyle\int_0^{\frac{\pi}{4}}xy_2\,dx+2\pi\int_{\frac{\pi}{4}}^{\frac{\pi}{2}}x\,y_1\,dx$

$$=2\pi\left\{\int_0^{\frac{\pi}{4}}\frac{2\sqrt{2}}{\pi}x^2\,dx+\int_{\frac{\pi}{4}}^{\frac{\pi}{2}}x\cos x\,dx\right\}$$

$$=2\pi\left\{\left[\frac{2\sqrt{2}}{3\pi}x^3\right]_0^{\frac{\pi}{4}}+\left[x\sin x+\cos x\right]_{\frac{\pi}{4}}^{\frac{\pi}{2}}\right\}$$

$$=2\pi\left(\frac{\sqrt{2}}{96}\pi^2+\frac{1}{2}\pi-\frac{\sqrt{2}}{8}\pi-\frac{\sqrt{2}}{2}\right)$$

$$=\frac{\sqrt{2}}{48}\pi^3+\pi^2-\frac{\sqrt{2}}{4}\pi^2-\sqrt{2}\pi$$

266. (1) $\pi\left\{\dfrac{\pi^2}{4}-2\right\}$ (2) $\dfrac{\pi^2}{4}$

풀이 (1) $V_{x축}=\pi\displaystyle\int_0^1(\sin^{-1}x)^2\,dx$

$$\left(\begin{array}{ll}u'=1 & v=(\sin^{-1}x)^2\\ u\ =x & v'=\dfrac{2}{\sqrt{1-x^2}}\sin^{-1}x\end{array}\right)$$

$$=\pi\left\{\left[x(\sin^{-1}x)^2\right]_0^1-\int_0^1\frac{2x}{\sqrt{1-x^2}}\sin^{-1}x\,dx\right\}$$

$$=\pi\left\{\frac{\pi^2}{4}-2\right\}$$

(*) $\displaystyle\int_0^1\frac{2x}{\sqrt{1-x^2}}\sin^{-1}x\,dx$

$$=\left[-2\sqrt{1-x^2}\sin^{-1}x\right]_0^1-\int_0^1-2dx=2$$

$$\left(\begin{array}{ll}u'=\dfrac{2x}{\sqrt{1-x^2}} & v=\sin^{-1}x\\ u\ =-2\sqrt{1-x^2} & v'=\dfrac{1}{\sqrt{1-x^2}}\end{array}\right)$$

(2) $V_{y축}=2\pi\displaystyle\int_0^1x\sin^{-1}x\,dx$

$$\left(\begin{array}{ll}u'=x & v=\sin^{-1}x\\ u\ =\dfrac{1}{2}x^2 & v'=\dfrac{1}{\sqrt{1-x^2}}\end{array}\right)$$

$$=2\pi\left\{\left[\frac{1}{2}x^2\sin^{-1}x\right]_0^1-\frac{1}{2}\int_0^1\frac{x^2}{\sqrt{1-x^2}}\,dx\right\}$$

$$=2\pi\left(\frac{\pi}{4}-\frac{1}{2}\left(\frac{\pi}{4}\right)\right)=\frac{\pi^2}{4}$$

(*) $\displaystyle\int_0^1\frac{x^2}{\sqrt{1-x^2}}\,dx=\int_0^{\frac{\pi}{2}}\frac{\sin^2\theta}{\cos\theta}\cos\theta\,d\theta=\frac{\pi}{4}$

$$\left(\begin{array}{l}x=\sin\theta\\ dx=\cos\theta\,d\theta\end{array}\right)$$

[다른 풀이]

(1) 주어진 영역을 $y=x$에 대하여 대칭시키고 회전축도 바꿔서 생각해보자.

즉, $y=\sin x\,(0\le y\le1)$, $y=1$, y축으로 둘러싸인 영역 R이라고 할 때, 영역 R을 y축으로 회전한 입체의 부피는 원통쉘방법에 의해서

$$V=2\pi\int_0^{\frac{\pi}{2}}x(1-\sin x)dx$$

$$=2\pi\int_0^{\frac{\pi}{2}}x-x\sin x\,dx$$

$$=2\pi\left(\frac{1}{2}x^2+x\cos x-\sin x\right)_0^{\frac{\pi}{2}}$$

$$=2\pi\left(\frac{\pi^2}{8}-1\right)=\pi\left(\frac{\pi^2}{4}-2\right)$$

(2) 주어진 영역을 $y=x$에 대하여 대칭시키고 회전축도 바꿔서 생각해보자.

즉, $y=\sin x\,(0\le y\le1)$, $y=1$, y축으로 둘러싸인 영역 R을 x축으로 회전한 입체의 부피는 원판법칙에 의해서

$$V=\pi\int_0^{\frac{\pi}{2}}1-\sin^2x\,dx=\pi\left(\frac{\pi}{2}-\frac{1}{2}\cdot\frac{\pi}{2}\right)=\frac{\pi^2}{4}$$

267. $\dfrac{2\pi}{15}$

풀이 텐트 내피와 외피 사이 공간의 부피는
삼각뿔의 부피−내부 부피로 구할 수 있다.
내피의 함수는 $r=(1-h)^2$이고 $x=(1-y)^2$으로 생각해도 된다.

내부의 부피를 원판법칙을 이용하면 $\pi\int_0^1 r^2\,dh$이다.

$$\frac{\pi}{3}-\int_0^1 \pi(1-h)^4\,dh=\frac{\pi}{3}-\left[-\frac{\pi}{5}(1-h)^5\right]_0^1=\frac{2\pi}{15}$$

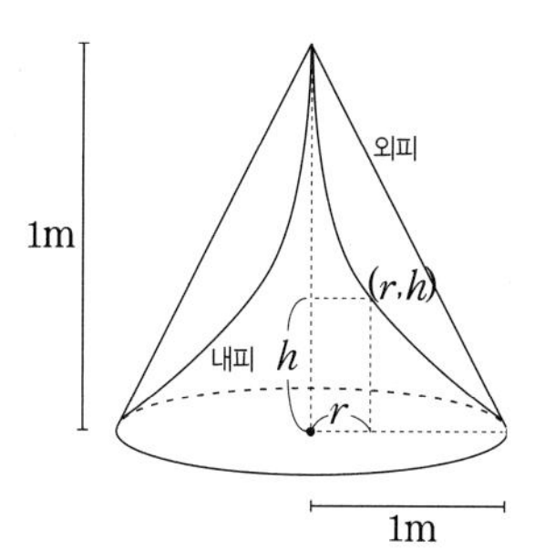

[다른 풀이]
$r=(1-h)^2 \Leftrightarrow h=1-\sqrt{r}$ 이므로 원주각법을 이용해서 내부 부피를 구하면 $2\pi\int_0^1 rh\,dr$이다.

$$\frac{\pi}{3}-2\pi\int_0^1 r(1-\sqrt{r})\,dr=\frac{\pi}{3}-\left[\pi\left(r^2-\frac{4}{5}r^{\frac{5}{2}}\right)\right]_0^1=\frac{2\pi}{15}$$

6. 회전체의 표면적

268. $\dfrac{98\pi}{3}$

풀이 x축으로 회전한 곡면의 면적은

$$S_x=2\pi\int_1^5 y\sqrt{1+(y')^2}\,dx$$

$$=2\pi\int_1^5\sqrt{1+4x}\sqrt{\frac{5+4x}{1+4x}}\,dx$$

$$\left(\begin{array}{l} y'=\dfrac{4}{2\sqrt{1+4x}}=\dfrac{2}{\sqrt{1+4x}} \\ 1+(y')^2=1+\dfrac{4}{1+4x}=\dfrac{5+4x}{1+4x}\end{array}\right)$$

$$=2\pi\left[\frac{1}{4}\cdot\frac{2}{3}(5+4x)^{\frac{3}{2}}\right]_1^5=\frac{\pi}{3}(125-27)=\frac{98\pi}{3}$$

269. $\dfrac{5110}{279}\pi$

풀이 $y'=\sqrt{\sqrt{x}-1} \Rightarrow 1+(y')^2=1+\sqrt{x}-1=\sqrt{x}$

$\Rightarrow \sqrt{1+(y')^2}=\sqrt{\sqrt{x}}=x^{\frac{1}{4}}$

$$L=\int_1^{16}\sqrt{1+(y')^2}=\int_1^{16}x^{\frac{1}{4}}\,dx$$

$$=\left[\frac{4}{5}x^{\frac{5}{4}}\right]_1^{16}=\frac{4}{5}(2^5-1)=\frac{124}{5}$$

$$S_y=2\pi\int_1^{16}x\sqrt{1+(y')^2}\,dx=2\pi\int_1^{16}x\cdot x^{\frac{1}{4}}\,dx$$

$$=2\pi\left[\frac{4}{9}x^{\frac{9}{4}}\right]_1^{16}=2\pi\times\frac{4}{9}(2^9-1)=\frac{8}{9}\pi\times 511$$

$$\therefore \frac{S_y}{L}=\frac{8\times 511}{9}\pi\times\frac{5}{124}=\frac{5110}{279}\pi$$

270. $\dfrac{12\pi}{5}a^2$

풀이 $0\le t\le\pi$를 x축으로 회전시킨 입체의 표면적은
$0\le t\le\frac{\pi}{2}$를 x축으로 회전시킨 입체의 표면적의
2배이므로 회전체의 표면적은 다음과 같다.
$x'=3a\cos^2 t(-\sin t),\ y'=3a\sin^2 t\cos t$이므로

$$\sqrt{(x')^2+(y')^2}=\sqrt{9a^2\cos^4 t\sin^2 t+9a^2\sin^4 t\cos^2 t}$$

$$=3a\sqrt{\cos^2 t\sin^2 t(\cos^2 t+\sin^2 t)}$$

$$=3a\,|\sin t\cos t|$$

$$\therefore S_x = 2\times 2\pi\int_0^{\frac{\pi}{2}} y\sqrt{(x')^2+(y')^2}\,dt$$
$$= 2\times 2\pi\int_0^{\frac{\pi}{2}} a\sin^3 t\cdot 3a|\cos t\sin t|\,dt$$
$$= 4\pi\cdot 3a^2\int_0^{\frac{\pi}{2}} \sin^4 t\cos t\,dt$$
$$= 12\pi a^2\cdot\frac{1}{5}\left[\sin^5 t\right]_0^{\frac{\pi}{2}} = \frac{12\pi}{5}a^2$$

271. 18π

풀이 곡선 $y=\sqrt{9-x^2}$, $-2\le x\le 1$을 회전시킨 곡면이므로 내부영역이 비어있는 곡면이다. 따라서 뚜껑에 해당하는 원의 넓이는 제외된다.

[풀이1] 양함수 풀이

$y' = \dfrac{-x}{\sqrt{9-x^2}}$ 이므로 $\sqrt{1+(y')^2} = \sqrt{1+\dfrac{x^2}{9-x^2}}$ 이다.

$$S_x = 2\pi\int_{-2}^{1} y\sqrt{1+(y')^2}\,dx$$
$$= 2\pi\int_{-2}^{1}\sqrt{9-x^2}\sqrt{1+\frac{x^2}{9-x^2}}\,dx$$
$$= 2\pi\int_{-2}^{1}\sqrt{9}\,dx$$
$$= 18\pi$$

[풀이2] 극좌표 풀이

$x^2+y^2=9 \Leftrightarrow r=3$, $x=r\cos\theta=3\cos\theta$,

$y=r\sin\theta=3\sin\theta$이므로

$$S_x = 2\pi\int_{\alpha}^{\beta} r\sin\theta\sqrt{r^2+(r')^2}\,d\theta$$
$$\left(\alpha=\cos^{-1}\left(\frac{1}{3}\right),\ \beta=\cos^{-1}\left(-\frac{2}{3}\right)\right)$$
$$= 2\pi\int_{\alpha}^{\beta} 9\sin\theta d\theta$$
$$= 18\pi[-\cos\theta]_{\alpha}^{\beta}$$
$$= 18\pi(\cos\alpha-\cos\beta)$$
$$= 18\pi\left(\frac{1}{3}-\left(-\frac{2}{3}\right)\right)$$
$$= 18\pi$$

272. 14π

풀이 곡선 $y=\sqrt{4-x^2}$과 직선 $x=-1$, $x=1$과 x축으로 둘러싸인 영역을 회전시킨 입체이므로 내부영역이 꽉차있다. 따라서 곡면의 겉넓이에 뚜껑이 포함되어 있다.

$x=1$일 때, $y=\sqrt{3}$이고, $x=-1$일 때, $y=\sqrt{3}$이므로 뚜껑에 해당하는 영역의 넓이는 6π이다.

[풀이1] 양함수 풀이

$y' = \dfrac{-x}{\sqrt{4-x^2}}$이므로 $\sqrt{1+(y')^2} = \sqrt{1+\dfrac{x^2}{4-x^2}}$ 이고, S_x를 곡선을 회전시킨 곡면의 겉넓이인 옆면이라고 하자.

$$S_x = 2\pi\int_{-1}^{1} y\sqrt{1+(y')^2}\,dx$$
$$= 2\pi\int_{-1}^{1}\sqrt{4-x^2}\sqrt{1+\frac{x^2}{4-x^2}}\,dx$$
$$= 2\pi\int_{-1}^{1}\sqrt{4-x^2+x^2}\,dx = 2\pi\int_{-1}^{1}2\,dx = 8\pi$$

따라서 $S_x+6\pi=14\pi$이다.

[풀이2] 극좌표 풀이

$x^2+y^2=4 \Leftrightarrow r=2$, $x=r\cos\theta=2\cos\theta$,

$y=r\sin\theta=2\sin\theta$이고, S_x를 곡선을 회전시킨 곡면의 겉넓이인 옆면이라고 하자.

$$S_x = 2\pi\int_{\frac{\pi}{3}}^{\frac{2}{3}\pi} r\sin\theta\sqrt{r^2+(r')^2}\,d\theta$$
$$= 2\pi\int_{\frac{\pi}{3}}^{\frac{2}{3}\pi} 4\sin\theta d\theta$$
$$= 8\pi[-\cos\theta]_{\frac{\pi}{3}}^{\frac{2}{3}\pi}$$
$$= 8\pi\left(\cos\frac{\pi}{3}-\cos\frac{2}{3}\pi\right)$$
$$= 8\pi\left(\frac{1}{2}-\left(-\frac{1}{2}\right)\right)$$
$$= 8\pi$$

따라서 $S_x+6\pi=14\pi$이다.

273. $4\pi\left(2+\frac{\pi}{3}\right)$

풀이 곡선 $y=\sqrt{4-x^2}$ (단, $-1\le x\le 1$)을 회전시킨 곡면이므로 내부영역이 비어있는 곡면이다. 따라서 뚜껑에 해당하는 원의 넓이는 제외된다.

[풀이1] 양함수 풀이

$y' = \dfrac{-x}{\sqrt{4-x^2}}$ 이므로 $\sqrt{1+(y')^2} = \sqrt{1+\dfrac{x^2}{4-x^2}}$ 이다.

$$S_{y=-1} = 2\pi\int_{-1}^{1}(y+1)\sqrt{1+(y')^2}\,dx$$
$$= 2\pi\int_{-1}^{1}\left(\sqrt{4-x^2}+1\right)\sqrt{1+\frac{x^2}{4-x^2}}\,dx$$
$$= 4\pi\int_{-1}^{1}\left(1+\frac{1}{\sqrt{4-x^2}}\right)dx$$
$$= 8\pi\int_{0}^{1}1+\frac{1}{\sqrt{4-x^2}}\,dx$$
$$= 8\pi\left[x+\sin^{-1}\left(\frac{x}{2}\right)\right]_0^1$$
$$= 4\pi\left(2+\frac{\pi}{3}\right)$$

[풀이2] 극좌표 풀이

$x^2+y^2=4 \Leftrightarrow r=2,\ x=r\cos\theta=2\cos\theta,$

$y=r\sin\theta=2\sin\theta$이므로

$$S_{y=-1} = 2\pi\int_{\frac{\pi}{3}}^{\frac{2}{3}\pi}(r\sin\theta+1)\sqrt{r^2+(r')^2}\,d\theta$$
$$= 4\pi\int_{\frac{\pi}{3}}^{\frac{2}{3}\pi}(2\sin\theta+1)d\theta$$
$$= 4\pi\left[-2\cos\theta+\theta\right]_{\frac{\pi}{3}}^{\frac{2}{3}\pi}$$
$$= 4\pi\left(2\cos\left(\frac{\pi}{3}\right)-2\cos\left(\frac{2}{3}\pi\right)+\frac{\pi}{3}\right)$$
$$= 4\pi\left(2+\frac{\pi}{3}\right)$$

7. 파푸스(Pappus) 정리

274. (i) 부피 $V=4\pi^2$ (ii) 표면적 $S=8\pi^2$

풀이 $2-x=\cos\theta,\ y=\sin\theta$이므로

$(2-x)^2+y^2=1 \Rightarrow (x-2)^2+y^2=1$

즉 주어진 매개곡선은 중심이 $(2,0)$이고 반지름이 1인 원이다.

y축과 원의 중심과의 거리 $d=2$이다.

원의 넓이는 π, 둘레는 2π이므로 파푸스 정리에 의해서

(i) 회전체의 부피 $V=\pi\times 2\pi\times d=4\pi^2$

(ii) 회전체의 표면적 $S=2\pi\times 2\pi\times d=8\pi^2$

275. $6\sqrt{2}\pi^2$

풀이 매개곡선은 $\begin{cases} x=2\cos\theta \\ y=\sin\theta \end{cases} \Leftrightarrow \left(\dfrac{x}{2}\right)^2+y^2=1$ 이므로

중심이 원점인 타원이다. 타원의 면적은 2π이고,

회전축인 직선과 타원의 중심과의 거리 $d=\dfrac{3}{\sqrt{2}}$ 이다.

파푸스 정리에 의해서 폐곡선의 회전체의 부피

$V=2\pi\times 2\pi\times d=6\sqrt{2}\pi^2$

TIP 타원 $\dfrac{(x-x_0)^2}{a^2}+\dfrac{(y-y_0)^2}{b^2}=1$의

면적은 πab 이다.

직선 $ax+by+c=0$과 한 점 (x_0, y_0)의 거리

$d=\dfrac{|ax_0+by_0+c|}{\sqrt{a^2+b^2}}$ 이다.

276. $9\sqrt{2}\pi$

풀이 (i) 삼각형의 무게중심

$(\bar{x},\bar{y})=\left(\dfrac{3+5+4}{3}, \dfrac{1+1+4}{3}\right)=(4,2)$

(ii) 삼각형의 중심과 회전축인 직선 $x-y+1=0$과의 거리

$d=\dfrac{3}{\sqrt{2}}=\dfrac{3\sqrt{2}}{2}$

(iii) 삼각형의 면적은 $2\times 3\times\dfrac{1}{2}=3$

$\therefore$ 파푸스 정리에 의해서 폐곡선인 삼각형을 회전했을 때 부피는

$V=3\times 2\pi\times\dfrac{3\sqrt{2}}{2}=9\sqrt{2}\pi$

TIP 삼각형의 세 꼭짓점이
$(x_1, y_1), (x_2, y_2), (x_3, y_3)$일 때, 삼각형의
무게중심 $(\bar{x}, \bar{y})$의 좌표는
$(\bar{x}, \bar{y})=\left(\dfrac{x_1+x_2+x_3}{3}, \dfrac{y_1+y_2+y_3}{3}\right)$이다.

277. (i) 부피 $V=\dfrac{3\pi^2}{2}$, (ii) 겉넓이 $S=24\pi$

풀이 주어진 곡선은 중심이 원점인 성망형 그래프이다.
(i) 성망형의 중심인 원점과 회전축과의 거리 $d=2$
(ii) 성망형의 내부면적은 $\dfrac{3\pi}{8}$, 둘레 길이는 6
∴ 파푸스 정리에 의해서 폐곡선인 성망형을 회전했을 때 부피

$$V=\frac{3\pi}{8}\times 2\pi\times 2=\frac{3\pi^2}{2},$$

겉넓이$S=6\times 2\pi\times 2=24\pi$

TIP 성망형 $\begin{cases} x=a\cos^3 t \\ y=a\sin^3 t \end{cases}$ $(0\le t\le 2\pi)$의
내부면적은 $\dfrac{3\pi a^2}{8}$, 곡선의 길이는 $6a$이다.

2. 무한급수의 수렴·발산 판정법

278. (1) 발산 (2) 발산 (3) 수렴 (4) 발산
(5) 수렴 (6) 수렴

풀이 (1) $\lim_{k\to\infty} a_n = \lim_{k\to\infty}\frac{n^2}{2n^2+1} = \frac{1}{2} \neq 0$ 이므로 발산판정법에 의해 발산한다.

(2) $\lim_{n\to\infty} a_n = \lim_{n\to\infty}\sqrt[n]{2} = \lim_{n\to\infty} 2^{\left(\frac{1}{n}\right)} = 2^0 = 1 \neq 0$이므로 발산판정법에 의해 발산한다.

(3) 적분판정법 또는 p급수판정에 의하여 $\sum_{n=2}^{\infty}\frac{1}{n(\ln n)^2}$ 수렴한다.

(4) 적분판정법 또는 p급수판정에 의하여 $\sum_{n=2}^{\infty}\frac{1}{n(\ln n)^2}$ 발산한다.

(5) $\int_1^{\infty} xe^{-x^2}dx = \int_1^{\infty}\frac{1}{2}e^{-t}dt$ ($\because x^2 = t$로 치환)

$$= \lim_{s\to\infty}\left[-\frac{1}{2}e^{-t}\right]_1^s$$

$$= \lim_{s\to\infty}\left\{-\frac{1}{2}e^{-s} + \frac{1}{2}e^{-1}\right\} = \frac{1}{2}e^{-1}$$

로 수렴하므로 적분판정법에 의하여 $\sum_{n=1}^{\infty} n\cdot e^{-n^2}$도 수렴한다.

(6) $p = \sqrt{2}$ 이므로 p급수판정법에 의하여 수렴한다.

279. (1) 수렴 (2) 수렴 (3) 발산 (4) 수렴
(5) 발산 (6) 수렴

풀이 (1) $p = \frac{3}{2}$ 이므로 p급수판정법에 의하여 수렴한다.
(2) $p = 2$이므로 p급수판정법에 의하여 수렴한다.
(3) $p = 1$이므로 p급수판정법에 의하여 발산한다.
(4) $p = 2$이므로 p급수판정법에 의하여 수렴한다.
(5) $p = 1$이므로 p급수판정법에 의하여 발산한다.
(6) $p = 2$이므로 p급수판정법에 의하여 수렴한다.

280. ①

풀이 $\sum_{n=1}^{\infty} n^{\tan\theta} = \sum_{n=1}^{\infty}\frac{1}{n^{-\tan\theta}}$이고 급수 $\sum_{n=1}^{\infty}\frac{1}{n^{-\tan\theta}}$이 수렴하기 위해서는 p급수판정법에 의하여 $-\tan\theta$의 값이 1보다 커야 한다.

따라서 보기 중에서 $\theta = \frac{2\pi}{3}$ 일 때, $-\tan\theta$의 값이 $\sqrt{3}$ 이므로 급수 $\sum_{n=1}^{\infty} n^{\tan\theta}$가 수렴한다.

281. ②

풀이 로그의 성질을 이용하면 $b^{\ln n} = x$라고 할 때, $\ln x = \ln n \ln b = n^{\ln b}$이므로 $x = n^{\ln b}$가 성립한다.
$\sum b^{\ln n} = \sum n^{\ln b} = \sum \frac{1}{n^{-\ln b}}$ 로 바꾸어 쓸 수 있으며, p급수판정법을 사용하면 $-\ln b > 1$를 만족하여야 한다.
그러므로 정리하면 $0 < b < e^{-1}$이 된다.

282. (1) 수렴 (2) 발산 (3) 발산
(4) 수렴 (5) 수렴 (6) 수렴

풀이 (1) $\frac{1}{n^2+n+1} < \frac{1}{n^2}$ 이고, $\sum_{n=1}^{\infty}\frac{1}{n^2}$은 p급수판정법에 의하여 수렴하므로 비교판정법에 의해 $\sum_{n=1}^{\infty}\frac{1}{n^2+n+1}$은 수렴한다.

(2) $\frac{n}{2n^2+3n-1} > \frac{n}{2n^2+3n^2} = \frac{1}{5n}$이고, $\sum_{n=2}^{\infty}\frac{1}{5n}$은 p급수판정법에 의하여 발산하므로 비교판정법에 의해 $\sum_{n=2}^{\infty}\frac{n}{2n^2+3n-1}$은 발산한다.

(3) $\frac{1}{n\ln(1+n)} > \frac{1}{(1+n)\ln(1+n)}$이고,
$\sum_{n=1}^{\infty}\frac{1}{(1+n)\ln(1+n)}$을 적분판정법을 이용하면

$$\int_1^{\infty}\frac{1}{(1+x)\ln(1+x)}dx$$

$$= \lim_{a\to\infty}\int_{\ln 2}^{a}\frac{1}{t}dt\,(\because \ln(1+x) = t)$$

$= \lim_{a\to\infty}[\ln a - \ln(\ln 2)] = \infty$

이므로 $\sum_{n=1}^{\infty} \frac{1}{(1+n)\ln(1+n)}$ 은 발산한다.

따라서 비교판정법에 의하여 $\sum_{n=1}^{\infty} \frac{1}{n\ln(1+n)}$ 도 발산한다.

(4) $\frac{\cos^2 n}{n^2+1} \le \frac{1}{n^2+1} < \frac{1}{n^2}$ 이고, $\sum_{n=1}^{\infty} \frac{1}{n^2}$ 은 p급수판정법에 의하여 수렴하므로 비교판정법에 의해 $\sum_{n=1}^{\infty} \frac{\cos^2 n}{n^2+1}$ 도 수렴한다.

(5) $0 < \frac{\tan^{-1} n}{n^{\frac{3}{2}}} < \frac{\frac{\pi}{2}}{n^{\frac{3}{2}}}$ 이고, $\sum_{n=1}^{\infty} \frac{\frac{\pi}{2}}{n^{\frac{3}{2}}} = \frac{\pi}{2}\sum_{n=1}^{\infty} \frac{1}{n^{\frac{3}{2}}}$ 은 $p = \frac{3}{2} > 1$인 p급수이므로 수렴한다.

따라서 $\sum_{n=1}^{\infty} \frac{\tan^{-1} n}{n\sqrt{n}}$ 은 비교판정법에 의해 수렴한다.

(6) $\frac{5}{2+3^n} < \frac{5}{3^n}$ 이고, $\sum_{n=1}^{\infty} \frac{5}{3^n}$ 는 공비 $\frac{1}{3}$인 등비급수이므로 수렴한다.

따라서 비교판정법에 의하여 $\sum_{n=1}^{\infty} \frac{5}{2+3^n}$ 는 수렴한다.

283. ④

풀이 ① (반례) $a_n = -\frac{1}{n}$, $b_n = \frac{1}{n^2}$ 이라 하면

$a_n = -\frac{1}{n} \le b_n = \frac{1}{n^2}$ 을 만족한다.

하지만 $\sum_{n=1}^{\infty} b_n = \sum_{n=1}^{\infty} \frac{1}{n^2}$ 은 수렴하고 $\sum_{n=1}^{\infty}\left(-\frac{1}{n}\right)$ 은 발산한다.

② (반례) $b_n = (-1)^n \frac{1}{n}$, $a_n = \frac{1}{n}$ 이라 하면

$b_n = (-1)^n \frac{1}{n} \le a_n = \frac{1}{n}$ 을 만족한다.

하지만 $\sum_{n=1}^{\infty} b_n = \sum_{n=1}^{\infty} (-1)^n \frac{1}{n}$ 은 수렴하고

$\sum_{n=1}^{\infty} a_n = \sum_{n=1}^{\infty} \frac{1}{n}$ 은 발산한다.

③ (반례) a_n과 b_n이 양항급수이면 $b_n \le a_n$ 을 만족할 때, $\sum_{n=1}^{\infty} b_n$ 이 발산하면 $\sum_{n=1}^{\infty} b_n = \infty$를 의미한다.

이 때, $b_n \le a_n$ 이므로 $\sum_{n=1}^{\infty} b_n = \infty \le \sum_{n=1}^{\infty} a_n = \infty$이다.

그러므로 $\sum_{n=1}^{\infty} a_n$ 은 발산한다.

④ $0 \le a_n \le b_n$ 이므로 $\sum_{n=1}^{\infty} a_n$ 과 $\sum_{n=1}^{\infty} b_n$ 은 양항급수이고 $\sum_{n=1}^{\infty} b_n$ 이 수렴하면 $\sum_{n=1}^{\infty} b_n$ 보다 작은 $\sum_{n=1}^{\infty} a_n$ 은 비교판정법에 의하여 수렴한다.

284. $k > \frac{1}{2}$

풀이 $\sin\left(\frac{1}{n^k}\right)$의 비교대상은 $\frac{1}{n^k}$ 이고, $\frac{1}{\sqrt{n}}\sin\left(\frac{1}{n^k}\right)$의 비교대상은 $\frac{1}{\sqrt{n}}\frac{1}{n^k}$ 이다. 따라서 두 수열의 극한비교를 하면

$$\lim_{n\to\infty} \frac{\frac{1}{\sqrt{n}}\sin\left(\frac{1}{n^k}\right)}{\frac{1}{\sqrt{n}}\frac{1}{n^k}} \quad \left(\frac{1}{n^k} = x\text{로 치환하면}\right)$$

$$= \lim_{x\to 0} \frac{\sin x}{x} = 1$$

이므로 $\sum_{n=1}^{\infty} \frac{1}{\sqrt{n}}\sin\left(\frac{1}{n^k}\right)$ 이 수렴하기 위한 조건은

$\sum_{n=1}^{\infty} \frac{1}{n^{k+\frac{1}{2}}}$ 이 수렴하기 위한 조건과 동일하므로

$k > \frac{1}{2}$ 이면 두 급수는 모두 수렴한다.

285. (1) 수렴 (2) 발산 (3) 발산

풀이 (1) $a_k = \sin^2\frac{1}{k}$, $b_n = \frac{1}{k^2}$ 이라 하면,

$$\lim_{k\to\infty} \frac{a_k}{b_k} = \lim_{k\to\infty} \frac{\sin^2\frac{1}{k}}{\frac{1}{k^2}} = \lim_{t\to 0} \frac{\sin^2 t}{t^2} = 1 > 0 \text{이고,}$$

$\sum_{k=1}^{\infty} \frac{1}{k^2}$ 은 p급수판정법에 의하여 수렴하므로

극한비교판정법에 의해 $\sum_{k=1}^{\infty} \sin^2\left(\frac{1}{k}\right)$ 은 수렴한다.

(2) $a_n = \dfrac{1}{n^{1+\frac{1}{n}}} = \dfrac{1}{n \cdot n^{\frac{1}{n}}} = \dfrac{1}{n} \cdot \left(\dfrac{1}{n}\right)^{\frac{1}{n}}$, $b_n = \dfrac{1}{n}$일 때,

$$\lim_{n\to\infty}\frac{a_n}{b_n} = \lim_{n\to\infty}\frac{\frac{1}{n}\cdot\left(\frac{1}{n}\right)^{\frac{1}{n}}}{\frac{1}{n}} = \lim_{n\to\infty}\left(\frac{1}{n}\right)^{\frac{1}{n}} = \lim_{x\to 0} x^x = 1 > 0$$

$(\because \lim_{x\to 0} x^x = \lim_{x\to 0} e^{x\ln x} = e^0 = 1)$

$\sum_{n=1}^{\infty}\dfrac{1}{n}$은 p급수판정법에 의하여 발산하므로

극한비교판정법에 의하여 $\sum_{n=1}^{\infty}\dfrac{1}{n^{1+\frac{1}{n}}}$도 발산한다.

(3) $a_n = \dfrac{1}{(\ln n)^2}$, $b_n = \dfrac{1}{n}$라 하면

$$\lim_{n\to\infty}\frac{a_n}{b_n} = \lim_{n\to\infty}\frac{\frac{1}{(\ln n)^2}}{\frac{1}{n}} = \lim_{n\to\infty}\frac{n}{(\ln n)^2}$$

$$= \lim_{n\to\infty}\frac{n}{2\ln n} = \lim_{n\to\infty}\frac{n}{2} = \infty \ (\because \text{로피탈 정리})$$

극한값이 발산했으므로 $b_n < a_n$이다.

$\sum_{n=2}^{\infty}\dfrac{1}{n}$은 p급수판정법에 의하여 발산하므로

극한비교판정법에 의하여 $\sum_{n=2}^{\infty}\dfrac{1}{(\ln n)^2}$은 발산한다.

286. (1) 수렴 (2) 발산 (3) 발산 (4) 수렴

풀이 (1) $b_n = \dfrac{1}{\sqrt{n}} > 0$, $\{b_n\}$이 감소수열이고, $\lim_{n\to\infty} b_n = 0$

이므로 교대급수판정법에 의해 $\sum_{n=1}^{\infty}\dfrac{(-1)^{n-1}}{\sqrt{n}}$은

수렴한다.

(2) $b_n = \dfrac{3n+1}{n-1} > 0$, $\{b_n\}$이 감소수열이나

$\lim_{n\to\infty} b_n = 3 \neq 0$이므로 교대급수판정법에 의해

$\sum_{n=2}^{\infty}(-1)^n\dfrac{3n+1}{n-1}$은 발산한다.

(3) $b_n = \dfrac{n}{\ln n}$이라 하면,

$$\lim_{n\to\infty} b_n = \lim_{n\to\infty}\frac{n}{\ln n} = \lim_{n\to\infty}\frac{1}{\frac{1}{n}} = \infty \neq 0$$

($\because$ 로피탈 정리) 이므로 발산판정법에 의하여

$\sum_{n=2}^{\infty}(-1)^n\dfrac{n}{\ln n}$은 발산한다.

(4) $b_n = \dfrac{(-1)^n}{n!}$이라 하면,

$\lim_{n\to\infty} b_n = \lim_{n\to\infty}\dfrac{1}{n!} = 0$이므로 교대급수 $\sum_{n=1}^{\infty}\dfrac{(-1)^n}{n!}$은 수렴한다.

287. (1) 수렴 (2) 발산 (3) 수렴 (4) 수렴

(5) 발산 (6) 수렴 (7) 수렴 (8) 수렴 (9) 발산

풀이 (1) $a_n = n^2 e^{-n} = \dfrac{n^2}{e^n}$이라 하면

$$\lim_{n\to\infty}\left|\frac{a_{n+1}}{a_n}\right| = \lim_{n\to\infty}\frac{\frac{(n+1)^2}{e^{n+1}}}{\frac{n^2}{e^n}} = \lim_{n\to\infty}\frac{(n+1)^2}{en^2} = \frac{1}{e} < 1$$

이므로 비율판정법에 의하여 수렴한다.

(2) $a_k = \dfrac{2^k}{k^5}$이라 하면

$$\lim_{k\to\infty}\left|\frac{a_{k+1}}{a_k}\right| = \lim_{k\to\infty}\frac{\frac{2^{k+1}}{(k+1)^5}}{\frac{2^k}{k^5}}$$

$$= 2\lim_{k\to\infty}\frac{k^5}{(k+1)^5} = 2 > 1$$

이므로 비율판정법에 의해 $\sum_{k=1}^{\infty}\dfrac{2^k}{k^5}$은 발산한다.

(3) $a_n = \dfrac{2^n}{n!}$이라 하면

$$\lim_{n\to\infty}\left|\frac{a_{n+1}}{a_n}\right| = \lim_{n\to\infty}\frac{\frac{2^{n+1}}{(n+1)!}}{\frac{2^n}{n!}} = \lim_{n\to\infty}\frac{2}{n+1} = 0 < 1$$

이므로 비율판정법에 의하여 수렴한다.

(4) $a_n = \dfrac{n!}{n^n}$이라 하면

$$\lim_{n\to\infty}\left|\frac{a_{n+1}}{a_n}\right| = \lim_{n\to\infty}\left|\frac{(n+1)!}{(n+1)^{n+1}}\cdot\frac{n^n}{n!}\right|$$

$$= \lim_{n\to\infty}\frac{(n+1)\cdot n!}{(n+1)^n(n+1)}\cdot\frac{n^n}{n!}$$

$$= \lim_{n\to\infty} \frac{n^n}{(n+1)^n}$$

$$= \lim_{n\to\infty} \left(1 - \frac{1}{n+1}\right)^n = \frac{1}{e} < 1$$

이므로 비율판정법에 의하여 급수는 수렴한다.

(5) $a_n = \dfrac{n^n}{n!}$ 이라 하면

$$\lim_{n\to\infty}\left|\frac{a_{n+1}}{a_n}\right| = \lim_{n\to\infty}\left|\frac{(n+1)^{n+1}}{(n+1)!}\cdot\frac{n!}{n^n}\right|$$

$$= \lim_{n\to\infty}\frac{(n+1)^n(n+1)}{(n+1)\cdot n!}\cdot\frac{n!}{n^n}$$

$$= \lim_{n\to\infty}\left(1+\frac{1}{n}\right)^n = e > 1$$

이므로 비율판정법에 의하여 급수는 발산한다.

(6) $a_n = \dfrac{n^n}{n!\,3^n}$ 이라 하면

$$\lim_{n\to\infty}\left|\frac{a_{n+1}}{a_n}\right| = \lim_{n\to\infty}\left|\frac{(n+1)^{n+1}}{(n+1)!\,3^{n+1}}\cdot\frac{n!\,3^n}{n^n}\right|$$

$$= \lim_{n\to\infty}\frac{(n+1)^n(n+1)}{3(n+1)\cdot n!}\cdot\frac{n!}{n^n}$$

$$= \lim_{n\to\infty}\frac{1}{3}\left(1+\frac{1}{n}\right)^n = \frac{e}{3} < 1$$

이므로 비율판정법에 의하여 $\displaystyle\sum_{n=1}^{\infty}\frac{n^n}{n!\,3^n}$ 은 수렴한다.

(7) $a_n = \dfrac{n!}{2\cdot5\cdot8\cdots(3n+2)}$ 이라 하면

$$\lim_{n\to\infty}\left|\frac{a_{n+1}}{a_n}\right|$$

$$= \lim_{n\to\infty}\left|\frac{(n+1)!}{2\cdot5\cdot8\cdots(3n+2)(3n+5)}\cdot\frac{2\cdot5\cdot8\cdots(3n+2)}{n!}\right|$$

$= \displaystyle\lim_{n\to\infty}\frac{n+1}{3n+5} = \frac{1}{3} < 1$ 이므로 비율판정법에 의해

$\displaystyle\sum_{n=0}^{\infty}\frac{n!}{2\cdot5\cdot8\cdots(3n+2)}$ 은 수렴한다.

(8) $a_n = \dfrac{(n!)^2}{(2n)!}$ 이라 하면

$$\lim_{n\to\infty}\left|\frac{a_{n+1}}{a_n}\right| = \lim_{n\to\infty}\frac{\dfrac{\{(n+1)!\}^2}{(2n+2)!}}{\dfrac{(n!)^2}{(2n)!}}$$

$$= \lim_{n\to\infty}\frac{(n+1)^2}{(2n+1)(2n+2)} = \frac{1}{4} < 1$$

이므로 비율판정법에 의하여 급수는 수렴한다.

(9) $b_n = \dfrac{(2n)!}{(n!)^2}$ 은 (8)의 수열과 역수관계이므로

비율판정값은 4이다. 따라서 $\displaystyle\sum_{n=1}^{\infty}\frac{(2n)!}{(n!)^2}$ 는 발산한다.

288.

(1) 수렴 (2) 발산 (3) 수렴 (4) 수렴 (5) 수렴 (6) 발산

풀이 (1) n승근판정법에 의하여

$$\lim_{n\to\infty}\sqrt[n]{\left|\left(\frac{n^2+1}{2n^2+1}\right)^n\right|} = \lim_{n\to\infty}\left|\frac{n^2+1}{2n^2+1}\right| = \frac{1}{2} < 1$$

이므로 수렴한다.

(2) n승근판정법에 의하여

$\displaystyle\lim_{n\to\infty}\sqrt[n]{\left|\left(\frac{-2n}{n+1}\right)^{5n}\right|} = \lim_{n\to\infty}\left|\left(\frac{-2n}{n+1}\right)^5\right| = 32 > 1$ 이므로

발산한다.

(3) n승근판정법에 의하여

$\displaystyle\lim_{n\to\infty}\sqrt[n]{\left|\left(\frac{-2}{n}\right)^n\right|} = \lim_{n\to\infty}\left|\frac{-2}{n}\right| = 0 < 1$ 이므로

수렴한다.

(4) n승근판정법에 의하여

$\displaystyle\lim_{n\to\infty}\sqrt[n]{\left|\left(1-\frac{4}{n}\right)^{n^2}\right|} = \lim_{n\to\infty}\left|\left(1-\frac{4}{n}\right)^n\right| = e^{-4} < 1$ 이므로

수렴한다.

(5) n승근판정법에 의하여

$$\lim_{n\to\infty}\sqrt[n]{\left|2^{-n}\left(1-\frac{1}{n}\right)^{n^2}\right|} = \lim_{n\to\infty}\left|\frac{1}{2}\left(1-\frac{1}{n}\right)^n\right| = \frac{1}{2e} < 1$$

이므로 수렴한다.

(6) n승근판정법에 의하여

$\displaystyle\lim_{n\to\infty}\sqrt[n]{\left|\left(1+\frac{1}{n}\right)^n\right|} = \lim_{n\to\infty}\left|1+\frac{1}{n}\right| = 1$ 이므로 판정

불가능하다. 따라서 다른 판정법을 이용하여야 한다.

발산판정법에 의하여 $\displaystyle\lim_{n\to\infty}\left(1+\frac{1}{n}\right)^n = e \neq 0$ 이므로

발산한다.

289. (1) 조건부수렴 (2) 발산 (3) 절대수렴
(4) 조건부수렴 (5) 절대수렴 (6) 절대수렴
(7) 절대수렴 (8) 절대수렴

풀이 (1) (i) 교대급수판정법에 의하여 $\sum_{n=1}^{\infty}\frac{(-1)^{n+1}}{\sqrt[4]{n}}$은 수렴한다.

(ii) $\sum_{n=1}^{\infty}\frac{1}{\sqrt[4]{n}}$은 p급수판정법에 의하여 발산한다.

따라서 (i), (ii)에 의하여 $\sum_{n=1}^{\infty}\frac{(-1)^{n+1}}{\sqrt[4]{n}}$은 조건부수렴한다.

(2) $\lim_{n\to\infty}|a_n|=\lim_{n\to\infty}\left|\frac{n}{5+n}\right|=\lim_{n\to\infty}\left|\frac{1}{\frac{5}{n}+1}\right|=1\neq 0$

이므로 발산판정법에 의하여 발산한다.

(3) (i) 교대급수판정법에 의하여 $\sum_{n=1}^{\infty}\frac{(-1)^{n-1}}{n^2+1}$은 수렴한다.

(ii) $\sum_{n=1}^{\infty}\frac{1}{n^2+1}<\sum_{n=1}^{\infty}\frac{1}{n^2}$이고, $\sum_{n=1}^{\infty}\frac{1}{n^2}$은 p급수 판정법에 의하여 수렴하므로 비교판정법에 의하여 $\sum_{n=1}^{\infty}\frac{1}{n^2+1}$은 수렴한다.

따라서 (i), (ii)에 의하여 $\sum_{n=1}^{\infty}\frac{(-1)^{n-1}}{n^2+1}$은 절대수렴한다.

(4) (i) $\lim_{n\to\infty}\frac{1}{\ln n}=0$ 이고 $\left\{\frac{1}{\ln n}\right\}$은 양수인 감소수열이므로 교대급수판정법에 의해 $\sum_{n=2}^{\infty}\frac{(-1)^n}{\ln n}$은 수렴한다.

(ii) $\ln n<n$, 즉 $\frac{1}{\ln n}>\frac{1}{n}$이고 $\sum_{n=2}^{\infty}\frac{1}{n}$은 p급수 판정법에 의하여 발산하므로 비교판정법에 의하여 $\sum_{n=2}^{\infty}\frac{1}{\ln n}$은 발산한다.

(i), (ii)에 의하여 $\sum_{n=2}^{\infty}\frac{(-1)^n}{\ln n}$은 조건부수렴한다.

(5) $\lim_{n\to\infty}\left|\frac{a_{n+1}}{a_n}\right|=\lim_{n\to\infty}\frac{\frac{1}{(2n+2)!}}{\frac{1}{(2n)!}}$

$=\lim_{n\to\infty}\frac{(2n)!}{(2n+2)!}$

$=\lim_{n\to\infty}\frac{1}{(2n+2)(2n+1)}=0<1$

이므로 비율판정법에 의해 절대수렴한다.

(6) $\lim_{n\to\infty}\left|\frac{a_{n+1}}{a_n}\right|=\lim_{n\to\infty}\left|\frac{(n+1)(-3)^{n+1}}{4^n}\cdot\frac{4^{n-1}}{n(-3)^n}\right|$

$=\lim_{n\to\infty}\left|\frac{3}{4}\cdot\frac{n+1}{n}\right|=\frac{3}{4}<1$

이므로 비율판정법에 의해 $\sum_{n=1}^{\infty}\frac{n(-3)^n}{4^{n-1}}$은 절대수렴한다.

(7) $\sum_{n=7}^{\infty}\frac{\cos(n\pi)}{(n+1)!}2^{3n}=\sum_{n=7}^{\infty}(-1)^n\frac{2^{3n}}{(n+1)!}$이므로

$a_n=\frac{(-1)^n2^{3n}}{(n+1)!}$이라 하면

$\lim_{n\to\infty}\left|\frac{a_{n+1}}{a_n}\right|=\lim_{n\to\infty}\frac{\frac{2^{3(n+1)}}{(n+2)!}}{\frac{2^{3n}}{(n+1)!}}=\lim_{n\to\infty}\frac{8}{n+2}=0<1$

이므로 비율판정법에 의하여 절대수렴한다.

(8) $\sum_{n=1}^{\infty}(-1)^n\tan^{-1}\left\{\frac{\cos(\pi n)}{\sqrt[3]{n^4}}\right\}$

$=\sum_{n=1}^{\infty}(-1)^n\tan^{-1}\left\{\frac{(-1)^n}{\sqrt[3]{n^4}}\right\}=\sum_{n=1}^{\infty}\tan^{-1}\left(\frac{1}{\sqrt[3]{n^4}}\right)$이므로

급수 $\sum_{n=1}^{\infty}(-1)^n\tan^{-1}\left\{\frac{\cos(\pi n)}{\sqrt[3]{n^4}}\right\}$은 양항급수이다.

$\sum_{n=1}^{\infty}\left|(-1)^n\tan^{-1}\left\{\frac{\cos(\pi n)}{\sqrt[3]{n^4}}\right\}\right|=\sum_{n=1}^{\infty}\tan^{-1}\left(\frac{1}{\sqrt[3]{n^4}}\right)$은

$\sum_{n=1}^{\infty}\frac{1}{n^{\frac{4}{3}}}$와 극한비교판정과 p급수판정에 의해서 수렴한다.

따라서 $\sum_{n=1}^{\infty}(-1)^n\tan^{-1}\left\{\frac{\cos(\pi n)}{\sqrt[3]{n^4}}\right\}$은 절대수렴한다.

290. 풀이 참조

풀이 (1) $\frac{2015-\sin n}{n}>\frac{1}{n}\ \Rightarrow\ \sum_{n=1}^{\infty}\frac{2015-\sin n}{n}>\sum_{n=1}^{\infty}\frac{1}{n}$

에서 $\sum_{n=1}^{\infty}\frac{1}{n}$은 P급수판정법에 의해 발산하므로

$\sum_{n=1}^{\infty} \frac{2015-\sin n}{n}$ 도 비교판정법에 의해 발산이다.

(2) 교대급수이므로 $a_n = \frac{1}{\ln(\ln(\ln(n+2015)))}$ 이라 하면 $\lim_{n\to\infty} a_n = 0$인 감소수열이므로 수렴한다.

(3) $\cos n\pi = (-1)^n$이므로 $\sum_{n=1}^{\infty} \frac{(-1)^n(-1)^n}{\sqrt{n}} = \sum_{n=1}^{\infty} \frac{1}{\sqrt{n}}$ 이므로 P급수판정법에 의해 발산이다.

(4) $a_n = \frac{1}{e^{\frac{1}{n}}}$ 이라 하면 $\lim_{n\to\infty} a_n = 1$이므로 발산정리에 의해 주어진 급수는 발산한다.

(5) $\frac{\sqrt{n}-1}{n^2+1} < \frac{\sqrt{n}}{n^2+1} < \frac{\sqrt{n}}{n^2}$ 이고 p급수판정에 의해서 $\sum_{n=1}^{\infty} \frac{\sqrt{n}}{n^2} = \sum_{n=1}^{\infty} \frac{1}{n^{\frac{3}{2}}}$ 은 수렴한다.

따라서 비교판정법에 의해 $\sum_{n=0}^{\infty} \frac{\sqrt{n}-1}{n^2+1}$ 도 수렴한다.

(6) $\lim_{n\to\infty} \sqrt[n]{|a_n|} = \lim_{n\to\infty} \frac{(2n-1)^4}{(3n+1)^2} = \infty$이므로 n승근판정법에 의해서 발산이다.

(7) p급수판정 또는 적분판정법에 의해 $\sum_{n=2}^{\infty} \frac{1}{n(\ln n)^{\frac{3}{2}}}$ 수렴한다.

(8) $\frac{(\ln n)^5}{\sqrt[3]{n}}$ 는 감소수열이고

$$\lim_{n\to\infty} \frac{(\ln n)^5}{\sqrt[3]{n}} = \lim_{n\to\infty} \frac{5(\ln n)^4}{\frac{1}{3}n^{\frac{1}{3}}}$$

$$= \cdots = \lim_{n\to\infty} \frac{5!}{\left(\frac{1}{3}\right)^5 n^{\frac{1}{3}}} = 0$$

이므로 교대급수판정법에 의해 $\sum_{n=2}^{\infty} (-1)^n \frac{(\ln n)^5}{\sqrt[3]{n}}$ 는 수렴한다.

(9) $\sum_{n=1}^{\infty} \frac{1}{n^2+1} < \sum_{n=1}^{\infty} \frac{1}{n^2}$ 이고, $\sum_{n=1}^{\infty} \frac{1}{n^2}$ 수렴하므로 비교판정법에 의해 $\sum_{n=0}^{\infty} \frac{1}{n^2+1}$ 도 수렴한다.

(10) $\lim_{n\to\infty} \frac{n-1}{2n+1} \neq 0$ 이므로 교대급수판정법에 의해 $\sum_{n=1}^{\infty} (-1)^n \frac{n-1}{2n+1}$ 은 발산한다.

(11) $\sum_{n=2}^{\infty} \left| \frac{\sin n}{(n+1)(\ln n)^2} \right| < \sum_{n=2}^{\infty} \frac{1}{(n+1)(\ln n)^2}$

$< \sum_{n=2}^{\infty} \frac{1}{n(\ln n)^2}$ 이고

$\sum_{n=2}^{\infty} \frac{1}{n(\ln n)^2}$ 은 p급수판정에 의해서 수렴하므로 $\sum_{n=2}^{\infty} \left| \frac{\sin n}{(n+1)(\ln n)^2} \right|$ 도 수렴하고 $\sum_{n=2}^{\infty} \frac{\sin n}{(n+1)(\ln n)^2}$ 은 절대수렴한다.

(12) $\lim_{n\to\infty} \sqrt[n]{|a_n|} = \lim_{n\to\infty} \frac{1}{2}\left(1+\frac{1}{n}\right)^n = \frac{e}{2} > 1$ 이므로 n승근판정법에 의해 $\sum_{n=1}^{\infty} 2^{-n}\left(1+\frac{1}{n}\right)^{n^2}$ 은 발산한다.

(13) $\int_{2016}^{\infty} \frac{n-1}{n^2+n} dn$

$$= \frac{1}{2}\int_{2016}^{\infty} \frac{2n+1}{n^2+n} dn - \frac{3}{2}\int_{2016}^{\infty} \frac{1}{n^2+n} dn$$

$\int_{2016}^{\infty} \frac{2n+1}{n^2+n} dn$은 발산하고, $\int_{2016}^{\infty} \frac{1}{n^2+n} dn$은 수렴하므로 $\int_{2016}^{\infty} \frac{n-1}{n^2+n} dn$은 발산한다.

따라서 적분판정법에 의해서 $\sum_{n=2016}^{\infty} \frac{n-1}{n^2+n}$ 은 발산한다.

(14) $\sum \left| \frac{\cos^3 n}{1+n^2} \right| < \sum \frac{1}{1+n^2} < \sum \frac{1}{n^2}$ 이고 $\sum_{n=1}^{\infty} \frac{1}{n^2}$ 은 p급수판정법에 의하여 수렴하므로 $\sum \left| \frac{\cos^3 n}{1+n^2} \right|$ 도 수렴하고 $\sum_{n=1}^{\infty} \frac{\cos^3 n}{1+n^2}$ 은 절대수렴한다.

(15) 극한비교판정법에 의하여 $\sum \frac{1}{n^2}$ 이 수렴하므로 $\sum_{n=1}^{\infty} \tan\left(\frac{1}{n^2}\right)$ 도 수렴한다.

(16) $\lim_{n\to\infty}\left\{\left|\left(\frac{2-5n}{5+2n}\right)^n\right|\right\}^{\frac{1}{n}}=\lim_{n\to\infty}\left|\frac{2-5n}{5+2n}\right|=\frac{5}{2}>1$

이므로 $\sum_{n=1}^{\infty}\left(\frac{2-5n}{5+2n}\right)^n$ 은 n승근판정법에 의하여 발산한다.

(17) $\int_1^{\infty} xe^{-\sqrt{x}}dx$가 수렴하므로 적분판정법에 의해 $\sum_{n=1}^{\infty} ne^{-\sqrt{n}}$ 도 수렴한다.

(18) p급수판정법에 의해 $\sum_{n=4}^{\infty}\frac{1}{n\ln n}$ 은 발산한다.

(19) p급수판정에 의해서 $\sum_{n=2}^{\infty}\frac{1}{n^2}$ 은 수렴하고,

극한비교판정법에 의해 $\sum_{n=2}^{\infty}\frac{1}{n}\sin\left(\frac{1}{n}\right)$ 도 수렴한다.

(20) $\sum_{n=1}^{\infty}\frac{1}{n}$ 이 발산하므로 극한비교판정에 의해서 $\sum_{n=1}^{\infty}\sin\frac{1}{n}$ 도 발산한다.

(21) $\sum_{n=4}^{\infty}\frac{2n}{n^2-3n}>\sum_{n=4}^{\infty}\frac{2n}{n^2}=\sum_{n=4}^{\infty}\frac{2}{n}$ 이고, $\sum\frac{2}{n}$ 이 발산하므로 비교판정과 p급수판정에 의해서 $\sum_{n=4}^{\infty}\frac{2n}{n^2-3n}$ 도 발산한다.

(22) $\int_1^{\infty}\frac{1}{\sqrt{n}e^{\sqrt{n}}}dn=\lim_{t\to\infty}\int_1^t\frac{2x}{xe^x}dx$

$$=\lim_{t\to\infty}2\int_1^t e^{-x}dx$$

$$=\lim_{t\to\infty}-2\left[e^{-x}\right]_1^t$$

$$=\lim_{t\to\infty}-2\left[e^{-t}-e^{-1}\right]=\frac{2}{e}$$

이상적분이 수렴하므로 적분판정법에 의해서 $\sum_{n=1}^{\infty}\frac{1}{\sqrt{n}e^{\sqrt{n}}}$ 도 수렴한다.

(23) $\sum_{n=1}^{\infty}\frac{1}{n}$ 이 발산하므로 극한비교판정에 의해서 $\sum_{n=1}^{\infty}\frac{1}{n^{1+\frac{1}{n}}}$ 도 발산한다.

(24) $\sum_{n=1}^{\infty}a_n=\sum_{n=1}^{\infty}\frac{n!}{n^n}$ 일 때,

$\lim_{n\to\infty}\frac{a_{n+1}}{a_n}=\frac{1}{e}<1$이므로 $\sum_{n=1}^{\infty}\frac{n!}{n^n}$ 은 수렴한다.

$\sum_{n=1}^{\infty}\frac{n!}{(n+1)^n}<\sum_{n=1}^{\infty}\frac{n!}{n^n}$ 이므로

비율판정과 비교판정에 의해서 $\sum_{n=1}^{\infty}\frac{n!}{(n+1)^n}$ 도 수렴한다.

(25) $\lim_{n\to\infty}\sqrt[n]{|a_n|}=\lim_{n\to\infty}\left(1-\frac{2}{n}\right)^n=e^{-2}<1$ 이므로 n 승근판정법에 의해 수렴한다.

(26) $\sum_{n=1}^{\infty}\frac{1}{n^2}$ 이 수렴하므로 극한비율판정법에 의해 $\sum_{n=1}^{\infty}\tan^{-1}\left(\frac{\pi}{n^2}\right)$ 도 수렴한다.

(27) $\sum_{n=1}^{\infty}\frac{1}{1+\sqrt{n}}>\sum_{n=1}^{\infty}\frac{1}{\sqrt{n}+\sqrt{n}}=\sum_{n=1}^{\infty}\frac{1}{2\sqrt{n}}$ 이고

$\sum_{n=1}^{\infty}\frac{1}{\sqrt{n}}$ 이 발산하므로 비교판정과 p급수판정에 의해 $\sum_{n=1}^{\infty}\frac{1}{1+\sqrt{n}}$ 도 발산한다.

(28) $\sum_{n=2}^{\infty}\frac{1}{(n+2)\ln n}>\sum_{n=2}^{\infty}\frac{1}{2n\ln n}$ 이고, $\sum_{n=1}^{\infty}\frac{1}{n\ln n}$ 이 발산하므로 비교판정과 p급수판정에 의해 $\sum_{n=2}^{\infty}\frac{1}{(n+2)\ln n}$ 도 발산한다.

(29) $\lim_{k\to\infty}\frac{a_{k+1}}{a_k}=\lim_{k\to\infty}\frac{1}{k+1}\frac{(k+1)^{k+1}}{k^k}$

$$=\lim_{k\to\infty}\frac{(k+1)^k}{k^k}=\lim_{k\to\infty}\left(\frac{k+1}{k}\right)^k=e>1$$

이므로 비율판정법에 의하여 $\sum_{k=1}^{\infty}\frac{k^k}{k!}$ 은 발산한다.

(30) $\lim_{k\to\infty}\frac{a_{k+1}}{a_k}=\lim_{k\to\infty}\frac{(2k+2)(2k+1)}{3(k+1)^2}=\frac{4}{3}>1$

이므로 비율판정법에 의하여 $\sum_{k=1}^{\infty}\frac{(2k)!}{3^k(k!)^2}$ 은 발산한다.

(31) $\lim_{k\to\infty}\frac{a_{k+1}}{a_k}=\lim_{k\to\infty}\frac{e(k+1)}{2(k+1)}=\frac{e}{2}>1$이므로

비율판정법에 의하여 $\sum_{k=1}^{\infty}\frac{k^k}{k!\,2^k}$은 발산한다.

(32) $\lim_{k\to\infty}\frac{a_{k+1}}{a_k}=\lim_{k\to\infty}\frac{e(k+1)}{3(k+1)}=\frac{e}{3}<1$이므로

비율판정법에 의하여 $\sum_{k=1}^{\infty}\frac{k^k}{k!\,3^k}$은 수렴한다.

(33) $\lim_{n\to\infty}\frac{a_{n+1}}{a_n}=\lim_{n\to\infty}\frac{n+1}{2n+1}=\frac{1}{2}<1$이므로

비율판정법에 의하여

$\sum_{n=1}^{\infty}\frac{n!}{1\cdot3\cdot5\cdot\ \cdots\ \cdot(2n-1)}$은 수렴한다.

(34) $\lim_{n\to\infty}\left|\frac{a_{n+1}}{a_n}\right|=\lim_{n\to\infty}\frac{4n+3}{3n+2}=\frac{4}{3}>1$이므로

비율판정법에 의하여 $\sum_{n=1}^{\infty}\frac{3\cdot7\cdot\ \cdots\ \cdot(4n-1)}{2\cdot5\cdot\ \cdots\ \cdot(3n-1)}$은

발산한다.

3. 멱급수의 수렴반경 & 수렴구간

291. (1) 1 (2) 1 (3) 4 (4) 2 (5) 1

(6) ∞ (7) ∞ (8) 0 (9) e (10) $\frac{1}{e}$

풀이 (1) $A_n=\frac{x^n}{\sqrt{n}}$이라 하면,

$$\lim_{n\to\infty}\left|\frac{A_{n+1}}{A_n}\right|=\lim_{n\to\infty}\left|\frac{x^{n+1}}{\sqrt{n+1}}\cdot\frac{\sqrt{n}}{x^n}\right|$$

$$=\lim_{n\to\infty}\left|\frac{x}{\sqrt{n+1}/\sqrt{n}}\right|=\lim_{n\to\infty}\frac{|x|}{\sqrt{1+1/n}}=|x|<1$$

$\sum_{n=1}^{\infty}\frac{x^n}{\sqrt{n}}$은 비율판정법에 의해 $|x|<1$일 때

수렴한다. ∴ 수렴반경 $R=1$

TIP ❖ 추가 설명 ❖

$|x|<1$인 x를 대입하면 $\sum_{n=1}^{\infty}\frac{x^n}{\sqrt{n}}$은 수렴한다.

$x=\frac{1}{2}$을 대입하면 $\sum_{n=1}^{\infty}\frac{1}{2^n\cdot\sqrt{n}}$은 수렴한다.

$x=-\frac{1}{3}$을 대입하면 $\sum_{n=1}^{\infty}\frac{(-1)^n}{3^n\cdot\sqrt{n}}$은 수렴한다.

(2) $A_n=\frac{(-1)^n x^n}{n^3}$이라 하면,

$$\lim_{n\to\infty}\left|\frac{A_{n+1}}{A_n}\right|=\lim_{n\to\infty}\left|\frac{(-1)^{n+1}x^{n+1}}{(n+1)^3}\cdot\frac{n^3}{(-1)^n x^n}\right|$$

$$=\lim_{n\to\infty}\left|\frac{(-1)xn^3}{(n+1)^3}\right|=\lim_{n\to\infty}\left[\left(\frac{n}{n+1}\right)^3|x|\right]=|x|<1$$

비율판정법에 의해 $\sum_{n=1}^{\infty}\frac{(-1)^{n-1}x^n}{n^3}$는 $|x|<1$일 때

수렴한다. ∴ 수렴반경 $R=1$

TIP ❖ 추가 설명 ❖

$|x|<1$인 x를 대입하면 $\sum_{n=1}^{\infty}\frac{(-1)^n x^n}{n^3}$은

수렴한다.

$x=\frac{1}{2}$을 대입하면 $\sum_{n=1}^{\infty}\frac{(-1)^n}{2^n\cdot n^3}$은 수렴한다.

$x=-\frac{1}{3}$을 대입하면 $\sum_{n=1}^{\infty}\frac{1}{3^n\cdot n^3}$은 수렴한다.

(3) $A_n = \dfrac{(x-1)^n}{4^n \ln n}$이라 하면, 비율판정법에 의해

$$\lim_{n\to\infty}\left|\frac{A_{n+1}}{A_n}\right| = \lim_{n\to\infty}\left|\frac{(x-1)^{n+1}}{4^{n+1}\ln(n+1)} \cdot \frac{4^n \ln n}{(x-1)^n}\right|$$
$$= \frac{|x-1|}{4}\lim_{n\to\infty}\frac{\ln n}{\ln(n+1)} = \frac{|x-1|}{4} < 1$$

$\therefore\ |x-1| < 4$이므로 수렴반경 $R=4$

TIP ❖ 추가 설명 ❖

$|x-1|<4 \Rightarrow -4<x-1<4 \Rightarrow -3<x<5$인

x를 대입하면 $\displaystyle\sum_{n=2}^{\infty}\frac{(x-1)^n}{4^n \ln n}$은 수렴한다.

$x=4$를 대입하면 $\displaystyle\sum_{n=2}^{\infty}\frac{3^n}{4^n \ln n}$은 수렴한다.

$x=-2$를 대입하면 $\displaystyle\sum_{n=2}^{\infty}\frac{(-3)^n}{4^n \ln n}$은 수렴한다.

(4) $A_n = \dfrac{(2x-3)^n}{4^n \cdot n}$이라 하면 비율판정법에 의하여

$$\lim_{n\to\infty}\left|\frac{A_{n+1}}{A_n}\right| = \lim_{n\to\infty}\left|\frac{(2x-3)^{n+1}}{4^{n+1}(n+1)} \cdot \frac{4^n n}{(2x-3)^n}\right|$$
$$= \lim_{n\to\infty}\frac{n}{4(n+1)}|2x-3| = \frac{1}{4}|2x-3| < 1$$
$$\Rightarrow 2\left|x-\frac{3}{2}\right| < 4 \Rightarrow \left|x-\frac{3}{2}\right| < 2$$

$\therefore\ \left|x-\dfrac{3}{2}\right| < 2$이므로 수렴반경 $R=2$

(5) $A_n = \dfrac{(2x-3)^{2n}}{4^n \cdot n}$이라 하면 비율판정법에 의하여

$$\lim_{n\to\infty}\left|\frac{A_{n+1}}{A_n}\right| = \lim_{n\to\infty}\left|\frac{(2x-3)^{2n+2}}{4^{n+1}(n+1)} \cdot \frac{4^n n}{(2x-3)^{2n}}\right|$$
$$= \lim_{n\to\infty}\frac{n}{4(n+1)}|2x-3|^2 = \frac{1}{4}|2x-3|^2 < 1$$
$$\Rightarrow |2x-3|^2 < 4 \Rightarrow |2x-3| < 2 \Rightarrow \left|x-\frac{3}{2}\right| < 1$$

$\therefore\ \left|x-\dfrac{3}{2}\right| < 1$이므로 수렴반경 $R=1$

(6) $A_n = \dfrac{x^n}{n!}$이라 하면,

$$\lim_{n\to\infty}\left|\frac{A_{n+1}}{A_n}\right| = \lim_{n\to\infty}\left|\frac{x^{n+1}}{(n+1)!} \cdot \frac{n!}{x^n}\right|$$
$$= \lim_{n\to\infty}\left|\frac{x}{n+1}\right| = |x|\lim_{n\to\infty}\frac{1}{n+1} = 0$$
$$= 0 \cdot |x| < 1$$이므로

$\displaystyle\sum_{n=0}^{\infty}\frac{x^n}{n!}$는 모든 x에 대하여 수렴한다. $\therefore R=\infty$

(7) $A_n = \dfrac{(2x)^n}{n!}$이라 하면,

$$\lim_{n\to\infty}\left|\frac{A_{n+1}}{A_n}\right| = \lim_{n\to\infty}\left|\frac{(2x)^{n+1}}{(n+1)!} \cdot \frac{n!}{(2x)^n}\right|$$
$$= \lim_{n\to\infty}\left|\frac{2x}{n+1}\right| = 2|x|\lim_{n\to\infty}\frac{1}{n+1} = 0$$
$$= 0 \cdot |x| < 1$$이므로

$\displaystyle\sum_{n=0}^{\infty}\frac{2^n x^n}{n!}$는 모든 x에 대하여 수렴한다. $\therefore R=\infty$

(8) $A_n = n!(2x-1)^n$이라 하면,

$x \neq \dfrac{1}{2}$인 모든 x에 대해

$$\lim_{n\to\infty}\left|\frac{A_{n+1}}{A_n}\right| = \lim_{n\to\infty}\left|\frac{(n+1)!(2x-1)^{n+1}}{n!(2x-1)^n}\right|$$
$$= \lim_{n\to\infty}(n+1)|2x-1| \to \infty$$

따라서 $\displaystyle\sum_{n=1}^{\infty} n!(2x-1)^n$는 $x \neq \dfrac{1}{2}$인 모든 x에서

발산하므로 $R=0$이다. $x=\dfrac{1}{2}$일 때만 수렴한다.

(9) $A_n = \dfrac{n!}{n^n}x^n$라 할 때,

$$\lim_{n\to\infty}\left|\frac{A_{n+1}}{A_n}\right| = \lim_{n\to\infty}\left|\frac{(n+1)!x^{n+1}}{(n+1)^{n+1}} \cdot \frac{n^n}{n!\,x^n}\right|$$
$$= \lim_{n\to\infty}\left|\frac{(n+1)\cdot n!x^{n+1}}{(n+1)^n(n+1)} \cdot \frac{n^n}{n!x^n}\right|$$
$$= \lim_{n\to\infty}\left|\frac{n^n}{(n+1)^n}\right||x|$$
$$= |x|\lim_{n\to\infty}\left(1-\frac{1}{n+1}\right)^n = \frac{1}{e}|x| < 1$$

이 때, 비율판정법에 의해 $|x|<e$일 때 수렴한다.

$\therefore$ 수렴반경 $R=e$

TIP ❖ 추가 설명 ❖

$|x|<e \Rightarrow -e<x<e$ 인

x를 대입하면 $\displaystyle\sum_{n=1}^{\infty}\frac{n!}{n^n}x^n$는 수렴한다.

$x=2$를 대입하면 $\displaystyle\sum_{n=1}^{\infty}\frac{2^n n!}{n^n}$은 수렴한다.

$x=-3$을 대입하면 $\displaystyle\sum_{n=1}^{\infty}\frac{(-3)^n n!}{n^n}$은 발산한다.

(10) $A_n = \frac{n^n}{n!}x^n$라 할 때,

$$\lim_{n\to\infty}\left|\frac{A_{n+1}}{A_n}\right| = \lim_{n\to\infty}\left|\frac{(n+1)^{n+1}x^{n+1}}{(n+1)!}\cdot\frac{n!}{n^n x^n}\right|$$

$$= \lim_{n\to\infty}\left|\frac{(n+1)^n(n+1)x^{n+1}}{(n+1)\cdot n!}\cdot\frac{n!}{n^n x^n}\right|$$

$$= \lim_{n\to\infty}\left|\frac{(n+1)^n}{n^n}\right||x|$$

$$= |x|\lim_{n\to\infty}\left(1+\frac{1}{n}\right)^n = |x|e < 1$$

비율판정법에 의해 $|x| < \frac{1}{e}$일 때 수렴한다.

$\therefore$ 수렴반경 $R = \frac{1}{e}$

TIP **❖ 추가 설명 ❖**

$|x| < \frac{1}{e} \Rightarrow -\frac{1}{e} < x < \frac{1}{e}$ 인

x를 대입하면 $\sum_{n=1}^{\infty}\frac{n!}{n^n}x^n$는 수렴한다.

$x = \frac{1}{3}$을 대입하면 $\sum_{n=1}^{\infty}\frac{n!}{3^n n^n}$은 수렴한다.

$x = \frac{1}{2}$을 대입하면 $\sum_{n=1}^{\infty}\frac{n!}{2^n n^n}$은 발산한다.

---

292. 20

풀이 $a_n = \frac{(x-3)^n}{n\cdot 4^n}$라 하면 비율판정법에 의하여

$\lim_{n\to\infty}\left|\frac{a_{n+1}}{a_n}\right| = \lim_{n\to\infty}\frac{1}{4}|x-3| = \frac{1}{4}|x-3| < 1$일 때,

수렴한다.

(i) $x=7$일 때, 급수 $\sum\frac{4^n}{n4^n} = \sum\frac{1}{n}$은

p급수판정법에 의하여 발산한다.

(ii) $x = -1$일 때,

급수 $\sum\frac{(-4)^n}{n4^n} = \sum\frac{(-1)^n 4^n}{n4^n} = \sum\frac{(-1)^n}{n}$은

$b_n = \frac{1}{n}$이라 하면 $b_n > 0$이고, 감소수열이며 $\lim_{n\to\infty}\frac{1}{n} = 0$

이므로 교대급수판정법에 의하여 수렴한다.

따라서 $\sum_{n=1}^{\infty}\frac{(x-3)^n}{n4^n}$의 수렴 구간은 $[-1, 7)$이다.

따라서 수렴하는 모든 정수의 합은

$-1+0+1+2+\ldots+6 = 20$이다.

293. $-\frac{3}{4} < x \leq \frac{1}{4}$

풀이 수열 $A_n = \frac{(-1)^{n+1}}{2^n n}(4x+1)^n$의 비율판정값을 이용하면

$\lim_{n\to\infty}\left|\frac{A_{n+1}}{A_n}\right| = \frac{1}{2}|4x+1| < 1$일 때 절대수렴한다.

구간 $-2 < 4x+1 < 2$에서

(i) $4x+1 = 2$일 때 ($x = \frac{1}{4}$일 때)

$\sum_{n=1}^{\infty}\frac{(-1)^{n+1}}{n}$은 $\lim_{n\to\infty}\frac{1}{n} = 0$이므로 교대급수판정법에 의하여 수렴한다.

(ii) $4x+1 = -2$일 때 ($x = -\frac{3}{4}$일 때)

$\sum_{n=1}^{\infty}\frac{(-1)^{2n+1}}{n} = -\sum_{n=1}^{\infty}\frac{1}{n}$은 p급수판정법에 의하여 발산한다.

그러므로 수렴구간은 $-\frac{3}{4} < x \leq \frac{1}{4}$이다.

294. $-\sqrt{2} < x < \sqrt{2}$

풀이 $a_n = \frac{1}{(n+1)2^n}x^{2n}$이라 하면

$$\lim_{n\to\infty}\left|\frac{a_{n+1}}{a_n}\right| = \lim_{n\to\infty}\left|\frac{\frac{1}{(n+2)2^{n+1}}x^{2n+2}}{\frac{1}{(n+1)2^n}x^{2n}}\right|$$

$$= \lim_{n\to\infty}\left|\frac{n+1}{(n+2)2}x^2\right| = \frac{1}{2}x^2 < 1$$

이므로 $x^2 < 2$, 즉 $-\sqrt{2} < x < \sqrt{2}$에서 수렴한다.

(i) $x = \sqrt{2}$일 때,

$\sum_{n=0}^{\infty}\frac{1}{(n+1)2^n}(\sqrt{2})^{2n} = \sum_{n=0}^{\infty}\frac{1}{n+1}$은 적분판정법에 의하여 발산한다.

(ii) $x = -\sqrt{2}$일 때,

$\sum_{n=0}^{\infty}\frac{1}{(n+1)2^n}(-\sqrt{2})^{2n} = \sum_{n=0}^{\infty}\frac{1}{n+1}$은 적분판정법에 의하여 발산한다.

따라서 수렴구간은 $-\sqrt{2} < x < \sqrt{2}$이다.

295. 1

풀이 $a_n = \frac{1}{\sqrt{n}}\left(\frac{x-1}{x}\right)^n$ 라고 할 때

$\lim_{n\to\infty}\left|\frac{a_{n+1}}{a_n}\right| = \lim_{n\to\infty}\left|\frac{x-1}{x}\cdot\frac{\sqrt{n}}{\sqrt{n+1}}\right| = \left|\frac{x-1}{x}\right| < 1$를

만족할 때 $\sum a_n$은 수렴한다.

$\Leftrightarrow -1 < \frac{x-1}{x} = 1 - \frac{1}{x} < 1$

$\Leftrightarrow 0 < \frac{1}{x} < 2 \quad \Leftrightarrow \quad 0 < \frac{1}{x} < 2 \quad \Leftrightarrow \quad \frac{1}{2} < x$

$x = \frac{1}{2}$일 때, 급수 $\sum_{n=1}^{\infty}\frac{(-1)^n}{\sqrt{n}}$이므로 교대급수판정법에 의하여 수렴한다.

그러므로 급수 $\sum_{n=1}^{\infty}\frac{1}{\sqrt{n}}\left(\frac{x-1}{x}\right)^n$의 수렴구간은 $x \ge \frac{1}{2}$이고, 수렴구간에 속하는 가장 작은 정수는 1이다.

296. 풀이 참조

풀이 (1) 거짓

[반례] $a_n = \frac{1}{n}$이라 하면 $\lim_{n\to\infty}\frac{1}{n} = 0$이지만 $\sum_{n=1}^{\infty}\frac{1}{n}$은 p급수판정법에 의하여 발산한다.

(2) 거짓

[반례] $a_n = \frac{(-1)^n}{n}$이라 하면 $\sum_{n=1}^{\infty}\frac{(-1)^n}{n}$은 교대급수 판정법에 의하여 수렴한다.

하지만 $\sum_{n=1}^{\infty}(-1)^n a_n = \sum_{n=1}^{\infty}\frac{1}{n}$은 p급수판정법에 의하여 발산한다.

즉, a_n이 양항급수인지 교대급수인지 조건을 제시하지 않았기 때문에 a_n의 다양성을 고려해야한다.

(3) 거짓

[반례] $a_n = n,\ b_n = -n$일 경우 두 급수 $\sum_{n=1}^{\infty} a_n$과 $\sum_{n=1}^{\infty} b_n$이 모두 발산하지만,

$\sum_{n=1}^{\infty}(a_n + b_n) = \sum_{n=1}^{\infty} 0$은 수렴한다.

(4) 거짓

[반례] $a_n = b_n = \frac{(-1)^n}{\sqrt{n}}$ 의 경우 급수 $\sum a_n$과 $\sum b_n$이 모두 수렴하지만,

$\sum a_n b_n = \sum \frac{1}{n}$으로 발산한다.

(5) 참

양항급수 $\sum a_n$과 $\sum b_n$이 모두 수렴하면 $\lim_{n\to\infty} a_n = \lim_{n\to\infty} b_n = 0$이고, 감소수열이므로

$a_n b_n < a_n,\ a_n b_n < b_n$이 성립한다. 따라서

$\sum a_n b_n < \sum a_n,\ \sum a_n b_n < \sum b_n$이므로 $\sum a_n b_n$은 수렴한다.

(6) 참

$\lim_{n\to\infty}\left|\frac{a_{n+1}}{a_n}\right| < 1$이면 비율 판정법에 의하여 $\sum_{n=1}^{\infty} a_n$이 수렴한다.

(7) 거짓

[반례] $a_n = \frac{1}{n^2}$이면 $\sum_{n=1}^{\infty}\frac{1}{n^2}$은 p급수판정법에 의하여 수렴하나 $p = \lim_{n\to\infty}\left|\frac{a_{n+1}}{a_n}\right| = 1$이다.

(8) 거짓

[반례] $a_n = (-1)^n\frac{1}{n}$이라 하면 $\sum_{n=1}^{\infty}(-1)^n\frac{1}{n}$은 교대급수 판정법에 의하여 수렴하지만

$\sum_{n=1}^{\infty}\left|(-1)^n\frac{1}{n}\right| = \sum_{n=1}^{\infty}\frac{1}{n}$은 p급수판정법에 의하여 발산한다.

(9) 거짓

[반례] $a_n = (-1)^n\frac{1}{n}$일 때, $|a_n| = \frac{1}{n}$이므로 $\sum_{n=1}^{\infty}|a_n|$은 발산한다.

그러나 $\sum_{n=1}^{\infty} a_n$은 교대급수판정법에 의해서 수렴한다.

(10) 거짓

[반례] $a_n = (-1)^n\frac{1}{\sqrt{n}}$이라 하면 $\sum_{n=1}^{\infty}(-1)^n\frac{1}{\sqrt{n}}$은 교대급수판정법에 의하여 수렴하지만

$\sum_{n=1}^{\infty}(-1)^n\frac{1}{\sqrt{n}}\cdot(-1)^n\frac{1}{\sqrt{n}} = \sum_{n=1}^{\infty}\frac{1}{n}$은 p급수판정법에 의하여 발산한다.

(11) 참

$\sum_{n=1}^{\infty}|a_n|$이 수렴하면 $\sum_{n=1}^{\infty}a_n$은 절대수렴한다.

즉, $\sum_{n=1}^{\infty}a_n$, $\sum_{n=1}^{\infty}(-a_n)$ 모두 수렴하고 $\lim_{n\to\infty}a_n=0$인 $\{a_n\}$은 감소수열이다.

따라서 $\sum_{n=1}^{\infty}a_n^2<\sum_{n=1}^{\infty}a_n$이므로 $\sum_{n=1}^{\infty}a_n{}^2$도 수렴한다.

또는 $\lim_{n\to\infty}\frac{a_n{}^2}{|a_n|}=\lim_{n\to\infty}|a_n|=0$이므로 극한비교판정법에 의하여 $\sum_{n=1}^{\infty}a_n{}^2$도 수렴한다.

(12) 거짓

[반례] $a_n=\frac{1}{n}$이라 하면 p급수판정법에 의하여 $\sum_{n=1}^{\infty}\frac{1}{n^2}$은 수렴하지만 $\sum_{n=1}^{\infty}\frac{1}{n}$은 발산한다.

(13) 참

급수 $\sum a_n$이 절대수렴하고

$0\le\sum|a_n\sin n|\le\sum|a_n|$이므로

비교판정법에 의해 $\sum|a_n\sin n|$도 수렴한다.

급수 $\sum a_n\sin n$은 절대수렴하므로 급수 $\sum a_n\sin n$도 수렴한다.

(14) 참

멱급수 $\sum_{n=1}^{\infty}a_nx^n$이 $x=2$에서 수렴하면 멱급수의 수렴범위는 최소한 $(-2,2]$이므로 $x=-1$은 수렴범위에 속하게 된다. 따라서 $x=-1$에서도 수렴한다.

(15) 거짓

멱급수 $\sum_{n=1}^{\infty}c_nx^n$이 $x=3$에서 수렴하면 멱급수의 수렴범위는 최소한 $(-3,3]$이므로 $x=-3$의 수렴성은 c_n이 제시되지 않는 한 알 수 없다.

4. 무한급수의 합

297. $\frac{1}{6}$

풀이 $a_n=\sum_{k=1}^{n}\frac{k+2}{(k+3)!}=\sum_{k=1}^{n}\frac{k+3-1}{(k+3)!}$

$=\sum_{k=1}^{n}\left\{\frac{1}{(k+2)!}-\frac{1}{(k+3)!}\right\}$

$=\frac{1}{3!}-\frac{1}{4!}+\frac{1}{4!}-\frac{1}{5!}+\cdots+\frac{1}{(n+2)!}-\frac{1}{(n+3)!}$

$=\frac{1}{3!}-\frac{1}{(n+3)!}$

$\therefore\ \lim_{n\to\infty}a_n=\lim_{n\to\infty}\left\{\frac{1}{3!}-\frac{1}{(n+3)!}\right\}=\frac{1}{3!}=\frac{1}{6}$

298. $\frac{3}{4}\pi-\tan^{-1}2$

풀이 급수의 부분합을 S_n이라 하면

$\sum_{n=1}^{\infty}[\tan^{-1}(n+2)-\tan^{-1}n]$

$=\lim_{n\to\infty}\sum_{k=1}^{n}[\tan^{-1}(k+2)-\tan^{-1}k]$

$=\lim_{n\to\infty}[(\tan^{-1}3-\tan^{-1}1)+(\tan^{-1}4-\tan^{-1}2)+\cdots+(\tan^{-1}(n+2)-\tan^{-1}n)]$

$=\lim_{n\to\infty}[-\tan^{-1}1-\tan^{-1}2+\tan^{-1}(n+1)+\tan^{-1}(n+2)]$

$=-\tan^{-1}1-\tan^{-1}2+\frac{\pi}{2}+\frac{\pi}{2}$

$=\frac{3}{4}\pi-\tan^{-1}2$

299. (1) 2 (2) $\frac{1}{4}$ (3) $\frac{1}{2}\ln\frac{4}{3}$

(4) $\frac{3}{16}$ (5) $\frac{\sqrt{3}\pi}{6}$ (6) 24

풀이 (1) $\cos x=1-\frac{1}{2!}x^2+\frac{1}{4!}x^4-\frac{1}{6!}x^6+\cdots$

$=\sum_{n=0}^{\infty}\frac{(-1)^nx^{2n}}{(2n)!}$

이고, $x=\pi$를 대입하면

$\cos\pi=1-\frac{1}{2!}\pi^2+\frac{1}{4!}\pi^4-\frac{1}{6!}\pi^6+\cdots$ 이므로

$\frac{\pi^2}{2!}-\frac{\pi^4}{4!}+\frac{\pi^6}{6!}-\frac{\pi^8}{8!}+\cdots=1-\cos\pi=2$이다.

(2) $\sum_{n=1}^{\infty}\frac{(\ln 2)^{2n}}{(2n)!}=\frac{(\ln 2)^2}{2!}+\frac{(\ln 2)^4}{4!}+\frac{(\ln 2)^6}{6!}+\cdots$

$\cosh x=1+\frac{1}{2!}x^2+\frac{1}{4!}x^4+\frac{1}{6!}x^6+\cdots$ 의 양변에서

1을 빼면 $\cosh x-1=\frac{1}{2!}x^2+\frac{1}{4!}x^4+\frac{1}{6!}x^6+\cdots$이다.

$x=\ln 2$를 대입하면

$\frac{1}{2!}(\ln 2)^2+\frac{1}{4!}(\ln 2)^4+\frac{1}{6!}(\ln 2)^6+\cdots$

$=\cosh(\ln 2)-1$

$=\frac{1}{2}(e^{\ln 2}+e^{-\ln 2})-1=\frac{1}{2}\left(2+\frac{1}{2}\right)-1=\frac{1}{4}$

(3) $\sum_{n=1}^{\infty}\frac{1}{n}x^n=-\ln(1-x)$이므로 $x=\frac{1}{4}$를 대입하면

$$\sum_{n=1}^{\infty}\frac{1}{n2^{2n+1}}=\frac{1}{2}\sum_{n=1}^{\infty}\frac{\left(\frac{1}{4}\right)^n}{n}$$

$$=\frac{1}{2}\sum_{n=1}^{\infty}\frac{x^n}{n}=-\frac{1}{2}\ln(1-x)$$

$$=-\frac{1}{2}\ln\left(1-\frac{1}{4}\right)=\frac{1}{2}\ln\frac{4}{3}$$ 이다.

(4) $x=\frac{1}{3}$으로 치환하면

$\sum_{n=1}^{\infty}(-1)^{n+1}n\,x^n=x-2x^2+3x^3-\cdots$이다.

$\frac{1}{1+x}=1-x+x^2-x^3+\cdots$이고

양변을 x에 대하여 미분하면

$\frac{-1}{(1+x)^2}=-1+2x-3x^2+\cdots$이고

양변에 $-x$를 곱하면

$\frac{x}{(1+x)^2}=x-2x^2+3x^3-\cdots$이므로

$$\sum_{n=1}^{\infty}(-1)^{n+1}n\left(\frac{1}{3}\right)^n=\left.\frac{x}{(1+x)^2}\right|_{x=\frac{1}{3}}=\frac{3}{16}$$

(5) $\tan^{-1}x=x-\frac{1}{3}x^3+\frac{1}{5}x^5-\cdots$

$=\sum_{n=0}^{\infty}\frac{(-1)^n x^{2n+1}}{2n+1}$이므로

$\sum_{k=0}^{\infty}\frac{(-1)^k}{(2k+1)}x^{2k}=\frac{\tan^{-1}x}{x}$이고 $x=\frac{1}{\sqrt{3}}$을 대입하면

$$\sum_{k=0}^{\infty}\frac{(-1)^k}{(2k+1)}\left(\frac{1}{\sqrt{3}}\right)^{2k}=\frac{\tan^{-1}\frac{1}{\sqrt{3}}}{\frac{1}{\sqrt{3}}}=\frac{\sqrt{3}\pi}{6}$$

(6) $x=\frac{2}{3}$라고 하면 $\sum_{n=2}^{\infty}\frac{n(n-1)2^n}{3^n}=\sum_{n=2}^{\infty}n(n-1)x^n$

이다. $|x|<1$일 때, 식을 유도하기 위해서

$\frac{1}{1-x}=1+x+x^2+x^3+x^4+\cdots=\sum_{n=0}^{\infty}x^n$의

양변을 x에 대하여 두 번 미분하고 양변에 x^2을 곱하면

$$\frac{2x^2}{(1-x)^3}=2!x^2+3\cdot 2x^3+4\cdot 3x^4+5\cdot 4x^5+\cdots$$

$$=\sum_{n=2}^{\infty}n(n-1)x^n$$ 이다.

$x=\frac{2}{3}$를 대입하면

$$\sum_{n=2}^{\infty}n(n-1)x^n=\sum_{n=2}^{\infty}n(n-1)\left(\frac{2}{3}\right)^n=\frac{2x^2}{(1-x)^3}$$

$$=\frac{2\left(\frac{2}{3}\right)^2}{\left(1-\frac{2}{3}\right)^3}=24$$

300. $c=\frac{\sqrt{3}-1}{2}$

풀이 $\sum_{n=2}^{\infty}(1+c)^{-n}$은 첫째항 $a=(1+c)^{-2}$, 공비

$r=(1+c)^{-1}$인 등비급수이므로

$|(1+c)^{-1}|<1 \Leftrightarrow |(1+c)|>1$

$\Leftrightarrow 1+c>1$ 또는 $1+c<-1$

$\Leftrightarrow c>0$ 또는 $c<-2$ 일 때 수렴한다.

또한 급수합 $\frac{(1+c)^{-2}}{1-(1+c)^{-1}}=2 \Leftrightarrow 2c^2+2c-1=0$

$\Leftrightarrow c=\frac{\pm\sqrt{3}-1}{2}$

그러나 $c=\frac{-\sqrt{3}-1}{2}$는 $-2<\frac{-\sqrt{3}-1}{2}<0$이므로

조건을 만족시키지 못한다. $\therefore c=\frac{\sqrt{3}-1}{2}$

301. $\ln\frac{3}{2}$

풀이 $\frac{1}{2}=x$로 치환을 하면 매클로린 급수의 식으로 바꿀 수 있다.

$$\sum_{n=1}^{\infty}(-1)^{n-1}\frac{x^n}{n}=x-\frac{1}{2}x^2+\frac{1}{3}x^3-\cdots=\ln(1+x)$$

$x=\frac{1}{2}$을 대입하면 $\sum_{n=1}^{\infty}(-1)^{n-1}\frac{1}{n2^n}=\ln\left(\frac{3}{2}\right)$

302. 1

풀이 규칙성이 존재하는 급수의 소거법으로
급수의 합을 구할 수 있다.

$$\begin{aligned}\sum_{n=1}^{\infty}\frac{n}{(n+1)!}&=\sum_{n=1}^{\infty}\left\{\frac{n+1}{(n+1)!}-\frac{1}{(n+1)!}\right\}\\&=\sum_{n=1}^{\infty}\left\{\frac{1}{n!}-\frac{1}{(n+1)!}\right\}\\&=\lim_{n\to\infty}\left[\left(\frac{1}{1!}-\frac{1}{2!}\right)+\left(\frac{1}{2!}-\frac{1}{3!}\right)+\cdots\right.\\&\qquad\left.+\left\{\frac{1}{n!}-\frac{1}{(n+1)!}\right\}\right]\\&=\lim_{n\to\infty}\left\{1-\frac{1}{(n+1)!}\right\}=1\end{aligned}$$

매클로린 급수를 활용할 수 있도록 식을 조작해보자.

$$\begin{aligned}\sum_{n=1}^{\infty}\frac{n}{(n+1)!}&=\sum_{n=1}^{\infty}\left\{\frac{n+1}{(n+1)!}-\frac{1}{(n+1)!}\right\}\\&=\sum_{n=1}^{\infty}\frac{1}{n!}-\sum_{n=1}^{\infty}\frac{1}{(n+1)!}\\&=(e^x-1)-(e^x-1-x)\big|_{x=1}=1\end{aligned}$$

303. $\frac{x(1+x)}{(1-x)^3}$

$\sum_{n=0}^{\infty}x^n=\frac{1}{1-x}$ 양변을 x에 대하여 미분하면

$\Rightarrow\sum_{n=1}^{\infty}nx^{n-1}=\frac{1}{(1-x)^2}$ 양변에 x를 곱하면

$\Rightarrow\sum_{n=1}^{\infty}nx^{n}=\frac{x}{(1-x)^2}$ 양변에 x에 대하여 미분

$\Rightarrow\sum_{n=1}^{\infty}n^2x^{n-1}=\frac{x+1}{(1-x)^3}$ 양변에 x를 곱함

$\Rightarrow\sum_{n=1}^{\infty}n^2x^{n}=\frac{x(x+1)}{(1-x)^3}$ 이다.

304. $\frac{11}{2}$

풀이 (ⅰ)
$$\begin{aligned}\sum_{n=1}^{\infty}\frac{5}{n(n+1)}&=\lim_{n\to\infty}\sum_{k=1}^{n}\frac{5}{k(k+1)}\\&=5\lim_{n\to\infty}\sum_{k=1}^{n}\left(\frac{1}{k}-\frac{1}{k+1}\right)\\&=5\lim_{n\to\infty}\left\{\left(\frac{1}{1}-\frac{1}{2}\right)+\left(\frac{1}{2}-\frac{1}{3}\right)+\cdots\right.\\&\qquad\left.+\left(\frac{1}{n-1}-\frac{1}{n}\right)+\left(\frac{1}{n}-\frac{1}{n+1}\right)\right\}\\&=5\lim_{n\to\infty}\left(1-\frac{1}{n+1}\right)=5\end{aligned}$$

(ⅱ) $\sum_{n=1}^{\infty}\frac{1}{3^n}=\frac{\frac{1}{3}}{1-\frac{1}{3}}=\frac{1}{2}$

$$\begin{aligned}\therefore\sum_{n=1}^{\infty}\left\{\frac{5}{n(n+1)}+\frac{1}{3^n}\right\}&=\sum_{n=1}^{\infty}\frac{5}{n(n+1)}+\sum_{n=1}^{\infty}\frac{1}{3^n}\\&=5+\frac{1}{2}=\frac{11}{2}\end{aligned}$$

MEMO

미적분 공식 정리

1. 삼각함수 & 역삼각함수의 여러 공식

$\sin(\alpha \pm \beta) = \sin\alpha\cos\beta \pm \cos\alpha\sin\beta$	$\sin 2\alpha = 2\sin\alpha\cos\alpha$
$\cos(\alpha \pm \beta) = \cos\alpha\cos\beta \mp \sin\alpha\sin\beta$	$\cos 2\alpha = \cos^2\alpha - \sin^2\alpha$
$\tan(\alpha \pm \beta) = \dfrac{\tan\alpha \pm \tan\beta}{1 \mp \tan\alpha\tan\beta}$	$\tan 2\alpha = \dfrac{2\tan\alpha}{1-\tan^2\alpha}$
$\cos^2\theta + \sin^2\theta = 1$	$\sin^2\alpha = \dfrac{1-\cos 2\alpha}{2}$
$1+\tan^2\theta = \sec^2\theta$	$\cos^2\alpha = \dfrac{1+\cos 2\alpha}{2}$
$1+\cot^2\theta = \csc^2\theta$	$\tan^2\alpha = \dfrac{1-\cos 2\alpha}{1+\cos 2\alpha}$
$\sin^{-1}x + \cos^{-1}x = \dfrac{\pi}{2}$	$\cos^{-1}(x) + \cos^{-1}(-x) = \pi$
$\sec^{-1}x + \csc^{-1}x = \dfrac{\pi}{2}$	$\tan^{-1}x + \cot^{-1}x = \dfrac{\pi}{2}$

2. 쌍곡선함수 & 역쌍곡선함수의 여러 공식

$y = \sinh x = \dfrac{e^x - e^{-x}}{2}$	$\cosh^2 x - \sinh^2 x = 1$
$y = \cosh x = \dfrac{e^x + e^{-x}}{2}$	$1 - \tanh^2 x = \operatorname{sech}^2 x$
$y = \tanh x = \dfrac{\sinh x}{\cosh x} = \dfrac{e^{2x}-1}{e^{2x}+1}$	$\coth^2 x - 1 = \operatorname{csch}^2 x$
$y = \sinh^{-1}x = \ln\left(x + \sqrt{x^2+1}\right) \ (-\infty < x < \infty)$	$y = \operatorname{csch}^{-1}x$ $= \sinh^{-1}\left(\dfrac{1}{x}\right) = \ln\left(\dfrac{1}{x} + \sqrt{\dfrac{1}{x^2}+1}\right) (x \neq 0)$
$y = \cosh^{-1}x = \ln\left(x + \sqrt{x^2-1}\right) \ (x \ge 1)$	$y = \operatorname{sech}^{-1}x$ $= \cosh^{-1}\left(\dfrac{1}{x}\right) = \ln\left(\dfrac{1}{x} + \sqrt{\dfrac{1}{x^2}-1}\right) (0 < x \le 1)$
$y = \tanh^{-1}x = \dfrac{1}{2}\ln\left(\dfrac{1+x}{1-x}\right) \ (\lvert x\rvert < 1)$	$y = \coth^{-1}x$ $= \tanh^{-1}\left(\dfrac{1}{x}\right) = \dfrac{1}{2}\ln\left(\dfrac{x+1}{x-1}\right) \ (\lvert x\rvert > 1)$

3. 도함수의 정의 & 미분공식

1계 도함수의 정의	$f'(x)=\dfrac{dy}{dx}=\lim\limits_{h\to0}\dfrac{f(x+h)-f(x)}{h}$
2계 도함수의 정의	$f''(x)=\dfrac{d^2y}{dx^2}=\lim\limits_{h\to0}\dfrac{f'(x+h)-f'(x)}{h}$

원함수	도함수	원함수	도함수
$y=cf(x)$	$y'=cf'(x)$	$y=f(x)g(x)$	$y'=f'(x)g(x)+f(x)g'(x)$
$y=f(x)\pm g(x)$	$y'=f'(x)\pm g'(x)$	$y=\dfrac{g(x)}{f(x)}$	$y'=\dfrac{g'(x)f(x)-g(x)f'(x)}{\{f(x)\}^2}$
$y=c$	$y'=0$	$y=\dfrac{1}{x}$	$y'=-\dfrac{1}{x^2}$
$y=x^n$	$y'=nx^{n-1}$	$y=\sqrt{x}$	$y'=\dfrac{1}{2\sqrt{x}}$
$y=a^x$	$y'=a^x\ln a$	$y=\log_a x$	$y'=\dfrac{1}{x\ln a}$
$y=e^x$	$y'=e^x$	$y=\ln x$	$y'=\dfrac{1}{x}$
$y=\sin x$	$y'=\cos x$	$y=\sin^{-1}x$	$y'=\dfrac{1}{\sqrt{1-x^2}}$
$y=\cos x$	$y'=-\sin x$	$y=\cos^{-1}x$	$y'=\dfrac{-1}{\sqrt{1-x^2}}$
$y=\tan x$	$y'=\sec^2x$	$y=\tan^{-1}x$	$y'=\dfrac{1}{1+x^2}$
$y=\cot x$	$y'=-\csc^2x$	$y=\cot^{-1}x$	$y'=\dfrac{-1}{1+x^2}$
$y=\sec x$	$y'=\sec x\tan x$	$y=\sec^{-1}x$	$y'=\dfrac{1}{\lvert x\rvert\sqrt{x^2-1}}$
$y=\csc x$	$y'=-\csc x\cot x$	$y=\csc^{-1}x$	$y'=\dfrac{-1}{\lvert x\rvert\sqrt{x^2-1}}$
$y=\sinh x$	$y'=\cosh x$	$y=\sinh^{-1}x$	$y'=\dfrac{1}{\sqrt{x^2+1}}$
$y=\cosh x$	$y'=\sinh x$	$y=\cosh^{-1}x$	$y'=\dfrac{1}{\sqrt{x^2-1}}$
$y=\tanh x$	$y'=\operatorname{sech}^2x$	$y=\tanh^{-1}x$	$y'=\dfrac{1}{1-x^2}$
$y=\coth x$	$y'=-\operatorname{csch}^2x$	$y=\coth^{-1}x$	$y'=\dfrac{1}{1-x^2}$
$y=\operatorname{sech}x$	$y'=-\operatorname{sech}x\tanh x$	$y=\operatorname{sech}^{-1}x$	$y'=\dfrac{-1}{\lvert x\rvert\sqrt{1-x^2}}$
$y=\operatorname{csch}x$	$y'=-\operatorname{csch}x\coth x$	$y=\operatorname{csch}^{-1}x$	$y'=\dfrac{-1}{\lvert x\rvert\sqrt{1+x^2}}$

4. 여러 가지 함수의 미분법

(1) 합성함수 $y=f(g(x))$의 미분	$\frac{dy}{dx}=f'(g(x))g'(x)$
(2) f의 역함수를 g라고 할 때,	$g'(f(x))=\frac{1}{f'(x)}$ $g''(f(x))=\frac{-f''(x)}{(f'(x))^3}$
(3) 음함수 $f(x,y)=0$의 미분	$\frac{dy}{dx}=-\frac{f_x}{f_y}$
(4) 매개변수 함수 $\begin{cases}x=f(t)\\y=g(t)\end{cases}$의 미분	$\frac{dy}{dx}=\frac{y'(t)}{x'(t)}=\frac{g'(t)}{f'(t)}$ $\frac{d^2y}{dx^2}=\frac{x'y''-x''y'}{(x')^3}$
(5) $y=f(x)^{g(x)}$ 미분	$\frac{dy}{dx}=f(x)^{g(x)}\left(g'(x)\ln f(x)+g(x)\frac{f'(x)}{f(x)}\right)$

5. 미분의 여러 가지 정리

(1) $x=a$에서 $f(x)$는 연속이다 $\Leftrightarrow$ $\lim_{x\to a}f(x)=f(a)$

(2) 중간값 정리(실근의 존재성) : $f(x)$가 폐구간 $[a,b]$에서 연속이고, $f(a)f(b)<0$라면
$f(c)=0$을 만족하는 c는 구간(a,b)에 적어도 하나 존재한다. 즉, $c\in(a,b)$한다.

(3) 롤의 정리 : 함수 f가 구간 $[a,b]$에서 연속이고, 구간 (a,b)에서 미분가능하고,
$f(a)=f(b)$을 만족하면 $f'(c)=0$인 c가 구간 (a,b)에 적어도 하나 존재한다.

(4) 평균값 정리 : 함수 f가 구간 $[a,b]$에서 연속이고, 구간 (a,b)에서 미분가능할 때,
$\frac{f(b)-f(a)}{b-a}=f'(c)$를 만족하는 c가 구간 (a,b)에 적어도 하나 존재한다.

6. 극한

(1) $\lim_{x\to0}x\ln x=0$	(2) $\lim_{x\to0}x^2\ln x=0$
(3) $\lim_{x\to\infty}\left(1+\frac{a}{x}\right)^x=e^a$	(4) $\lim_{x\to\infty}\left(1+\frac{a}{x+b}\right)^x=e^a$

7. 적분공식

적분형태	적분결과(적분상수 C생략)
$\int a\, dx$	$ax+C$
$\int a\, f(x)\, dx$	$a\int f(x)\, dx + C$
$\int f(x) \pm g(x)\, dx$	$\int f(x)\, dx \pm \int g(x)\, dx$
$\int \sin x\, dx$	$-\cos x$
$\int \cos x\, dx$	$\sin x$
$\int \tan x\, dx$	$-\ln\|\cos x\| = \ln\|\sec x\|$
$\int \csc x\, dx$	$\ln\|\csc x - \cot x\|$
$\int \sec x\, dx$	$\ln\|\sec x + \tan x\|$
$\int \cot x\, dx$	$\ln\|\sin x\|$
$\int \sec x \tan x\, dx$	$\sec x$
$\int \csc x \cot x\, dx$	$-\csc x$
$\int \sec^2 x\, dx$	$\tan x$
$\int \csc^2 x\, dx$	$-\cot x$
$\int \tan^2 x\, dx$	$\tan x - x$
$\int \cot^2 x\, dx$	$-\cot x - x$
$\int \sin^2 x\, dx$	$\frac{1}{2}\left\{x - \frac{1}{2}\sin 2x\right\}$
$\int \cos^2 x\, dx$	$\frac{1}{2}\left\{x + \frac{1}{2}\sin 2x\right\}$

적분형태	적분결과(적분상수 C생략)
$\int \sinh x\, dx$	$\cosh x$
$\int \cosh x\, dx$	$\sinh x$
$\int \operatorname{sech}^2 x\, dx$	$\tanh x$
$\int \operatorname{csch}^2 x\, dx$	$-\coth x$
$\int \tanh x\, dx$	$\ln\|\cosh x\|$
$\int \coth x\, dx$	$\ln\|\sinh x\|$
$\int \tanh^2 x\, dx$	$x - \tanh x$
$\int \coth^2 x\, dx$	$x - \coth x$
$\int \operatorname{sech} x \tanh x\, dx$	$-\operatorname{sech} x$
$\int \operatorname{csch} x \coth x\, dx$	$-\operatorname{csch} x$
$\int \sin ax\, dx$	$\frac{-1}{a}\cos ax$
$\int \cos ax\, dx$	$\frac{1}{a}\sin ax$
$\int \cos x \sin^n x\, dx$	$\frac{1}{n+1}\sin^{n+1} x$
$\int \sin x \cos^n x\, dx$	$\frac{-1}{n+1}\cos^{n+1} x$
$\int \sec^3 x\, dx$	$\frac{1}{2}\{\sec x \tan x + \ln\|\sec x + \tan x\|\}$
$\int \tan^3 x\, dx$	$\frac{1}{2}\tan^2 x + \ln\|\cos x\|$
$\int \tan^4 x\, dx$	$\frac{\tan^3 x}{3} - \tan x + x$

8. 치환적분 & 부분적분 공식	
$\int x^n\,dx$	$\frac{1}{n+1}x^{n+1}$
$\int ★'\,★^n\,dx$	$\frac{1}{n+1}★^{n+1}$
$\int \frac{1}{x}\,dx$	$\ln\lvert x\rvert$
$\int \frac{★'}{★}\,dx$	$\ln\lvert ★\rvert$
$\int \frac{1}{x^2}\,dx$	$-\frac{1}{x}$
$\int \frac{★'}{★^2}\,dx$	$-\frac{1}{★}$
$\int a^x\,dx$	$\frac{1}{\ln a}a^x$
$\int a^★\,★'\,dx$	$\frac{1}{\ln a}a^★$
$\int e^x\,dx$	e^x
$\int e^★\,★'\,dx$	$e^★$
$\int \ln x\,dx$	$x\ln\lvert x\rvert - x$
$\int x\ln x\,dx$	$\frac{1}{2}x^2\ln\lvert x\rvert - \frac{1}{4}x^2$
$\int x^2\ln x\,dx$	$\frac{1}{3}x^3\ln\lvert x\rvert - \frac{1}{9}x^3$
$\int e^{ax}\sin bx\,dx$	$\frac{e^{ax}(a\sin bx - b\cos bx)}{a^2+b^2}$
$\int e^{ax}\cos bx\,dx$	$\frac{e^{ax}(a\cos bx + b\sin bx)}{a^2+b^2}$
$\int e^x\sin x\,dx$	$\frac{e^x(\sin x - \cos x)}{2}$
$\int e^x\cos x\,dx$	$\frac{e^x(\sin x + \cos x)}{2}$

9. 삼각치환 할 경우 x를 무엇으로 치환	
$\sqrt{a^2-x^2}$ $x=a\sin\theta$ $\sqrt{a^2-x^2}=a\cos\theta$ $dx=a\cos\theta\,d\theta$	
$\sqrt{a^2+x^2}$ $x=a\tan\theta$ $\sqrt{a^2+x^2}=a\sec\theta$ $dx=a\sec^2\theta\,d\theta$	
$\sqrt{x^2-a^2}$ $x=a\sec\theta$ $\sqrt{x^2-a^2}=a\tan\theta$ $dx=a\sec\theta\tan\theta\,d\theta$	
$\int \frac{1}{1+x^2}\,dx$	$\tan^{-1}x$
$\int \frac{1}{a^2+x^2}\,dx$	$\frac{1}{a}\tan^{-1}\frac{x}{a}$
$\int \frac{1}{\sqrt{1-x^2}}\,dx$	$\sin^{-1}x + C_1 = -\cos^{-1}x + C_2$
$\int \frac{1}{\sqrt{a^2-x^2}}\,dx$	$\sin^{-1}\frac{x}{a} + C_1 = -\cos^{-1}\left(\frac{x}{a}\right) + C_2$
$\int \frac{1}{\sqrt{x^2+1}}\,dx$	$\sinh^{-1}x = \ln(x+\sqrt{x^2+1})$
$\int \frac{1}{\sqrt{x^2+a^2}}\,dx$	$\sinh^{-1}\left(\frac{x}{a}\right) = \ln\left(\frac{x+\sqrt{x^2+a^2}}{a}\right)$
$\int \frac{1}{\sqrt{x^2-1}}\,dx$	$\cosh^{-1}x = \ln(x+\sqrt{x^2-1})$
$\int \frac{1}{\sqrt{x^2-a^2}}\,dx$	$\cosh^{-1}\left(\frac{x}{a}\right) = \ln\left(\frac{x+\sqrt{x^2-a^2}}{a}\right)$

10. 삼각함수 적분에서 $\tan\frac{x}{2}=t$ 로 치환		
	$\sin x$	$\frac{2t}{1+t^2}$
	$\cos x$	$\frac{1-t^2}{1+t^2}$
	dx	$\frac{2}{1+t^2}dt$

삼각함수 적분에서 $\tan x = t$ 일 때		
	$\sin 2x$	$\frac{2t}{1+t^2}$
	$\cos 2x$	$\frac{1-t^2}{1+t^2}$
	dx	$\frac{1}{1+t^2}dt$

11. wallis 공식

$$\int_0^{\frac{\pi}{2}}\sin^n x\,dx = \int_0^{\frac{\pi}{2}}\cos^n x\,dx = \begin{cases} n : \text{짝수일 때} \Rightarrow \frac{n-1}{n}\frac{n-3}{n-2}\cdots\frac{1}{2}\frac{\pi}{2} \\ n : \text{홀수일 때} \Rightarrow \frac{n-1}{n}\frac{n-3}{n-2}\cdots\frac{2}{3}\cdot 1 \end{cases}$$

12. 이상적분

$\int_0^{\infty} e^{-x^2}dx$	$\frac{\sqrt{\pi}}{2}$
$\int_{-\infty}^{\infty} e^{-x^2}dx$	$\sqrt{\pi}$
$\int_0^{\infty} e^{-kx^2}dx$	$\frac{1}{\sqrt{k}}\cdot\frac{\sqrt{\pi}}{2}$
$\int_0^{\infty} \sqrt{x}\, e^{-x}\, dx$	$\frac{\sqrt{\pi}}{2}$
$\int_0^{\infty} \frac{e^{-x}}{\sqrt{x}}dx$	$\sqrt{\pi}$
$\int_0^{\infty} x^2 e^{-x^2}dx$	$\frac{\sqrt{\pi}}{4}$

13. 이상적분의 수렴조건 ($a<c<b$)

$\int_1^{\infty} \frac{1}{x^p}dx$	$p>1$
$\int_e^{\infty} \frac{1}{x(\ln x)^p}dx$	$p>1$
$\int_e^{\infty} \frac{\ln x}{x^p}dx$	$p>1$
$\int_0^1 \frac{1}{x^p}dx$	$p<1$
$\int_a^b \frac{1}{(x-c)^p}dx$	$p<1$
$\int_0^1 \frac{\ln x}{x^p}dx$	$p<1$

14. 감마함수의 정의 & 성질

$\Gamma(n+1)=\int_0^{\infty} x^n e^{-x}dx \quad (n\ge 0)$
$\Gamma(n+1)=n\Gamma(n)$
$\Gamma(n+1)=n!$ (단, n이 자연수)
$\Gamma\left(\frac{3}{2}\right)=\frac{1}{2}\Gamma\left(\frac{1}{2}\right)=\frac{\sqrt{\pi}}{2}$
$\int_0^1 (-\ln t)^n\, dt = n!$

15. 적분의 성질

$f(x)$가 기함수일 때,	$\int_{-a}^{a} f(x)\, dx=0$
$f(x)$가 우함수일 때,	$\int_{-a}^{a} f(x)\, dx=2\int_0^a f(x)\, dx$

16. 적분의 평균값 정리

폐구간 $[a,b]$에서 연속인 $f(x)$에 대하여

$\int_a^b f(x)\, dx = (b-a)f(c)$인 $c\in(a,b)$가 적어도 하나 존재한다.

$\Rightarrow \frac{1}{b-a}\int_a^b f(x)dx = f(c)$

$\Rightarrow$ 여기서 $f(c)$를 $f(x)$의 평균값이라 한다.

17. 직교좌표와 극좌표의 관계식

$$\begin{cases} x=r\cos\theta \\ y=r\sin\theta \end{cases} \Rightarrow \begin{cases} r=\sqrt{x^2+y^2} \\ \tan\theta=\frac{y}{x} \end{cases}$$

$(r,\theta) = ((-1)^n r,\ n\pi+\theta)$

$r=f(\theta)$의 $\frac{dy}{dx}=\frac{f'(\theta)\sin\theta+f(\theta)\cos\theta}{f'(\theta)\cos\theta-f(\theta)\sin\theta}$

$r=f(\theta)$의 동경벡터 θ와 접선의 사잇각 ϕ일 때,

$\tan(\phi)=\frac{r}{r'}=\frac{f(\theta)}{f'(\theta)}$

18. 스칼라 함수의 적분응용 공식

곡선의 길이	$y=f(x)$ $(a \le x \le b)$	$L=\int_a^b \sqrt{1+(y')^2}\,dx=\int_a^b \sqrt{1+\{f'(x)\}^2}\,dx$
	$x=g(y)$ $(c \le y \le d)$	$L=\int_c^d \sqrt{1+(x')^2}\,dy=\int_c^d \sqrt{1+\{g'(y)\}^2}\,dy$
$a \le x \le b$에서 x축과 곡선 $f(x)$의 둘러싸인 영역	면적	$A=\int_a^b \lvert y\rvert\,dx=\int_a^b \lvert f(x)\rvert\,dx$
	회전체의 부피	x축 (직선 $y=0$) 회전체의 부피 $V_x=\pi\int_a^b y^2\,dx=\pi\int_a^b \{f(x)\}^2\,dx$
		직선 $y=k$ (x축과 평행) 회전체의 부피 $V_x=\pi\int_a^b \lvert y-k\rvert^2\,dx=\pi\int_a^b \{f(x)-k\}^2\,dx$
		y축 (직선 $x=0$) 회전체의 부피 $V_y=2\pi\int_a^b \lvert x\rvert\lvert y\rvert\,dx=2\pi\int_a^b \lvert x\rvert\lvert f(x)\rvert\,dx$
		직선 $x=m$ (y축과 평행) 회전체의 부피 $V_y=2\pi\int_a^b \lvert x-m\rvert\lvert y\rvert\,dx=2\pi\int_a^b \lvert x-m\rvert\lvert f(x)\rvert\,dx$
$a \le x \le b$에서 곡선 $y_1=f(x)$와 $y_2=g(x)$가 둘러싸인 영역 $(f(x)>g(x))$	면적	$A=\int_a^b \lvert f(x)-g(x)\rvert\,dx$
	회전체의 부피	x축(직선 $y=0$) 회전체의 부피 $V_x=\pi\int_a^b (y_1)^2-(y_2)^2\,dx=\pi\int_a^b \{f(x)\}^2-\{g(x)\}^2\,dx$
		직선 $y=k$ (x축과 평행) 회전체의 부피 $V_x=\pi\int_a^b \lvert y_1-k\rvert^2-\lvert y_2-k\rvert^2\,dx=\pi\int_a^b \{f(x)-k\}^2-\{g(x)-k\}^2\,dx$
		y축 (직선 $x=0$) 회전체의 부피 $V_y=2\pi\int_a^b \lvert x\rvert\lvert y_1-y_2\rvert\,dx=2\pi\int_a^b \lvert x\rvert\lvert f(x)-g(x)\rvert\,dx$
		직선 $x=m$ (y축과 평행) 회전체의 부피 $V_y=2\pi\int_a^b \lvert x-m\rvert\lvert y_1-y_2\rvert\,dx=2\pi\int_a^b \lvert x-m\rvert\lvert f(x)-g(x)\rvert\,dx$
회전체의 표면적		$S_x=2\pi\int y$ • 호의길이
		$S_y=2\pi\int x$ • 호의길이

19. 매개함수 $\begin{cases} x = f(t) \\ y = g(t) \end{cases}$ $(t_1 \le t \le t_2)$ 적분응용 공식

구분		공식
곡선의 길이		$L = \int_{t_1}^{t_2} \sqrt{(x')^2 + (y')^2}\, dt \, (t_1 \le t \le t_2)$
$a \le x = f(t) \le b$ $(t_1 \le t \le t_2)$일 때, x축과 곡선의 둘러싸인 영역	면적	$A = \int_a^b \lvert y \rvert\, dx = \int_{t_1}^{t_2} \lvert g(t) \rvert f'(t)\, dt$
	회전체의 부피	x축 (직선 $y=0$) 회전체의 부피 $V_x = \pi \int_a^b y^2\, dx = \pi \int_{t_1}^{t_2} \{g(t)\}^2 f'(t)\, dt$
		직선 $y=k$ (x축과 평행) 회전체의 부피 $V_x = \pi \int_a^b \lvert y-k \rvert^2\, dx = \pi \int_{t_1}^{t_2} \{g(t)-k\}^2 f'(t)\, dt$
		y축 (직선 $x=0$) 회전체의 부피 $V_y = 2\pi \int_a^b \lvert x \rvert \lvert y \rvert\, dx = 2\pi \int_{t_1}^{t_2} \lvert f(t) \rvert \lvert g(t) \rvert f'(t)\, dt$
		직선 $x=m$ (y축과 평행) 회전체의 부피 $V_y = 2\pi \int_a^b \lvert x-m \rvert \lvert y \rvert\, dx = 2\pi \int_{t_1}^{t_2} \lvert f(t)-m \rvert \lvert g(t) \rvert f'(t)\, dt$
회전체의 표면적		$S_x = 2\pi \int y \cdot$ 호의길이$= 2\pi \int_{t_1}^{t_2} g(t) \sqrt{(x')^2 + (y')^2}\, dt$
		$S_y = 2\pi \int x \cdot$ 호의길이$= 2\pi \int_{t_1}^{t_2} f(t) \sqrt{(x')^2 + (y')^2}\, dt$

20. 극좌표계 $r = f(\theta)$ $(\alpha \le \theta \le \beta)$ 적분응용

면적	$\frac{1}{2} \int_\alpha^\beta r^2\, d\theta$	곡선의 길이	$\int_\alpha^\beta \sqrt{r^2 + (r')^2}\, d\theta$

21. 파푸스 정리

주어진 함수가 단순 폐곡선(원, 타원 등)일 때, (d : 폐곡선의 중심과 회전축과의 거리)
(1) 회전체의 부피 = 폐곡선의 단면적 $\times 2\pi d$ (2) 회전체의 표면적 = 폐곡선의 둘레의 길이 $\times 2\pi d$

22. 매개함수 & 극곡선의 적분응용

	면적	곡선의 길이	회전체의 부피	회전체의 표면적
파선형 (Cycloid) $\begin{Bmatrix} x = a\,(t - \sin t) \\ y = a\,(1 - \cos t) \end{Bmatrix}$	$3\pi a^2$	$8a$	$5\pi^2 a^3$	$\frac{64}{3}\pi a^2$
성망형 (Asteroid) $\begin{Bmatrix} x = a\cos^3 t \\ y = a\sin^3 t \end{Bmatrix}$	$\frac{3\pi a^2}{8}$	$6a$	$\frac{32}{105}\pi a^3$	$\frac{12}{5}\pi a^2$
심장형 $r = a(1 \pm \cos\theta)$ $r = a(1 \pm \sin\theta)$	$\frac{3\pi a^2}{2}$	$8a$		
연주형(2엽 장미) $r^2 = a^2\cos 2\theta$ $r^2 = a^2\sin 2\theta$	a^2			
4엽 장미 $r = a\cos 2\theta$ $r = a\sin 2\theta$	$\frac{\pi}{2}a^2$			
3엽 장미 $r = a\cos 3\theta$ $r = a\sin 3\theta$	$\frac{\pi}{4}a^2$			

23. 테일러 급수 & 매클로린 급수 정의 & 공식

테일러(Taylor) 급수의 정의 _ 함수 $f(x)$가 $x=a$에서 미분 가능할 때,

$$f(x)=f(a)+f'(a)(x-a)+\frac{f''(a)}{2!}(x-a)^2+\frac{f'''(a)}{3!}(x-a)^3+\cdots+\frac{f^{(n)}(a)}{n!}(x-a)^n+\cdots$$
$$=\sum_{n=0}^{\infty}\frac{f^{(n)}(a)}{n!}(x-a)^n=\sum_{n=0}^{\infty}C_n(x-a)^n$$

매클로린 급수의 정의 _ 함수 $f(x)$가 $x=0$에서 미분 가능할 때,

$$f(x)=f(0)+f'(0)x+\frac{f''(0)}{2!}x^2+\frac{f'''(0)}{3!}x^3+\cdots+\frac{f^{(n)}(0)}{n!}x^n+\cdots=\sum_{n=0}^{\infty}\frac{f^{(n)}(0)}{n!}x^n=\sum_{n=0}^{\infty}C_nx^n$$

(1) $\frac{1}{1-x}=1+x+x^2+x^3+x^4+\cdots=\sum_{n=0}^{\infty}x^n$ $(|x|<1)$

(2) $\frac{1}{1+x}=1-x+x^2-x^3+x^4-\cdots=\sum_{n=0}^{\infty}(-1)^nx^n$ $(|x|<1)$

(3) $\ln(1+x)=x-\frac{1}{2}x^2+\frac{1}{3}x^3-\cdots=\sum_{n=1}^{\infty}(-1)^{n-1}\frac{x^n}{n}$ $(|x|<1)$

(4) $-\ln(1-x)=x+\frac{1}{2}x^2+\frac{1}{3}x^3+\frac{1}{4}x^4+\cdots=\sum_{n=1}^{\infty}\frac{x^n}{n}$ $(|x|<1)$

(5) $\tan^{-1}x=x-\frac{1}{3}x^3+\frac{1}{5}x^5-\cdots=\sum_{n=0}^{\infty}\frac{(-1)^nx^{2n+1}}{2n+1}$ $(|x|<1)$

(6) $\sin x=x-\frac{1}{3!}x^3+\frac{1}{5!}x^5-\frac{1}{7!}x^7+\cdots=\sum_{n=0}^{\infty}\frac{(-1)^nx^{2n+1}}{(2n+1)!}$ $(|x|<\infty)$

(7) $\cos x=1-\frac{1}{2!}x^2+\frac{1}{4!}x^4-\frac{1}{6!}x^6+\cdots=\sum_{n=0}^{\infty}\frac{(-1)^nx^{2n}}{(2n)!}$ $(|x|<\infty)$

(8) $e^x=1+x+\frac{1}{2!}x^2+\frac{1}{3!}x^3+\cdots=\sum_{n=0}^{\infty}\frac{x^n}{n!}$ $(|x|<\infty)$

(9) $\sinh x=x+\frac{1}{3!}x^3+\frac{1}{5!}x^5+\frac{1}{7!}x^7+\cdots$ $(|x|<\infty)$

(10) $\cosh x=1+\frac{1}{2!}x^2+\frac{1}{4!}x^4+\cdots$ $(|x|<\infty)$

(11) $(1+x)^p=1+px+\frac{p(p-1)}{2!}x^2+\frac{p(p-1)(p-2)}{3!}x^3+\cdots$

(12) $\sin^{-1}x=\int\frac{1}{\sqrt{1-x^2}}dx=x+\frac{1}{2}\cdot\frac{1}{3}x^3+\frac{1\cdot3}{2\cdot4}\cdot\frac{1}{5}x^5+\cdots$

(13) $\sinh^{-1}x=\int\frac{1}{\sqrt{x^2+1}}dx=x-\frac{1}{2}\cdot\frac{1}{3}x^3+\frac{1\cdot3}{2\cdot4}\cdot\frac{1}{5}x^5-\cdots$

(14) $\tan x=x+\frac{1}{3}x^3+\frac{2}{15}x^5+\cdots$

(15) $\tanh^{-1}x=x+\frac{1}{3}x^3+\frac{1}{5}x^5-\cdots=\sum_{n=0}^{\infty}\frac{x^{2n+1}}{2n+1}$ $(|x|<1)$

1. 삼각함수 & 역삼각함수의 여러 공식

$\sin(\alpha \pm \beta) =$	$\sin 2\alpha =$
$\cos(\alpha \pm \beta) =$	$\cos 2\alpha =$
$\tan(\alpha \pm \beta) =$	$\tan 2\alpha =$
$\cos^2\theta + \quad = 1$	$\sin^2\alpha =$
$1 + \quad = \sec^2\theta$	$\cos^2\alpha =$
$1 + \quad = \csc^2\theta$	$\tan^2\alpha =$
$\sin^{-1}x + \cos^{-1}x =$	$\cos^{-1}(x) + \quad = \pi$
$\sec^{-1}x + \csc^{-1}x =$	$\tan^{-1}x + \quad = \frac{\pi}{2}$

2. 쌍곡선함수 & 역쌍곡선함수의 여러 공식

$y = \sinh x =$	$\cosh^2 x - \quad = 1$
$y = \cosh x =$	$1 - \tanh^2 x =$
$y = \tanh x =$	$\coth^2 x - 1 =$
$y = \sinh^{-1}x =$	$y = \operatorname{csch}^{-1}x$
$y = \cosh^{-1}x =$	$y = \operatorname{sech}^{-1}x$
$y = \tanh^{-1}x =$	$y = \coth^{-1}x$

3. 도함수의 정의 & 미분공식

1계 도함수의 정의	$f'(x) =$
2계 도함수의 정의	$f''(x) =$

원함수	도함수	원함수	도함수
$y = cf(x)$		$y = f(x)g(x)$	
$y = f(x) \pm g(x)$		$y = \dfrac{g(x)}{f(x)}$	
$y = c$		$y = \dfrac{1}{x}$	
$y = x^n$		$y = \sqrt{x}$	
$y = a^x$		$y = \log_a x$	
$y = e^x$		$y = \ln x$	
$y = \sin x$		$y = \sin^{-1} x$	
$y = \cos x$		$y = \cos^{-1} x$	
$y = \tan x$		$y = \tan^{-1} x$	
$y = \cot x$		$y = \cot^{-1} x$	
$y = \sec x$		$y = \sec^{-1} x$	
$y = \csc x$		$y = \csc^{-1} x$	
$y = \sinh x$		$y = \sinh^{-1} x$	
$y = \cosh x$		$y = \cosh^{-1} x$	
$y = \tanh x$		$y = \tanh^{-1} x$	
$y = \coth x$		$y = \coth^{-1} x$	
$y = \mathrm{sech}\, x$		$y = \mathrm{sech}^{-1} x$	
$y = \mathrm{csch}\, x$		$y = \mathrm{csch}^{-1} x$	

4. 여러 가지 함수의 미분법

(1) 합성함수 $y=f(g(x))$의 미분	$\dfrac{dy}{dx}=$
(2) f의 역함수를 g라고 할 때,	$g'(f(x))=$ $g''(f(x))=$
(3) 음함수 $f(x,y)=0$의 미분	$\dfrac{dy}{dx}=$
(4) 매개변수 함수 $\begin{cases} x=f(t) \\ y=g(t) \end{cases}$ 의 미분	$\dfrac{dy}{dx}=$ $\dfrac{d^2y}{dx^2}=$
(5) $y=f(x)^{g(x)}$ 미분	$\dfrac{dy}{dx}=$

5. 미분의 여러 가지 정리

(1) $x=a$에서 $f(x)$는 연속이다 $\Leftrightarrow$

(2) 중간값 정리(실근의 존재성) : $f(x)$가 폐구간 $[a,b]$에서 연속이고, 면 $f(c)=0$을 만족하는 c는 구간(a,b)에 적어도 하나 존재한다. 즉, $c \in (a,b)$한다.

(3) 롤의 정리 : 함수 f가 구간 $[a,b]$에서 연속이고, 구간 (a,b)에서 미분가능하고, $f(a)=f(b)$을 만족하면 인 c가 구간 (a,b)에 적어도 하나 존재한다.

(4) 평균값 정리 : 함수 f가 구간 $[a,b]$에서 연속이고, 구간 (a,b)에서 미분가능할 때, 을 만족하는 c가 구간 (a,b)에 적어도 하나 존재한다.

6. 극한

(1) $\lim_{x\to 0} x\ln x=$	(2) $\lim_{x\to 0} x^2\ln x=$
(3) $\lim_{x\to\infty}\left(1+\dfrac{a}{x}\right)^x=$	(4) $\lim_{x\to\infty}\left(1+\dfrac{a}{x+b}\right)^x=$

7. 적분공식

적분형태	적분결과(적분상수 C생략)
$\int a\ dx$	
$\int a\ f(x)\,dx$	
$\int f(x) \pm g(x)\,dx$	
$\int \sin x\ dx$	
$\int \cos x\,dx$	
$\int \tan x\ dx$	
$\int \csc x\,dx$	
$\int \sec x\ dx$	
$\int \cot x\ dx$	
$\int \sec x\tan x\,dx$	
$\int \csc x\cot x\,dx$	
$\int \sec^2 x\ dx$	
$\int \csc^2 x\ dx$	
$\int \tan^2 x\,dx$	
$\int \cot^2 x\,dx$	
$\int \sin^2 x\,dx$	
$\int \cos^2 x\,dx$	

적분형태	적분결과(적분상수 C생략)
$\int \sinh x\ dx$	
$\int \cosh x\ dx$	
$\int \mathrm{sech}^2 x\ dx$	
$\int \mathrm{csch}^2 x\ dx$	
$\int \tanh x\ dx$	
$\int \coth x\,dx$	
$\int \tanh^2 x\,dx$	
$\int \coth^2 x\,dx$	
$\int \mathrm{sech} x\tanh x\,dx$	
$\int \mathrm{csch} x\coth x\,dx$	
$\int \sin ax\,dx$	
$\int \cos ax\,dx$	
$\int \cos x\sin^n x\,dx$	
$\int \sin x\cos^n x\,dx$	
$\int \sec^3 x\,dx$	
$\int \tan^3 x\,dx$	
$\int \tan^4 x\,dx$	

8. 치환적분 & 부분적분 공식	
$\int x^n\, dx$	
$\int ★' ★^n\, dx$	
$\int \frac{1}{x}\, dx$	
$\int \frac{★'}{★}\, dx$	
$\int \frac{1}{x^2}\, dx$	
$\int \frac{★'}{★^2}\, dx$	
$\int a^x\, dx$	
$\int a^★ ★'\, dx$	
$\int e^x\, dx$	
$\int e^★ ★'\, dx$	
$\int \ln x\, dx$	
$\int x \ln x\, dx$	
$\int x^2 \ln x\, dx$	
$\int e^{ax} \sin bx\, dx$	
$\int e^{ax} \cos bx\, dx$	
$\int e^x \sin x\, dx$	
$\int e^x \cos x\, dx$	

9. 삼각치환 할 경우 x를 무엇으로 치환	
$\sqrt{a^2-x^2}$:	
$\sqrt{a^2+x^2}$:	
$\sqrt{x^2-a^2}$:	
$\int \frac{1}{1+x^2}\, dx$	
$\int \frac{1}{a^2+x^2}\, dx$	
$\int \frac{1}{\sqrt{1-x^2}}\, dx$	
$\int \frac{1}{\sqrt{a^2-x^2}}\, dx$	
$\int \frac{1}{\sqrt{x^2+1}}\, dx$	
$\int \frac{1}{\sqrt{x^2+a^2}}\, dx$	
$\int \frac{1}{\sqrt{x^2-1}}\, dx$	
$\int \frac{1}{\sqrt{x^2-a^2}}\, dx$	

10. 삼각함수 적분에서 $\tan\frac{x}{2}=t$ 로 치환	$\sin x \Rightarrow$
	$\cos x \Rightarrow$
	$dx \Rightarrow$
삼각함수 적분에서 $\tan x = t$ 일 때	$\sin 2x \Rightarrow$
	$\cos 2x \Rightarrow$
	$dx \Rightarrow$

11. wallis 공식	$\int_0^{\frac{\pi}{2}} \sin^n x\, dx = \int_0^{\frac{\pi}{2}} \cos^n x\, dx = \begin{cases} n : \text{짝수일 때} \Rightarrow \\ n : \text{홀수일 때} \Rightarrow \end{cases}$

12. 이상적분

$\int_0^\infty e^{-x^2}dx$	
$\int_{-\infty}^\infty e^{-x^2}dx$	
$\int_0^\infty e^{-kx^2}dx$	
$\int_0^\infty \sqrt{x}\, e^{-x}\, dx$	
$\int_0^\infty \frac{e^{-x}}{\sqrt{x}}dx$	
$\int_0^\infty x^2e^{-x^2}dx$	

13. 이상적분의 수렴조건 ($a<c<b$)

$\int_1^\infty \frac{1}{x^p}dx$	$p>1$
$\int_e^\infty \frac{1}{x(\ln x)^p}dx$	$p>1$
$\int_e^\infty \frac{\ln x}{x^p}dx$	$p>1$
$\int_0^1 \frac{1}{x^p}dx$	$p<1$
$\int_a^b \frac{1}{(x-c)^p}dx$	$p<1$
$\int_0^1 \frac{\ln x}{x^p}dx$	$p<1$

14. 감마함수의 정의 & 성질

정의 : $\Gamma(n+1)=$
성질 $\Gamma(n+1)=$
$\Gamma(n+1)=$ (단, n이 자연수)
$\Gamma\left(\frac{3}{2}\right)=$
$\int_0^1 (-\ln t)^n\, dt=$

15. 적분의 성질

$f(x)$가 기함수일 때,	$\int_{-a}^a f(x)\, dx=$
$f(x)$가 우함수일 때,	$\int_{-a}^a f(x)\, dx=$

16. 적분의 평균값 정리

폐구간 $[a,b]$에서 연속인 $f(x)$에 대하여

$\int_a^b f(x)\, dx=(b-a)f(c)$인 $c\in(a,b)$가 적어도 하나 존재한다.

$\Rightarrow \frac{1}{b-a}\int_a^b f(x)dx=f(c)$

$\Rightarrow$ 여기서 $f(c)$를 $f(x)$의 평균값이라 한다.

17. 직교좌표와 극좌표의 관계식

$\begin{cases} x= \\ y= \end{cases} \Rightarrow \begin{cases} r= \\ \tan\theta= \end{cases}$

$(r,\theta)=$

$r=f(\theta)$의 $\frac{dy}{dx}=$

$r=f(\theta)$의 동경벡터 θ와 접선의 사잇각 ϕ일 때,
$\tan(\phi)=$

18. 스칼라 함수의 적분응용 공식

곡선의 길이	$y = f(x)$ $(a \le x \le b)$	
	$x = g(y)$ $(c \le y \le d)$	
$a \le x \le b$에서 x축과 곡선 $f(x)$의 둘러싸인 영역	면적	
	회전체의 부피	x축 (직선 $y=0$) 회전체의 부피
		직선 $y=k$ (x축과 평행) 회전체의 부피
		y축 (직선 $x=0$) 회전체의 부피
		직선 $x=m$ (y축과 평행) 회전체의 부피
$a \le x \le b$에서 곡선 $y_1 = f(x)$와 $y_2 = g(x)$가 둘러싸인 영역 $(f(x) > g(x))$	면적	
	회전체의 부피	x축(직선 $y=0$) 회전체의 부피
		직선 $y=k$ (x축과 평행) 회전체의 부피
		y축 (직선 $x=0$) 회전체의 부피
		직선 $x=m$ (y축과 평행) 회전체의 부피
회전체의 표면적		$S_x =$
		$S_y =$

19. 매개함수 $\begin{cases} x = f(t) \\ y = g(t) \end{cases}$ $(t_1 \leq t \leq t_2)$ 적분응용 공식

곡선의 길이		
$a \leq x = f(t) \leq b$ $(t_1 \leq t \leq t_2)$일 때, x축과 곡선의 둘러싸인 영역	면적	
	회전체의 부피	x축 (직선 $y=0$) 회전체의 부피
		직선 $y=k$ (x축과 평행) 회전체의 부피
		y축 (직선 $x=0$) 회전체의 부피
		직선 $x=m$ (y축과 평행) 회전체의 부피
회전체의 표면적		$S_x =$
		$S_y =$

20. 극좌표계 $r = f(\theta)$ $(\alpha \leq \theta \leq \beta)$ 적분응용

면적	$\frac{1}{2}\int_{\alpha}^{\beta} r^2 \, d\theta$	곡선의 길이	$\int_{\alpha}^{\beta} \sqrt{r^2 + (r')^2} \, d\theta$

21. 파푸스 정리

주어진 함수가 단순 폐곡선(원, 타원 등)일 때, (d : 폐곡선의 중심과 회전축과의 거리)
(1) 회전체의 부피 = 폐곡선의 단면적 $\times 2\pi d$ (2) 회전체의 표면적 = 폐곡선의 둘레의 길이 $\times 2\pi d$

22. 매개함수 & 극곡선의 적분응용

	면적	곡선의 길이	회전체의 부피	회전체의 표면적
파선형 (Cycloid) $\begin{Bmatrix} x = a\,(t-\sin t) \\ y = a\,(1-\cos t) \end{Bmatrix}$				
성망형 (Asteroid) $\begin{Bmatrix} x = a\cos^3 t \\ y = a\sin^3 t \end{Bmatrix}$				
심장형 $r = a(1 \pm \cos\theta)$ $r = a(1 \pm \sin\theta)$				
연주형(2엽 장미) $r^2 = a^2 \cos 2\theta$ $r^2 = a^2 \sin 2\theta$				
4엽 장미 $r = a\cos 2\theta$ $r = a\sin 2\theta$				
3엽 장미 $r = a\cos 3\theta$ $r = a\sin 3\theta$				

23. 테일러 급수 & 매클로린 급수 정의 & 공식

테일러(Taylor) 급수의 정의 _ 함수 $f(x)$가 $x=a$에서 미분 가능할 때,
$f(x)=$

매클로린 급수의 정의 _ 함수 $f(x)$가 $x=0$에서 미분 가능할 때,
$f(x)=$

(1)	$\dfrac{1}{1-x}=$	$(\lvert x\rvert<1)$
(2)	$\dfrac{1}{1+x}=$	$(\lvert x\rvert<1)$
(3)	$\ln(1+x)=$	$(\lvert x\rvert<1)$
(4)	$-\ln(1-x)=$	$(\lvert x\rvert<1)$
(5)	$\tan^{-1}x=$	$(\lvert x\rvert<1)$
(6)	$\sin x=$	$(\lvert x\rvert<\infty)$
(7)	$\cos x=$	$(\lvert x\rvert<\infty)$
(8)	$e^{x}=$	$(\lvert x\rvert<\infty)$
(9)	$\sinh x=$	$(\lvert x\rvert<\infty)$
(10)	$\cosh x=$	$(\lvert x\rvert<\infty)$
(11)	$(1+x)^{p}=$	
(12)	$\sin^{-1}x=$	
(13)	$\sinh^{-1}x=$	
(14)	$\tan x=$	
(15)	$\tanh^{-1}x=$	

MEMO